HUODIAN JIBEN JIANSHE JISHU
GUANLI SHOUCE

# 火电基本建设技术
# 管理手册

雍福奎　编

中国电力出版社
CHINA ELECTRIC POWER PRESS

## 内 容 提 要

本书遵照火电基本建设的程序，系统地介绍了火电基本建设全过程的主要任务以及在各个阶段技术管理工作的内容和要求，主要包括我国电力工业的任务与基本建设技术管理，火电建设项目可行性研究报告的编制，火电建设项目技术专题研究论证报告，火电建设项目申报核准的有关要求，火电建设项目勘测设计工作，火电建设项目设计技术经济工作，火电建设项目施工准备与工程施工，火电建设项目工程施工技术、质量、安全、文明、环境管理，火电建设项目工程监理与设备监造，火电建设项目工程质量监督管理，火电建设项目机组启动调试技术管理，火电建设项目生产准备与竣工验收共 12 个部分。

本书根据近年来国家和有关部门颁发的现行火电基本建设技术管理方面的方针、政策、法令、制度和规定，结合火电建设的基本程序和现场技术管理经验编写而成，编写力求简明、扼要，切合实用，并可据以操作，是火电基本建设工作者不可多得的一部具有很高实用价值的工具书，可供从事火电基本建设的工程管理人员和工程技术人员在可行性研究、工程设计、工程施工、工程监理、调整试运、试生产等各阶段中使用，也可供其他有关人员参考使用。

## 图书在版编目（CIP）数据

火电基本建设技术管理手册/雍福奎编. —北京：中国电力出版社，2010.10（2020.4重印）
ISBN 978-7-5123-0603-5

Ⅰ.①火… Ⅱ.①雍… Ⅲ.①火电厂-基本建设项目-技术管理-手册 Ⅳ.①TM621-62

中国版本图书馆 CIP 数据核字（2010）第 121156 号

中国电力出版社出版、发行
（北京市东城区北京站西街 19 号 100005 http://www.cepp.sgcc.com.cn）
三河市百盛印装有限公司印刷
各地新华书店经售

\*

2010 年 10 月第一版 2020 年 4 月北京第三次印刷
787 毫米×1092 毫米 16 开本 33.5 印张 795 千字
印数 4001—5000 册 定价 **98.00** 元

# 前　言

　　火电基本建设技术管理，是从事火电基本建设的各部门和各单位在管理工作中的重要组成部分。随着电力建设规模的扩大，我国 2020 年全国装机容量将达到 9.5 亿 kW，其中火电装机容量仍然占 70％以上，即今后 10 年将投产 6.7 亿 kW 左右的火电机组。火电建设将主要发展高效、低污染的超临界（SC）和超超临界（USC）机组，机组容量和技术参数的提高、设计与施工的技术要求的不断进步、建设好工程与专业化的发展，都迫切需要加强和提高火电建设各个阶段的技术管理水平和工作效率，达到合理组织建设、缩短建设周期、降低工程造价、提高工程质量、实现最好的经济效益，以适应电力建设不断发展的需要。另一方面，火电基本建设人员十分紧缺，他们迫切需要学习和掌握火电基本建设的程序和技术管理工作的内容和要求，同时目前市面上尚无系统地介绍火电基本建设技术管理的专业书籍。为此，作者特编写了这本《火电基本建设技术管理手册》。

　　火电建设过程中的重要环节都相互联系，并且有着严格的程序，火电基本建设是一个完整的系统工程。本书从火电建设的初期开始，到火电建设项目的生产准备、竣工验收、试生产全过程，都一一进行了系统的介绍，可指导火电基本建设项目有序向前推进。

　　本书重视规范性和实用性，书中引用的资料均以国家和有关部门颁发的现行基本建设技术管理方面的方针、政策、法令、制度和规定为依据，编写力求简明、扼要、实用，且具有可操作性，是一部实用价值很高的工具书。

　　本书作者雍福奎在长期的电力基本建设工作中积累了丰富的工作经验和管理经验，曾参与 300、600、1000MW 火电机组建设工程管理及技术方案论证、审查及讨论工作，熟悉和掌握发电厂的生产过程及基本建设过程。本书就是根据作者从事电力工作 30 多年的现场经历和多年积累的火电建设技术管理经验精心编写的。

　　本书在编写过程中得到了各位领导和同事的大力支持与帮助，书中内容经由刘增强、陈学富、王勃、罗辉、武正仁、周建民、郑怀祥、张兴才、孙显初等同志进行了审阅和校核等工作，在此一并表示衷心感谢。

　　由于编者水平有限，不当之处在所难免，对本书中存在的一些问题和错误，诚恳地希望广大读者批评指正。

*编　者*

2010 年 7 月

# 目 录

火电基本建设技术
管理手册

火电基本建设技术管理手册

# 第一章

# 我国电力工业的任务与基本建设技术管理

## 第一节 电力工业发展概况

### 一、世界电力工业发展概况

1875 年，法国巴黎建成世界上第一座火力发电厂，标志着世界电力时代的到来，1891年，德国劳芬电厂建设世界上第一台三相交流发电机，并通过第一条 13.8kV 输电线将电力输送到远方用电地区，使电力既用于照明，又用于电力拖动，开创了大功率、远距离输电的历史。电力的广泛运用，电力需求的不断增加，推动电力技术日益向高电压、大机组、大电网发展。到 2003 年，全世界用电量为 14.781 万亿 kWh，全世界发电装机容量为 37.1亿 kW。

### 二、我国电力工业发展概况

与世界有电的历史几乎同步，1879 年，中国上海公共租界点亮了第一盏电灯，随后1882 年在上海创办了中国第一家公用电业公司——上海电气公司，从此中国翻开了电力工业的第一页，中国电力装机从 1882 年的 16 马力（11.76kW）经过 67 年发展，到 1949 年达到 1850MW；而从 1949 年到 2002 年的 3.53 亿 kW，50 多年持续以年均 10％以上的速度发展，在世界电力发展历史上都是罕见的。我国电力装机容量 1987 年突破 1 亿 kW，1995 年突破 2 亿 kW，2000 年突破 3 亿 kW，2004 年突破 4 亿 kW，2005 年突破 5 亿 kW，2006 年突破 6 亿 kW，2007 年达到 7.18 亿 kW，2008 年达到 8.09 亿 kW。30 多年间，我国发电装机容量和发电量分别以年均 9.1％和 9.2％的速度增长，连续 13 年位居世界第二位。

预计到 2020 年中国大陆发电总装机容量将达到 11.86 亿 kW，全社会用电量将达 5.64万亿 kWh。

在电力总量快速增长的同时，我国电力质量也明显提高。一方面是电力结构不断优化，水电、核电、风电占能源生产总量的比例由 1978 年的 3.1％提高到 2007 年的 8.2％。到2007 年，我国水电装机容量达到 1.5 亿 kW，位居世界第一；核电装机容量 8850MW；风电装机容量 4200MW，且在近几年呈倍增式发展态势。另一方面是电力在节能环保方面取得的进展。2007 年我国供电煤耗 356g/kWh，比 1978 年降低 115g/kWh；美国火电机组安装脱硫装置的比例约为 32％，而我国这一比例已达 50％。

在电力供应快速发展的同时，我国电网建设规模也在不断扩大，技术等级不断提高。1978 年，我国 35kV 以上输电线路维护长度为 23 万 km，变电设备容量为 1.26 亿 kVA，到

2007年底，我国35kV级以上输电线路维护长度达到110万km，变电设备容量已达到24亿kVA，分别是1978年的4.8倍和19.3倍。全国大部分地区形成了以500kV为主的电网主构架，750kV输变电示范工程已经投入运行。2007年，我国跨区服务用电量为2030亿kWh，已占全国总发电量的6.25％，"西电东送"三大通道累计形成47 500MW输送能力，电力资源优化配置的水平不断提高。

## 第二节　电力工业在国民经济中的地位和作用

电力工业是关系国计民生的基础产业。

在现代社会中，电能是工业、农业、交通和国防等各行各业不可缺少的动力，也是人们日常生活须臾不可离开的能源。电能已像粮食、空气和水一样，成为支撑现代社会文明的物质基础之一，社会文明愈发达，人类的生产和生活就愈离不开电。因此，电力工业是国民经济的一项基础性产业。电力工业的发展水平已成为反映国家经济发达程度的重要标志，人均消费电能的数量也成为衡量人们现代生活水平的重要指标。

世界各国的发展表明：国民经济每增长1％，电力工业要相应增长1.3％～1.5％才能为国民经济其他各部门的快速稳定发展提供足够的动力。因此，电力工业是国民经济发展的先行产业。优先和快速发展电力工业是社会进步、综合国力增强和人民物质文化生活现代化的必然要求。

## 第三节　电力工业总的奋斗目标和方针

### 一、电力工业总的奋斗目标

坚持节约优先，煤为基础，多元发展，深化体制改革，加强电网建设。坚持以结构调整为主线，优化电源结构。在综合考虑资源、技术、环保和市场等因素的基础上，优化发展煤电，建设大型煤电基地，鼓励发展坑口电站，重点发展大型高效环保机组。积极发展热电联产机组，加快淘汰落后的小火电机组。大力发展水电，积极推进核电建设，适度发展天然气发电，鼓励可再生能源和新能源发电。加强区域和输配电网络建设，扩大西电东送规模。实行电力统一规划和调度，建立健全电力安全应急体系，提高电力系统的安全可靠性。继续加强电力需求侧管理，实行节能调度，努力提高能源利用效率。根据我国能源结构的状况，我国电源结构在相当长的时期内，直到2020年都将以煤电为主，这是难以改变的。但为了努力减少电力对大气的二氧化碳排放，必须要尽可能降低煤电的比例，尽可能地早开发、多开发水电，并尽快增加核电、天然气及可再生新能源发电的比例。

### 二、电力工业的开发方针

电力工业发展，要以科学发展观和构建和谐社会两大战略思想为指导，基本方针是提高能源效率，保护生态环境，加强电网建设，有序发展水电，优化发展煤电，积极推进核电建设，适度发展天然气发电，鼓励新能源发电，带动装备工业的技术进步，加强国际合作，深化体制改革，实现电力可持续发展。

### 三、电力工业发展的重点

21 世纪初 20 年，是我国电力发展的关键时期，重点是加强电网建设，同时继续加强电源建设，加快结构调整。

#### （一）电网发展展望

20 世纪 90 年代以来，世界经济、科技、跨国公司的发展，使世界经济技术合作更加紧密，经济全球化趋势更加明显，经济市场化、贸易和投资国际化、区域经济合作化的步伐加快。而作为电力系统，从理论上讲，其本身具有统一性、同时性和广域性的特点，因此，全国性、区域性、以至于跨国性的电网互联早就受到各国电力部门的普遍重视。可以预见，21 世纪的电网互联将会得到更快的发展，其中包括跨大区联网和全国联网，以及跨国输电和联网，以便形成全国乃至更大范围（跨国或跨地区）内的电力市场。同时随着电力系统的不断扩大，将对电网的一次设备和控制手段、管理方式、电力市场支持技术，以及环保技术提出更高的要求。

#### （二）我国电网发展的基本思路

首先，在 21 世纪前 10～20 年的电力发展中，必须重点抓紧抓好电网的建设和发展，要把电网的建设摆到一个重要的位置，其原因是：

（1）加快发展电网和扩大联网，这是电力工业发展规律所决定的，是实现电力可持续发展和实现国家可持续发展战略的需要。只有发展电网才能开发西部水电、北部煤炭基地的火电，以及加快东部大型核电基地的建设，为这些大型电站的开发提供广阔的市场。只有发展电网才能为新能源、分散的能源开发提供连续供电的条件。

（2）电网是建立和完善电力市场机制的基础。电网是电力市场的载体，没有一个统一的互联电网就不可能建立统一而竞争有序的电力市场，没有电网的发展，就不可能扩展电力市场。

（3）加快电网建设有利于资源的优化配置，有利于缩小我国东部与西部的经济差距。有了全国统一的电网，才能使西部的水、火电有广阔的市场，而西部水火电厂的建设，使水力和煤炭资源优势得到发挥，这将带动西部经济的进一步发展。

（4）加快电网建设和电网互联，有利于提高电力系统本身的效益，使电力发展走上集约化发展的道路。联网本身可带来一系列效益，如互为备用效益、错峰效益等，同时又能够提高电力系统供电可靠性，这也会带来巨大的社会、经济效益。

（5）只有加强电网的发展，才能与 21 世纪信息时代相适应，信息社会负荷与电源的特点将是分散性和小型化，以及对电力供应的可靠性和质量上的要求越来越高，只有发达、完善、可靠的电网，才能适应电源分散性，满足供电的可靠性和高质量的要求。

（6）促进联网建设，可使我国电力融入全球经济，使电力跟上全球经济一体化的大趋势。

总体来看，目前我国电网还是比较薄弱的，因此加强电网建设必然成为 21 世纪初期电力建设中十分重要的内容。在我国的电网建设中，要实施抓两头带中间的策略。重点要抓好两头，一头是大型电厂、能源基地的电力外送与全国联网以及跨国联网建设；另一头是农村电网建设与城市配电网的建设，这是当前电网建设中十分薄弱的一环，既要改造和提高，又要扩大（电力市场）。而中间，则主要是指 220kV 电网及各网省电力公司范围内 500kV 电

网网架的建设，也需要进一步完善和加强。

我国电网发展的基本思路和实施的步骤是：一要以三峡电网为中心，推进全国联网，三峡电网先向北与华北联网，以及与西北联网，向南与南方联网，向西则随金沙江溪洛渡、向家坝电力外送，使三峡电网继续扩展并得到进一步的加强；二是要配合大型水电站和火电基地的建设，进一步加大"西电东送"和"北电南送"的力度，实现以送电为主的"送电型"联网；三是在不断加强各大区自身电网结构的基础上，在适当的时机和地点按照利益均沾、互惠互利的原则，采用交流或直流，实现以联网效益为主的"效益型"联网，并把"送电型"联网与"效益型"联网有机地结合起来，把全国联网与加强各地区电网自身网架的建设结合起来，最后推进全国联网的形成和发展，与此同时还要重视发展我国电网与周边国家电网的互联。

（三）我国电网发展格局

我国的电网将以2000年之前初步形成的7个跨省市大区电网和5个独立省网的格局进入21世纪。到2010年前后，随着三峡电网的建设，将逐步加强电网的互联，形成以三峡电站为中心，连接华中、华东、川渝3个地区电网的我国中部电网。随着华北煤电基地的开发，实现华北与东北、华北与山东省网互联；华北与西北电网之间随着宁夏与内蒙古坑口电厂开发以及陕西神府煤电基地送电华北而联网，初步形成以华北电网为中心，包括西北、东北和山东的中国北部电网。而南方联合电网也将随着红水河、龙滩、澜沧江、小湾等水电开发和贵州煤电基地的开发，与云南电力外送的增加，进一步加强南方电网的结构。这样到2010年，我国将初步形成北部、中部和南部三大电网的雏形。

北、中、南三大电网之间也将进一步加强南北联网，北部和中部以及中部与南部将是先以"效益型"为主，后以"送电型"为主的多点联网，到2020年可初步形成除新疆、西藏、台湾之外的，以三峡电网为中心的全国统一的大区互联电网。这一电网的形成，将实现我国水电"西电东送"和煤电"北电南送"的合理能源流动格局，同时，北部、中部电网之间的互联，除送电之外还可获得以火电为主的北部电网与水电比重大的中部电网之间的水火调剂的效益，以及可获得北部电网黄河流域与中部电网长江流域之间的跨流域补偿调节效益。而中部电网与南部电网的互联，也将获得中部电网长江流域与南部电网澜沧江、红水河流域之间的跨流域补偿调节效益。

（四）关于三峡电网

建设三峡电网的目的，一是为确保三峡电站电力的外送；二是实现大区电网互联以充分发挥三峡电站的效益。

经国务院三建委批准的三峡输变电工程规模为，500kV输电线路9100km（其中包括2条直流输电线路共2200km）和24750MVA输变电容量，以及4个3GW直流输电的换流站。

三峡电站一共配置15回出线，并留有2回扩建余地。其中2回向川渝电网送电，送电容量按2GW考虑，相应建设500kV线路1080km，500kV变电站2750MVA。

另外，8回线路送到左、右岸换流站和葛洲坝换流站，从换流站再经过3回直流共计7.20GW（含原来的葛洲坝至南桥的1.20GW直流线路）送到华东电网，到华东电网后再配合建设500kV、850km线路和8500MVA的变电站。其余5回三峡电站出线，再加上由左、右岸换流站 500kV 母线上出来的 4 回线路，即一共 9 回 500kV 线路送到华中电网，其送电容量为 12GW，相应建设 500kV 线路 4970km，变电容量 13 500MVA。

通过上述输变电工程的建设，逐步实现华中、华东和川渝电网的互联，并与原华中、华东、川渝电网一起形成一个沿长江流域东西长 2900km，南北宽 1500km，涉及华中、华东、四川、重庆 10 个省（市）的三峡电力系统。以上三大电网 1995 年的装机容量为 83.60GW，约占全国容量的 40%。预计三峡系统的装机容量，2000 年约为 100GW，2010 年约为 200GW。这是一个大型的电力系统，预计在 2009 年建成，并随着金沙江溪洛渡、向家坝电站的开发及其外送，而使三峡电力系统得到进一步扩大和加强，成为我国最大的电力系统，而且也是全国互联电网的核心。

（五）关于跨国联网

早在 20 世纪 50 年代，西欧 8 国就开始成立欧洲发输电协调联盟（UCPTE），发展欧共体国家联合电网。到 1996 年，西欧联合电网装机容量达 430GW。最近还考虑环波罗地海的多国互联电网，以及与俄罗斯的联网。在欧洲南部、非洲北部和亚洲西部的环地中海各国之间的互联电网也在进行之中。

美洲最大的北美互联电力系统由美国 2000 多个电力公司组成，电网装机容量近 700GW。北部还与加拿大通过交流和直流互联，南部则与墨西哥电网互联，形成了一个世界上规模最大的北美电网。

在南美、中美洲，亚洲的东南亚各国，在南亚的印度以及周边的孟加拉国和巴基斯坦都在规划跨国联网。

在东北亚，俄罗斯电力专家正在研究并提出把西伯利亚电网与中国东北、朝鲜，并通过朝鲜与日本电网互联，形成东北亚电网。

由此可见，跨国电网互联在 20 世纪 90 年代已成为电网发展的一种基本趋势，可以预料，在进入 21 世纪之后，这些联网将会逐步实现。电网无界界的口号已响起，跨国联网的趋势不可逆转。在这种大趋势下，站着不动就意味着落后，必须要积极促进和发展这种跨国联网，以实现跨地区、跨国范围内的资源优化配置，形成更大范围内的电力市场，适应全球经济一体化发展的形势。

对于我国来说，与周边国家电网的互联，总格局是北面与俄罗斯西伯利亚电网互联，以实现俄罗斯丰富的水电向中国送电；东面是结合俄罗斯西伯利亚向我国华北、东北送电，实现与朝鲜半岛的联网；西面是新疆与吉尔吉斯坦、哈萨克斯坦电网的互联，以解决新疆西南部的电力紧缺，并进一步延伸与阿富汗国家电网的互联；南面则主要通过开发澜沧江景洪水电站经过老挝向泰国送电，实现与东南亚的送电联网。当前的重点是云南景洪向泰国送电，以及俄罗斯伊尔库茨克电网向中国华北、东北电网送电。

总之，21 世纪的中国电网，将在北、中、南 3 大电网的基本格局下，随着北部火电、西部、南部水电和东部核电，以及大量的、广泛的新能源发电的基础上，进一步扩大和加强北部、中部、南部电网之间的联网，逐步形成一个统一而"可靠、高效、灵活、开放"的全国联合大电网。与此同时，从中国联合大电网出发，向北与俄罗斯，向东与朝鲜半岛和日本，向西与吉尔吉斯坦、哈萨克斯坦电网的互联，向南与东南亚诸国和印尼、菲律宾电网的互联，在 21 世纪将逐步形成范围广大的亚洲东部联合电网。

（六）电源发展展望

电源发展的重点是：加快西部和西南部水电基地建设，提高水电资源开发程度，减轻对煤炭的压力；加大西部和北部大型煤电基地的开发，以减轻对运输与东部环境的压力，并促进西部地区经济发展，缩小东西差别；加强核电开发力度，以减少对煤炭和环境的压力；加速新能源开发，特别是风能、太阳能发电的开发；加紧液化天然气（LNG）、天然气等燃气轮机和联合循环机组发展步伐，尽可能改善和优化能源结构和发电机组结构；再有一条就是电力供应要放眼全球，迎接全球经济一体化。当然，在加强电力发展的同时，还要特别重视电力的技术改造；要重视节约，要节电、节水、节地，要加强环保。

1. 关于水电

要大力加快水电基地建设和水电按流域的开发速度。到 1998 年我国水电装机容量 65.06GW，发电量为 204.3 亿 kWh，分别占全国可开发水电容量 378GW 的 17.2％和可开发水电发电量 1920 亿 kWh 的 10.6％，这一水电开发率约为世界平均水电开发率 20％的一半，比发达地区如北美开发率 60％、欧洲开发率 50％低得多。因此，我们在 21 世纪初 20 年代内必须大力加快水电开发，特别是大型水电基地和流域的开发，这是我国贯彻可持续发展战略的需要，也是我国能源资源平衡和全球环境问题的极大压力下所提出的要求。

按照 2010 年的全国装机规划容量 540GW 计算，要求水电达到 110GW，平均每年新增 4GW 左右；如果各方面予以高度重视，这一水平是可以达到的，届时水电的开发率可达到 30％左右。

目前全国有 14 个大型水电基地，1998 年在建的水电容量已达 31.83GW，这些机组在 2010 年前可以全部投产，再加上小水电每年装机 1GW 以上，到 2010 年全国达到 100GW 及以上水电是可能的。

当前是我国加快水电建设的最好时期，加大水电投资是启动经济、扩大内需，促进经济回升的最好选择之一，是社会、经济、环境效益俱佳的基础项目。当前，重点要抓紧几个大型水电基地的建设准备，即长江三峡水电站建设后的金沙江溪洛渡、向家坝水电站建设，以及清江水布垭的建设准备；澜沧江在大朝山之后的小湾、景洪水电站的建设；乌江流域在东风水电站后的洪家渡、构皮滩水电的开发，以及天生桥一级以后的龙滩的尽快建设；大渡河、雅砻江上的官地、桐子林、瀑布沟的建设；黄河上游李家峡之后的公伯峡、拉西瓦的建设；以及若干老水电站的扩容和抽水蓄能电站的建设。上述电站要求在 2010 年前尽早开工，以便在 2020 年前水电装机容量达到 170 GW 左右，也即水电开发率争取达到 45％左右。只要从现在开始抓紧，这一规划目标应当说是完全可以达到的。

关键问题：一是在水电开发中必须要坚持改革，采取按流域开发方式，并按现代企业制度要求组建实体性开发公司，由该公司全过程负责水电的开发和经营；二是国家要大力支持水电的开发，特别是作为国家基础设施的建设，在资金上要有优惠的政策，如优惠的贷款、长期而合理的还款年限等；三是要大力依靠科技进步，今后我国水电建设规模巨大，位置也越来越向西南、西北转移，自然条件恶劣，地质条件复杂，高边坡、厚覆盖、高地震裂度、自然资源、生态环境保护要求严峻，这都需要依靠科技进步去做好全面规划，做好地质、坝址和环境等工作，以确保建设顺利进行，确保技术经济的合理性，以实现生态、经济和社会三者之间的协调发展。

2. 关于大型火电基地建设

在我国电源结构中，火电设备容量占总装机的 75％ 以上，在相当长的时期内，这种状况是难以改变的。因此，在 2010 年全国总装机容量达到 540GW，火电装机容量约为 400GW 以上，需要电煤约 10 亿 t，这样相当于每年需增加用煤量 4000 万 t 左右，预计这也是我国煤炭产量可以安排用于电力最大的煤量。

火电建设的重点应是积极采用高参数、大容量、高效率、高调节性、节水型，以 600MW 为主的设备；要大力开发清洁煤燃烧技术，以减轻对环境的压力；要鼓励热电联产和热、电、冷技术的推广，以提高能源综合利用率；要积极支持和花大力气建设矿口电厂，建设煤炭基地的电站群，发挥规模经济效益，而且可以变送煤为送电以减轻对运输的压力，同时也可减轻对经济发达地区的环境压力。

坑口电厂的重点是华北的山西、内蒙古西部、西北的陕西、宁夏以及东北的东三省，初步规划在 2010 年前要建成投产 30～40GW 的矿口电厂。在交通方便的沿海和负荷中心地区则要建设若干港口电厂和路口电厂。总之，火电的建设任务仍然很重，并且受环保方面的压力也很大，任务是十分艰巨的。

到 2020 年预计火电装机在 600GW 左右，约需煤炭 14 亿 t，占计划煤炭量 21 亿 t 的 66％ 左右，这将对我国煤炭开发生产造成巨大的压力，为此必须在提高电站循环热效率，降低煤耗，减轻对环境影响上下大力气，加大科研投入与试验电站的建设。

3. 关于核电

对核电，在 21 世纪初的 10～20 年内的电力建设中需要予以高度重视，扩大建设规模，增大在装机容量中的比重。到目前为止，作为技术成熟、可大规模建设以替代部分燃煤火电站的、减少对大气环境污染的只能是核电站，所以加快开发很有必要。当前关键是要加快核电设备的国产化，否则其造价过高将严重影响我国核电的发展；要抢占核电技术发展的制高点，要积极实施产、学、研相结合，将高温气冷堆技术转化为生产力，在 2005 年前建成工业性示范堆，力争 2010 年前即有小批量投入，2020 年即有大批量投入。对于当前核电建设的具体项目而言，除了在建的岭澳一期、江苏连云港以及秦山二期、三期外，对于山东海阳、广东阳江、浙江三门等都要积极开展工作，加快建设速度，争取能多投入一些核电，以减轻对燃煤电站的压力。初步规划目标是，到 2010 年能有 20GW，到 2020 年能有 40～50GW 的核电，这对确保电力建设规划任务的实现，以及减轻大量燃煤造成的环境问题，都是十分重要的。

（七）关于优化发电能源结构

我国常规能源结构中，以煤炭为主，在电力能源消费构成中，煤电电量占 80％ 以上，这给环境等带来极大压力，需努力改变电源结构，调整和优化能源结构。除了上述加快核电建设外，还要尽可能多地利用天然气等优质能源发电。天然气为常规燃料中的优质能源，从世界范围内的能源消耗来看，天然气比重在逐年上升，从 1986～1991 年平均年增长率为 3.3％，而到 1991～1996 年增长率为 4.3％，到 1996 年天然气消耗量已占能源总量的 23％ 以上，与煤炭消耗量接近（27％ 左右）。电站燃用天然气的也越来越多，美国近年来新增装机容量的 80％ 是燃气的。世界上探明的天然气储量也不断增加，到 1997 年已达 $145 \times 10^4$ 亿 $m^3$，储采比已达 64，已超过石油的储采比 40.9。因此，在发电能源结构上要尽可能优

化，即多采用一些天然气包括液化天然气发电，特别在我国沿海深圳、广州、上海、浙江、江苏等地要尽快地布置若干燃烧液化天然气的电厂，需尽快起步，扩大建设规模，在油气田产区，如在北京等通天然气管道的地区可适当发展一些高效率的燃气联合循环电站，既适应电网调峰需要，又可大大提高发电的能源利用效率，而且可降低建设造价。

（八）关于加强新能源发电的开发力度

要加强新能源发电的开发力度，加快新能源发电的步伐，这是世界各国共同的发展趋势。我国新能源资源丰富，太阳能全国平均为 $5.9 \times 10^6 kJ/(m^2 a)$，青藏高原地区是我国太阳能最丰富地区。根据专家预测，太阳能将成为下世纪人类主要能源，其中利用太阳能发电的方向是肯定的，太阳能电池板的销售将会迅速增加，特别是当其能量转换率由目前 $12\% \sim 13\%$ 增加到 $17\% \sim 20\%$（目前澳大利亚、美国已分别研究成功达到这一转换率），以及将太阳能电池的生产成本大幅度下降，目前澳大利亚已将其生产成本降低一半，预计可降 $80\%$，使太阳能电池的需求量会大大增加。自 1990 年以来，全球太阳能发电装置的市场销售量年增 $16\%$，预计今后还会以更快的速度增加。到 1995 年我国太阳能光伏电池只有 6 MW，西藏已有 10kW 和 20kW 的光伏电站，总的来说是刚起步，到 2010 年后，应当予以更大关注，特别是在边远能源短缺和用电分散地区要优先予以考虑。

我国风能理论可开发总量约为 3200GW，其中可利用的约有 253GW。在新能源发电中，风力发电在技术上比较成熟，并具备了进行较大规模开发的条件。近几年来世界各国风力发展很快，到 1997 年末风电装机容量达到 7.669GW，1996、1997 年连续两年增加风机装机容量 $26\%$。预计 1998 年新增 2GW，其增长速度是非常快的，预测到 2007 年全球新增风电 48GW 以上。我国风电这几年发展也很快，1998 年装机容量已达 223.6MW，1998 年 1 年就新增 56.9 MW，约增 $25\%$。如果按这一速度增长下去，原规划到 2010 年达到 5GW 是可望能达到的。当前关键问题，一是国家给予政策上的支持；二是要大力加快风力发电设备国产化，使之成为一个新的产业；同时要加强产、学、研相结合，开发生产单机 300kW 和 600kW 的大型风机，以及应用现代的空气动力学和微电子技术，以提高风机效率及扩大风速运行区域，增加风能的利用范围。

此外，我国还有地热能、潮汐能以及生物质能，我国每年约有 7 亿 t 的秸秆的沼气发电和城市大量的垃圾发电，既可充分利用能源，又可减轻环境的污染，这些也是在今后的电力发展中需要重视的。

最后就是节约能源，努力提高能源利用率，而这首先在于努力提高电力在终端能源中的供应水平。目前我国终端能源消费中，电力不到 $11\%$，低于世界平均水平的 $16\%$，与发达国家 $20\%$ 左右更有很大差距。第二是大力加强电力需求侧管理（DSM），电力部门要投资节电工程，使之成为比新建电厂更为经济、更为清洁的替代方案。第三是支持发展热电联产、气、热、电、冷联产新技术，以及推广采用超临界机组、联合循环机组等新技术。第四，也是最重要的一条是大量退役低效、高耗、高污染的小型凝汽式机组和超期服役机组，改造中高压机组，使火电机组的热效率由目前 $29\%$ 左右提高到 $35\%$ 左右。

（九）关于电力的全球经济一体化的考虑

迎接全球经济一体化，对电力来说，一是发电能源的多样化与国际化选择。例如，对我国沿海地区港口电厂的发电能源，包括煤炭、油、气等，除考虑本国外，可考虑从世界市场采购，使能源选择具有多样性。二是满足本国经济与生活用电需求。既可考虑自己建电厂供电，也可考虑由国外输入，这取决于经济效益的分析及环境容量的大小；电力市场不单只着眼于国内，还要着眼国外，特别是跨国市场，这同样取决于效益；相应需要发展跨国联网，这已是全球经济趋势下的产物。三是资金、人力资源国际化。继续加强引进外资与对外电力投资力度，实行有进有出，大进大出；加强国际交流与合作力度，使中国的电力在不断融入全球电力市场中不断发展提高。四是确保电力供应安全。在电网布局、电网结构、电力能源供应及技术等各方面，确保电力安全供应，使之具有较强抵御各种风险的能力。

回顾 110 年的中国电力发展历史，前 60 多年电力发展停滞不前，缓慢异常，新中国成立后的 50 年，电力发展突飞猛进，连续 50 年平均每年都以 10％以上的速度发展，这是史无前例，举世瞩目的。现在，中国工业的快速发展，推动中国电力的发展、日趋兴旺。我国电力建设的规模和速度，是世界上任何国家都是无法比拟的。这是由我国人口众多、幅员辽阔、人均用电水平低的基本国情决定的。电力建设的任务非常艰巨、壮观。完成这一伟大而艰巨的任务，必须依靠改革，依靠科技，依靠人才，要改革电力体制，建立竞争有序的电力市场，使我国电力融入全球电力，逐步与国际接轨；要高举"科技兴电"大旗，抓紧研究大电网的电网互联技术、清洁煤燃烧和电力环保技术及电力市场支持技术；要培养和依靠人才，要实行产、学、研的结合，增强科技创新能力；要依靠工程、制造、经济、社会各类专家，为在 21 世纪初叶把我国电网建成具有高科技创新能力、高的市场竞争力，以及高的承受和抵御风险能力的世界一流电网而奋斗，为中国经济的繁荣、社会的进步做出应有的贡献。

**四、关于电力可持续发展的展望**

实现电力可持续发展，目的在于扩大可靠的和能支付得起的电力供应，同时减少负面的健康与环境影响，重点在于优化电源结构、扩大供应范围、激励提高效率、加速再生能源的利用、推广先进技术的应用等方面。

我国的电力结构将包括电源结构、电网结构、电力的产业结构和电力技术结构。而电源结构则更大程度决定于能源结构，电网结构决定于电源布局与负荷分布，产业结构则决定于企业发展战略，技术结构则随科技进步、装备水平等而变动。

目前，从总体上说，我国平均的电力供应水平低，到 1999 年我国人均发电量 979kWh，只为世界平均水平 2479kWh 的 39％，为经济合作发展组织（OECD）发达国家 8348kWh 的 12％；我国民用电比例更低，2000 年我国人均生活用电为 132kWh，只占总消费电量的 13.7％，而发达国家达 30％以上，按此推算，则相差近 20 倍；从电力占终端能源消费比例来看，1999 年我国占 10.9％，而经济合作发展组织（OECD）国家为 19.2％，相差近 1 倍。从上述人均占有电量、人均生活电量和电力占终端能源消费比例 3 个指标，可以明显看出我国电气化处于较低水平。而电力是人类社会可持续发展的桥梁，电气化水平低也就意味着社会总体的能源转换效率低，也是造成森林砍伐、水土流失、生态破坏的重要原因之一。因此，为实现人类社会的可持续发展，加快电力的发展，提高电气化程度是一个重要的途径。

而在发展电力的同时，必须重视电力自身的可持续发展。为此，要重视电力自身结构的调整。目前我国电力自身结构中突出的问题：

（1）电源与电网相比较而言，电网相对落后于电源的建设，电网结构薄弱，损耗大。

（2）在电源结构中，水电及新能源发电比重较低，水电开发程度低，到 2000 年水电容量开发率为 20%，电量开发率仅 12%，远低于世界平均水电开发率 20%；核电和新能源比重极小，特别是核电到 2000 年仅为 2100MW，仅为总装机容量的 0.66%，电量的 1.2%，而世界平均占到 16% 左右，从能源投入量来看，中国核能投入只占电源的 1.3%，而世界平均水平为 20.2%（1999 年）。

（3）发电设备技术结构不合理，调峰能力弱，技术经济指标差。在火电机组中，燃气轮机比例低，3 亿 kW 多的机组中，燃机只有 700 多 MW，燃机最大机组只有 E 级水平、单机 170MW。在电力能源结构中，1999 年天然气只占 0.4%，而世界平均水平为 18.8%（1999 年）；我国煤电的比重大，且机组技术装备水平较低，特别是超临界大机组，我国到 2001 年底只有 7800MW，约占电力工业宏观管理火电机组容量的 3%，加上在建容量也不到 5%，而日本、俄罗斯等国超临界大机组比重大，如日本占到 60% 左右。至于调峰能力弱，主要由于火电机组的调节性能差，燃气轮机容量少，特别是抽水蓄能机组比例低。我国 2000 年统计抽水蓄能电站容量只有 5500MW，占全国机组容量的 1.8%，而世界平均水平达到 3% 左右。

以上这些问题，都需要在今后 20 年内，根据我国能源结构及分布特点，要予以调整，并要按实现电力可持续发展目标做好相应的规划工作。

### 五、2020 年我国电源结构规划设想

根据我国能源结构的状况，我国电源结构在相当长的时期内，直到 2020 年都将以煤电为主，这是难以改变的。但为了努力减少电力对大气的 $CO_2$ 排放，必须要尽可能降低煤电的比例，尽可能地早开发、多开发水电，并尽快增加核电、天然气及可再生新能源发电的比例。根据世界电力发展规律并结合中国的资源和技术供应情况，对 2020 年的电源结构的规划设想是：在 9.5 亿 kW 中，煤电为 6 亿 kW，占 63%（电量 3 万亿 kWh，占 4.3 万亿 kWh 的 70%）；水电 2 亿 kW，占 21.1%（电量为 7000 亿 kWh，占 16%）；另有抽水蓄能电站 25 000MW，占 2.6%；核电 40 000MW，占 4.2%（电量 2600 亿 kWh，占 6%）；气电 70 000MW，占 7.3%（电量 3000 亿 kWh，占 7%）；新能源 15 000MW，占 1.5%（电量 400 亿 kWh，占 1%）。

#### （一）煤电发展

到 2020 年约为 6 亿 kW，占总装机 9.5 亿 kW 的 63.1%，发电量 3 万亿 kWh，占总电量的 70%，比 2000 年火电装机的 74.4% 和电量的 81% 下降 11 个百分点，平均每年下降 0.5 个百分点；相应的发电量约 3 万亿 kWh，需耗原煤约 14 亿 t，占 2020 年原煤预计产量 20～22 亿 t 的 64%～70%。

这种电源结构是由我国的能源结构决定的。在世界化石燃料资源中，随着经济技术的发展以及工业化和城市化的进程，其结构不断发生变化，其中煤炭比重在下降，油气比重在上升，世界平均从 20 世纪 50 年代初的煤占 60% 下降到 20 世纪 90 年代初的 30%，到 1998 年世界第一次出现全球天然气消耗占能源的比例超过了煤炭的比例，到 1999 年煤下降到 24.95%，而气上升到 26%。但我国却不然，我国在化石燃料资源中，气的比重比世界平均水平低得多，因此我国能源一直以煤为基础，煤在能源中的比重一直居高难下，1949 年我国煤炭在能源中的比例为 87%，随后逐年下降，但速度缓慢，到 1990 年煤仍占 76.2%，直

到 2000 年仍为 67%，比世界平均水平高出 40 多个百分点。根据初步分析，即使到 2020 年，我国煤在能源中的比重也在 55% 以上，而煤主要用于发电，因此在 2020 年煤电在全部发电量中占 70% 的预计也是难以再有大幅度下降的。

由于煤电的比重大，所以在进行电源规划时，特别是进行燃煤电站规划时，必须同时做好煤炭发展和运输的规划，将煤、电、运和环境保护的规划统一起来，协调发展。为了减轻电煤对运输的压力，因此要高度重视煤炭基地的煤电联合开发和外送电网的建设，特别是山西、陕西、宁夏、内蒙、贵州、东四盟等煤电基地的开发，要努力实现开发体制上的创新。这几个煤电基地可装机容量在 1.5 亿 kW 以上，如山西煤藏丰富，1997 年的保有储量是 2600 多亿 t，占全国的 1/4，根据其水量可建 20 000MW 以上，蒙西根据其水量，规划可建 60 000MW，东四盟可建 25 000MW，陕北基地可建 10 000MW，宁夏 10 000MW，贵州规划 30 000MW 等等。煤电基地的电站建设规模，主要受水的制约，因此，我们要大力发展空冷机组，以节约电厂用水，现在我们已掌握 600MW 空冷机组的制造技术，1000MW 的空冷机组正准备实施，并在煤电基地推广应用。

在大规模的燃煤发电厂建设中，一定要高度重视技术装备的科技进步，要积极推广高效、经济、清洁、可靠并具有较好调节性能的装备的应用。要积极推广使用超临界和超超临界的发电设备，首先要在东部沿海的港口、路口电厂中推广应用，并要努力加快发电设备制造供应上的国产化、本地化，使发电热效率由目前一般亚临界机组的 37% 左右提高到 45% 左右，并要使火电设备的调峰能力达到 50% 以上。此外要高度重视燃煤电厂的环保问题与清洁燃烧。我国现有火电厂的单位发电量的 $CO_2$、$SO_2$、$NO_x$，的排放量明显高于发达国家，据有关统计资料表明，我国火电厂每发 1kWh 电的 $SO_2$ 排放比日本高出 6.678g，$NO_x$ 高 3.82g，$CO_2$ 高 0.93g。这涉及到发电热效率和脱硫、除氮等电力环保以及煤的清洁燃烧等技术装备的推广应用问题。2005 年我国火电厂中装有脱硫设备的只有 500 多万 kW，不到火电容量的 2%，而发达国家的火电厂一般都装有脱硫装置，因此今后必须严格按国家规定，对含硫量超过一定标准的（现在规定为 1%）必须同时装设高效脱硫装置。逐步推广循环流化床（CFB）和整体煤气化联合循环（IGCC）等清洁煤燃烧技术，这对于我国大规模建设燃煤电厂来说更为迫切。因此必须抓紧"十一五"期间的白马 300MW 和 600MW 的 CFB 和山东烟台的 300～400MW 的 IGCC 的示范工程试点，尽快总结经验，并实施国产化。

上述高效、清洁、节水、经济的电力技术装备的国产化和充足的供应，是实现我国电力的可持续发展和保障电力的可靠经济供应的基础与前提。

（二）水电发展

到 2020 年水电要达到 2 亿 kW，占总装机容量的 21.1%，电量 7000 亿 kWh，占总电量的 16%；抽水蓄能电站装机达到 25 000MW，占到总装机容量的 2.6%，比 2000 年装机比重的 24.9% 下降了 1 个百分点，电量比重的 17.8% 下降 1.8 个百分点。但水电开发率已由 2000 年装机开发率的 21% 提高到 2020 的 53%，电量开发率相当由 12.6% 提高到 36%，都超过目前世界平均水平。

我国水电开发速度比较慢，从 1910 年开始，经过 90 多年的开发，到 2000 年水电开发率只有 12.6%，只为世界平均水平的一半多一点，因此优先并加快开发水电，仍然是我国电力发展的基本方针，也是西部开发、西电东送的主要内容。争取在 20 年内将中部水电基

本开发完，西部的大型水电也得到较大程度的开发，即到 2020 年东部地区、中部的湘西、长江中游、红水河以及西部的乌江、澜沧江中下游和金沙江下游段、黄河上游基本开发完毕，容量在 1.2 亿 kW 左右，其中包括如红水河的龙滩、大藤峡，乌江的构皮滩、彭水，清江的水布垭，沅水的三板溪、金沙江的溪洛渡、向家坝，大渡河的瀑布沟，雅碧江的锦屏一、二级，澜沧江的小湾、诺扎渡、景洪，黄河上游的公伯峡、拉西瓦、黑山峡以及乌东德、白鹤滩、独松等等，另外还有一批中型水电站将在 20 多年内建成。

另外为了适应系统调峰要求，还要建设相当规模的抽水蓄能电站。比照世界平均抽水蓄能电站占总容量的测算，我国抽水蓄能电站到 2020 年应达到 25 000MW 以上。这就要求 20 年内建设抽水蓄能机组约 20 000MW，约需上百台的 200MW 级的抽水蓄能机组，因此水头在 200m 左右，200MW 级大型抽水蓄能机组成套设备要抓紧研究并实现国产化。

（三）核电发展

到 2020 年，规划核电容量约为 40 000MW，占总装机的 4.2%，发电量的 6%，比 2000 年 1.2% 上升约 5 个百分点，使电源结构有所改善。

我国核电起步不晚，发展缓慢。2000 年只有 2100MW，到 2002 年末为 3700MW，加上现在在建规模也只有 8700MW。在"十一五"期间内计划开工 6000～8000MW 规模的核电，已过去两年，至今一个也没有批准开工。

然而，核电是一个"安全、可靠、高效、经济、清洁"的电力，是实施电力可持续发展战略的重要方面。这也是全世界 438 座核电站运行近一万堆年的实践所证明了的。核能是目前世界电力技术发展水平下，技术上成熟、可以大规模用以替代矿物燃料电站，并能有效地作为减少向大气排放 $CO_2$ 的根本措施。我国政府已承诺了控制 Obz 排放的"京都协定书"，因此今后 20 年内必须高度重视我国核电的发展。特别在沿海能源短缺、环境容量有限的地方，更应积极加速核电发展。现在已选核电厂址在 40 000MW 左右，从现在开始抓紧到 2020 年使我国核电达到 40 000MW 是有可能的，但任务十分艰巨。而在进入 21 世纪后的世界核电复兴年的浪潮，应当是一个有力的促进。

首先是要在思想认识上要统一。同时要加快核电成套设备的国产化和设计自主化的步伐，使核电设备制造尽快实现国产化和本土化，以大大降低核电造价，并确保安全可靠性，提高运行的负荷因子，大幅度降低核电上网电价，使之具有与煤电同等的竞争力。这是完全可以做到的，现在的广东岭澳电厂和秦山二期 600MW 核电使我们看到了希望。

在 2020 年以内建设的 40 000MW 核电站，在技术路线上建议原则上仍坚持以原定的 100 万级压水堆的路线，并充分吸取国际上的技术进步和改造的经验。具体堆型可在明确安全、经济及国产化率的条件下，通过国际标准来确定，并用以批量建设 100 万级核电站。这是充分发挥现有核电制造能力和建设、管理方面的经验，尽快实现核电设备供应和建设、管理上的国产化的重要条件之一，是使我国核电"既安全，又经济"的可行路线。与此同时，还要在核电技术上加强开发研究，跟踪国际的先进技术，努力发展有自主知识产权的新一代堆型的核电，争取在 20 年内建设示范堆型，为 20 年后批量过渡到新一代堆型做好技术供应的准备。

（四）气电发展

规划到 2020 年燃气发电的容量达 70 000MW，占总装机容量的 7.3%，电量约 3000 亿

kWh，占总电量的 7%。这将使 20 年内燃气轮机组的比重提高 6 个百分点，使电源结构得到一定程度的改善。

由于我国天然气资源相对贫乏，再加燃气轮机制造技术落后，所以在世界各国燃气轮机快速发展，在电力比例中很快上升时，我国仍处于很低水平。随着我国"西部开发""西气东输"及海洋气和进口天然气的计划的启动，在"十五"期间，国家计划安排建设 10 个电站 23 台燃气轮机联合循环机组，约 8000MW，并拟打捆招标，实现技术转让，引进国外先进的 F 型 350MW 级的燃气联合循环机组的制造技术，这可为今后我国气电的发展打下基础。

根据石化部门规划，到 2020 年全国天然气用量约 2000 亿 m³，其中进口约 600 亿 m³。根据建设部规划，在能源密度最大的云贵地区，天然气是预测到 2020 年，全国天然气用于民用的约 937 亿 m³，即约 1000 亿 m³ 可用于工业与发电，先初步按 800 亿 m³ 用于发电能源系统，即其中 700 亿 m³ 用于常规发电，100 亿 m³ 用于分布式发电系统，一共约可建 70 000MW 左右的电站。

燃气轮机能否很快发展、达到预期的目标，关键在于天然气和燃气轮机设备供应的保证与天然气价格问题。在规划中希望天然气发电比重的进一步提高，这也是电力可持续发展的迫切要求。但同时也要理顺能源价格体系，使天然气发电能与其他煤电、核电等电力相比具有一定的竞争力，使气电成为可支付得起的电力，这同样也是电力可持续发展的目标。

（五）新能源发电

规划到 2020 年达到 15 000MW，占总装机的 1.5%，发电量 400 亿 kWh，占 1%。新能源发电主要包括风力发电、潮汐发电和太阳能发电，也包括地热发电和垃圾、生物质能发电等。

人类保护环境的较好出路是大力发展再生能源的利用，而再生能源利用的最好形式是通过发电系统，将新能源转化为电能。20 世纪 80 年代以来，新能源发电是发展速度最快的一个新领域，虽然目前新能源只占总能源的 2% 左右，犹如 100 年前的石油工业也只占商品能源的 2%（1912 年）。在新能源发电中，近 20 年内重点抓好风力发电。我国风力发电 1986 年起步，到 1990 年为 4.1MW，2000 年为 347MW，10 年间平均每年递增 55%，其发展速度是很快的。从 2000~2020 年，按年增 20% 左右来安排，则到 2020 年风力发电可达 15 000MW 左右。

风电场的发展，关键在于风电设备国产化和规模化，增大单机容量到 2000kW 左右，形成规模经济，从而将风电场造价降下来。目前国内正在生产 600kW 和 660kW 的风机，同时正在引进生产 1300kW 的风机。正如欧洲的风机由 20 世纪 70 年代的 100kW 提高到现在的 2000kW，风力发电成本由 1970 年的 16 美分/(kWh)下降到 1999 年的 6 美分/(kWh)，再加政府政策的支持，风力发电有可能成为具有一定竞争力的电能。

其他新能源发电是太阳能发电，目前和今后 20 年内主要用于解决边远无电地区居民的供电。我国光伏电池产量和安装容量仅为世界的 1% 左右，我国目前初步统计太阳能单晶硅电池和非晶硅电池产量在 5MW，而世界光伏电池装机容量已达 1500MW，光伏电池的能源转换效率已达 16%~17%，且其造价和电价也大幅度降低。我国"十一五"规划高效晶硅太阳电池工业化生产达到年 30MW 的生产能力，发电容量达到 53MW，并规划开发 5 座

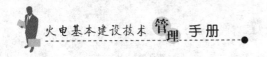
3～5MW的小型并网发电系统和2座10～20MW的大型并网系统电站，以及开发薄膜太阳电池生产技术，建立0.5MW的实验生产线。这些都预示着到2020年我国太阳能电池发电会有一个大的发展，对于解决边远无电地区的电网所未及的用电问题，将会起重要作用。

关于地热发电，我国已探明地热可用于发电的为1500MW（现已开发32MW），"十一五"规划中，要建立千瓦级高温地热发电示范工程以及促进热泵技术的开发及产业化，以进一步充分用好地热资源。

关于海洋能源我国也有很丰富的资源。据统计为4.6亿kW，其中潮汐能1.1亿kW（技术可开发2000多万kW），温差、波浪和潮能等约2.4亿kW（技术可开发约为1.6亿kW）。现在我国潮汐发电装机已有11MW，"十一五"期间拟开发10MW级潮汐电站示范工程，并完成波浪发电示范装置。海洋能的使用也有广阔前景，特别对解决海岛地区的供电供水等具有重要意义。

生物质能潜力巨大。据农业部评估，我国生物质能资源约为7亿t标煤。沼气等生物质能气化发电，"十一五"期间拟建立3～5MW级的发电示范工程；生物质液体燃料技术，也拟在"十一五"期间建立规模为100t/a的液体燃料示范工程；此外还有城市垃圾焚烧发电等，使多种生物质资源得到充分利用，既可减少对环境的污染，又可增加能源的供应，是电力可持续发展战略中的重要一环，预计在今后20年内都会得到很快的发展，并成为电力供应的补充。

## 第四节　电力工业的改革与发展

### 一、继续调整电力工业结构

目前，中国核电装机仅占电力总装机的1.3%，发展潜力很大。无论是从人才队伍，还是从技术水平和装备制造能力看，都具备了加快发展核电的条件。中国水电资源丰富，可开发的资源量约5.4亿kW。在科学论证、系统规划、妥善处理好生态环境保护和移民安置的前提下，2020年水电装机规模可望达到3亿kW。在风电发展方面，我们将重点建设甘肃河西走廊、苏北沿海和内蒙古3个1000万kW级的大风电场，打造"风电三峡工程"。另外，还要适度发展生物质发电。

### 二、大力发展洁净煤发电技术

为减少温室气体排放，应对气候变化，加强先进清洁发电技术的示范推广是必要的。中国拟开展一些示范项目的建设，比如采用IGCC、循环流化床和碳捕获等技术的电站项目，实现火电的高效发展和清洁发展。同时，进一步优化电力布局，鼓励发展热电联产、煤矸石综合利用电厂、余热余压余气发电、低浓度瓦斯发电等，提高能源利用效率。

### 三、加快老机组脱硫改造步伐

控制在役燃煤火电机组的污染排放十分重要。中国政府将进一步采取有效措施，落实相关优惠政策，加快在役的燃煤火电机组的脱硫改造步伐，到2010年实现在役火电机组全部脱硫运行。同时，鼓励在役的中型燃煤火电机组进行节能改造，提高机组运行效率，减少排放。

### 四、继续关停小火电机组

中国政府将继续实施上大压小政策，加快关停小火电机组的步伐，淘汰落后的电力生产能力。与此同时，加快大型、高效、清洁燃煤机组的建设，采取措施降低单位供电煤耗和厂用电率，进一步推进电力工业节能减排。

### 五、加强电网抗灾能力建设

加强电网建设，实现更大范围的资源优化配置。进一步推进西电东送、南北互济、全国区域电网互联。加强城乡电网建设与改造，逐步解决无电人口的用电问题。根据电力资源和需求分布，优化电源电网的布局，修订和完善适合我国国情的电力建设标准和规范，全面提高电网调度自动化系统的设备等级和技术水平，增强电力系统抵御自然灾害的能力。

### 六、积极稳妥推进电力体制改革

要在巩固"厂网分开"的基础上，逐步推进主辅分离，改进发电调度方式，加快电力市场建设，积极培育市场主体，推进电价改革，加快政府职能转变，逐步形成政府宏观调控和有效监管下的公平竞争、开放有序、健康发展的电力市场体系。

## 第五节　火电基本建设程序和内容

基本建设是一项涉及面广，需要内外协作，配合完成的多环节工程。要统一规划，科学合理的安排，才能完成一项基本建设工程。要进行多方面的工作，这些工作必须按照基本建设程序有步骤、有计划地进行，才能做到建设工程质量优良、建设速度快、工程安全可靠有保障、工程投资省，能够有效地提高工程整体投资效果，创造出更好的经济效益。

基本建设是形成固定资产的生产活动，基本建设同任何生产活动一样，有其必须遵循的程序。基本建设的程序是客观存在的，符合基本建设发展过程中的经济规律要求的程序就是基本建设的科学程序。

实践证明：在基本建设中，按照建设程序、尊重科学发展、重视经济规律和自然规律进行基本建设管理，基本建设的程序就得到高度重视和应用，能够认真贯彻执行基本建设的程序，基建工作就会顺利发展，基建投资就能创造出很好的经济效益。

基本建设程序是人们在长期基本建设实践中付出相当代价，逐步认识和摸索出来的基本活动的总规范或共同行动的准则。

基本建设项目是指在一个设计任务书（初步可行性研究报告书）的审查批复的范围内，新建或扩建工程、上大压小工程、热电联产工程、煤电化一体工程，它由一个或若干个单项工程所组成，有明确的投资主体或统一管理的建设单位。

建设项目按其建设规模、投资额度划分为300MW级、600MW级、1000MW级等，发电机组台数一般不超过8台，机组容量等级和型式不易超过两种。

基本建设项目的评价、决策和建设必须准确可靠，真实地掌握基础资料，认真研究建设条件、做好经济评价和社会效益分析，统一和明确建设的标准，以合理投资获得最佳的企业经济效益和社会效益。

基本建设要建立各级的责任制度。任何单位或个人都要自觉的遵守国家的法律法规，依章办事，依法办事，不能自批自定建设项目。建设项目各阶段的申报、审查和核准单位都要

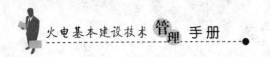

各负其责。凡提供的基础资料、计算数据、建设条件、各项专题报告、经济效益分析和社会效益分析有重大出入的，由提供单位负责；凡审查不当、决策错误的要由审批单位负责。在建设过程中发生重大损失、浪费的要由建设、设计或施工单位负责，各协作单位通过签订技术协议和合同等文件，明确各方的职责。

基本建设的前期批复工作必须按照国家规定的报批程序进行。设计的文件应按规定的内容和深度完成审批手续。基本建设项目必须实行高度集中、统一规划、统一管理，审批权集中在国家发展改革委员会和省、市、自治区两级，各类建设项目，各建设阶段都需要纳入相应的规划，要严格按照规定的权限履行审批手续。

基本建设的项目必须加强经济核算，列入年度建设计划之前要有审核批复的设计概算，在进行施工前要根据设计概算编制施工预算。现场建设单位在严格执行施工预算的同时要编制执行预算，根据市场准确地掌握资金的使用，确保不超设计概算标准。工程竣工验收时要有工程决算。资金的使用要接受各级主管部门或董事会、监事会，各级建设银行的监督。

火电基本建设程序通常可以划分为以下五个阶段：

（1）火电基本建设的第一阶段是建设前期工作阶段，即从确定项目初步可行性研究到可行性研究报告的审查。

（2）火电基本建设的第二阶段是从初步设计到初步设计审查至项目经省、市、自治区国家主管部门的核准，现场具备开工的条件。

（3）火电基本建设的第三阶段是施工阶段，从破土动工到机组整套启动。

（4）火电基本建设的第四阶段是机组的调试到168h满负荷试运行。

（5）火电基本建设的第五阶段是机组投入生产到设备性能考核试验及试生产调试，达到机组设计能力，完善竣工验收阶段。

根据火电基本建设的特点，一个大、中型火力发电厂的建设工程从规划建设、初步设计到建成投产，按照火电基本建设程序各阶段的主要工作环节和工作内容有以下几方面：

（1）初步可行性研究。

（2）根据初可研报告提出项目建议书，申报省、市、自治区主管部门，项目建议书符合当地政府的发展规划，得到当地政府有关部门的批复，同时报集团公司主管部门或董事会形成决策。

（3）可行性研究（建设项目经济分析、环境初步可行性分析、社会效益分析、完成各项专题报告）。

（4）项目申报经省、市、自治区、国家主管部门审查、核准，并取得许可建设的批复文件。

（5）初步设计（编制和审查）。

（6）施工图的设计（司令图设计和修改、施工图设计和会审）。

（7）工程施工准备。

（8）组织工程施工与生产准备。

（9）竣工验收（竣工图纸、竣工决算、环评验收、消防验收、入网安全性评价等）。

## 一、初步可行性研究

电力建设项目进行初步可行性研究是电力基本建设程序的主要环节，是确认项目成立的关键一步，是建设前期工作的主要内容，必须遵照国家的有关法律法规和初步设计规范的要求，认真进行各项工作。对基本建设前期工作不深入、不明确便会给工程项目造成很大风险，往往会造成不同程度的经济损失。开展可行性研究就是以合理的电力系统规划为基础，对拟建项目的一些主要问题从技术、建设条件、经济效益、社会效益、环保效益等方面进行全面的分析与研究，预测拟建项目投产后的经济效益和社会效益，提出可供决策者决策的最佳可行性方案，获得最优的投资效果，并为项目建议书的提出和编制提供可靠的依据，同时为项目审批和下一步研究工作打好基础。工作要认真负责，在时间上要有保证，做尽可能的详细调查，做好资料的收集，进行必要的技术经济论证。

可行性研究可分为两个阶段进行，即"初步可行性研究"和"可行性研究"两个阶段。

电力建设项目初步可行性研究主要根据电力系统规划要求和省、市、自治区政府的规划或上级下达的任务进行。

电力系统规划的主要任务是根据远景电力负荷的增长和发展、能源资源的开发规划、城市和工业热负荷的需求，以及需要配套规划建设的项目和建设电厂的自然条件，全面研究和初步安排电力系统的电源布局及电网的合理结构。

电力系统规划包含的主要内容有以下几点：

（1）各种能源资源的分布。

（2）逐年负荷预测和分布。

（3）电源点的分布、电厂最终规划建设的容量。

（4）有功功率、电量平衡。

（5）无功功率平衡。

（6）能源消耗：发电及供热用燃料，水利资源利用情况。

（7）备用容量、电能质量、可靠性指标。

（8）主电网网络布局、电压等级。

（9）发电建设项目、投产日期、资金投入及主要设备、主要材料消耗。

（10）送、变电的建设项目进度、投运日期、资金投入及主要设备、主要材料消耗。

（11）科研及勘测、设计任务。

电力系统规划应由国家电网公司、省、市、自治区电网公司组织有关规划部门、设计单位编制、并上报上级主管部门及政府主管部门审批。

初步可行性研究报告的编制可委托有资质的设计单位进行。初步可行性研究报告应按照设计文件审查规定，报请主管部门审查（省、市、自治区发改委，电力规划设计总院、中国国际工程咨询公司、国家电网公司）。

**二、建设项目的提出（报批项目建议书）**

基本建设项目的提出应根据国民经济长期规划设想，部门和行业发展规划以及地区发展规划的要求，由建设单位或主管建设的单位提出项目建议书。火电基本建设项目必须根据电力系统规划的要求和审定的初步可行性研究报告提出项目建议书。对国家计划发展有重大影响的和合资建设项目，应会同有关地区或部门联合提出项目建议书。

项目建议书是投资前对项目主要概况的分析说明，主要从建设的必要性方面来衡量，同时初步分析建设的可行性，具体包括以下内容：

（1）建设项目提出的必要性和依据。

（2）技术方案、拟建规模和建设选址的规划。

（3）工程设想、接入系统、环境保护。

（4）资源情况、燃料供应、建设条件，开发投资的主体及协作关系。

（5）投资估算和资金筹措（利用外资项目要说明利用外资的可行性，以及偿还贷款能力的大体测算）。

（6）经营管理。

（7）工程项目的进度计划。

（8）经济效益、环境效益、社会效益的初步分析和评价。

（9）结论、初步说明投资的必要性和可行性。

（10）主要附件（与初步可行性研究要求的附件一致）。

工程项目建议书的编制工作，可由项目建设方自己编制或委托可行性研究设计单位编制。

省、市、自治区主管计划的部门在接到项目建议书后，应按照规定的时间做出答复。项目建议书经计划部门平衡审查后，对于需要进一步进行工作的项目分别纳入国家、部门和地区的前期工作计划。

根据集团公司或董事会主管计划部门和省、市、自治区发展改革委员会下达的前期工作计划，发出前期工作计划通知书，作为建设项目开展可行性研究，取得地方政府部门有关支持性文件的依据。

进行前期工作计划的项目，应设立相应的组织机构，负责组织可行性研究报告。项目的报批、审查、初步设计的编制，各部门、各地区要尊重支持项目前期的工作。

火电建设项目组织机构，在公司或董事会和主管部门的领导下行使的职责如下：

（1）负责组织可行性研究报告的编制，根据报告的要求完成各项专题报告的编制及审查，取得各项有关地方政府的支持性文件，综合利用的协议文件、燃料供应、交通运输等支持性文件。对该项目在经济上是否合理，技术上是否先进，资源是否可靠，建设的外部条件是否落实等方面进行科学的论证，为项目建设决策提供正确的依据。

（2）负责组织按照国家有关部门的要求进行项目的报批工作，组织编制报批的有关文件，上报主管部门审批。

（3）负责组织进行初步设计的编制及审查。

（4）制定项目的前期工作计划，报主管部门审批后实施。

火电建设项目组织机构必须遵循的原则如下：

（1）从实际出发，依据科学发展观思考问题，按经济客观规律办事，按基建程序办事。

（2）以提高经济效益为中心，注意环境保护，关注社会效益。

（3）在技术上要充分调研，必要时开展专题可行性论证，注意采用推广的新技术、新工艺、新设备、新材料。

（4）项目组织机构对前期工作成果的科学性、准确性承担责任。

### 三、可行性研究

进入前期工作计划的项目，在经主管部门的批准后，由项目组织机构委托或以招投标的形式确定设计单位进行可行性研究，负责进行可行性研究的设计单位，要经过主管部门的资格审定，要对工作的质量负责，要保证资料可靠，数据准确。

可行性研究报告应根据初步可行性研究报告的审查意见和项目建议书进行工作。

可行性研究应具有以下基本内容：

（1）项目提出的依据、概况、设计的范围、主要设计的原则。

（2）电力系统现状、负荷发展预测、电量平衡、电厂在系统中的作用、建设的必要性及建设规模、电厂与系统的连接、电厂主接线。

（3）燃料供应、煤源概况、煤质特性及燃烧量、点火及助燃油、燃料的运输方式。

（4）建厂条件、厂址概述、交通运输、电厂水源、储灰场、工程地质与地震、水文气象条件、厂址的选择意见。

（5）工程设想、电厂总平面规划、装机方案、电气部分、热力系统、燃烧系统、燃料运输系统、储灰渣系统、除灰渣系统、供水系统、化学水处理系统、污废水处理系统、热力控制、主厂房布置、建筑结构选型及地基处理、水工结构选型及地基处理、采暖通风及输煤除尘系统、烟气脱硫系统、烟气脱硝系统、电厂管理信息系统。

（6）环境保护、灰渣综合利用、劳动安全和工业卫生。

（7）节约和合理利用资源、节能标准及节能规范、本工程所在地能源供应状况分析、节约能源的措施和效果、节约用水措施、节约原材料措施、节约用地措施。

（8）电厂定员。

（9）电厂工程项目实施条件和轮廓进度。

（10）投资估算和经济效益分析。

（11）结论及建议。

扩建项目还应包括原有固定资产的利用程度和充分利用老厂设施分析、降低工程投资分析等。

建设项目必须对建设厂址的选择进行多方案的比选，发电厂的厂址选择应按规划选厂和工程选厂两个阶段进行。规划选厂应以中长期电力规划为依据，作为初步可行性研究阶段规划选择厂址，工程选厂应以批准的规划容量或审定的初步可行性研究报告为依据，作为可行性研究报告阶段的工程选择厂址。

新建工程在初步可行性研究阶段应择优推荐出两个或以上厂址进行初步可行性研究阶段工作，可行性研究阶段按初步可行性研究阶段审定的两个及以上厂址进行同等深度的比选，然后经过主要技术经济条件比较确定一个厂址进行初步设计阶段。

可行性研究报告按隶属关系由主管部门、电力规划设计总院、国家工程咨询公司、省、市、自治区发展改革委员会组织审查，对一些有重大影响的重点工程项目，国家发展和改革委员会（简称国家发改委）可以直接参与或组织对其可行性研究报告的审查。

在可行性研究阶段，必须取得地方政府的有关支持性文件，并完成各项专题报告。审查单位必须对审查结论负责，切实保证资料可靠、数据准确。

设计单位提出的可行性研究报告应有单位组织的校核、审核、批准人的签字，并对该报告的内容质量负责。在审查前一个月将报告提交主审单位。主审单位组织有关技经、环保、工程各项技术方面的专家参加，广泛地听取意见，对可行性研究报告提出审查意见。

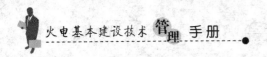

经审查证明没有必要建设的项目，审查单位可以决定取消，并报有关部门从前期工作计划中撤出项目，不再进行工作。

可行性研究报告审查合格的项目，在需要进行下一阶段的设计、安排建设时由项目主管部门或省、市、自治区发展改革委员会形成同意建设意见，在可行性研究的基础上根据审查意见，按照经济效益最好的方案编制上报。根据省、市、自治区发展改革委员会审查核准的报告，进行初步设计阶段的工作。

**四、项目申报开工建设计划及核准**

火电建设项目必须经省、市、自治区、国家发展和改革委员会的审查，并取得火电工程项目开工建设计划的批复（即取得路条）。根据工程项目核准的有关要求，进行工程项目的核准，其内容包括以下几个方面：

(1) 认真做好项目的前期工作，完成项目可行性研究，取得可行性研究报告要求的支持性文件，完成各项工程专题报告，并经过省、市、自治区主管部门的审查。项目的前期工作应得到当地省、市、自治区人民政府的大力支持，得到当地人民政府部门的认可，申报当地人民政府将项目列入省、市、自治区及国家发展和改革委员会的电源发展规划。

(2) 火电建设项目列入省、市、自治区的电源发展规划，并申报国家电源发展规划，待获得国家发展和改革委员会关于电源项目开工建设计划（取得路条）后，按照核准条件要求，具备项目的核准条件。

(3) 为指导企业有序开展燃煤电厂项目前期工作，进一步落实项目核准程序，加强项目管理，根据《企业投资项目核准暂行办法》、《国家发展和改革委员会第 19 号令》及有关规定，做好火电项目审查、核准的有关事项。

(4) 根据国家发展和改革委员会关于项目申请报告通用文本的要求，进一步完善企业投资项目的审查核准工作。

(5) 项目申请报告通用文本，是对项目申请报告编写内容及深度的一般要求，关于《项目申请报告通用文本》的说明是对通用文本的详细解释和阐述，在编写、审核项目申请报告时，应同时借鉴和参考通用文本及说明的有关内容。

(6) 在编写具体项目的申请报告时，可根据项目的实际情况对通用文本中所要求的内容进行适当调整。如果拟建项目不涉及其中有关内容，可以在说明情况后不进行相关分析。此次所发布的项目申请报告通用文本适用于我国境内建设的企业投资项目，包括外商投资项目，境外投资项目申请报告的文本将另行编制。

(7) 项目申请报告既要遵循通用文本的要求，又要充分反映行业特殊情况，可根据实际需要对通用文本的内容进行适当增减，主要从维护经济安全、合理开发利用资源、维护生态环境、优化重大布局、保障公共利益、防止出现垄断等方面进行论述和审查。

(8) 关于煤矸石综合利用电厂项目审查、核准的有关事项，应根据国家发展和改革委员会的要求，企业投资建设的煤矸石综合利用电厂项目（含煤矸石热电联产项目）应报国家发展和改革委员会审查核准。项目申请报告由具备甲级工程咨询资格的机构编制，内容符合有关规定。

(9) 项目申请报告须经项目所在地省级政府投资主管部门的初审并提出意见，再向国家发改委报送项目申请报告。

（10）项目核准文件有效期为 2 年，自发布之日起计算，项目在核准文件有效期内未开工建设的应按规定延期。

（11）已经核准的项目如需对项目核准文件所规定的内容进行调整，项目单位应及时以书面形式向国家发改委报告，国家发改委将根据项目调整的具体情况，出具书面确认意见或要求其重新办理核准手续。

（12）国家发改委在受理项目核准申请后，如有必要可委托有资质的咨询公司机构进行项目的评估。

（13）一般项目在申报核准前，应根据项目前期可行性研究报告，在项目所在地省级投资主管部门列入当年的发展计划，并报国家发改委。项目在进入国家发改委的发展规划后，取得国家发改委的发展规划的文件后，项目可开展初步设计，并取得国家电网公司或南方电网公司出具的接入电网的意见，水利部出具的水土保持意见，国土资源部出具的项目用地预审意见，国家环境保护部出具的环境影响评价文件的审批意见。根据国家发改委要求的审查核准文本编写项目审查核准报告，完成项目审查核准时有关附送的其他文件，上报国家发改委审查核准，项目核准后方可进行项目的开工建设。

（14）国家发改委主要从以下方面对火电建设项目进行审查：

1）项目是否符合国家有关法律法规。

2）项目是否符合电力工业发展规划和年度发展规划。

3）项目是否符合国家产业政策。

4）项目是否符合国家资源开发利用和综合利用政策。

5）项目是否符合国家宏观调控政策。

6）项目地区布局是否合理。

7）项目环保、用地、用水、能耗等方面是否符合有关规定。

8）项目是否符合社会公众效益。

9）项目是否符合电力体制改革的有关规定，防止出现市场垄断。

10）项目法人或投资方是否符合市场准入条件并具备投资建设和运营管理的能力。

11）项目设计单位是否符合有关资质规定等。

**五、初步设计（编制和审查）**

在取得国家发展和改革委员会的发展规划的文件后，根据文件精神要求及时开展项目的初步设计。设计阶段的划分，根据不同的建设工程区别对待，一般项目采用两个阶段设计，即初步设计与施工图设计。技术复杂的项目和有特殊要求的，经项目主管部门提出确认，可增加技术设计阶段或专题技术设计，编制专题设计报告。

初步设计阶段项目主管部门（业主）应按照有关招标规定，进行设计招标工作。根据项目情况可以进行公开招标或邀请招标，由项目单位编制勘测设计招标文件；编制项目勘测设计招标工作大纲，制定勘测设计招标评标细则，发出勘测设计招投标公告或邀请招标函，综合招投标结果，确定项目的设计单位。

初步设计的内容一般应包括项目概况、主要设计原则、电力系统、燃料供应、电厂水源、交通运输、储灰场、工程地质、水文气象、总体布置、工艺流程和主要设备系统、建筑结构和工程标准、公用、辅助设施、环境保护、灰、渣综合利用、劳动安全和工业卫生、节

约和合理利用能源、电厂定员、项目实施条件和工程进度、投资估算及经济效益分析。

初步设计的深度应能满足项目投资决策、工程、设备招投标、编制施工组织设计，材料、设备的订货，土地征用和施工准备等要求，并能依据编制施工图和工程预算。

专题技术报告或技术设计是在初步设计的基础上，对建设项目的工程、技术和经济问题的进一步深化，其深度应能满足确定设计方案中重大技术问题和有关试验和设备制造等方面的要求。

专题技术报告或技术设计的主要标准、技术、经济指标要符合已经审查批准的初步设计的要求。

项目初步设计完成后由各主管部门、各省、自治区、直辖市、国家电力规划设计总院、国家工程咨询公司、有国家认可资质的主管部门进行审查或审批。

初步设计文件经审查批准后，不应随意修改变更，凡涉及初步设计中的总平面布置、主要工艺流程、主要设备、主要建筑、建筑标准、总定员、总概算等方面的修改，须经原设计审查批准部门审批。

**六、施工图的设计（司令图设计和修改、施工图设计和会审）**

在初步设计完成审查批复后，根据审查结果进行施工图设计。

施工图的设计深度应能满足建设材料的安排、非标准设备的制作、施工图预算的编制和建筑安装工程的要求。

在施工图设计时应先进行司令图设计，由项目单位或项目主管部门组织参与对司令图整体系统的分析和确认，对提出的建议和改进方案进行修改，完善司令图设计，使施工图设计更加符合安全、可靠、经济适用的要求。

要努力提高设计质量，积极采用经过检验、鉴定的先进生产工艺、技术装备、新型的建筑材料，设计的技术经济指标要先进、合理、适用，依据的基础数据要确切、可靠，设计概、预算应准确，能够满足控制工程投资、安排资金计划和签定工程招投标合同、核算工程造价等的需要。

设计人员要对工程项目认真负责，对项目认真地分析研究，不断地优化设计，提出更加科学合理先进的设计方案，认真地贯彻执行国家、行业的有关标准。

项目的建设单位要为设计单位客观地、公正地进行创造条件，要保证必需的设计周期。

要严格遵守设计程序，建设项目没有进入国家、省、市、自治区主管部门发展规划的批复文件，不能提供初步设计文件，没有审查批准的初步设计，不能提供设备订货清单和施工图，没有审查批准的施工图，不能提供材料清单。

施工图由设计单位的行政和技术负责人审查批准，使设计质量有保证后，提交项目建设单位和施工单位。施工图的修改必须经设计单位的主设计人或设计总工程师的批准。主要部分施工图的修改须经过设计单位主管技术的领导批准。

**七、工程施工准备**

项目主管部门可根据计划要求的建设进度和工作实际情况，由项目筹建机构负责完成项目的建设，即为工程的建设单位。建设单位的主要任务是全面安排建设项目和施工准备工作，负责监督检查工程质量和投资使用情况，保证工程按计划建成投产，按照有关规范和标准制订的经济指标、安全指标，考核本工程的投资效果并报项目的主管部门或国家有关主管部门。

施工准备工作包括以下内容：

（1）新建工业企业向企业所在地的工商行政管理机关办理注册登记手续，确立项目法人、项目组织管理机构和规章制度健全。

（2）办理土地征用手续或拆迁手续。

（3）进行工程招标，确定工程项目施工单位、工程监理单位，施工合同、监理合同已签定。

（4）落实工程项目施工用水、电、路、通信、施工场地平整，即"四通一平"工作已完成。

（5）项目施工组织设计大纲已经编制完成，并经审定，具体内容和要求见《火力发电工程施工组织设计导则》。

（6）项目法人与项目设计单位已确定施工图交付计划并签定交付协议，图纸已经过会审，主体工程的施工图至少可满足连续 3 个月施工的需要，并进行了设计交底。

（7）项目主体工程施工准备工作已经做好，具备连续施工的条件。

（8）主要设备和材料已经招标选定，运输条件已落实，并已备好连续施工 3 个月的材料用量。

（9）项目资本金和其他建设资金已经落实，资金来源符合国家有关规定，承诺手续完毕。

（10）项目初步设计及总概算已经批复，开工审计已进行。项目总概算批复时间至项目申请开工时间超过两年，或自批复至开工期间，动态因素变化大，总投资超出原批概算10％以上的，须重新核定项目总概算。

（11）所在省、市、自治区上年度机组平均利用小时低于 5000h 的发电项目，已经取得省、市、自治区电力公司对原上网协议和购电协议的重新确认，以火电为主的电网，火电机组平均利用小时低于 5000h 的，原则上不应开工一般电源项目。施工准备工作还包括做好现场测量控制网、主要施工机械平面布置、组织施工力量的准备，除上述整个现场准备工作以外，每个施工单位工程开工以前，还必须按照上述条件做好准备工作。

根据现行经济体制，在基本建设中，以经济合同、技术协议为依据，做好协调和配合工作，明确各自的经济技术责任。经济合同具有法律效力，根据经济合同的规定，签约双方应认真做好各自承担的施工准备工作。

建设项目所选定的三大主机设备即锅炉、汽轮机、汽轮发电机，建设单位应落实主机厂的排产情况，按照签定的经济合同，双方都应严格执行，建设单位应保证资金按时到位，制造厂商应保证按期投料生产加工，确保按期交货，建设单位要经常与设备制造厂商取得联系，落实设备的具体交货时间。

建设项目要根据经过审查批复的总概算、工程网络进度计划，合理地安排各建设年度的投资。年度计划投资的安排，要与整个建设工程总体规划要求相适应，保证按期建成。年度计划安排的内容要和当年分配的投资、设备、材料、建筑安装相适应，配套项目的建设要同步进行、相互衔接，生产性建设和生活设施建设都要合理安排，同步进行建设。

国家重点建设项目是关系全局的基础性建设，必须全力保证，在投资、材料、设备、施

工力量等方面给予保证，满足建设的需要，使其能按期投产，确保工程质量，并尽快地发挥投资效益。为使项目建设计划安排保证实现，建设单位和施工单位要对建设项目投资、工程质量、安全和建设工期，严格按照经济合同的要求，由监理单位认真地协调控制，保证按预定的目标投产发电。

工程监理单位，要根据项目签定的经济合同严格认真履行监理职责，组织成立项目监理机构，认真编写项目监理大纲，帮助建设单位做好工程管理工作。

设备监造单位，要根据项目签定的经济合同严格履行设备监造职责，组织好监造人员，认真编写项目监造大纲，设置好设备的监造过程，布置好设备的监造点。

根据电力基本建设质量监督中心站的要求，及时成立现场电力基本建设质量监督站（三级站），认真编写质量监督大纲，三级站在中心站的领导下，认真履行质量监督检查工作。

**八、组织工程施工与生产准备**

建设项目在完成各项施工准备后，经项目所在地省、市、自治区主管部门审查合格后，即转为新开工项目，正式开工建设。

严格执行开工报告制度。一切新建、扩建项目动工兴建，都要经过上级机关正式批准的开工报告，开工具备的条件总的要求是以能满足工程开工后，可以进行连续施工，并能逐步扩大施工面，以不出现由于因建设准备不足工程开工后，不能正常的施工或建设，出现采取临时性应急措施，无法连续施工为原则。开工报告应由建设单位提出开工申请，报当地省、市、自治区主管部门审查后可申报国家主管部门审批。

主管部门根据批准的年度计划，对建设项目统筹安排落实项目的资金，协调设计和施工，保证资金落实、施工图纸、设备、材料、施工力量满足工程建设的需要，保证计划的全面完成。

施工单位应加强管理，组织施工图的审核，编制施工组织设计，编制年度工程进度计划和年度材料消耗计划，提出保证工程造价和保证工程质量、保证工期、保证施工安全的措施。施工单位要健全生产指挥系统，建立严格的责任制，坚持施工程序，科学组织施工；广泛采用和发展新工艺、新技术、新材料、新结构、先进的施工方法和技术措施；要努力提高工程质量，缩短建设工期，降低工程造价，要提倡文明施工。施工单位要对工程质量全面负责，开展创优质工程竞赛活动，要精心施工，工程结束即可全面竣工，不留未完工程。

生产准备工作是指建设项目投产前为机组整套启动、168h试运行、移交生产所做的全部生产准备工作。它是使建设阶段能够顺利地转入生产经营阶段的必要条件。

电力建设项目特别在工程开始建设施工后，建设单位要根据建设项目的规模和施工进度，适时地组织力量有计划有步骤地开展生产准备工作，保证工程建成后能及时投入运行。

生产准备工作的主要内容有以下几方面：

（1）生产准备机构的设置。

（2）生产准备规划的编制。

（3）生产人员的配备与培训，组织生产人员参加设备的安装、调试，熟悉设备，掌握生产技术，并参加分部试运和整套启动调试工作。

（4）生产技术准备与规章制度的建立，组织生产管理人员收集生产技术资料，制订必要的管理制度。

(5) 组织编写运行规程、操作规程、事故处理规程。

(6) 落实燃料、消耗材料、水、交通和其他协作配合工作。

(7) 物质供应准备，要组织工具、器具、备品、备件、生产用品等的制造和订货工作。

(8) 经营管理方面的准备。

**九、竣工验收（竣工图纸、竣工决算、环评验收、消防验收、入网安全性评价）**

建设项目按照设计要求建成后，经过 168h 满负荷试运行，并完成各项机组性能考核试验后，必须按启动验收和竣工验收的规范要求及时组织工程竣工验收。

五大发电集团建设工程的竣工验收，一般由集团公司主持，邀请地方政府领导参加，并组织验收委员会主持竣工验收工作，特别重要工程或引进重大项目，必要时由国家主管部门组织验收。

竣工验收中，由于各种原因，未能达到设计所要求的内容全部建成完工，或初期达不到设计能力规定的指标，但对近期生产影响不大的，也可组织竣工验收，办理交付生产的手续，在验收时，对遗留问题，由验收委员会确定具体处理办法，由项目建设单位负责执行，限期整改或完善，达到设计要求。

施工单位应向建设单位（生产单位）提交竣工图、隐蔽工程施工记录和其他有关资料及文件，作为电厂投产后检修和维护的依据，并为将来机组改、扩建工程提供基础资料。

在工程验收过程中，如发现工程内容或工程质量不符合设计规定时，施工单位必须负责限期修补、返工、重建，因此而发生的各项费用和器材消耗由施工单位负责。

在工程竣工验收前应先进行环保验收、消防验收、电网入网安全性评价工作。

环保验收主要是项目所在地省、市、自治区项目当地环保部门或国家环保主管部门主持进行的验收，环保项目必须与主体工程同时进行建设，同时进行调试，同时进行投运并且达到验收的标准，对不合格的项目应限期整改，或停止机组运行，至整改合格，确保环保项目正常投入运行。

消防验收是以当地消防部门或项目所在地的省、市、自治区的消防主管部门主持的验收。按照国家有关消防规范对电力项目消防系统进行的复合性检查和功能可靠性进行的鉴定。验收合格后，消防主管部门应发合格证，验收不合格的应根据存在的问题限期整改或消除缺陷，重新进行验收，至验收合格。

入网安全性评价是在机组投入并网运行时，项目所在地的省、市、自治区或区域电网公司及电监会（局）主持进行的机组入网安全性评价，确保机组入网的安全性评价合格后发给准予入网的入网证。

建设项目验收后，应抓紧办理移交固定资产的手续。根据电力建设的特点，规定对单机容量为 300MW 及以上的机组，在机组整套启动经过 168h 试运行后，需要 3～6 个月时间作为试生产调试和性能考核实验阶段。工程转入生产后根据规定，设计单位、施工单位要做好四访工作，总结设计、施工的先进经验和教训。

在项目建设过程中遵循基本建设程序和实施各阶段所包括的工作内容，以提高经济效益、社会效益、环境效益作为基本建设工作的指导方针。工程项目的建设需要专业化的管理队伍，熟悉基本建设管理有项目建设的管理经验，有较高的事业心和敬业精神，能够为国家和企业提高投资效益，科学合理地安排工程进度，协调各个施工环节，安全可靠地组织施

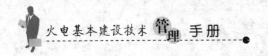

工，保证工程质量，使项目建成投产后能够安全、稳定可靠地发挥投资效益。

在项目建设过程中，要注意投资的综合效益，防止片面性，要特别处理好安全、进度、质量三者的关系，贯彻安全第一的思想，要杜绝人身伤亡事故，杜绝工程质量安全事故，从技术措施、技术方案、职业指导书上明确安全项目，加强技术指导，加强安全教育和培训，明确安全责任，坚持按照基本程序办事，加快工程建设的速度，缩短建设工期，是提高投资效益的主要途径。搞工程建设就是要千方百计在尽可能短的时期内把项目建设投产，及早地发挥投资效益，但是加快速度必须尊重科学，在客观条件允许的限度内，按合理的工期组织施工，绝不能急于求成，不惜成本，主观片面地抢进度，造成返工浪费。正确地处理好进度和质量的关系，基本建设是百年大计，确保工程质量至关重要，没有质量就没有速度，也就没有经济效益。以往存在片面追求进度，盲目赶工期抢进度，工程质量低劣，造成返工浪费，甚至给生产和使用造成了先天性的缺陷，影响了工程使用寿命，因此必须确保质量的前提下加快工程进度，在设计上、施工上尽可能地采用先进技术，以逐步提高我国现代化技术水平，做到技术上先进可行、经济上节约合理。

在工程设计中，对于拟采用的工艺技术、设备选型以及建筑结构等，一定要从技术和经济两个方面反复进行比较，选用技术实用、可靠，投资省、造价低的最佳方案。

施工单位在选用施工方案上应先进合理，在技术措施上都要采用技术先进可行和经济合理、能够提高功效、降低投资的原则。不要出现"不计成本、采用大马拉小车"的技术措施。

## 第六节　火电基本建设技术管理

火电基本建设技术管理是电力发展规划部门规划、勘察设计、施工、实验、可研、制造建设管理工作的重要组成部分，是电力工业基本建设部门对工程建设技术进行一系列组织管理工作的总称。

在一定的技术水平和装备条件下，基本建设成果的好坏很大程度上取决于技术工作的管理。现代化建设中，技术水平越高、技术装备越先进、专业分工越细，对技术组织工作要求也越严格，技术管理要求也就越重要。

目前火电基本建设工程规模越来越大，技术越来越复杂，为了不断提高投资经济效果，电力基本建设必须依靠科学的力量、技术的力量，不断提高技术管理水平，更有效地加强各项技术工作的组织管理，以适应电力基本建设发展的需要。

**一、火电基本建设技术管理的任务**

火电基本建设技术管理的任务是：正确贯彻执行党和国家的方针政策，要体现以提高经济效益为中心和提高科学技术水平的指导思想，科学地组织各项技术工作，坚持按照基本建设程序不断总结和完善各项技术管理措施，不断地总结和完善各项技术管理措施，不断地革新原有技术和采用新技术，提高自动化、机械化水平，提高劳动生产率，缩短工期，保证工程质量，不断地降低工程造价，保证优质高效地完成火电基本建设任务。

**二、火电基本建设技术管理的要求**

（1）要重视专业技术人员的作用，明确专业技术人员的责任，发挥专业技术人员的积极性和创造性，专业技术人员应积极钻研技术，掌握先进技术，不断提高技术水平，为电力基本建设做出应有的贡献。

（2）要大力开展科学研究，积极采用新技术、新工艺、新材料、新结构，不断创新、改造，努力提高现代化的技术管理水平，要加强对外的技术交流，吸取先进的技术管理经验。

（3）要加强技术档案资料的管理，收集国内外的先进科技文献，充实提高技术管理人员思想理念，建立健全日常的各项建设管理制度，合理地组织施工，科学地进行管理，尽力采用施工新技术，有效地利用人力、物力，安排好空闲的时间，组织安全、文明施工，注意环境保护，以求实现安全、优质、准点、文明、低耗，取得更大的技术效益效果。

### 三、火电基本建设技术管理的内容

火电基本建设技术管理的内容是：制定企业科学发展、创新、改造的规划，重视技术情报工作，广泛地开展学习与研究，采用新技术、新工艺、新材料、新结构的管理、工艺设计和工艺管理、设备和工器具管理、施工生产质量管理和技术准备管理、技术档案和技术资料的管理、职工技术教育培训和考核、组织群众性的技术创新活动、环境保护和综合利用的管理等。

### 四、火电基本建设技术管理应遵循的原则

（1）要强化社会总体效益意识，要认识到规划和前期的浪费是最大的浪费，在做电源规划中要优化资源配置，加强电力市场的需求预测，综合分析电源各个环节的投资效益，根据市场需求情况，科学地安排电源开发建设的时间和顺序，加深项目前期工作深度，不盲目上项目搞建设，保证建设项目有良好的经济效益。

（2）要强化投资效益意识，对国家五大发电公司投资或参股的建设项目，要根据电力建设"安全可靠、经济适用、符合国情"的电力建设原则，采用"项目法人、招标投标、工程监理"的电力建设管理体制，以控制造价、合理工期、达标投产为电力建设目标，满足"强化管理、减员增效"的电力建设改革要求和再上新水平的六条标准，即科学合理的设计标准、符合国情的工程造价、规范有序的电建市场、高效一流的工程管理、优化合理的建设工期、规范严格的达标投产。

（3）要依靠科学进步求效益。科学技术是第一生产力，科学技术的发展是电力工业发展的强大动力，要坚持科技兴电，大力提高科技对电力发展的贡献率，提高科技进步对企业效益的贡献率。

（4）要坚持向管理要效益，强化质量管理，使电力建设质量水平再上新台阶，要建立现代化企业制度，完善法人治理结构和企业内部的经营机制，加强成本核算，实行生产全过程的成本控制，提高企业经营效益。

（5）在基本建设工作管理方面，坚持以安全为基础、以质量为保证、以效益为中心。

（6）坚持科研与生产相结合，使科研走在生产的前面。要有科学的预见性，大力开展应用研究和开发研究工作，建立一定的技术储备，加强科技情报工作，掌握研究国内外的有关科技动态和发展趋向。

（7）设计革命的思维方式和科学的态度相结合，不断地提高和创造电力基本建设更高更好的水平。

# 第二章

# 火电建设项目可行性研究报告的编制

可行性研究是对建设项目投资决策前进行技术经济论证的一门综合性专题报告，可行性研究的任务是对建设项目在技术上、经济上是否合理和可行进行全面分析和论证，作出多方案的比较，提出评价。由于基本建设工程涉及面广，建设周期长，对人、财、物消耗很大，为了更好地获得投资效果，得到投资方和国家主管部门的支持和认可，在项目建设之前就必须对拟建项目进行可行性研究。

可行性研究是工程项目开展初步设计工作的主要依据，是确定建设方案、建设规模、建设布局、主要技术经济指标等的基本文件，按照基本建设程序，一项基本建设工程在进行可行性研究之后才能报经省、市、自治区、国家主管部门审查批复，并取得许可建设的批复文件，审查项目建设的可行性和必要性，进一步分析项目的利弊得失，落实项目建设的条件，审核各项技术经济指标的合理性、先进性，比较分析、确定建设厂址，审查建设资金，为项目的最终决策提供重要保证。

## 第一节　可行性研究的作用与任务

### 一、可行性研究的作用

可行性研究是火电基本建设前期工作中的重要环节，项目建设实践证明：要搞好基本建设，必须十分重视基本建设的前期工作，认真进行基建项目的可行性研究。可行性研究，就是对拟建设项目进行论证，分析工程建设的必要性和可行性，从技术和经济上进行论证分析，并在此基础上对拟建设项目的经济效果进行预测分析，为投资决策提供依据，也就是对拟建设项目的技术上先进、适用性，建设条件的优越性、环境保护、综合利用、节约和合理利用能源，投资估算及经济效益分析，进行认真的调查分析并经过多方案的分析比较，推荐最佳的建设投资项目。

可行性研究作为基本建设规划的重要阶段，使项目建设能够稳步发展，取得显著的经济效益和社会效益，在工业建设领域不断地充实和完善，应用范围十分广泛，不仅用来研究工程建设问题，还可研究农业的生产管理，自然、社会的改造等。可行性研究所应用的技术理论知识也很广泛，涉及到大量的技术科学、经济科学和企业管理科学等，现在已经形成一整套系统的科学研究方法，虽然世界各国对可行性研究的内容、作用和阶段划分不尽相同，但作为一门科学，已被各国所共认，在国际上广泛采用。

在西方国家，以最少的资本获取最高的投资回报，榨取尽量多的剩余价值，驱使投资经营者十分重视拟建项目的可行性研究。我国基本建设项目进行拟建项目的可行性研究，是对有关基本建设项目进行调查研究，正确进行投资决策，避免和减少建设项目的投资失误，求取最优的基本建设投资综合效益，为此根据国家和部颁发的有关规定和要求，必须认真地作好火电建设项目的可行性研究。

火电建设项目的可行性研究文件主要作用有以下几点：

（1）可作为有关建设项目的投资决策依据。

（2）可作为开展初步设计的依据。

（3）可作为资金筹措的依据。

（4）可作为对外协作签订协议的依据。

（5）可作为进一步开展火电基本建设前期工作的依据。

（6）重大的基建项目的可行性研究文件，可作为编制国民经济计划的重要依据和资料。

可行性研究是基本建设程序中为项目决策提供科学依据的一个重要阶段，发电厂新建、扩建或改建工程项目均应进行可行性研究，编制可研报告，可研报告是编写项目申请报告的基础，是项目单位投资决策的参考依据。

火电项目建设应认真贯彻执行建设资源节约型、环保友好型社会的国策，在可行性研究阶段应积极采用可靠的先进技术，积极推荐采用高效、节能、节地、节水、节材、降耗和环保的方案。建设项目的可行性研究文件，一般应满足以下要求：

（1）论证项目建设的必要性和可行性。

（2）新建工程应有两个以上的厂址，并对拟建厂址进行同等深度全面技术经济比较，提出推荐意见。

（3）进行必要的调查、收资、勘测和试验工作。

（4）落实环境保护、水土保持、土地利用与拆迁补偿原则及范围和相关费用，接入系统、热负荷、燃料、水源、交通运输（含铁路专用线、码头及运煤专用公路等）、储灰渣场、区域地质稳定性及岩土工程、脱硫吸收剂与脱硝还原剂来源及其副产品处置等建厂外部条件，并应进行必要的方案比较。

（5）对厂址总体规划、厂区总平面规划以及各工艺系统提出工程设想，以满足投资估算和财务分析的要求，对推荐厂址应论证并提出主机技术条件，以满足主机招标的要求。

（6）投资估算应能满足控制概算的要求，并进行造价分析。

（7）财务分析所需要的原始资料应切合实际，以此确定相应上网参考电价估算值，利用外资项目的财务分析指标，应符合国家规定的有关利用外资项目的技术经济政策。

（8）应说明合理利用资源情况，进行节能分析、风险分析及经济与社会影响分析。

（9）工程项目所需要的总投资（动态、静态投资）。

（10）工程项目建设的规模、周期。

可行性研究应正确处理好以下几点：

（1）可行性研究是项目决策的依据，而设计是指导项目施工的文件，两者不能混淆。可行性研究必须做到满足项目最终决策的要求。

（2）可行性研究宜由浅入深，分阶段进行，并应分段纳入基建程序。电力建设项目的可

行性研究可以分为初步可行性研究和可行性研究两个阶段，审定后的初步可行性研究作为编制可行性研究的依据，依此程序使研究工作逐步深入。

（3）为保证可行性研究的质量，要认真作好可行性研究报告的评审工作。在可行性研究报告审查后，还应根据审查意见做好可行性研究报告的收口工作。在项目报审阶段由审查机关审查可行性研究报告的各项数据的来源与可靠性、技术经济的合理性并落实项目的基本条件，使项目的计划与当地省、市、自治区或国家的计划密切结合。

可行性研究是一个预测、探索和研究的过程，可行性研究的结果是可行还是不可行，关键在于多方案进行比选、详细地调查研究、反复研究项目的综合经济效果，因此必须保证有足够的时间，绝不能不顾质量，造成决策的失误。

火电厂工程可行性研究工作应该与地区电网规划工作统一规划，分析明确电网的建设和接入系统方式。

**二、可行性研究任务**

火电厂工程项目的可行性研究分为初步可行性研究与可行性研究，是火电建设前期工作的两个重要阶段，是基本建设程序中的重要组成部分。一般新建项目，都要进行初步可行性研究和可行性研究，扩建、改建的项目可直接进行可行性研究。

火电厂工程项目的初步可行性研究与可行性研究，是对拟建工程项目论证其必要性，在技术上是否可行、经济上是否合理，进行多方案的分析、论证与比较，推荐出最佳建厂方案，为编制和审批项目建议书和开展初步设计工作提供依据。

（一）初步可行性研究的任务

初步可行性研究，根据电力系统的发展规划或发展需求，由建设单位委托有资质的电力设计部门在几个地区（或指定地区）分别调查各地可能建厂的条件，着重研究电力规划的要求，确定主要设计原则、厂址及电厂总平面规划、建设规模及机组选型、接入系统及电气主接线、交通运输、煤源与煤质、燃料量的预测及运输、水源、除灰系统及储灰渣场、工程地质与地震、水文气象条件、环境保护、技术经济比较、结论、推荐建厂地区的顺序及可能建厂的厂址与规模，提出下阶段开展可行性研究的厂址方案，并为编制和审批项目建议书提供依据。编制初步可行性研究报告时，设计单位必须全面、准确、充分地掌握设计原始资料和基础数据，项目单位应与有关部门签订相应的协议或承诺文件，设计单位配合项目单位做好工作。

初步可行性研究报告应满足以下要求：

（1）论证建厂的必要性。

（2）进行踏勘调研，收集资料，有必要进行少量的勘测和试验工作，对可能造成厂址颠覆性因素进行论证，初步落实建厂的外部条件。

（3）新建工程应对多个厂址方案进行技术和经济比较，择优推荐出两个或以上可能建厂的厂址方案作为开展可行性研究的厂址方案。

（4）提出电厂规划容量、分期建设规模及机组选型的建议。

（5）提出初步投资估算、经济效益与风险分析。

（二）可行性研究的任务

可行性研究，在已经审定的初步可行性研究和投资主管部门批准的项目建议书的基础上，进一步落实各项建厂的条件并进行必要的水文气象、供水水源的水文地质、工程地质的勘探工作。对车站站场改造、专用线接轨、运输码头及专用供水水库的可行性研究也需要同步进行。设计单位与建设单位共同研究提出重大的设计原则，落实各项建厂的条件（如煤源、水源、灰场、交通运输、专用线接轨、用地、拆迁、环保、出线走廊、地质、地震及压覆矿产资源等），建设单位向当地省、市、自治区主管部门取得有关支持性文件，提出接入系统、电厂总平面规划、工艺系统和布置方案，推荐具体厂址及装机方案。完成对环境保护评价、灰渣综合利用、劳动安全和工业卫生、节约和合理利用能源等专题报告，提出电厂的投资估算及经济效益分析和社会效益分析，为项目审查取得许可建设的批复文件申报核准和下阶段开展初步设计提供可靠的依据。

扩建和改建工程项目的可行性研究，一般参照上述"可行性研究"阶段的原则进行。

### 三、可行性研究的工作步骤

火电厂建设项目的可行性研究工作可分为以下步骤：

1. 委托有资质的设计单位开展可行性研究工作

（1）明确可研的任务范围，商定可行性研究的主要原则。

（2）收集基础资料，提出需要搜集资料的提纲。

（3）拟订工作计划。

（4）了解有关地区情况和协作条件。

（5）"初步可行性研究"阶段应在 1∶10 000 或 50 000 地形图上标出可选厂址方位，"可行性研究"阶段应在 1∶2000 或 1000 地形图上标出。

（6）各专业根据不同阶段对各项主要指标进行估算或详细计算。

2. 现场踏勘调查了解厂址自然条件

（1）深入现场进行多方案的厂址选择。

（2）将选择的厂址方案标在相应的地形图上。

（3）向当地政府部门汇报沟通拟建设项目的情况、规模、厂址要求的条件，如实汇报所了解厂址及已掌握资料情况，听取当地各政府机关介绍地区情况、城市规划及其发展远景、水利开发情况、交通运输情况、地质情况、建筑材料情况，初步提出建厂条件和所推荐或补充推荐的厂址方案。

（4）明确建设项目的外部条件，深入细致地调查研究，使厂址条件落实可靠，搞清楚厂址的地表、地形、地貌、地质、岩层情况，对重点厂址还应测量地形及地形图，进行初步勘探，以搞清厂址的地质条件。

3. 取得可靠的资料进行分析研究计算比较、方案论证、提出建议

（1）根据现场取得的资料，整理分析。

（2）进行多方案的优选。

（3）从技术上、经济上综合分析比较，提出推荐的方案。

4. 研究重大的技术经济原则，落实各项必要条件

（1）确定外部条件，如交通运输、专用线接轨、用水、用地、灰场、环保、出线。

（2）建设单位向当地省、市、自治区有关部门取得支持性文件（如建设厅出具对拟选厂址的意见函、文物局出具无文物保护的函、军事委员会出具无军事设施的函、国土资源厅出

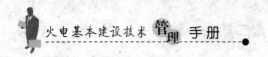

具拟选厂址及灰场不压覆矿产资源的函、水利厅出具取水意见的函、交通厅出具满足交通运输的函、煤碳部门出具燃料供应的函或与煤矿企业签订供煤协议、银行部门出具贷款承诺函等)。

(3) 建设方委托有关单位编制完成各项专题报告(如接入系统、环境影响评价报告、水土保持方案设计、地震安全性评价报告、地质灾害危险性评价报告、水资源论证报告、大件运输报告等)。

5. 编写可行性研究报告

(1) 完成可行性研究报告。

(2) 完成岩土工程勘察报告。

(3) 完成水文气象报告。

(4) 完成工程测量报告。

(5) 完成空冷气象条件对比分析报告等。

6. 提交报告书,进行审查

(1) 报请当地省、市、自治区主管部门或集团公司主管部门,建设单位联系有资质的或国家认可的部门进行可行性研究报告的审查。

(2) 对可行性研究报告提出的问题进行完善和补充。

(3) 完成可行性研究报告的收口工作。

**四、国际上可行性研究阶段的划分和功能**

在国际上,可行性研究一般分为三个阶段,即机会研究、初步可行性研究和可行性研究。

(一) 机会研究

机会研究的任务主要是为建设项目投资提出建议,在一个确定的地区或部门内,以自然资源和市场预测为基础,选择建设项目,寻找最有利的投资机会,机会研究应通过分析下列各点来鉴别投资机会:

(1) 自然资源情况。

(2) 现有工业项目或农业格局。

(3) 地区的发展、购买力增长、面对消费品需求的潜力。

(4) 进口情况、可以取代进口商品的情况、出口可能性。

(5) 现有企业扩建的可能性、多种经营的可能性。

(6) 发展工业的政策,在其他国家获得类似成功的经验。机会研究是比较粗略的,主要依靠收集资料的估算,其投资额一般根据相类似的工程估算,机会研究的功能是提供一个可能进行建设的投资项目,要求时间短,花钱不多,如果机会研究有成果,再进行初步可行性研究。

(二) 初步可行性研究

有许多项目机会研究之后,还不能决定项目的成立,因此需要进行初步可行性研究。初步可行性研究的主要目的是:

(1) 分析机会研究的结论,并在详细资料的基础上作出投资决策。

(2) 确定是否应进行下一步可行性研究。

（3）确定有哪些关键问题需要进行辅助性专题研究，如市场调查、科学试验、工厂试验。

（4）判明这个项目的发展前景。

初步可行性研究是机会研究和可行性研究之间的一个阶段，他们的区别主要在于所获取资料的细节不同，如果项目机会研究有足够的数据，也可以越过初步可行性研究的阶段，进入可行性研究。如果项目的经济效益不明显，就要进行初步可行性研究来断定项目是否可行。

对建设项目的某个方面需要进行辅助研究，并作为初步可行性研究和可行性研究的前提，辅助研究可分为：

（1）市场研究，包括所供应市场的需求预测以及预期的市场渗透情况。

（2）原料、辅助材料和燃料等研究，包括是否保证供应、满足需求、价格预测。

（3）实验室和工厂的试验。

（4）建设厂址研究。

（5）合理的经济规模研究。

（6）设备选择研究。

一般情况下，辅助研究在可行性研究之前或与可行性研究一起进行。

（三）可行性研究

可行性研究是建设项目投资决策的基础，这是一个进行深入技术经济论证的阶段，必须深入研究有关市场、生产纲领、厂址、工艺技术、设备选型、土木工程以及管理机构等各种可能的选择方案，以便使投资费用和生产成本减到最低限度，取得显著的经济效果。

关于可行性研究的内容，可以概括为以下几个方面：

（1）建设项目的背景和历史。

（2）市场情况和建设规模。

（3）资源、原料及主要协作条件。

（4）建厂条件和厂址方案。

（5）环境保护。

（6）设计方案。

（7）生产组织和劳动定员。

（8）项目实施计划。

（9）财务和经济评价。

（10）结论。

## 第二节　项目可行性研究管理要求

火电建设项目可行性研究管理办法是为适应我国全面开创社会主义建设新局面的要求，改进建设项目的管理，做好前期工作的研究，避免和减少建设项目的失误，提高建设投资的综合效益，根据国家发展和改革委员会《关于建设项目进行可行性研究的管理办法》的要求，对可行性研究管理工作及主要内容提出如下要求。

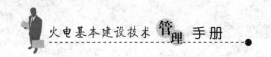 

**一、编制可行性研究管理要求**

（1）为适应我国全面开创社会主义建设新局面的要求，改进火电建设项目的管理，做好火电建设项目前期工作的研究，避免和减少建设项目决策的失误，提高火电建设投资的综合效益，应加强火电建设项目可行性研究的管理工作。

（2）火电建设项目的决策和实施必须严格遵守国家规定的基本建设程序。可行性研究是建设前期工作的重要内容，是基本建设程序中的组成部分。

（3）可行性研究的任务是根据国民经济长期规划和地区规划、行业规划的要求，对建设项目在技术、工程和经济上是否合理和可行，进行全面分析、论证，作多方案比较，提出评价，为项目审批和开展设计工作提供可靠的依据。

（4）利用外资的项目，技术引进和设备进口项目、大型工业交通项目（包括重大技术改造项目）都应进行可行性研究。其他建设项目有条件时，也应进行可行性研究。

（5）负责进行可行性研究的单位，要经过资格审定，要对工作成果的可靠性、准确性承担责任。可行性研究工作应科学地、符合现场实际、客观地、公正地做出结论，要为可行性研究单位客观、公正地进行工作创造条件，任何单位和个人不得加以干涉。

（6）为了使火电建设项目有更大发展的余地，各省、市、自治区发展改革委员会可以有选择地储备一些主要建设项目的可行性研究报告，一旦建设条件具备，就可开展项目可行性研究审查及前期工作，将项目列入电源发展规划。

**二、编制可行性研究报告的程序**

（1）各省、市、自治区和全国各发电集团公司和地方电力投资单位，根据国家经济发展和电网发展的长远规划及行业、地区规划、经济建设的方针、技术经济政策和建设任务，结合资源情况、火电建设规划等条件，在调查研究、收集资料、踏勘建设地点、初步分析投资效果的基础上，提出需要进行的可行性研究项目。

对重要的火电建设项目以及对国计民生有重大影响的重大项目，由有关部门和地区联合提出项目可行性研究工作的规划。

（2）各级计划部门对提出的项目建议书进行汇总、平衡，按照国家发展和改革委员会《关于编制建设前期工作计划的通知》的规定，分别纳入各级的前期工作计划，进行可行性研究的各项工作。

（3）可行性研究，一般采取主管部门下达计划或有关部门、建设单位向设计或咨询单位进行委托的方式。在主管部门下达的计划或双方签订的合同中规定研究工作的范围、前提条件、进度安排、费用支付办法以及协作方式等。

（4）火电建设项目的可行性研究报告，由各省、市、自治区或国家认可的审查机构进行审查。对初步可行性研究报告一般由地方各省、市、自治区主管火电建设项目的发展和改革委员会组织审查，并出具审查纪要。可行性研究报告由地方各省、市、自治区发展和改革委员会或国家认可的机构（国家电力规划设计总院、中国国际咨询工程咨询公司）组织审查并出具审查纪要。

（5）编制可研报告时，设计单位必须全面、准确、充分地掌握设计的原始资料和基础数据，项目单位应按要求取得有关主管部门的承诺文件，并与有关部门签订相关协议，签订的协议或文件内容必须准确齐全。

（6）可研报告编制完成后，3 年尚未核准的项目应进行全面的复查和调整，并编制补充可行性研究报告。

（7）可行性研究报告的编制应以近期电力系统发展规划为依据，以审定的初步可行性研究报告为基础，项目单位应委托具有相应资质的单位编制可研报告。

（8）凡编制可行性研究的建设项目，应征得地方政府主管部门的支持，并出具支持性文件。

（9）有的拟建项目经过可行性研究，已证明没有建设的必要时，经过审定，可以决定取消该项目。

### 三、编制可行性研究报告的内容

（一）项目可行性研究具备的主要内容

1. 概述

（1）项目提出的背景（改扩建项目要说明企业现有概况）、投资的必要性和经济意义。

（2）研究工作的依据和范围，说明本项目编制依据、研究的工作范围、主要技术原则、工作过程。

2. 需求预测和拟建规模

（1）电力负荷需求情况预测。

（2）现有装机容量、电力负荷的平衡。

（3）项目建设的必要性。

（4）拟建项目的规模、产品方案和发展方向的技术经济比较和分析。

3. 资源、原材料、燃料及公用设施情况

（1）经过储量委员会正式批准的资源储量、品位、成分以及开采、利用条件的评述。

（2）原料、辅助材料、燃料的种类、数量、来源和供应可能。

（3）所需公用设施的数量、供应方式和供应条件。

4. 建厂条件和厂址方案

（1）建厂的地理位置、气象、水文、地质、地形条件和社会经济现状。

（2）交通、运输及水、电、气的现状和发展趋势。

（3）厂址比较与选择意见。

5. 设计方案

（1）项目的构成范围（指包括的主要单项工程）、技术来源和生产方法、主要技术工艺和设备选型方案的比较，引进技术、设备的来源国别、设备的国内外分包或与外商合作制造的设想。

（2）改扩建项目要说明对原有固定资产的利用情况。

（3）全厂布置方案的初步选择和土建工程量估算。

（4）公用辅助设施和厂内外交通运输方式的比较和初步选择。

6. 环境保护

调查环境现状，预测项目对环境的影响，提出环境保护和三废治理及综合利用的初步方案。

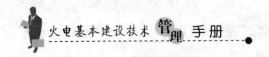

7. 劳动安全和工业卫生

保护劳动者在我国电力建设中的安全和健康，改善劳动条件，火力发电厂的设计必须贯彻执行国家及现行有关劳动安全和工业卫生的法令、标准及规定，以提高劳动安全和工业卫生的设计水平。

8. 企业组织及劳动定员

企业组织及劳动定员按国家有关标准进行编制，适应电力工业改革与发展的需要，创建一流的企业组织管理，实现集约化经营，大幅度地提高企业劳动生产率和经济效益的需要。

9. 实施进度

根据计划安排，本工程计划各阶段的开始时间、完成时间、工程整体建成投产时间及整个工程项目的合理建设周期。

10. 投资估算和资金筹措

（1）主体工程和协作配套工程所需的投资，工程静态投资，建设期的贷款利息。

（2）生产流动资金的估算，项目计划总投资，财务评价。

（3）资金来源、筹措方式及贷款的偿付方式。

11. 社会及经济效果评价

阐述拟建项目的建设及经营活动对项目所在地产生的社会影响和社会效益，从社会资源优化配置的角度通过经济效益分析，评价拟建项目的经济合理性。分析拟建项目能否为当地的社会环境、人文条件所接纳，评价该项目与当地社会环境的相适应性。针对项目建设所涉及的各种社会因素进行社会风险分析，提出规避社会风险，促进项目顺利实施的措施、方案。

（二）可行性研究报告的组成部分

可行性研究报告一般应包括说明书、图纸和附件三个部分，详细地论述项目的必要性和可行性。

（三）经济影响分析

进行可行性研究分析、评价时应从社会效益和企业本身效益两个方面考虑，具体计算时重点突出节约能源和投资效果两大指标。

（四）综合经济评价

对建设项目的经济效果要进行静态和动态的分析，不仅计算项目本身的微观效果，而且要衡量火电建设项目对国民经济发展所起的宏观效果，分析对社会的影响。进行经济效果和技术经济参数及价格系数等的分析及评价，由国家各主管部门根据电力行业的发展特点制订相应的产业政策，可行性研究报告的内容必须符合国家的有关产业政策，在技术上先进，并取得很好的经济效益、社会效益、环保效益。

**四、可行性研究报告的预审与复审**

（1）咨询或设计单位提出的可行性研究报告和有关文件，按项目大小应在预审前1～3个月提交预审主持单位。预审单位认为有必要时，可委托有关方面提出咨询意见。报告提出单位与咨询单位应密切合作，提供必要的资料、概况说明和数据。

（2）预审主持单位组织有关设计、科研机构、企业和有关方面的专家参加，广泛听取意见，对可行性研究报告提出预审意见。

（3）发生下列的一种情况时，应对可行性研究报告进行修改和复审。

1）进一步工作后，发现可行性研究报告有原则性错误。

2）可行性研究的基础依据或社会环境条件有重大变化。

（4）可行性研究报告的修改和复审工作仍由原编制单位和预审单位，按照预审与复审的规定进行。

**五、其他管理要求**

（1）对承担可行性研究的单位，由各省、市、自治区和各全国性专业公司根据其业务水平及信誉状况进行资格审定，不具备一定资质条件的单位，不能承担可行性研究任务。

（2）可行性研究报告应有编制单位的行政、技术、经济负责人的签字，并对该报告的质量负责。可行性研究的预审主持单位，对预审结论负责。可行性研究的审批单位，对审批意见负责。工作中应实事求是，不得弄虚作假，否则应追究有关负责人的责任。

（3）当有多个设计单位参加可行性研究报告编制时，应明确其中一个为主体设计单位。主体设计单位应对所提供给其他各参加设计单位的原始资料的正确性负责，对相关工作的配合、协调和归口负责，并负责将各外围单项可研报告或试验研究报告等主要内容及结论性意见的适应性经确认后归纳到可行性研究报告中。

## 第三节　火电工程可行性研究报告的内容

在发电厂建设中，应认真贯彻国家法律、法规及产业政策、基本建设程序及方针，规范发电厂前期工作内容深度，根据国家发展和改革委员会发布的《火电工程可行性研究报告书内容深度规定》（DL/T 5374—2008）和基本建设程序要求，并结合发电厂工程项目的特点，认真做好可行性研究工作。设计院在编制火力发电厂工程项目的初步可行性研究与可行性研究报告时，应按有关要求进行，做好项目的研究论证工作，以满足项目前期工作的要求和项目投资决策的需要。

**一、火电工程"初步可行性研究"报告的主要内容**

（一）概述

（1）任务依据：应说明本项目的任务来源和委托单位。

（2）项目概况和背景：应说明项目的建设目的、地点、规划容量及本期建设规模等特点，扩建和改建项目尚需叙述老厂的简况。

（3）工作过程：应简述工作时间、地点及工作过程，包括与政府相关部门、委托单位及协作单位之间的工作联系和配合。

（4）工作组织：参加研究工作人员组成、单位、姓名、职务或职称。

（二）主要设计原则

（1）厂址：根据现场踏勘和初步掌握的规划、地质资料，拟选2~3个厂址。

（2）规划容量：根据当地政府和电网规划，规划容量为几台，机组容量为多少兆瓦，本期按几台建设，多少容量的机组进行设计，留有扩建余地。

（3）机组型式：国产（或进口）机组容量，亚临界（或超临界），空冷（或湿冷），汽轮机型式，锅炉型式。

（4）接入系统：本期机组（容量），采用 330kV 或 500kV（750kV）电压与电网连接。

（5）燃料来源：设计燃料为当地或外供，燃料种类，主要供应地、煤质，补充供应地、煤质，燃料的运输方式。

（6）水源：水库或流域、城市中水、矿井疏干水等作为本工程的补给水源。

（7）除灰系统：除灰渣系统拟采用灰渣分除、干灰干排、粗细分储的系统，或其他除灰渣系统。

（8）灰场：拟选定的灰场一般为 2～3 个灰场进行比选。

（9）投产计划：计划何时开工建设、何时投产。

（10）机组年利用小时数：一般机组年利用小时数取大于 5000h。

（三）电力系统

（1）电力系统现状，简述项目所在区域国民经济和社会现状的发展规划并说明电力系统的现状及电力发展规划。

（2）电力负荷发展预测及电力平衡，包括已核准和较确定的项目、推荐机组年利用小时。

（3）电厂在系统中的作用、建设的必要性及建设规模。

（4）电力系统连接方案设想、出线电压、出线方向和回路数（有条件时应注明大约 km 数）。

（四）燃料

（1）煤源与煤质，应分析研究发电厂燃料可能来源、品种，结合发电厂规模和进度，提出电厂燃料的推荐来源，说明使用燃料的合理性。

（2）燃料量的预测，煤矿近期与远期产量规划、储量、服务年限，应取得燃料供应原则协议。

（3）燃料运输，初步确定燃料的运输方式、运距。

（4）若采用湿法脱硫，论述石灰石资源概况、消耗量。

（五）建厂条件

（1）厂址概述、地区概况、区域特征、气象条件、厂址位置、自然环境、厂址地下矿产资源情况、有无文物保护、厂址周围无军用设施和当地社会经济情况。

（2）交通运输：铁路运输能够承担电厂运煤量的能力、大件设备运输通过的条件、专用线长度、燃料运输距离、水运的条件及能力、航道情况、可通航的船舶 t 位、建设码头的条件和位置、公路运输的条件及能力、有关部门的意见及要求、运输上存在的问题等。

（3）电厂水源：可供电厂使用的水源及水质、有关部门对电厂用水的意见及要求、分析电厂供水保证率为 97％时的可靠性。

（4）储灰渣场：灰场的概况、灰场地形地貌、地质水文条件、灰场的面积、容积、储灰年限、灰渣量及综合利用、储灰场的运行。

（5）工程地质与地震：根据火电工程地质勘测规范规定，在收集分析区域地质、地震、地形、地貌、矿产资源、文物古迹等资料的基础上，通过现场踏勘，进一步分析了解地质构造、地基土的性质、不良地质现象、地下水情况，分析区域构造断裂与历史地震资料以及场地的不良地质现象，对厂址的稳定性和工程地质条件作出初步评价、结论及建议。

（6）水位气象条件：厂址概述、厂址洪水影响、灰址洪水影响气象条件、基本气象要素统计值、50年一遇平均最大设计风速及风压、暴雨强度、风向玫瑰图。

（六）工程设想

（1）电厂总平面规划、电厂总体规划及厂区总布置方案设想。

（2）建设规模及机组选型。

（3）电气主接线、启动/备用电源引接、厂用电接线、电气设备布置。

（4）厂内输煤系统、卸煤装置、储煤场及其设备、带式输送机系统、筛碎系统、辅助设施、系统控制。

（5）除灰渣系统：锅炉排灰渣量的分析计算、除渣系统方案、除灰系统方案、灰渣综合利用方案。

（6）供水系统：提出机组的冷却形式，北方缺水地区推荐采用空冷系统，机组补给水量、水量平衡设计、辅机冷却水系统、补给水系统、其他配套的给排水设施。

（7）化水系统：锅炉补给水处理系统、凝结水精处理、化学加药系统、汽水取样系统、辅机冷却水处理、化学废水处理系统。

（8）电厂项目实施的条件和轮廓进度、施工场地规划、大件设备运输设想、施工能力供应、工程轮廓进度。

（七）环境保护

（1）厂址地区环境概况。

（2）建厂后的环境影响分析。

（3）当地环保主管部门的意见及要求。

（4）结论及下阶段工作的意见。

（八）厂址方案与技术经济比较

（1）厂址方案主要技术条件比较。

（2）技术经济比较。

（3）厂址推荐意见。

（九）初步投资估算及财务与风险分析

（1）采用投资分析法，对推荐的两个及以上方案分别进行初步投资估算，编制推荐厂址的初步投资估算。

（2）对推荐厂址方案进行财务评价分析、测算经济效益，并对总投资、年利用小时及燃料价格等要素变化进行敏感性分析，必要时可进行其他风险分析，测算工程上网电价（或投资回报）与清偿能力。

（3）对总投资、年利用小时及燃料价格要素变化进行敏感性分析，并根据工程情况必要时可进行市场、资源、技术、工程和资金筹措等方面的风险分析。

（十）结论及今后的工作方向

（1）建设的必要性。

（2）是否满足总体规划的要求。

（3）建厂的条件是否具备。

（4）财务指标、经济效益是否理想。

（5）是否符合国家产业政策，对社会效益、环保效益是否有利、对经济增长的意义。

（6）今后的工作方向。

（十一）附图与附件

1. 附图

（1）厂址地理位置图。

（2）全厂总体规划图。

（3）地区电力系统接线图。

2. 附件

（1）有关总体规划的批复文件（省、市、自治区级）。

（2）同意电厂项目厂址灰场用地的意见复函（国土资源主管部门各级文件）。

（3）出具电厂项目厂址不压覆矿产资源的复函（国土资源主管部门各级文件）。

（4）各级水利主管部门出具电厂项目取水意见的复函。

（5）原则同意铁路专用线接轨的条件。

（6）交通部门出具能够满足电厂项目交通运输要求复函。

（7）军事设施委员会出具电厂项目无军事设施复函。

（8）文物保护部门出具电厂项目无文物保护的复函。

（9）其他同意文件（包括机场、通信设施、水产、航道码头等）。

## 二、火电工程"可行性研究"报告的主要内容

（一）概述

（1）项目概况：说明本项目所在的区域环境、位置、发展的条件、初步可行性研究阶段的工作情况及审查意见、规划容量及本期规模等。

（2）编制依据：投资方及项目单位概况、建设资金来源。

（3）研究范围：说明可行性研究的工作范围（含有关专题研究项目）。

（4）主要设计原则：根据初步可行性研究审查意见及项目特点，制定出主要设计原则。

（5）工作简要过程（参加研究工作的单位和人员组成、工作过程）。

（6）主要结论及问题和建议：应从电力市场和热负荷需求等方面简述工程项目建设的必要性，并从厂址外部条件的落实情况、资源利用、环境保护以及社会与经济影响等简要说明工程项目实施的可行性，概括论述主要结论及问题和建议。

（二）电力系统

（1）电力系统现状（包括电网结构、负荷情况、本电厂在系统中的作用等）。

（2）电力负荷发展预测，对区域电网、历史用电情况和负荷特性分析，并结合近2年用电的实际增长情况，提出区域负荷发展水平。

（3）电力电量平衡分析。

（4）本电厂在系统中的作用、建设的必要性及建设规模。

（5）电厂与系统连接。

（6）提出原则性主接线方案。

（三）燃料供应

（1）煤源的概况，项目拟定的燃料来源，分析论证燃料在品种、质量、性能与数量上能

否满足项目建设规模、生产工艺的要求，提出推荐意见，必要时进行专题论证。

（2）当发电厂建成投产初期采用其他燃料过渡时，应对过渡燃料进行相应的论证。

（3）煤质特性及燃料量。

（4）点火及助燃用的燃料品种、来源及运输方式进行论证并落实。

（5）燃料运输方式（燃料运输方式的选择及推荐采用的运输方案）进行多方案的技术经济比较，经论证提出推荐方案。

（四）热负荷分析

（1）说明本项目所在地区供热热源分布、供热方式及热网概况、当地环境的基本现状及存在的主要问题，根据城市规划、供热规划及热电联产规划，说明项目在当地供热规划中的位置、承担热负荷的范围，结合能源有效利用等方面的特点论述建设项目的必要性。

（2）论述供热范围的现状、热负荷、近期热负荷、规划热负荷的大小和特征，说明热负荷的调查情况和核实方法，核定本项目的设计热负荷，绘制年持续热负荷的曲线。

（3）确定热电厂的供热介质（工业用汽或采暖热水等）并确定供热参数和供热量。

（4）说明本项目的调度运行方式，说明存在的问题及下阶段工作的建议。

（5）说明对配套的城市供热管网和工业用汽输送管网的建设要求。

（五）建厂条件

（1）厂址概述，厂址地理位置、厂址自然条件、厂址周围的环境等。

（2）交通运输（铁路、公路、厂区专用线、大件运输等运输通道的联接方案，改扩建的道路方案等）。

（3）电厂水源：计算电厂用水量、分析城市中水情况，在电厂区域矿井疏干水情况、矿井排水量、可供利用水量分析，水库供水情况、电厂利用水源分析、本工程供水方案。

（4）储灰场、灰渣量、灰渣系统方案。推荐灰场的位置、储灰场的容积、满足电厂规划容量储灰年限的要求，灰场应分期建设，分期使用，考虑综合利用。

（5）工程地质与地震、区域地质和地震地质。根据火电厂工程地质勘测规范，进行厂址工程地质勘测工作，提出厂址的工程地质勘测报告，查明厂址和厂址稳定情况有关的构造断裂，落实厂址的地震基本裂度，提出地基的处理方案和不同方案的技术经济比较，查明厂址地区地形地貌特征、厂址岩土工程条件，评估灰场岩土工程条件。

（6）水文气象条件，厂址水位气象条件，受暴雨洪水的影响，气象条件、气候概况、气象资料分析、基本气象要素统计，50 年一遇 10m 高 10min 平均最大设计风速及风压、暴雨强度公式，风向频率玫瑰图。

（7）厂址选择意见：根据建厂的基本条件，提出两个以上厂址方案的技术经济比较，提出推荐厂址意见和规划容量的建议。

（六）工程设想

（1）电厂总平面规划：电厂总体规划和厂区总平面规划、厂区的竖向规划，提出厂区总平面规划各技术经济指标，应结合主厂房等主要生产建（构）筑物的地基处理方案，对土石方工程量及用地等方面进行技术经济比较。

（2）装机方案：机组形式的选择，技术经济指标。

（3）电气部分：电气主接线方案，启动/备用电源引接方案，厂用电接线方案，主要电

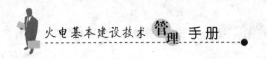
气设备选择方案，灰场、水源地电源方案，电气设备布置方案，电气设备控制方案。

（4）热力系统：拟定原则性热力系统，（包括辅助蒸汽系统、凝结水系统、高低加热器疏水及排放系统、冷却水系统、真空系统的设计方案）。

（5）燃烧系统：制粉系统的选择，烟风系统选择（包括空压机室的设计方案、设备选择方案）。

（6）燃料输送系统：根据燃料种类及消耗量，制粉系统及运输的要求，选择卸煤系统、储煤系统，厂内的输送系统，筛碎系统、控制系统、辅助设施。

（7）除灰渣系统：除灰渣量计算，除灰渣系统原则拟定方案（包括采用中速磨时除石子煤系统方案）。

（8）储灰渣场：对灰渣场的型式、灰坝的结构提出设计方案，提出灰渣分期筑坝的条件，防止飞灰污染环境的保护措施。

（9）供水系统：设计合理的供水系统，根据电厂和各排水点的水量及水质和环保要求，合理确定各排水系统及污水处理系统，通过研究电厂供水、排水的水量平衡及水的重复利用和节约用水措施，求得合理利用水源，保护环境，保证电厂和长期、安全经济地运行，确定电厂灰场喷洒水系统。本工程消除系统、空冷系统，为了最大限度地节约用水，做好本工程的节水措施。

（10）化学水处理系统：确定水源及水质，拟定化学水处理系统，提出水汽质量标准。

（11）污废水处理系统：拟定本期工程的工业废水、生活污水、含煤废水等污水处理系统，选择相应的设备方案。

（12）热力控制：拟采用的主要控制方式及自动化水平，设计热工自动化系统功能和配置及自动化设备选型。

（13）主厂房布置：拟订主厂房的布置原则，确定锅炉房布置和炉后布置。

（14）建筑结构及地基处理：拟定主厂房建筑、其他主要生产建筑及附属建筑物，主要生产建筑物的结构选型、地基处理及基础设计方案。

（15）水工结构选型及地基处理：拟定厂外补给水系统、空冷系统、辅机冷却水系统、消除系统、厂内补给水系统，采用的结构型式、结构尺寸、墙体围护、基础设计，污、废水处理站及其他水工建构筑物的布置结构尺寸、设计方案，提出基础处理方案。

（16）采暖通风及输煤除尘系统：研究室外设计气象参数，拟定主厂房采暖通风系统及运煤系统，采暖通风除尘选择相应的设备方案。

（17）烟气脱硫系统：拟定脱硫效率及脱硫工艺的选择，选择相应的设备方案。

（18）脱硝系统：拟定脱硝系统及脱硝效率，选择脱硝工艺及相应的设备方案。

（19）电厂管理信息系统：确定管理信息系统的原则、布置方案、远近期的规划、系统的总体框架。

（七）环境保护及生态保护与水土保持

环境保护及生态保护与水土保持，分析本工程建设对周围环境的影响，按照国家有关标准，提出污染治理措施，从环境保护角度分析、工程建设的合理性、可行性，提出项目建设的防治措施、污染物排放量和总量控制指标以及生态保护、公众参与、结论性意见，提出环境保护及生态保护与水土保持的措施。

（八）灰渣综合利用

提出灰渣综合利用的方案，拟定灰渣综合利用系统，包括脱硫副产品的综合利用，为综合利用创造条件，取得综合利用的相关协议文件。

（九）劳动安全和职业卫生

劳动安全和职业卫生，按照国家颁发的行业标准及规定，提高劳动安全和职业卫生的设计水平。提出重视安全运行、劳动安全与职业卫生防范措施和防护设施。

（十）节约和合理利用能源

根据《中华人民共和国节约能源法》（发改能源〔2004〕864号）、（发改投资〔2006〕2787号）文件精神，在主要工艺系统设计中遵循节能标准及节能规范，分析所在地区能源供应状况，提出节约能源的措施和效果。

（十一）人力资源配置

按有关规定和项目管理体制以及生产工艺系统的配置，结合项目主管单位对项目的管理模式和要求，提出人力资源配置原则。

（十二）电厂工程项目实施条件和轮廓进度

工程项目实施条件：包括施工场地、施工用水、电及通信、地方材料供应及协作条件、大件设备运输。

工程项目实施的轮廓进度：包括设计前期工作、现场勘测、工程设计、施工准备、土建施工、设备安装、调试及投产等。

（十三）节能分析

（1）贯彻国家节能降耗有关规定，说明在项目中采取的节能降耗措施。

（2）明确项目煤耗、油耗、厂用电率等可控指标，论述建筑节能降耗措施，并与项目平均指标进行对比分析。

（3）提出项目节能降耗的结论意见。

（十四）投资估算及经济效益分析

（1）投资估算是根据现阶段设计人提供的有关资料及国家有关规定进行编制，确定工程投资水平年、工程投资主要数据、投资比较分析。

（2）经济效益分析：根据国家及行业颁布的有关标准或评价软件，进行财务评价及经济效益分析。

（3）资金来源及容资方案说明，包括项目资金的来源、筹措方式。

（十五）风险分析

（1）在可行性研究阶段，应从燃料价格变化及市场需求（电力、热负荷）变化角度进行市场风险分析，从技术的先进性、可靠性及适应性进行技术风险分析，从工程条件进行工程风险分析。

（2）从利率、汇率变化进行资金风险分析及政策风险分析。

（3）进行风险评估，提出防范风险的对策和措施。

（十六）经济与社会影响分析

（1）经济分析，对拟建项目的发展和区域经济的影响，判断项目的经济合理性及产生的影响。

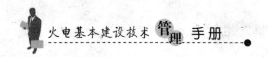

（2）社会影响分析，阐述拟建项目的建设及营运活动对项目所在地区可能产生的社会影响和社会效益。

（十七）结论和建议

1. 结论

综合上述可行性研究，对各项所研究的问题提出主要结论意见及总评价。

2. 建议

提出项目研究存在的问题和下步工作的方向及建议。

3. 主要经济指标

（1）总投资（动态投资、静态投资）。

（2）单位投资（动态投资、静态投资）。

（3）年供电量、年供热量。

（4）发电设备年利用小时数。

（5）经营期平均含税上网电价、经营期热价。

（6）厂区用地面积。

（7）施工生产区用地面积。

（8）厂址总土石方工程量。

（9）全厂热效率、热电比。

（10）设计发供电标准煤耗、供热标准煤耗。

（11）发电厂用电率、供热厂用电率。

（12）年平均净耗水量、百万千瓦耗水指标。

（13）贷款偿还年限。

（14）投资回收期、总投资收益率。

（15）项目资本金财务内部收益率、投资各方财务内部收益率。

（16）成本电价。

（17）全厂人员指标。

（十八）附件及附图

1. 附件

（1）国家发展和改革委员会、省、市、自治区对项目规划的批复文件。

（2）省、市、自治区、区域电网公司对初步可行性研究报告的审查意见。

（3）省、市、自治区及项目所在地国土资源厅、局级关于电厂用地意见复函。

（4）省、市、自治区及项目所在地国土资源厅、局级关于电厂压覆矿产资源状况的函。

（5）省、市、自治区及项目所在地水利厅、局级关于电厂用水意见的复函。

（6）省、市、自治区交通厅、局关于电厂运输能力的复函。

（7）省、市、自治区文物保护部门出具关于电厂建设用地无文物保护的复函。

（8）省、市、自治区地震部门出具关于电厂工程场地抗震设防要求的函。

（9）省、市、自治区军事设施保护委员会出具关于电厂项目无军事设施的复函。

（10）省、市、自治区环保部门出具关于电厂项目 $SO_2$ 排放总量的复函。

（11）省、市、自治区、建设厅、局出具关于电厂项目建设选地意见书。

（12）签订关于电厂综合利用的有关协议。

（13）省、市、自治区燃料主管部门出具关于电厂项目燃料供应的协议文件。

（14）铁路主管部门对电厂燃料运输及铁路专用线接轨的同意文件。

（15）当在通航的江、河航道上修建取水构筑物时应有水利、航道、港监部门的同意文件。

（16）水运主管部门对电厂采用水路运输和使用港湾码头的同意文件。

（17）各投资银行出具关于电厂项目的贷款承诺函。

（18）其他有关协议或同意文件。

2. 附图

（1）地区电力系统接线图。

（2）电厂投产年地区 330kV 及以上电网接线示意图。

（3）厂址地理位置图。

（4）全厂总体规划图。

（5）厂区总平面规划图。

（6）厂址地下设施规划图。

（7）施工总平面布置规划图。

（8）原则性热力系统图。

（9）一次风、烟气系统流程图。

（10）二次风系统流程图。

（11）给煤系统流程图。

（12）主厂房平面布置图。

（13）主厂房剖面布置图。

（14）供水系统图。

（15）水量平衡图。

（16）直接空冷系统图。

（17）电气主接线图。

（18）锅炉补给水处理原则性系统图。

（19）除灰系统图。

（20）除渣系统图。

（21）全厂自动化系统网络配置图。

（22）灰场平面布置和断面图（1∶2000 或 1∶5000）。

（23）输煤系统平面布置图。

（24）脱硫平面规划布置图。

（25）脱硫工艺原则性系统图。

（26）脱硝装置规划布置图。

（27）脱硝工艺原则性系统图。

（28）热网系统图。

（29）施工组织设计总布置图。

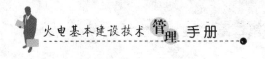

（30）其他必要的方案布置图。

## 第四节  火电工程可行性研究勘测工作的内容

根据《火电厂工程初步可行性研究及可行性研究勘测工作内容深度规定》对水文气象、水文地质、工程地质和工程测量等四个部分勘测工作提出了具体要求。

对自然条件复杂地区勘测工作应先收资进行遥感卫片或航片判释，再进行测绘，然后才是物探和勘探以缩短工期，改善勘测质量，在初步可行性研究阶段工程地质主要解决厂址的区域稳定问题，水文地质主要解决潜在水源地问题。

### 一、水文气象部分

（一）初步可行性研究阶段

本阶段任务是对影响建厂的主要水文气象条件，作出定性判断，提出建厂的可能性，主要是收集资料和进行现场调查分析。本阶段主要工作内容包括：

（1）天然河流：应根据现有资料和调查情况，提供实测或调查最小流量及相应重现期，判断厂址、灰场是否受洪水威胁。估算相当于频率为97%的最小流量和频率为1%的最高洪水位。

（2）水库：应收集了解工程规模及特征值、经流调节计算、运行情况、工农业用水资料等，提出电厂可能利用水量，厂址位于水库下游时，还应考虑水库对电厂防洪的影响。

（3）湖泊：对闭塞湖泊，应尽量收集提供湖泊历年水量和水位、湖泊容积和相应面积、水面蒸发、陆面蒸发等资料，估算平衡水位和消落深度，对于不闭塞湖泊，可考虑湖泊对电厂防洪的影响。

（4）河网化地区：应查勘和收集河网洪、枯水的来源去向，最高、最低水位、河道纵横断面，水面比降等，并估算河道的过水能力。

（5）滨海和感潮河段：应收集了解取水段有无变迁、潮汐类型、涨落潮情况，最高最低潮位，海啸、波浪、潮流、泥沙等资料，初步判断取水口的稳定性。

（6）根据当地气象资料，了解当地的气候概况，提供基本气象要素统计值，50年一遇10m高10min平均最大设计风速及风压，确定当地的风向玫瑰图。

（二）可行性研究阶段

本阶段的任务是在初步可行性研究阶段的基础上，进一步收集水文、气象、水利规划及工农业用水等资料，并根据工作特点对可能影响电厂的主要水文条件进行查勘和分析计算，提出电厂厂址建设的可行性或定量分析数据。主要工作内容包括：

（1）天然河流：应计算频率为97%的最小流量，频率为97%的最低水位和频率为1%的最高洪水水位，分析判断取水河段的稳定性。

（2）水库：应计算频率为97%的枯水年调节流量或计算满足电厂用水的库容，估算水库溃坝洪水对厂址的影响，计算水库回水对厂址和取水口的影响。

（3）湖泊：对于闭塞湖泊，应计算湖泊平衡水位趋近于平衡水位的时间或者计算湖泊最大消落深度和消落时间，提出正常消落深度、死水位、历史最高水位等，对于不闭塞湖泊，应进行频率为97%的枯水年水量计算、频率为1%的洪水水位计算等。

（4）河网化地区：应计算频率为97%的枯水位时取水段的过水能力、频率为1%的最高水位。

（5）滨海和感潮河段：应计算频率为97%的最低潮位、频率为1%的最高潮位，滨海厂址尚需收集分析并提供海水水温、含盐度、冰凌、冰坝、潮流、波浪、泥沙和取水段的稳定状态等资料。

（6）计算分析灰场的设计洪水。

（7）当地的气候概况及气象站资料移用分析，气象要素年值统计，最大24h最大雨量频率计算，提供当地暴雨强度公式、风向频率玫瑰图。

## 二、水文地质部分

### （一）初步可行性研究阶段

本阶段为满足规划选点的需要，水文地质工作主要是根据项目任务要求，搜集已有的水文、气象、地形、地貌、地质、水文地质、物探、钻探、抽水试验以及邻近水源地的开采情况等资料和进行野外的水位地质踏勘，对可能供水区的水文地质条件作初步评价。本阶段主要工作内容：

（1）向当地水利主管部门提出电厂项目用水申请报告，取得水利主管部门的用水意见。

（2）研究电厂项目供水的可能性，搜集项目地区范围内存在供水的可能性的资料。

（3）掌握地区、城市中水情况、水位地质条件、水库的用水情况是否满足电厂用水需求。

（4）掌握地区矿井疏干水、天然流域、湖泊等向电厂项目供水的水位地质条件、地质构造、地貌等。

（5）电厂水源地的地理位置。

（6）地下水和地表水的水力联系。

（7）电厂水源地区的工农业的用水现状和规律、水量以及地下水的开采情况，初步分析电厂用水的可靠性，以及工农业和生活用水有无矛盾。

（8）电厂水源地区的水量初步平衡计算。

（9）附有电厂水源地与电厂厂址的简图。

### （二）可行性研究阶段

可行性研究阶段的主要任务是在初步可行性研究阶段的基础上更进一步地确定供水的水文地质条件，达到《供水水文地址勘察规范》所规定的精度要求，在水位地址调查的基础上，进行水位地质勘探和试验工作，进一步查明水位地质条件，查明供水的可行性，进行水源地的方案比较。本阶段水文地质勘探主要任务和主要工作内容为：

（1）根据地方区域的不同，北方地区水资源匮乏，电厂项目禁止采用地下水资源，并采用空冷机组，提出重要的节水措施，一般采用城市中水、矿井疏干水、工业水库、其他流域的水库等向电厂项目供水，不同的区域对水资源有不同的要求，根据地方水利主管部门的意见，提出电厂项目供水的可行性方案。

（2）对采用地下水或矿井疏干水的电厂项目，通过水文地质测绘、物探、勘探和试验工作，查明含水层的特性、分布范围、厚度大小、地下水类型、地下水的补给、泾流排泄特征等。

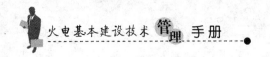

（3）选取水样，进行化学和细菌分析，作出水质评价。

（4）提出供水条件较好的水源地段，初步建议取水构筑物的型式和布局。

（5）进行地下水动态的长期观测，研究掌握地下水动态规律和今后发展趋势及其变化方向。

（6）进行 1∶5000～1∶10 000 水位地质测绘。

（7）在勘测区内进行详细的物探工作。

（8）对地下水进行动态观测，观测时间不少于一个枯水季节。

### 三、工程地质部分

#### （一）初步可行性研究阶段

本阶段工程地质的主要任务是对拟选厂址的区域稳定性作出基本评价，初步分析各厂址的主要工程地质及地震地质的资料，推荐出区域相对稳定、工程地质条件较好的厂址。

本阶段的工作以收集资料和现场踏勘为主，在复杂地区进行少量的勘探工作。

收集资料包括：卫星相片和航空相片及判释资料、航空物探资料、1∶5000 地形图、区域地质、断裂构造、工程地质及水位地质资料、地区的地震基本烈度和有关地震地质、历史地震及近期地震活动的资料、厂址附近的矿藏及开采情况、选厂地区的建筑等。

拟选厂址若有下列情况之一时，属于不宜建厂条件：

（1）地震基本烈度≥9 度，又非坚硬完整基岩地基的厂址，或虽为岩石地基但有发震断裂存在。

（2）地震基本烈度＞0～8 度，厂址附近存在发生地震断裂或属于地貌、地形及地质等条件对建筑抗震不利的地段。

（3）地下有可开采矿藏、采空区或人工洞穴密集地段。

（4）岩溶、山洞、滑坡及泥石流不良地质现象发育的地段。

本阶段应对影响厂址的主要工程地质条件进行重点研究并作出评价，提出"适宜建厂"或"不适宜建厂"的意见。

#### （二）可行性研究阶段

本阶段勘察目的和任务要求是通过可行性研究工作，提出厂址方案的稳定性和适宜性的论证意见，查明厂址的岩土工程条件，确定地基类型，并对地基处理方案进行初步论证，按照勘测任务评审意见，明确本次岩土工程勘测范围（一般为可行性研究报告推荐厂址）。

项目建设单位应委托有资质的单位进行地震安全性评价工作的专题研究和专题报告的评审，委托开展地质灾害危险性评估工作的专题研究和专题报告的评审，对厂址的稳定性、厂区总平面布置以及影响整个工程造价的主要建筑物地基基础方案设计及不良地质现象整治的可能性作出评价，还应研究厂址及厂址附近人为改变自然条件后对厂址稳定性的影响。

勘测的主要任务是：

（1）查明厂址区域地形、地貌及地质构造。

（2）初步查明厂址及附近地区的不良地质作用，并对其危害程度和发展趋势作出判断，提出防治的初步方案。

（3）初步查明厂址范围内地层成因、时代、分布及各层岩土的主要物理力学性质、地下水埋藏条件以及水、土腐蚀性初步评价。

（4）按现行规范评价厂址区域稳定性和抗震设计条件。

（5）确定厂区场地类型和建筑物场地类别。

（6）进一步查明厂址有无压矿情况以及采矿对厂址稳定性的影响，并研究和预测可能影响厂址稳定的其他环境地质问题。

（7）调查了解厂址区最大冻结深度。

（8）对工程中的地基处理问题进行方案论证并提出建议。

（9）查明灰场及取水地段的工程地质条件。

勘测所依据的技术标准和质量控制标准：

（1）《火力发电厂岩土工程勘测技术规程》（DL/T 5074—2006）。

（2）《火力发电厂岩土工程勘测资料整编技术规定》（DL/T 5093—1999）。

（3）《火力发电厂工程地质测绘技术规定》（DL/T 5104—1999）。

（4）《湿陷性黄土地区建筑规范》（GB 50025—2004）。

（5）《岩土工程勘察规范》（GB 50021—2001）。

（6）《建筑地基基础设计规范》（GB 50007—2002）。

（7）《建筑设计抗震设计规范》（GB 50011—2001）。

（8）《土工试验方法标准》（GB/T 50123—1999）。

本阶段勘测的工作量应按已有资料的完整程度和场地复杂程度确定。已有资料不完整或缺乏应有资料的厂址，应根据场地复杂程度进行工程地质测绘、物探、勘探和原位测试等工作。

勘探点的数量：

（1）复杂场地：应按地貌地质单元布置，每个地貌地质单元不少于2～3条工程地质剖面（其中包括一定数量的探井），钻孔的孔距不超过300m。

（2）简单场地：每个厂址方案不少于5～9个。

勘探点的深度：

应按照场地的复杂程度和机组容量大小确定，一般孔深为10～30m，控制性孔深为30～50m，对于沿海软土地区一般为30～50m，控制性孔深为60～100m。

对取水建筑物和拟选灰坝地段，应进行工程地质测绘，必要时进行一定数量的勘探工作。

本阶段对工程地质评价、稳定性、地基处理方案及总平面布置提供基础资料，应包括下列内容：

（1）区域地质构造、区域断裂构造、地震地质背景与地震危险区的关系、拟建厂址的地震效应、地震基本烈度。

（2）地形地貌及不良地质作用、地层岩性及其性能、地基岩土物理力学性质指标、采用天然地基的可能性、地基专门处理的可能方案。

（3）水位地质条件、地下水类型、埋深、地下水对混凝土的侵蚀性初步评价。

（4）不良地质现象和整治的可能性、特殊土的评价和处理（黄土的湿陷性评价）。

（5）地形起伏、土石方量和岩土不均匀地基的可能性、厂区地基基础评估。

（6）采矿的影响。

（7）提供场地地面最大加速度和剪切波波速。

（8）厂址勘探点一览表。

（9）厂址勘探点平面布置图。

（10）厂址工程地质剖面图图例。

（11）厂址工程地质剖面图。

### 四、工程测量部分

#### （一）初步可行性研究阶段

本阶段的工程测量工作，主要是提供比例尺为 1：10 000 地形图，满足工程初步可行性研究的需要。

1：10 000 的地形图搜集国家已有的地形图，不进行具体的测量工作。电厂初步可行性研究对水源有特殊要求的，需进行水源勘测时，如 1：10 000 地形图不能满足水文地质测绘工作的需要，可搜集 1：5000 或 1：2000 的地形图，如需进行水文地质勘测工作时，应配合水文地质进行测量工作。

#### （二）可行性研究阶段

本阶段的测量工作主要是配合工程可行性研究的需要，以及为勘测其他专业如水文地质、工程地质、物探水文气象的需要而进行的测量工作。1：10 000 地形图一般可搜集国家或城市已有的大比例尺地形图，地形图范围应包括电厂、电厂生活区、水源地、储灰场、专用线和国家铁路线接轨点或车站，使其能正确地反映现实的地貌与地物，以利于可行性研究中对布置方案初步考虑和表述。

当电厂厂址较确定，可行设计和初步设计相隔时间较近时，可按工程测量专业技术指标的要求，对厂区等进行测量工作，为设计提出测量基础资料，地形测量执行《火力发电厂工程测量技术规程》（DL/T 5001—2004）、《1：500 1：1000 1：2000 地形图图式》（GB/T 7929—1995）等技术规程。

选择平面控制的坐标系统有关投影面和中央子午线以及高程控制系统应有利于测绘大比例尺测图和电厂施工放线的要求，高程控制尽量采用国家高程系统 1956 年黄海高程系统，在进行平面和高程控制测量时应适当埋设固定标桩，以利于初步设计阶段和施工图阶段电厂施工放线测量的进行，在可行性研究阶段提交工程测量报告。

## 第五节　火电厂厂址选择的基本原则和要求

随着电网装机容量的不断增长，电厂单机容量及总容量将不断增大，单机容量在 1000MW 以上的机组将陆续增长，随着电厂容量的增大，对电厂厂址的要求也越来越高，在满足电厂厂址选择的设计规范要求的同时，各发电集团公司对电厂厂址选择提出更高的要求，制定了相应的设计导则和标准。

厂址选择是可行性研究的重要内容，是整个工程建设中非常重要的环节，发电厂的厂址选择应按规划选厂和工程选厂两个阶段进行，并分别作为初步可行性研究和可行性研究的主要内容。

## 一、规划选址与工程选址

厂址选择好坏，不仅直接影响电厂的基本建设速度和投资，而且对今后的安全经济运行、经济满发、职工生活也将产生长期的影响，为此厂址选择必须贯彻执行党的能源方针政策，根据国民经济建设规划、工业布局的要求、燃料基地分布情况、电力系统规划、运输或输电，并结合地区建设规划、负荷的发展和自然条件、环境保护条件等因素来考虑。

### 1. 规划选址

（1）规划选址是在初步可行性研究阶段以中长期电力规划或地区的发展规划为依据，应根据中长期电力规划、燃料来源、运输条件、地区自然条件、环境保护要求和建设计划等因素全面考虑，研究电网结构、电力和热负荷、燃料供应、水源、交通、燃料及大件设备的运输、环境保护要求、灰渣处理、脱硫副产品、出线走廊、地质、地震、地形、水文、气象、占地拆迁、施工、周围工矿企业对电厂的影响，以及考虑循环经济的发展，拟订初步方案，通过全面的技术经济比较和经济效益分析，提出论证和评价。厂址方案主要技术经济比较和主要技术条件比较见表 2-1、表 2-2。

**表 2-1** 厂址方案主要技术经济比较表

| 序 号 | 项目 厂址 | | 单 位 | 数 量 | |
|---|---|---|---|---|---|
| | | | | I | II |
| 1 | 厂址总占地面积 | | | | |
| 2 | 青苗赔偿 | | | | |
| 3 | 拆迁及赔偿 | | | | |
| 4 | 土石方工程及场地平整 | | | | |
| 5 | 铁路及桥涵 | | | | |
| 6 | 公路及桥涵 | | | | |
| 7 | 大件运输 | | | | |
| 8 | 取水工程、供水管线 | | | | |
| 9 | 灰场工程、运灰道路 | | | | |
| 10 | 供热管线 | | | | |
| 11 | 输电线路 | | | | |
| 12 | 地基处理费用 | | | | |
| 13 | 施工生产及施工生活区土石方工程总量 | | | | |
| 14 | 厂址土石方工程量 | | | | |
| | 建设费用合计（静态投资） | | | | |
| 1 | 运行费用 | 燃料 | | | |
| 2 | | 供、排水 | | | |
| 3 | | 除灰 | | | |
| 4 | | 其他 | | | |
| | 合计 | | | | |

表 2-2 　　　　　　　　　　　　　　　　　　厂址方案主要技术条件比较表

| 序号 | 项目 | 厂址 | 方案 I | 方案 II | 备注 |
|---|---|---|---|---|---|
| 1 | 厂址条件 | 厂址位置 | | | |
| | | 与工矿企业、城镇关系 | | | |
| | | 地形地貌 | | | |
| | | 可利用场地 | | | |
| | | 占地类别 | | | |
| | | 洪涝灾害 | | | |
| | | 厂址稳定性 | | | |
| | | 地震基本烈度 | | | |
| | | 主厂房基础 | | | |
| | | 地下埋藏 | | | |
| | | 拆迁 | | | |
| | | 主要气象 | | | |
| 2 | 交通运输条件 | 铁路长度 | | | |
| | | 进厂公路长度 | | | |
| | | 运煤道路长度 | | | |
| | | 运灰道路长度 | | | |
| | | 水路运输长度 | | | |
| | | 皮带运输长度 | | | |
| 3 | 燃料供应条件 | 煤源、可供燃料数量 | | | |
| | | 燃料运输距离 | | | |
| 4 | 供排水 | 水源、取水方式 | | | |
| | | 补给水管长度 | | | |
| | | 排水方式 | | | |
| | | 冷却方式 | | | |
| 5 | 除灰条件 | 储灰场 | | | |
| | | 灰、渣输送方式 | | | |
| | | 灰、渣输送距离 | | | |
| 6 | 出线 | 出线走廊条件 | | | |
| | | 出线回路等级 | | | |
| | | 各回路输送距离 | | | |
| 7 | 环境保护 | 环境影响 | | | |
| 8 | 协作条件 | 通信、生活福利设施 | | | |
| | | 供、排水、交通运输 | | | |
| 9 | 施工条件 | 施工条件 | | | |
| | | 大件运输 | | | |
| 10 | 综合评价 | 主要优点 | | | |
| | | 主要缺点 | | | |

（2）新建工程在初步可行性研究规划选址阶段，应择优推荐出两个或以上厂址进入可行性研究阶段工作，可行性研究阶段按初步可行性研究阶段审定的两个及以上厂址进行同等深度的比选，然后择优确定一个厂址进入初步设计阶段。

（3）在规划选址阶段，当有多个推荐的厂址时，应对各厂址的外部建厂条件进行技术经济比较，且落实到投资，从而对厂址提出推荐顺序和建设规模的意见。

（4）在规划选址阶段，应充分收集资料，对已有资料进行分析（注意资料的来源和时效性），以现场踏勘调查为主，必要时进行少量踏勘工作，了解厂址区域地质资料和厂址地质地貌概况，对拟选厂址区域稳定性作出评价。

2. 工程选址

（1）工程选址是在可行性研究阶段以批准的规划容量或审定的初步可行性研究报告为依据。

（2）在厂址选定时，应对建设规模和建成期限提出意见，并对装机容量提出建议。

（3）在工程选址阶段，对厂址及其周围区域的地质情况进行调查和勘探，制定勘测技术方案，提供满足可研内容深度要求的勘测报告，根据厂址场地的复杂程度和工程要求，有针对性地选用工程地质测绘、勘探、原位测试和室内试验等手段，确定影响厂址稳定性的工程地质条件和了解主要岩土工程问题，对厂址场地的稳定性和工程地质条件作出评价。

**二、选址应注意的问题**

（1）除以热定电的热电厂外，大中城市建成区和规划区原则上不得新建、扩建燃煤发电厂。

（2）发电厂的厂址应选择在城镇或居民区常年最小频率风向的上风侧，减少空气污染，新建电厂厂址与城镇居民区的防护距离应不小于 250m，并应满足厂界噪声标准的要求。

（3）发电厂的厂址选择必须满足环保要求，厂址与文物的保护区必须满足 200m 距离要求。

环保控制指标和厂界噪声标准见表 2-3。

表 2-3　　　　　　　　　　　　　环保控制指标和厂界噪声标准

| 序号 | 控制项目 | 内控指标值 | 国家指标值 |
|---|---|---|---|
| 1 | 单位发电量 $SO_2$ 排放量(g/kWh) | <0.36 | <2.20 |
| 2 | 单位发电量 $NO_x$ 排放量(g/kWh) | <1.90 | — |
| 3 | 单位发电量烟气排放量(g/kWh) | <0.18 | — |
| 4 | 灰渣综合利用率(%) | 80 | — |
| 5 | 脱硫石膏综合利用率(%) | 50 | — |
| 6 | 厂界噪声 | 不得扰民 | 工业区：昼间<65dB(A) 夜间<55dB(A) 居住、商业、工业混杂区：昼间<60dB(A) 夜间<50dB(A) |
| 7 | 烟尘排放浓度(mg/Nm³) | <50 | <50 |
| 8 | $SO_2$ 排放浓度(mg/Nm³) | <100(Sar<1%)≯200 | <400/800* |
| 9 | $NO_x$ 排放浓度(mg/Nm³) | <400 | <450 |

注　内控指标值脱硫效率按脱硫系统设计效率计算。

\* 仅适用于以煤矸石等为主要燃料的资源综合利用火力发电厂。

（4）厂址位于地质灾害易发区，应进行地质灾害危害性评估工作。

（5）电厂厂址严禁选在滑坡、岩溶发育程度高的地区或发震断裂地带以及9度以上地震区，机组容量为300MW及以上或全厂规划容量为1200MW及以上的发电厂，不宜建在9度地震区和Ⅲ级湿陷性黄土地区。

（6）厂址应避让重点保护的自然和人文遗址，也不应设在有重要开采价值的矿藏上或矿藏采空区上。

（7）山区发电厂的厂址，应选在较平坦的坡地或丘陵地上，应注意不破坏自然地势，避开有危岩、滚石和泥石流的地段。

（8）选择发电厂厂址时，应按发电厂规划容量的要求，充分考虑接入系统的出线条件。

### 三、选址取得的支持性文件

（1）确定发电厂厂址时，应取得国家、省、市、自治区及有关部门同意或认可的文件。

（2）省、市、自治区有关部门的发展规划的文件和能源化工基地电力规划的文件。

（3）初步可行性研究阶段应取得地区县级、省级规划建设部门同意建厂或建设用地的复函。

（4）可行性研究阶段应取得省级规划建设部门批复的《建设项目选址意见书》。

（5）取得省、市、自治区国土资源主管部门同意工程项目厂址及灰场建设用地意见的复函。

（6）取得省、市、自治区、国土资源主管部门出具建设项目（厂址及灰场）不压覆矿产资源状况的函。

（7）取得省、市、自治区环保部门关于工程项目选址意见的函。

（8）取得省、市、自治区级的军事设施委员会出具工程项目建设选址无军事设施的函。

（9）取得省、市、自治区文物保护部门出具的工程项目建设选址区域无文物保护的函。

（10）其他的有关协议或同意文件和可行性研究报告要求的支持性文件相同。

### 四、火电厂选址的基本原则

#### 1. 适宜生产

解决好电厂燃料的供应、水源、灰场、对外交通（铁路专用线或水运码头）、电力和热负荷、除灰、出线、地形、地质、地震、水文、气象、环境保护和综合利用主要技术条件，并留有适当的余地，以满足生产，使用方便，为电厂建成投产后的安全、稳发、经济运行创造有利条件。

#### 2. 近水、靠煤

要确保水源充足可靠，厂址应尽量靠近水源，以减少投资，降低运行费用，在水资源匮乏地区，应采取节水措施，采用空冷式冷却系统。

火电厂的燃料主要是立足于煤，这是我国有丰富的煤炭资源所决定的，今后大型火电厂的建设重点是坑口电站，执行煤电一体化的发展方向，减少运输环节，降低运行费用，提高电厂的经济性、安全性、可靠性。

#### 3. 运输方便

为保证电厂所需燃料的连续供应，在厂址选择中，应统一考虑厂址的交通条件如铁路、公路、水运码头等设施，应全面详细地研究，选用不同的运输方式都会影响厂址的方位、布置以及用地的大小，运输形式的选择宜注意方便、运量大、运费低、运输迅速和灵活性较高的运输方式，达到短捷、方便、安全、经济、合理的目的。

4. 节约用地

要十分珍惜土地，在厂址选择中，注意节约土地，在满足生产工艺流程和施工条件下，用地要紧凑，合理利用坡地、荒地、丘陵地建厂。

5. 地质可靠

所选的厂址，地质构造和区域地质情况要好，搞清选址应注意的问题，在离烈度地震区选厂时尤其要对区域构造情况做好仔细研究，建筑物和构筑物应尽量采用天然地基。

6. 保护环境

选址要高度重视环境保护工作，厂址不应靠近风景游览区及传染病中心点，要充分考虑环境保护和治理的措施。

7. 灰场有利储放

要重视灰场的选择，考虑运灰的道路便捷，灰场不污染环境，灰场有利于储放。根据地区地形尽量选择自然侵蚀形成的荒沟、洼地、荒地、塌陷区、废矿井等，禁止选在自然保护区、风景名胜区、生活水源地和其他需要特别保护的区域。

8. 出线条件

要考虑接入系统，出线走向要顺畅，尽量避免迂回，出线走廊应与电厂规划容量及各级电压出线回数相适应。

9. 不淹不涝

要注意厂址不被洪水淹没，厂址标高一般高于百年一遇的洪水位，若条件不允许时，应考虑防洪措施。厂址地形选择应有利于排水，在山区的电厂还应考虑防止山洪的措施。

10. 少挖少填

要尽量选择比较平坦的地形，利用地形顺势沿等高线布置，即使是山区电厂的主厂房也宜布置在一块比较平坦的地方或错层布置，与主厂房毗连的升压站、煤场等可以按台阶布置，以减少土方量。

11. 考虑发展

根据规划的电厂规模，在分期建设时，要充分考虑发展，留有扩建余地，处理好电厂远景发展和近期建设的关系。

12. 利于建设

有比较开阔的施工场地，拆迁量少，为加快施工和缩短建设周期创造有利条件。

13. 有利协作

要考虑燃料、交通运输、供水、排水、通信、修配、生活福利等公用设施方面与邻近企业协作的可能以及和城市规划结合等情况。

14. 方便生活

要合理选择职工生活区的位置，方便职工生活。

15. 特殊要求

选择厂址时除考虑上述要求外，有时还会遇到一些特殊要求，应慎重地进行研究考虑如下情况：

（1）厂址一般要远离重要的军事设施、重要的交通枢纽、大型桥梁、重要港口、通信设施以及机场等。

（2）厂址与机场的距离一般顺跑道方向不小于 20km，垂直跑道方向则为 5km 以外，电厂的建构筑物，特别是烟囱高度必须满足机场净空区的要求。在选定厂址过程中，必须认真遵守《关于保护机场净空的规定》。必须事先与该机场所驻单位联系，并取得电厂工程建设对机场净空无影响的复函。

（3）厂址一般不应选在重要水库的坝下；若厂址必须在水库下游时，则考虑溃坝时洪水的影响。

（4）厂址附近有其他军事设施和人防上有特殊要求时，选厂必须符合其要求，并征得有关部门同意。

（5）电厂出线应考虑对邻近电台、机场、铁路、车站、弱电线路、工矿企业、城市规划以及军事设施的影响。

（6）在选择厂址过程中，遇到道路（指铁路、公路、城市道路）交叉，要求设置立体交叉设施问题，在遇到此问题时，应按《铁路、公路城市道路设置立体交叉的暂行规定》的内容执行。

# 第六节　火电厂的总体规划

火电厂总体规划（即电厂总平面规划）是电厂总的规划布置，在拟建电厂的场地上对电厂的厂区、居住区、水源地、供排水管线、输灰道路、储灰场、厂外交通运输、灰渣综合利用、出线走廊、供热管网、施工场地、施工生活区、环境保护等各项工程用地进行合理选择和规划。

这项工作涉及的因素很多，综合性很强，按照电厂工艺流程的特点，通过优化局部，控制全厂生产、非生产和施工用地面积，使总体规划紧凑、合理、环保节能、减实物量，则电厂建设可达到投资省、建设快、运行费用低，反之，如不合理，将严重影响生产和今后的发展，甚至造成无法挽回的损失。

## 一、总体规划的作用

电厂总体规划是火力发电厂总体布置设计的重要内容，总体规划工作必须充分调查研究和掌握必要的资料基础上进行，要从工程的经济性、技术的先进性、生产的安全性、发展的合理性，在方案比较阶段就要作些原则性的考虑，随着可行性研究、初步设计等不同阶段而逐步深入、完善，最后加以合理地确定，取得比较理想的效果。

总体规划的作用就是根据建厂任务和要求做好以下工作：

（1）合理地优化厂区内外，在燃料、交通运输、居住区位置、公用设施等方面相互间的联系。

（2）按照工艺流程规划好人流、车货流。

（3）做好节约建设用地。

（4）协调工业与农业、生活与生产、综合利用与环境保护的关系。

（5）对扩建工程应尽可能利用老厂已建设施，减少辅助生产设施。

（6）规划贯彻以人为本、方便于人、服务于人的思想，全厂建筑色彩（包括色带）应协调统一。

## 二、总体规划的原则

（1）电厂规划应按确定的规划容量、当地的自然资源条件及电力系统的发展远景进行，规划应一次完成，施工可分期或者连续进行。为便于生产管理，主机组应尽量采用同一型式，发电厂一个主厂房内的机组台数一般为4～6台。

（2）按生产工艺流程布置：主要是电厂的输煤、除灰、供水、出线、铁路、公路、码头、灰场等。在符合防火、卫生标准的前提下应尽量缩小建（构）筑物之间的距离，顺着工艺流程且工程量小，从而降低造价，加快建设速度。

（3）与城镇或工矿区的规划相协调，方便生产和生活。

（4）保护环境、减少污染。

（5）重视建厂的外部条件（煤、灰、水、运输、生活区）的规划。

（6）在满足电厂正常生产、管理方便的前提下，应充分考虑与邻近企业的协作，根据电厂的特点，协作的内容大致如下：

1）矿区坑口电厂，其燃料的输送与矿区的运输相协调，在有条件的情况下，优先考虑皮带输送，减少二次倒运。

2）交通运输设施，如车站、码头、厂外铁路、厂外公路、机车设备等。

3）给水、排水设施，如取水、净化站、污水处理等，以及给水、排水工程管线和设备等。

4）灰渣综合利用，如粉煤灰砖厂、水泥厂、加砌块厂等。

5）防洪设施，如防洪堤坝、排洪沟等。

6）消防设施，如人员和消防车辆等设备，与地方区域共建消防站。

7）公用福利设施，其他照明、通信等设施。

（7）电厂居住区的规划，首先应考虑靠近城、镇或工业区的生活区内。其具体位置及今天发展应按城、镇或工业区统一规划进行考虑。生活福利设施应在机组投产前建成，使生产人员有必要的生活和工作条件。

（8）电厂厂区和居住区的布置应满足日照和通风的要求。

（9）施工区的规划：土建、安装施工场地一般布置在厂区扩建端。施工生活区也宜靠近施工场地，方便工人上下班，减少施工与生产的相互干扰。

（10）正确处理近期建设和远景发展的关系，要充分考虑到电厂的发展。

（11）我国是一个多地震国家，根据地震烈度需要设防的发电厂，在规划中尚需要采取抗震措施，以防遭到强烈地震时，能把灾害控制到最低限度，减少次生灾害，并便于很快抢修和能及时恢复供电。

## 三、总体规划的要求

根据《火力发电厂设计技术规程》总体规划的要求如下。

（一）一般要求

1. 发电厂的总体规划

应根据发电厂的生产、施工和生活需要，结合厂址及其附近地区的自然条件和建设计

划、批准的发电厂规划容量，对厂区、施工区、生活区、水源、供排水设施、运灰道路、储灰场、厂外交通、出线走廊等，从近期出发，考虑远期发展，统筹规划。

发电厂的总体规划应满足下列要求：

（1）工艺流程合理。

（2）交通运输方便。

（3）处理好厂内与厂外、生产与生活、生产与施工之间的关系。

（4）与城镇或工业区规划相协调。

（5）方便施工、有利于扩建。

（6）节约用地。

（7）工程造价低、运行费用小、经济效益高。

2. 发电厂总体规划时应注意的事项

（1）各区内建筑物的布置应考虑日照方位和风向，并力求合理紧凑。在条件合适时，辅助和附属建筑宜采用联合布置和多层建筑。

（2）注意建筑物平面与空间的组织及建筑群体的协调，从整体出发，美化环境。

（3）进行绿化规划，利用生产区、厂前区和生活区的空闲场地植树种草，增大绿化覆盖面积。绿化覆盖系数可按厂区占地面积的 10％～15％考虑。

（4）对煤场、灰场等会出现粉尘飞扬的区域，考虑相应的抑尘措施。

（5）在绿化规划中应选择有利于当地大气净化的草木品种。

3. 消防设施的规划

发电厂厂区和生活区的建筑物布置应符合防火要求，应按照消防设计规范的要求对重要和易发生火灾的部分进行总体规划，设置主要消防设施。

（二）厂区规划要求

（1）发电厂的厂区规划包括生产区和厂前区规划两个部分。

生产区规划应以工艺流程合理为原则，以主厂房为中心，结合各生产辅助设施及系统的功能，分区集中，紧密配合，因地制宜地进行布置。

厂前区规划应以方便生产管理为原则，合理布置生产管理和生活福利等建筑，做到与生产区联系方便、环境清净、生活便利、厂容美观。

（2）发电厂厂区内建筑物的布置，应符合现行的《建筑设计防火规范》的规定和有关环境保护的原则要求，并注意以下各点：

1）主厂房布置在厂区的适中位置，主厂房和烟囱尽量布置在土质均匀、地基容许承载力较高的地段，固定端宜朝向发电厂生活区或城镇。当采用直流供水时，汽轮机房宜布置在靠近水源地一侧，锅炉房可布置在地形高的一侧，扩建端应朝向施工和扩建便利的方位。

2）屋内外配电装置布置应考虑进出线方便，尽量避免交叉，因地制宜地灵活布置。

3）直接空冷电厂的布置：直接空冷系统一般将空冷平台紧靠汽轮机房 A 列，与汽轮机房平行布置，其布置方位宜朝向全年主导风向特别是夏季主导风向，并结合高温大风天气出现的频率合理确定空冷平台朝向，尽量避免由炉后来较大的风频风速。

4）储煤场宜布置在厂区主要建筑物全年最小风频率风向上风侧。

5）辅助和附属建筑物应按功能特点分区布置。

6）制氢站、乙炔站、危险品库、供油和卸油泵房以及点火油罐宜单独布置。

7）发电厂厂区应有两个不同方向的出入口，其位置应使厂内外联系方便，避免生产与施工相互干扰。

（3）发电厂各建筑物、构筑物的最小间距按有关规定执行，并满足优化布置的要求。

（4）发电厂铁路专用线的设计应符合现行的《工业企业标准轨距铁路设计规范》的要求，应按发电厂的规划容量一次规划、分期建设，配线应根据规划容量时的燃煤量、卸煤方式、锅炉点火及低负荷助燃的用油量和施工需要等确定。

（5）厂内道路的设计应符合现行的《厂矿道路设计规范》的要求。

（6）厂内各建筑物之间，应根据生产、生活和消防的需要设置行车道路、消防车道和人行道。

（7）发电厂厂区的竖向布置，应根据厂区的地形、工程地质、水文地质、气象条件及生产要求综合考虑，并符合以下要求：

1）使本期工程或扩建工程土石方量最小，并使挖方和填方平衡，当填、挖方无法达到平衡时应考虑取土或弃土地点。

2）所有建筑物、铁路及道路的标高，应满足生产使用和联系的需要，地下设施中的基础、管线、管沟、隧道及地下室等的标高和布置应统一安排，以达到合理交叉，维护扩建便利，排水畅通。

3）厂区场地的最小坡度以能较快排除地面水为原则，按当地降雨量和场地土质条件等因素来确定。

4）山坡发电厂的竖向布置，应考虑确保边坡稳定。

（8）当厂区自然地形的高差较大时，可采用阶梯布置。

（9）厂区场地排水系统的设计应根据地形、工程地质、地下水位等因素综合考虑。

（10）建筑物低层标高，应高出室外地面设计标高 150～300mm。确定底层标高时，还应根据地质条件考虑沉降的影响。

（11）厂区内的主要管线和管沟应按规划容量统一规划，宜集中布置，并留有足够的管线走廊。管线和管沟宜沿道路布置，地下管线和管沟亦宜敷设在道路行车部分之外。

（12）管线布置应满足下列要求：

1）便于施工检修。

2）当管道发生故障时，不致发生次危害，特别要防止污水渗入生活给水管道和有害、易燃气体渗入其他沟道和地下室。

3）避免遭受机械损伤和腐蚀。

4）避免管道内液体冻结。

5）电缆沟和电缆通道应防止地面水及其他管沟内的水渗入，防止各类水倒灌入电缆隧道内。

（13）高压架空线与道路或其他管线交叉布置时，应按规定保持必要的安全净距。

（14）管线的敷设方式，按下列原则考虑：

1）生产、生活、消防给水管和雨水、污水排水管等宜地下敷设。

2）煤气管、点火油管、热力管等宜架空敷设。

3) 氢气管、压缩空气管、氧气管、酸和碱管以及除灰管等宜敷设在地沟内，也可架空敷设，对发生故障时有扩大灾害的管道不宜同沟敷设。

4) 厂区内的电缆可采用架空敷设或用电缆桥架敷设。

（三）厂区外部规划要求

（1）发电厂的厂外部分设施，包括交通运输、供水和排水、灰渣处理、输电线和供热管线、生活区和施工区等，应在确定厂址和落实各个主要系统的基础上，根据发电厂的规划容量、初期建设规模、建设进度和厂址的自然条件，全面考虑，综合规划。

（2）发电厂的厂外交通运输规划，应注意以下要求：

1) 铁路专用线应与国家铁路线或其他工业企业的专用线相连接，并与地区发展规划相协调，发电厂在选厂阶段应研究和落实专用线接入车站的可能性及合理性，对采用底开门车卸煤的电厂，当厂址条件合适时也可设置环行铁路。

2) 以水运为主的发电厂，码头的位置、建设规模及平面布置应按发电厂的规划容量、厂址的自然条件和厂内的运煤方式统筹安排。

3) 发电厂的主要进厂公路应与通向城镇的现有公路相连接，其连接宜短捷且方便行车，避免与铁路交叉，平交时应设置道口及其他安全措施，施工区应设置单独的进厂公路入口。

（3）发电厂的厂外供排水设施规划应注意以下要求：

1) 根据规划容量、水源、地形条件和本期与扩建的关系等，通过方案比选，合理安排。

2) 对于循环供水系统和生活供水系统，应做好厂外水源或集水池和补给水泵房的布点及补给水管的路径选择，并处理好与农业用水的关系。

3) 远离厂区的供水泵房应考虑必要的通信、交通、生活和卫生设施。

4) 考虑水的回收和重复利用。

（4）厂外灰渣处理设施应符合下列要求：

1) 储灰场宜靠近发电厂，利用附近的山谷、洼地、海滩、塌陷区等建造储灰场，并避免多级输送。

2) 储灰场应选择筑坝工程量最小、布置防洪构筑物有利的地形，并尽量考虑利用灰渣分期筑坝的可能条件。

3) 当采用山谷储灰场时，应考虑其泄洪构筑物对下游的影响，设计中应结合当地规划的防洪能力综合研究确定。

4) 当采用汽车输送灰渣时，应考虑汽车的通行能力和可能对环境造成的污染影响，并采取相应的对策。

（5）发电厂出线走廊的规划，应根据系统规划、输电线出线方向、电压等级和回路数，按发电厂规划容量全面安排，力求避免交叉。220kV以上的屋外配电装置，当受条件限制或在系统中布局有利时，可脱离厂区布置。

（6）厂外供热管线合理规划，并注意与厂区总平面布置相协调，供热管线的母管走廊宜布置在汽轮机房外侧的适当地位，当条件受限制时，也可布置在厂区围墙以外，供热母管宜采用多管共架敷设。当跨越铁路时，轨顶至管底（或管架底）的净高不宜低于5.5m，当跨越公路或交通要道时，不宜低于4.5m。

（7）发电厂生活区的规划，应方便于生活、有利于生产，结合城镇统一规划。

(8) 发电厂施工区应按规划容量统筹规划,并应考虑如下要求:

1) 布置紧凑合理。

2) 按施工流程的要求妥善安排生产性施工临建、材料设备堆置场和施工作业场所。

3) 有良好的施工通道。

4) 利用地形,减少场地平整的土石方量。

5) 生产与基建场地和通道布置应减少生产与基建工作的相互干扰,特别是在部分机组投产后,能有利于生产,方便施工。

6) 施工生活区的布置不应影响发电厂的扩建,加强施工管理,结合当地特点减少施工用地,根据施工机械化水平的提高对施工生产用地等采取综合交叉等多项措施,尽量减少施工用地,施工区和施工生活区租地面积按表 2-4 的规定进行确定。

表 2-4　　　　　　　　　　施工区和施工生活区租地控制指标

| 电厂规模<br>(MW) | 施工区<br>(hm²) | 施工生活区<br>(hm²) | 施工租地合计<br>(hm²) | 千瓦租地<br>(m²/kW) |
|---|---|---|---|---|
| Ⅰ类地区 | | | | |
| 2×300 | 18.0 | 5.0 | 23.0 | 0.383 |
| 2×600 | 21.0 | 6.0 | 27.0 | 0.225 |
| 2×1000 | 25.0 | 7.0 | 32.0 | 0.160 |
| Ⅱ类地区 | | | | |
| 2×300 | 19.5 | 6.0 | 25.5 | 0.425 |
| 2×600 | 22.0 | 7.0 | 29.0 | 0.242 |
| 2×1000 | 26.0 | 8.0 | 34.0 | 0.170 |
| Ⅲ类地区 | | | | |
| 2×300 | 21.0 | 7.0 | 28.0 | 0.467 |
| 2×600 | 23.0 | 8.0 | 31.0 | 0.258 |
| 2×1000 | 27.0 | 9.0 | 36.0 | 0.180 |

**四、总体规划的步骤**

总体规划的一般设计步骤:

(1) 在已经得到的建厂地形图、地质资料、矿区或城镇规划图的基础上开展总体规划。

(2) 以厂区为中心,标出厂区位置、方位、形状和占地面积大小。

(3) 标出与四邻的相互关系。

(4) 依次标出以下规划的场地、位置、走向等。

1) 铁路专用线接轨点、线路走向、线路长度等。

2) 厂外公路的引进、与公路网的连接、公路宽度等。

3) 水运码头的位置。

4) 出线走向、回路数和走廊宽度等。

5) 水源地(取水工程)位置与范围、供排水管线走向及长度等。

6) 储灰场位置、大小及灰坝长度。

7）居住区的位置、方位、大小和形状等。

8）施工场地和施工生活区的位置、形状、占地面积。

9）规划综合利用的场地。

（5）在初步可行性研究阶段，只需对厂区、铁路、公路、码头、水源、出线、灰场等主要内容作粗略的布置和估算。

（6）在可行性研究阶段，则需要对总体规划的各项内容明确其位置，提出详细的占地数量。当有条件进行厂区总平面布置设计时，也可根据设计方案提出初步的占地面积。

（7）详细的总体规划设计，将在初步设计阶段进行。

（8）现场踏勘，调查研究、协调各方关系，落实外部条件。

（9）进行技术经济比较，明确厂区等位置，提出推荐方案。

火电基本建设技术

管理手册

# 第三章

# 火电建设项目技术专题研究论证报告

项目技术专题研究论证报告书是在开展项目可行性研究时进行的一项专题研究报告，针对项目的专项课题进行详细地研究分析，并得出结论，即接入系统设计专题技术报告、环境影响评价报告、水土保持方案设计报告、地震安全性评价报告、地质灾害危险性评价报告、水资源论证报告、大件运输报告、土地预评审报告。对综合利用项目，应增加煤矸石综合利用发电专项规划、当地燃料来源论证报告。

专项技术论证报告书是运用专项科学研究成果，对建设项目重要的专项研究课题进行技术、经济论证，主要任务是对建设项目专项问题在技术上和经济上是否合理和可行，进行全面分析和论证，作出多方案的比较，提出评价和建议。由于基本建设工程涉及面广，建设周期长、投资大，为了更有效地使用项目建设投资，取得最好的经济效果，建设之前就必须对拟建电厂项目进行可行性研究，同时进行项目研究专题技术论证。目前，国家项目主管部门已将可行性研究报告和项目研究专题技术论证报告列入基建程序，充分肯定了可行性研究和项目研究专题技术论证报告在基本建设中的重要地位和作用，在项目申报或核准时，都必须有专项报告的审查和批复。

## 第一节 环境影响评价报告

根据《中华人民共和国环境保护法》、《中华人民共和国环境影响评价法》及《建设项目环境保护管理条例》（国务院第253号令）等有关规定，项目建设单位在进行项目可行性研究工作时，应正式委托有资质的单位，对该项目工程进行环境影响评价工作，并编制《环境影响报告书》，根据《环境影响评价技术导则》以及地区环境监测站的现状资料，开展环境影响评价工作，编制环境影响报告书。

环境保护设计应执行国家环境保护法律法规，污染物的排放不得超过国家或地方规定的排放标准和主要污染物总量控制指标；环境影响报告书是环境保护行政主管部门对环境影响报告书的审查批复意见；水土保持方案和水行政主管部门的审查批复意见是环境保护设计的依据，其中规定的各项污染物防治措施必须与主体工程同时设计、同时施工、同时投入运行。

### 一、环境保护的任务

火力发电厂环境保护的主要任务是：保护生活和生态环境，防止环境污染，积极防止废气、废水、废渣及噪声对环境的污染和危害，解决环境污染的问题，使自然生态恢复良性循环，进行厂区的绿化以改善生活环境。

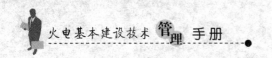
实现电力环保计划的指导思想，贯彻"预防为主、防治结合、综合治理"，实现"清洁生产、达标排放、总量控制"的原则，紧密结合电力生产，继续以科研开路，坚持实事求是，走出符合我国实情的环境保护的路子，达到经济、环境、社会三个效益的统一。

**二、环境保护工作的方针**

环境保护工作的方针是全面规划、合理布局、综合利用、化害为利、依靠群众、大家动手、保护环境、造福人民。

**三、环境保护工作的主要原则**

（1）发展国民经济必须统筹兼顾、协调发展。

在制订国民经济计划时必须对环境保护作出统筹安排，并认真组织实施，对已经造成污染环境和其他公害的，必须作出规划，有计划、有步骤地加以解决，对新建、改建和扩建工程必须严格执行"三同时"，即对环保设施必须同时设计、同时施工、同时投产。

（2）贯彻"预防为主、防治结合"的方针。

（3）要贯彻"清洁生产、达标排放、总量控制"的原则。

（4）建立环保管理体制，建设"环境友好型、资源节约型"企业。

（5）实行奖惩结合的原则。

（6）贯彻谁污染、谁治理的原则。

**四、环境保护工作的要求**

火电厂基本建设项目环境保护管理工作的要求主要是：

（1）建设单位及其主管部门应对基本建设项目的环境保护负责，新建、扩建和改建工程，在初步可行性研究阶段应提出环境影响分析，在可行性研究阶段应按照国家规定的要求提出环境影响报告书；在初步设计阶段还应提出防治污染和有关劳动安全与工业卫生的设计文件。

在项目申报或核准时，应先申报环境影响报告书，经国家环境保护主管部门审查批复后，同时向国家发展和改革委员会主管部门申报项目核准，根据国家环保部门的审查批复意见在初步设计时，认真作好有关环境保护设计工作。

（2）基本建设项目必须充分注意资源、能源的综合利用，使其污染物的排放量降低到最少的程度，环保设施必须与主体工程同时设计、同时施工、同时投产，建设投产后必须清洁生产、达标排放、总量控制。

（3）在项目的初步设计阶段，必须有环境保护篇章，保证环境影响报告书及其审批意见所规定的各项措施得到落实。

根据火电厂的规模或地区位置，应设置环境保护监测手段，在运行中能监视废气、废水等排放浓度和测得当时的气象数据，以便及时采取措施，保护大气和水体的环境质量，设置劳动安全与工业卫生的监测手段，建设环境友好型、资源节约型企业。

（4）基本建设项目在施工过程中应注意保护周围的环境，防止对自然环境造成不应有的破坏，竣工后，还应恢复在建设过程中受到破坏的周围环境，对厂区按设计要求进行绿化。

（5）基本建设项目竣工验收，须有环境保护部门的参加，对环境保护措施的执行及其效果进行检查，环境保护设施没有建成或达不到规定要求的，可不予验收、不准投产。

**五、环境影响报告书的内容**

基本建设项目环境影响报告书或环境影响报告表，是从保护环境的目的出发，对基本建设项目进行可行性研究，通过综合评价论证和选择最佳方案，使之达到布局合理，对自然环境影响较小，对环境造成的污染和其他公害得到控制。

环境影响报告书的编报，应按国家颁发的《环境保护法》和《建设项目环境保护管理条例》以及《环境影响评价技术导则》等要求的标准和规定执行。

建设项目的环境影响报告书应当在可行性研究阶段取得国家发展和改革委员会同意规划建设的文件（路条）完成报告的编报工作，并上报国家环保部门进行审查批复。

环境影响报告评价目的：是通过对火电工程项目项目生产工艺、污染因素及治理措施分析，确定火电工程项目主要污染物产生的环节和排放量，分析火电工程项目设计拟采用的污染治理措施的合理性、可行性和可靠性，治理后的污染源是否能满足稳定达标排放的要求，在对环境现状进行监测和污染源调查的基础上，预测火电工程项目投产后的区域环境质量的变化程度，提出总量控制及减轻或防治污染的建议，从环保角度明确提出火电工程项目是否可行的结论，为项目的合理布局和环境管理提供科学依据。根据地区水资源的情况，应遵照循环经济概念，降低水耗，大幅度提高水的回收利用，减少废水排放量。

评价的指导思想：

（1）依据国家及地方有关环保法规、环境影响评价技术规定及环境标准进行评价工作。

（2）根据"清洁生产、达标排放、总量控制"原则，火电工程项目以实现"达标排放、清洁生产、总量控制"，改善区域环境质量为目标。

（3）根据火电工程项目对环境污染的特点，以工程分析为基础分析清楚排污特征、排放点、排放量，对环境保护的措施进行分析评价，分析环保措施的先进性和可靠性。

（4）根据当地的自然和社会环境特征，结合火电工程项目的污染现状和环境质量状况，论述拟建工程的可行性。

（5）从经济发展和保护环境的目的出发，提出可行性的污染防治对策和建议，指导工程设计，使工程做到社会效益、经济效益和环境效益相统一，促进企业实现可持续发展。

（6）以科学的态度，达到评价结论明确、准确和公正、可行的要求。

根据火电厂的工艺特征，识别工程对环境带来的主要影响因素为：

（1）火电厂烟囱排放的废气对大气环境的影响。

（2）火电厂设备运转的高噪声对声环境的影响。

（3）干灰场、煤场储运过程中产生的二次扬尘对环境的影响。

（4）施工期各项施工活动对环境的影响。

评价方法：

评价方法选用《环境影响评价技术导则·大气环境》、《环境影响评价技术导则·地面水环境》、《环境影响评价技术导则·声环境》中推荐的方法，按导则要求，整理和收集资料，并通过现场调查和现场监测完成。

评价工作重点：

（1）掌握电厂周围环境质量现状，预测工程投产后电厂排放的大气污染物对评价地区内环境空气质量的影响程度和范围，预测工程投产后对声环境的影响程度和范围。

（2）根据电厂建设施工环境污染特点及其影响分析，提出保护措施，防止破坏生态以及噪声、扬尘等现象的发生。

（3）从污染物达标排放和总量控制、项目清洁生产水平、节约用水，减轻对环境污染和保护生态环境的角度分析和评述工程污染防治措施的可行性并进行环保措施技术经济论证，明确工程总量控制的可行性、烟囱高度和厂址选择的合理性。

（4）评价要突出各项污染物达标排放的要求，落实灰渣综合利用的途径、生态保护、节水论证等，以及项目符合国家产业政策和环保政策方面进行分析。

（5）根据项目的特点和对环境保护方面有贡献的项目，要充分体现对区域环境的改善。

评价方案设计：

（1）针对项目特点和厂址区域环境条件，分析厂址地区的常规气象资料以收集厂址地区周围气象站的资料为主，污染源现状资料以收集厂址地区周围气象站环保监测站的资料为准。

（2）一般火电项目以大气环境影响评价为重点，在评价中切实做好环境空气污染防治对策的研究，采取有效的治理措施，控制 $SO_2$、烟尘的排放，实现达标排放。

（3）在评价中的工程分析、污染防治对策将以"达标排放、总量控制、清洁生产"为原则进行论述。

（4）通过环境影响的评价，提出明确的治理措施，并落实具体的环境管理的监控计划。

环境影响评价总体方案见图 3-1。

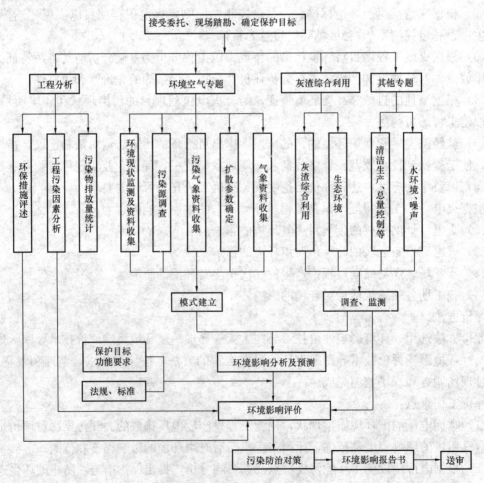

图 3-1　环境影响评价总体方案

## 六、项目环境影响报告书的内容提要

（一）总论

（1）评价的目的。

（2）评价单位、协作单位及分工。

（3）评价总体构想。

1）评价目的。

2）评价指导思想。

3）主要环境影响要素识别。

（二）编制依据

（1）项目名称、规模及基本构成。

（2）工程设计的主要原则。

（3）评价依据：

1）法律、法规依据。

2）技术标准规范。

3）项目依据。

（4）评价等级、评价范围及保护目标。

1）环境空气。

2）水环境。

3）声环境。

4）生态环境。

5）环境保护目标。

（5）环境影响评价因子的确定。

（6）区域环境功能划分及评价标准。

（三）工程分析

（1）工程概况：

1）建设地点。

2）占地情况。

3）装机方案。

4）煤源及燃煤情况。

5）供排水系统及用水量。

6）除灰渣系统。

7）接入系统。

8）劳动定员及工作制度。

9）主要经济指标。

10）工程污染防治措施及主要污染物排放情况。

（2）工程建设符合城市规划及相关产业政策的分析。

（3）工程进度。

（4）灰渣综合利用。

（5）工程特点及主要环保问题。

（四）区域环境概况

（1）地理位置。

（2）地形地貌。

（3）植被土壤。

（4）气候条件。

（5）水位地质条件。

（6）社会环境。

（7）建设项目周围环境概况。

（8）区域污染源调查。

（五）环境质量现状监测及评价

（1）环境空气质量现状监测及评价：

1）环境空气现状监测。

2）环境质量现状评价。

（2）地表水环境质量现状监测及评价。

（3）地下水质量现状监测及评价。

（4）声环境现状监测及评价。

（5）生态环境状况：

1）土壤。

2）植被分布。

3）土地利用现状。

4）自然保护区概况。

5）人文景观。

（六）环境影响预测及评价

（1）大气环境影响预测及评价：

1）确定气象站资料。

2）地面气象条件。

3）大气环境影响预测评价。

4）大气环境影响预测模式的选择。

5）预测结果分析。

6）电厂烟囱高度合理性分析及结论。

（2）噪声环境影响预测及评价。

（3）煤场环境影响分析。

（4）电厂节水措施论证及排水量影响分析。

（5）生态环境影响分析：

1）生态影响基本概述。

2）建设期环境生态影响评价。

3）运行期环境生态影响分析。

（6）物料运输方案及其环境影响分析。

（7）升压站电磁环境影响分析。

（8）综合利用项目对区域环境影响分析。

（七）建设期环境影响分析

（1）项目建设期基本情况及特点。

（2）建设期主要工程量及场地。

（3）建设期环境影响因子识别。

（4）建设期环境影响分析。

1）大气影响分析。

2）废水影响分析。

3）声环境影响分析。

4）固体废弃物影响分析。

5）污染防治措施分析。

（八）污染防治对策分析及评述

（1）大气污染防治对策。

1）基本原则。

2）脱硫、脱硝技术分析。

3）烟尘防治对策。

4）$SO_2$ 防治对策分析。

5）$NO_x$ 防治对策分析。

6）在线监测。

7）烟囱高度论证。

8）粉尘防治措施。

9）大气污染防治对策论证。

（2）水污染防治对策。

（3）噪声治理对策。

（4）煤场扬尘防治对策。

（5）生态环境防治对策。

（6）施工中物资材料运输防污染对策。

（7）管线开挖施工污染防治对策。

（8）电厂建设期污染防治对策。

（9）拟建项目采用的环保设施及主要措施汇总。

（九）固体废物综合利用分析

（1）固体废物产生情况分析，火电工程项目产生的固体废物主要是粉煤灰及炉渣，应对粉煤灰及炉渣的产量及主要成分进行分析。

（2）固体废物综合利用途径分析。

1）粉煤灰及炉渣的综合利用。

2）粉煤灰用作水泥添加剂的利用分析。

3）粉煤灰炉渣其他综合利用。

（十）水土保持方案

（1）水土保持防治目的。

（2）工程建设可能造成的水土流失影响。

1）防治责任范围。

2）水土流失防治分区。

3）水土流失影响因素。

4）水土流失预测分析。

（3）水土治理方案。

（4）水土保持措施的费用概算。

（5）水土保持效益分析。

（十一）环境地质灾害现状及影响分析

（1）环境地质灾害现状评价。

（2）地质灾害危险性预测评价。

（3）防治措施。

（4）地质灾害评价结论。

（十二）清洁生产分析

（1）实施的目的。

（2）节约和合理利用能源：

1）主辅机设备选型节能项目。

2）系统优化设计和布置节能专题。

3）节水、节电、节煤措施。

（3）采取有效的污染防治措施并减少污染物排放量。

（4）原料消耗及产生的污染情况。

（5）清洁生产的组织与实施。

（十三）污染物排放总量控制分析

（1）环境保护的主要目标。

（2）工程污染物总量控制分析。

（十四）环境影响经济损益分析

（1）环境损益分析的目的。

（2）项目经济效益、社会效益及环境效益分析。

（3）综合评价。

（十五）公众参与

（1）公众参与的目的。

（2）公众参与调查程序。

（3）公众参与调查方式、对象及内容。

（4）公众参与问卷调查结果统计分析。

（5）公众参与公告调查分析。

（十六）环境管理与监测计划

（1）环境管理与监测的目的。

（2）环境管理计划。

（3）环境监测计划。

（十七）结论与建议

（1）评价结论：

1）项目建设与产业政策及规划的符合性。

2）项目选址的环境可靠性。

3）污染物达标情况。

4）清洁生产水平。

5）总量控制指标合理性分析。

6）环境质量要求与符合环境功能区情况。

7）环境影响预测及评价。

8）公众参与。

9）风险分析。

10）综合评价结论。

（2）建议及存在的问题。

（十八）其他要求

项目在可研阶段所要求的支持性文件，即附件与环评报告书的附件相一致，环评报告书要增加公众参与调查表、公众参与公告，一般要求要在当地市级报刊公告两次有关排放和综合利用的协议、地区环保部门针对项目的要求和复函等。

## 第二节　接入系统设计专题技术报告

### 一、接入系统设计的任务

火电厂的接入系统设计，是在该工程已完成可行性研究的条件下更深入地研究该电厂与电力系统的关系，确定和提出电厂送电范围、出线电压、出线回路数、电气主接线及有关电气设备参数的要求，以满足该电厂初步设计对系统部分的需要，并为项目取得国家电网公司的审批和上报国家发展和改革委员会主管部门对项目的核准以及为电厂送出工程的设计提供依据。

### 二、接入系统设计的要求

（1）电厂接入系统设计应以经过审定的中长期电力规划或审定的电力系统设计为基础，必须贯彻国家的有关方针政策，执行有关设计规程和规定。

（2）火电厂接入系统设计，一般应由项目单位（建设单位）正式委托有资质的电力设计院按规定要求开展接入系统设计专题技术报告工作，专题报告完成后，应申请地区国家电网公司或国家电网公司进行审查批复，接入系统专项报告经国家电网公司批复后可做为项目申报国家主管部门核准的一个条件。

（3）火电厂接入系统设计应从实际出发，由于火电厂设计规模不断增大，对于区域性火电厂应重点研究该电厂与大系统或跨省区的电网的有关问题。应注意远近结合，由近及远地

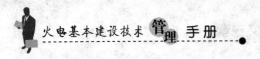

进行多方案技术经济比较，其推荐方案要在技术上先进、合理，简化系统接线、过渡方便、运行灵活、切实可行和经济可靠地向系统供电。

**三、接入系统设计的内容提要**

（一）设计依据及原则

1. 设计依据

（1）根据工程项目的初步可行性研究报告及评审意见。

（2）根据电网远景目标网架规划和地区电力发展规划。

（3）根据项目建设方的委托函或签订的接入系统设计合同。

2. 工程概况

（1）说明工程规划容量。

（2）本期建设规模。

（3）计划工期。

（4）厂址方案等。

3. 设计原则

（1）设计水平年。

（2）设计范围。

（3）边界条件。

（二）电力系统现况及存在问题

（1）电力系统的现状，与该电厂有关的现有系统概况。

（2）存在问题：

1）地区电网存在的问题。

2）地区电网与主网联系存在的问题。

（三）电力负荷发展

（1）历史情况分析。

（2）电力市场发展预测。

（3）分地区负荷发展。

（4）负荷特性分析。

（四）电源发展及电力电量平衡

（1）电源发展。

（2）电力电量平衡。

（3）分地区平衡。

（4）项目电厂送电方向分析。

（五）接入系统方案

（1）项目电厂近区电网发展。

（2）项目电厂接入系统电压等级及接入点分析。

（3）接入系统方案。

（4）技术经济比较。

（六）相关电气计算

（1）潮流分布计算。

（2）调相调压计算。

（3）稳定计算。

（4）短路水平计算。

（七）电厂电气主接线及系统运行对电厂主设备参数的要求

（1）电气主接线。根据电厂的接入系统推荐方案，提出电厂电气主接线方案。

（2）系统运行对主设备参数的要求。

1）发电机参数，发电机组功率因数、发电机组调峰能力、发电机具有相应的调频能力等。

2）主变参数，总容量、抽头电压、阻抗电压、接线方式等。

（八）送出工程投资估算

（1）根据推荐方案，电厂送出工程项目包括的范围。

（2）送出工程投资估算值，可用投资估算表列出。

（九）结论及建议

（1）主要结论。

（2）建议及存在问题。

（十）附图

（1）电力系统现有地理接线图。

（2）该电厂建成前后有关地区的地理接线图。

（3）电厂接入系统方案比较图（应有必要的潮流表示）。

（4）稳定计算摇摆曲线图。

（5）电气主接线原则接线图。

## 第三节　水土保持方案专题技术报告

### 一、水土保持专题技术报告的任务

建设项目水土保持技术报告，是在充分了解工程建设区自然环境特征、水土流失现状、社会经济情况的基础上，认真分析工程建设特点及水土流失形式、范围和水土流失影响程度。建设项目的水土保持方案本着"谁开发，谁保护，谁造成水土流失，谁负责治理"和保护优先的原则，明确了建设单位法定的水土流失防治责任与义务，分析并拟定水土流失防治对策与措施体系布局，介绍建设单位实施水土保持方案的保障措施，推算水土保持所需投资，并从水土保持要求方面给出项目是否可行的意见。

### 二、编制水土保持专题技术报告的意义

分析建设项目所在区域水土流失类型，一般以风力侵蚀为主，兼有水力侵蚀。由于工程建设活动损害原地貌及植被，会加剧水土流失的发生与发展，编制电厂项目水土保持报告书，是以国家和地方颁布实施的水土保持及相关的一系列法律、法规为基础，以相关的行业规范和技术资料为依据，布设实施遏制工程建设中造成的新增水土流失，规范开挖方式为内容，本方案为系统防治水土流失提供技术依据，为项目的结构和布局及施工组织提供完善意

见，明确了建设单位的责任期间、责任范围及防治目标，为水土保持监督管理部门依法行政提供技术支持。

在完成项目可行性研究报告时，由建设单位正式委托有资质的单位开展建设项目水土保持报告书的编写。报告编制工作完成后，在取得国家发改委关于项目建设规划的文件（路条）后，由建设单位申请国家水利部主管部门对水土保持报告书进行审查批复，批复后可作为项目申报核准的一个条件。

建设项目水土保持方案批复后，具有强制实施的法律效力，方案规定的各项水土保持措施将纳入主体工程的设计中，并与主体工程同时设计、同时施工、同时验收，使水土流失得到及时有效地控制。

### 三、水土保持专题报告的指导思想

方案的编制应以《中华人民共和国水土保持法》及有关法律法规为指导，严格贯彻"预防为主、全面规划、综合治理、因地制宜、加强管理、注重效益"的水土保持工作方针，减轻建设项目区域水土流失，改善区域生态环境，为工程建设、生产运营、当地经济持续发展创造良好的条件，使工程建设过程中的水土流失得到及时和有效的控制，注重景观建设，鼓励废弃土石方综合利用等，保证"三同时"的落实等。

结合工程项目的实际情况，充分利用现有资料，在实地调查和实测等工作的基础上，确定建设项目水土流失的责任范围，提出水土保持分区防治措施和总体布局，对各项水土保持措施进行规划，提出年度实施计划，使水土保持措施落实到实处，从而达到控制水土流失、保障工程安全运行与周边生态环境协调发展的目的。

### 四、水土保持专题报告编制的原则

建设项目水土保持方案以保护生态环境为出发点，以防治新增水土流失为目标，促进经济与环境的协调发展，在遵守水土保持法律法规、技术标准和环境保护总体要求原则的同时，根据工程建设生产特点，须遵循以下原则：

（1）明确责任的原则："谁开发，谁保护；谁造成水土流失，谁负责治理"的原则。

（2）预防为主的原则：按照"预防为主、保护优先"的基本要求，选用先进的施工工艺和生产工艺，优化施工组织设计。

（3）生态与主体并重的原则：以控制和治理水土流失，保护和改善生态环境为主要目标。

（4）综合防治的原则：各种防治措施紧密结合，并与主体设计中已有措施相互衔接。

（5）因地制宜的原则：坚持因地制宜、因害设防的原则，合理布局水土流失防治措施，注重工程措施和植物措施的合理搭配，做到标本兼治。

（6）永久临时结合的原则：结合办公区及生活区的绿化要求，永久措施和临时措施结合布置，在节约资金的同时，减少二次扰动。

（7）景观协调的原则：注重植物措施的配置，草、花、灌、乔合理搭配，力争春色满园。

（8）经济合理的原则：应选择取料方便，易于建造的工程措施及当地适合生长的植物品种。

（9）综合利用的原则：工程产生的弃渣可结合当地的情况，经过整治压实、覆土后可恢复为耕地，或变成可利用的土地，剥离的表层土应单独堆放，留待后期植被恢复之用。

（10）"三同时"的原则：水土保持设施必须与主体工程"同时设计、同时施工、同时投产使用"的"三同时"原则。

## 五、水土保持方案专题报告书内容提要

（一）水土保持方案编制总则

（1）方案编制的目的与意义。

（2）编制依据。

（3）水土流失防治执行标准。

（4）指导思想。

（5）编制原则。

（6）设计深度和设计水平年。

（二）项目概况

（1）项目地理位置。

（2）项目基本情况。

（3）项目组成及布置。

（4）工程征占地。

（5）工程土石方量。

（6）施工组织。

（7）工程投资。

（8）进度安排。

（三）项目区域概况

（1）自然环境概况。

（2）社会经济概况。

（3）水土流失及水土保持现状。

（四）主体工程水土保持分析与评价

（1）主体工程方案比选及制约性因素分析与评价。

（2）主体工程占地类型、面积和占地性质的分析与评价。

（3）主体工程土石方平衡、弃土（渣）场布置的评价。

（4）施工组织、方法与工艺等评价。

（5）主体工程设计的水土保持分析与评价。

（6）工程建设与生产对水土流失影响因素分析。

（7）结论性意见、要求与建议。

（五）防治责任范围及防治分区

（1）责任范围确定的依据。

（2）防治责任范围。

（3）水土流失防治分区。

（六）水土流失预测

（1）预测范围和预测时段。

（2）预测方法。

（3）水土流失预测成果。

（4）水土流失危害分析与评价。

（5）预测结论及指导性意见。

（七）防治目标及防治措施布设

（1）防治目标。

（2）水土流失防治措施布设原则。

（3）水土流失防治措施体系和总体布局。

（4）防治措施及工程量。

（5）水土保持施工组织设计。

（6）水土保持措施进度安排。

（八）水土保持监测

（1）监测时段。

（2）监测区域、监测点位。

（3）监测内容、方法及监测频次。

（4）监测设备、设施及监测人员。

（5）水土保持监测成果及要求。

（九）投资估算及效益分析

（1）投资估算的编制原则、依据、方法。

（2）水土保持投资概述。

（3）防治效果预测。

（4）水土保持损益分析。

（十）方案实施的保障措施

（1）组织领导与管理。

（2）水土保持工程招标、投标。

（3）水土保持工程建设监理。

（4）水土保持监测。

（5）施工管理。

（6）检查与验收。

（7）资金来源及使用管理。

（十一）结论及建议

（1）主要结论。

（2）建议及存在问题。

# 第四节 水资源论证报告书

## 一、水资源论证的目的和任务

工程建设项目水资源论证的目的和任务是：依据国家法律、法规和地方法规、政策、规划等，在区域水资源的相关调查、建设项目工程分析的基础上论证分析工程建设的合理性和可行性，通过对取水水源、取水口的合理性和工程供水的可靠性、建设项目用水合理性、节水措施与潜力以及退水情况的分析，论证建设项目取、退水对区域环境和其他用水户的影响，并提出相关的水资源保护措施，保证建设项目的合理用水，提高用水效率和效益，减少建设项目取水和退水对周边环境的不利影响，并对工程存在的不合理、不可行的问题，针对性提出具体的、可操作性的对策措施，从而为建设项目取水许可科学审批提供技术依据。

**二、水资源论证的要求**

为了加强水资源管理，保障工程项目顺利实施和合理用水要求，根据国家发展和改革委员会《建设项目水资源论证管理办法》和水利部《关于做好建设项目水资源论证工作的通知》的要求，在项目完成初步可行性研究后，根据初步可行性研究审查意见，由建设单位正式委托有资质的单位进行水资源论证工作，依据《建设项目水资源论证报告书编制基本技术要求》的条款内容，进行项目实地查勘，收集有关资料，并对区域经济社会情况、水资源状况及供水情况进行调查，认真分析相关资料，对建设项目所在地的城市中水、矿井疏干水等及其所在的区域的水资源取水条件进行论证，并编制完成项目的水资源论证报告书。

水资源论证报告书编制完成后，由项目建设单位申请项目所在地的省、市、自治区水利主管部门对水资源论证报告书进行审查，省水利主管部门在接到项目申请报告时，负责组织有关专家对项目水资源论证报告进行审查并出具审查意见，根据审查意见，按规定程序进行报批，批复后在项目进行初步设计及工程设计阶段认真贯彻执行，同时可作为工程项目申报国家发展改革委员会审批核准的一个重要专题报告。

**三、关于做好建设项目水资源论证工作**

为加强水资源管理，促进水资源优化配置，水利部与国家发展和改革委员会正式颁布了《建设项目水资源论证管理办法》（以下简称《办法》）。为做好水资源论证组织实施工作，火电建设项目认真贯彻执行《建设项目水资源的论证管理办法》的有关要求。

（1）各级水行政主管部门要高度重视，加强领导。要认真组织学习，全面领会和掌握《办法》的精神实质，加大向社会宣传的力度，使各部门、各行业通晓《办法》的有关内容，提高对开展建设项目水资源论证工作重要性认识。要加强对《办法》实施前各项工作的领导，组织制定详细的实施计划，抓紧制定地方配套法规，全面推动《办法》的实施。

（2）加强能力建设，抓好管理人员和技术人员的队伍建设。通过举办培训班、专家讲座等方式提高管理人员和从业人员的能力和素质。要充分发挥各部门规划设计、科研机构和高等院校等技术优势，加强对技术单位的资格管理，提高技术人员的从业水平，建立一支高素质的技术支撑队伍。

（3）严格建设项目水资源论证报告书审查制度。要充分发挥中介机构和专家的作用，保证论证工作的公平性和科学性。要建立符合市场规则和运行顺畅的评审机制，严把质量关，为各级水行政主管部门审批取水许可提供科学依据。

（4）为了保证《办法》的顺利贯彻实施，水利部正在抓紧制定配套的规章。在配套规章

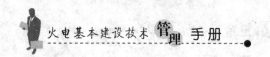

出台之前，各流域机构和各级水行政主管部门可以先委托水利系统具有一定资质的单位承担水资源论证报告书的编制。具体资质等级要求由各流域机构、各省（自治区、直辖市）水行政主管部门确定。

### 四、建设项目水资源论证管理办法

（1）为促进水资源的优化配置和可持续利用，保障建设项目的合理用水要求，根据《取水许可制度实施办法》和《水利产业政策》，制定本办法。

（2）对于直接从江河、湖泊或地下取水并需申请取水许可证的新建、改建、扩建的建设项目（以下简称建设项目），建设项目业主单位（以下简称业主单位）应当按照本办法的规定进行建设项目水资源论证，编制建设项目水资源论证报告书。

（3）建设项目利用水资源，必须遵循合理开发、节约使用、有效保护的原则，符合江河流域或区域的综合规划及水资源保护规划等专项规划，遵守经批准的水量分配方案或协议。

（4）县级以上人民政府水行政主管部门负责建设项目水资源论证工作的组织实施和监督管理。

（5）从事建设项目水资源论证工作的单位，必须取得相应的建设项目水资源论证资质，并在资质等级许可的范围内开展工作。

《建设项目水资源论证资质管理办法》由水利部另行制定。

（6）业主单位应当委托有建设项目水资源论证资质的单位，对其建设项目进行水资源论证。

（7）建设项目水资源论证报告书，应当包括下列主要内容：

1）建设项目概况。

2）取水水源论证。

3）用水合理性论证。

4）退（排）水情况及其对水环境影响分析。

5）对其他用水户权益的影响分析。

6）其他事项。

（8）业主单位应当在办理取水许可预申请时向受理机关提交建设项目水资源论证报告书。

不需要办理取水许可预申请的建设项目，业主单位应当在办理取水许可申请时向受理机关提交建设项目水资源论证报告书。

未提交建设项目水资源论证报告书的，受理机关不得受理取水许可（预）申请。

（9）建设项目水资源论证报告书，由具有审查权限的水行政主管部门或流域管理机构组织有关专家和单位进行审查，并根据取水的急需程度适时提出审查意见。

建设项目水资源论证报告书的审查意见是审批取水许可（预）申请的技术依据。

（10）水利部或流域管理机构负责对以下建设项目水资源论证报告书进行审查：

1）水利部授权流域管理机构审批取水许可（预）申请的建设项目。

2）兴建大型地下水集中供水水源地（日取水量 50 000t 以上）的建设项目。

其他建设项目水资源论证报告书的分级审查权限，由省、自治区、直辖市人民政府水行政主管部门确定。

(11) 业主单位在向计划主管部门报送建设项目可行性研究报告时，应当提交水行政主管部门或流域管理机构对其取水许可（预）申请提出的书面审查意见，并附具经审定的建设项目水资源论证报告书。

未提交取水许可（预）申请的书面审查意见及经审定的建设项目水资源论证报告书的，建设项目不予批准。

(12) 建设项目水资源论证报告书审查通过后，有下列情况之一的，业主单位应重新或补充编制水资源论证报告书，并提交原审查机关重新审查：

1) 建设项目的性质、规模、地点或取水位置发生重大变化的。

2) 自审查通过之日起满 3 年，建设项目未批准的。

(13) 从事建设项目水资源论证工作的单位，在建设项目水资源论证工作中弄虚作假的，由水行政主管部门取消其建设项目水资源论证资质，并处违法所得 3 倍以下，最高不超过 3 万元的罚款。

(14) 从事建设项目水资源论证报告书审查的工作人员滥用职权，玩忽职守，造成重大损失的，依法给予行政处分；构成犯罪的，依法追究刑事责任。

(15) 建设项目取水量较少且对周边影响较小的，可不编制建设项目水资源论证报告书。

**五、建设项目水资源论证报告书编制基本要求**

由于建设项目规模不等，取水水源类型不同，水资源论证的内容也有区别。承担建设项目水资源论证报告书编制的单位，可根据项目及取水水源类型，选择其中相应内容开展论证工作。

（一）总论

(1) 编制论证报告书的目的。

(2) 编制依据。

(3) 项目选址情况，有关部门审查意见。

(4) 项目建议书中提出的取水水源与取水地点。

(5) 论证委托书或合同，委托单位与承担单位。

（二）建设项目概况

(1) 建设项目名称、项目性质。

(2) 建设地点，占地面积和土地利用情况。

(3) 建设规模及分期实施意见，职工人数与生活区建设。

(4) 主要产品及用水工艺。

(5) 建设项目用水保证率及水位、水量、水质、水温等要求，取水地点，水源类型，取水口设置情况。

(6) 建设项目废污水浓度、排放方式、排放总量、排污口设置情况。

（三）建设项目所在流域或区域水资源开发利用现状

(1) 水文及水文地质条件，地表水、地下水及水资源总量时空分布特征，地表、地下水质概述。

(2) 现状供水工程系统，现状供用水情况及开发利用程度。

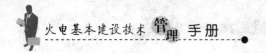

（3）水资源开发利用中存在的主要问题。

（四）建设项目取水水源论证

（1）地表水源论证：

1）地表水源论证必须依据实测水文资料系列。

2）依据水文资料系列，分析不同保证率的来水量、可供水量及取水可靠程度。

3）分析不同时段取水对周边水资源状况及其他取水户的影响。

4）论证地表水源取水口的设置是否合理。

（2）地下水源论证：

1）地下水源论证必须在区域水资源评价和水文地质详查的基础上进行。

2）中型以上的地下水源地论证必须进行水文地质勘察工作。

3）分析区域水文地质条件，含水层特征、地下水补给、径流、排泄条件，分析地下水资源量、可开采量及取水的可靠性。

4）分析取水量及取水层位对周边水资源状况、环境地质的影响。

5）论证取水井布设是否合理，可能受到的影响。

（五）建设项目用水量合理性分性

（1）建设项目用水过程及水平衡分析。

（2）产品用水定额、生活区生活用水定额及用水水平分析。

（3）节水措施与节水潜力分析。

（六）建设项目退水情况及其对水环境影响分析

（1）退水系统及其组成概况。

（2）污染物排放浓度、总量及达标情况。

（3）污染物排放时间变化情况。

（4）对附近河段环境的影响。

（5）论证排污口设置是否合理。

（七）建设项目开发利用水资源对水资源状况及其他取水户的影响分析

（1）建设项目开发利用水资源对区域水资源状况影响。

（2）建设项目开发利用水资源对其他用水户的影响。

（八）水资源保护措施

根据水资源保护规划提出水资源量、质保护措施，结合水源条件，从节约用水，保护环境、确保电厂长期、经济、安全运行的目的出发，认真落实节水减污方案。

（1）开展清洁生产，减少用水量。

（2）建立健全水务管理体制。

（3）加强对取水和退水方案的监督管理。

（九）影响其他用水户权益的补偿方

（1）周边地区及有关单位对建设项目取水和退水的意见。

（2）对其他用水户影响的补偿方案。

（十）水资源论证结论

（1）建设项目取水的合理性。

（2）取水水源量、质的可靠性及允许取水量意见。

（3）退水情况及水资源保护措施。

## 第五节　地震安全性评价工作报告

### 一、地震安全性评价工作的要求

（1）地震安全性评价工作，是防御和减轻地震对工程建设的破坏，合理利用建设投资，根据《中华人民共和国防震减灾法》和《地震安全性评价管理条件》的有关规定，做好工程场地地震安全性评价及抗震设防要求的管理工作，确保地震安全性评价的质量，指导工程建设，按照工程抗震设防要求，在工程设计中认真执行。

（2）工程场地地震安全性评价工作，是指地震动参数复核，地震危险性分析，设计地震动参数（如加速度、设计反应谱和地震动时程等）确定，地震小区（包括地震动小区划和地震地质灾害小区划）厂址及周围地震地质稳定性评价和震害预测以及抗震设防要求的确认等工作。

（3）地震安全性评价工作，必须严格执行国家标准《中国地震动参数区划图》（GB 18306—2001）所标示的地震动参数值，作为抗震设防要求，一般建设项目在完成初步可行性研究报告后，根据初步可行性研究报告的审查意见，在初选厂址的基础上，项目建设方正式委托有资质的地震工程研究部门开展地震安全性评价工作。

（4）地震安全性评价工作报告完成后，由项目建设方申请当地省、市、自治区地震主管部门对报告工程场地抗震设防要求进行审批，审批后可作为工程项目可行性研究及下阶段工程设计的依据，并在工程设计和施工中严格按照抗震设防要求认真贯彻执行。

### 二、地震安全性评价的主要任务

根据《工程场地地震安全性评价》（GB 17441—2005），工程项目主要任务如下：

（1）对工程场地所处区域及近场区域地震活动性进行评价。

（2）对工程场地所处区域及近场区域地震构造环境进行评价。

（3）确定地震统计区地震活动性参数。

（4）确定场址周围潜在震源区划分方案，并确定其地震活动性参数。

（5）确定适合本地区和本工程结构特点的地震动参数衰减关系。

（6）完成场址地震危险性概率计算，获得厂址基岩地震动参数。

（7）完成场址钻孔和剪切波速测试。

（8）完成场地土层对地震动影响的计算分析。

（9）确定工程场地设计地震动参数，最终给出电厂项目阻尼比5%地表处50年超越概率为63%、10%和2%设计地震动参数。

（10）对工程场地进行地震地质灾害评价。

### 三、地震安全性评价工作报告的主要内容

（一）项目总论

（1）项目概况。

（2）主要任务要求。

（3）工作依据。

（4）工作区范围。

（5）工作等级和总体思路。

（6）项目组成员。

（二）区域和近场地震活动性分析

（1）区域地震资料。

（2）区域地震空间分布特征。

（3）地震统计区。

（4）历史地震对场地的影响分析。

（5）现代构造应力场。

（6）近场地震活动。

（7）区域和近场地震环境评价。

（三）地震地质背景

（1）区域大地构造背景。

（2）区域地球物理场。

（3）区域主要活动断裂。

（4）主要活动盆地。

（5）区域强地构造标志。

（6）近场区地震构造。

（7）地震构造环境评价。

（四）场地地震危险性概率分析

（1）潜在震源区划分。

（2）地震动衰减关系。

（3）地震危险性计算结果。

（五）场地土层地震反应分析

（1）场地基岩的人造地震动时程。

（2）场地土层地震反应计算。

（3）场地设计地震动参数的确定。

（4）折合地震基本烈度。

（六）工程场地地震地质灾害评价

（1）工程地质条件。

（2）场地断层探查。

（3）剪切波速测试和工程场地类别划分。

（4）地震地质灾害评价。

（七）结论及建议

（1）结论。

（2）建议及存在的问题。

## 第六节 地质灾害危险性评估专题技术报告

### 一、地质灾害危险性评估技术要求

为了进一步贯彻落实《地质灾害防治管理办法》(国土资源部第 4 号令),最大限度地减少地质灾害对工程建设的危害,保证国家和人民生命财产的安全,依据《建设用地地质灾害危险性评估技术要求》对有可能导致地质灾害发生的工程建设项目和在地质灾害易发区内进行工程建设用地地质灾害危险性评估。

地质灾害危险性评估主要内容包括工程建设可能诱发、加剧地质灾害的可能性;工程建设本身可能遭受地质灾害的危险性;建设用地适宜性;拟采取的防治措施。

建设用地地质灾害危险性评估的灾种主要包括崩塌、滑坡、泥石流、地面塌陷、地面沉降,对特殊工程或特殊场地建设项目可增加由工程诱发的其他灾种评估。

规定的建设用地地质灾害危险性评估不替代建设工程各阶段的工程地质勘察或其他有关的评价工作。

评估的技术工作路线是,充分收集现有资料,特别是工程项目可行性阶段的工程地质勘察资料,通过社会访问,对现状的以及工程建设可能诱发的地质灾害点(地段)进行地质测绘和实地调查分析。

电力项目的评估一般为一级评估,因此必须对评估区内分布的地质灾害体对建设项目的危害程度、建设项目诱发地质灾害的可能性、因防治地质灾害而增大项目建设成本等进行全面的评估。对各类危害严重的地质灾害应作为评估重点。

滑坡的评价应查明评估区的地质环境条件、滑坡要素及变形空间组合特征,确定规模、性质、破坏模式、主要诱发因素及对拟建工程的危害程度,在斜坡地区的工程建设必须评价工程施工诱发滑坡的可能性及其危害,提出防止措施建议;对变形迹象明显的斜坡,应提出进一步工作的建议。

崩塌的评价应查明斜坡的岩性组合、坡体结构、高陡临空面的发育状况、降雨情况、植被及人类工程活动等。具体调查每一危岩体被裂隙切割的程度,确定危岩、崩塌体的形态、类型、规模、坠落方向及危害程度。预测危岩体、崩塌转化的发展趋势及危害程度,提出防治措施建议。

泥石流的评价应查明泥石流形成的物质条件、地形地貌条件、水文条件、植被发育状况、人类活动的影响。确定泥石流的形成条件、规模、活动特征、侵蚀及破坏方式,预测泥石流的发展趋势和危害程度,提出防治措施建议。

地面沉降的评价应查明评估区所处区域地面沉降区的位置、沉降量、沉降速率;沉降分布区域内的岩土组成及均匀性,各类土层的性状及厚度;分析产生沉降的原因,预测最大沉降量及其发展趋势,地面沉降对建设项目的影响,提出防治措施建议。

地面塌陷的评价应查明形成塌陷的地质环境条件、地下水动力条件,确定塌陷成因类型、分布范围、危害特征;分析重力和荷载作用、震动作用、地下水及地表水作用、人类工程活动等对塌陷形成的影响;预测可能发生塌陷的范围、危害,提出防治措施建议。

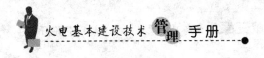

## 二、评估工作程序

评估工作程序按照地质灾害危险性评估工作程序框图进行，见图 3-2。

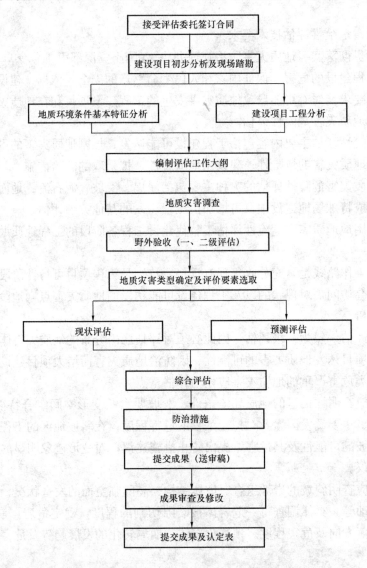

图 3-2　地质灾害危险性评估工作程序框图

### 三、地质灾害危险性评估的目的

地质灾害危险性评估的目的是：通过对拟建设项目地区地质环境条件和现有地质灾害分析，作出工程建设和运行过程中可能遭受加剧或引发地质灾害的危险性评价，提出地质灾害防治措施和建议，达到有效保护建设项目的安全运行，从源头上减轻人为不合理工程活动造成的地质灾害、人员伤亡和财产损失，并对场地适宜性进行评价。

在完成项目可行性报告时，由建设单位正式委托有资质的单位，开展建设项目地质灾害危险性评价报告的编写，报告编写完成后，由建设单位申请当地省、市、自治区国土资源厅主管部门对报告进行审查认定，审查批复后，可作为项目申报国家核准的一个条件，并可作为保证电厂项目安全和工程建设防治地质灾害的依据。

地质灾害危险性评估报告经审查认定后，报省、市、自治区国土资源主管部门备案，方案规定的各项防治措施将纳入主体工程设计中，从而保证拟建工程项目及其配套设施的安全和工程建设防治地质灾害的发生，使地质灾害危险性得到及时有效的控制。

**四、地质灾害危险性评估的具体任务**

（1）查明拟建设项目地区环境地质条件。

（2）查明拟建设项目地区内的地质灾害现状、灾害的种类、分布规模、发育特征、引发因素、评价其稳定性、危险性。

（3）对拟建设项目可能遭受的地质灾害危险性、工程建设与运行过程中可能加剧引发的地质灾害危险性做出预测评估和综合评估，对建设场地的适宜性作出评述。

（4）对拟建设项目可能遭受、加剧、引发的地质灾害，提出防治措施和进一步工作的建议。

**五、编制评估工作大纲**

在充分收集与建设用地地质灾害评估区有关气象水文、地形地貌、地层岩性、地质构造、工程地质、水文地质、现状地质灾害及建设项目可行性研究报告、相应的工程地质勘察报告等有关资料以及现场踏勘的基础上，编制评估工作大纲。

（1）任务由来及目的（应附"项目任务委托书"）。

（2）评估工作依据及评估区地质环境研究程度。

（3）征地地点及评估范围的确定（应附有坐标及地形的工程布置图）。

（4）评估级别的初步划定。

1）建设项目工程分析。

2）地质环境条件概述。

3）评估级别的初步划定。

（5）地质灾害野外调查。

1）调查内容及重点。

2）调查原则和方法。

3）调查部署和工作量。

（6）质量控制措施及预期成果。

（7）人员组织及时间安排。

（8）其他需要说明的问题。

**六、地质灾害危险性评估方法**

评估遵循《地质灾害危险性评估技术要求》的有关规定，根据评估区地质环境条件，结合建设项目的重要性及特殊性，综合布局以确保工程安全为中心，评估主要技术方法如下：

（1）开展工作前，组织项目技术人员认真学习国土资源部《地质灾害危险性评估技术要求》，统一认识，熟悉工作程序，明确各项工作重点和相关技术要求，确保评估工作顺利开展，保证评估质量。

（2）在充分收集分析已有资料的基础上，通过现场踏勘，初步确定地质灾害调查区范围、评估区范围、评估级别。

（3）在调查区内全面系统地开展地质环境、地质灾害调查，着重查明对拟建设工程威胁

较大的崩塌、风蚀沙埋和采空区塌陷、滑坡、泥石流、地面沉降等地质灾害。

（4）野外调查采用 1∶10 000 地形图做手图，调查点采用 GPS 定位和地形地物校核，对地质灾害特征进行详细调查记录，并对所有地质灾害隐患点和典型地貌特征等用数码相机记录，野外调查工作主要采用路线穿越法和地质环境点重点追索相结合的方法进行。

（5）对野外调查资料进行综合整理，系统分析研究，尽可能定量地对评估区、地质灾害的危险性进行现状评估、预测评估和综合评估，最终作出建设场地适宜性评估。报告编制阶段的数据整理、汇总、统计以及图件编制和成果复制等工作采用计算机技术，以提高成果的精度，确保成果质量。

（6）对重要地质灾害隐患点和可能产生地质灾害的危险地段提出防治措施和建议。

**七、地质灾害危险性评估报告内容**

（一）绪言

（1）任务由来，说明委托单位和本次评估的目的。

（2）评估依据，说明地质灾害危险性评估的工作依据，主要包括国家和地区省、市、自治区的有关法规和技术要求、工程主管部门对工程的批准文件及委托任务书、本次工作搜集利用的主要资料。

（3）拟建工程概况、征地地点及评估范围（包括调查范围）。

（4）评估工作级别确定，评估级别根据建设项目类型及地质环境条件复杂程度判定。

（5）工作概况及质量评述。

（二）地质环境条件

（1）气象水文。

（2）地形地貌。

（3）地层岩性。

（4）地质构造与区域稳定性。

（5）水文地质特征。

（6）岩土体工程地质特征。

（7）人类工程活动对地质环境的影响。

小结：主要说明地质环境条件复杂程度及发生地质灾害的背景条件。

（三）地质灾害危险性现状评估

指评估区范围内对已有的自然或人为工程活动诱发的地质灾害危险性评估。

（1）现状地质灾害类型及特征：按评估区现状地质灾害的类型论述其发育分布规律、地质灾害的特征及成因机制，适当附地质灾害体平、剖面图作为分析其特征和成因条件。

（2）现状地质灾害危险性评估：针对评估区现状地质灾害类型，按照地质灾害危险性评估标准，对工程建设可能遭受已有地质灾害危险性进行评估。

小结：用简明文字总结本章内容，评估区地质灾害发育程度、类型、危险性大小，以及工程建设可能遭受地质灾害危险性大小及其范围。

（四）地质灾害危险性预测评估

指工程建设用地范围内，由于工程建设对地质环境条件的改变而诱发的地质灾害以及工程场地可能遭受地质灾害危险性评估。

（1）地质灾害危险性预测评估体系与方法：根据不同的地质环境区段和工程结构及其相互作用而诱发不同的地质灾害，对危险性列出预测评估体系，并确定每一个体系的评估方法。

（2）各评估体系（区段）工程建设可能诱发的地质灾害危险性评估：依据地质灾害危险性评估标准，分体系预测工程建设项目在建设过程中和建成后，对地质环境的改变及影响，采用定性或半定量的方法评估诱发地质灾害的可能性，以及工程场地可能遭受地质灾害危险性大小、危害程度及灾害的范围。

小结：简明扼要概述预测评估结果，并指明工程建设诱发地质灾害的危险性及等级。

（五）综合评估与防治措施

（1）综合评估。根据现状评估和预测评估，综合评估地质灾害危险性大小及其分布范围。

（2）建设用地适宜性评估。根据地质灾害危险性程度、治理易难和治理费用高低按适宜、基本适宜、不适宜进行土地适宜性评估。

（3）防治措施。提出防治地质灾害措施或另选场址的建议。

（六）结论与建议

（1）结论。

（2）建议。

**八、地质灾害危险性评估成果**

（1）提交建设用地地质灾害危险性评估报告或说明书。

（2）提交建设用地地质灾害危险性评估综合成果图。

1）综合成果图比例尺视评估区范围而定，一般为 1∶2000～1∶50 000。

2）综合成果图以地形图为底图，图面为编图范围，反映评估区范围、建设项目布置、地层岩性（或岩组）、断裂构造、岩层产状、主要地质灾害类型、危险性分区及其他与地质灾害有关的内容。

（3）工程地质剖面图等其他图件。

（4）照片、图片。

（5）原始资料移交。

# 第七节 大件设备运输专题可行性研究报告书

**一、目的和任务**

工程建设项目论证大件设备运输专题技术报告的目的和任务：根据电厂项目大型设备的外型、规格尺寸、重量和设备不同产地，制定切实可行的铁路运输、短途公路倒运、公路运输方案，选择合适的装载车辆，拟定装载加固方案，详细地论证电厂项目大件设备运输的可行性，测算出大件设备的运输费用。

**二、大件设备的确认**

对火电厂项目大件设备的确认：根据电厂机组容量的不断增大，大件设备运输问题十分重要，根据国家《道路大型物件运输管理办法》和《铁路超载货物运输规则》，为加强道路

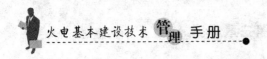

大型物件运输管理，提高运输质量，保证运输安全，满足国民经济发展对道路大型物件运输的需要，根据国家的有关规定，大型物件是指符合下列条件之一的货物。

(1) 货物外形尺寸：长度在14m以上或宽度在3.5m以上或高度在3m以上的货物。

(2) 重量在20t以上的单体货物或不可解体的成组（捆）货物。

道路大型物件运输是指在我国境内道路上运载大型物件的运输。

火力发电厂大件设备运输包括超限和超重两个方面：超限设备是指装载轮廓尺寸不超过车辆限界标准，超重设备是指车辆总质量对桥梁的作用超过设计荷载。

火力发电厂设备中的发电机定子、转子、锅炉汽包、除氧器水箱、高低加热器、大板梁、主变压器、厂用变压器、启备变压器等均为超限超重设备，凡承运上述设备亦称为大件运输。随着火电厂的机组容量的不断增大，机组设备运输时的超限超重成为关键的课题。

### 三、对大件设备运输要求

大件设备的运输专题论证的要求：大件设备的运输，随着机组容量的增大和不断增多，因此大件设备运输问题需要考虑交通运输的可行性，在一定条件下，需要制造厂在设计生产制造过程中加以重视，考虑设备的交通运输问题，否则将制约着机组容量的发展。例如，发电机定子、除氧器水箱在设计制造过程中可以分段式设计、制造、加工等，设备到达现场后再进行组装，减轻单件设备的质量或减小单件设备的尺寸，解决大件设备运输的困难，因此在大容量机组（超过1000MW机组）的设计制造过程中一定要充分重视大件设备的运输问题，建设单位一定要详细论证大件设备运输的可行性，保障工程项目顺利实施和合理的运输方案，确保大件设备能够抵达现场。

在项目完成初步可行性研究后，根据初步可行性研究审查意见，由建设单位正式委托有资质的单位进行大件设备运输专项可行性研究，依据《道路大型物件运输管理办法》、《汽车货物运输规则》、《铁路超载货物运输规则》等条款内容，进行项目实地查勘，对大件设备运输道路、路况、路径以及沿途桥梁、桥涵的情况，从设备制造厂家至铁路运输及设备装卸点均进行详细地咨询、考察、勘测，与设备制造厂家确认大件设备的运输尺寸，进行多种运输路线和方案的可行性研究，给出最终的研究结论和建议，并测算出大件设备的运输费用。

大件设备运输专题可行性研究报告编制完成后，由项目建设单位申请项目所在地的省、市、自治区交通运输主管部门负责组织有关专家，对项目大件运输设备专题可行性研究报告进行审查并出具审查意见。

大件设备运输专题可行性研究报告的完成，是项目建设可行性研究的一项重要工作，是回答设备能否抵达现场的关键报告，如设备不能抵达现场，则要重新考虑工程项目的建设方案，如设备能够抵达现场，则该报告是项目建设、设备运输的指导性专题报告，是可行性研究报告运输费用概算列支的依据。项目建设过程中在进行设备运输阶段，应按报告提出的技术要求，认真完成大件设备运输的任务，同时可作为工程项目上报国家发展改革委员会审批核准的一项专题报告。

### 四、研究的内容

(1) 根据铁路车辆、线路、桥梁、隧洞等具体条件，选定合理承载的特种车辆，制定大件设备的装载方案，选定合理运输路径，制定大件设备的卸车方案，根据现场条件和火车专用线的特点，制定短途倒运方案。

（2）根据公路运输路线，桥梁、隧涵、立交建筑物等具体条件配置合理承载的牵引汽车和载货拖车，制定大件设备的装载方案，选定合理运输路径，制定车组安全运输措施，制定大件设备的卸车方案。

（3）测算出相应的大件设备运输费用及措施费用。

**五、大件设备运输专题可行性研究报告书的内容**

（一）大件设备运输可行性报告编制总则

（1）可行性报告编制的目的与意义。

（2）编制依据。

（3）指导思想。

（4）编制原则。

（二）项目概况

（1）项目地理位置。

（2）项目基本情况。

（3）项目地区交通情况。

（三）研究过程

（1）工作依据。

（2）工作范围。

（3）主要工作人员。

（4）任务纲要。

（四）确认大件设备规格尺寸、质量

（1）设备制造厂家提供的规格尺寸、质量。

（2）确认需要运输的大件设备。

（五）大件设备铁路运输的可行性

（1）铁路装货点及发运。

（2）铁路卸货站选择。

（3）铁路运输车辆配置及主要安全措施。

（4）铁路运输途径。

（5）火车卸车方案。

（6）短途倒运方案。

（六）大件设备公路运输的可行性

（1）公路运输大件设备鉴定标准。

（2）公路运输装货点及发运。

（3）公路运输卸货点选择。

（4）公路运输途径。

（5）厂址道路选择及详查。

（6）公路运输车辆配置及主要指标。

（7）桥梁荷载验算。

（七）大件设备安全运输的保障措施

（1）组织措施。

（2）铁路运输安全措施。

（3）公路运输安全加固措施。

（4）运输途中的安全措施。

（八）大件设备运输费用测算

（1）铁路运输费用测算。

（2）短途装卸倒运费。

（3）公路运输费用测算。

（4）运费测算结果。

（5）运输方式选择建议。

（九）结论及建议

（1）大件设备运输可行性研究总体结论。

（2）建议。

## 第八节　建设项目用地预审报告（申报材料）

为进一步优化建设用地预审程序，提高用地审批效率，国土资源部对《建设项目用地预审管理办法》进行了修正，修正后的《建设项目用地预审管理办法》经国土资源部审议通过，已开始执行，火电工程建设项目用地必须按国土资源部用地预审管理办法要求，编制申报材料，遵循建设项目用地预审的原则进行火电建设项目土地预审的工作。

**一、建设项目用地预审要求**

建设项目用地预审是指国土资源管理部门在建设项目审批、核准、备案阶段，依法对建设项目进行的审查，审查是否符合土地利用总体规划，是否符合国家供地政策等方面的情况。《建设项目用地预审管理办法》的核心内容主要体现在：强调任何建设项目批准、核准必须经过预审环节；建立建设项目用地分级预审制度；明确规定未经预审或者预审未通过的项目，不得批准农用地转用、土地征收，不得办理供地手续。

本次《建设项目用地预审管理办法》遵循"既优化审批程序、方便用地单位，又可以减少违法用地现象发生"的原则进行，主要围绕审批、核准和备案三种项目管理方式不同要求并结合用地预审自身的特点进行修改，主要集中在以下几个方面：

一是进一步做好与建设项目管理制度的衔接。根据国务院办公厅关于加强和规范新开工项目管理的有关要求，对审批、核准、备案类项目预审的阶段进行了调整，备案类的建设项目调整在办理备案手续后，由建设单位提出用地审批申请。

二是对预审的内容进一步做了充实。为了体现切实维护被征地农民的合法权益和加强生态环境治理，预审内容中增加了建设项目征地补偿费用的拟安排情况，对矿山项目增加了土地复垦资金的拟安排情况。

三是将部分项目的地质灾害危险性评估和压覆重要矿产资源证明材料的提交提前到预审阶段进行，为优化建设用地预审程序，对属于"已批准项目建议书的审批类建设项目"和

"备案类的建设项目"的，将地质灾害危险性评估和压覆重要矿产资源证明提前到预审阶段提交，属于"直接审批可行性研究报告的审批类建设项目"与"核准类建设项目"的，用地预审阶段不提交地质灾害危险性评估和压覆重要矿产资源证明等材料，而是在预审完成后，建设用地审批前，依据相关法律法规的规定办理。

**二、建设项目用地预审材料申报**

建设项目用地预审报告（申报材料），是在完成项目可行性研究报告时，由建设单位向省级国土资源主管部门申请，开展建设项目用地预审报告的整理，在工程项目列入省、市、自治区及国家发展和改革委员会开工建设的规划（即路条）时，由建设单位申请当地省、市、自治区国土资源管理部门，对报告进行初步评审认定，并出具工程项目建设用地的初审意见，在项目申报核准前，由项目建设单位正式向国土资源部提出电厂项目建设用地预审申请。

**三、建设项目用地预审应当遵循的原则**

（1）符合土地利用总体规划。

（2）保护耕地，特别是基本农田。

（3）合理和集约节约利用土地。

（4）符合国家供地政策。

**四、申请用地预审应提交的材料**

（1）建设项目用地预审申请表。

（2）建设项目用地预审申请报告，内容包括拟建项目基本情况、拟选厂址占地情况、拟用地面积确定的依据和适用建设用地指标情况、补充耕地初步方案、征地补偿费用安排情况等。

（3）项目允许开工建设，取得省、市、自治区、国家发展和改革委员会开工建设发展规划（即路条）的批准文件。

（4）提交地质灾害危险性评估报告。

（5）提交所在区域的国土资源管理部门出具是否压覆重要矿产资源的证明材料。

受国土资源部委托负责初审的国土资源管理部门在转报用地预审申请时，应提供的材料：

（1）依据有关规定，对申报材料作出的初步审查意见。

（2）标注项目用地范围的县级以上土地利用总体规划图及相关图件。

（3）属于《土地管理法》第二十六条规定情形，建设项目用地需修改土地利用总体规划的，应当出具经相关部门和专家论证的规划修改方案、规划修改对规划实施影响评估报告和修改规划听证会纪要。

**五、预审审查的内容**

（1）建设项目选址是否符合土地利用总体规划，是否符合国家供地政策和土地管理法律、法规规定的条件。

（2）建设项目用地规模是否符合有关建设用地指标的规定。

（3）建设项目占用耕地的，补充耕地初步方案是否可行。

（4）征地补偿费用的拟安排情况。

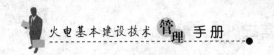

（5）属《土地管理法》第二十六条规定情形，建设项目用地需修改土地利用总体规划的，规划的修改方案、规划修改对规划实施影响评估报告等是否符合法律、法规的规定。

国土资源管理部门应当自受理预审申请或者收到转报材料之日起 20 日内，完成审查工作，并出具预审意见。20 日内不能出具预审意见的，经负责预审的国土资源管理部门负责人批准，可以延长 10 日。

预审意见应当包括对预审审查内容的结论性意见和对建设用地单位的具体要求。

预审意见是国家发展改革委员会审批项目可行性研究报告、核准项目申请报告的必备文件。

建设项目用地预审文件有效期为 2 年，自批准之日起计算。

未经预审或者预审未通过的，不得批复可行性研究报告、核准项目申请报告，不得批准农用地转用、土地征收，不得办理供地手续。预审的相关内容在建设用地报批时，未发生重大变化的，不再重复审查。

**六、火电建设项目用地预审报告上报材料内容**

（1）建设项目用地预审的申请报告。

（2）建设项目用地预审申请表。

（3）省级国土资源管理部门出具工程项目建设用地的初审意见。

（4）修改土地利用总体规划听证会纪要。

（5）听证会的基本概况。

（6）听证事项说明：

1）土地利用总体规划调整的原因。

2）土地利用总体规划调整的依据。

3）土地利用总体规划调整的主要内容。

4）听证会代表名单、签名。

（7）建设项目对规划实施影响的评估报告。

（8）项目概况。

（9）项目选址及用地情况：

1）项目用地现状。

2）项目建设占地与现行土地利用总体规划衔接情况。

（10）规划调整方案。

（11）建设项目用地对土地利用总体规划实施影响分析：

1）规划调整对土地利用总体规划实施的影响。

2）对土地集约利用的影响。

3）项目综合效益分析。

4）规划修改方案的合理性及可行性分析。

（12）评估结论。

（13）修改土地利用总体规划各部门和专家论证意见。

（14）建设项目征地补偿费用的拟安排情况。

（15）标注项目用地范围的土地利用总体规划图。

（16）项目可行性研究报告。

（17）国家发展改革委员会及省、市、自治区发改委同意项目开工建设的规划文件（即路条）。

## 第九节　煤矸石综合利用发电专项规划

### 一、编制煤矸石综合利用发电专项规划的要求

（1）煤矸石综合利用发电专项规划工作是规范煤矸石综合利用发电项目建设，促进我国能源合理的有效利用，转变增长方式，提高经济效益，推进技术进步，减少环境污染等具有十分重要的作用。

（2）根据国家发展和改革委员会"关于煤矸石综合利用电厂项目核准的有关事项通知"的要求，项目申报单位报送煤矸石综合利用电厂项目申请报告时，需按照有关规定附送"省级发展改革部门会同其他部门对煤矸石综合利用发电专项规划的审查批复文件"。要求必须编制煤矸石综合利用发电专项规划并经过当地省、市、自治区发展改革部门的审查批复文件，作为申报项目的核准的一项要求。

（3）煤矸石综合利用发电专项规划，应按照国家电力发展规划和产业政策，依据当地城市总体规划、城市规模、工业发展状况和资源外部条件，结合现有电厂改造、关停小机组和小锅炉等情况编制。

（4）编制煤矸石综合利用发电专项规划，应有当地项目地区规划部门，依据本省、市、自治区的资源利用总体规划进行，结合国家电力发展规划和产业政策，依据当地城市总体规划、城市规模、工业发展状况和资源外部条件，结合现有电厂改造、关停小机组和小锅炉等情况编制。项目单位具体落实煤矸石综合利用发电专项规划，做好煤矸石综合利用发电项目的可行性研究，以及确定发电项目燃料来源论证。

### 二、煤矸石综合利用的必要性

煤矸石是煤炭生产和加工过程中产生的固体废弃物，每年的排放量相当于当年煤炭产量的 $10\%$ 左右，我国目前已累计堆存 30 多亿 t，占地约 1.2 万 $hm^2$，是我国排放量最大的工业固体废弃物之一。煤矸石长期堆存，占用大量土地，同时造成自燃，污染大气和地下水质。煤矸石综合利用的资源，其综合利用是资源综合利用的重要组成部分。"八五"以来煤矸石综合利用有了较大的发展，利用途径不断扩大，技术水平不断提高。但我国煤矸石综合利用技术装备水平还比较落后，产品的技术含量不高，综合利用发展也不平衡。大力开展煤矸石综合利用可以增加企业的经济效益，改善煤矿生产结构，同时又可以减少土地压占，改善环境质量。因此，煤矸石综合利用是十分必要的，是促进煤炭工业持续稳定发展的有效途径。

#### （一）煤炭资源综合利用成为煤炭工业新的经济增长点

煤炭资源综合利用已经发展成为包括煤矸石发电、建材、焦炭、气化、煤制品、矿井瓦斯利用以及煤系共伴生矿产资源开发利用等众多行业，形成了一定生产规模，取得较好的经济效益，成为煤炭工业新的经济增长点。

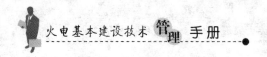
**（二）改善矿区环境，社会效益显著**

以煤炭资源为依托，充分利用矿区设施、人才和技术优势，大力发展综合利用多种经营，使富余职工得到妥善安置，促进了矿区的社会稳定。发展煤炭洗选加工，利用煤矸石和煤泥发电、生产建材等，不但为矿区的发展和安全生产起到积极作用，还大大改善了职工生活条件，减少了矿区环境污染。

**（三）煤炭综合利用的发展推动和促进了科技进步**

以提高燃烧效率、减少环境污染为目的，以燃用煤矸石等低热值燃料为主循环流化床锅炉燃烧技术，在四川省白马300MW机组示范项目已投运，经过国家科技攻关和循环流化床锅炉燃烧技术试验成功后，在全国进行推广。在此基础上，利用煤泥、煤矸石、低热质燃料混烧发电技术已试验成功。煤炭液化、水煤浆、工业型煤等研究开发取得积极进展，工业型煤化工项目开始规模生产和推广应用。高岭土超细、增白、改性科技攻关取得较大进展，开始小规模工业生产，引进国外技术，建设较大规模的示范项目。煤矸石生物肥料、活性炭、碳化硅微粉及制品等一批具有一定技术含量的综合利用产品打入国际市场，成为出口创汇产品。

**（四）煤炭的高效利用**

煤炭的综合利用是治理煤炭市场秩序，有效缓解安全事故频发现状，实现产业升级的一条重要的市场手段。

（1）通过煤炭的高效综合利用，提高能源效率，降低原料需求，从而缓解大规模、超能力无序开采。

（2）通过综合利用，减少无效运输，从而直接缓解煤电油运的紧张局面。我国进口原油和成品油已经超过1.6亿t，用进口石油的方式来替代运输煤炭，挤占运力运能，煤电油运就是这样紧张起来的。而且按照目前煤炭的利用水平，原煤产量越大，无效运输量就越大，运输就越紧张，运输中的油品需求越大，从而形成了经济发展四人瓶颈的博弈局面。

（3）推进煤炭综合利用，有利于保护资源和环境。虽然我国煤炭资源丰富，但在世界范围资源紧张的今天，有效地保护煤炭这一不可再生资源显得更加重要。

（4）综合利用可以为研发提供资金保障，有利于大幅度促进煤炭行业的科技进步，缩短高科技产业转化周期，促进安全生产和产业升级。

综上所述，煤炭资源综合利用开发可减少环境污染、变废为宝、同时具有一定的经济利益，所以煤炭资源综合利用开发是非常必要的。

**三、煤矸石综合利用的可行性**

**（一）资源综合利用的政策可行性分析**

根据国务院发布的《关于促进煤炭工业健康发展的若干意见》和国家发展和改革委员会发布的《关于燃煤电站项目规划和建设有关要求的通知》及《关于加强煤矸石发电项目规划和建设管理的通知》，均为煤炭资源综合利用提供了强有力的政策支持。

**（二）地区煤矸石综合利用实施的可行性**

我国在煤矸石综合利用方面已做过许多工作，取得了一定的成效，在四川省白马建成一座煤矸石示范电厂，装机规模为300MW，在二期工程中规划建设600MW的煤矸石综合利用电厂，全国各地区相继建成投运了很多300MW煤矸石综合利用电厂，每年消耗大量的煤泥、煤矸石和劣质煤，有效利用煤矸石电厂的炉渣供水泥厂作辅料，利用粉煤灰制砖、制砌块、利用低热值的矸石制砖等综合利用项目，都取得了良好的企业经济效益和环境效益，可以认为都是对煤矸石综合利用的早期实践和可贵的探索。

**（三）灰渣及矸石综合利用实施的可行性**

灰渣的主要成分由硅、铝、钙、镁、铁等氧化物组成，灰渣包括粉煤灰和清渣。它是一种可利用的宝贵资源，根据国家的产业政策，在指导思想上要从目前的堆放为主逐步过渡到利用为主。灰渣中的粉煤灰可生产粉煤灰陶粒和粉煤灰砖，清渣可用于筑路。

粉煤灰陶粒是一种性能良好的人造轻集料，用于配置轻质混凝土可减轻建筑工程和公路桥梁等土木工程的自重，提高使用功能，使建筑和土木工程获得良好的经济效益。

粉煤灰砖可以和普通黏土砖一样，作为承重墙体应用于工业及民用建筑。粉煤灰可以生产粉煤灰砖、砌块、空心砖、行道砖等建材产品。

矸石是宝贵的资源，利用途径包括作煤矸石电厂劣质燃料、制砖、生产硫酸铝、制造建筑材料、生产高标号水泥、生产无机复合肥和微生物肥料等。

总之，上述资源的综合利用在我国已经有成功的应用技术并且已有相应的生产设备、生产的产品，各项指标已达到国家现行的质量技术标准要求。

**四、规划编制依据**

（1）国家发改委办公厅关于煤矸石综合利用电厂项目核准有关事项的通知。

（2）《国家发展改革委关于燃煤电站项目规划和建设有关要求的通知》。

（3）国家发展和改革委员会办公厅《关于加强煤矸石发电项目规划和建设管理工作的通知》。

（4）《省、市、自治区煤炭基地总体规划方案》。

（5）《煤炭基地供水工程总体规划》。

（6）《煤炭基地供电工程总体规划》。

（7）《地区能源基地电力规划》。

（8）省、市、自治区发展和改革委员会《关于煤炭工业"十一五"发展规划及2020年展望》。

（9）关于为项目综合利用电厂提供煤矸石、泥煤、洗中煤及低热值燃料的购销协议。

（10）矿区综合煤样检测报告。

**五、规划编制的指导思想及编制原则**

本规划是以提高煤炭资源利用率、保护环境为目的，对地处××的矿区因洗配煤而产生的煤泥、煤矸石进行数量、质量的调查测算，摸清煤泥、矸石的资源情况，在此基础上，指出综合利用煤泥矸石的方向和途径，提出煤矸石发电和其他综合利用项目的规划。

**（一）指导思想**

煤矸石是煤炭开采和洗选加工过程中产生的固体废弃物，是目前排放量最大的工业固体废弃物之一。煤矸石综合利用要坚持"因地制宜，积极利用"的指导思想，实行"谁排放、谁治理"、"谁利用、谁受益"的原则，将资源化利用与企业发展相结合，资源化利用与污染治理相结合，实现经济效益、环境效益、社会效益的统一。

煤矸石综合利用技术以巩固、推广为主，完善、开发并举。巩固已有的技术成果，推广

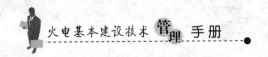

技术成熟、经济合理、有市场前景的技术，逐步完善比较成熟的技术，研究开发新技术，积极引进国内外先进技术和装备，在消化吸收的基础上努力创新，不断提高煤矸石综合利用的技术装备水平，促进煤矸石的扩大利用。

1. 以煤炭生产开发为基础

结合矿区总体发展规划，按照煤炭生产开发规模，测算煤炭生产和洗选加工过程中产生的煤泥、煤矸石等资源量，以市场为导向，经技术经济分析和方案对比，提出煤矸石资源综合利用方案。

2. 以发展矿区循环经济为目标

因地制宜，统筹煤炭资源开发、综合利用和生态环境建设，实现煤炭开采、洗选加工、劣质燃料发电、矸石建材等产业的协调发展，合理延伸和优化产业链，保护和恢复矿区生态环境，促进矿区经济社会协调发展。

3. 与产业升级相结合

贯彻落实国家关于资源综合开发利用产业政策，突出产业升级和企业技术进步。劣质燃料要合理集中利用，坑口劣质煤发电要立足使用矿井水和矿区污水处理后的中水；积极采用大型循环流化床锅炉等清洁燃烧技术；建设矸石砖厂、水泥厂等建材项目。要采用先进技术和工艺设备，实现合理经营规模。各类综合利用项目要做到清洁生产，不得形成二次污染。

4. 与矿区环境治理相结合

统筹安排矿区环境治理与资源综合利用，煤炭和洗选加工过程中产生的固体、液体和气体排弃物要尽快做到同步治理，同时要逐步解决历史上形成的环境污染问题，如煤矸石和灰渣堆放、矿井污废水排放等。

（二）编制原则

（1）依据当地矿区煤矸石资源的实际情况，尽可能将符合发电条件的煤泥和矸石用作劣质燃料发电，不能作为劣质燃料的煤矸石资源，以及煤矸石电厂产生的灰渣和粉煤灰，与煤矸石电厂同步进行综合利用的规划和实施。

（2）适用于发电的煤矸石条件是：

1）煤矸石发热量≥5MJ/kg（≥1200kcal/kg）。

2）煤泥加矸石量在入炉燃料中的质量比≥60%。

3）入炉混合燃料的发热量≤12.55MJ/kg（≤3000kcal/kg）。

（3）确定煤矸石电厂建设规模，主要依据劣质煤数量。劣质煤在满足上述发电条件下，劣质煤用量与发电量的比例初步确定为每年300MW机组劣质煤用量约75～82万t左右。

（4）规划煤矸石电厂依托选煤厂，靠近选煤厂，缩短运距。相对集中又靠近燃料源，既体现规模效益，又避免远距离运输燃料。

（5）原则上单机容量选300MW及以上，在一定区域内煤矸石资源量不能满足300MW机组的条件下，可以考虑135MW及以上的机组，锅炉选用高效率的循环流化床锅炉。

（6）为节约水资源，原则上采取风冷机组。电厂的用水综合考虑使用附近矿井疏干水和城镇生活污水经处理后的中水。

（7）煤矸石综合利用以大宗量利用为重点，将煤矸石发电、煤矸石建材及制品、复垦回填以及煤矸石山无害化处理等大宗量利用煤矸石技术作为主攻方向，积极采用高科技含量、高附加值的煤矸石综合利用技术和项目。

（8）煤矸石建材及制品，以发展高掺量煤矸石烧结制品为主，积极发展煤矸石承重、非承重烧结空心砖、轻骨料等新型建材，逐步替代黏土建材。

（9）含有用元素的煤矸石，在技术经济合理的前提下，按照先加工提取，后处置的原则，分采分选，对暂时不能利用的要单独存放，不应随废渣一起弃置。

## 六、规划范围及期限

（一）规划范围及区域划分

根据地区煤炭资源地域分布特点，结合煤炭资源开发规划，将矿区划分为若干个大区。

（二）规划期限

规划和建设的发展目标和主要任务分以下两个阶段安排：

第一阶段（一期）规划期为 5 年。主要任务是确定煤矸石综合利用的总体思想，探索煤矸石、灰渣综合利用的途径和方法，明确规划与建设的各种基础条件，启动建设规划的煤矸石综合利用项目。

第二阶段（二期）规划期为 5 年。在煤炭产业规模增加的基础上，提高技术装备水平，延长煤炭资源产业链，扩大煤矸石综合利用的范围和领域，提高煤炭资源综合利用的技术含量和附加值。

## 七、规划的主要结果

（一）矿区煤矸石资源量

通过调研和统计，矿区各选煤厂规划期内预期的煤泥、中煤及煤矸石产出量，矿区各选煤厂劣质煤资源量汇总。

考虑将其部分原煤添加到煤矸石、煤泥、中煤的混合燃料中，使其满足煤矸石电厂所用混合燃料发热量≤3000kcal/kg 的要求。

一座煤矸石电厂（2×300MW）全年需用劣质煤 250 万 t 左右，以上资源量再配以地方小煤矿所产的煤矸石完全可以满足电厂的劣质煤需要。

（二）煤矸石综合利用电厂规划

根据矿区煤矸石资源量，规划建设煤矸石综合利用电厂、总装机规模、完成的时间、矿区开发建设时间确定等。

（三）灰渣及矸石综合利用规划

预计煤矸石电厂（2×300MW）每年排放的灰渣量约 150 万 t 左右，规划在电厂旁建设粉煤灰陶粒厂、煤矸石砖厂、水泥厂等规划综合利用企业指标情况分析。

由于煤矸石电厂的灰渣排放量大，除规划粉煤灰陶粒厂、粉煤灰砖厂、水泥厂外，用于筑路及其他工程的灰渣总量等，应充分考虑其综合利用。

## 八、保障措施及建议

（一）保证措施

（1）根据国家环保总局调整污染物排放标准的工作思路，为更有效地控制煤灰工业污染物排放，正在制定《煤炭工业污染物排放标准》，征求意见稿已于 2005 年 2 月完成。为此，应根据地区煤炭工业发展规划，制订"地区煤矸石超标超限排放处罚办法"等相关环保政策。

（2）制订鼓励煤矿、煤炭洗选加工企业、煤矸石发电厂等企业综合利用煤矸石、灰渣等固体废弃物的优惠政策。

（3）资金投入按照"企业负责、政策支持"的原则，采取企业投入、国家适当补助等方式，加大煤矸石综合利用的投入。

（4）对煤矸石综合利用项目实行税收优惠政策。

（5）围绕煤矸石综合利用开展科技攻关。将煤矸石综合利用基础研究、重大科技难题列入国家"十二五"科技攻关计划，并从国家及地区科技经费中给予支持。

（6）加强煤矸石资源化利用的评价工作，对煤矸石的分布、积存量、矸石类型、特性等进行系统研究和分析，逐步建立煤矸石资料数据库，为合理有效利用煤矸石提供详实可靠的基础资料。根据煤矸石的矿物特性和理化性能确定综合利用途径。

（7）积极推广使用新型建筑材料，大力发展煤矸石空心砖等新型建筑材料，在煤矸石储存、排放的周边地区，鼓励现有黏土（页岩）烧结砖生产企业，通过改进生产工艺与装备提高煤矸石的掺加量，限制和逐步淘汰空心黏土砖。

（8）利用煤矸石和灰渣为原料生产的建材产品，产品质量应符合国家或行业标准，对用于生产建材产品的煤矸石和灰渣应进行放射性测量，原料符合（GB 9196—1988）标准，制品中放射性元素含量符合（GB 6763—1986）标准。

（二）建议

（1）煤泥、矸石的产量和理化指标等问题。

矿区的洗煤厂如尚处于规划、可研阶段，其洗选加工方式及因此引起的煤泥、矸石产量、质量均可能有所调整。再则，规划中煤泥、矸石的产率、灰分、发热量等，参照资料有限，部分数据是根据地质报告的原煤煤质资料推算的，可能会与实际情况有偏差等。

建议对区现有选煤厂产出的煤泥、矸石作发热量和理化指标进行检测，以便更正确地指导煤矸石综合利用下一阶段的工作。

（2）水源及用水量的问题。

规划的电厂规模与中煤、煤泥、煤矸石资源量相匹配。矿区内，水资源相对是否可靠，在后续设计时需做进一步工作。

（3）电力入网问题。

煤矸石电厂要接入地区电网，关于入网点位置、电压等级有待于建设单位与电力部门协商解决。

（4）规划区电力直供建议。

国家发改委办公厅《关于加强煤矸石发电项目规划和建设管理工作的通知》指出：鼓励煤矸石发电厂以合同方式向工矿企业直接供电，并按照国家有关规定与电网经营企业签订电力支援与辅助服务合同。

随着地区煤炭、化工、电力三大支柱产业大规模地建设和发展，高耗能产业会随之兴起。当地经济实力会以较快的速度提高，这一切必将为煤矸石发电企业电力生产和在当地售电提供广阔的空间。建议在电力供应上应优先考虑煤矸石电厂电力直供。

（5）煤矸石电厂热电联供建议。

规划的煤矸石电厂是否考虑热电联供的方式，在发电的同时，通过汽轮机抽汽，具备向外部供热的可能性。

严寒地区，室外采暖计算温度－16℃左右，采暖期较长，规划煤矸石电厂位置附近是否人口相对集中区，应考虑向居住区、生产区集中供热，实现热电联产，提高电厂热经济性。建议在煤矸石电厂建设时，考虑热电联供方案。

（6）利用煤矸石和灰渣生产建筑材料及制品前，建议对所用煤矸石和灰渣的化学成分、矿物成分、发热量、物理性能等指标进行综合评价分析，原料成分复杂、波动大时，应进行半工业性试验。

### 九、煤矸石综合利用发电专项规划的主要内容

（一）概述

（1）项目概况。

（2）煤矸石综合利用的必要性和可行性。

（3）规划编制依据。

（4）编制原则。

（5）规划范围及期限。

（6）规划的主要结果。

（7）保障措施及建议。

（二）矿区的概况及建设条件

（1）矿区的概况。

（2）矿区的位置、自然地理及地形、水文、气象、地震。

（3）矿区建设的外部条件、交通运输条件。

（4）矿区的电源及供电条件、水源条件。

（5）矿区的资源条件、发展规划。

（6）煤炭的供需预测、变化趋势分析、煤炭需求预测。

（三）煤矸石资源

（1）地区煤矸石资源状况、规划区煤矸石资源状况。

（2）煤矸石综合利用途径。

（四）电力系统

（1）地区电网概况。

（2）电力负荷发展预测、电力电量的平衡。

（3）规划电厂项目，建设的必要性及建设的规模、电厂与系统的连接。

（五）煤矸石电厂规划

（1）地区现有煤矸石电厂的情况。

（2）配煤计算和电厂建设方案、技术原则。

（3）矿区煤矸石电厂总体规划。

（4）煤矸石电厂物料运输方式的选择。

（5）煤矸石电厂热电联供方案、规划区电力直供方案。

（六）灰渣及煤矸石综合利用

（1）灰渣综合利用规划。

（2）非燃料煤矸石综合利用规划。

（3）综合利用效益。

（七）环境保护与治理

（1）项目所在地区的环境概况。

（2）设计依据及设计拟采用的标准。

（3）环境影响识别和工程影响分析。

（4）煤矸石电厂污染治理方案。

（5）环境管理机构设置及环保投资。

（八）技术经济

（1）投资估算。

（2）资金筹措方案。

（3）经济效益测算。

（4）社会效益分析。

## 第十节　项目燃料来源论证报告

**一、编制燃料来源论证报告的要求**

（1）煤矸石综合利用发电项目燃料来源论证报告工作是规范保证煤矸石综合利用发电项目建设，确保工程项目建设投产后，保证燃料的正常供给，使煤矸石综合利用的规划合理地有效利用，提高经济效益，推进技术进步，减少环境污染等具有十分重要的作用。

（2）根据国家发展改革委和发改能源"关于煤矸石综合利用电厂项目核准的有关事项通知"的要求，项目申报单位报送煤矸石综合利用电厂项目申请报告时，需按照有关规定附送"省级发展改革部门会同其他部门对煤矸石综合利用发电专项规划的审查批复文件"。要求必须编制煤矸石综合利用发电项目当地燃料来源论证报告并经过当地省、市、自治区发展改革部门的审查批复文件，作为申报项目的核准的一项要求。

（3）煤矸石综合利用发电项目当地燃料来源论证报告，应按照国家电力发展规划和产业政策，依据煤矸石综合利用发电专项规划、当地城市总体规划、城市规模、工业发展状况和资源外部条件、交通运输条件、燃料供应的可靠性等情况编制。

（4）编制煤矸石综合利用发电项目当地燃料来源论证报告，应有项目建设单位或委托有关部门，依据本省、市、自治区的资源利用总体规划进行，结合国家电力发展规划和产业政策，依据当地工业发展状况和资源外部条件，结合现有现有煤矸石资源和煤炭资源开及发洗煤场建设等情况编制。项目建设单位具体落实煤矸石综合利用发电项目的燃料来源论证报告，签订燃料供应协议，做好煤质资料的分析和煤矸石综合利用发电项目的可行性研究。

**二、项目燃料来源论证的条件**

（1）为了提高煤炭综合利用率，保护环境，对矿区及周边矿区因洗配煤而产生的煤泥、中煤、煤矸石及开采中产生的煤矸石进行数量、质量的调查测算，在此基础上，根据地区供电现状及发展规划、煤炭综合利用电厂建设条件等，规划在矿区或选煤厂及低热值矿区范围，在可靠的燃料来源保证的基础上，规划建设煤矸石综合利用电厂，根据燃料的储备和供应情况，确定总装机规模，计划工程开工建设时间以及建成投产的时间。

（2）将规划的矿区煤矸石综合利用电厂所需当地燃料来源情况做好论证工作。

（3）所需低热质燃料总量的测算，适用于发电的低热质燃料的条件是：

1）煤矸石发热量≥5MJ/kg（≥1200kcal/kg）。

2）煤泥加矸石量在入炉燃料中的重量比≥60%。

3）入炉混合燃料的发热量≤12.55MJ/kg（≤3000kcal/kg）。

（4）低热质燃料用量与发电量的比例初步确定为（每年300MW机组大约75～82万t，由此估算出煤矸石电厂工程2×300MW每年需劣质煤量为150～164万t）。

（5）确定煤矸石电厂建设规模，主要依据低热质燃料的数量及燃料的保证程度、矿区的规划发展、洗煤厂的规划建设、地区低热质燃料的应用等，劣质煤在满足上述发电条件下，确定电厂的装机规模，注意初期规模和最终规模相结合，根据建设期的不同阶段，煤泥和煤矸石、低热质燃料产出量的增长，确定煤矸石电厂合理的建设规模。

（6）规划煤矸石电厂依托选煤厂，靠近选煤厂，缩短运距，相对集中又靠近燃料源，既体现规模效益，又避免远距离运输燃料。

（7）原则上单机容量选300MW及以上，在一定区域内煤矸石资源量不能满足300MW机组的条件下，可以考虑135MW及以上的机组，锅炉选用高效率的循环流化床锅炉。

（8）做好燃料需求量预测，应用产值耗煤法或项目排列法，对能源的消费特点和变化趋势进行分析，根据国家的能源发展战略，能源工业发展要在保障供给、提高效能、保护环境、保证安全前提下，向规划的煤矸石电厂提供充足、经济、可靠的能源保障。

（9）远景规划矿区煤炭储量、开采技术条件、煤质、选煤加工方式、煤矸石电厂对燃料来源的要求，计算和列出各矿区选煤厂（洗配煤中心）预期产出的泥煤、煤矸石、洗中煤、低热质燃料的产量和指标（主要是灰分、硫分、发热量），以此为基础计算煤矸石电厂长期的燃料来源供应情况，从各矿区的燃料资源条件确定该矿区可能规划的煤矸石发电项目的最大规模，工程上可以实现的电厂规模还取决于当地可利用的水资源量、电力市场的需求、资金来源和经济上的可行性等其他的条件。

（10）综合利用效益分析，通过当地燃料来源论证分析所取得的经济效益和社会效益。

**三、低热质燃料检测分析**

（1）矿区综合煤样（煤矸石：泥煤：洗煤渣＝1：1：1）的热值完全符合煤矸石电厂混合燃料的热值要求。

（2）矿区设计煤、校核煤的发热量为≤12.55MJ/kg，设计煤、校核煤中掺入适量的综合煤（泥煤及洗煤渣），其热值完全符合煤矸石电厂混合燃料的要求（≤12.55MJ/kg）。

（3）在选择校核煤时应考虑循环流化床锅炉适应的范围，满足循环流化床锅炉燃烧的经济性和可靠性。

（4）根据矿区、矿井、洗煤厂等的分布情况分别做好煤质检测分析工作，确定燃料来源的可行性和可靠性。

**四、当地燃料来源论证报告的主要内容**

（1）项目概况。

（2）编制燃料来源报告的要求。

（3）低热质燃料检测分析。

（4）所需劣质煤燃料总量的测算。根据编制燃料来源报告的要求和燃料来源论证的条件，煤矸石综合利用电厂所需煤矸石、泥煤、洗中煤及低热质燃料总量的测算。

（5）矿区各选煤厂及周边矿区劣质煤资源情况。

（6）矿区及周边矿区已投产劣质煤资源。

（7）燃料需求量预测。

（8）远景规划矿区煤炭储量。

（9）风险评估。

（10）综合利用效益分析。

（11）结论和建议。

（12）要求应附的附件有：

1）燃料来源数量汇总表及运输道路。

2）燃料运输道路图。

3）煤质检测报告。

4）燃料供销协议。

5）煤矸石综合利用发电专项规划。

6）省、市、自治区政府煤矸石综合利用规划。

7）政府有关批复文件等。

# 第四章

# 火电建设项目申报核准的有关要求

根据国家发展改革委有关产业政策，对燃煤电站项目规划和建设提出的有关要求，认真做好项目的前期工作，完成项目的可行性研究报告和各项工程专题技术报告，并经过省、市、自治区主管部门的审查，取得可行性研究报告所要求的支持性文件，项目的前期工作应得到当地省、市、自治区人民政府的大力支持，及时将项目的前期工作与当地政府沟通，得到当地人民政府的认可，申报当地人民政府将项目列入省、市、自治区及国家的电源发展规划。

当项目列入省、市、自治区的电源发展规划并申报国家电源发展规划，待获得国家发展改革委的关于电源开工建设计划（即取得路条）后，尽快具备项目申报核准的条件，按照核准条件要求，取得国家级的四项专题报告审查及批复文件，具备项目的核准条件，申报工程项目的核准，经国家发展改革委核准后即可开工建设。

## 第一节　建设项目列入省、市、自治区及国家发展改革委的电源开工建设计划

项目在申报核准前，应根据项目前期工作及可行性研究报告的审查意见，向项目所在地省级投资主管部门申报项目列入当年的电源发展规划，并申报国家发展改革委，项目进入国家发展改革委的发展规划后，取得国家发展改革委关于电源项目开工建设发展规划的文件（即取得路条）。项目可开展初步设计，落实开工条件，安排好设计优化和节能减排工作，落实征地、移民、拆迁、送出工程、设备及资金，取得国家电网公司或南方电网公司出具的同意接入电网的审查意见、水利部出具的水土保持审查意见、环境保护部出具的环境影响评价文件的审批意见、国土资源部出具的土地预审的审批意见，具备项目的核准条件。

### 一、申请项目列入电源开工建设计划的请示报告

完成项目的可行性研究报告后，根据地区的电源发展规划，及时申请项目列入地方省级政府的电源发展规划，取得地方政府部门的支持，配合地方政府主管部门申报国家发展改革委关于电源项目开工建设计划请示报告，规划申请报告的主要内容：

（1）项目建设的依据。

（2）项目规划、设备选型及投资。

（3）项目建设的必要性，符合国家产业政策，符合地区发展规划。

（4）项目进展情况，完成可行性研究审查及取得支持性文件。

（5）申请项目进入电源开工建设计划（即出具路条）。

（6）下一步需要抓紧的重点工作。

**二、完成可行性研究报告预收口工作，开展工程初步设计**

在申报国家发展改革委关于电源项目开工建设计划时，当地省、市、自治区人民政府将本项目列入电源开工建设计划，并对本项目提出开工建设要求时，应汇报集团公司或召开董事会决策开展下阶段的工作。

（1）尽快进行项目可行性研究报告预收口工作，落实项目可研审查时提出的问题，配合设计单位做好可行性研究报告的修编工作，并向可研主审单位提出预收口申请，根据审查单位安排，完成可研预收口工作。

（2）对工程勘测设计单位进行招标，按照招投标的原则，明确招投标的方式，进行设计招投标工作，确定设计单位，签订工程勘测设计合同。

（3）开展初步设计，根据工程项目的特点和要求，确定初步设计原则。

（4）严格按照各集团公司的优化设计指标或设计导则，开展优化设计工作。

（5）做好总平面布置，一定要重视经济核算，进行多方案的技术经济比较，以选择占地少、投资省、建设快、运行维护成本低、有利于生产、提出最优的平面布置方案。

（6）完成项目征地前的土地补偿工作。

（7）继续开展主设备调研工作。

（8）进行现场初步设计阶段的勘测、勘探工作。

（9）配合设计进度，进行设备招投标工作，并签订技术协议和供货合同。

## 第二节　项目申报核准前所进行的工作

项目在取得国家发展改革委关于电源开工建设计划（即取得路条）时，按照项目核准的有关要求，全面启动工程项目，抓紧做好项目的申报核准工作。

**一、取得环境保护部的支持性文件**

按照环境保护部对环境影响报告审查的要求，将环境影响报告书呈报环境保护部，申请对项目环境影响报告进行评审，评审通过后，环境保护部出具环境影响评价审批意见，作为项目申报核准的支持性文件。

**二、取得水利部的支持性文件**

按照水利部水土保持监测中心对水土保持专题报告的审查要求，将水土保持报告报水利部水土保持监测中心，申请项目水土保持专题报告进行评审，评审通过后，水利部有关部门出具水土保持评审意见，作为项目申报核准的支持性文件。

**三、取得国家电网公司的支持性文件**

按照国家电网公司或南方电网公司对接入系统设计专项报告审查要求，将接入系统设计专项报告报国家电网公司或南方电网公司，申请对项目接入系统设计专项报告进行评审，评审通过后，国家电网公司或南方电网公司，出具同意接入电网的意见，如接入系统设计专题报告经过区域国家电网公司的审查并出具了审查意见，该报告可申请国家电网公司或南方电网公司直接出具同意接入电网的意见，作为项目申报核准的支持性文件。

### 四、取得国土资源部的支持性文件

按照国土资源部对建设项目用地预评审的要求，将项目建设用地土地预评审材料报国土资源部，申请对项目建设用地预评审，评审通过后，国土资源部出具项目建设用地预评审意见，作为项目申报核准的支持性文件。

### 五、优化初步设计

优化初步设计，设计是一项系统工程，优化设计工作必须从初步设计开始，做好每一个环节的优化设计工作、多方案的论证比较，吸取和总结其他工程项目的经验，选择最优的设计方案，根据安全可靠、经济适用、符合国情的原则，做好优化设计工作。

### 六、做好初步设计审查及收口工作

做好初步设计的审查和收口工作，初步设计阶段不可限期完成，要保证合理的设计周期，工程建设单位配合设计部门认真做好初步设计工作，在完成初步设计工作后，申请有资质的主管部门（国家电力规划总院、国家工程咨询公司）或各发电集团公司主管部门对初步设计进行审查及概算审查，初步设计审查后，对提出的问题抓紧完善和补充设计方案，落实审查意见，开展施工图设计工作。

### 七、编制工程项目核准文件

根据国家发展改革委关于《企业投资项目核准暂行办法》和《项目申请报告通用文本的通知》要求编制项目申请核准报告，报国家发展改革委有关部门，项目核准部门依法进行项目核准。

## 第三节　火电建设项目规划和建设提出的有关要求

根据国家发展改革委《关于燃煤电站项目规划和建设有关要求的通知》的精神，对火电建设项目规划和建设提出有关要求，认真做好火电建设项目的规划和工程建设工作，提高机组的效率，促进技术进步，严格执行国家的环保政策，节约水资源等。

随着我国经济的快速发展和人民生活质量的不断提高，电力需求增长持续攀升，不少地区出现电力供应紧张的状况。为尽快缓解电力供需矛盾，国家抓紧制订电力规划，增加了电站建设规模，加快了电力建设步伐。但在燃煤电站项目前期工作中，出现了布局不合理、质量下降等问题，有的项目忽视了国家关于技术进步、环境保护、节约用水等方面的规定。

为了贯彻落实党中央关于树立科学发展观的精神，促进国民经济、能源和环境的协调发展，针对我国能源以煤为主的国情，必须高度重视燃煤电站规划及建设的各方面因素，尽快提升燃煤电站技术水平，严格执行国家产业政策和环境排放标准，规范电站项目建设，确保电力工业可持续发展，按照国家发展和改革委员会对规划和建设提出的有关要求，应重视火电建设项目，做好如下工作。

### 一、统筹规划，做好火电建设项目的规划布局

（1）火电建设项目要高度重视规划布局的合理性。我国能源资源和电力负荷在地域上分布不均，火电建设项目规划布局需要符合我国一次能源总体流向，综合平衡煤源、水源、电力负荷、接入系统、交通运输、环境保护等电站建设必要条例，统筹考虑输煤与输电问题。

（2）现阶段，在火电建设布局上优先考虑以下项目：

1）利用原有厂址扩建项目和"以大代小"老厂改造项目。

2）靠近电力负荷中心，有利于减轻电网建设和输电压力的项目。

3）利用本地煤炭资源建设坑口或矿区电站以及港口、铁道路口等运输条件较好的电站项目。

4）有利于电网运行安全，多方向、分散接入系统的项目。

## 二、提高火电机组效率，促进技术进步

（1）从长远看，我国一次能源是紧缺的，环境容量有限，火电建设必须要提高效率，保护环境。除西藏、新疆、海南等地区外，其他地区应规划建设高参数、大容量、高效率、节水环保型火力发电项目，所选机组单机容量原则上应为 60 万 kW 及以上，机组发电煤耗要控制在 286g/kWh 以下。需要远距离运输燃煤的电厂，原则上规划建设超临界、超超临界机组。在缺乏煤炭资源的东部沿海地区，优先规划建设发电煤耗不高于 275g/kWh 的燃煤电站。

（2）在煤炭资源丰富的地区，规划建设煤矿坑口或矿区火电建设项目，机组发电煤耗要控制在 295g/kWh 以下（空冷机组发电煤耗要控制在 305g/kWh 以下）。

（3）在生产外运煤炭的坑口和煤矿矿区，结合当地电力需求和资源条件，可采用先进适用发电技术，即采用循环流化床燃烧技术，建设燃用洗中煤、泥煤及其他劣质煤的大中型综合利用电厂。

（4）鼓励发展煤电一体化投资项目。

## 三、严格执行国家环保政策

按照国家环保标准，除燃用特低硫煤的发电项目要预留脱硫场地外，其他新建、扩建燃煤电站项目均应同步建设烟气脱硫设施。扩建电站的同时，应对该电站中未加装脱硫设施的已投运燃煤机组同步建设脱硫装置，要求发电企业对已运行的燃煤发电机组实施除尘和脱硫改造。所有燃煤电站均要同步建设排放物在线连续监测装置。

## 四、高度重视节约用水

新建、扩建火力发电项目采用新技术、新工艺，降低机组的耗水量。对扩建电厂项目，应对该电厂中已投运机组进行节水改造，尽量做到发电增容不增水。

在缺水地区，新建、扩建火力发电厂项目禁止取用地下水，严格控制使用地表水，鼓励利用城市污水处理厂的中水或其他废水。原则上应建设大型空冷机组，机组耗水指标要控制在 0.18m³/s·百万千瓦以下。在这些地区建设的火力发电厂要与城市污水处理厂统一规划，配套同步建设。坑口火电建设项目首先考虑使用矿井疏干水。鼓励沿海缺水地区利用火力发电厂的余热进行海水淡化。

水资源匮乏地区的火力发电厂项目要采用节水的干法、半干法烟气脱硫工艺技术。

## 五、严格控制土地占用量

所有电站项目要严格控制占地规模，严格执行国家规定的土地使用审批程序，原则上不得占用基本农田。现阶段优先考虑占地少和不占耕地的火电建设项目。

## 六、落实热负荷，建设热电联产项目

（1）在热负荷比较集中或热负荷发展潜力较大的大中型城市，应根据电力和城市热力规划，结合交通运输和城市污水处理厂布局等因素，争取采用单机容量 300MW 及以上的环

保、高效发电机组，建设大型发电供热两用的热电联产项目。

（2）在不具备建设大型发电供热机组条件的地区，要根据当地热负荷的情况区别对待。对于有充足、稳定的工业热负荷和采暖负荷的地区，原则上建设背压式机组，必要时配合建设大型抽汽凝汽式机组，按"抽背"联合运行方式供热。

（3）民用采暖负荷为主的中小城市、县城和乡镇，应按统一规划、分步实施的原则，先期建设大型集中供热锅炉房，待热网和热负荷规模发展到一定水平后，再考虑建设大型热电联产项目。

（4）对已建成的单机 150MW 等级及以下抽汽供热机组，必须按"以热定电"的原则进行调度，电厂不带热负荷时不得上网发电，国家鼓励发展大型热电联产电站。

### 七、坚持技术引进和设备国产化原则

（1）坚持国产化采购原则，新建及扩建火电建设项目均有义务承担技术引进和设备国产化的任务，火电建设项目首先采用国产发电设备。未经国家批准，不得进口火力发电设备。

（2）优先安排采用国产化设备的整体煤气化联合循环、大型循环流化床、增压流化床等洁净煤燃烧的先进发电技术项目。

### 八、关于燃用煤矸石发电的项目

（1）对拥有大量煤矸石资源的矿区，在满足国家环保及用水要求等条件下，可建设适当规模的燃用煤矸石的电站项目。

（2）煤矸石电厂必须以燃用煤矸石为主，一般应与洗煤厂配套建设，其燃料低位发热量应不大于 12 550kJ/kg。鼓励建设单机 200MW 及以上机组，建设国产高效大型循环流化床锅炉的煤矸石电厂。

火电建设项目应严格按以上要求，遵照国家的产业政策，认真做好火电建设项目的规划和建设工作，提高企业投资效益。

## 第四节　火电建设项目核准的有关要求

为完善社会主义市场经济体制的需要，进一步推动我国企业投资项目管理，根据国家制订和颁布的《政府核准的投资项目目录》，明确实行核准制的投资项目范围，划分各项目核准机关的核准权限，火电建设项目必须经过国家发展改革委员会的审查、核准。因此，火电建设项目实行项目核准制，应按国家有关要求编制项目申请报告，报送国家发展和改革委员会进行项目核准。项目核准机关国家发展改革委应依法进行核准，并加强监督管理。

### 一、火电建设项目申请报告的内容及编制

（1）火电建设项目申报单位应向项目核准机关提交项目申请报告一式 5 份。项目申请报告应由具备相应工程咨询资格的机构编制，其中由国务院投资主管部门核准的项目，其项目申请报告应由具备甲级工程咨询资格的机构编制。

（2）火电建设项目申请报告应主要包括以下内容：

1）项目申报单位情况。

2）拟建项目情况。

3）建设用地与相关规划。

4）资源利用和能源耗用分析。

5）生态环境影响分析。

6）经济和社会效果分析。

（3）根据国家发展改革委发布的项目申请报告通用文本的要求，进行火电建设项目的申报编写工作。

（4）项目申报单位在向项目核准机关报送申请报告时，需根据项目核准的有关要求，附送以下相关文件：

1）城市规划行政主管部门出具的城市规划意见。

2）国土资源行政主管部门出具的项目用地预审意见。

3）环境保护行政主管部门出具的环境影响评价文件的审批意见。

4）国家电网公司出具的接入电网的意见。

5）国家水利部出具的水土保持的评审意见。

6）根据有关要求应提交的其他文件。

### 二、火电建设项目核准程序

（1）国务院有关行业主管部门隶属单位，火电投资建设应由国务院有关行业主管部门核准的项目，可直接向国务院有关行业主管部门提交项目申请报告，并附上项目所在地省级政府投资主管部门的意见。

（2）计划单列企业集团和中央管理企业，火电投资建设应由国务院投资主管部门核准的项目，可直接向国务院投资主管部门提交项目申请报告，并附上项目所在地省级政府投资主管部门的意见；其他企业投资建设应由国务院投资主管部门核准的项目，应经项目所在地省级政府投资主管部门初审并提出意见，向国务院投资主管部门报送项目申请报告。

（3）火电投资建设应由国务院核准的项目，应经国务院投资主管部门提出审核意见，向国务院报送项目申请报告。

（4）火电建设项目核准机关如认为申报材料不齐全或者不符合有关要求，应在收到项目申请报告后5个工作日内一次告知项目申报单位，要求项目申报单位澄清、补充相关情况和文件，或对相关内容进行调整。

（5）火电建设项目申报单位按要求上报材料齐全后，项目核准机关应正式受理，并向项目申报单位出具受理通知书。

（6）火电建设项目核准机关在受理核准申请后，如有必要，可委托有资格的咨询机构进行评估。

（7）接受委托的咨询机构应在项目核准机关规定的时间内提出评估报告，并对评估结论承担责任。咨询机构在进行评估时，可要求项目申报单位就有关问题进行说明。

（8）火电建设项目核准机关在进行核准审查时，如涉及其他行业主管部门的职能，应征求相关部门的意见。相关部门应在收到征求意见函（附项目申请报告）后，向项目核准机关提出书面审核意见；逾期没有反馈书面审核意见的，视为同意。

（9）对于可能会对公众利益造成重大影响的火电建设项目，以及特别重大的项目，项目核准机关在进行核准审查时可以实行专家评议制度。

（10）火电建设项目核准机关应在受理项目申请报告后，应做出对项目申请报告是否核准的意见。

（11）对同意核准的火电建设项目，项目核准机关应向项目申报单位出具项目核准文件，同时抄送相关部门和省、市、自治区火电建设项目主管部门；对不同意核准的项目，应向项目申报单位出具不予核准决定书，说明不予核准的理由，并抄送相关部门和省、市、自治区火电建设项目主管部门。经国务院核准同意的项目，由国务院投资主管部门出具项目核准文件。

三、火电建设项目核准内容及效力

（1）项目核准机关主要根据以下条件对火电建设项目进行审查：

1）符合国家法律法规。

2）符合国民经济和社会发展规划、电力发展规划、电力产业政策、电力行业准入标准和土地利用总体规划。

3）符合国家宏观调控政策。

4）地区电力发展规划布局合理。

5）未对国内电力市场形成垄断。

6）未影响我国经济安全。

7）合理开发并有效利用了资源。

8）生态环境和自然文化遗产得到有效保护。

9）未对公众利益，特别是火电建设项目建设用地的公众利益产生重大不利影响。

10）满足电力负荷增长的需求。

（2）项目申报单位依据项目核准文件，进行火电建设项目的开工建设，按照工程开工建设的条件，规范、有序地组织工程项目开工建设，按期达标投产。

（3）项目核准文件有效期2年，自发布之日起计算。项目在核准文件有效期内未开工建设的，项目单位应在核准文件有效期届满30日前向原项目核准机关申请延期，原项目核准机关应在核准文件有效期届满前作出是否准予延期的决定。项目在核准文件有效期内未开工建设也未向原项目核准机关申请延期的，原项目核准文件自动失效。

（4）已经核准的项目，如需对项目核准文件所规定的内容进行调整，项目单位应及时以书面形式向原项目核准机关报告。原项目核准机关应根据项目调整的具体情况，出具书面确认意见或要求其重新办理核准手续。

（5）项目核准机关经常会同城市规划、国土资源、环境保护、银行监管、安全生产等部门，对火电投资项目实施监管。对于应报政府核准而未申报的项目、虽然申报但未经核准擅自开工建设的项目，以及未按项目核准文件的要求进行建设的项目，一经发现，相应的项目核准机关应立即责令其停止建设，并依法追究有关责任人的法律和行政责任。

# 第五节　关于煤矸石综合利用电厂项目核准的有关要求

为了有序地开展煤矸石综合利用电厂项目前期工作，进一步规范综合利用电厂项目核准程序，加强项目管理，根据《企业投资项目核准暂行办法》及有关规定，关于煤矸石综合利用电厂项目核准的有关要求如下：

（1）根据火电建设项目核准要求，企业投资建设的煤矸石综合利用电厂项目（含煤矸石热电联产项目）应报国家发展改革委核准。

（2）煤矸石综合利用电厂项目申请报告由具备甲级工程咨询资格的机构编制，内容符合有关规定。煤矸石综合利用电厂项目申请报告，一般由项目设计单位编制，也可委托有甲级资质的工程咨询单位编制。

（3）煤矸石综合利用电厂项目申请报告，经项目所在地省级政府投资主管部门初审并提出意见，再向国家发展改革委报送项目申请报告。

计划单列企业集团和中央管理企业，可直接向国家发展改革委提交煤矸石综合利用电厂项目申请报告，提交时要附上项目所在地省级政府投资主管部门的意见。

（4）项目申报单位报送煤矸石综合利用电厂项目申请报告时，需按照有关规定附送以下文件：

1）环境保护部出具的环境影响评价文件的审批意见。

2）国土资源部出具的项目用地预审意见，或土地管理部门核发的土地使用证。

3）省级以上城乡规划行政主管部门出具的选址意见书。

4）水利部出具的水土保持意见。

5）省级水行政主管部门或流域管理机构出具的项目用水意见。

6）国家电网公司或南方电网公司出具的接入电网意见。

7）省级矿产资源主管部门对项目压覆矿产资源的意见。

8）省级文物主管部门出具的项目对当地文物保护的意见（需要时）。

9）省级军事设施主管部门对项目是否影响军事设施使用和安全的意见（需要时）。

10）省级民航主管部门对项目是否影响民航运行的意见（需要时）。

11）银行出具的贷款承诺函、企业自有资金承诺函（证明材料）、投资协议等。

12）燃料供给、运输及灰渣综合利用方案或协议等。

13）省级发展改革部门会同其他部门对煤矸石综合利用发电专项规划（热电联产专项规划）的审查批复文件。

14）项目配套选用锅炉的订货协议。

15）有关部门对项目当地燃料来源的论证和批复文件。

16）项目单位和当地其他煤矸石综合利用发电项目运行及近3年校验情况。

17）应提交的其他文件。

（5）项目建设单位应及时申报项目核准报告，国家发展改革委在受理核准申请后，根据需要，可委托有资格的咨询机构对申报项目进行评估。

（6）国家发展改革委主要从以下方面对煤矸石综合利用电厂项目进行审查：

1）是否符合国家有关法律法规。

2）是否符合电力工业发展规划和年度发展计划。

3）是否符合国家产业政策。

4）是否符合国家资源开发和综合利用政策。

5）是否符合国家宏观调控政策。

6）地区布局是否合理。

7）项目环保、用地、用水、能耗等方面是否符合有关规定。

8）是否符合社会公众利益。

9）是否符合电力体制改革有关规定，防止出现市场垄断。

10）接入电网系统是否落实。

11）项目法人或投资方是否符合市场准入条件并具备投资建设和运营管理的能力。

12）项目设计单位是否符合有关资质规定等。

（7）综合利用电厂项目核准文件有效期为 2 年，自发布之日起计算。项目在核准文件有效期内未开工建设的，应按有关规定申请延期。

（8）已经核准的项目，如需对项目核准文件所规定的内容进行调整，项目单位应及时以书面形式向国家发展改革委报告。国家发展改革委将根据项目调整的具体情况，出具书面确认意见或要求其重新办理核准手续。

（9）煤矸石综合利用电厂项目核准后，具备开工条件时，将开工情况报国家发展改革委备案，建设过程中应定期报告工程进展情况。

（10）煤矸石综合利用电厂项目建成投产、竣工验收合格并认定后，方可申请享受国家规定的税收优惠或补贴政策。

为指导企业做好项目申请报告的编写工作，规范项目核准行为，国家发展改革委编写了项目申请报告通用文本及建设项目暂行规定，供编写报告时借鉴和参考。

《国家发展改革委关于发布项目申请报告通用文本的通知》见附录一。

《国家发展改革委、建设部关于热电联产和煤矸石综合利用发电项目建设管理暂行规定》见附录二。

## 第六节　具备火电建设项目开工条件的要求

为保证火电基本建设工程质量和建设工期，规范火电基本建设项目的开工管理，严格开工条件，控制工程造价，提高投资效益，对火电基本建设项目开工条件应执行统一标准，首先必须满足工程项目在核准的条件下，从火电基本建设程序上满足技术管理和施工管理，认真落实具备火电建设项目开工条件的要求，火电基本建设项目开工条件如下：

（1）项目法人依法设立或正式成立项目组织机构，项目组织管理机构和规章制度健全，项目经理经过培训，具备承担任职资质。

（2）项目初步设计经过审查及总概算已经审定，开工审计已进行，项目总概算审定时间至开工时间超过 2 年，或自审定至开工期间，动态因素变化大，总概算投资超出原概算10％以上的，须重新核定项目总概算。

（3）项目资本金和其他建设资金已落实，资金来源符合国家有关规定，承诺手续完备。

（4）项目施工组织设计大纲已经编制完成并经审定。编制火电工程施工组织设计的具体内容和要求见《火力发电工程施工组织设计导则》。

（5）主体工程的施工队伍已经过招投标选定，施工合同已经签订。

（6）项目法人与项目设计单位已确定施工图交付计划并签订交付协议，图纸经过会审，主体施工图纸至少可以满足连续 3 个月施工的需要，并进行了设计交底。

（7）项目施工监理单位已通过招标确定、监理合同已经签订。

（8）项目征地、拆迁和施工场地"四通一平"工作已经完成，有关外部配套生产条件已签订协议。项目主体工程施工准备工作已经做好，具备连续施工的条件。

（9）主要设备和材料已经招标选定，运输条件已落实，并已备好连续施工 3 个月的材料用量。

（10）所在省、市、自治区上年度机组平均利用小时低于或等于 5000h 的发电项目，已经取得省、市、自治区国家电网公司对原上网协议和购电协议的重新确认，以火电为主的电网，火电平均利用小时低于 5000h 的原则上不得开工一般电源项目。

已具备以上开工条件的项目，按照国家发展改革委的要求完成项目审查核准后，进行项目的开工建设。

所有新建、扩建的大、中型火电建设项目，在工程项目获得国家发展改革委的核准后，工程项目在开工建设时，不再到当地政府办理开工申报批复工作。

火电基本建设技术
管理手册

# 第五章

# 火电建设项目勘测设计工作

勘测设计工作是安排建设项目和组织施工的主要依据，是工程建设的关键环节，做好勘测设计工作，对一个建设项目在资源利用上是否合理、厂区布置是否紧凑、适度，生产组织是否科学、严谨，是否能以较少的投资，取得质量好、效率高、消耗少、成本低，经济效益好，在很大程度上取决于勘测设计质量的好坏和水平高低。勘测设计对工程建设项目在建设过程中的经济性和建成使用时期能否充分发挥生产能力或效益，起着决定性的作用。

基本建设勘测工作在工程建设中居先行地位。勘测成果资料是进行规划、设计、施工必不可少的基本依据。

勘测工作的基本任务是：严格执行有关行业和国家标准，按照基本建设程序，勘测成果要正确反映客观地形、地质情况，确保原始资料的准确性，结合工程具体特点和要求，提出明确的评价、结论和建议。

设计工作的基本任务是：严格执行设计标准和优化设计方案，做好技术经济综合比较，认真核实工程量，严格控制建设标准和工程造价，贯彻安全可靠、经济适用、符合国情的电力建设方针，认真做好初步设计和施工图设计工作。

## 第一节 勘测设计工作基本要求与任务

### 一、勘测设计工作的基本要求

勘测设计工作是根据国家对工程项目建设的总体规划和项目可行性报告审查意见及工程项目建设的总体要求，通过勘察、测量以及其他调查研究方法，查清和掌握有关的数据和资料，并运用技术经济等方法，经过综合研究，反复比选，编制出设计文件，据此指导施工和竣工验收。没有勘测就不能设计，没有设计就不能施工，这是必须遵循的客观规律。搞工程建设一定要尊重科学，坚持基本建设程序，保证合理的勘测设计周期，重视设计审查工作，确保勘测设计质量，力求提高工程的经济效益，一是要使工程项目在建设的过程中能够节省投资，降低工程造价；二是要使项目建成后能够使机组安全可靠地经济运行，获得最大的经济效益。

对勘测设计工作的责任和要求：

（1）设计单位是工程总体设计的负责单位，不仅要负责厂区范围内（厂区围墙内）的全部设计，还应负责生活福利区的统一规划。

（2）凡是需要外委的设计项目如厂外铁路、桥梁、码头等，应有主体设计单位提出技术要求，协助建设单位向外委设计单位签定合同。

（3）设计单位要根据设计进度及时提出设备招标技术文本，提出技术要求。

（4）设计单位要开展初步设计，施工组织设计大纲和运行组织设计，做好施工图预算。

（5）在施工阶段，在开工前设计首先要向施工单位认真负责交底，施工图纸要正确完整，按时交图，在整个施工过程中要派驻工地代表组，负责做好施工配合工作，解决施工中发生的设计问题，及时交出竣工图中有关设计本身修改部分的图纸。

（6）运行阶段，要参加试运行，投产半年至1年后要进行工程回访。

（7）对施工、生产在各阶段提出的意见和要求，应积极研究和解决，不断地分析总结经验，提高设计质量和设计水平。

## 二、勘测设计工作的任务

在初步设计和施工图设计阶段，提供最优设计方案，优化设计，缩短工程建设周期，降低工程造价。

（1）制定合理的建设标准，严格审查初步设计原则和工程概算。火电工程建设一定要有科学合理的设计标准、符合国情的工程造价，一定要坚持为生产服务，努力提高工程质量和自动化水平，保证投产后能安全经济运行。通过各种规程、规定、定额以及参考设计、标准设计、各集团公司制定的设计导则和设计要求，把建设标准具体化，这就要求设计人员具有明确的设计指导思想和原则，要进一步提高经济观念，做好优化设计工作。认真而准确地分析、判断，选用原始资料和数据，审查初步设计时，应把技术与经济的审核密切结合起来，概算应齐全、可靠，不留缺口。厂外工程与厂内工程的设计应同步进行。特别要注意控制铁路、码头等外委工程的进度和投资。坚持初步设计概算不超过可行性研究报告的估算投资，施工图预算不超过初步设计概算的原则。要维护概算的严肃性和法定性。要组织技术、技经人员对一些造价较高的工程进行调查研究和综合分析，判定出各种类型机组在不同地区的模式造价，以便采取措施，控制造价。

（2）改进基建程序，为设计和施工创造条件，及时交付图纸。目前，设计单位催交设备资料、施工单位催交施工图纸的情况普遍存在，设计工作往往很被动，究其原因，主要是基本程序上的问题。如何保证制造、设计、施工三个环节上的必要周期和合理的交叉衔接，关键是计划、投资安排和提前设计年度的问题。一般来说，在初步设计完成后，考虑留出半年左右的时间，作为设备制造厂设计提供资料和施工详勘的工作时间，然后开始交付施工准备阶段的图纸，制定出"勘测设计合理周期"和"制造设计与电厂设计配合工作条例"等规定，并照此执行。否则，虽然主观上想要加快工程速度，实际上却欲速则不达，造成不应有的损失。改变设计工作的被动局面，积极主动地安排好设计工作，配合施工单位，保证按时交付图纸，确保工程的建设，按期投产。

（3）提高设计质量和设计水平，使建设项目做到：

1）安全性高、设备可靠、运行可靠，电厂的可用率高，检修间隔长。

2）经济性好，煤耗、厂用电率低，水耗小，发电厂效率高，投资合理。

3）适用性强，环境保护好，脱硫、脱硝、除尘效率高，噪声符合标准，厂内绿化卫生好，布置合理，运行、检修方便。

4）公用系统和设施完整，施工图齐全，能满足文明施工和生产要求。

5）薄弱环节要处理好，煤、灰、水、总交设计和热控、暖通、照明等专业水平要有较大提高。

# 第二节　勘测工作程序和内容

建设项目的勘测工作包括工程测量、工程地质、水文地质和水文气象等内容，勘测工作的目的是通过查明工程项目建设地点的地形地貌、地层土壤、岩性、地质构造、水文条件、工程气象和各种自然地质现象等而进行的测量、测绘、测试、观测、地质、水文调查、气象分析、勘探、试验、鉴定、研究和综合评价工作，为建设项目厂址的选择、工程的设计和施工提供科学、可靠的依据。勘测工作的深度和质量应符合规定的要求，工程勘测和项目建设的各有关单位都应重视勘测工作，坚持按没有勘测工作就不能决定厂址，就不能进行设计，没有设计就不能施工的原则。

**一、工程测量部分**

（1）工程测量的内容。包括平面控制测量、高程控测量和其他测量，在实际工作中，可以根据工程项目的建设性质（如扩建、新建、改建）和生活福利设施工程的不同需要，选择必须的内容，测绘的成果和成图的精度都应充分满足各个设计阶段的设计要求和施工的一般要求。

（2）在测量工作开始前，负责工程项目的建设单位需组织有关人员互相沟通情况，明确任务，了解工程用图要求，然后进行现场踏勘，认真搜集和利用已有资料，制定出合理的技术方案。

（3）在测量过程中，对测量工具的要求、测量方法、工作精度和允许中的误差应符合国家有关规程和规范中有关条款的规定。

（4）在测量工作结束后，测量单位做好资料的整理、图纸的绘制及技术报告的编写工作，并及时为各阶段的设计和施工提供准确可靠的资料和图纸。

（5）在初步设计和施工图设计阶段，测量区域内容为：厂区、生活区、灰场、变电所（升压站），基本比例尺为1∶1000；储灰场、冷却池、水源地、供水系统，基本比例尺为1∶5000。

（6）电厂总平面图测量包括电厂的建筑物、构筑物、管沟网道等生产、生活设施以及地形、地物的现状。测量的内容根据工程需要确定。平面控制宜采用建筑坐标系统，必要时应与原有的坐标系统进行联测，求得坐标换算关系，高程控制应与原有系统一致。

**二、工程地质部分**

工程地质勘测阶段的划分应与设计阶段相适应，一般分为选厂勘测阶段（可行性研究阶段）、初步设计勘测阶段和施工图设计勘测阶段。

对于工程地质条件复杂的重要建（构）筑物，在地基基础施工时，应进行施工检验（如开挖基槽时，需要做地基检验，在复杂地基上打桩时，需做打桩记录的校验等）。

初步设计阶段的勘测：

（一）勘测的一般规定

（1）初设勘测应对厂址（包括厂区、取水建筑及坝高大于30m的灰坝地段）的工程地

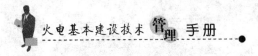

质条件作出评价，为总平面布置、主要建（构）筑物地基基础方案设计及不良地质现象整治提供工程地质资料。

（2）初设勘测的任务是：

1）查明厂址主要地层的分布、成因、类别及物理学性质，必要时应做工程地质分区或分段。

2）进一步查明不良地质现象和构造断裂，并提出整治措施和稳定性评价。

3）查明地下水埋藏条件。

4）初步查明压力输水隧洞的成洞条件。

5）调查土的最大冻结深度。

（3）初设勘测应采取多种勘测手段，在充分收集资料和进行工程地质测绘与调查的基础上，根据场地复杂程度，应进行物探、钻探、测试等工作，其工作布置宜：先疏后密、先深后浅，先控制、后一般的原则。

（4）初设勘测时，勘探点分一般性和控制性两类，控制性探点可占勘探点总数的 1/5～1/3。

（二）厂区勘测

（1）厂区初设勘测、勘探点、线、网的布置应符合下列要求：

1）勘探线应垂直地貌分界线、地质构造线及地层线。

2）勘探点应沿勘探线布置，每一地貌单元应有勘探点控制，同时在地貌和地层变化较大处加密勘探点。

3）对于简单场地，可按方格网布置勘探点。

（2）厂区初设勘测，勘探线、点的间距可按表 5-1 确定。

**表 5-1** 勘探点、线的间距

| 场地复杂程度 | 勘探线间距（m） | 勘探点间距（m） |
| --- | --- | --- |
| 简单场地 | 100～300 | 100～300 |
| 中等复杂场地 | 70～150 | 50～100 |
| 复杂场地 | <70 | <50 |

（3）厂区初设勘测，勘探点深度可按表 5-2 确定。

**表 5-2** 勘 探 点 深 度

| 机组容量（MW） | 一般性勘探点（m） | 控制性勘探点（m） |
| --- | --- | --- |
| 200.0～300.0 | 20～25 | 30～40 |
| 300.0～600.0 | 25～35 | 40～55 |
| 600.0～1000.0 | 35～50 | 55～70 |

（4）厂区初设勘测，取土试料和原位测试的探点一般应占勘探总数的 1/3～1/2。每一主要土层的试料总和不少于 10 件（或原位测试数据），其中做力学性质试验的不少于 6 件。

（5）厂区初设勘测，应进行下列水位地质工作：

1）查明地下水类型，测量地下水位。需要绘制地下水位等高线图时，应取同一时间、相同精度的地下水位。

2）当地下水位有可能浸没或浸湿基础时，应选取代表性水试料作侵蚀性分析，取样数量不少于3件。

3）调查地下水位变化幅度。

**（三）取水建筑物地段勘测工作**

（1）取水建筑初设勘测，主要包括岸边或水中泵房和取水构筑物的勘测。当有压力输水隧洞时，亦包括其沿线勘测。

（2）当取水建筑地段存在构造断裂、滑坡和岸边冲刷等不良地质现象时，应在可行性研究阶段选厂评价的基础上，做1∶500～1∶1000的工程地质测绘，并对场地的稳定性和不良地质现象做进一步评价。

（3）在取水建筑地段，输水压力隧洞初设勘测，查明地层分布、成因、类别、主要物理力学性质以及地下水位和侵蚀性，了解隧洞洞口的成洞条件、洞体的稳定性、地下水埋藏条件和活动特征。

**（四）大型灰坝坝址勘测工作**

（1）储灰场大型灰坝（坝高大于30m）坝址初设勘测，应着重了解坝基与坝肩的工程地质及水文地质条件，对坝的稳定性做出初步评价，调查筑坝材料的产地、储量、质量及开采运输条件。

（2）大型灰坝坝址初设勘测，在收集分析有关工程地质、水文地质及当地建坝经验的基础上，进行下列工作：

1）工程地质测绘与调查，其范围应包括与坝址稳定性分析有关的地段。

2）勘探线应按场地复杂程度沿坝轴线和垂直坝轴线布置1～3条，每条线上不得少于3个勘探点，且在坝基、坝肩及工程地质条件变化处均有勘探点控制。

3）勘探点深度一般为0.5～1.0倍坝高。

4）实测含水层水位，按含水层土的分类、颗粒级配、含有物等初步判断其渗透性。

5）在主要受力层选取土试料做物理力学性质试验或原位测试，试验内容应满足坝基强度和稳定性验算的要求。

**三、施工图设计阶段勘测**

施工图设计阶段的勘测主要任务是：

（1）查明建（构）筑物地基土的分类、层次、厚度以及沿垂直和水平方向的分布规律。

（2）提高地基土的允许承载力、抗剪指标、压缩模量等物理力学性质指标。

（3）提出整治不良地质现象的工程地质资料。

（4）对需要考虑动力作用的基础，应提供地基土的动力特性指标。

施工图设计阶段勘测的内容，应按照《火力发电厂工程地质勘测规范》要求进行，提供工程地质勘测成果，工程地质勘测工作结束后，有关勘测部门应按规定要求编写《勘测报告》，绘制各种图表，并及时向设计部门提供勘测报告文件和图纸及资料。

勘测成果的文字报告部分一般应包括下列内容：

（1）工程地质、规模、任务要求及勘测工作概况。

（2）厂址地理位置、场地地形、地貌及区域地质构造。

（3）地层条件、土的物理力学性质指标统计与分析、地基压缩性评价和主要设计参数

（如应压缩模量、容许承载力等）的推荐值。

（4）不良地质现象、场地稳定性、地震基本烈度及建筑适宜性评价。

（5）地下水条件、土的最大冻结深度、预估由于施工和生产运行后可能引起的工程地质问题及其防治措施的建议。

报告书内容应根据勘测工程的特点和不同勘测阶段有所侧重点：

（1）选厂勘测：应重点阐明地区和厂址稳定性的问题，根据收集的资料和必要的勘测工作，对厂址地形地貌、地质构造、不良地质现象、地层和地下水条件等的基本概况进行综合评价，提出厂址方案比较意见和建议。

（2）初设勘测：重点论述地基稳定性的问题，并为建筑总平面布置和主要建筑物地基基础设计方案提出结论性意见和建议。

当为复杂场地，且平面上有显著差异时，应综合地形、地貌、地质构造、不良地质现象、岩（土）性质和地下水条件等，进行工程地质分区评价。

（3）施工图设计勘测：重点是提出地基基础设计、地基计算、不良地质现象整治等所需要的地质数据，并按不同建筑地段分别作出工程地质评价，在评价时，应考虑建筑物上部结构特点及其对地基使用的要求和施工因素等。

报告书宜附有下列图表：

（1）勘探点平面布置图。

（2）综合工程地质图（或工程地质分区图）。

（3）工程地质剖面图。

（4）地质柱状图或综合地质柱状图。

（5）原位测试成果图表。

（6）岩、土试验成果图表。

（7）地质构造系统图和震中分布图。

对于简单场地的勘测成果的内容可适当简化，勘测工作量较小的工程可提供附有文字说明的综合成果表。在地层和地下水条件及环境水条件分析时提供环境水的侵蚀性分析说明，根据环境水的侵蚀性分类和判别标准，一般环境水的侵蚀性分为如下三类：

（1）结晶性侵蚀：结晶性侵蚀是水中硫酸类与混凝土中的固态游离石灰质或水泥结石作用，产生结晶。结晶体的形成使体积增大，产生膨胀压力导致混凝土破坏。

（2）分解性侵蚀：分解性侵蚀是水中 $H^+$ 与侵蚀性 $CO_2$ 超过一定限度时，使混凝土表面的碳化层以及混凝土中固态游离石灰质溶解于水，使混凝土毛细孔中的碱度降低，引起水泥结石。

（3）结晶分解复合性侵蚀：这类侵蚀是指某些弱碱性硫酸盐阳离子与混凝土作用所发生的侵蚀，既有结晶性侵蚀，又具有分解性侵蚀的性质，所以叫结晶分解复合性侵蚀。

环境水对混凝土侵蚀性的判定方法及标准，应执行《工业与民用建筑工程地质勘察规范》规定。

**四、水文地质部分**

水文地质勘测工作概况：

（1）水文地质勘测工作范围包括水文地质测绘、地球物理勘探、钻探、抽水试验、地下水动态观测、水文地质参数计算、地下水资源保护等方面。

（2）水文地质勘测工作分为初步勘测和详细勘测两个阶段，在初勘前应做好初步可行性研究的水文地质调查工作。

（3）水文地质调查的成果应满足初步可行性研究的要求。

（4）初勘的成果应满足可行性研究的要求。

（5）详勘的成果应满足初步设计和施工图设计的要求。

水文地质勘测工作的任务和深度，应符合下列要求：

（1）水文地质调查以搜集资料和现场踏勘为主，编写调查报告，初步评价水文地质条件，提出有无满足建厂所需地下水水源可能性的资料。

（2）初勘阶段的工作，应在水位地质调查的基础上，进一步选定水源地，查明地区的水文地质条件，初步评价地下资源确定富水地段。

（3）详勘阶段的工作应在初勘阶段确定的富水地段内，详细查明拟建水源地的水文地质条件，进行评价地下水资源，提出合理开采方案。

水文地质勘测工作的范围、内容和工作量，应根据勘测阶段、地区研究深度、水位地质条件的复杂程度、需水量的大小以及资源评价方法等因素，综合考虑确定。

水文地质测绘：

（1）水文地质测绘，一般在比例尺大于或等于测绘比例尺的地形地质图基础上进行，在详细勘察阶段，一般为1：5000或更大的比例尺。

（2）水文地质测绘包括水文观测、地质调查、水源调查、水质调查和山间河谷、滨海河口、黄土、沙漠、冻土、溶岩等特殊地区的调查等，这些调查工作的具体内容均按《火力发电厂供水水文地质勘测技术规定》的要求进行。

勘探钻孔：勘探钻孔应在水文地质测绘、物探或详细研究已有资料的基础上进行布置。勘探钻孔的布置应能查明勘测区的地质和水文地质条件，取得计算水文地质参数和评价地下水资源所需要的资料为原则。

抽水试验：抽水试验是测定含水层的富水性和井的制水能力，取得水文地质参数计算的数据，确定各含水层间以及含水层与地表水体水力联系的主要方法。

水文地质勘测抽水试验孔的布置，应根据勘测阶段、水文地质条件和抽水试验目的等因素综合考虑确定，应符合下列要求：

（1）初勘阶段，在可能富水和有代表性的地段，均宜布置抽水试验孔。

（2）详勘阶段，在含水层（带）富水性较好和拟建取水构筑物的地段，均宜布置抽水试验孔。

水位地质勘测抽水试验的类型，应根据水文地质条件和试验的目的等因素确定。

对含水层埋藏较深（即大于30m）或基岩裂隙水、岩溶地区，可采用单井抽水试验。

对含水层埋藏较浅或有代表性的地区详勘阶段，宜采用多观测孔的抽水试验。

对富水的大厚富水层，需要分段研究时，应进行分段抽水试验；不宜做分段抽水，可采用非完整井抽水试验。

当在抽水影响的范围内有地表水体时，应设立地表水的观测点；在地下水变化较大期间进行抽水试验时，应在抽水影响范围以外再设1～2个观测孔。

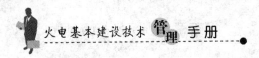

水质评价：地下水水质评价，应在查明地下水的物理性质、化学成分、卫生条件和变化规律的基础上进行。水质评价应根据水的用途和设计单位要求的标准进行。

（1）综合性的水质评价，可在地下水化学分类的基础上，按下列标准进行水质分类和评价：

1）按 pH 值进行水质分类的标准。

强酸性水：pH 值小于 5.5。

弱酸性水：pH 值为 5.6～6.5。

中性水：　 pH 值为 6.6～8.0。

弱碱性水：pH 值为 8.1～10.0。

强碱性水：pH 值大于 10。

2）按矿化度进行水质分类的标准。

低矿化度水：　 干残渣小于 100mg/L。

中矿化度水：　 干残渣为 100.1～500mg/L。

高矿化度水：　 干残渣为 500.1～1000mg/L。

很高矿化度水：干残渣大于 2000mg/L。

3）按总硬度进行水质分类的标准。

很软水：总硬度小于 1.5mmol/L。

软水：　 总硬度为 1.6～3.0mmol/L。

中软水：总硬度为 3.1～6.0mmol/L。

硬水：　 总硬度为 6.1～10.0mmol/L。

很硬水：总硬度大于 10.0mmol/L。

4）按耗氧量进行水质分类的标准。

低耗氧量水：　 耗氧量小于 4mg/L。

较低耗氧量水：耗氧量为 4.1～8.0mg/L。

中等耗氧量水：耗氧量为 8.1～12.0mg/L。

较高耗氧量水：耗氧量为 12.1～20.0mg/L。

极高耗氧量水：耗氧量大于 20.0mg/L。

5）按透明度（用铅字法测定）进行水质分类的标准。

透明水：透明度大于 30cm。

微浑水：透明度为 29.9～25cm。

中浑水：透明度为 24.9～20cm。

浑水：　 透明度为 19.9～10cm。

很浑水：透明度小于 10cm。

（2）火力发电厂锅炉补给水的水质评价，应给出水质全分析项目，胶体硅、油及其他有害元素含量的最大值、最小值、平均值或保证率界限值的数理统计指标。

（3）生活饮用水的水质评价，应按现行《生活饮用水卫生标准》执行，并给出水质检测项目的最大值、最小值、平均值或保证率界限值的数理统计指标。

（4）在评价地下水质时，宜预测地下水开采后水质可能发生的变化，提出水资源防护的问题。

进行地下水水量评价，一般应具备含水层的岩性、结构、构造、厚度、分布规律、水力性质、富水性以及有关参数、含水层的边界条件、地下水的补给，径流和排泄条件、地下水的开采现状和今后的开采规划，初步拟订取水构筑物类型和布置方案；水文、气象和地下水动态观测资料，应计算出地下水的补给量、储存量和允许开采量，提出合理的开采方案。

地下水水量的计算和确定应按技术规定进行。允许开采量的精度，宜按下列内容进行分析评价：

（1）对水文地质条件的研究程度。

（2）动态观测时间的长短。

（3）计算所引用的原始数据和参数的精度。

（4）计算方法和计算公式的合理性。

（5）补给量的保证程度。

**五、水文气象条件**

水文气象勘测工作的具体内容和要求，应按照《电力工程水文技术规定》执行。

（1）火电工程的水文气象勘测工作，必须按照有关技术规范和标准进行，认真做好调查研究，综合反映建设项目对用水和防洪等方面的要求，积极慎重地采用新技术，提供合理可靠的水文气象条件。

（2）初步设计阶段应按设计规定全面提供水文气象资料。除应对可行性研究阶段资料进一步补充、论证或修改外，尚应提供下列资料：

1）取水口的水文条件。

天然河流：水位流量关系曲线、频率为 0.1％的最高水位和频率为 99％的最低水位，最大含沙量和泥沙颗粒级配，典型年的水位、流量、含沙量历时曲线或过程。

水库：水库淤积、经流调节和水库回水的补充计算，水库溃坝洪水及其演进计算。

河网化地区：频率为 0.1％最高水位，频率为 99％的最低水位。

滨海和潮感河段：频率为 0.1％最高潮位，频率为 99％的最低潮位，典型潮位的过程线，潮感河段的水利学计算，设计波高和周期，取水口泥沙淤积情况。

2）厂区和灰场的水文气象条件：厂区的排洪流量，灰场的排洪流量和洪水过程线，河滩灰场所在河段的设计水位，流速和水面曲线，厂区离地面 10m 高，30 年一遇 10min 平均最大风速和相应的气温，或 30 年一遇年最低气温和相应风速。

3）供水系统和除灰系统的水文气象条件。

4）施工洪水及其他条件。

（3）有关水文调查、设计枯水、设计洪水、滨海水文计算等内容与深度均应符合《电力工程水文技术规定》的要求。

（4）工程气象条件。

1）工程地点的设计气象条件，一般直接移用附近气象台（站）的资料确定。当采用的气象台（站）资料年限较短、项目不全或代表性较差时，可选用其邻近地区气象台（站）的资料做参证分析确定。

2）全年、夏季（6～8月）和冬季（12～2月）的风向玫瑰图，一般均取 10 年以上的资

料统计和绘制。

3）具有 15 年以上的大风观测资料时，可直接进行年最大风速的频率计算。

4）空冷电站对环境气象资料的深度要求。空冷电站设计应取得厂址所在地的常规气象资料，近 10 年的风频、风速资料，近 5 年的典型年"气温—小时"分布资料。根据最近 10 年的气象资料，统计多年年平均气温、多年的夏季 3 个月的平均气温，确定气温典型年。应统计出典型年气温由高到低排序的相应的出现小时数、累计出现小时数、累计频率、夏季风玫瑰图和统计表（风向、平均风速、最大风速、风频）。当需要在厂址处设立现场气象观测站时，气象观测站宜设在厂址处有代表性的位置，并与相近气象站进行同期同步观测，应至少取得一个整年的观测资料。

5）供水设计中频率为 10％的气象条件，一般以 10％的湿球温度从原始资料中查出其相应日期的干球温度、相对湿度、风速、气压等作为取值，频率为 10％的湿球温度，一般根据最近 5 年最炎热时期（3 个月）的日平均湿球温度资料，按递减排列的逐点法统计计算。

## 第三节  设计工作程序和内容

设计工作程序包括参加建设项目的决策、编制各个阶段设计文件、配合施工和参加验收、进行工程建设的全过程。

建设项目一般按初步设计、施工图设计两个阶段进行。技术上复杂的建设项目，根据工程建设部门的要求或主管部门的要求，可按初步设计、技术设计和施工图设计三个阶段进行。

初步设计文件，应根据审查的可行性研究报告、设计任务书和可靠的设计基础资料进行编制。初步设计和总概算经有关部门审查批复后，是确定项目的投资额、编制固定资产投资计划、签订建设工程合同、控制工程造价、组织主要设备招标、进行施工准备以及编制技术设计文件或施工图设计文件等的依据。

技术设计文件，应根据批准的初步设计文件进行编制。

施工图设计文件，应根据批准的初步设计文件（或技术设计文件）和主要设备招标情况进行编制，并依据指导施工，施工图预算经审定后，即作为编制执行预算、工程结算等的依据。

设计单位应积极配合施工，负责交代设计意图，解释设计文件，及时解决施工中设计文件出现的问题，参加试运转、竣工验收，进行工程总结。

### 一、火电厂设计工作程序和内容

根据火力发电厂勘测设计工作的特点，设计工作程序可分为三个大阶段、八个步骤：

第一个阶段：设计前期工作阶段：

（1）初步可行性研究（规划选厂）。

（2）项目建议书。

（3）可行性研究（工程选厂）。

（4）编制设计（计划）任务书。

第二个阶段：设计工作阶段：

（1）初步设计。

（2）施工图设计。

第三个阶段：施工、运行阶段：

（1）配合施工。

（2）运行回访及总结反馈。

上述设计工作程序适用于新建大、中型火电厂，机、炉、电为国产定型设备。对于小型工程项目，可参考使用。

设计前期工作阶段在第二章已作论述，请参看第二章有关章节，下面不再论述。

## 二、设计工作阶段

### （一）初步设计阶段

初步设计应根据批准的设计任务书或下达的初步设计任务、可行性研究报告及审查意见、电厂接入电力系统设计、经招投标确定的主要设备资料进行编制。

初步设计阶段的工作程序和内容如下：

1. 准备工作阶段

（1）组织设计人员，开展研究。

确认设计总工程师及各专业主设人，组成项目设计班子。研究编制设计文件的依据，对主要原始条件，如有不明之处或情况发生了变化，应主动联系建设单位，协助落实有关条件。

（2）收集、分析设计资料。

各专业补充收集并分析初步设计所需的资料。联系建设单位尽快落实燃料供应，确定设计煤质和校核煤质，做好煤质分析报告，取得煤质资料，并配合建设单位进行主机设备招标工作，签订技术协议，使在初步设计拟订方案阶段开始时，即能取得所需的主机设备资料。

及早布置初步设计勘测任务，其中水文地质勘测、初步设计阶段应做完终勘，以满足水源设计要求。对所采用的科研成果或新技术，必要时应进行专题调研。

配合建设单位与制造厂联系，落实新产品的试制，签订试制技术协议。在本阶段中，主体专业间互提部分资料，以便各专业下一步工作的展开。

（3）拟定设计原则。

根据工程特点，设总组织各专业主设人进行讨论和研究，确定主要设计原则和专业设计原则。对一时不能确定的问题应提出课题和研究方向，在拟定方案阶段时解决。

（4）制订技术组织措施。

各专业主设人制订本专业的技术组织措施，在此基础上，设总应制订工程的技术组织措施，内容包括：工程概况、规划容量、分期建设规模及进度、电厂性质、运行方式和年利用小时数等；主要设备型式和制造厂家、主要设计原始数据、初步拟定的设计原则；设计范围及与有关单位的设计分工，计划进度和工作量分配，需要特殊予以论证分析的问题，以及建设标准上的统一要求；专业间互提资料项目及日期；技术组织措施和注意事项等。

技术组织制订完成，条件具备，经院主要领导审批后即可开展下一步工作。

2. 确定方案优化设计阶段

正确合理的方案是保证初步设计成品质量的关键，在方案研究时，专业技术方案和综合

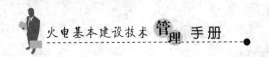

技术方案要以优化设计为原则，优化设计方案必须综合技术经济比较，提出最优方案。

确定方案的工作程序和内容包括以下几方面：

（1）方案比较。

方案比较前做好专业间互提资料，具备需要勘测资料、主要设备资料等。制订优化设计方案，进行多方案的技术经济比较，得出最优方案。

（2）院内讨论。

根据方案的不同，分别由专业组长、专工或设总组织讨论，重大方案由院总工主持，可邀请有关人员参加，必要时可邀请外单位参加讨论，讨论意见和方案比较情况，经审查明确初步推荐方案。

（3）院外讨论。

在院外讨论，征求各方面的意见，优化设计方案，由建设单位邀请有关单位或专家共同讨论设计方案，不断提高设计水平和设计质量。要从工程的实际情况出发，讲求实效，优化设计方案，形成科学合理的设计标准、符合国情的工程造价，做到安全可靠，经济适用，最后确定初步设计阶段的正式推荐方案。

3. 编制设计文件阶段

编制初步设计文件工作程序和内容包括：编制说明书及主要设备材料清册，进行设计、计算、制图；各专业按《火力发电厂初步设计文件内容深度规定》编制初步设计文件；各专业文件编制完成后，可以组织各专业主设人员会审，相互校核，以避免专业间相互矛盾和漏项；设计文件经逐级审核修改后，送交印刷。

4. 印刷归档

按印刷与归档的现行办法与规定，及时做好印刷与技术归档工作。

5. 报主管部门审查批复

若需要补充设计方案，应立即组织有关人员进行补充完善工作。

（二）施工图设计阶段

施工图设计是设计成品的具体生产阶段，应根据初步设计及审查意见进行。施工图设计阶段的工作程序和内容如下。

1. 研究审查意见，解决遗留问题

认真分析初设审查后遗留的问题，并研究解决的方案，制订相应的措施。布置施工图阶段的勘测任务，分析主要设备厂家的资料，若提供的资料不能满足设计要求时，应配合建设单位进一步收资。本阶段中，主体专业间互提部分资料，以便各专业下一步设计工作的开展。制订技术组织措施，包括以下内容：施工图设计原则、各专业卷册目录、各专业互相提供的资料项目及日期、完成设计的措施等。院内审定施工图设计技术组织措施。

2. 司令图编制及审查

司令图是施工图设计过程中的重要关键，是组织各专业间全面配合的关键图纸，也是各专业分部总图的依据。

编制司令图的工作程序和内容包括：

（1）编制司令图（包括专业间互提资料和编制订货图）。编制专业司令图（如各专业的工艺系统图等）及综合性司令图（如总布置、地下设施及主厂房司令图等）。司令图一般要求达到技术设计深度，在设计过程中逐步加深内容。

（2）院内、外讨论，司令图基本编制完成后，首先在院内讨论，必需时与建设单位、施工单位、工程监理单位征求意见，司令图经设总批准后，如无特殊情况，不得改变。

（3）修正司令图成品，首先将设备订货清册按初设审查意见及确定的司令图进行修改，供建设单位设备招标用。同时在此阶段，应及早展开电气、热工及输煤等专业招标文件的编制。

3. 编制施工详图

各专业编制施工详图，各专业间互提资料具备终勘资料，专业内校核，专业间会签，设总、总工审查。设计成品会签，校审后送交印刷，即可分批提交施工图和提交主要设备材料手册。

4. 结尾总结

当施工图陆续交付施工，进入结尾阶段时，要对成品质量进行检查，发现问题立即修改。在施工图结束后，应按照规定对整个工程的技术文件进行整理、归档。

安排好必要的时间，做好工程总结。总结内容包括工程技术和管理两个方面，对工程采用的新技术、新工艺、新设备和管理上值得推广的经验可以进行专题总结，建设单位也有必要认真地分析和总结。

**三、施工、运行阶段**

（1）施工图设计基本完成后，工作的重点即转移到现场施工，施工是对设计图纸的初步考验，在施工中遇到设计缺陷所引起的问题，应及时配合施工单位予以解决。

按规定应及时派驻施工现场的工地代表，及时进行施工图交底工作，交底工作一般在现场进行，主要内容是：向施工人员介绍设计意图，解答施工人员提出的问题，对施工有特殊要求的施工方案也需讲解清楚。

（2）运行回访及总结反馈，运行是设计成品经受实际考验的决定性阶段。总体布置考虑是否周到恰当，工艺系统与设备选择是否合理，细节考虑是否周密都将通过实际考验表现出来。为此，当电厂投运半年后，设计人员应组织到电厂调查回访。

运行回访的主要目的，是总结与积累设计上的经验教训，改进今后的设计，不断提高设计水平。

## 第四节　设计文件的编制与审查

设计文件是工程建设项目组织工程施工的主要依据，设计单位编制的设计文件要齐全、内容完善，并达到应有的深度，必须对设计质量全面负责。

**一、初步设计文件的编制**

*（一）初步设计文件的内容要求*

（1）火力发电厂初步设计文件内容应按照《火力发电厂初步设计文件内容深度规定》编制。

（2）批准的可行性研究报告和设计任务书是初步设计的主要依据。设计单位必须认真执行其中所规定的各项原则，并认真贯彻国家的各项技术方针政策，执行国家和能源部颁发的有关规范、规程、规定和标准。

（3）设计必须准确地掌握设计基础资料和条件，初步设计时上述基础资料若有变化，应根据不同情况通过建设单位重新提供、有关上级单位重新明确和设计单位补充搜集等途径取得新的资料。

（4）电力设计院是电厂设计的主体设计单位，应对电厂工程建设项目的合理性和整体性以及各设计单位之间的配合协调负有全责，并负责组织编制和汇总项目的总说明、总图、总人员和总概算等。

（二）初步设计文件的深度要求

初步设计应满足以下要求：

（1）设计方案的优化、比选和确定。

（2）主要设备材料招标定货。

（3）土地征用。

（4）基建投资的控制。

（5）施工图设计的编制。

（6）施工组织设计的编制。

（7）施工准备和生产准备。

（8）项目投资分包和工程项目总承包、招标建设的需要。

初步设计文件应充分表达设计意图，建设标准适当，技术先进可靠，指标先进合理，专业间相互协调，分期建设和远景发展处理得当，各专业的重大设计问题都应考虑多方案的优化比较，对于参与优化的方案，应在设计中做好技术经济分析，并详细说明理由，推荐其中一个方案，以供审查设计时选择。

设计中采用新技术、新工艺、新材料，要详细阐明其技术上的优越性、经济上的合理性。要说明在科研、试验、设备制造方面已进行的工作和在其他工程中的实践结果，在本工程能发挥实效的条件和理由，以及施工运行中的注意事项。

设计概算应准确地反映设计内容、深度，要满足控制投资、计划安排及基本建设投资的要求。设计文件应达到正确、清楚、完美、美观、签署齐全，消灭技术上的疏漏、差错和配合上的脱节，文字说明简练、清晰，章节规范。

**二、施工图设计文件的编制**

施工图设计文件应根据批准的初步设计进行编制，其内容与深度应根据各专业制订的施工图设计文件内容与深度的规定进行编制。

**三、设计文件的审批**

初步设计的审查一般由国家认可的机构（电力规划设计总院或国家工程咨询公司）进行审查，或由建设投资方及各发电集团公司组织初步设计的审查工作。

地方项目由省、市、自治区主持审批，有关网、省电网公司应按当地政府要求协助审查工作。

个体投资项目如需要代审时，分别委托国家认可的机构进行审查，根据投资情况也可自行组织审查。

（一）对项目审查的要求

（1）初步设计审查应以可行性研究审查意见为依据，如根据实际情况需要修改个别方案时，应申述理由报原审查单位审批。

（2）设计审查应遵守已经颁发的国家规范、技术规程、有关全国性定额、标准以及上级有关规定的要求。

（3）工程概算总额是初步设计审查意见不可分割的组成部分，必须同时提出。审查意见应以审批的投资估算和有关这方面的规定为依据，审定概算（扣除市场变化国家认可的价格变动因素）与可行性研究的投资估算数相比不得超过估算值。

（4）设计审查时应符合电力规划设计院和有关技术规定中可行性研究和初步设计的条文，以提高审查质量。主审单位应做好从落实可行性研究或初步设计条件，到处理施工设计存在的问题，直至机组投产整个过程的设计管理工作，并在不突破审定概算金额的前提下，处理工程设计修改问题。

（二）设计文件审查过程中应注意和重视的问题

（1）设计审查前，设计单位要将全部工程经过会签的完整的设计文件和图纸提前报送审查单位和有关部门，以便审查人员提前审阅或提出审查意见。

（2）设计审查要严格履行设计审查权限和审查职能，认真负责地把好设计审查关，在组织审查设计文件时，应视建设项目的涉及范围，邀请有关部门和对单位有实践经验的专业人员参加，听取各种意见，同时要善于集中正确意见。

（3）要做好审查会议的组织领导工作，在介绍设计时，要同时介绍国内外的先进经验、先进指标，作为分析和研究问题的参考。

（4）审查设计时，对设计文件的主要内容要进行认真分析、比较，对设计中的主要问题，要认真研究讨论，提出解决问题的意见和措施。

（5）对技术复杂的项目，必要时可进行中间审查，以便提高设计质量，减少返工。

（6）初步设计文件审查后，审查单位要抓紧落实有关问题，及时对设计文件的主要内容提出明确的审查意见。

（7）设计文件是工程建设的主要依据，经审批后不得任意修改。凡涉及初步设计（包括总概算）的主要内容方面的修改，须经原设计审查部门同意，修改工作须由原设计单位负责进行。

（8）施工图的修改，须经原设计单位的同意。

## 第五节 初步设计文件内容

初步设计文件一般由说明书、图纸、计算书和专题论证报告四部分组成，对说明书、图纸两部分成品作了具体规定；计算书虽然不属设计成品，但它是设计工作的一项重要组成部分，专题论证报告是设计说明书的补充和深化，项目和内容需根据各工程的具体情况决定，要求将专题论证报告结论按其内容归入有关各卷，专题论证报告列入各卷附件目录。

初步设计文件包括的各卷和分卷内容，应根据《火力发电厂初步设计文件内容深度规定》进行初步设计工作，认真编制各卷和分卷的内容，重视初步设计质量，更好地开展优化设计工作，提高工程整体设计水平。

**一、初步设计深度的总要求**

（1）初步设计深度应满足以下基本要求：

　　1）确定的设计方案作为施工图设计的依据。

　　2）满足主要辅助设备和材料订货用。

　　3）满足控制火电建设投资用。

　　4）满足进行施工准备和生产准备用等。

　　（2）初步设计内容深度应充分表达设计意图，专业间相互协调，各专业重大设计原则应充分利用CAD做多方案的优化比选，并提出推荐方案供项目的审查、批复。

　　（3）初步设计文件应详细阐明设计中所采用的新技术、新工艺、新产品在技术上的优越性、经济上的合理性和在本工程采用的可能性，并说明其在科研、试验、设备制造方面已进行的工作和其他工程中的实践结果，以及在本工程中所能发挥的实效和在施工运行中需注意的事项。

　　（4）初步设计概算应准确反映设计内容，深度应满足控制投资、计划安排及火电基本建设拨款的需要。

　　（5）初步设计文件应确切、清楚、完整、统一、签署齐全、文字说明简练。

　　**二、初步设计文件第一卷"总的部分"的内容**

　　1. 概述

　　火力发电厂的建设任务、性质与规模、投运期限和在地区电力系统中的作用等有关结论性意见，应说明电厂的运行方式、年利用小时数，应说明设计的内容、范围、与外部协作项目及设计分工界限。对扩建或改建电厂工程，尚应简述原有部分情况及与本工程的衔接和配合问题，以及目前生产运行中存在的问题。

　　2. 厂址简述

　　应说明厂区自然条件及建厂条件、地理位置、地质、地震烈度、供水水源、燃料供应、交通运输等，说明电厂与城市、农村以及邻近企业的关系，电厂占地面积、厂址条件与批准的可行性研究报告有变化时，应进一步复核。

　　3. 电力负荷、热力负荷及发电厂容量

　　应有电力及热力负荷的数量、参数、性质、负荷一览表。必要时根据电力负荷与热力负荷的增长情况及厂址、燃料、水源、出线走廊、灰渣处理等条件以及环境保护状况，对电厂的规划容量与可能的最大容量提出建议，提出电厂分期建设规模、进度及本期工程的投产日期。

　　4. 主要设计原则

　　提出本工程的设计特点和相应的措施，提出总体规划要求和重大设计方案的论证比较，对特殊运行方式提出相应措施，说明各专业主要系统的设计原则、技术方案的论证与比选结果、主要设备的确定情况及主要辅机的选型情况，厂区和厂前区布置及主厂房布置的特点，辅助、附属生产设施的安排，简述建筑标准及建筑特点以及全厂建筑的统一协调措施。

　　5. 节能、节水、节约用地及原材料措施

　　提出工艺系统和设备材料选择等方面采取的节能措施，通过上述措施后的煤耗、厂用电、水耗等有关指标并与要求指标进行对比分析，对热电厂进行热化系数分析。

　　6. 环境保护

　　本工程环境影响报告的审查结果以及与环境保护、综合利用有关的设计基础资料，对扩建电厂应说明原有电厂的环境现状及存在问题，大气污染的现状和厂址有关烟气扩散的条件，以及对烟气有害物排放浓度的控制措施和对周围环境影响的分析，含尘、含油、含酸、含碱及其他有害物质的工业废水和生活污水的处理措施，对环境影响的分析，灰渣综合治理措施，以及对环境影响的分析，噪声防治措施、厂区绿化规划和预期效果。

7. 劳动安全及工业卫生

应简述设计在防火、防爆、防尘、防毒、防化学伤害、防机械伤害等方面采取的措施，对劳动安全和工业卫生采取的措施进行综合评价，并简述预期达到的效果，设计中根据本工程特殊情况应采取的其他特殊劳动安全措施。

8. 运行组织及设计定员

本工程的运行组织及设计定员的编制依据和编制原则。设计总定员指标有差别时，应说明差别的主要原因，本工程启动运行需注意的特殊问题。

9. 主要技术经济指标

(1) 总指标：发电工程投资、送出工程投资、工程总投资、发电工程每千瓦造价、发电工程每千瓦土建投资、发电工程每千瓦设备投资、发电工程每千瓦钢材消耗量、发电工程每千瓦木材消耗量、发电工程每千瓦水泥消耗量。

(2) 总布置指标：总占地面积、厂区占地面积、每万千瓦占地面积、建筑系数、场地利用系数、土石方工程量、厂区绿化系数。

(3) 主厂房指标：每千瓦主厂房容积、每千瓦主厂房面积、每千瓦主厂房造价、每千瓦主厂房的钢材、木材、水泥消耗量。

(4) 运行指标：全厂热效率、发电标准煤耗、全厂厂用电率、每万千瓦容量的发电人员数、每百万千瓦容量耗水量、年利用小时数。对供热式机组的热电厂，应增列热电厂内供热工程部分投资、供热标准煤耗和热电厂供热厂用电率三项指标。

10. 提高本工程技术水平和设计质量的措施

提出创优项目及预期达到的技术经济指标、根据工程具体条件，对某些设计原则和重大设计问题提出专题论证报告和结论意见，并列出整个工程的专题论证报告目录，提出为工程安全、满发需要，必须从国外购买的设备和材料理由、清单和相应所需的外汇额度，简述在工程所采用的新技术、新工艺、新材料、新产品项目和其鉴定、试用情况，为提高工程质量，简述本工程采用的标准设计、典型设计和优秀设计图纸的情况。

11. 存在问题及建议附件

主设备及主要辅机设备的设计资料方面所存在的问题，初步设计应具备的文件与协议方面所存在的问题及建议，煤源、水源、灰渣治理方面存在的问题，其他方面存在的问题及建议。

12. 附件

应有批准的设计任务书，可行性研究报告的审批文件，有关上级指示文件及有关协议的复制品，燃料的全分析及各季的水质全分析资料。

13. 设计文件应附有关协议或会谈纪要

(1) 征用土地协议，可包括厂区、厂前区、生活福利区、铁路专用线、灰场、灰管、进厂公路、出线走廊、厂外水工建（构）筑物、废水处理场地、综合利用场地、运煤码头用地

及供热管网用地等。

（2）燃料供应协议（包括燃、点火用油或气）。

（3）水源、水量及有关防洪、排水、航运、灌溉等协议。

（4）出线走廊协议。

（5）铁路专用线接轨协议。

（6）外委设计单位的设计分工协议。

（7）联合使用公用设施的有关协议。

（8）综合利用协议。

（9）有关航空、航运要求的协议。

（10）有关文物保护方面的协议。

（11）有关厂址压有开采价值矿藏的协议。

（12）特殊施工机具及施工方案协议。

（13）新设备制造、供应协议。

（14）铁路大件运输的协议。

（15）对热电厂应有供热负荷、生产回水量及水质要求的协议。

14. 总的部分图纸目录

总的部分图纸目录见表 5-3。

表 5-3                                总 的 部 分 图 纸 目 录

| 序号 | 图 纸 名 称 | 比 例 | 备 注 |
|---|---|---|---|
| 1 | 厂区总体规划图 | 1∶5000～1∶10 000 | |
| 2 | 厂区总平面布置图 | 1∶100 | |
| 3 | 生活福利区布置图 | 1∶1000 | 视工程需要决定 |
| 4 | 主厂房远景规划布置图 | 1∶200～1∶500 | 主厂房分期建设规划时绘制 |
| 5 | 主厂房底层平面布置图 | 1∶100～1∶200 | |
| 6 | 主厂房运转层平面布置图 | 1∶100～1∶200 | |
| 7 | 主厂房横剖面图 | 1∶100～1∶200 | |
| 8 | 热力系统图 | | |
| 9 | 燃烧系统图 | | |
| 10 | 供水系统图 | | 对二次循环供水电厂 |
| 11 | 水量平衡图 | | |
| 12 | 电气主接线图 | | 包括远景接线图 |
| 13 | 电厂接入系统方案地理接线图 | | |
| 14 | 运煤系统平面布置图 | 1∶500～1∶1000 | |
| 15 | 除灰系统图 | | |
| 16 | 化学水处理系统图 | | |

注 1. 根据工程情况，需要列入的其他图纸可补列于本目录之后。

    2. 上述图纸不宜另出，可套用各卷中的有关图纸。

### 三、初步设计文件第二卷"电力系统部分"的内容

**1. 电厂在系统中作用和地位**

与本工程有关的现有系统概况，本工程所在地理位置、规划容量与设计分期容量的划分，本工程在系统中作用和地位。

**2. 电力负荷及电力平衡**

地区系统的逐年电力电量增长水平，简述负荷性质及重要负荷的分布情况，对本地区的负荷增长情况应专门说明，概述系统电源发展规划，提出设计水平年与展望年内可能投产的其他水、火电厂规划与发电时间，根据本工程承担的工作出力和备用容量，校核本工程的合理建设进度，论述本工程本期设计容量的送电范围，确定本工程的设计年利用小时。

**3. 电厂接入系统方案**

根据本工程接入系统设计的审定意见，简述批准方案的原则。明确本工程接入系统的电压等级、各级电压出线回路数、方向及落点。

**4. 电气主接线**

根据本工程规划容量、分期设计情况、供电范围、负荷情况、出线电压和出线回路数、系统安全运行对电厂的要求，通过技术经济分析比较，对本工程主接线提出要求，根据本工程接入系统设计的电气计算结果，确定本工程是否装设并联电抗器和电气制动装置，对本工程主要电气设备参数应提出下列要求：

（1）主变压器和联变压器的规范及中性点接地方式。

（2）对汽轮发电机组承担调峰容量和控制的要求。

（3）发电机是否高功率因数或进相运行。

（4）校核各级电压母线短路电流，必要时应提出限制短路电流的措施。

（5）必要时对发电机励磁方式应提出要求。

**5. 系统继电保护及安全自动装置**

简述与本工程有关的继电保护现状、保护水平和现有安全自动装置的配置情况，根据系统继电保护及安全自动装置系统设计或本工程接入系统设计及本工程在电网中的地位，按继电保护及安全自动装置技术规程，确定系统继电保护配置原则及选型（线路主保护和后备保护的构成原理、性能要求、套数、组屏方式，型号及数量，母线保护的构成原理、性能、套数、型号及数量，线路重合闸配置方式，使用原则、型号及数量，断路器保护的配置原则、选型及数量），应根据继电保护系统设计或接入系统设计的稳定计算结果及分析，提出本工程安全自动装置的配置、功能要求，设备规范、类型、组屏方式及数量，根据系统一次专业工频过电压计算结果，需要装设工频过电压保护时，应确定其性能及要求，确定本工程应装设故障录波装置或其他类型的故障自动记录装置的功能、规范及数量。

**6. 系统调度自动化**

简述本工程有关的系统调度自动化现状，说明本工程主设备及各电压等级出线的调度从属关系，确定本工程远动信息的传送方式，根据调度关系和调度自动化设计技术规程说明本工程的远动信息内容、系统调度自动化对电厂远动功能和远动信息内容的要求，提出远动设备的选型、设备规范、数量和电源、仪器仪表的选型、配置原则、数量。提出所需远动通道

的数量、速率和质量要求，根据系统设计或电网 AGC 的要求，提出本工程参加自动控制的方式，对机炉的响应能力和调整范围以及热工自动化应提出相应要求，明确机炉控制装置的接口，提出远动设备电源要求。当本工程接入系统需在有关调度端配置接口设备时，应说明其设备类型、数量及投资。需在本工程分摊投资的系统调度自动化项目，应说明其投资分摊的依据及数额，并应简述该项目内容和附有图纸。

7. 系统通信

本工程在系统通信中的地位和作用，调度关系应与调度自动化一致，系统信息种类与要求，说明本工程系统经本厂转接的话音及非话音信息种类及其对传输通道型式、数量和质量的要求，应根据各类信息对传输通道的要求，综合考虑通信、远动、继电保护、安全自动装置及计算机等通道的安排，经技术经济比较提出本工程所需建设的通信工程项目的推荐方案。根据本工程系统通信设备配置，提出通信电源的型式、电压、容量、回路数等要求。根据本工程系统通信设备配置和系统发展情况，提出通信机房建筑种类、面积等要求。要在本工程分摊投资的系统通信项目，应说明其投资分摊的依据及数额，并简述该项目有关内容和附有图纸。

8. 附件

本专业对外签订的协议项目，本卷专题论证报告。

9. 电力系统部分图纸目录及其深度要求

（1）电力系统部分图纸目录见表 5-4。

表 5-4　　　　　　　　　　　电力系统部分图纸目录

| 序　号 | 图　纸　名　称 | 比　例 | 备　　注 |
|---|---|---|---|
| 1 | 电力系统现状地理接线图 | | |
| 2 | 电力系统设计年份地理接线图 | | |
| 3 | 电厂接入系统方案地理接线图 | | |
| 4 | 电厂原则主接线图 | | |
| 5 | 系统继电保护配置方案及配置图 | | |
| 6 | 系统安全自动装置配置图 | | |
| 7 | 远动信息配置图 | | |
| 8 | 调度通信系统图 | | |

（2）电力系统部分图纸深度要求如下：

1）电力系统现状地理接线图，应表示现有主要电厂和电网的连接方式、主干线的走向和长度。

2）电力系统设计年份地理接线图，应表示与本工程设计方案有关的规划电厂、变电所和线路等。

3）电厂接入系统方案地理接线图，应表示本工程接入系统地理位置和接线。

4）电厂原则主接线图，应绘制则主接线图，表示出主要一次设备。

5）系统继电保护配置方案及配置图，应正确表示与电气主接线相关的一次设备及继电保护与自动装置的屏型、数量以及电流互感器、电压互感器回路的接线示意。

6）系统安全自动装置配置图，应表示安全自动装置屏型号、数量及二次回路装置功能的逻辑示意。

7）远动信息配置图，应表示各级调度对本期工程要实现的远动化的要求。

8）调度通信系统图，应表示各级调度对调度通信、自动及远动通道的要求，高频保护接合相及频率。如本工程采用微波或光纤通信，则应有电路起止点及路由图和设备配置示意图。

**四、初步设计文件第三卷"总图运输部分"的内容**

1. 概述

根据可行性研究报告审查意见和审定厂址的要点，说明厂区范围及建厂地区的控制条件、电厂本期建设规模和规划容量、建厂地区的自然条件（厂址地理位置、地形条件、厂址土地状况）、工程地质和水文地质、水文气象（写与总图运输设计有关的内容，如百年一遇洪水位、内涝水位等）、厂区拆迁情况。扩建厂应说明老厂情况。说明设计分工、外委设计项目及设计单位。

2. 全厂总体规划

说明厂址与邻近城镇、工矿企业的关系，矿口电厂应说明电厂与煤矿的关系（如是否实行煤电联营等），说明厂址的水源、冷却水供排水、出线方向、各电压等级出线回路数及走廊、燃料运输、除灰、综合利用、厂外管线、厂外道路；电厂生活福利区等的外部条件及其与厂区的相对关系，充分利用建厂外部条件的优势。结合电厂特定的生产工艺和土地情况（土地种类、农业生产状况），因地制宜地对厂区进行合理规划，利用当地加工能力、公用设施、生活服务设施情况，说明电厂施工区用地选择及位置（包括施工生活区）。

3. 厂区总平面

厂区总平面设计原则，论述本工程总平面布置难点，影响总平面布置合理性的关键问题（按规划容量），概述本工程总平面布置所体现流程顺捷、功能分区明确合理、布置紧凑、节约用地、有利生产、方便生活、因地制宜、创新布置等方面的特点，厂区总平面方案比选论证、技术经济比较，主要内容应说明如下：

（1）铁路专用线进厂方位，燃料设施布置。

（2）电厂专用码头方位选择。

（3）主厂房位置和方位选择。

（4）主要生产建、构筑物的配置和辅助、附属建筑的功能分区。

（5）厂区、厂前区生产、行政管理、生活建筑的布置方式和总体规划，建筑群体平面及空间组织。

（6）厂区主要出入口位置选择、布置形式和交通组织。

（7）扩建及施工条件，厂区内外设施（如道路、管线）协调配合。

（8）总平面用地及拆迁情况。扩建电厂应说明老厂建构筑物利用及拆迁情况。

各方案技术经济比较汇总表：总平面布置推荐意见，节约用地措施及效果，推荐方案所采取的节约用地措施（如巧用地形、改进工艺、创新布置、扩大联合、减少建筑等）

及所取得的效果，应按工程分期列出用地面积，并与上级制定的电厂厂区用地指标进行对比。

4. 竖向布置

因地制宜地优化选择厂区竖向布置方式（平坡式、阶梯式、混合式），厂区设计标高的合理选择，主要建筑物设计标高的确定（包括铁路码头），主厂房区、主要建（构）筑物区的场地竖向布置方案选择，厂址防、排洪规划和厂区场地排水，阶梯布置的连接方式（挡土墙或护坡）及材料选择，节约土、石方的措施及效果，厂区土方综合平衡、取、弃土区的确定。

5. 交通运输

（1）铁路运输：电厂铁路专用线接轨方案选择，接轨站扩建规模和列车交接方式，电厂专用线与邻近工业站、企业站的关系，电厂铁路专用线线路走径、线路等级、桥、涵等设施情况，铁路专用线进厂方向选择，与厂区总布置的关系，电厂分期建设的货运量、燃料运输交接运营方式、卸煤方式、自备机车车辆类型及数量、线路限坡、到发线、列车牵引定数、有效长度、日进车量、厂内配线及行车组织、施工用铁路方案选择。

（2）道路运输：说明厂外道路技术标准，进厂道路的引接，厂内道路布置原则，路面宽度、材料选择，特殊地段（如山区电厂、阶梯布置时）道路布置方式。

（3）水路运输：电厂分期建设的水路运输货运量及有关总图运输范围内考虑的水路运输技术条件，电厂运煤、油、灰码头、重件码头的布置及其与当地港务、工业企业码头的关系。

6. 管线与沟道布置

厂区管沟布置原则及敷设方式选择（包括地下管沟及地上管架），主厂房区（汽轮机房前、固定端、炉后）管沟走廊的规划（包括平面及竖向交叉），应与厂外管、沟的统一协调，厂区地下管沟排水方式选择，管沟布置节约用地的措施及效果，特殊地区（如湿陷性黄土地区、高地下水地区、膨胀土地区等）地下管沟布置的有关措施。

7. 绿化

说明厂区绿化布置的原则，重点区域的绿化设计，对冷却塔、主厂房、煤场、灰场等重点地区绿化方案应进行论述，厂前区绿化，说明为美化厂区和厂前区促进文明生产应采取的绿化措施和方案，说明厂区绿化面积和绿化系数。

8. 生活福利设施规划

说明生活福利设施的规划以及和厂区的关系，生活福利设施的总布置规划，生活福利区应设置的建筑物布置规划、占地面积和交通、绿化等规划情况，生活福利设施建筑面积的确定，根据有关规定应确定各建筑物建筑面积及控制建筑标准的论述。说明设计分工和范围（包括外委项目）。

9. 附件

本专业对外所签订的协议项目（用地、铁路接轨和营运、港口码头）及内容简述，本卷专题论证报告。

10. 总图运输部分图纸目录及其深度要求

（1）总图运输部分图纸目录见表5-5。

表 5-5 总图运输部分图纸目录

| 序 号 | 图 纸 名 称 | 比 例 | 备 注 |
|---|---|---|---|
| 1 | 厂址地理位置图 | 1：50 000～1：100 000 | |
| 2 | 厂区总体规划图 | 1：5000～1：10 000 | |
| 3 | 厂区总平面布置图 | 1：1000～1：2000 | |
| 4 | 厂区竖向布置图 | 1：1000～1：2000 | |
| 5 | 厂区土方计算图 | 1：1000～1：2000 | |
| 6 | 厂区管沟规划图 | 1：1000～1：2000 | |
| 7 | 全厂绿化规划图 | 1：1000～1：2000 | |
| 8 | 生活福利区规划图 | 1：1000 | 视工程需要确定 |
| 9 | 全厂鸟瞰图 | | 视工程需要确定 |

注 当厂区地形平坦时，序号 3、4、6 图可合并成两张图。

(2) 总图运输部分图纸深度要求。厂址地理位置图，应表示厂址所在行政区域的城市、交通、河流、海域、大型工矿企业、机场以及其他与电厂有关设施的相对关系。

厂区总体规划图，应表示厂址位置、电厂生活区位置及与电厂有关的交通运输（公路、铁路、水路）、水源、取、排水点、高压出线、灰场、厂外管线、城镇、施工区、工矿企业的相对位置。附厂址技术经济指标表。

厂区总平面布置图：

1) 应表示规划容量规划厂区用地范围、分期建设的建构筑物（表明层数）。

2) 应表示厂内道路、铁路及其与厂外线路的连接。

3) 应表示港口电厂码头的布置及与厂区运煤设施的衔接配合。

4) 应表示挡土墙、护坡等设施布置。

5) 应表示主要生产建构筑物（铁路、主厂房区、运煤系统、升压站、冷却塔等）及厂区围墙的坐标、设计标高及建筑物层数。

6) 应表示建筑坐标网与测量坐标系的换算关系、风向频率图。

7) 应表示厂前区建筑规划。

8) 应列出厂区建筑物一览表（表明分期建设的建构筑物名称、占地面积、尺寸、图例等）。

9) 应列出厂区主要技术经济指标表（项目按火电总规确定）。

厂区竖向布置图：

1) 应标注建物室内地面标高、水塔零米、铁路轨顶标高等。

2) 应标注厂内外排洪沟的位置走向。

3) 表达形式：可用设计等高线法或箭头法表示。

厂区土方计算图，应表示厂区各方格控制标高，挖、填方区域，工程量一览表。

厂区管沟规划图：

1) 应表示循环水管、沟、管架、热力管、电缆沟、隧道及上下水道管的干管布置等主要管沟的平面及控制点标高、交叉处理及相应的附属设施。

2) 应表示受厂外排水点标高制约的管沟的排放出口标高。

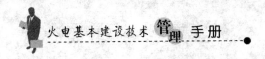

3）应重点规划汽轮机房外，主厂房固定端及炉后的管沟。

全厂绿化规划图，应表示厂前区、冷却塔、主厂房、煤场等区全厂绿化规划。

生活福利区规划图，应表示建构筑物、公用设施、道路、主要管沟的布置、竖向布置方式规划。

11. 总图运输部分计算书及其深度要求

（1）总图运输部分计算书见表5-6。

表 5-6　　　　　　　　　　　　　总图运输部分计算书

| 序　号 | 计　算　项　目 | 备　　注 |
|---|---|---|
| 1 | 总平面布置技术经济指标计算 | |
| 2 | 坐标系统计算 | |
| 3 | 土（石）方工程量计算 | |

（2）总图运输部分计算书深度要求：

1）总平面布置技术经济指标计算，应包括厂区占地面积、厂前区占地图积、各建筑物的建筑占地面积、厂区建筑系数及每万千瓦占地面积。

2）坐标系统计算，应包括围墙坐标、主厂房A列①柱坐标、厂区建（构）筑物坐标计算。

3）土（石）方工程量计算，应包括挖、填方量及土方平衡（平衡时应考虑基础、基坑的余土量）。

**五、初步设计文件第四卷"热机部分"的内容**

1. 概述

设计依据，设计规模及规划容量，电厂性质及运行要求，本专业设计的主要特点，主要设备的招标情况，主机组型号、参数及主要技术规范，设计范围，主厂房设计界限，所负责的辅助生产设施，对扩建电厂，应概述原有电厂的有关部分，目前电厂运行、检修中所存在的主要问题，应扼要说明原有电厂与本期工程的衔接及配合问题。

2. 燃料

说明燃料来源、燃料种类、燃料供应量、两种以上燃料混烧时的配比、应用基的元素分析、工业分析、可磨系数及磨损指数、结焦指数，设计煤种及校核煤种应分别列出，应说明灰分特性、灰分成分及化学分析、灰熔点（T1、T2、T3）、灰渣粘结特性、磨损指数、粒度分析及灰的比电阻数据，说明锅炉点火的方式和启动锅炉所用燃料品种及来源、燃料的运输方式。

3. 燃烧系统及辅助设备选择

点火系统、点火方式、系统拟定、设备选择、设计容量、油罐容积、卸油设施、防火要求。每台炉的时、日、年的燃料消耗量。燃烧、制粉系统介质流速及烟、风、煤粉管道通流断面选择，除尘器和烟囱选择，配合有关专业确定需要的烟囱高度，选用的烟囱高度，直径和布置方式、烟、风系统及辅助设备选择，系统拟定的原则，论证比较系统的特点，列出有关计算成果表（包括燃烧及空气动力计算成果及设备选择），锅炉尾部预防低温腐蚀措施。制粉系统选择及论证，系统拟定的原则，论证比较系统的型式和特点，辅助设备选择，磨煤机选择及论证，中速磨石子煤的处理方式。

4. 热力系统

(1) 热平衡计算成果表：根据需要计算汽轮机在额定工况下运行时汽水平衡表，对热电厂说明热用户概况及热力网特点，签订的供热（汽）任务书及协议，热负荷参数（供汽、供水、回水压力和温度）及用量（冬、夏、生活、生产、近期、远期），热负荷性质（重要性、连续性、回水率、回水品质），说明冬季最大、最冷月份平均及夏季（包括厂用蒸汽）三种运行方式下机组的供热（汽）能力和热平衡计算成果表。

(2) 说明热力系统方案的论证：系统拟定的原则及特点，热电厂的供热介质选择和主要系统设计原则。

(3) 说明热力负荷分析（热电厂编写）：热力系统中介质流速、管材及主要管径的壁厚（包括热电厂引出管），说明供热系统及其运行调节（热电厂编写）。

(4) 说明公用系统及设备选择：母管制或单元制、工业用水系统的拟定和特点，工业水水源和水质，对闭式系统设备选择的论述，节约用水及减少工质损失的措施。

(5) 启动汽源（不包括施工用汽）：说明汽点、用汽参数、用汽量、设备选择，如由原有电厂供汽时，对原有电厂蒸汽引出方式、管径选择、温度及压降计算、路径选择等应进行说明。

(6) 说明热力系统的经济性分析和经济指标。

5. 系统运行方式

(1) 机组启动条件及启动系统：论述机组启动电源、汽源、水源等条件、启动厂用汽系统、冷却水和补给水系统、点火油系统、启动旁路、汽轮机旁路系统等。论述主、辅设备的可控性，以及本专业对控制、调节方式的要求。

(2) 机组启动方式：说明机组冷态启动、温态启动、热态启动时的参数及启动曲线。

(3) 机组运行方式：说明机组在各种负荷工况下的运行参数、定、滑压运行曲线，机组带部分负荷运行，机炉协调控制系统。

(4) 机组停用及事故处理：说明电网故障停机不停炉运行方式，汽轮机空转带厂用电运行方式，机组停用曲线。

(5) 机组安全保护及运行注意事项：论述锅炉安全保护，炉膛安全监控系统（FSSS），安全功能及逻辑条件，说明汽轮机设备安全保护及防进水措施，主要辅机安全保护，说明给水泵、驱动给水泵小汽轮机、除氧器、高、低压加热器、送风机、引风机、磨煤机及制粉系统、除尘器等设备安全保护。

(6) 辅助系统的安全保护及运行注意事项：说明点火油系统、工业水系统、汽轮机润滑系统、氢气及发电机密封油系统、发电机水冷系统、氧气及乙炔系统、汽轮机净油系统等安全保护及运行注意事项。

6. 主厂房布置

说明主厂房设计的主要原则，各车间的配置方式和主要设备的布置、柱距、跨距、各层标高的分析论证，论证主厂房布置方案。必要时对各方案的特点及技术经济比较和推荐方案进行论述。安装及检修设施，说明汽轮机房桥式吊车的选择（主要起吊尺寸、起吊高度及起重等级），各主要辅机及炉顶检修用起吊设施的选择，电梯井的布置，主厂房汽轮机房及各

部位的检修场地规划，起用运输机具的路径，主厂房内检修间的布置，说明露天布置的特点及防护设施。

7. 辅助设施

论述当地的机修加工能力、金属试验室、热处理设备等按定额选用，对相应部分加以论述，对布置扼要说明。压缩空气系统，说明系统及设备选择，空压机室的布置。启动锅炉房，应说明设计容量，汽水系统的拟定原则，煤、灰、化水系统的设备布置情况，锅炉房在电厂总布置的位置，它和主系统的关联情况。氧气、乙炔站（库），说明设置原则、设备选择；两站（库）布置位置，说明主保温材料的选择要求及性能。

8. 厂区热网

说明供热设备和供热介质，热网补充水方式，供热系统的连接、调节及凝结水回收，说明热网敷设、管径选择、事故备用、对特殊用户的保证以及相应的技术经济比较。

9. 附件

本专业对外所签订的协议项目，供煤煤质分析、灰分析、比电阻等资料，本卷专题论证报告。

10. 热机部分图纸目录及其深度要求

（1）热机部分图纸目录见表 5-7。

表 5-7　　热机部分图纸目录

| 序　号 | 图 纸 名 称 | 比　例 | 备　注 |
|---|---|---|---|
| 1 | 燃料系统图 | | 燃煤电厂，包括制粉系统 |
| 2 | 点火油系统图 | | |
| 3 | 全厂原则性热力系统图（或热力系统计算系统图） | | |
| 4 | 热力系统图 | | 可按系统分别绘制流程图 |
| 5 | 主厂房远景规划布置图 | 1：200～1：500 | 主厂房分期建设规划时绘制 |
| 6 | 主厂房底层平面布置图 | 1：100～1：200 | 如图纸幅面太大，可分为锅炉（包括煤仓间）、汽轮机（包括除氧间）两部分 |
| 7 | 主厂房运转层以下平面布置图 | 1：100～1：200 | （必要时绘制）同上 |
| 8 | 主厂房运转层平面布置图 | 1：100～1：200 | （包括除氧器层及皮层布置）同上 |
| 9 | 主厂房横剖面图 | 1：100～1：200 | |
| 10 | 工业水系统图 | | 采用闭式工业用水系统或独具特色的系统时绘制 |
| 11 | 热力网引出干管平面走向及断面图 | | 热电厂才绘制 |
| 12 | 供热范围内热用户布置图 | | 热电厂才绘制 |
| 13 | 热水网水温图 | | 热电厂才绘制 |
| 14 | 热水网水压图 | | 热电厂才绘制 |
| 15 | 年热负荷曲线图、年供热量图 | | 热电厂才绘制 |
| 16 | 设备规范表 | | |

（2）热机部分图纸内容深度：

燃烧系统图：

1）应绘出从燃料、空气供给起到烟气排放止的整个燃烧及制粉系统流程中的全部主、辅设备、管道、风门、挡板和其他主要零部件。

2）应表示风门、挡板等的操作和控制方式。

3）应分别标明介质种类和介质流向。

4）应注明管道的通流断面或外径、壁厚。

5）应附图例、设备编号和设备规范明细表。

6）应列出燃料特性、计算成果汇总表。

点火油系统图：

1）应绘出从卸油起到锅炉喷燃器止的整个油系统流程中的全部主、辅设备、阀门、管道和主要零部件，还应包括蒸汽加热和吹扫系统、污油排放系统。

2）应表示阀门类别及其操作和控制方式。

3）应分别介质种类，表明介质流向。

4）应注明管道的外径及壁厚。

5）应附图例、设备编号和设备规范明细表。

6）应列出点火油特性、加热蒸汽参数、喷燃器的型式和对点火油参数的要求等。

热力系统图：

1）全厂原则性热力系统图应表示出全厂（包括老厂部分）相互有关的主蒸汽、再热蒸汽、高低压给水、主凝结水、补给水、减温减压装置和供热装置等系统的主要设备、管线，并应表示出在设计工况下的热平衡数据（同类型机组可合并）。

2）热力系统图应详细表示本期工程的主蒸汽、再热蒸汽、旁路装置、高低压给水、主凝结水、补给水、抽汽、抽出空气、冷却水、加热器疏水、锅炉排污、排汽、上水、暖风器供汽等系统主、辅设备、阀门、管道和主要管件，但汽轮机本体的疏水、汽缸、法兰、加热系统轴封供汽、发电机的水内冷系统等的详细连接方式可不在热力系统图上绘出。

大型机组的热力系统图可按一机一炉或二机二炉为单元绘制，并满足下列各项要求：

1）应表示阀门类别及其操作和控制方式。

2）应分别介质种类，表明介质流向和来龙去脉。

3）应注明管道的外径及壁厚。

4）应附图例、设备编号和设备规范明细表。

5）应表示与老厂、其他专业以及有制厂设计的分界点。

主厂房布置图：

1）应表示厂房的主要尺寸及标高，主要土建结构外形及建筑处理。

2）应表示主要设备、辅助设备、主要汽水管道和六道的布置及其定位尺寸。在大容量机组的设计中，一般还应表明主要的电缆架空通道，通道的标高、尺寸、走向由电气、热控专业（经与热机专业商定后）提供。

3）应表示主要地下设施、管沟和电缆布置、集控室、发电机出线小室、厂用配电室、各辅助车间、检修间等的布置。

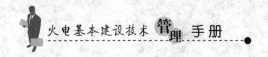

4）应表示厂房内部交通运输和人员工作、活动场所的安排。

5）应表示主要设备的检修起吊设施和检修时部件抽出所需的位置与空间。

6）应表示设备编号。

7）图面布置应将气机房置于下方，锅炉房相对地处于上方。为达到表现设备和管道布置的最佳效果，绘制横剖视图时，如汽轮机为纵向布置宜从机头方向投视，汽轮机横向布置，宜从加热器侧投视。可将汽轮机房置于图面左侧，锅炉房置于右侧。

热网引出干管平面定向及断面图：

1）应表示管线定位、走向、断面排列布置。

2）应表示供热干管的补偿方式。

3）应表示初步确定的支架类型及间距。

4）应表示与地下、地上管线、构筑物或铁路、公路交叉情况。

5）应表示与主厂房内管道、热用户管道的设计分界点。

6）应表示阀门、平台、流量测量装置的规划布置。

7）应注明管道名称、介质流向、管外径及壁厚。

供热范围热用户布置图：

1）应表示热电厂（站）初步确定的主要热用户的地理位置。

2）有条件时，应表明厂外热网的规划走向。

3）应注明主要热用户的热负荷参数、数量。

热水网水温图：

1）应表示热电厂（站）供回水的温度与室外气温的关系。

2）应表示采暖计算温度和不同调节方式下的水温变化。

热水网压图：

1）应表示热电厂（站）供热系统内从热源、管网到用户的全部压力分布情况。

2）应表示热网补给水泵和热网水泵应达到的压头及热网停运时对静压头保持方式。

3）应初步指明中间加压站的位置及加热数值（当需要设置加压站时）。

年热负荷曲线图、年供热量图：

1）应分别表示热电厂（站）的生产、采暖和生活热负荷全年变化情况。

2）应表示热化程度、各种参数的蒸汽每年供热量。

注：当厂外热网由其他单位或部门设计时，可利用其所提供的有关资料修改、补充完成。

11. 热机部分计算书及其深度要求

（1）热机部分计算书见表5-8。

表5-8　　　　　　　　　　　热机部分计算书

| 序 号 | 计 算 项 目 | 备 注 |
|---|---|---|
| 1 | 燃烧系统热力计算、空气动力计算（或估算）及设备选择 | |
| 2 | 制粉系统热力计算、空气动力计算（或估计）及设备选择 | |

| 序　号 | 计　算　项　目 | 备　　　注 |
|---|---|---|
| 3 | 燃油系统热力计算、流体阻力估计设备选择 | 燃油电厂需进行计算，点火系统简介 |
| 4 | 除尘设备及烟囱高度；口径选择计算 | 配合环保计算 |
| 5 | 热力系统计算及汽水负荷平衡 | 老厂改造工程、供热工程及非定型设计机组需计算，热电厂计算冬、夏季代表性负荷工况 |
| 6 | 热力系统辅机、设备选择计算 | 有定型设计可不算 |
| 7 | 除氧器暂态计算 | 根据需要进行 |
| 8 | 主要汽水管材选择、管径壁厚计算及阻力估算 | |
| 9 | 主蒸汽、再热蒸汽、管道应力计算 | 新型机组要算，一般可不算 |
| 10 | 热电厂供热经济性分析 | 供热电厂进行计算，供热方式比较如可行性研究中，已有明确结论且初设中无修改补充时，仍可引用原结论 |
| 11 | 热网压降、温度计算 | 当热网工程包括在本设计中时，计算全网，否则只计算引出干管 |
| 12 | 热网水压图计算 | 根据外网资料叠加电厂内部资料 |
| 13 | 热网水温图计算 | 在外网提供的资料基础上进行 |
| 14 | 发电厂经济指标计算 | 包括电厂热效率、发电或供热煤耗、发电成本、每兆瓦生产人员数 |
| 15 | 工业用水量估算及设备选择 | |

（2）热机部分计算书深度要求：

1）燃烧和制粉系统计算，应按锅炉额定出力和计算煤种进行计算，当除设计煤种之外还提出校核煤种时，尚应按校核煤种进行核算。一般可按《燃烧及制粉系统计算手册》的内容要求进行计算，其中空气动力计算部分亦可按类似工程估算。

2）燃油系统计算。燃油电厂的油系统应按全厂锅炉额定出力和设计油种进行计算，点火系统应按一台最大容量的锅炉进行点火和另一台锅炉进行低负荷稳定燃烧所需的油进行计算。

3）除尘设备选择及烟囱高度、口径选择计算，通常应进行不同方案的比较，提出推荐意见，一般可按《燃烧及制粉系统计算手册》的要求计算（有关环保部分，由环保专业计算）。

4）热力系统计算及辅助设备选择，应按拟定的原则性热力系统进行计算，如果制造厂提供了计算成果，但具体工程的情况有所变化，如厂用汽量、回水率不同，应进行修正，大容量机组一般应计算负荷至最大负荷的各种工况，热电厂则应计算冬季最大、冬季平均和夏季三种工况。

根据上述计算结果，选择辅助设备，包括热电厂的各种供热设备。

老厂改造工程和供热工程应进行方案比较和热经济性分析计算，提出推荐意见。定型设计机组已有计算成果者，一般可不进行计算。

5）除氧器暂态计算。当计算汽轮机甩负荷时，给水泵的安全运行，通过计算核算除氧

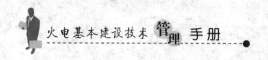

水箱容积、布置高度及给水管道布置和管径。

6）主要汽水管道材选择。管径及壁厚计算应按《火力发电厂汽水管道设计技术规定》和《火力发电厂汽水管道应力计算技术规定》的有关要求计算。

7）热电厂供热经济性分析。当供热方式与可行性研究的结论有变化时，应根据新情况进行修正。必要时应重新进行机组选型，根据各种参数的年供热量、计算耗煤量及各项指标。

8）热网压降、温度计算。当热网包括于本设计中时，应进行热网的压降、温降计算。热网管道与厂内管道计算方法不同，因为热网长度大，温降很大，所以沿程比容变化较大（指汽网），压降、温降应同时进行计算。不承担外网设计时，只计算供热引出干管。

9）热网水压图计算。应计算水网各部分的压力损失，包括热网加热器、供热干管、用户系统所有环节的压力损失。如外网由其他单位设计，应根据外网资料，将热电厂的压降叠加进去，据以绘制全网的水压图。

10）热网水温图计算。应计算热电厂供回水温度在不同调节方式下随室外气温的变化关系，用以指导热电厂运行调节水温。

**六、初步设计文件第五卷"运煤部分"的内容**

1. 概述

说明批准的设计任务书及可研报告中有关原则的决定和技术条件、电厂近期建设和远期规划容量的情况。说明厂区自然条件、地形特点、气象资料，如最高、最低气温、最大风力、风向频率、全年降雨量等气象特点，并对厂区地形特点进行简单描述。说明燃用煤种、混煤要求、煤质应用基分析的有关部分，如低位发热量、挥发分、水分、硫分、灰分等。按已批准的装机容量及规划容量，应分期列表说明锅炉的日、年运行小时数和小时、日、年耗煤量，说明运煤系统的设计范围、燃煤厂外运输方式及技术条件。铁路运煤时，应说明煤矿装载和供应情况，厂外运输车辆编组和运距，燃煤的交接方式；水路运煤时，应说明码头长度及泊位，最高、最低水位，吞吐量、卸船设施以及对卸船时间的要求；长距离带式输送机运煤时，应说明煤矿给料方式及缓冲设施、输送机路径、运输距离、沿途地貌和电厂的交接方式和运行管理方式、运输方案的技术经济比较。厂内运煤系统，对于扩建电厂应简述原有运煤系统的主要设备规范及实际运行情况，说明扩建部分与原有系统的衔接方式，改造内容及施工过渡措施。

2. 卸煤装置及储煤设施

卸煤装置：说明煤车型式、卸煤方式，调车方式、一次进厂煤车辆数、日进车列数及每列车长度、是否自备机车、厂内专用铁路线的股道配置情况、有无辅助卸煤手段。

翻车机方案应说明翻车机和辅助设备的选型、作业循环时间、小时翻车次数、平均日翻卸能力、空重车停放线的有效长度及辅助配线情况、受煤斗的出口型式及给煤设备的出力；说明汽车卸煤方式、汽车卸煤沟的形式、卸车位的配置；说明严寒地区来煤的解冻或卸冻煤的方式，解冻装置的容量、卸冻煤的能力等，说明卸煤装置选型的技术经济比较。

储煤场：说明煤场（包括缓冲煤场和圆筒仓）的容量、存煤天数、多雨地区电厂存放干煤的设施和能力；说明煤场机械的型式、堆取料能力、备用手段及辅助设施；燃用易燃煤及需要混煤时，应说明防止和消除自燃的措施及混煤设施和手段，以及煤场布置方式。

3. 筛、碎设备

说明筛、碎设备在运煤系统设置的级数、型式、主要技术规范及其布置方式，是否设旁路等。当不采用筛子时，应说明其理由，以及碎煤机与带式输送机系统的匹配关系。

4. 运煤系统及运行方式

说明输送设备的型式、规范、系统出力、备用量、每班运行小时数、交叉点和运行切换方式。当采用翻车和底开车卸煤或水路运煤时，说明带式输送机系统的选型原则和运行方式、煤仓层的卸煤方式、运煤系统的管理方式。

5. 辅助设施

说明除铁器及金属探测器设置的级数、型式、布置位置，煤取样装置的型式、功能、布置位置，煤计量装置型式、校验方式及布置位置，保护装置配置种类、主要功能、安装部位，检修起吊设施包括运煤检修间机修工具的配置情况，系统各转运站、碎煤机室、翻车机室等主要部位起吊设施的设置情况。

6. 运煤车间辅助建筑

说明推煤机库的库位、检修、起吊设施，运煤综合楼或运煤分场办公室及检修间，运煤分场专用浴室等及各房间的面积。

7. 煤尘防治

说明卸煤、上煤及煤场堆取的防尘手段和抑尘措施，运煤栈桥（道）、碎煤机室、各转运站及煤仓层地面清扫方式。当煤仓采用水力清扫时，应将防止煤灰水漫流和排放的措施加以重点说明（主要指工艺要求），运煤系统煤灰水的汇集处理方式，如沉煤池、煤泥处理、冲洗水回收循环使用。

8. 附件

本专业对外所签订的协议项目及内容简述，本卷专题论证报告。

9. 运煤部分图纸目录及其深度要求

（1）运煤部分图纸目录见表5-9。

表5-9　　　　　　　　　　　　　运煤部分图纸目录

| 序号 | 图纸名称 | 比例 | 备注 |
|------|----------|------|------|
| 1 | 运煤系统工艺流程图 | | |
| 2 | 运煤系统平面布置图 | 1：500～1：1000 | |
| 3 | 运煤系统剖面图 | 1：200 | 图纸张数根据系统繁简决定 |

（2）运煤部分图纸深度要求。

运煤系统工艺流程图：

1）应表示系统各转运环节的交接关系。

2）应表示各条带式输送机的编号及运行方向。

3）应表示各单体设备如卸车机、煤场机械、碎煤机、卸煤器、取样装置、计量装置等在系统中所处位置。

4）应表示带式输送机各类保护装置的安装部位。

运煤系统平面布置图：

1）应表示与运煤系统相关范围内的建筑设施及道路布置，并有指北针及风玫瑰图。

2）应表示全部卸、运、储煤设施及其建筑物。

3）应表示运煤、储煤设施和建筑物之间的相关尺寸，必要时注出角度和坐标。

4）应注明储煤场、干煤栅内的堆煤高度和储煤量。

5）对扩建厂应将原有的、本期设计的运煤系统分别表示清楚。

6）应表示各辅助建筑物如堆煤机库、运煤综合楼或分场办公室、检修间、水冲洗澄清池等。

7）卸煤铁路配线、轨道衡当受图纸幅面限制无法表示完整时，应配合总交专业在总平面布置图上表示。

运煤系统剖面图：

1）应充分表示整个系统的概貌，各建筑物的主要尺寸、标高，并注明相对标高与绝对标高的关系。绘出栈桥及通廊的横断面图，注出净空高度及宽度。

2）应注明各带式输送机头尾滚筒之间的长度和与土建的相对尺寸、拉紧装置型式和位置，对于倾斜输送机还应注明其倾斜角度和头尾滚筒之间的投影长度；有凹凸弧布置的输送机，必要时应注明圆弧半径和弧段始终点。

3）应表示各主要设备相辅助设备的安装位置和相关尺寸。

4）对于扩建厂应表示与原有系统的连接关系和相关尺寸。

5）应表示各转运站、碎煤机室、翻车机室、卸煤沟等主要部位的检修起吊设施。

6）设备表应开列主、辅设备（包括起吊设备）的型号、规格及数量。

10. 运煤部分计算书及其深度要求

（1）运煤部分计算书见表5-10。

表5-10　　　　　　运煤部分计算书

| 序号 | 计 算 项 目 | 备 注 |
|---|---|---|
| 1 | 电厂昼夜及年耗煤量计算 | |
| 2 | 运煤系统设备选择及出力计算 | |
| 3 | 煤场、干煤栅容量及装卸机械出力计算 | |
| 4 | 铁路（或码头）卸煤线长度选择计算 | |

（2）运煤部分计算书深度要求。

1）电厂昼夜及年耗煤量计算。根据热机提供的时耗煤量应计算本期和规划容量时的厂昼夜及年耗煤量。

2）运煤设备选择及出力计算。应包括系统出力计算和卸煤设备出力计算。确定皮带机的宽度、速度和出力后进行功率计算，选择电动机及传动设备。有条件时进行筛碎设备计算。

3）煤场、干煤栅容量及装卸机械出力计算。应对煤场及干煤栅储量进行计算，选择装卸机械并进行出力计算、面积计算。

4）铁路（或码头）卸煤线长度选择计算。应计算列车数量及卸煤线长度。

**七、初步设计文件第六卷"除灰渣部分"的内容**

1. 概述

工程概况，说明电厂建设规模、机组容量、锅炉、除尘器型式等，对于扩建工程应简述现有部分。设计依据，对电厂可行性研究报告的审查意见、其他有关文件。主要设计原则，说明对除灰渣系统用水方面的要求（包括水质、水量、节水等内容），说明环保及综合利用方面对除灰系统的要求（包括除尘方式、除尘效率、灰渣输送方式、排水回收利用等），对扩建电厂应说明新老厂之间衔接的要求。设计原始资料、锅炉燃煤资料，分别列出设计煤种、校核煤种的锅炉燃煤量（每台）、燃料灰分及发热量，灰渣成分分析资料，分别列出设计煤种和校核煤种的组成成分，说明锅炉除渣装置的型式及其排渣方式。除尘器的型式及其排灰方式，说明灰场的位置、与电厂的距离和标高差、堆积容积和使用年限。说明综合利用规模、用户厂址位置及对电厂供灰的要求；说明进入除灰系统的石子煤设施；说明机组年利用小时数。

2. 除灰渣系统的选择

锅炉排灰渣量，按设计、校核煤种所产生的灰渣应分别列表，除灰渣系统的拟定，根据工程设计条件选择系统的运行方式及其对运行的要求，气力除灰输送系统应简述工艺流程及其运行方式、灰库装置及其卸灰方式、除尘器、灰库流态化装置及运行要求。气力除灰系统计算后应列出成果表，除灰渣系统技术经济比较，列出各方案的投资费用（分项开列）和年运行费用，进行经济比较，论述各方案的特点，并提出推荐意见。

3. 除灰渣设备选择及其布置

根据选择的除灰渣系统方案进行主要设备（除渣、除灰）的选型，并对设备的运行方式进行说明。除灰渣设备布置，锅炉除渣装置、排石子煤装置的布置，脱水仓（沉渣池）、澄清池的布置，灰渣泵房等设施的布置（包括检修起吊设施），除灰设备布置，除尘器除灰设备的布置，气力除灰设备（空气压缩机、输送风机房等）的布置（包括检修起吊设施），灰库及卸灰装车设施的布置，供水系统设备的布置（应包括供水设施水泵房的布置）。

4. 附件

本专业对外所签订的协议项目（包括综合利用协议）及内容简述，本卷专题论证报告。

5. 除灰渣部分图纸目录及其深度要求

（1）除灰渣部分图纸目录见表 5-11。

表 5-11 除灰渣部分图纸目录

| 序号 | 图纸名称 | 比　例 | 备　注 |
|---|---|---|---|
| 1 | 水力除渣系统图 | | 采用水力除渣时绘制 |
| 2 | 水力除灰系统图 | | 采用水力除灰时绘制、当采用混除系统或系统比较简单时序号1、2两图可合并 |
| 3 | 正（负）压气力除灰系统图 | | 采用气力除灰时绘制 |
| 4 | 除灰、除渣设施总布置图 | 1：100～1：200 | 视工程具体情况而定 |
| 5 | 灰（渣）浆泵房布置图 | 1：50 | |
| 6 | 浓缩机、灰浆泵房布置图 | 1：50 | 采用高浓度水力除灰系统时绘制 |
| 7 | 风机房（空气压缩机房）布置图 | 1：50 | 采用气力除灰时绘制 |
| 8 | 灰库布置图 | 1：30 | 采用气力除灰时绘制 |
| 9 | 脱水仓（沉渣池）布置图 | 1：20～1：50 | 视工程需要而定 |
| 10 | 机械除渣、灰设施布置图 | 1：20～1：50 | 视工程需要而定 |

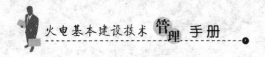

（2）除灰渣部分图纸深度要求。

除灰系统图（表 5-11 序号 1～3）：

1）应绘出系统流程中的所有设备、管道、灰渣沟道、阀门以及其间的相互关系。

2）对扩建电厂应表示出新老厂系统间的关系和分界线。

3）应注明主要管道及灰渣沟道的规格。

4）应注明设备的编号。

5）图中应附有设备明细表及有关图例符号以及有关必要的说明。

除灰除渣设施总布置图（表 5-11 序号 4）：

1）全厂除灰、除渣设施布置的方位、各主要除灰渣设备的定位尺寸。

2）主要管道、灰渣沟道的定位和走向。

3）灰渣运输道路的布置（采用汽车运送灰渣时）。

泵房及除灰、除渣设施布置图（表 5-11 序号 5～10）：

1）应绘出泵房（设施）内所有设备，并标出其布置的定位尺寸。

2）应表示主要管道和沟道的布置，标出必要的定位尺寸及其管、沟道的规格尺寸。

3）应表示控制室的位置。

4）应表示检修起吊设施及检修场地的布置。

5）应表示土建结构及电气、水工等专业设施的布置。

6）除平面布置外应辅以 1～2 个剖视图。

6. 除灰渣部分计算书及其深度要求

（1）除灰渣部分计算书见表 5-12。

表 5-12 　　　　　　　　　　除 灰 渣 部 分 计 算 书

| 序号 | 计 算 项 目 | 备 注 |
|---|---|---|
| 1 | 水力除灰渣系统计算 | |
| 2 | 气力除灰渣系统计算 | |
| 3 | 运输设备 | |

（2）除灰渣部分计算书深度要求：计算内容视工程系统具体内容而定。

水力除灰渣系统计算，应包括：

1）灰渣量的计算。

2）锅炉排渣及冲灰装置的计算。

3）冲渣、冲灰水量计算及灰渣沟选型计算。

4）灰渣管道水力计算。

5）除灰、除渣设备选型计算。

6）脱水仓（沉渣池）浓缩机选型计算（视工程设计需要定）。

7）主要水管管径选择计算。

气力除灰渣系统计算，应包括：

1）灰渣量计算。

2）气力除灰系统出力和输送管道阻力计算。

3）系统主、辅设备选型计算。

4）灰库选型及卸灰装车设备选型计算。

运输设备计算，应包括：

1）皮带输送机选型和功率计算。

2）汽车运输计算。

**八、初步设计文件第七卷"电厂化学部分"的内容**

1. 概述

说明机组型式、装机容量（本期和远景）、参数和发电机冷却方式。扩建电厂简述原有发电厂化学设施及与本期工程的衔接配合问题。说明设计依据、水源及水质资料，水质应简述主要水源和备用水源、引起水质变化的因素，应附历年水质全分析表（地下水按每季、地表水按每月），并明确设计选用之水质全分析。热负荷应说明回水量、生产回水水质、水温、以及供除盐水及软化水量、水压、水质等，应说明给水和炉水质量标准，说明化学试验室的主要仪器设备的配置。

2. 锅炉补给水处理

锅炉补给水处理系统的选择及系统出力的确定，水处理系统方案论证及技术经济比较，处理后的水质标准，汽水平衡表：供汽供水损失，厂内汽水损失，锅炉排污损失，其他各项损失（如采暖、卸油、燃油的加热损失等）。水处理系统出力，系统的连接方式及操作方式，药品的来源、运输方式、储存、废液及废渣处理排放，锅炉补给水处理综合数据表（包括主要设备规范、数量、交换器再生周期、药剂比耗及耗量、树脂交换容量及用量，设有卸酸碱库时，包括其主要设备型号、规格及数量），水处理室布置，水处理室的面积、跨距、厂房长度、主要设备的布置形式，试验室、检修间、控制室的布置及面积，说明压缩空气用途、气质要求、系统、设备型号、规范、数量、设备布置位置。

3. 凝结水精处理

系统选择，设置凝结水精处理设施的必要性，方案选译论证，技术经济比较，处理后的水质标准，凝结水精处理装置及出力，与热力系统的连接方式及运行方式，凝结水精处理设备布置，再生液的来源，再生废液的处理设施，凝结水精处理综合数据表（包括主要设备规范、数量、流速、周期及每立方米树脂处理水量）。

4. 冷却水处理

系统选择方案，技术经济比较，处理后的水质标准，处理水量的确定，处理用药品的来源，消耗量，药品的供应与运输情况，冷却水处理加氯方式、加氯量、加氯点位置、设备数量、规范、型号及设备布置位置。

5. 电厂油务管理

绝缘油和透平油储油方式、油箱容积、数量，净油设备型号、规范、数量、布置位置及用油设备之间的运输（连接）方式，扩建电厂原有露天油库的情况。

6. 制氢设备

发电机制造厂提供的原始资料，氢气系统的容积、泄漏量及氢气压力，制氢设备的选择，每套制氢设备的出力、套数、氢氧气储罐的容积及数量，制氢站布置位置、面积，当采用两种不同压力制氢设备时采取的安全措施。

7. 给水、炉水校正处理及汽水取样

给水、炉水校正处理系统布置位置、设备台数、型号、规范,汽水取样方式、取样点、在线仪表配置、测量范围。

8. 热网补给水处理

热网的补给水处理系统,处理后水质标准,药品的来源、运输、储存及废液的排放处理,热网补给水处理室的布置。

9. 附件

本卷专题论证报告。

10. 电厂化学部分图纸目录及其深度要求

(1)电厂化学部分图纸目录见表5-13。

表5-13                            电厂化学部分

| 序号 | 图纸名称 | 比例 | 备　　注 |
|---|---|---|---|
| 1 | 化学水处理系统图 | | 其中包括预处理、预脱盐及酸碱排放处理系统 |
| 2 | 化学水处理室剖面图 | 1∶100 | 系统容量较大或设施较复杂时,可增加必要的断面图 |
| 3 | 凝结水处理系统图 | | |
| 4 | 凝结水处理设备布置图 | 1∶100 | |
| 5 | 循环水处理系统图 | | |
| 6 | 循环水处理室面置图 | 1∶100 | |
| 7 | 氯化处理系统图 | | 可视工程情况而定 |
| 8 | 氯化处理室布置图 | 1∶100 | |
| 9 | 制氢站系统设备布置图 | | 可视工程情况而定 |
| 10 | 水、汽监督及取样系统设备布置图 | | 可视工程情况而定 |
| 11 | 给水、炉水加药处理系统设备布置图 | | 可视工程情况而定 |

(2)电厂化学部分图纸深度要求。

系统图:

1)应按规划院颁布的电厂化学专业统一图例画出有关设备和连接这些设备的管道阀门、管件,并应表示系统运行控制表计。

2)系统图应注明管道的公称直径、进入和离开本系统的管道来龙支脉及必要的参数。

3)设备明细表中应按工程建设分期的要求开列设备规范数量(包括附属设备)。

4)扩建工程应表示出老厂房的有关设备,并应考虑新、老厂管道连接的过渡措施。

5)应标出本专业的设计分界线。

6)应有必要的说明和图例。

平面图:

1)应按规定比例画出各设备与墙(柱)中心线及设备间的相对位置。

2)平面图中的设备编号与系统图相一致,墙柱编号与土建图纸相一致。

3)根据工程情况的需要,可增加必要的剖面图。

11. 电厂化学部分计算书及其深度要求

(1)应有原始水质全分析校核。

（2）应有锅炉补给水处理、凝结水精处理及循环水处理系统的工艺计算的技术经济比较，并以此确定水处理系统和出力，选择设备规范、数量、设备运行周期及运行方式。

（3）应计算水处理系统各种药品的一次最大耗量、药品的月耗和年耗。根据药品的耗量、药品来源、运输距离、供应情况，确定药品仓库的容积。

（4）应有制氢设备的选择计算。

**九、初步设计文件第八卷"电气部分"的内容**

1. 概述

说明设计依据，对扩建工程应有已建部分的概述和存在问题的说明，应说明设计范围。

2. 电气主接线

电厂在系统中的作用和建设规模，本期及远期与系统连接方式和出线的要求，主接线方案比较与确定，各级电压母线接线方式（本期及远期），分期建设与过渡方案，各级电压负荷，功率交换及出线回路数，主变压器、联络变压器台数及连接方式（对大容量变压器选用三相或单相，以及运输方案），并联电抗器、台数、接入方式及其回路设备等，各级电压中性点接地方式（包括110～500kV变压器中性点的接地方式及其接入设备），并联电抗器中性点的接地方式及其接入设备，6～35kV单相接地电容电流补偿设备的选择，发电机中性点接地方式及其接入设备等，启动/备用电源的引接。

3. 短路电流计算

说明短路电流计算的依据、接线、运行方式及系统容量等。

4. 导体及设备选择

说明导体及设备选择的依据及原则；导体及设备的选型及规范选择；主母线，发电机回路母线（包括一般母线和封闭母线），特种母线（共箱母线、电缆母线等），对电缆母线的采用应专门论述；主变压器，并联电抗器，高压断路器，高压隔离开关，110kV及以上电流互感器、电压互感器等；选用$SF_6$全封闭电器（GIS）时，应专门进行论证说明；主要设备的动热稳定校验。

5. 厂用电接线及布置

厂用电接线方案比较；厂用电系统中性点接地方式及其接入设备；厂用负荷计算及变压器选择；高低压厂用工作、启动/备用电源连接方式，设备容量，分接头及阻抗选择；厂用电压水平验算，在正常各种运行方式时厂用电母线电压水平，电动机单独自启动及事故情况下成组和高低压串接等自启动时厂用高低压母线电压水平；水源地供电方式及接线；厂用配电装置布置及设备选型。

6. 事故保安及不停电电源

事故保安电源的接线方式及设备选择，保安电源的设备布置，不停电电源设备选择。

7. 电气设备布置

电气建（构）筑物总平面布置方案比较，电气出线走廊及厂区环境对电气设备的影响（必要时加以说明），高压配电装置型式选择论证及间隔配置，主变压器、联络变压器、并联电抗器、高压厂用变压器、启动/备用变压器、消弧线圈等的布置；发电机出线小室、引出线及设备布置（大电流封闭母线）；高压厂用变压器及连接线布置（共箱母线、电缆母线）。

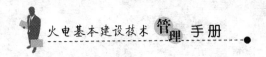

8. 直流电系统

单元控制室和网络控制室（主控制室）直流系统的接线方式及负荷计算，各蓄电池组、充电设备选择及布置；发电机励磁系统及备用励磁方式和容量选择；远离主厂房的生产车间直流供电方式及设备选择。

9. 二次接线、继电保护及自动装置

单元控制室和网络控制室（主控制室）布置和元件的控制地点（指电气有关部分）；强电、弱电控制方式选择，信号、测量、连锁、同期方式，元件保护和自动装置的配置原则及选型；发电机、厂用电及升压站系统电气采用的计算机监控方案及主要内容。

10. 过电压保护与接地

电厂主、辅建（构）筑物的防雷保护；电气设备的绝缘配合（超高压系统）和防止过电压的保护措施；避雷器的选型与配置；环境污秽情况及电气外绝缘防污秽措施；土壤电阻率及接地装置设计的主要原则；计算机及微波通信楼接地装置要求。

11. 照明和检修网络

工作、事故、安全照明、供电电压和电焊网络供电方式，专用照明变压器的选择及照明配电盘布置，单元控制室和网络控制室（主控制室）照明布置及选型。

12. 厂内通信

厂内（或厂区外）通信方式及电源选择，全厂通信设施布置及特殊要求，系统通信对本厂的要求。

13. 辅助车间

电气检修间布置及起吊设施，电气试验规模、地点、主要试验设备配置原则。

14. 电缆设施

厂区、主厂房电缆隧道、桥架、沟道型式选择及路径，并应有方案的比较论述，电缆防火措施及阻燃电缆选用原则，控制、继电保护、计算机用电缆的防干扰（屏蔽）措施。

15. 阴极保护

阴极保护的方式及电源选择，阴极保护的对象及范围，阴极保护的设施布置及特殊要求。

16. 附件

本卷专题论证报告。

17. 电气部分图纸目录及其深度要求

(1) 电气部分图纸目录见表 5-14。

表 5-14　　　　　　　　　　　　　　电气部分图纸目录

| 序号 | 图 纸 名 称 | 比 例 | 备 注 |
|---|---|---|---|
| 1 | 电气主接线图 | | 包括远景接线 |
| 2 | 短路电流计算接线及等效阻抗图 | | |
| 3 | 高低压厂用电原理接线图 | | |
| 4 | 电气建（构）筑物及设施平面布置图 | 1：500 | |
| 5 | 各级电压（及厂用电）配电装置平面剖面图 | 1：50～1：100 | |

| 序号 | 图 纸 名 称 | 比 例 | 备 注 |
|---|---|---|---|
| 6 | 网络控制楼（主控制楼）各层平面布置图 | 1：50～1：100 | |
| 7 | 继电器室布置图 | 1：50～1：100 | 单元控制室由热工出图，当有独立的电气继电器室时应出图 |
| 8 | 发电机封闭母线平剖面图 | 1：100～1：200 | 包括发电机出线小室布置 |
| 9 | 发电机变压器组继电保护配置图 | | 一般可不出图，当第一次设计或较特殊时需出图 |
| 10 | 直流系统图 | | |
| 11 | 主厂房电缆桥架通道规划图 | 1：100～1：200 | |
| 12 | 通信楼各层平面布置图 | 1：50～1：100 | |
| 13 | 电气计算机监控方案图 | | 计算机与热控专业合用时，电气配合热控出图 |

（2）电气部分图纸深度要求。

电气主接线图：

1）应表示发电机、变压器与各级电压主母线间的连接方式，母线设备连接方式。

2）应表示各级电压出线名称、回路数以及避雷器、电压互感器、电流互感器、隔离开关及接地开关的配置。

3）应表示高压厂用工作及启动/备用电源的引接和厂用变压器的调压方式。

4）应表示中性点接地方式及补偿设备。

5）应表示各元件回路设备规范。

6）应表示本期扩建与原有设备的区分。

7）应表示远景接线示意图等。

短路电流计算接线及等效阻抗图：

1）应表示出计算接线短路点及计算阻抗，本厂内各元件阻抗按元件分别表示。

2）应列出计算结果表。

高低压厂用电原理接线图：

1）应表示出高低压厂用电工作、启动/备用和不停电、保安等电源的引接及连接方式。

2）应表示高低压厂用电母线接线方式、中性点接线方式。

3）应表示高低压辅机及馈线回路、主要设备名称和规范等。

电气建（构）筑物及设施平面布置图：

1）应表示主要电气设备及建（构）筑物、道路等的相对布置位置。

2）应表示各级电压配电装置间隔配置及进出线排列。

3）应表示厂区主要电缆隧道、沟道位置。

4）应表示其他各建筑物的名称及相对位置、指北针等。

各级电压配电装置平剖面图：

1）应表示所采用配电装置的型式，各层平面布置尺寸、间隔名称、出线排列、通道及其他建筑物的相对位置。

2）剖面图应表示不同类型间隔剖面设备安装位置、标高、引线方式，电气距离校验尺寸。

3）厂用电布置图应表示厂用电高、低压开关柜的布置、分段及各通道出入口位置尺寸以及厂用电变压器布置。

4）厂用电配电装置剖面图应表示各层标高及电缆构筑物布置方式等。

网络控制楼（主控制楼）各层平面布置图：

1）应表示控制室控制屏、保护屏、台等的布置方式，相互间的主要尺寸，屏台编号，列出屏（台）编号与名称的对照表。

2）应表示各层房间的布置名称、主要尺寸、标高及指北针等。

继电器室布置图：

应表示继电器屏的布置方式，相互间的主要尺寸，屏的名称、编号和对照表。

发电机封闭母线平剖面图：

1）应表示发电机封闭母线的平剖面与主要尺寸，包括发电机引线出口至变压器套管处的全部母线及母线设备（如电压互感器、避雷器）以及厂用电分支线及设备等。

2）应表示发电机小室内励磁装置及其他电气设备。

3）应表示封闭母线与发电机引线及变压器套管的接口方式。

发电机变压器组继电保护配置图：

应表示继电保护配置原理及主要保护方式、主要设备名称、电流互感器的接线方式等。

直流系统图：

1）应表示直流系统的接线方式，蓄电池型号和数量，端电池设置与否，充电、浮充电设备等。

2）应表示系统图中有关的主要设备规范。

主厂房电缆桥架通道规划图：

应表示电缆桥架的路径、位置及主要通道尺寸等。

通信楼各层平面布置图：

应表示各层布置图及通信设备的具体布置尺寸、设备名称等。

电气计算机监控方案图：

1）应表示电气计算机监控原理接线。

2）应表示电气计算机监控主要设备及技术规范。

3）应表示监控对象与测点。

4）计算机与热控专业合用时，电气配合热控出图。

18. 电气部分计算书及其深度要求

（1）电气部分计算书见表5-15。

（2）电气部分计算书深度要求。

短路电流计算及主设备选择：

1）短路电流的计算，应按《导体和电器选择设计技术规定》SDGJ14的规定方法与原则进行，应满足选择导体和电器的要求。

2）计算短路电流时，应采用可能发生最大短路电流的正常接线方式，计算三相、两相和单相三种短路电流。

表 5-15 电气部分计算书

| 序号 | 计 算 项 目 | 备 注 |
|------|-----------|-------|
| 1 | 短路电流计算及主要设备选择 | |
| 2 | 厂用电负荷和厂用电率计算 | |
| 3 | 厂用电成组电动机自启动、单台大电动机启动的电压水平校验 | |
| 4 | 直流负荷统计及设备选择 | |
| 5 | 厂用电供电方案技术经济比较 | 必要时进行 |
| 6 | 高压厂用电系统中性点设备选择 | 必要时进行 |
| 7 | 330～500kV 导线电气及力学计算 | 必要时进行 |
| 8 | 330～500kV 内过电压及绝缘配合计算 | 必要时进行 |
| 9 | 发电机主母线选择 | 必要时进行 |
| 10 | 有关方案比较的技术经济计算 | 必要时进行 |
| 11 | 水源地供电线路电压选择计算 | 必要时进行 |

3）短路点及短路电流时间，应按各工程具体要求确定。短路电流时间一般至少要求计算 0s 及 ∞ 两种方式。

4）对导体和电器的动稳定、热稳定以及电器的开断电流应进行选择计算，列出选择结果表。

5）在导体和电器选择中，还应按照《导体和电器选择设计技术规定》SDGJ14 中的规定进行其他的一些必要的选择计算。

厂用电负荷和厂用电率计算：

1）厂用电负荷计算，应包括高低压厂用电负荷计算、高低压厂用变压器（厂用电抗器）选择及电厂的厂用电率计算、保安负荷和不停电负荷计算及设备选择。

2）厂用电负荷计算，应按《火力发电厂厂用电设计规定》SDGJ17 中规定的原则与方法进行。

3）厂用电成组电动机自启动时，单台大电动机启动的电压水平校验的方法应按《火力发电厂厂用电设计技术规定》（SDGJ17）进行。

4）直流负荷统计及设备选择，应列出直流负荷统计表及设备选择表。

5）厂用电供电方案技术经济比较，应包括技术比较及经济比较，列出比较表。

6）高压厂用电系统中性点接地设备的选择，应按《火力发电厂厂用电设计技术规定》SDGJ17 规定的要求与方法进行。

330～500kV 导线电气及力学计算应按《导体和电器选择设计技术规定》SDGJ14 规定的要求与方法进行。

330～500kV 内过电压及绝缘配合计算应按《导体和电器选择设计技术规定》SDGJ14 规定的原则与要求进行。

发电机主母线选择应按《导体和电器选择设计技术规定》SDGJ14 规定的原则与要求进行。

方案比较的技术经济计算应包括技术比较及经济比较，列出比较表。

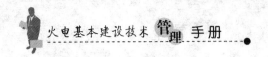

水源地供电线路电压选择计算应按水源地供电负荷和供电距离进行供电电压选择计算。

**十、初步设计文件第九卷"热工自动化部分"的内容**

1. 概述

说明设计依据及电厂规模，机组的类型、容量、主要参数及主要热力系统和燃烧系统的特点，对于扩建工程应简述老厂的有关情况和新老厂之间的关系，说明热工自动化设计范围。

2. 热工自动化水平和控制室（楼）布置

热工自动化水平：

（1）简述电厂性质及运行要求，如基本负荷、冲击负荷、调峰、调频等的要求。

（2）应说明自动化适应负荷的范围，如是否为全程调节还是最低稳燃负荷以上范围内自动调节。

（3）应说明自动化涉及到单元级、组级、子组级执行级的哪一个级别。

（4）应说明机组控制模式，如采用分布式控制系统或采用计算机监视系统加组件组装仪表或带微处理器的控制器系统。

（5）应说明主、辅盘的型式及其配置原则，如 CRT 监控站与常规盘的布置格局。

控制室（楼）布置：

（1）单元控制室的布置位置、面积、控制楼各层的布置和设计原则。

（2）每个单元控制室监控机组的台数必要时做出方案比较。

（3）单元控制室其他的情况，如是否包括值长室、网控盘等。

控制系统的总体结构：

（1）机组控制系统总体构成以及分层、分组的原则。

（2）各系统之间的通信方式、信息共享范围。

（3）机组保护连锁与控制逻辑在控制系统总结构中如何考虑的，如控制逻辑设计在微机控制器内 I/O 通道板上还是在外部。

（4）常规仪表和后备操作手段的设置原则，如设置在哪一个控制级、自治性如何等。

（5）模拟控制与二进制的相互关系，为说明清楚，还可以简明扼要地用控制系统总体结构框图表示其组态及各分系统间的相互关系。

控制系统的可靠性：

（1）应说明在控制系统的设计中采取哪些可靠性措施，如冗余考虑、故障时功能降级考虑等。

（2）应说明主要控制设备的可靠性指标。

（3）应提出保证控制系统可靠性必要的进口设备项目。

（4）对于控制系统工程，应论述其可靠性的特殊措施。

3. 热工自动化功能

论述计算机监视系统的功能、范围等，说明常规仪表的配置原则；自动调节系统，说明装设自动调节项目，对主要调节系统应加以说明，协调控制系统说明其主要功能和运行方式，应列出采用基地式调节器的项目，说明重要自动调节项目冗余设计原则，汽轮机控制系统、给水泵汽轮机控制系统的主要功能，机组旁路控制系统的功能；辅机控制系统，列出程序控制和联动操作项目，程序控制和联动操作的设计原则，程序控制、联动操作的范围，后备手操的设置原则及项目；保护及报警信系统，热工保护项目及功能，单元机组保护，锅炉机组保护，汽轮发电机组保护，除氧给水系统保护，重要保护项目的冗余设计原则，热工报警信号的设置原则、与 CRT 报警的关系、报警信号接点来源的设计原则。

4. 热工自动化设备选型

说明计算机监视系统的硬件配置，用于重要自动调节系统的变送器型式，对计算机监视系统进行详细技术经济比较和论述，并提出推荐方案，常规检测仪表的选型；自动调节系统，对调节装置的选型进行详细技术经济比较和论述，并提出推荐方案，说明用于重要自动调节系统的变送器型式，说明基地式调节器的型式，应论述执行器的型式；辅机控制系统，对程控装置选型详细论述，必要时对各类装置的特点及技术经济比较进行论述，并提出推荐意见，说明主要电气设备的选型，如开关、按钮、继电器、发信器、动力配电箱等；保护及报警信号系统，对热工保护装置选型详细论述，其中对炉膛安全监控系统（FSSS）或燃烧器管理系统（BMS）应提出详细论述，包括各类选型的特点及技术经济比较以及推荐方案，说明保护用开关量仪表选型，说明报警信号设备选型；分布式控制系统，当采用分布式控制系统时，对该系统的选型进行详细论述提出专题报告，分布式控制设计原则和范围，计算机与常规仪表及控制设备的关系及组成整个自动化系统方案的说明，应用功能说明，输入/输出点数，机型选择的论证及技术指标，硬件系统配置组态图和说明，初步主要设备清单，技术经济分析与比较。

5. 辅助车间的热工自动化系统及设备选型

辅助车间的控制系统，各辅助车间的工艺系统采用车间集中控制或车间就地控制，是否设车间控制室，化学补给水处理、凝结水处理等系统的控制方式，燃油系统的控制方式，除灰系统的控制方式，运煤系统的控制方式，其他辅助系统的控制方式；设备选型，各辅助车间（或系统）控制装置和调节设备型式。当采用较大规模程序控制方式时，应对选型方案提出论证并做技术经济比较，特殊仪表型式。

6. 电源和气源

主厂房及各辅助车间 380VAC、220VAC、110V DC，220V DC 等电源配置原则及要求，交流不停电电源配置原则及要求；说明控制气源系统配置、气源品质、耗气量等原则及要求。

7. 热工自动化试验室

热工自动化试验室布置及面积，热工自动化试验室房屋分配原则，根据本期工程单机容量、机组型式及机组台数，应论述热工试验室设备装设水平，对于扩建电厂应说明增添设备和面积的原则。

8. 附件

本卷专题论证报告。

9. 热工自动化部分图纸目录及其深度要求

（1）热工自动化部分图纸目录见表 5-16。

**表 5-16**　　　　　　　　　　　　　　　**热工自动化部分图纸目录**

| 序号 | 图 纸 名 称 | 比 例 | 备 注 |
|---|---|---|---|
| 1 | 单元控制室平面布置图 | 1：50～1：100 | |
| 2 | 主厂房内电缆导管主通道走向图 | 1：100 | 也可在主厂房布置图中表示 |

（2）热工自动化部分图纸深度要求。

单元控制室平面布置图：

1）控制室的结构应与建筑平面图一致，应清楚地绘制控制室的门、窗、门斗，以及柱子的布置和编号、柱距尺寸，亦应标出控制室的地面标高。

2）应绘出控制盘、台、柜的布置和尺寸，要单独注出盘前和盘后的尺寸、盘对墙的尺寸。

3）对每一个盘、台、柜均应给出设计编号。

4）设计盘、台、柜等的设备表，其内容包括序号、设计编号、表盘名称、型式规范、数量和备注。

5）当另设计算机房时，应绘出相应的布置图。

6）热工自动化设备如不包括在控制室内，则应绘出相应的布置图。

7）应有有关的附注说明。

主厂房电缆导管主通道走向图：

1）应标明电缆主通道的剖面尺寸、顶标高和底标高。

2）电缆导管主通道可按运转层等分楼层绘制，图上应标出地面标高，并注明柱子的排号和序号、柱距尺寸，混凝土柱子可涂以阴影。

3）在各楼层的电缆导管主通道走向平面图上，应绘制导电缆导管竖井的横剖面以及电缆竖井的起、终点标高。

**十一、初步设计文件第十卷"建筑结构部分"的内容**

1. 概述

说明设计依据、电厂类型、建筑规模、规划容量、机炉型号、工艺布置和土建设计特点、厂址简要情况，当需要考虑扩建时，说明充分考虑扩建条件，扼要说明与原有工程的关系。

2. 厂址自然条件和设计主要技术数据

水文气象，说明气温、降雨量、湿度、风速、风向、积雪厚度、土壤冻结深度和盐雾污染等；工程地质和水文地质，厂区地层分布、地质构造、各层土的物理力学性质及主要指标，厂区地震基本烈度及确定的依据，地下水类型、深度及其对混凝土侵蚀性的评价；设计采用的主要技术数据，基本风压值、基本雪压值、持力层地基承载力标准值、抗震设防烈度、场地土类型和建筑的场地类别；主要建筑材料，现浇、预制及预应力钢筋混凝土结构设计采用的混凝土品种、强度等级和钢材品种、规格、设计采用特种水泥、钢筋和其他特种材料的标准和性能要求，说明新型建筑材料的采用（如防火、防水及装饰材料的采用和选用原则），地方建筑材料的品种、规格、性能和本工程的利用；根据建筑结构破坏、地基损坏和地震破坏可能产生后果的严重性，应说明按建筑物分类，分别采用不同的安全等级和抗震设防原则。

3. 地基与基础

主厂房等基础型式，埋置深度和地基处理（必要时进行技术经济论证专题报告），其他建、构筑物的基础型式和地基处理。

4. 主厂房建筑结构设计

方案论述，配合工艺专业对主厂房建筑结构设计特点进行重点分析，对各方案论述和技术经济比较，并提出推荐方案的理由；建筑设计，主厂房（含集中或单元控制楼）布置，平剖面布局、变形缝设置、空间组合以及采用建筑模数制，内部交通运输、安全通道和出入口布置、起吊检修、生活卫生设施，厂房造型、围护结构方案比选，建筑立面与毗邻建筑物、全厂建筑群体的协调，建筑风格、建筑标准、注意色彩处理以及周围环境的整体效果，通风、采光、保温、隔热、防晒、防水、排水、隔振和噪声控制等，主厂房防火、防爆以及事故通风等安全措施，地下设施的布置及地下管沟的防排水方式，抗震措施（当为地震区时）；结构体系及结构选型，主厂房横向和纵向承重结构体系和选型，主厂房屋盖和各层楼面结构方案，吊车梁和煤斗结构选型，汽轮机基座、加热器平台结构，锅炉炉架、锅炉基础、锅炉运转层平台结构，以及锅炉封闭情况（炉架为钢结构时，明确与制造厂家分工范围，是否有炉顶结构或司水小室结构），固定端和扩建端结构型式及扩建条件，集中或单元控制楼结构；施工条件与构件材料，说明施工条件和吊装机械配备，确定装配式和现浇结构范围，当采用装配式厂房时，说明装配式结构的分段原则、最大起吊吨位、构件尺寸的限制、柱与柱、梁与柱以及煤斗等接头型式的选择，主要构件的材料标号，当为扩建厂时，应说明原有厂房沉降观测资料及施工、运行中存在的问题和教训，新老厂连接措施和其他改进意见；抗震设计，抗震布置及计算原则，抗震构造措施，说明结构防止不均匀沉降的措施。

5. 其他主要生产建筑物

电气建筑，说明网络控制楼（主控制楼）、通信楼、配电装置的建筑布置、建筑防护和结构选型；燃料建筑，说明翻车机室、卸煤沟、运煤栈桥、碎煤机楼、转运站、储煤筒仓和干煤棚、燃油泵房的建筑布置、建筑防护和结构选型；说明除灰建筑的建筑布置、建筑防护和结构选型；说明化学水建筑的建筑布置、建筑防护和结构选型；说明烟囱、烟道结构及除尘器支架、引风机吊架选型。

6. 辅助和附属建筑物

建筑项目及建筑面积的依据和原则，建筑物的建筑布置和建筑处理，建筑物结构选型。

7. 厂前区及厂区建筑

根据自然条件、地区特点和工程需要，对厂前区及厂区建筑群统一总体规划，说明厂前区及厂区建筑布置特点和设计考虑的原则，如平面布置、朝向方位、空间处理、建筑造型、立面和色彩基调等，重点处理好生产试验楼、行政办公楼、招待所、食堂等建筑，并注意与主厂房相协调，厂前区建筑创作，应多方案研究，经过论述比选，以获得最佳方案，提出推荐理由。

8. 附件

有关审批、鉴定、协议等文件，本卷专题论证报告。

9. 建筑结构部分图纸目录及其深度要求

（1）建筑结构部分图纸目录见表 5-17。

表 5-17　　　　　　　　　　　　　　建筑结构部分图纸目录

| 序号 | 图 纸 名 称 | 比 例 | 备 注 |
|---|---|---|---|
| 1 | 主厂房建筑图——底层平面 | 1：100～1：200 | 主厂房布置如采用两个方案时，土建配合工艺补充不同部分的图纸 |
| 2 | 主厂房建筑图——运转层平面 | 1：100～1：200 | |
| 3 | 主厂房建筑图——除氧煤仓间及各层平面 | 1：100～1：200 | |
| 4 | 主厂房建筑图——横剖面图 | 1：100～1：200 | |
| 5 | 主厂房建筑图——汽轮机侧立面 | 1：200 | 必要时附彩色立面图及彩照 |
| 6 | 主厂房建筑图——固定端立面 | 1：200 | |
| 7 | 主厂房建筑图——锅炉侧立面 | 1：200 | 露天锅炉可不出此图 |
| 8 | 主厂房主要承重结构的基础方案图 | | 当地基较差或地质情形复杂时出此图 |
| 9 | 主厂房结构总图 | 1：100 | 应将汽轮机房、框架、炉架结构图及其剖面总体绘制（现浇结构不分段） |
| 10 | 炉架外形、分段图 | 1：100 | 当采用钢筋混凝土炉架时 |
| 11 | 主厂房地下设施规划布置图 | 1：100 | |
| 12 | 网络控制楼（主控制楼）建筑平、立、剖面图 | 1：100 | |
| 13 | 运煤建筑布置总图 | 1：100 | |
| 14 | 化学水处理室布置图 | 1：100 | 可与工艺合并出图 |
| 15 | 屋内配电装置平、立、剖面图 | 1：100 | 可与工艺合并出图 |
| 16 | 灰浆泵房布置图 | 1：100 | 可与工艺合并出图 |
| 17 | 生产试验楼建筑平、立、剖面图 | 1：100 | |
| 18 | 行政办公楼建筑平、立、剖面图 | 1：100 | |
| 19 | 新结构方案布置图 | | 视工程需要 |

（2）建筑结构部分图纸深度要求。

建筑图：

1）厂房柱轴线定位、主设备（汽轮机、锅炉、磨煤机、给水泵、除氧器、煤斗、皮带等）的位置、主厂房布置图绘制方位应按统一规定。

2）应表示伸缩缝、抗震缝、抗震墙（支撑）的设置、检修场、集控楼、厕所等生活辅助车间的布置、楼层标高和厂房空间利用。

3）应表示通道、楼梯、电梯等水平、垂直交通运输的设计。

4）应表示门窗布置、天窗布置。

5）应表示主要承重结构外形尺寸和断面尺寸，围护结构型式、厚度和布置。

6）应表示通风、采光、隔热、保温、防晒、防水、排水和噪声控制等方面的措施。

结构图：

1）应表示主要承重结构的型式、布置和主要断面尺寸（地震区抗震墙、支撑布置）。

2）应表示主厂房等基础型式和主要地下设施的布置。

3）应表示装配式结构的分段、制作、试验示意图。

4）应表示新结构的设计、制作、试验示意图。

5）必要时应表示防止不均匀沉降措施。

6）应表示抗震构造措施。

10. 建筑结构部分计算书及其深度要求

（1）建筑结构部分计算书见表5-18。

表 5-18　　　　　　　　　　　　建筑结构部分计算书

| 序号 | 计 算 项 目 | 备 注 |
|---|---|---|
| 1 | 主厂房采光计算 | |
| 2 | 辅助、附属、生活建筑面积计算 | |
| 3 | 主厂房除氧、煤仓间框架汽轮机房、锅炉房外侧柱计算 | 当有同类工程的成熟经验时可不计算，但应有套、活用计算书及部分需验算的项目 |
| 4 | 锅炉构架计算 | 当采用钢筋混凝土炉架时 |
| 5 | 烟囱计算 | 新型烟囱时计算 |
| 6 | 主厂房等基础选型和沉降初步计算 | |
| 7 | 地震区抗震验算 | 主厂房等重要生产建筑物 |
| 8 | 新结构选型计算 | |
| 9 | 各方案经济比较计算 | |

（2）建筑结构部分计算深度要求。

建筑部分：

1）应有主厂房汽轮机间运转层天然采光计算，以满足采光标准所规定的天然照度系数。

2）对援外、典设等工程应进行噪声控制计算。

3）应有全厂辅助、附属建筑面积定额计算（列表）。

结构部分：

1）应选择有代表性的框架、构件和基础进行计算，使结构布置、结构型式的选择符合安全、经济、合理的要求［当有类似工程的成熟经验时可不计算，但应有套（活）用计算书］。

2）地基处理和基础选型计算应按相应的规范规程进行，以保证建筑物的安全和正常使用，做到技术先进、经济合理。

**十二、初步设计文件第十一卷"采暖通风及空气调节部分"的内容**

1. 概述

设计依据、批准的设计任务书、技术条件书、厂址条件和有关协议等；设计原始资料，采暖、通风设计所采用的气象数据，包括室外采暖、通风、空调计算温度、相对温度、大气压力、盛行风向及风速等；室内设计参数，水文地质资料，如土壤冻结深度、地下水标高，机炉等主要设备的散热量和散湿量的数据，主厂房机炉设备布置情况及主厂房封闭方式，设计煤种、煤的表面水分、煤的可燃基挥发分、煤的游离二氧化硅含量等。

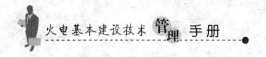

2. 采暖热媒及加热站

属集中采暖区或过渡区，采暖设计范围及规模，分期设计还是一次建成，采暖及生活用汽汽源、参数及用汽量、采暖热媒种类、参数及热源情况等，蒸汽采暖：凝结水回收方式、地点、回收量及利用情况，采暖热媒参数、加热站设计规模；采暖加热站，采暖加热站在厂区位置，供暖范围，系统划分及方案（厂区、厂前区、福利区、污水站等），如何考虑扩建裕度，采暖热负荷，加热站、水泵等主要设备的型号、规格、备用情况，用汽参数及用汽量，实际汽源落实情况，是否有备用汽源，加热器凝结水回收方式、地点、回收量、利用情况，加热站拟提供热水参数、控制方式、设备选择计算结果及参数，定压方式，补充水运行方式、水量、水质、水源。

3. 主厂房采暖、通风与空调

主厂房采暖，采暖设计范围，分期设计还是一次建成，对于分期设计的寒冷地区电厂，过渡期的采暖方式（扩建端墙临时密封措施及临时采暖设计情况），接管分界线、汽源参数及用汽量、汽源备用情况，采暖热媒种类及参数，蒸汽采暖凝结水回收方式、地点；回收量及利用情况，热水采暖：定压方式、补充水方式及水源、水质、水量，加热站设置情况，热负荷计算方法、原则，采暖设备的选择及布置方式；主厂房通风，主厂房通风方式及气流组织，主要设备散热量，汽轮机房设备散湿量排除余热（余湿）所需通风量，通风方式、进、排风窗设计位置、开窗面积是否满足自然通风要求，机械通风设计要点；冬夏两季全面通风的进排风方式及风量、冬季允许锅炉送风机在室内吸风量等，主厂房大型电动机通风：当主厂房内大型设备的驱动电动机功率≥1000kW，工艺对本专业提出具体要求时，应说明电动机的通风方式、电动机散热量、通风量及具体通风措施；厂用配电室、厂用变压器室、出线小室、母线室、蓄电池室等电气设备房间通风：应说明通风量计算原则（排除余热、有害气体），通风量及通风方式；集中控制室、电子计算机室及其他房间的采暖、通风与空调，对于不需要设计空调的单元控制室，应说明夏季通风及冬季采暖方式，单元控制室、电子计算机室空调，室内空调设计参数，空调机房位置、面积等，空调设计方案（系统冷源选取、冷负荷等及设备选择，气流组织）及主要空调设备的型号、规格和数量、消声减振，保持空气洁度方法，系统风量、新风量及风量调节方式，空调系统防火、排烟设计简况：防火、排烟、排烟阀、排风机的设置情况及控制或操作方法等，空调机房防水、排水措施，空调机组（或冷水机组）的冷却方式、冷却水量、水温、水压及与有关专业接口位置，冷却水回收措施及与有关专业接口位置，其他房间的采暖、通风与空调设计（具体要求同上）。

4. 生产、辅助生产、附属生产建筑的采暖、通风及空调

采暖，对网控楼、通信楼、集中综合楼等主要建筑以及采暖有特殊要求的蓄电池室等建筑，应予以说明；通风，有事故排风要求及通风降温要求的电气设备间，说明其通风方式、风量、设备选型、气流组织等，有害气体房间（蓄电池室、酸、碱泵房等）对排出通风量确定设备选型、通风方式、防腐、防爆措施应予以说明，煤仓间、地下运煤栈桥、（隧道）通风设计标准与方法，通风换气次数、设备选型与气流组织应进行论述，空调具体内容要求同上。

5. 运煤系统采暖、通风、除尘及解冻

采暖，说明采暖范围、系统划分，在严寒地区如何考虑机械除尘抽风所带定的热量的补

偿措施；采暖设备选择及布置方式，若为蒸汽采暖，应说明热媒参数、凝结水回收方式及利用情况，严寒地区大门热风幕设置情况；通风与除尘，运煤车间室内空气含尘浓度设计标准与排放标准，实现该标准采取的技术措施，煤仓层除尘、煤仓排除甲烷通风除尘设计方案，风量计算与设备选型、运行方式，转运站除尘，各转运站除尘设计方案，风量计算及设备选型、备用情况、除尘卸灰方式，翻车机喷水防尘，喷嘴布置型式、水泵、水箱布置、水量、水源及运行方式、控制方式，碎煤机室、卸煤沟等处的除尘设计方案、风量确定及设备选型等，运煤系统除尘设备的控制方式及工艺主设备连锁运行方式等；解冻，解冻方式，设计要点。

6. 厂区采暖热网

热网最大作用半径、供热范围、区域划分、系统划分，敷设方式，管网单体建筑连接方式，管道保温材料的选用，补偿器型式及布置原则，厂区供热管网与福利区供热管网是否合用一套系统，扩建预留情况。

7. 附件

本卷专题论证报告。

8. 采暖通风及空气调节部分图纸目录及其深度要求

（1）采暖通风及空气调节部分图纸目录见表 5-19。

表 5-19 采暖通风及空气调节部分图纸目录

| 序号 | 图 纸 名 称 | 比 例 | 备 注 |
|---|---|---|---|
| 1 | 主厂房采暖、通风平剖面图自然通风示意图 | | 包括自然通风计算表及热、风平衡计算表 |
| 2 | 采暖加热站热力系统流程图（带控制节点） | | |
| 3 | 采暖加热站平剖面图 | 1：50 | |
| 4 | 单元控制室、电子计算机室（含空调机房）平剖面图 | 1：50 | |
| 5 | 空调系统流程图及自动控制原理图 | | 含单元控制室、电子计算机室 |
| 6 | 空调集中制冷站平面布置图 | 1：50 | |
| 7 | 制冷系统流程图（带控制节点） | | |
| 8 | 煤仓、煤仓间及转运站除尘剖面图 | 1：50 | 可与土建或工艺合并出图 |
| 9 | 网控楼、电气楼空调平面图 | 1：50～1：100 | 就地安装的柜式空调窗式空调不出图 |
| 10 | 转运站（含碎煤机室）除尘平剖面图 | 1：100 | 可与工艺合并出图 |
| 11 | 翻车机室喷水除尘 | | 可与土建、工艺合并出图 |
| 12 | 地下卸煤沟通风、除尘方案示意图 | | 可与土建工艺合并出图 |
| 13 | 厂区热网沟道走向、补偿位置、检查井位置、沟道断面图 | | 可与总交合并出图 |
| 14 | 全厂采暖、通风、空调、除尘的冷、热负荷、耗电量一览表 | | 可放在说明里分冬季、夏季及过渡季三种情况 |

（2）采暖通风及空气调节部分图纸深度要求。

主厂房采暖、通风平剖面图、自然通风示意图：

1）应表示与自然通风有关的主厂房剖面图，建筑部分用单线表示；纵向轴线编号及尺寸，各层地卸标高及各层进排气窗窗底；窗顶标高，各层进排气窗编号，用箭头示意气流组织情况。

2）主厂房自然通风计算表，应按《火力发电厂采暖，通风、除尘设计手册》假想压力法列表。

3）如果有必要，还需画主厂房采暖、通风平剖面图。

4）必要的说明。

采暖加热站热力系统流程图：

1）应用单线绘出系统流程图。

2）应注明设备名称（或编号）。

3）应注出主要阀门及仪表（包括控制仪表及指示仪表）名称（或编号）。

4）应注明主管道管径。

5）应用箭头表示介质流向。

6）应有必要的图例和文字说明。

采暖加热站平、剖面图：

1）应表示与采暖有关的工艺设备轮廓（循环水泵、补充水泵、凝结水箱、补充水箱等）及名称（或编号）。

2）应表示上述设备的外形尺寸及定位尺寸。

3）应表示汽、水管道布置图中能看见的主要阀门、仪表。

4）必要的说明。

单元控制室、电子计算机室空调平、剖面图：

1）应表示与空调有关的设备轮廓及名称（或编号）。

2）应表示上述设备的外形尺寸及定位尺寸。

3）风管应按比例用双线绘制，标注定位尺寸。

4）应标注管径（在变径处必须标注）。

5）应绘出平面图上可见的主要风管构件位置（如阀门等）。

6）应以箭头表示进、排风方向。

空调系统流程图及自动控制原理图：

1）单线系统流程图不按比例，但应符合系统实际流程。

2）图中应表示必要的阀门（调节阀、排烟阀等），并注明编号。

3）应标注必要的指示仪表（温度计、流量计、压差计等）及控制仪表位置。

4）应表示主要空调设备编号及性能。

5）应注明送、排风口及气流方向。

空调集中制冷站平面布置图：

1）应表示与制冷系统有关的工艺设备轮廓（冷水机组、循环水泵、控制表盘等）及名称（或编号）。

2）应表示与上述设备的外形尺寸及定位尺寸。

3）应表示汽（虹吸收式制冷机组）水（包括蒸汽凝结水、冷却水、冷冻水）管道布置、图中能看见的主要阀门、仪表。

4）必要的说明。

制冷系统流程图（带控制节点）：

参见采暖加热站热力系统流程图有关内容深度。

煤仓、煤仓间及转运站除尘平面图：

1）除尘器室平面布置图，应表示除尘器、除尘风机、除尘风道、布置，以及平面图上能见到的阀门。

2）应表示除尘器、除尘风机外形尺寸及定位尺寸。

3）应表示煤仓间内除尘管道面置、吸风口位置、卸灰口位置。

4）应表示管道直径（内径），在条件允许时标出管道标高。

5）直接安装在煤仓上及导煤槽上的小布袋及高压静电除尘系统，应表示平面示意图，标注必要的设备外形尺寸。

6）必要的说明。

网控楼、电气楼空调平面布置图：

1）就地安装的柜式空调、窗式空调不出图。

2）集中式空调系统，参照"单元控制室、电子计算机室空调室平剖面图"内容深度。

转运站（含碎煤机室）除尘平、剖面图：

1）在工艺及土建已出图的基础上，暖通应出方案示意图。

2）应表示除尘器室平面布置图。

3）应标注除尘器、除尘风机外形尺寸、定位尺寸。

4）应表示除尘管道走向、管径、必要的标高、吸风口及卸灰口位置。

5）直接安装在导煤槽上的小布袋（或高压压静电）除尘系统，应标出平面示意图，标注必要的设备外形及定位尺寸。

6）必要的说明。

翻车机室喷水除尘：

1）应表示水泵间平面布置图，水泵、水箱外形尺寸、定位尺寸。

2）应表示系统流程图及控制方式。

3）必要的套用说明：系统控制方式、喷水量、水源、采暖方式、用汽量、喷嘴排数及布置原则。

地下卸煤沟通风除尘方案示意图：

1）应表示进、排风口布置及气流组织示意。

2）应表示风机型式及风量。

3）应说明设计标准、换气次数、气流组织等。

9．采暖通风及空气调节部分计算书及其深度要求

（1）采暖通风及空气调节部分计算书见表5-20。

表 5-20                 采暖通风及空气调节部分计算书

| 序号 | 计 算 项 目 | 备 注 |
|------|------------|-------|
| 1 | 主厂房自然通风条件 | |
| 2 | 空调冷热负荷估算 | |
| 3 | 除尘计算 | |
| 4 | 通风设备选型计算 | |
| 5 | 采暖热负荷估算 | |
| 6 | 加热站主要设备选型计算 | |

（2）采暖通风及空气调节部分计算书深度要求。

1）主厂房自然通风计算。根据排出余热所要求的通风量，应确定自然通风开窗面积。当土建确实不能满足开窗面积时，应补充机械通风，合理组织气流，避免产生死角。

2）空调冷、热负荷估算。采用冷热指标法估算，预选空调设备（型号、规格、数量），提出冷（热）源参数。当采用人工制冷时，应确定冷却水水源、冷却水量、水源、水压要求。

3）除尘计算。确定除尘方案、计算除尘风量、预选除尘设备（型号、规格、数量）。

4）通风设备选型计算。确定房间通风量，预选通风设备。

5）采吸热负荷估算。采用热指标法，根据生产、辅助建筑面积估算出总热负荷，远近期结合留足够的扩建余度。

6）加热站主要设备选型计算。根据总热负荷，应进行加热站内主要设备（循环水泵、补充水泵、加热器）的选型计算。

**十三、初步设计文件第十二卷"水工部分"的内容**

1. 概述

设计依据、可行性研究报告审批文件、水源审批文件、电厂类型、规划容量、本期装机容量、机组型号、机组型式、设计主要原则，按设计依据、工程条件、设计技术标准和技术政策，应列出本工程所应遵循的主要设计原则；设计范围，简述本专业的设计范围与衔接，对外单位所承担的设计项目和分工协议，亦应予以说明；简述本专业设计主要内容，对扩建厂应说明原有厂的情况、存在问题以及由本期扩建工程需补充考虑的问题。

2. 区域自然条件

自然地理条件，简述厂址位置、地貌、地形、工程地质、地震及水文地质条件；气象，说明气温、湿度、气压、风速和风向、降雨量和蒸发量、冻土、积雪、直流供水系统列出特征值、二次循环系统列出逐月值，冷却塔、空冷岛和冷却池设计气象条件；供水水源，地表水水源、中水水源、矿井疏干水、联合供水水源、水源概况、流量行进供水靠性分析、供水协议、投资、建设进度和调度方式等，说明有关水利规划和主管部门对电厂用水的意见。

3. 全厂水务管理和水量平衡

说明循环水需水量、补给水需水量、全厂公用水需水量，包括工业、生产、生活、消防补充及冲洗用水等；全厂废水的回收及利用，说明节约用水措施、全厂水量平衡、全厂给水、排水计量控制设施。

4. 供水系统选择及布置

系统方案比较与优化设计，说明技术供水方式与方案，各种方案的技术条件并进行技术经济比较，方案比较优化计算及结果，提出最佳方案的技术经济指标；系统水力计算及循环水泵选择，进行循环水系统水力瞬态分析，说明循环水管沟布置，以及海水循环冷却系统的防腐、防污损措施。

5. 取排水建（构）筑物设计或补给水系统设计

取排水口位置及型式选择，取水构筑物方案比较，说明推荐意见，取水构筑物防冲淤、防冻及防草措施；岸边泵房布置及附属设备选择，进水间流道设计，附属设备选择，取排水建（构）筑物结构设计，取排水建（构）筑自然条件，工程地质、工程水文、取排水建（构）筑物结构型式选择，取排水建（构）筑物施工方案（包括顶管、管沟、沉井、围堰等施工方法），取排水建（构）筑物的基础型式及地基处理方案，取排水建（构）筑时最大冲刷深度估算及防护措施，取排水建（构）筑物的水工模型试验或试验要求，特殊的水工混凝土材料要求，循环水管沟的结构型式及地基处理，取排水建（构）筑物抗震设防标准，泥沙沉积的防治措施；地下水方案、中水方案、矿井疏干水方案，说明水源的规划、设计、补给水管道条数、管径、管材的选择和管路布置、水力计算、补给水系统水力瞬态分析等。

6. 冷却设施

冷却塔工艺布置（包括防冻措施），冷却塔结构型式选择，冷却塔地基处理，冷却塔抗震设计标准；水面冷却的基本条件、水库、湖泊冷却，说明水文特征值，如有关水位及其相应的冷却面积和库容、水库调节计算结果，淤积计算和防淤措施，水库与电厂联合运行的调度，建设进度的配合，主管单位同意的书面意见或协议，河道冷却，说明水文特征值，如有关流量、水位及其相应的冷却面积，天然与冷却水的流程，河道和河网的规划，主管单位的同意书面意见或协议，说明数字模型计算的水工模型试验的成果，说明热污染的预测及防治措施，说明冷却工程设施与构筑物。

7. 外部水力除灰系统

除灰管道，管线选择与敷设方式、管径、根数与管材的选用，支座结构型式及主要跨越构筑物，检修道路及管廊用地，灰水回收系统等。

8. 灰场

灰场的自然条件、工程地质、工程水文；灰场的面积、容积、分期建设的划分及相应的存灰年限；灰场的堆灰方式及灰坝设计标准；灰场的坝型选择，是否分期加高方式，筑坝材料的选择及其来源，灰坝透水性，包括如透水时污染的防治措、灰场防洪、排洪设计标准和防洪、排洪构筑物措施；灰场灰坝的地基处理方案，河滩灰场临河侧的防护措施；灰坝抗震设防标准；灰场的辅助建筑物；灰场的占地面积，拆迁户数、人数、房屋间数和建筑面积；干灰场防洪水拦截措施、堆灰方式、施工运行机具和防止灰尘飞扬的措施等。

9. 生产、生活给排水

说明生产、生活用水量，水泵与水泵房，屋顶水箱与蓄水池，给水管网，生产废水和生活污水管道，生产废水和生活污水泵房，雨水管道及雨水泵房。

10. 净化站

净化站规划和处理能力，工艺流程和布置，处理构筑物（包括工艺与结构）。

11. 生活污水处理及工业废水处理

参见环境保护生活污水处理及工业废水处理。

12. 附件

对外签定的协议项目，本卷专题论证报告。

13. 水工部分图纸目录及其深度要求

（1）水工部分图纸目录见表 5-21。

表 5-21　　　　　　　　　　　水 工 部 分 图 纸 目 录

| 序号 | 图 纸 名 称 | 比 例 | 备 注 |
|---|---|---|---|
| 1 | 水工建筑物总布置图 | 1：5000～1：2500 | 可与总交厂区总体规划图合并出图 |
| 2 | 厂区水工建筑物布置图 | 1：1000 | 可与总交厂区总平面布置图合并出图 |
| 3 | 供水系统图 | | |
| 4 | 供水系统高程图 | | 可用于直流供水 |
| 5 | 全厂水量平衡图 | | |
| 6 | 取水建筑平剖面图 | 1：100～1：200 | 用于取地表水 |
| 7 | 取水泵房平剖面图 | 1：100 | （1）用于取地表水；（2）二级升压泵房、中央泵房、单元泵房、可说明要求 |
| 8 | 厂区外循环水管、沟、渠平剖面图 | 1：200～1：500 | 用于直流水供水系统 |
| 9 | 排水口平剖面图 | 1：100～1：200 | 用于直流供水系统 |
| 10 | 地下水源地开采布置图 | 1：1000～1：50 000 | 用于取地下水的循环供水系统 |
| 11 | 升压泵站平面布置图 | 1：200～1：500 | 同上 |
| 12 | 补给水管平剖面图 | 1：1000～1：2000 | 用于循环供水系统 |
| 13 | 汽轮机房前管沟布置图 | 1：200～1：300 | |
| 14 | 冷却塔附近管沟布置图 | 1：200～1：500 | 用于带冷却塔的循环供水系统 |
| 15 | 冷却塔平剖面图 | 1：100～1：250 | |
| 16 | 冷却池平面图和流程图 | 1：2000～1：10 000 | |
| 17 | 外部水力除灰管道平面及纵剖面图 | 水平 1：1000～1：2000 垂直 1：100～1：200 | |
| 18 | 灰管大跨越管桥平剖面图 | 1：50～1：200 | |
| 19 | 灰场平面布置图 | 1：1000～1：2000 | |
| 20 | 灰场围堤纵横剖面图 | 1：100～1：500 | |
| 21 | 灰场排水道纵横剖面图 | 1：100～1：1000 | |
| 22 | 净化站平面布置图 | 1：200～1：300 | 用于地表水 |
| 23 | 净化站系统和高程图 | | 用于地表水 |
| 24 | 综合水泵房平面图 | 1：100～1：200 | 大型泵房可出图，一般生活消防泵房可不出图 |
| 25 | 雨水泵房平剖面图 | 1：100～1：200 | 大型雨水泵可出图一般排水泵房不出图 |
| 26 | 生活污水处理系统图 | | |
| 27 | 生活污水处理设施布置图 | 1：200～1：300 | |
| 28 | 工业废水处理系统图 | | |
| 29 | 工业废水处理设施布置图 | 1：200～1：300 | |

（2）水工部分图纸深度要求。

水工建筑物总布置图：

在地形图上应绘出水源地、取排水构筑物、灰场、冷却池、厂区外供排水管线、水力除灰管线、厂区范围及建筑物、厂区防洪规划、福利区范围等，并示出指北针。

厂区水工建筑物布置图：

1）在厂区总布置平面图应绘出水泵房、冷却塔、净化站、污水处理站等构筑物位置及必要的坐标和标高，示出风玫瑰图。

2）应绘出循环水管沟、渠，水力除灰管、沟，生产、生活、消防给水和排水干管位置及必要的标高。

供水系统图：

1）应表明电厂容量、规模、供水系统的设备、构筑物、管线和阀门，用以说明运行方式和工艺流程。

2）应包括凝汽器和辅机冷却水系统、补给水系统、工业用水、除灰用水、除尘用水、化学水处理用水、生活用杂用水、消防用水等水源的引接。

3）应表明水流方向、管道直径、沟道断面尺寸、分期建设的范围。

供水系统高程图：

应表明水泵房、主厂房、凝汽器、虹吸井、排水口、循环水管、沟主结点的高程布置，依据水力计算标明构筑物的特征水位。

全厂水量平衡图：

按流程绘制方块图，应表示各个用水对象的进水、出水水源、水量，包括各种工业废水和生活污水经处理后或回收复用后的水量。

取水建筑物平剖面图：

1）应表示各种型式的取水构筑物，如低坝取水、斗槽取水、明渠取水、自流引水管取水等。

2）应表示必要的河道整治和护岸工程、防浪、消浪措施。

3）取水建筑物附近的河或海湾的潮势，具有水下和岸边的地形、地质柱状图。

取水泵房平剖面图：

1）应表示水泵机组、管道和阀门的布置、进水间清污设备的布置、进水流道的布置、附属设备的布置。

2）应表示多特征水位、各层的标高，室内外地坪关系，交通运输道路和引桥，行车的跨度选择和吊钩极限位置。

3）应表示土建结构的外形、基础墙、梁、柱的轮廓及其尺寸、门窗、平台、楼梯、电缆沟、暖气沟、吊物孔位置、轴线、柱网伸缩缝布置。

4）应表示阀门切换井的布置及结构。

5）剖面上应绘有自然地面线和必要的地质柱状图。

厂区外循环水管、沟、渠平剖面图：

1）应表示从取水泵房至厂区围墙的循环水压力管道，或从取水建筑物至厂区围墙的引水明渠。

2）应表示从厂区围墙至排水口的循环水自流沟或暗渠。

3）应表示管线沿途的地形、地貌和地物、管线转角坐标、长度尺寸。

4）应表示必要距离典型的横断面图，应表示开挖边坡、管沟断面尺寸、间距、埋设标高和地面标高。

5）应表示主要穿越构筑物的纵横平剖面图，以及相对关系和保护措施。

排水口剖面图：

1）应表示排水口地形、排水口型式、轮廓和结构尺寸、标高、特征水位，排水口位置（坐标）与河流的夹角、指北针、地质柱状图。

2）应表示热水层扩散掺混措施、消能措施、防浪措施等。

地下水源开采布置图：

1）在地形图应表示出群井布点，各井至母管（升压泵站）的出水文管布置，必要的坐标、管径、转角、长度等。

2）应表示各井点间连结交通道路、指北针。

升压泵站平面布量图：

应表示升压泵站围墙内的升压泵房、蓄水池、主要管道与阀门、变压器开关间、仓库、生活间、道路、围墙等位置。

补给水管平剖面图：

应表示从取水泵房至厂区围或从地下水源地母管（升压泵站）后至厂区围墙补给水管道。

汽轮机房前管沟布置图：

1）应表示以循环水管、沟、渠、井为主，结合专业管沟（事故排油管、生活消防管道、工业水管道、机务各种进排水管道、电缆沟、暖气沟、化水管沟、热力网、下水道等）的综合布置。

2）应表示主厂房A排柱和基础、变压器和附属电气设备以及基础、出线、天桥等构筑物基础与管沟相对位置关系，环形道路、入汽轮机房道路、变压器检修道路，汽轮机房前零星建筑物和设备基础。

3）应表示A排柱号、凝汽器中心线，各种管沟名称、管径或断面尺寸，平面距离尺寸，必要坐标，标高。

4）应表示进出厂房管道纵剖面图和横剖面图，交叉比较复杂处的剖面图，表明各层次和基础的关系。

冷却塔附近管沟布置图：

1）应表示冷却塔出水，流道中央（或单元）泵房的进水流道，进冷却塔压力管道和阀门的布置，冷却塔排污溢流管的布置，其他管沟的处置。

2）应表示交叉复杂处的剖面图，进出冷却塔和泵房管沟的剖面图。

冷却塔平剖面图：

1）应表示冷却塔配水层和水池平面图，全高剖面图，新塔增加淋水装置放大剖面图，水池冬季防水冻设施。

2）应表示各层次工艺布置，结构几何形状和梁柱布置，注明层标高的半径，塔筒基础和淋水构架基础型式以及地基处理。

冷却池平面图和流程图：

1）应表示取排水口位量，冷却辅助设施（如挡热墙、导流堤）消能设施、扩散或掺混设施、堤坝、闸门等设施的布置，有关构筑物的必要剖面图。

2）应表示带有水下地形图及岸边淹没线。

3）应表示冷却水流程和冷却面积。

外部水力除灰管道平面及纵剖面图：

1）应表示在带状地形图上布置灰管线和检修道路，标明桩号转角坐标、管径和根数。

2）应表示在地形剖面图上按高程布量，标明自然地面、设计地面、管中心标高、坡度、平面距离、实际长度等。

3）在纵剖面图上应表示支座型式和间距，管接头型式和间距，放气点、排水点、穿越公路、铁路、河流、渠道等的处理，必要时附放大图。

4）应表示一定间距典型的横剖面图。

灰管大跨越管桥平剖面图：

1）应表示管桥位置及地形，必要的坐标和指北针，设计最高最低水位，地质柱状图。

2）应表示管桥，管道支座布置及检查走道布置，桥墩的基础型式和埋置深度，桥面标高、下弦标高、跨度。

3）应表示桥与路的连接型式，河段的护岸型式。

灰场平面布置图：

1）应表示灰场位置地形、指北针和风玫瑰图，必要的坐标。

2）应表示灰场围堤，排洪防洪和灰水澄清排放构筑物的布置。

3）应表示堆放灰标高和容积、面积关系曲线，说明堆灰年限及分期建设规划。

灰场围堤纵横剖面图：

1）应表示坝标高、马道标高、坝底标高，灰坝边坡及护面型式，灰坝用滤层型式，坝体材料。

2）应表示穿越灰坝构筑物的结构型式。

3）应表示坝基处理方案和灰坝后期加高方案。

灰场排水道纵横剖面图：

1）应表示排水道主要结构型式及尺寸。

2）应表示排水道各段长度、坡度及标高。

净化站平面布置图：

1）应表示净化处理构筑物、配电室、控制楼、加药间、各类管线和阀门、电缆沟、暖气沟、道路和围墙的平面布置，扩建预留位置。

2）应表示指北针、各构筑物及相互间距的尺寸，必要的坐标。

3）应列出建筑物和设备一览表，管线图例。

净化站系统的高程图：

1）系统图应表示处理系统分期建设规模、处理设备和构筑物、管线的阀门相互的连接，说明运行方式和工艺流程，标明水流方向和管道直径。

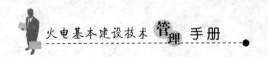

2) 高程图应表示地面高程、各处理构筑物特征高程、管线结点高程、各处理构筑物水力联系的水位高程。

综合水泵房平剖面图：

1) 应表示生活水泵、消防水泵、生水泵、工业水泵、冲洗水泵、排水泵、稳压水泵等的布置，管道和阀的布置、行车跨度选择和吊钩极限位置，各层标高、入门交通运输。

2) 应表示建筑和结构的外形、基础、梁、柱、墙的轮廓及其尺寸，门窗、平台、扶梯位置，轴线、柱网、伸缩缝的布置。

雨水泵房剖面图：

应表示雨水泵和管道阀门的布置、集水池清污设备布置、事故排出口和切换闸门的布置、各库标高、入门交通运输。

14. 水工部分计算书及其深度要求

(1) 水工部分计算书见表5-22。

表 5-22 　　　　　　　　　　　　水工部分计算书

| 序号 | 计 算 项 目 | 备 注 |
|---|---|---|
| 1 | 发电厂全厂水量平衡计算（包括补充水量） | |
| 2 | 循环水泵选择与供水系统的水力计算（包括虹吸井水位） | |
| 3 | 供排水方案技术经济比较计算（完整的比较计算应由水工布置、结构、预算三个专业完成） | 有条件时争取提出技术经济指标<br>(1) 水工运行费用按电厂总容量计算（元/kW 元/t冷却水）；(2) 基建投资按单项工程计算（元/kW 元/t冷却水） |
| 4 | 净水系统所有构筑物选择计算 | 选用典设或已投产的同样设备可免算 |
| 5 | 深水泵、消防水泵、生活水泵选择计算及水塔水池容量、水塔高度等计算 | |
| 6 | 污水处理系统构筑物选择计算 | |
| 7 | 雨水量计算与雨水（或污水）泵设备选择计算 | |
| 8 | 沉沙池计算 | 工程需要时提出 |
| 9 | 有关水工建筑物的水力计算 | |
| 10 | 冷却设备热力计算和技术经济比较 | 可利用计算机作本项工作 |
| 11 | 冷却池冷却能力估算 | |
| 12 | 水工建筑物稳定性计算 | |
| 13 | 水工建筑物结构尺寸计算 | |
| 14 | 水工建筑物结构工程量计算 | |

(2) 水工部分计算书深度要求。

发电厂全厂需水量平衡计算（包括补充水量）：

应包括主机冷凝器、油冷却器、小汽轮机冷凝器、发电机空冷、水冷冷却器、射水泵、电动给水泵、油冷却器、空冷却器、励磁机送风机油冷、送引风机空冷、引风机油冷、主变冷却水、化学水、工业用水（轴承冷却水）空调冷却用水、生活用水、冲灰用水（利用循环水排水）等计算。冷凝器用水量应分夏冬条件计算。

循环水泵选择与供水系统的水力计算（包括虹吸井水位）：

在系统水力计算基础上提出水泵型号规格、管径和根数、水沟断面、坡度、虹吸井、虹吸水位、最高水位自流进水管或渠道首终点中心标高（或渠底标高）。

供排水方案技术经济比较计算（完整的比较计算应由水工布置、结构和预算三个专业完成）：

根据序号1、2计算结论在同一比较标准的前提下，列表计算各方案技术经济比较，包括工程量、投资、运行费、材料消耗等的计算。各方案的优缺点列表说明。

净化系统所有构筑物选择计算：

按选用的净水设施，应按计算公式（给水排水设计手册）计算主要决定净水构筑物几何尺寸、管道孔口大小高程布置。

深井水泵、消防水泵、生活水泵选择计算及水塔、水池容量、水塔高度等计算：

按环形管网在不利运行情况下进行水力计算选择水泵，水塔高度和水池容量应按消防要求标准确定。

污水处理系统构筑物选择计算：

构筑物容量及主要尺寸，系统高程布置。

雨水量计算与雨水（或污水）泵设备选择计算：

在具备竖向布置资料时，应按水文提出的降雨量公式计算厂区雨水量，结合厂区各专业已明确的其他排水量进行下水道网水力计算，初步选择干管的直径、主要走向、位置，选择雨水泵型号和台数。

沉沙池计算：

应按粒径、沉降速度资料进行沉沙池水力计算，决定沉沙池的长、宽、深和格数。

有关水工建筑物的水力计算：

参考有关水工设计手册进行，通过水力计算决定建筑物的几何尺寸和高程布置。

冷却设备热力计算和技术比较：

根据多年月平均（1～12月份）气压（mbar），昼夜平均干球温度（℃）、昼夜平均相对湿度（％）、夏季10％频率、昼夜平均气温、昼夜平均相对湿度、湿球温度，选择合适的淋水面积的冷却塔。

冷却池冷却能力估算：

冷却池冷却能力估算，在无成熟计算方法计算时，可参考类似工程的模型试验原体观测等资料进行。

水工建筑物稳定性计算：

对取水建筑物和水泵，根据所在位置地质水位资料和荷载情况，进行浮力、倾覆、水平滑移、圆弧滑动等稳定性计算，应满足最小稳定安全的要求。

水工建筑物结构尺寸计算：

可选择有代表性的墙板、框架、构件、基础、进行强度、刚度、抗裂性计算，使结构达到安全经济要求。

水式建筑结构工程量计算：

土（石）方工程量及三材（钢材、木材、水泥）耗量的估算。

## 十四、初步设计文件第十三卷"环境保护部分"的内容

### 1. 概述

环保设计依据，环保设计规定，初步设计文件内容深度规定，环境影响报告书及其审批意见工程可行性研究报告审批文件中与环保有关的内容，煤灰综合利用可行性研究报告及其审批文件；电厂规模（老厂容量、本期容量、规划容量），燃料来源、燃料种类、配比、耗量及燃料元素分析，本期工程与环境保护有关的机组型式及系统，本期工程各类大气污染物的排放量及其浓度，本期工程各类生活污水、工业废水中污染物的排放量、排放频率及其浓度，本期工程灰、渣等各类固体污染物的排放量及灰的元素分析，本期工程各类噪声的声源，扩建电厂老厂大气污染物的排放量及其浓度，本地区大气、水体受纳体的本底浓度与标准要求，地区环境的重点保护对象，与老厂统筹治理的扩建电厂，其统筹治理项目和老厂的系统和污染现状（污染物及浓度），本地区主要污染源的分布及其污染物（包括降低本底浓度的措施）。

### 2. 烟气污染防治

本期工程烟气污染物的各防治系统方案及其位置，主要治理设备的型号、规范、数量及布置、系统的出力、监测点、效率，进行方案比较；炉内降低 $NO_x$ 的形成，除尘、脱硫复用（回用）烟气量、系统及主要控制指标；烟囱型式、数量、高度、出口直径及其合理性；扩建电厂与老厂烟气处理系统统筹治理时，相衔接项目的治理系统、措施、出力、效率、治理效果；本期工程与规划容量统筹治理，相衔接项目的治理系统、措施、出力、效率和治理效果；结合当地地形、气象、大气本底，对老厂的统筹治理，对规划容量的统筹治理，说明本期工程建成后对环境影响的程度，并列表说明各污染物地面一次浓度最大值及其机率、日平均值及其机率、年、日平均值及其机率、各标准值及污染物所占比例、影响范围、最大浓度距离及允许排放量和实际排放量所占比例。

### 3. 生活污水处理及工业废水处理

生活污水的治理系统方案、复用（回用）水系统方案（包括污泥的处理和处置）及其位置。各治理系统的出力、进出门控制指标、取样点监视仪表、计量装置、自动控制程度。各治理系统处理的效率和效果，并进行方案比较，生活污水处理站分期建设规划，生活污水处理系统设备的型号、数量及布置，扩建电厂与老厂生活污水系统、治理措施、复用（回用）系统进行统筹治理时，相衔接项目的系统、水量、水质、治理系统方案、出力、效率及效果，结合老电厂生活污水及规划容量时电厂生活污水的统筹治理、复用（回用），说明电厂建成后对环境（包括生物）影响的程度。

工业废水处理，本期工程直流冷却循环水排水水量、水温、掺混区位置及面积、掺混降温采取的措施，各类工业废水的治理系统、方案、复用（回用）系统方案及其位量，主要治理设备的型号、规范、数量及布置，各治理（复用）设备系统出力、进出口控制指标、监测点、监测仪表、计量装置及自动化程度，各治理（复用）系统的处理效率和效果，并进行方案比较，工业废水处理站分期建设规划，扩建电厂与老电厂工业废水系统、治理系统，列表说明对外排放口的排放量、监测点、计量装置、各污染物的浓度及其标

准、占标准的比例，结合灰场的地质特征（渗透性、过滤性和溶出性），说明电厂建成后对环境（包括生物）影响的程度，各种工业废水在复用（回用）中存在的工艺问题及解决措施的方案。

4. 灰渣治理及综合利用

本期工程灰渣系统、出力、位置及主要设备型号、规范、数量及布置。灰场概况分期库容、规划库容及堆灰年限，防止灰渣（包括输送、储存系统）对周围环境二次污染（包括飞扬、渗透、防洪）的技术措施及主要设备的型号、规范、数量和效果；灰渣综合利用所需灰、渣质量的控制指标及综合利用的预期效果（按综合利用的可行性研究报告及协议文件），其配套的灰和渣输送、储存系统的出力、灰、渣的质量及主要配套设备型号、规范、数量。

5. 噪声治理

本工程各主要噪声源的噪声水平，主要设备在启动、运行和事故情况下噪声治理措施，厂房总布置中的防噪措施，厂区总布置中的防噪措施，采取噪声治理措施后本工程的噪声水平。

6. 水的总平衡及计量

各取、排水量的总平衡，排放总量、各排放门的水量及其污染物的浓度，各种损失量及水质，各复用（回用）水的水量、水质、计量装置、监测仪表、取样装置，总用水量及其水质，节约用水措施。

7. 绿化

厂区绿化布置的原则、重点区域绿化设计，冷却塔、主厂房、煤场、灰场等周围的重点地区绿化方案，厂区和厂前区采取的绿化措施和方案，厂区绿化面积、绿化系数、种植种类及其对环境的效果。

8. 环保管理及监测

环保管理机构、定员，监测站的位置、规模，监测原则，监测站主要仪器设备，本期工程各污染源和治理措施系统的监测点和监测系统。

9. 环保投资费用

说明环境保护设施应包括的内容，应说明环保投资占本期工程投资的百分比，火电厂环境保护投资估算应包括下列费用：

（1）环境保护设施费。

（2）环境影响评价费（包括测试、试验、监测和编制）。

（3）环境保护科研费（包括本价、设计、施工）。

（4）环境保护设施竣工验收测试费。

10. 附件

环境保护影响报告书及审批文件（包括预审文件和审批文件），有关煤灰综合利用的可行性研究报告的审批文件，可行性研究报告及审批文件中有关环境保护部分，本卷专题论证报告。

11. 环境保护部分图纸目录及其深度要求

（1）环境保护部分图纸目录见表5-23。

表 5-23　　　　　　　　　　　　　　　　　环境保护部分图纸目录

| 序号 | 图纸名称 | 比　例 | 备　注 |
|---|---|---|---|
| 1 | 厂址地理位置图 | 1：50 000～1：100 000 | 套用第十三卷图纸 |
| 2 | 厂区总平面布置图 | 1：1000～1：2000 | 套用第十三卷图纸 |
| 3 | 全厂绿化规划图 | 1：1000～1：2000 | 套用第十三卷图纸 |
| 4 | 除灰、除渣系统图 | | 套用第六卷图纸 |
| 5 | 烟气系统图 | | |
| 6 | 全厂水量平衡图 | | |
| 7 | 生活污水处理系统图 | | |
| 8 | 生活污水处理设施布置图 | 1：200～1：300 | |
| 9 | 工业废水处理系统图 | | |
| 10 | 工业废水处理设施布置图 | 1：200～1：300 | |

（2）环境保护部分图纸深度要求。

1）烟气系统图，包括引风机、除尘器、烟道、烟囱等设施及其烟气流向、监测点位置等，若有烟气脱硫，还应包括该部分系统。若有炉内脱硫或燃烧器降 $NO_x$ 装置，也应包括该部分内容。

2）全厂水量平衡图，按照流程图绘制方块图，标明各用水对象的进水、出水来源、水量，包括各种工业废水、生活污水处理后或回收复用后的水量。

3）生活污水处理系统图，系统图应表示处理系统分期建设规模，处理设备和构筑物、管线和阀门相互的连接。应说明运行方式和工艺流程，标明水流方向、管道直径。

4）生活污水处理设施布置图，应表示生活污水处理系统所有生活污水处理设施、加药设施、监测仪表、取样口布置、图例、设备表。

5）工业废水处理系统图，同序号3）。

6）工业废水处理设施布置图，同序号4）。

12. 环境保护部分计算书及其深度要求

（1）环境保护部分烟气污染防治计算书见表5-24。

表 5-24　　　　　　　　　　　　　　环境保护部分烟气污染防治计算书

| 序号 | 计　算　项　目 | 备　注 |
|---|---|---|
| 1 | $SO_2$、烟尘实际排放量 | |
| 2 | $SO_2$、烟尘允许排放量 | |
| 3 | 烟囱高度及口径的校核计算 | 按本期工程 |
| 4 | 须采用脱硫或配煤时，最小脱硫率及低硫煤的配比计算 | 设计容量和本工程规划 |
| 5 | 除尘器选型及效率要求计算 | 设计容量进行 |
| 6 | $SO_2$ 烟尘在不稳定、中性、稳定条件下的日平均浓度 | |

（2）环境保护部分烟气污染防治计算书深度要求。

1）在初设阶段，设计煤质发生变化时，应进行上述计算。

2）在初设阶段，烟囱、除尘器等治理措施设计变更时，应进行上述计算。

3）初设时设计煤种、机组容量以及治理措施发生较大变更，与可行性阶段的环境影响评价报告依据出入较大时，应上报有关环保部门，征得同意后，才能在初设时重新计算和分析。其深度应满足环境影响评价的要求。

4）根据环境影响报告的审查意见要求做补充或修改时，应按审查意见的具体要求进行计算。

（3）环境保护部分生活污水处理和工业废水处理计算书见表 5-25。

表 5-25　　　　　　　　环境保护部分生活污水处理和工业废水处理计算书

| 序号 | 计　算　项　目 | 备　　　注 |
|---|---|---|
| 1 | 各种废水的水量和水质污染物浓度估算 | |
| 2 | 各废水处理系统出力、储水池及设备的选择计算 | |
| 2.1 | 厂内冲灰水和循环水排水处理系统出力及设备选择计算 | |
| 2.2 | 灰场排水处理系统出力及设备选择计算 | |
| 2.3 | 含油污水处理系统 | |
| 2.4 | 化学水处理排水系统 | |
| 2.5 | 各冲洗水处理系统 | |
| 3 | 各废水处理系统各种药品耗量及储量计算 | |
| 4 | 废水处理系统技术经济比较计算 | 应说明采用的设备和优化 |
| 5 | 生活污水处理系统、出力、储水池及设备的选择计算 | |
| 6 | 各废水水量的平衡计算，水的重复利用方案比较 | |

（4）环境保护部分生活污水处理和工业废水处理计算书深度要求。

1）按原始资料及设计依据，对废水。污水处理系统的工艺应进行计算，并以此确定处理系统的容量。

2）厂区冲灰水循环处理、灰场排水处理、循环水处理系统、生活污水处理系统的工艺计算，并以此确定设备运行周期及运行方式。

3）根据上述计算选择废水、污水处理系统工艺设备规范和数量。

4）应计算废水处理系统、厂内冲灰水循环处理、灰场排水处理、循环水排污水处理系统各种药品的一次最大耗量，并按设计的正常出力计算其药品的月消耗及全年消耗量。

5）根据药品消耗量、运输距离、包装、供应和运输条件等因素确定药品仓库的大小。

6）根据计算结果推荐废水处理、冲灰水循环处理、灰场排水处理、循环水排污水处理原则性工艺流程框图及主要设备和加药点。

7）各种废水、污水处理系统应在全厂水量平衡基础上，进行统一合理（包括复用）安排。

8）对可能影响电厂安全运行的技术方案应专门论证其可行性。

**十五、初步设计文件第十四卷"消防部分"的内容**

1. 概述

设计依据，根据批准的设计任务书，概述发电厂的任务、建设规模、机组容量、投入期限和在地区电力系统中的作用，厂址简述，厂区的自然条件和建厂条件，电厂与城市、农村

以及邻近企业的关系，厂区、厂前区的配置，消防设计的范围和界限，与当地消防站的关系，消防设计的主要原则，执行有关消防设计规范的情况，总体规划，对重要和容易发生火灾的部分建立了哪些主要消防设施，消防水泵房或消防车的配置，消防车库位置和通信设施。

2. 总平面布置及交通要求

总平面布置，概述根据生产流程进行总平面布置，各建筑物和构筑物设置情况，对扩建厂应说明原有电厂的总布置情况，根据规定要求和消防需要，概述各建筑物与构筑物的防火间距，根据消防要求和有关规定，概述消防车道的布置情况及设计标准。

3. 建筑物与构筑物要求

根据防火规范和产生火灾危险性对各建筑物和构筑物进行分类，根据防火规范应确定各建筑物与构筑物的耐火等级，建筑物和构筑物的消防要求，说明设置的防火墙、建筑构件、通道和出口、管道井及电缆竖井布置封隔、屋顶和屋面材料、消防梯和防火门等，各建筑物与构筑物设置的灭火器。

4. 消防给水和电厂各系统的消防系统

说明消防给水系统划分的原则，论证确定高压消防给水系统，消防给水系统是合并还是分开设置，概述高压消防给水系统、生活、消防给水系统、消防用水量和水压的计算、消防给水设备选择、消防给水主要管网；运煤系统的消防措施，消防范围；煤场、卸煤设备、卸煤沟、运煤栈桥、转运站的消防措施，运煤系统的火灾监测及灭火系统控制；燃烧系统的消防措施，消防范围，锅炉燃烧器等消防措施，火灾监测及控制；油系统的消防措施，消防范围；主油箱、氢密封油箱、油管道、磨煤机润滑油、柴油发电机、点火油卸油及储油设备的消防措施，火灾监测及控制；油库泡沫消防系统，说明油库类型、容量和数量、泡沫混合液供应强度，泡沫系统选择，泡沫液室或泵房及水池基本尺寸；电气设施的消防措施，变压器的消防措施，并根据消防措施的要求简述其消防设施及火灾检测设计的原则，电缆防火，电缆着火的消防措施，其他电气设施的消防，说明各级电压配电装置、电容器室、蓄电池室、网络控制楼、通信楼等的消防措施和设施；气体灭火设施；全厂火灾监测及灭火系统汇总，除消防栓给水系统以外，全厂各主要建筑物和设备火灾监测及灭火系统用表格的型式进行汇总列出。

5. 火灾报警及控制系统

火灾报警及自动消防区域，火灾检测报警区域，采用气体自动消防的区域（包括各房间、空间尺寸），采用水（泡沫）自动消防的区域；报警及控制方式，确定火灾报警的配置、数量及在单元（集中）控制室内的布置位置，说明火灾报警方式，气体自动消防系统的控制方式和控制盘的配置及布置位置，水（泡沫）自动消防系统的控制方式和控制盘的配置及布置位置；设备选型，提出火灾报警系统选型意见，提出自动气、水消防系统的选型意见。

6. 消防供电

消防供电的负荷等级、数量及其可靠性，高压给水消防系统的供电负荷等级，生活消防供水系统的供电负荷标准，电源的可靠程度，水泵连锁情况；事故照明采用的型式，照明电源的供电控制，事故照明电源的保障措施。

7. 采暖通风与空气调节设施的防火

主厂房自然通风，通风设计概况，发生火灾时烟气从哪里排出，排烟窗的面积是否满足排烟的要求；机械通风，说明机械通风设置的部位，排风机的防爆措施；说明除尘设置的部位及采用的除尘器型号，通风和除尘排出物质是否危及生命、通风，除尘的管道材质、保温材料是否为不燃材料；空调系统设计中的防火排烟措施以及当消防系统的火灾探测器发生动作信号时空调送排风机的停运联动状况，有关送、回风和新风管道阀门的关闭情况等；在确认火灾已扑灭的情况下，空调系统的运行情况和空调系统重新正常运转情况，空调系统的设备、管道材质是否为不燃材料；说明采暖设计是否符合防火规范要求。

8. 附件

对外所签订的协议项目，本卷专题论证报告。

9. 消防部分图纸目录及其深度要求

（1）消防部分图纸目录见表5-26。

表 5-26 消防部分图纸目录

| 序号 | 图 纸 名 称 | 比 例 | 备 注 |
|------|------------|-------|------|
| 1 | 厂区总体规划图 | 1：5000～1：10 000 | 套用第三卷图纸 |
| 2 | 厂区总平面布置图 | 1：1000 | 套用第十卷图纸 |
| 3 | 主厂房平面图 | 1：100～1：200 | 套用第十卷图纸 |
| 4 | 主厂房立面图 | 1：200 | 套用第十卷图纸 |
| 5 | 消防给水系统图 | | |

（2）消防部分图纸深度要求。

消防给水系统图，应表示水源、储水池、水泵、室外主要管网（至主厂房主变、油库区、煤场、主要辅助和附属建筑物）主厂房室内消火栓给水系统（包括主管），各设备自动喷水和水喷雾系统以及管线和阀门。

**十六、初步设计文件第十五卷"劳动安全及工业卫生"的内容**

1. 概述

设计依据，说明根据国家的有关规范、规程、规定作为设计的依据，本工程设计所承担的任务及范围、工程性质、地理位置，四邻情况对本工程的劳动安全及工业卫生的影响及防范措施，本工程自然条件中的气象、地质、雷电、暴雨、洪水、地震等情况预测的主要危险因素及防范措施，本工程的生产工艺流程和特点，生产中可能产生的职业危害及造成的因素，设计中已采取了哪些防治措施，新建工程要描述同规模已投运类似项目的劳动安全及工业卫生概况，扩建或改建工程应简述扩建或改建前的劳动安全及工业卫生概况。

2. 防火、防爆

各建（构）筑物安全间距的确定原则及其采取的措施，各建（构）筑物在生产过程中的火灾危险性及其最低耐火等级，主厂房防火、防爆、泄压以及事故通风等采取的安全措施，以及水平、垂直交通、安全通道的出入口的布置，其他主要建（构）筑物（包括危险品库）及其内部装饰工程的防火、防爆措施；全厂消防及报警投施；油系统防水措施，煤系统的防火措施，电气设施的防火、防爆设计原则及措施，压力容器与易爆装置的安全技术措施，说明生产过程中存在易爆的主要设备名称、种类、型号和数量以及介质名称、操作压力与温度

等情况及其危害程度，防爆门爆破会引起火灾、危及人身安全时，应说明考虑防爆门的安装方向或采取其他隔离措施。

3. 防尘、防毒、防化学伤害

凡产生粉尘、毒气、化学伤害的场所，在设计时应按《工业企业设计卫生标准》执行，并对有害程度应予说明；防尘设计原则及措施，设计煤种、煤的表面水分、煤的可燃基挥发分、煤的游离二氧化硅含量等，运煤系统各有关专业（运煤、暖通、土建、水工等）按煤尘综合治理的设计原则，采取防范措施达到设计卫生标准，运煤系统原煤加湿、煤堆喷水、喷雾除尘、水力清扫等用水量，制粉系统检修时，防止煤粉飞扬采取的措施；当采用电气除尘器或气力除灰系统时，除尘器灰斗下部底层检修时，防止粉煤灰飞扬的措施；锅炉房底层零米地面考虑水冲洗的措施和必要的排水坡度；循环水石灰处理和炉顶小室的防尘措施；防毒、防化学伤害设施，凡储存腐蚀性介质和产生有害气体的场所（如锅炉补给水处理室、凝结水处理室、油处理室、酸碱库、酸碱计量间、联胺加药间、加氯气间及水处理等建筑物）应说明采取防毒、防化学伤害的定性措施和定量标准（包括室内应装有通风换气设备，选用工艺设备及输送管道应符合防化学伤害的要求等），化验室内产生有害气体场所应说明防毒、防化学伤害设施（如化验工作柜）；说明蓄电池室的防化学伤害措施（如室内应装有通风换气设备，室内地坪、水冲洗排水管沟、照明灯具及各种设备材料，均应符合防化学伤害的要求）；应说明其他可能产生有毒或有害烟尘工作场所的防护措施（如汽轮机隔板喷砂防尘措施、抗燃油、$SF_6$ 开关检修防毒措施等）。

4. 防电伤、防机械伤害及其他伤害

全厂防雷接地的设计原则及防护安全措施，防止电气误操作采取的技术措施，带电设备与操作人员间的隔离防护措施以及高电压对人身安全影响的防范措施，紧急事故信号显示及连锁自动装置，事故时为安全撤离现场土建和工艺所采取的安全措施，回转机械及可能伤害人体的机械设备，应说明装有防护罩或采取其他防护设施，检修、起吊设施，应说明考虑防起重伤害的安全措施，金属试验室、化验室及其他具有放射性物质的工作场所，应说明采取有效的防辐射措施，工作场所考虑防滑和防高处坠落的防护设施。

5. 防暑、防寒、防潮

各主要建筑物的通风设计概况，汽轮机房、锅炉房等合理开窗情况，屋面及围护结构的材料选择和满足隔热、防寒要求的情况；严寒地区各主要建筑物的防寒设计原则，如开窗面积的确定原则，采暖方式、锅炉送风机冬季在室内吸风量的确定原则，外墙厚度和屋面保温层的厚度等情况，热力设备、管道的保温隔热方式及措施，特殊高温工作地点（如炉顶小室、汽轮机房行车驾驶室等）的隔热和降温措施，地下卸煤沟的防潮措施。

6. 防噪声、防振动

构成电厂环境声源的分析，各类生产车间和作业场所工作地点的噪声防治措施和噪声设计限制值，设备噪声的防治措施，设备订货时提出的噪声限制要求，对主要产生噪声源的设备装设防噪声罩或消音器，管道设计中合理选择支吊架型式降低气流振动噪声，对噪声超过标准的场所，为运行人员设隔声小室，汽轮发电机、磨煤机、碎煤机土建基础和单控室的防振措施。

7. 其他安全措施

从安全角度出发，应简述照明设计原则、事故照明系统和主要工作场所与主要通道的照明标准及灯具的选择，主要工作场所的检修，起吊机械设施及各种减轻体力劳动的安全操作设施。

8. 劳动安全及工业卫生机构与设施

劳动安全及工业卫生监测站面积、装备和人员配备，安全教育室面积、装备和人员配备，设置生产卫生用室（浴室、存衣室、盥洗室）、生活用室等。

9. 综合评价

对上述劳动安全及工业卫生措施进行综合评价，并说明预期达到的效果，编制专用投资概算，主要生产环节劳动安全及工业卫生专项防范设施费用，监测装备和设施费用，安全教育装置和设施费用，事故应急措施费用，存在的问题与建议。

10. 劳动安全及工业卫生图纸目录

劳动安全及工业卫生图纸目录见表 5-27。

**表 5-27**                         **劳动安全及工业卫生图纸目录**

| 序号 | 图 纸 名 称 | 比 例 | 备 注 |
|---|---|---|---|
| 1 | 厂址地理位置图 | 1∶5000～1∶10 000 | 套用第三卷图纸 |
| 2 | 厂区总体规划图 | 1∶5000～1∶10 000 | 套用第三卷图纸 |
| 3 | 厂区总平面布置图 | 1∶1000～1∶2000 | 套用第三卷图纸 |
| 4 | 劳动安全及工业卫生监测站平面图 | 1∶100 | 也可在有关土建平面图上表示，不单独出图，本卷套用 |
| 5 | 安全教育室平面图 | 1∶100 | 也可在有关土建平面图上表示，不单独出图，本卷套用 |

### 十七、初步设计文件第十六卷"节约能源及原材料"的内容

1. 概述

设计依据：根据批准的可行性研究和设计任务书，概述发电厂的建设规模、建设进度和电厂在电力系统的作用，厂区的自然条件和建厂条件。

2. 节约及合理利用能源的措施

工艺系统设计中考虑节能的措施，说明设计中为节能所优选的合理系统和方案，对热电厂进行热化系数分析；主、辅机设备选型考虑节能的措施，主、辅机选型中如何从技术经济角度选择了高效、低损耗的设备，以及这些节能设备的具体特点；厂址特点以及电厂在系统中的作用，如何掌握余量，合理选择设备规范；在材料选择时考虑节能的措施，管道、电缆选择时，如何考虑减少损耗、合理优选规格，优化计算，合理选用保温材料品种和确定保温结构，节能方面所取得的效果（体现在标准煤耗和厂用电率方面）。

3. 节约用水的措施

采用的节水措施，水的重复利用情况和污水处理措施，设计中考虑的加强用水管理的措施，节水方面所取得的效果（体现在全厂用水量和每百万千瓦耗水率等方面）。

4. 节约原材料的措施

厂址附近可供选用的原材料情况，节约钢材、木材和水泥的措施，合理利用当地材料资源，节约其他原材料（如酸、碱等）的措施。

### 十八、初步设计文件第十七卷"施工组织大纲部分"的内容

1. 概述

设计依据：上级批准的设计任务书、上级审定的可行性研究报告及审批意见，说明厂区内外设计范围划分、外委设计项目；工程概况，电厂性质、机组及规划容量、电压等级，分期建设情况，工程项目及主要工程量，按系统说明本期建设的工程项目及其特点，对施工、安装有特殊要求的新结构、新工艺、新材料应达到的质量标准；建筑工程，场地平整大型土石方、现浇钢筋混凝土、预制钢筋混凝土（泵送混凝土量）、大批量金属结构、大型预制构件等本期工程的数量（列表）；设备安装工程，锅炉、汽轮机、发电机、主变压器、凝汽器、运煤、供水、除灰等主要设备（或特殊设备）型号、参数及总重；施工单位应具备的技术条件，对建筑施工、设备、安装单位应具备的技术力量、所需施工机具配备（主要是大型的土石方、起重、吊装、运输机具），所属加工企业技术条件，施工管理水平及施工经验提出要求，初步设计所考虑的条件。

2. 施工总平面布置

施工总平面布置原则，贯彻节约用地的措施，建筑、安装施工区的划分，建筑、安装交叉作业区的划分，施工与生产运行分区的措施；施工总平面，建筑工程施工区，分别说明混凝土搅拌、钢筋、木材、混凝土预制等分区布置情况；设备安装区，说明组合场、加工区和仓库区的布置，施工用水、电、汽用量及供应方式，施工用道路、铁路、码头、通信等设施的布置，设备材料卸货站的选择及公路运输距离，施工生产、生活利用原有永久及临时建筑和交通等设施情况，做到永、临结合以减少工程投资的情况，施工区内拆迁项目及工程量，建筑施工、设备安装区、生活区占地面积（利用永久及厂外租用两部分）。

3. 主要施工方案与大型机具配备

主要施工方案，建筑工程，说明场地平整大型土石方、特殊地基、软弱地基处理、降低地下水位、主厂房烟囱、翻车机室、冷却塔、水泵房等主要建、构筑物施工方案，特殊工程，冬雨季施工措施；设备安装工程，说明汽轮机、锅炉、主变压器、凝汽器等主设备的安装方案，发电机静子、锅炉大板梁、汽包等大件设备吊装，其他设备特殊安装方案；大型机具配备，分别说明建筑工程、设备安装所需大型机具型号、技术性能、数量及来源。

4. 施工控制进度

控制进度依据上级批准的控制进度文件、主设备供货计划、设计文件交付计划，电力工程建设工期定额，控制进度的确定，参照施工设计导则说明控制进度的关键路线，受自然条件控制影响工程联合试运转的项目，建筑、安装工程交叉作业，协调配合，为实现计划进度所采取的必要措施。

5. 交通运输条件及大件设备运输

交通运输条件，说明厂址地区公路、铁路运输条件、水运（含海运）通航情况，包括公路、铁路技术等级、桥涵设计荷载、隧道界限、河流海域通航季节、船舶吨位、码头位置及装卸条件，曾经运输过的大件、重件情况；设备运输参数，分别说明汽轮机缸体、发电机静子、锅炉汽包、大板梁、磨煤机大罐、主变压器等大件设备的运输外形尺寸、单件运输重量、件数、制造厂家，对运输的要求及应注意的问题；大件设备运输方案，说明各类大件设备运输路线技术条件和运输方案优化（含公路、铁路、水运、码头及装卸等设施），需要采取的特殊措施（如桥涵加固、拆迁、修筑便道等情况）所涉及的有关单位；大件设备运输所需主要机具，说明大件设备运输所需的大型、主要机具的型号、技术性能和数量。

6. 附件

与有关单位研究确定的施工组织大纲编制原则及有关事宜的会议纪要，利用原有建筑及设施的协议，施工用水、电、汽的供应协议，大件设备运输协议文件。

7. 施工组织大纲部分图纸目录及其深度的要求

（1）施工组织大纲部分图纸目录见表 5-28。

表 5-28 施工组织大纲部分图纸目录

| 序号 | 图 纸 目 录 | 比 例 | 备 注 |
|---|---|---|---|
| 1 | 施工总平面布置示意图 | 1：1000 | |
| 2 | 主厂房建筑构件吊装图（平剖面） | 1：200～1：500 | |
| 3 | 主厂房大件设备起吊方案图 | 1：200～1：500 | |
| 4 | 施工进度控制网络图 | | |
| 5 | 其他图纸 | | 根据工程需要确定 |

（2）施工组织大纲部分图纸深度要求。

施工总平面布置示意图，除厂区总平面图所表示的内容外，应增加以下内容：

1）建筑工程施工区。应表示钢筋、木材、混凝土、钢结构、大型仓库、大宗材料露天堆场等系统的分区位置。

2）设备安装区。应表示设备组合场、各系统加工区、设备库、露天堆场等的分区位置。

3）应表示建筑施工、设备安装交叉作业区。

4）应表示施工用道路、铁路、码头设施。

5）应表示水、电、汽等供应站。

6）应表示施工区周围场地竖向设计及排水规划。

7）应表示施工区内需要拆迁的建构筑物及设施、施工利用的建构筑物及设施。

8）应表示施工生活区位置。

9）应表示施工场地名称表（按系统列出）、主要技术指标（含施工用地面积、施工生活区用地面积、单位容量施工用地指标、施工铁路长度、厂外施工道路长度、厂外供水、供电干线、高压线路、通信线路、长度等项）。

10）应表示图例及附注。

主厂房建筑构件吊装图：

1）应表示吊装机具布置、起吊范围。

2）应表示大型构件吊装顺序。

3）当吊装机械轨道、吊车行走运输线路无法避开地下设施时，应表明其影响范围及加固部位和措施。

4）应表示构件临时加固措施。

5）应表示主要吊装机械技术性能表或曲线。

主厂房大件设备起吊方案图：

1）应表示吊装机具布置、起吊范围。

2）应表示大件设备起吊顺序。

3）应表示大件设备的超载、双机抬吊等特殊起吊方案及措施。

4）当吊装机具轨道、吊车行走及运输线路无法避开地下设施时，应表明其影响范围及加固部位和措施。

5）应表示主要吊装机械技术性能表或曲线。

施工进度控制网络图：

1）以月为单位。

2）阶段划分，设计文件交付、施工准备、建筑工程施工、设备安装、第一台机组联合试运转及投运、第二台机组联合试运转及投运。

**十九、初步设计文件第十八卷"运行组织及设计定员部分"的内容**

1. 概述

简述发电厂的性质和任务及其在电力系统中的作用、运行方式等，对于扩建工程，简述老厂的有关情况和新老厂之间的关系。

2. 组织机构、人员编制及指标

结合工程具体条件，简述发电厂的组织机构及人员编制依据和编制原则，简述发电厂控制方式及自动控制水平，以及人员配备的水平，初期和发展的要求，发电厂人员编制应按照现行有关标准执行，当遇特殊情况不能按照标准执行时，应阐明原因，由审批部门审核，对于国外引进设备，原则上按引进设备国家的用人标准配备人员，对于扩建工程，应说明扩建工程增添的人员编制，全厂人员指标。

3. 电站的启动、运行

简述发电厂启动运行时必须具备的条件，如电源、汽源、水源和炉水处理等条件，提出解决方案，说明发电机、炉、电各专业系统的启动程序和启动时的注意事项，特别是单机启动运行的特点，对扩建电厂应阐明启动过渡措施；对在本工程中采用的新工艺、新设备、新材料，应说明其特点和运行注意事项，工程中如有特殊运行方式，包括采用新系统、新布置引起运行方式的改变，本工程特有的或易被忽略的运行调节方式，特殊的维护要求应加以说明。

**二十、初步设计文件第十九卷"概算部分"的内容**

1. 概述

设计依据及建厂的外部条件，说明工程地点、设计依据、设计分工、规划容量、本期建设规模、性质、厂址地理位置，铁路、公路、水路等贯通情况，煤源、水源、灰场、铁路接轨点、市话通信与厂址的距离、大件运输方式及运输费用的估算，建筑用地方大综材料的货源、质量，特别是要从外地运输的地方材料运距，考虑运输方式等。

建设场地及厂区总布置，说明厂址地震烈度、地耐力、气温、风压、土壤类别、地下水位及其渗透参数、防洪设施、地形、厂区布置方式、土石方量。施工水、电源、通信、道路能否永临结合。建设场地青苗、树木、建筑物、障碍物等的拆除、迁移和赔偿项目，对扩建工程还应说明如何改造工程和过渡措施，能利用的临建情况等。

说明建设单位名称、计划建设工期、批准的计划任务书总投资、本期设计概算编制水平年、发电工程总投资额和每千瓦造价。

说明锅炉、汽轮机、发电机、主变压器等主设备的容量、型号、制造厂家，有何内部调拨设备以及这些设备有何改装修配费用。

各主要系统设计特征，热力系统，说明煤种、燃煤低位发热量、机炉布置方式、设备露天程度，主蒸汽及主给水系统，制粉方式、除尘方式、烟囱高度、主厂房布置方式、厂房柱距、跨度、运转层标高、结构，热电厂应说明供热方式、供热介质、供热出口管径及设计界线。

燃料供应系统，说明运煤、卸煤、储煤、碎煤等方式，设计规模及本期出力。

除灰系统，说明除灰方式及其规模、灰管长度规格、根数、灰水回收设施，灰场的堆放量及其年限，灰坝结构形式及工程量。

水处理系统，说明预处理、锅炉补给水、凝结水、循环水、工业水等处理方式、本期新增出力、化学废水处理方式及规模、净水方式及规模。

供水系统，说明水源情况、供水方式、冷却水规模、泵房设置及规模、补给水管道结构、长度、根数。

电气系统，说明各级电压的主接线及主要容量，配电装置布置型式与出线回路数。热工自动化系统，说明控制方式及其布置，巡回检测、程序控制、仪表类型。

2. 编制原则和依据

说明工程量、概算定额及预算定额、设备、材料价格、设备运杂费率、工资标准、取费标准等选取原则和调整方式、计算依据。

（1）工程量。应着重说明多方案工程量的选择，不出图的项目工程量、隐蔽工程量的计算。

特殊工程量用其投资计算（如施工排水、地基处理等）套用定额，通用设计或类似工程的换算调整等应分别加以说明。

（2）概预算定额。所采用的指标定额版本，颁发机关、年份、非国内系列不同机组（国外引进机组）定额的套用、定额水平调整等说明。

（3）工资。应说明建筑、安装工人工资编制依据（新工程应调查搜资）、工资单价、平均等级、调整系数及其计算式。

（4）材料预算价格。应说明所采用的建筑安装材料价格依据、测算调整系数、调整办法，材料价差处理方法，本工程使用议价材料的比例。

（5）设备价格。应说明主要设备价格、其他设备价格编制依据，新产品等设备、非标准设备价格编制依据，进口设备的主要项目需要进口理由，所用外汇额度及其汇率，国外设备价格的计算，国内国外设备运杂费率确定。

（6）取费标准。应说明其他直接费、间接费编制依据。

（7）其他费用。应着重说明超出"预规"规定的工程和费用的编制依据。

应说明场地准备费、拆迁赔偿的编制依据及有关规定标准。

（8）应说明生活福利建筑造价指标的确定依据，并向当地建设银行搜集实际造价指标。

外委设计工程投资原则上不得缺项，应有初步设计概算书，如时间上来不及应有该设计单位提供的书面估算资料，原则上应分建筑、设备、安装、其他四项费用，初步设计审查时

提供概算书审定，其他应加以说明的问题，主要交代概算中未曾统一、待定工程和费用。设计未予确定的暂列费用以及其他需要说明的，提请审查机关考虑。

3. 投资分析

本工程初设概算投资应与批准可行性研究估算进行简要的对比分析，与控制投资指标进行对比分析，将控制投资指标进行地区和时间差调整，调到工程所在地和概算编制水平年的控制投资指标，再与本工程概算进行对比分析，分析投资高低的原因，指出影响投资水平的重大因素，对本工程投资水平作出评价，提出下阶段设计控制投资的重点和措施，主要技术经济指标，总概算表中概算价值由"建筑工程费用"、"设备购置费用"、"安装工程费用"和"其他费用"四类费用构成，四类费用的划分应按《电力工业基本建设预算项目及费用性质划分办法》执行，四类费用应分别根据各"专业汇总概算表"编制，并按统一规定名称和编号，凡属规定项内的投资，不论由哪个单位承担设计均需按项目划分归入相关项目，但计算各项费用、计划利润、税金的预备费时不得重复计算。

专业汇总概算表和其他费用汇总概算表，专业汇总概算表分为"机务工程部分"、"电气工程部分"、"建筑工程部分"三个部分编写，每个汇总概算表应按项目划分的各生产系统中单位工程项目汇总，技术经济指标应按规定填列，其他费用汇总概算表，每个单位工程汇总的合计数都列入"其他费用"栏内，以上三部分和其他费用部分的扩大单位工程及单位工程的项目和名称，应按规定的顺序和统一编号列示，凡是估算投资的单位工程应在"工程或费用名称"栏内写明"估算"二字。

单位工程概算表，"单位工程概算表"为概算文件的基本核算表。表中每一项单位工程应包括基本直接费、其他直接费、间接费、计划利润和税金。直接费中地区材料价格各种增加和调整系数均应严格在各单项工程概算中计算，不得采用其他方式一笔计列，或在单项工程概算表中允许采用综合费率，但必须附综合费率构成表；安装工程应列出设备型号、规范、装置性材料和工资；建筑工程的每项单位工程凡有水、暖、通风、照明工程的，应分项中计列；在编制依据栏内必须填明采用的定额、指标或类似工程名称，必要时可加注说明，补充换算方法，不应留空不填；"单位工程概算表"的编号、项目、名称按规定统一编号；其他费用概算表，应列出各项其他费用的计算方法和依据。

4. 附件及附表

对初步设计应附批准的投资估算表及其有关说明，必要的有关规定文件和协议，对批准概算书应附初设审批文件，土建地区价差万元指标，综合费率构成表（当在单位工程概算中采用综合费率时）。

**二十一、初步设计文件第二十卷"主要设备材料清册"的内容**

（1）根据初步设计的推荐方案编制，主要设备材料清册是初步设计的一个组成部分，是送审文件，初步设计批准后，应按照审批意见修改，

（2）由于初步设计阶段深度的限制，所提的设备材料规格和数量，个别项目允许"估算"但应在备注栏内予以说明，只能作为主要设备订货的依据。

（3）主要设备材料清册分工界限按设计分工划分，即由哪个单位（专业）负责设计，由哪个单位（专业）提出。

（4）主要设备材料清册"编制说明"的内容如下：

1）应说明本工程有关设计任务的依据和编制原则。

2）交待《清册》的组成内容、范围和提请上级机关和有关部门注意或明确的问题。

3）对非标产品的技术协议或订货中应具有的设备规范书。

4）设备的有关备品备件及材料量中的损耗和富裕量开列情况应予以说明。

5）对不属本院设计范围的设备和材料，参见的部分应予以说明。

6）本《清册》的内容范围说明或目录。

7）其他应说明的事宜。

（5）主要设备材料清册的编制内容。

将各专业的设备及材料合订起来，系统部分、热机部分、运煤部分、除灰渣部分、电厂化学部分、电气部分、热工自动化部分、供水部分、采暖通风及空气调节部分、土建部分（包括总交部分）、水工建筑部分、环境保护部分、消防部分、劳动安全及工业卫生部分。

（6）主要设备材料清册内容深度规定。

1）主要设备材料清册，汇总各专业所有设备和主要材料，应按专业划分范围，不得漏项。

2）需向国家统一申请分配订货的国家标准产品或列入试制计划的非标准产品（包括备品备件）均应列入《清册》。

3）阀门、管件、钢管和电缆根据各工程条件，尽可能予以分类明细开列。

4）全厂的试验设备和仪器（市场购置的工具除外）应列入《清册》。已有定额标准的修配厂、试验室可按定额的规定开列，如有改变，应写明改变的原因。

5）热控表盘仅列各类表盘数。

6）水泥、木材、钢材，特别是需上级调配的特殊材料，应根据各工程条件，尽可能按工程项目分类明细开列。

7）产品的型号规格应按成套设备总局编印的"订货技术条件"详细填写清楚，并应与相应的说明书和图纸相符。

**二十二、规定用词说明**

执行规定条文时，要求严格程度的用词说明如下，以便执行中区别对待。

（1）表示很严格，非这样作不可的用词：

正面词采用"必须"；

正面词采用"严禁"。

（2）表示严格，在正常情况外均应这样做的用词：

正面词采用"应"；

反面词采用"不应"或"不得"。

（3）表示允许稍有选择，在条件许可时首先应这样做的用词：

正面词采用"宜"或"可"；

反面词采用"不宜"。

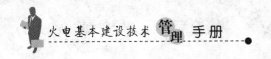

## 第六节　勘测设计质量基本要求

勘测设计（包括初步可行性研究、可行性研究、初步设计、施工图设计、施工验收和生产考核阶段）质量的基本要求：

**一、对初步可行性研究（规划选厂）质量的基本要求**

（1）对规划地区的建厂条件（燃料平衡、交通运输、水源、灰场、环境保护、接入系统、地质和地震等）调查全面，选点合理。

（2）方案比较方面，推荐方案适宜可行，并取得所在地方政府的同意。

（3）初步可行性研究工作的内容和深度符合有关规范、规程和《火电厂工程可行性研究内容深度规定》的要求。

（4）报告中引用的资料准确，取得有关政府部门支持性文件或会议纪要，取得了环境保护或综合利用的协议性文件或承诺函，报告文句简练，附图齐全。

**二、对可行性研究（工程选厂）质量的基本要求**

（1）选厂工作中进行了必要的勘测工作和调查研究，完整准确地收集和掌握了矿藏、交通、水源、水文气象、地形、地质及电力负荷规划等资料，并取得了有关部门的支持性文件或会议纪要。

（2）选厂条件落实可靠，地质条件明确，技术经济条件符合最佳厂址方案，满足环保要求，既有利于电厂的安全、经济运行，又有利于施工，并有发展余地，选厂布点合理、接入系统合理。

（3）可行性研究（工程选厂）工作的内容和深度符合有关规程、规定的要求。

（4）可行性研究报告中引用的资料要准确，主要矛盾和关键性条件要论述清楚，对不同方案的优缺点要做出客观评价，结论正确，文句简练，附图齐全。

**三、对初步设计质量的基本要求**

（1）符合规范、标准，运行安全可靠，经济适用，符合国情，技术先进，便于施工，满足环保要求，建筑设计要注意美观，符合设计任务书，可行性研究报告审查意见及工程技术措施。

（2）采用的原始资料和数据等设计依据齐全、正确、合理。

（3）各专业主要设计原则确定要有必要的方案比较、符合实际，论证充分，结论正确，技术经济指标先进，设备和主要材料选用合理。

（4）积极稳妥地采用成熟的新技术，力争比以往同类型工程在水平上有所提高。

（5）设计内容完整，符合初步设计文件内容深度的要求。计算采用的公式和运算的结果正确，各专业设计成品配合协调一致。符合评定具体条件的典型设计和标准设计，应予以采用。

（6）制图工艺水平符合标准；图面布置合理、繁简适当、工艺正确，设计意图表达清楚，线条粗细适当，名词清楚、结论正确，词句达意，文字简练。

**四、对施工图质量的基本要求**

（1）符合初步设计审批文件，符合有关标准规范和工程技术组织措施及卷册任务书要求。

（2）采用的原始资料数据及计算程序要正确，合理计算项目完整齐全、结果正确。

（3）卷册的设计方案、工艺流程、设备选型、设施布置、结构形式、材料选用等要符合运行安全可靠，经济适用，操作、检修、维护及施工方便，设计标准合理，符合国情的工程造价，原材料节约，新技术采用要落实。

（4）在克服"常见病"、"多发病"方面，应比同类型工程的卷册有所改进。符合卷册具体条件的典型、通用设计，应予以采用。

（5）卷册设计内容深度要完整无漏项，符合施工图内容深度的要求，各专业及个专业内部之间要配合协调一致，并满足施工要求。

（6）制图工艺水平符合标准（参见对初步设计质量的基本要求）。

**五、施工验收和生产考核阶段的设计质量要求**

（1）施工验收和生产运行是对设计质量和水平的实际考核，工地设计代表在施工过程中要按卷册认真做好施工修改记录，通过施工或运行回访对各卷册作出评价。

（2）经过施工或运行考验，证实质量优良，并取得施工或运行单位的好评者，可推荐为优秀卷册。

（3）设计质量等级及其评定与设计差错和质量的统计，应按勘测设计成品质量标准及评定办法的规定进行。

# 第六章

# 火电建设项目设计技术经济工作

提高经济效益是发展国民经济的核心问题，是考虑一切经济工作的根本出发点。火电建设必须遵循讲求经济效益的原则。建设一个工程项目，除发挥它的应有作用，充分利用它的效益外，还必须同时研究他的技术先进性和经济合理性。

技术经济设计文件是设计文件的重要组成部分，设计单位在报送设计文件时，应同时报送技术经济文件，各级主管部门审查时，应同时审查技术经济文件。

火电工程设计过程中，做好技术经济设计工作，是当前和今后客观形势发展的需要，是保证工作质量，合理利用资源，充分发挥投资效益的一个重要环节。

## 第一节　设计技术经济工作的任务与要求

**一、设计技术经济工作总的要求**

（1）设计单位的技术经济工作，直接影响工程投资的合理使用，技术经济专业不但要做好工程投资，编制好概（预）算，并要做好投资对比分析和技术方案的经济比较。

（2）设计技术经济工作的内容。

1）工程项目可行性研究（前期阶段）中的技术经济分析，投资估算。

2）技术方案的经济比较，新技术、新产品、新工艺及新结构部件等的技术经济指标分析。

3）工程投资分析，计算技术经济指标，预测经济效果。

4）编制概（预）算（修整概算）。

5）工程造价分析。

6）指标定额的补充。

（3）技术经济文件一般应单独印刷。初步可行性研究阶段（规划选厂）和个别项目的投资估算，专题经济比较，技术经济指标与各专业汇编成卷时应共同签署。

**二、设计技术经济工作的任务**

（一）初步可行性研究阶段（规划选厂阶段）的任务

（1）估算工程总投资。

（2）厂址和专题设计方案的技术经济比较和论证。

（3）主要技术经济指标、总投资和单位投资。

（二）可行性研究阶段（工程选厂阶段）的任务

（1）估算工程总投资、生产流动资金及生产运行成本。

（2）项目实施综合计划（包括建设、设计、施工、制造、安装）和资金筹措，投资计划。

（3）经济效益计算、论证。

（4）专题方案的比较和论证。

（5）敏感性分析。

（6）主要技术经济指标如下：

1）总投资及单位投资、流动资金指标。

2）静态计算企业的投资回收年限。

3）企业的贷款偿还年限计算。

4）静态计算企业的投资利润率。

5）静态计算社会的投资税利率。

6）动态计算企业的内部收益率。

7）动态计算社会的投资收益率。

（三）初步设计阶段的任务

（1）概算（修正概算）及投资分析。

（2）企业的经济效益计算，生产流动资金、生产运行成本计算。

（3）设计方案经济比较。

（4）施工组织设计大纲。

（5）主要技术经济指标。

1）总投资及单位投资、流动资金指标。

2）静态计算企业的投资回收年限。

3）企业的贷款偿还年限计算。

4）静态计算企业的投资利润率。

5）动态计算企业的内部收益率。

（四）施工图设计阶段的任务

（1）施工图预算。

（2）工程造价分析。

（3）主要技术经济指标见表 6-1。

**表 6-1** 主要技术经济指标

| 总投资 | 万元 | 单位投资 | 元/kW |
|---|---|---|---|
| 厂区占地面积 | hm² | 厂区利用系数 | % |
| 建筑面积 | m² | 建筑系数 | % |
| 主厂房体积 | m³ | 主厂房指标 | m³/kW |
| 标准煤耗 | kg/kWh | 厂用电率 | % |
| 发电成本 | 元/kWh | 电厂定员 | 人 |

### 三、各设计阶段技术经济文件的作用

（1）初步可行性研究阶段（规划选厂阶段）的投资估算和经济比较是选择是否建厂、建厂的厂址和建厂规模、建厂地区的顺序及抉择下阶段工作的经济定量依据。

（2）可行性研究阶段（工程选厂阶段）的投资估算、经济分析、工程实施计划以及专题方案比较是建厂选定厂址、确定规模、落实条件以及主机容量的经济定量数据，也是编制设计任务书的依据之一，投资估算的误差一般在±10％左右。

（3）初步设计阶段的概算、投资对比分析、经济比较和施工组织设计大纲是确定工程投资额，控制工程投资的依据和工程建设的定量指标，概算总投资的误差一般在±10％左右。

（4）施工图设计阶段的预算是设计成品的定价和工程结算的依据，预算总投资的误差一般在±5％左右。

施工图设计阶段的工程造价分析是分析工程的合理性，造价水平，总结概、预算质量的重要环节。

### 四、经济分析工作的要求

（1）火电工程经济分析的目的是，通过严格的、科学的计算和分析，使火电建设符合客观经济规律，做到合理利用能源，充分发挥投资效果，加快火电建设的发展速度，经济分析中要体现客观性和现实性，要本着实事求是的精神，如实反映客观情况，避免主观片面性和表面性。

（2）电力工程经济分析包括经济计算和财务计算，经济计算一般用于论证方案和选择参数等，财务计算一般用于阐明建设文案的财务现实可能性。经济计算和财务计算的深度可视各规划、设计阶段的要求而定。

经济计算应从投资经济整体利益出发，计算火电工程各比较方案的费用和效益，计算与电力工程紧密相关的如煤炭、水利、交通运输等部门的费用和效益，分析其相互影响，为工程方案比较提供依据。

财务计算应根据工程建设资金的来源，利息支付，生产成本、产品收益等的筹集和预测，进行工程建设期和运行期的财务收支流程平衡计算和各项财务指标如资金利润率、贷款偿还等计算，为工程建设提供依据。

在经济计算和财务计算的基础上，对各方案进行全面、综合地分析，应考虑下列因素：

1）对国民经济的发展及其他方面的影响。

2）国家能源政策和燃料政策。

3）国家资源（如土地、动力、矿藏等）利用政策。

4）国家物资、设备供应的平衡。

5）环境保护生态平衡。

6）工程规模和措施是否与现有技术水平相适应。

7）缩短建设工期和改善技术经济指标的可能性和必要性。

8）建设条件和运行条件。

9）对人民生活条件的影响。

10) 对远景发展的适应情况等。

（3）工程可行性研究阶段，要进行经济比较，对各方案的建厂技术条件全面评价，选择最优方案，预测投资经济效果，估算各方案的投资，投资估算要满足编制设计任务书的需要。

（4）逐步开展初步设计阶段的经济比较，投资对比分析，完善经济指标体系。

（5）对新技术、新工艺要进行经济评价，预测经济效果并计算技术经济指标。

（6）投资分析应按工程特点、建设地区、时间因素等，分析工程的投资构成与水平，应与同类机组比较，分析水平高低的原因。

（7）对工程造价趋势、投资的构成、建设成本、运行费用、投资回收年限和投资利润率等经济效果进行分析，推算合理的造价水平。

（8）设计方案选择的好坏直接影响工程的经济合理性，为此必须加强设计经济比较工作的管理，设计方案经济比较工作的原则要求如下：

1) 经济比较的重点是以预测为手段，投资效果为目的，在同类地区和相同工期内对拟建项目中的各可比方案，通过技术经济的全面研究，分析其技术上的先进性、可行性和经济上的合理性，如实反映客观存在的问题，从中选投资合理、收益率高的方案，提供领导部门决策。

2) 进行经济比较时，必须满足需要上的可比、消耗费用上的可比、时间上的可比、价格指标上的可比、环境保护方面的可比。

3) 经济比较中应计算基建投资及运行费用两项，计算基建投资时，除考虑方案有关费用外，同时考虑其他专业的相关费用，以保证经济比较的正确和全面合理性，运行费用包括燃料、材料、工资、大修及其他费用，基本折旧不应计算。个别项目比较中如涉及厂用电及水耗费用，运行费用中亦可将这些项目列入比较内容。

4) 方案计较中仅对各方案的投资相对差值做出比较，相同部分的费用可以不计，故方案中的经济数值不能直接为控制数值或拨款的依据。

5) 方案的选择不能单纯有经济比较决定，决策的主要依据有三个方面即社会因素（指政治、军事、环保及地区特征）、技术条件和经济效果。

6) 重大的方案比较计算书，应纳入有关文件内，以备审查。

（9）初步设计概算投资对比分析编制的作用与要求，按规定工程设计概算应做简要经济比较与分析。一般应于同类型工程投资对比，通过分析，保留可比因素，说明本工程技术经济指标的合理性，开展初步设计概算投资对比、分析，在基建中起到了以下作用：

1) 通过投资对比、分析，做到心中有数，找出投资高低的原因，论证初步概算的经济合理性。

2) 防止初步设计概算的缺项、漏项或重复计算，杜绝高估冒算和防止生搬硬套的做法。

3) 找出本工程中的问题，提供各专业设计考虑。

投资对比中，投资高不一定不合理，也不一定不可行，反之投资低也不一定合理，也不一定可行。关键决定于经济效果，所以投资分析应配合运行费用、投资效果计算，为论证本初步设计的合理性和可行性，提供可靠依据。

初步设计概算投资对比、分析内容应列入概算书内。

## 第二节  工程项目经济评价

工程项目经济评价的目的是为了改进对建设项目的管理，在可行性研究的阶段对基本建设项目的资金运用进行分析计算，并得出正确的经济评价，以提高工程建设项目的投资效果。

**一、工程项目投资**

（一）投资估算

工程项目投资估算包括基本建设投资和生产流动资金两部分。火电工程项目基本建设投资的估算，应以项目前期工作开始，到建成投产为止的全部费用。

生产流动资金是工程建成投产用于购买燃料、材料、备品备件等周转资金，可按火电基本建设投资及建设期贷款利息形成的固定资产原值的3.5%估列。

（二）投资估算的依据

（1）工程建设规模和各工艺系统推荐方案所采用的设备型号、数量和全部建筑、安装工作量。

（2）国家有关部门颁发的投资估算编制规定。

（3）参照投资估算指标，参照造价和类似的工程竣工决算投资进行调整使用。

（4）有条件的工程，应按有关的现行预算定额、概算指标、取费标准及有关编制办法逐项计算。

（5）设备材料价格按国家有关管理部门颁发的现行价格。主辅机设备无正式价格时，可参照类似工程相同设备价格，并注明价格的来源及年份。

（6）外部其他工程可参照有关部门的规定计算。

（三）投资估算的预备费

投资估算的预备费按10%计算，进口机组工程外汇部分预备费按3%计算。

（四）固定资产原值

固定资产原值，按基建总投资额乘以固定资产形成率计算。固定资产形成率计算范围：

（1）按费用构成划分的设备费、建筑工程费、安装工程费均形成电站的固定资产价值，其他工程和费用中形成固定资产价值的有土地购置及租赁费、迁移及赔偿费、拆除工程费、建设单位管理费（包括工程监理费）、设备监造、质量监督费等、交通工具的购置、联合试运转费（调试费）、建筑场地完工清理费、厂区绿化费、远征工程增加费、冬雨季施工增加费、特殊施工增加费、临时工程设施费、科学研究试验费、勘测设计费、设备储备贷款利息、法定利润等，建设期贷款利息计入固定资产价值。

（2）不形成固定资产价值而形成流动资产价值的有办公及生活用具购置费、工器具及生产家具购置费、备品配件购置费。这三项费用一般共计占总投资的0.5‰～0.8‰。

（3）不形成固定资产价值也不形成流动资金价值的有生产人员培训费、生产人员提前进厂费、施工机构转移费、劳保支出、施工机械购置费、拨付其他单位基建款、移交其他单位固定资产等，其中前四项一般占总投资的3.5%～4.5%。后两项拨付其他单位基建款指由企业内部（集团公司）投资，建成后产权不属于企业（集团公司）的工程，如移交其他单位固定资产指由企业（集团公司）投资并负责建设的铁路、公路、桥梁等，建成后交给地方者即属之。

（4）当工程内容没有拨付其他单位基建款和移交其他单位固定资产时，固定资产形成率可按95％计算，如有这两个项目时，应根据其他投资额占总投资的比例，相应降低固定资产形成率。

（五）项目资金来源说明

在做经济分析之前，应调查落实建设资金的来源，明确各种资金的贷款利息率，以便计算建设期贷款利息，基本建设资金贷款利率按国家颁发文件规定执行。资金来源有：

（1）企业自筹资金或集资办电资金（一般企业资本金不低于20％）。

（2）国内银行贷款。

（3）利用外资。

（4）其他资金。

（六）项目投资分配计划

建设资金的逐年使用分配数，按设计提供的施工组织设计大纲，设计的施工进度逐年合理安排使用计划。

生产流动资金总额，按机组台数平均分配并在各台机组投产前一年投入使用，以满足生产调试及运行的需要。

## 二、经济效益计算

（一）计算电量

发电量按照机组设备容量乘以年设备利用小时数计算。

发电量扣除厂用电量即为厂供电量，厂用电量按照设计估算的厂用电率计算。

（二）发电成本计算

火力发电厂生产成本包括燃料费、水费、材料费、工资、职工福利基金、基本折旧费、大修理费和其他费用。

1. 燃料费

燃料费是指生产电力产品所耗用的各种燃料（煤、油、气等）的总费用。

燃料费按照设计的发电标准煤耗乘以发电标准煤价计算，发电标准煤价按原煤出矿价加计运杂费和运输损耗，并按原煤低位发热量折算成标准煤价。

2. 水费

水费是指发电生产用的外购水费和水资源费，不包括非生产用水费用。

水费按设计的水源和不同的用水量和购水价计算。

3. 材料费

材料费是指生产运行、维护和事故修理等所耗用的材料、备品、低值易耗品等的费用。

材料费按各发电集团公司上年度统计数据（元/k·kWh）计取。

4. 工资

工资指发电厂生产和管理部门人员的工资。定员人数由设计确定，平均工资按各发电集团公司上年度的平均工资计算。

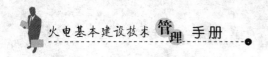

5. 职工福利基金

职工福利基金按发电厂工资总额的 11％ 计取。

6. 基本折旧费

基本折旧费是指对固定资产磨损的补偿费。按照发电工程投资和建设期利息形成的固定资产原值的 4％ 提取，部分机组投产时固定资产原值所占比例按照投产机组发电容量占全部机组容量的比例计算。

7. 大修理费

大修理费和基本折旧费一样，按照固定资产原值的 1.4％ 提取。

8. 其他费用

其他费用指不属于以上各项而该计入生产成本的基建费用，如火电厂办公费、差旅费、科研教育经费、流动资金贷款利息等。其他费用指标按各发电集团公司上年度统计数据。

电量、成本计算表，见表 6-2。

表 6-2　　　　　　　　　　　电量、成本计算表

| 序号 | 项目 | 时期<br>年度<br>单位 | 投产期 | | | 达产期 |
|---|---|---|---|---|---|---|
| | | | 1 | 2 | ... | |
| 一 | 发电量 | k·kWh | | | | |
| 二 | 厂用电率 | ％ | | | | |
| 三 | 厂供电量 | k·kWh | | | | |
| 四 | 发电总成本 | 万元 | | | | |
| 1 | 燃料费 | 万元 | | | | |
| 2 | 水费 | 万元 | | | | |
| 3 | 材料费 | 万元 | | | | |
| 4 | 基本折旧费 | 万元 | | | | |
| 5 | 大修理费 | 万元 | | | | |
| 6 | 工资 | 万元 | | | | |
| 7 | 职工福利基金 | 万元 | | | | |
| 8 | 其他费用 | 万元 | | | | |
| 五 | 发电单位成本 | 元/k·kWh | | | | |
| 六 | 发电总成本 | 万元 | | | | |

(三) 销售收入、税金及利润计算

1. 销售收入

按照发电厂每年售出的电量乘以上一年度上网平均售电价计算逐年的销售收入。集资项目的售电价按照国家现行的文件规定测定。

2. 销售税金

按国家颁发的应纳税税种的税率计算。

3. 销售利润

销售利润在可行性研究阶段，因无法计算其他营业外收支，即可作为实现利润。

实现利润＝销售收入－售电总成本－销售税金。

实现利润按发电利润计算。

集资办电项目按国家有关文件计算。

企业留利，还贷期间按全厂定员人数平均每人每年 800 元（1997 年标准，现根据企业情况确定）计提；还清贷款后，按各发电集团公司上年度平均留成比例计算。

销售收入及税利计算见表 6-3。

表 6-3　　　　　　　　　　　销售收入及税利计算表

| 序号 | 项　目 | 单　位 | 投产期 | | | 达产期 | | |
| --- | --- | --- | --- | --- | --- | --- | --- | --- |
| | | | 1 | 2 | … | 1 | 2 | … |
| 一 | 上网电价 | 元/k·kWh | | | | | | |
| 二 | 销售收入 | 万元 | | | | | | |
| 三 | 销售税金 | 万元 | | | | | | |
| 1 | 发电税金 | 万元 | | | | | | |
| 2 | 发电城市维护建设税 | 万元 | | | | | | |
| 3 | 发电产品税 | 万元 | | | | | | |
| 四 | 实现利润 | 万元 | | | | | | |
| 1 | 发电利润 | 万元 | | | | | | |
| 五 | 企业留利 | 万元 | | | | | | |
| 六 | 还贷利润 | 万元 | | | | | | |

（四）主要技术经济指标计算

对火力发电厂建设工程项目，经过估算投资、财务计算后，应提供以下几项主要技术经济指标：

（1）工程总投资（万元）、单位工程投资（元/kW）。

（2）投资回收年限（年）。

投资回收年限计算公式如下：

投资回收年限＝（发电工程总投资＋建设期发电工程贷款利息）/（发电利润＋发电税金）

其中：发电税金＝国家规定的应纳税种和税率

发电利润＝实现利润＝销售收入－发电总成本－销售税金（发电税金）

（3）资金利润率（％）。

资金利润率计算公式如下：

资金利润率＝发电利润/（发电固定资产原值＋生产流动资金）×100％

（4）投资税收率（％）。

投资税收率＝（发电利润＋发电税金）/（发电工程总投资＋建设期贷款利息

＋生产流动资金)×100％

备注：计算式中的发电利润和发电税金均指达到生产能力之后的数值。

(5) 贷款偿还年限（年）。

建设期贷款利息应按不同的建设资金贷款利率和投资分配数额逐年计算。当年贷款利息按贷款额的 1/2 计算，还贷资金按国家有关文件的规定计算。还贷资金有以下两部分：

1) 还贷利润。缴纳所得税前的新增利润，即扣除企业留利后的发电利润。

2) 还贷基本折旧费。基本折旧用于还贷的提取比例如下：项目建成投产后三年内提取 80％（国外引进大型项目提取 90％），项目投产三年后（不包括第三年）提取 50％用于还贷。

贷款偿还年限：按照国家银行有关贷款文件的规定，借款期限，包括建设期和还款期，还款年限自建设期算起不应超过 10 年。

当全部投资贷款只有一种贷款利率时，计算公式如下：

$$贷款偿还年限 = m + n + [\log_i A - \log_i (A - P)] / \log_{(1+i)} n$$

式中　$m$——贷款偿还年数。

$n$——投产后还贷资金额不均等的年数。

$i$——贷款利息率（％）。

$A$——具有等额还贷资金后的每年还贷资金（万元）。

$P$——具有等额还贷资金前的贷款本息总额（万元）。

如投产后每年的还贷金额为 $A_1$、$A_2$、$A_3$、$\cdots A_n$ 时，则：

$$P = [建设期贷款本息 \times (1+i) - A_1] \times (1+i) - A_2 \cdots \times (1+i) - A_n$$

当基本建设投资来源不同，有几种贷款利率时，可按表 6-4 的贷款偿还表逐年推算，计算出贷款偿还年限。

(6) 内部收益率。

内部收益率是根据现金流量贴现分析得出的工程项目可盈利率或收益率。

计算内部收益率的方法是用贴现的方法逐年计算净现值，通过试算求得在经济使用年限内净现值的总和等于零时的贴现率，这时的贴现率就是本工程项目的内部收益率。

计算规定为：

1) 贴现的基准年为工程项目开工的前一年。

2) 火力发电厂经济使用年限为 25 年。

3) 流动资金的投入应在每台机组投产的前一年，流动资金的回收则列入工程项目经济使用年限的最后一年。

表 6-4　　　　　　　　贷款偿还表计算表

| 期别 | 年度 | 贷款资金 | | 归还贷款资金 | | | 应还贷款 | 年末余额 |
|---|---|---|---|---|---|---|---|---|
| | | 金额 | 利息 | 还贷利润 | 还贷折旧 | 合计 | | |
| 施工期 | 1 | | | | | | | |
| | 2 | | | | | | | |
| | 3 | | | | | | | |

| 期别 | 年度 | 贷款资金 | | 归还贷款资金 | | | 应还贷款 | 年末余额 |
|---|---|---|---|---|---|---|---|---|
| | | 金额 | 利息 | 还贷利润 | 还贷折旧 | 合计 | | |
| 投产期 | 1 | | | | | | | |
| | 2 | | | | | | | |
| | 3 | | | | | | | |
| 达产期 | | | | | | | | |
| | | | | | | | | |
| | | | | | | | | |
| | | | | | | | | |
| | | | | | | | | |
| | | | | | | | | |

内部收益率计算公式如下：

$$\sum_{t=1}^{t=m+n} \frac{C_t}{(1+i)^t} - \sum_{t=t'}^{t=m+n} \frac{B_t}{(1+i)^t} = 0$$

式中　$m$——基建期年数。

$n$——投产后经济使用年数（25 年）。

$t'$——部分机组投产年份。

$t$——工程开工起的年份。

$C_t$——各种投资、运行费等（万元）。

$B_t$——各年收益（利润＋折旧）。

$i$——内部收益率。

内部收益率（$i$）以试算方法求得，计算表见表 6-5。

（五）敏感性分析

为比较各设计方案的优劣，分析各种因素变化时对本工程项目经济效益的影响，需要作敏感性分析与计算，分析对工程项目的贷款偿还年限、内部收益率、售电价格以及其他主要技术经济指标的影响和影响的速度。

表 6-5　　　　　　　内 部 收 益 率 计 算 表

| 序号 | 期　别 年　度 项　目 | 施工期 | | | 投产期 | | | 达产期 | | |
|---|---|---|---|---|---|---|---|---|---|---|
| | | 1 | 2 | … | 1 | 2 | … | … | … | … |
| 一 | 现金流入 | | | | | | | | | |
| 1 | 销售收入 | | | | | | | | | |
| 2 | 流动资金收回 | | | | | | | | | |
| | 合计 | | | | | | | | | |

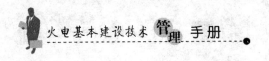
续表

| 序号 | 期别 年度 项目 | 施工期 | | | 投产期 | | | 达产期 | | |
|---|---|---|---|---|---|---|---|---|---|---|
| | | 1 | 2 | ... | 1 | 2 | ... | ... | ... | ... |
| 二 | 现金流出 | | | | | | | | | |
| 1 | 基建费用 | | | | | | | | | |
| 2 | 流动资金 | | | | | | | | | |
| 3 | 售电成本（扣除基本折旧） | | | | | | | | | |
| 4 | 销售税金 | | | | | | | | | |
| 5 | 厂供电利润 | | | | | | | | | |
| 6 | 利润留成 | | | | | | | | | |
| 三 | 净现金流量(一)-(二) | | | | | | | | | |
| | 贴现利率 5% | | | | | | | | | |
| | 贴现值 | | | | | | | | | |
| | 贴现利率 10% | | | | | | | | | |
| | 贴现值 | | | | | | | | | |
| | 贴现利率 15% | | | | | | | | | |
| | 贴现值 | | | | | | | | | |
| 四 | 内部收益率 | | | | | | | | | |

主要变化因素如下：

（1）工程投资。

（2）燃料费用。

（3）售电价格。

（4）设备年利用小时数。

应分别计算上述诸因素中单项因素变化时的影响，同时还要计算有两种以上因素同时发生时的影响。

（六）电量、经营费用计算方法

1. 电量计算

（1）发电量＝机组容量×年利用小时数。

（2）厂供电量＝发电量×（1－厂用电率）。

（3）售电量＝厂供电量×（1－线损率）。

备注：线损率可按地区电网上年度统计值，当以电厂围墙为界计量电量时，售电量＝厂供电量。

2. 成本计算

（1）燃料费＝发电量(k·kWh)×标准煤耗率(t/k·kWh)×标准煤价(元/t)。

式中：标准煤耗率＝设计煤种煤耗率×$\dfrac{\text{设计煤种低位发热量}}{7000}$ (t/k·kWh)

198

标准煤价＝设计煤种煤价×$\dfrac{7000}{设计煤种低位发热量}$（元/t）

设计煤种煤价＝（原煤价＋维简费＋运杂费）×（1＋运输损耗）（元/t）

（2）水费＝年总耗水量（t）×水费（元/t）。

（3）材料费＝发电量（k·kWh）×材料定额（元/k·kWh）。

式中：材料定额按各发电集团公司上年度统计资料计取。

（4）工资＝定员总人数×年平均工资（元/人·年）。

（5）职工福利基金＝工资总额×11％。

（6）基本折旧费＝（发电基建总投资＋建设期贷款利息）×固定资产形成率（％）×基本折旧率（％）。

式中：固定资产形成率一般按95％计算；基本折旧率一般按4％计算。

（7）大修理费＝（发电基建总投资＋建设期贷款利息）×固定资产形成率（％）×大修理费提取率（％）。

式中：固定资产形成率一般按95％计算；大修理费提取率一般按1.4％计算。

（8）其他费用＝定员总人数×其他费用额（元/人·年）。

式中：其他费用额按各发电集团公司上年度统计资料取用。

（9）发电总成本＝燃料费＋水费＋材料费＋工资＋职工福利基金＋基本折旧费＋大修理费＋其他费用。

（10）发电单位成本＝$\dfrac{发电总成本（元）}{厂供电量（千度）}$（元/k·kWh）。

（11）售电总成本＝发电总成本＋供电总成本。

式中：当电厂以围墙为界计量电量时，供电总成本为零，售电总成本＝发电总成本。

3. 销售收入、税金及利润计算

（1）销售收入＝售电量（k·kWh）×上网平均售电价（元/k·kWh）。

式中：当电厂以围墙为界计量电量时，售电量＝厂供电量，上网平均售电单价根据地区上网电价政策执行。

（2）销售税金＝发电税金（k·kWh）。

发电税金＝厂供电量（k·kWh）×发电产品税率（元/k·kWh）×[1＋城市维护建设税税率（％）＋教育费附加税率（％）]

式中：各种应缴纳的税率按国家政策执行。

（3）销售利润＝实现利润。

（4）实现利润＝销售收入－售电总成本－销售税金。

（5）发电利润＝实现利润×发电利润分配比例（％）。

（6）企业留利＝还贷期间可按800元/人·年，还清贷款后按各发电集团公司上年度的留利比例计算。

（7）发电还贷利润＝发电利润－企业留利。

**三、综合经济评价**

对火力发电厂工程项目，要从企业和国家的利益出发，进行综合论证分析，作出全面的

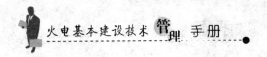

评价。

评述的主要内容如下：

(1) 本工程项目的主要优越性与不足之处。

(2) 工程投资分析，与国内同类工程投资和造价相比，分析其造价水平差异及其原因。

(3) 本工程项目各项主要技术经济指标是否达到国家规定的标准，并论述原因如下：

1）贷款偿还期应限在 10 年以内。

2）内部收益率应在 10% 左右。

3）投资回收年限，国家有关规定节能项目的投资回收年限必须在 7 年以内，达不到规定指标时，应提出措施及其具体分析意见或建议。

4）最后，应对本工程的经济效益、社会效益和环保效益等作出综合分析论述，如环境改善状况及数据、综合利用价值、项目建设为地方经济和发展创造的价值等。

## 第三节　概预算工作管理

工程建设概预算是控制和确定工程造价的文件，也是设计文件的重要组成部分。改进和提高概预算的工作与管理，对确定工程造价、控制工程项目投资、提高投资效益都具有重要的意义。为此，各级主管部门及建设、设计、施工、调试、监理单位，都要执行安全、可靠、经济、适用，实现控制造价、厉行节约、优化设计方案，不断地降低工程造价，推进电力建设实现又好又快地发展，并取得最好的经济效果。

### 一、对概预算工作管理的要求

为了加强工程建设概预算工作，提高概预算文件的质量，合理确定工程造价，控制工程项目投资，按照国家及各发电集团公司关于控制工程造价的措施，切实做好工作，降低工程造价。

(1) 凡采用两阶段设计的建设项目，初步设计阶段必须编制总概算，施工图设计阶段必须编制预算。

(2) 设计概算经审定或批准后，是控制和确定建设项目造价，编制投资计划，工程项目招投标，控制基本建设拨款和施工图预算，以及考核设计经济合理性的依据。

建筑安装工程施工图预算经审定后，是确定工程预算造价，实施工程项目进行施工单位招投标的依据和办理工程结算的依据。

(3) 建设项目的总概预算，应包括建设项目从筹建到竣工验收所需的全部建设费用。其投资构成为：建筑工程费用，安装工程费用，设备、工器具购置费用，工程监理、设备监造、工程管理、调试和试运及其他费用。

概、预算的文件应包括：概、预算编制说明，投资效益分析，建设项目总概、预算，单项工程综合概、预算，单位工程综合概、预算，其他工程和费用概、预算。概、预算文件应包括钢材、木材、水泥等主要材料表，预算文件还应包括钢材明细汇总表及补充单位估价表。

(4) 设计单位承担可行性研究和参加编制设计任务书时，其投资估算的编制工作应有概预算人员（技术经济人员）负责进行，并与其他专业人员配合，共同做好建设项目经济效益的评估工作。

（5）概预算的编制工作，均由设计单位负责。必要时，施工图预算的编制可邀请施工单位和建设单位参加。

（6）施工图设计应控制在审定批复的初步设计及概算范围内。在不同的设计阶段要提供足够深度的设计资料，以满足编制概预算的要求。

技术经济人员应与其他专业的设计人员共同做好设计方案的技术经济比较工作，以选出最合理的方案。要及时了解设计内容，掌握设计变更情况及其对造价的增减影响，并提出合理的投资建议，充分发挥技术经济人员在设计工作中的积极作用。

（7）设计单位要努力提高概预算的准确性，保证该预算的质量。要严格地执行国家有关的方针、政策和制度，同时要根据有关部门发布的价格调整指数，考虑建设期间市场价格变动等因素，做到概预算能够完整地反映设计内容，合理地反映施工条件，准确地确定工程造价。

（8）建筑安装工程施工图预算审定后，严格控制总概算，不得任意突破。

工程竣工验收后，设计单位应了解和掌握竣工决算资料，不断总结经验，提高概预算的质量。

（9）建设单位必须对概预算的执行全面负责，根据批准的总概预算合理使用投资，切实搞好工程造价的管理。按照设计和概预算安排工程项目，不得任意提高工程标准，增加工程内容。按照材料清单和设备清单进行材料和设备招投标工作，按照概预算合理开支各项费用。

**二、火电工程限额设计的有关要求**

认真做好限额设计是控制工程造价的有效手段，火电建设项目必须认真做好限额设计，加强火电建设项目限额设计的全过程管理，在项目决算阶段要认真做好项目优化工作和投资估算的确定，在项目准备和建设阶段，必须反复优化，进行限额设计，并严格按照限额设计原则进行管理。

（1）设计单位是执行限额设计的主要责任单位，项目建设单位在工程建设过程中认真执行限额设计的有关规定，组织协调好项目限额设计有关的各项工作。这是控制工程造价的关键和前提。

（2）审查批复的项目可行性研究报告中静态投资估算是项目设计的"限额"。

（3）项目初步设计概算的静态投资，与同水平年比较，原则上不得超过批准的"限额"。

（4）限额设计的控制对象是影响工程设计静态投资的项目。

（5）限额设计分初步设计和施工图设计（含施工阶段设计变更管理）两个阶段进行。

（6）投资分解和工程量控制是实行限额设计的有效途径和主要方法。限额设计是将上阶段设计审定的投资额和工程量进行分解到各专业，然后再分解到各单位工程和分部工程而得出的。

（7）为满足限额设计的要求，各设计阶段的内容深度应达到现行规定的要求，同时还应贯彻控制工程造价有关文件的规定。

（8）限额设计应严格执行国家和行业有关各项规定和标准等。

（9）初步设计阶段的限额设计。

1）初步设计阶段的限额设计应按照审定的可行性研究阶段的投资估算进行限额设计。投资分解和工程量控制的基本划分一般为专业和单位工程，其中的基建预备费与其他费用不进行分解。

2）初步设计阶段的限额设计一般应以设计任务书的形式下达。限额设计工程量应以可行性研究阶段审定的设计工程量和材质标准为依据，工程量控制的主要内容包括：建筑工程的结构形式、设计标准、体积、面积、长度和三材总量等，安装工程的各类管道重量（含管件、阀门、支吊架）、炉墙砌筑、全厂保温和油漆数量、各类电缆长度、桥架重量、封闭母线长度和重量等。

3）在初步设计阶段，如因采用新技术、新设备、新工艺等确能降低运行成本又符合"安全、可靠、经济、适用、符合国情"的原则而使工程投资有所增加，或因可研阶段深度不够，造成初步设计阶段修改方案而增加投资的，应在经济技术综合评价并通过必要审查确认是可行的前提下，由设总安排技经人员在投资分解时解决。

4）在初步设计阶段，厂区（特别是厂前区）占地面积、附属建筑物面积、生活福利建筑面积及修配和试验设备配置等应严格执行有关标准定额，按可研阶段审定的面积和范围设计，不得超标。

5）在初步设计定额设计中，技经人员应严格掌握并使用好基本预备费和其他费用，当好设总和建设单位的参谋。

（10）施工图设计阶段的限额设计。

1）在施工图设计阶段，应按照初步设计审定概算书进行限额设计。投资分解和工程量控制可按施工图分册进行。

2）施工图设计阶段的限额设计任务书应在专业设计总图设计阶段下达。任务书的填写、审签程序与初步设计阶段限额设计相同。

3）在下达限额设计任务书时，尚应附上审定的概算书、工程量和设备的单价表等。

4）在投资分解时，不对初步设计的基本预备费进行分解，在进行单位工程投资分解时，仅分解到基本直接费。

5）施工图设计阶段限额设计的重点应放在工程量控制上，控制工程量应采用审定的初步设计工程量。控制工程量一经审定，即作为施工图设计工程量的最高限额，不得突破。

6）施工图卷册设计完成后，如因设计原因单位工程或分部工程量超出控制数±5％以上时，则由技经人员协助设总进行调整或修改设计。限额设计成果应作为设计成品考核的一项重要内容。

（11）限额设计应贯穿于设计工作全过程。在工程施工阶段，技经工代应参加项目实施的全过程，并做到严格把关。由设计变更产生的新增投资额不得超过基本预备费的1/3，并应以限额设计范围内工程发生的总投资数不超过限额设计的总投资额为原则。

# 第四节　概预算编制原则

为适应火电基本建设经济管理，有利于控制工程造价，加强概预算编制和管理工作，提高概预算质量，统一编制深度及表现形式，根据基本建设概预算管理规定的要求，结合火电基本建设概预算编制的具体情况，作为火电基本建设概预算编制工作的原则。

**一、概预算编制原则**

预算编制过程中，建设、监理、施工单位及设计单位应密切配合，共同做好该项工作。

（1）建设单位向设计单位及时准确地提供下列资料：

1）地区建筑工程单位估价表（或定额），地区材料预算价格及间接费定额。

2）建设场地的土地征购、租赁费及拆除、拆迁、赔偿费。

3）外委工程或自营工程的初步设计批准概算书或施工图预算书，以及工程所在地的生活福利工程的造价指标及基建标准。

4）施工图预算阶段还需提供设备招标合同价格或实际到货价格。

5）由建设单位提供的其他资料。

（2）施工图预算阶段由施工单位负责提供的资料：

1）经工程主管部门批准的施工组织设计及特殊工程（供水、灰场等）的施工方案及措施。

2）施工用地的租赁费及拆除、迁除、赔偿费。

3）锅炉、汽轮机本体有关图纸或预算工程量资料（按现行预算定额要求提供）。

4）商定的由施工单位负责提供的其他有关资料。

可行性研究报告的投资估算书、初步设计概算书，应根据推荐的设计方案进行编制。

可行性研究报告或初步设计审定后，设计单位根据审批意见编制批准估、概算书，如遇有特殊情况，如铁路、码头、输煤、除灰、供水等单项设计方案需分批审定时，批准估、概算书可随设计文件分批编制。但最后应汇总编制整个工程完整的批准总估、概算书，并提交建设单位执行。

施工图设计的投资要控制在审批的总概算范围内，施工图预算的编制必须根据施工图纸及其材料设备清册的工程量、初步设计审批的施工组织设计大纲中的原则方案、现行定额、价格、取费标准及有关规定的要求进行编制。

施工图预算原则上应以单位工程为单元，开工前一次编完并审定，主厂房等较复杂的单位工程，可以按分项工程分批编制并审定，但最后应汇编单位工程汇总预算表。

**二、概预算书的编制**

（1）预算书文件由说明书、工程概况及主要技术经济指标表、总预算表、专业汇总预算表、单位工程预算表、其他费用概算表、附件及附表组成。

（2）工程概预算造价由直接费、间接费、法定利润、设备运杂费及其他独立费用组成。

1）建筑、安装工程费，由直接费、间接费和法定利润三部分组成。

$$直接费＝工程量×建筑或安装定额（招标）单价＋地区材料差价＋其他直接费$$
$$间接费＝直接费（或人工费）×间接费率（包括施工管理费及其他间接费）$$
$$法定利润＝（直接费＋间接费）×法定利润率$$

2）设备购置费用由设备原价和设备运杂费组成。

3）其他独立费用，应按《其他工程和费用》定额中的规定和要求进行编制。

（3）在一般情况下编制估算时不准套用其他工程的估算、编制概算，不准套用其他工程的初步设计概算。

（4）标准设计、典型设计或通用设计的预算，统一按北京地区的价格为编制依据，但在预算中必须列出作为地区差价调整的条件及附表。

（5）设备原价的确定。

1）可按制造厂报价资料，或参照同类工程招投标的设备价格，通过分析后列入估、概算。施工图预算应按设备招投标的价格为准。

2）非标准设备价格，按各地区的现行出厂价格为准。

3）内部调拨设备或利用库存设备，按调出部门或账面价值一并列入原价内。

（6）建筑、安装预算工程量的确定。

1）可行性研究报告投资估算及初步设计概算工程量，应根据设计推荐的方案，由设计人员按估算或概算编制的要求和深度提供。概算工程量必须与初步设计图纸、说明书及设备材料清册保持一致。

2）招标文件中的工程量表，必须满足投标单位编制投标报价的要求。同时，招标文件中的工程量表与标底工程量必须保持一致。

3）施工图预算工程量的编制，应根据施工图纸及其他设备材料清册，并要符合预算工程量的计算规则。如施工图与材料表（清册）的工程量有矛盾时，以图纸工程量为准，工程量计算表应保存到工程建设完成。

（7）建筑工程单价的确定。

1）主厂房建筑工程，因结构复杂投资大，如设计深度具备按扩大结构定额或部件指标计算工程量时，尽量采用扩大结构定额或部件指标。

2）凡结构简单而工程量大，如大型土石方（场地平整、进排水明渠、灰坝等）可套用扩大定额或预算定额编制估、概算。

3）当本工程某些项目直接套用另一个工程设计或套用通用设计、典型设计时可直接套用另一个工程设计的建筑单价，但必须对价格因素作相应的地区材料差价调整。

4）直接使用指标的项目，对定额水平不做地区定额水平差的调整，但人工工资及主要材料预算价格，应按主管部门规定的工程所在地区的工资标准及现行材料预算价格进行调整。其方法可采用地区材料差价调整系数的方式调整地区差价。

5）施工图预算，一般采用地区单位估价表（或预算定额）的建筑单价为准。

（8）安装工程单价的确定。

1）估算及概算可相应套用估算及概算指标中的单价，但其中人工工资及主要材料，必须按工程所在地区的现行工资标准及材料预算价格进行调整，采用直接调整或系数调整法均可，具体按工程实际情况确定。

2）进口机组套用国产机组定额时，由于预算定额中已包括消耗材料，如进口机组随设备供应消耗材料应作调整，调整方法可根据进口机组的具体情况而定。一般按下列公式计算后分别列入各单位工程内。

$$国外消耗材料价差＝单价差×国外供应数量$$

其中：单价差＝国外单价－定额中的单价

（9）指标及定额中都没有的项目，应根据施工图及施工技术条件编制补充预算定额，作为编制预算的依据。

（10）补充定额编制时所用的材料预算价格、人工工资价格、施工机械使用台班价格，应按各有关主管部门的规定计算。如没有规定时，可参照类似工程项目的水平确定，也可按下列方法计算确定。

1）材料预算价格的确定。

$$材料预算价格＝原价＋运杂费$$

$$运杂费＝运输费＋保险费＋包装费＋采购保管费$$

材料原价指材料的出厂价格或市场价格。

材料的运杂费指材料出厂到施工现场运输所发生的费用。

2）人工工资价格的确定。

人工工资价格，指工程所在地区的工资单价，不同的工人等级有不同的工资单价。

3）施工机械台班价格的确定。

施工机械台班价格，指施工机械工作一个台班（一个工作日）所固定分摊及直接消耗的费用，由施工机械使用定额中规定的第一类费用（不变费用）与第二类费用（可变费用）两个因素组成。

（11）说明书的编写必须要有针对性，应具体、确切、简练，其内容一般包括下列：

1）工程地点、建设规模、特点、性质、交通运输情况、各主要系统特征、主要设备（如锅炉、汽轮机、发电机、主变压器等）的容量、型号、供货厂家、公用系统的规模，以及预算有关的各自然地理条件和其他影响投资较大的情况说明。

2）建设场地的情况，如青苗、树木拆除及迁移情况、土石方量、施工条件（水、电、路、通信）。对于扩建工程还应说明扩建过度措施、现有施工用的临建设施等情况。

3）建设单位的名称、施工单位的名称、监理单位的名称、计划建设工期、批准的设计任务书、估算总投资额、初步设计审批概算总投资额、单位造价投资对比表以及简要经济比较分析说明。说明本工程技术经济合理性或存在的问题。

4）编制的原则及依据。

5）编制方法及其他有关说明。

### 三、概预算书的形式与深度

预算书的表现形式与深度，要符合提高预算质量、经济分析、积累经济指标等要求。因此，必须严格按照规定的表格形式及项目划分办法中的内容，排列次序，费用性质划分等要求逐项编制汇总。

## 第五节 施工组织设计大纲的编制（初步设计阶段）

为了提高工程设计方案的合理性，合理地组织施工，提高经济效益，缩短建设周期，认真编制好建设工程的施工组织设计具有重要意义。

建设工程的施工组织设计文件的编制，一般分为两个阶段。初步设计阶段编制施工组织设计大纲，由承担初步设计单位负责编制，施工阶段编制施工组织设计（火电工程划分为施工组织设计刚要、施工组织总设计和施工组织专业设计三种），由施工单位负责编制。

下面主要是针对初步设计阶段的施工组织设计大纲的编制，施工阶段的施工组织设计在

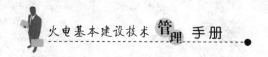

工程施工章节中介绍。

**一、编制施工组织设计大纲的主要作用与要求**

（一）编制施工组织设计大纲的主要作用

（1）从施工角度对设计方案的选定，新技术的采用进行科学论证，通过调查研究，与施工单位配合、协商使之达到方案落实、技术先进合理及取得良好的经济效益。

（2）控制工程施工用地、位置、数量及施工所需要的大型、特殊施工机具。

（3）规划协调施工总平面布置及"三通一平"或"五通一平"（五通：即通路、通电、通水、通电信、通航或通铁路；一平：即场地平整）。

（4）为了编制概算提供与施工组织设计有关的费用。

（5）按设计任务书及合理工期的要求，编制包含有设备交货日期、设计图纸交付日期、施工进度计划。

（二）编制施工组织设计大纲的依据

（1）工程设计任务书。

（2）审定的可行性研究报告。

（3）初步设计中各专业拟定的设计方案。

（4）《火力发电工程施工组织设计导则》。

（5）《火力发电工程施工组织大纲设计规定》（试行）。

（6）火电基本建设预算管理制度及规定。

（7）建设单位与设计、施工单位、及各有关单位签订的工程合同或协议文件等。

（三）施工组织设计大纲一般包含的内容与要求

（1）工程概况、工程项目及主要工程量。

（2）主要及特殊工程项目施工方案与大型及特殊施工机具配备之选择。

（3）施工总平面布置及场地"五通一平"的规划。

（4）主要设备的供货、设计、施工网络进度及人力平衡计划。

（5）编制施工组织设计大纲时要做好调查研究，充分掌握建设地点具体条件，了解工程特点、施工条件及施工力量，对达到的施工水平进行充分的综合分析。所确定的原则和采用的各项数据，既要技术先进，又要符合国情，实事求是，切实可行。

施工组织设计大纲是初步设计文件的组成部分，初步设计审查时应同时审查施工组织设计大纲，并将审查意见列入初步设计审批文件中，施工组织设计大纲一经审定，设计、施工、建设单位均应认真贯彻执行。

设计单位编制施工组织设计大纲时，建设单位、施工单位、监理单位应积极配合，对施工组织大纲的问题共同组织专人进行深入的调查研究，收集资料，并向设计单位提供有关文件资料。

**二、火电工程施工组织设计大纲编制内容深度**

（一）工程概况

（1）工程所在地区的自然条件，工程地质、地下水、气象、交通运输、河流（海域）、通航、供水条件、燃料供应等。

（2）工程设计各系统概况及主要工程量。

（3）建设、施工、监理单位名称，隶属关系及施工技术，劳动力、机械装备能力，拟承担的工程范围。

（4）地方材料，加工配置及其他主要物资的供应能力。

（5）施工现场现状，现场及当地可利用的资源设施。

（二）主要施工方案与施工机具的配置

（1）软弱地基处理，复杂的基础处理方案、降低地下水文的方案。

（2）主要建（构）筑物的形式、新材料选用，从施工方面对设计方案选择进行讨论以及大型混凝土构件制作、运输、吊装方案等的实施措施。

（3）大批量金属结构的加工、运输、组拼、吊装。

（4）大规模的土石方工程的开挖方案、取料来源、弃置场位置及运输、平衡调配方案。

（5）江、海岸边取水设施、大型码头。

（6）重要工程冬雨季施工措施。

（7）大件运输的设备到现场的二次搬运，必要时应对运输所经码头、航道、铁路桥涵、隧洞站场等进行调查落实。

（8）应从施工组织方面对设计方案所需的起重设备、型号、起重能力、吊装范围、结构增加的荷重、有限制的重要尺寸、需加固的部位等提出方案，经与有关部门商议后最后确定。

（9）对确定的施工方案和施工方法、使用的主要机具、加工场地、设备保管区的划分、混凝土搅拌站的设置、施工机械、吊装设备的布置、工作范围的一些主要原则应加以说明，并附有必要的简图。施工中需要用的特殊施工机具应说明使用范围、性能，为其服务的附属设施要求、供应来源及可能性。

（三）施工总平面规划的内容

（1）厂区内外施工场地（土建、安装单位的生产及生活）区域划分，整个工程施工需要的永久及临时占地范围及面积。

（2）施工区内外铁路、公路运行路径、水运航线走向及车站码头，调车作业等设施的规划。

（3）施工区内及周围场地的竖向布置及施工排水规划。

（4）施工区内需要拆迁的项目及生产与施工部门在施工期间可供利用的设施。

（5）施工需用的（包括生产及生活）电、水、蒸汽、压缩空气、氧气、乙炔、通信等的来源，规格、生产供应方式、供应数量。各种管线及设施（设备）布置的位置和走向，在施工用水（包括生产及生活）水质不良时应采取的改善措施。

（6）利用原有或利用新建永久性建（构）筑物、管线等设施的项目，应采取的相应措施。

（7）在改建或扩建工程的施工区域内有生产、施工交叉过度时，需做出施工方案和必须的设施与费用。

（四）施工主要网络进度控制及主要设备供应、施工人力平衡计划的内容

（1）按照合理建设工期的控制要求，编制本工程从施工准备至各机组试运验收完备，交付生产的主要网络控制施工进度表。

（2）施工控制进度表应从施工准备起，对主要工艺系统、主要建（构）筑物和主要设备及建筑安排进度。对按系统试运转、联合试运转进度有影响的项目，受自然条件控制而影响工程联合试运转项目的开工或竣工控制进度等都应列出，安排上述进度时，应将主要设备可能供应日期及关键项目设计图纸提供进度也列出，以便核查各有关项目的相对进度。

（3）引进国外主要设备的工程，控制进度中，应标明供货合同中规定的设备达到我国口岸及日期，并将其作为安排控制进度的依据。

（4）对拆迁项目，工程过度措施中需临时增设的关键项目等应包括在控制进度内。

（5）实现控制进度应采取的必要措施和建议，如控制主要设备的到货时间、重要项目或工序的交叉作业、与外单位施工相关联和干扰的内容。

（6）工程施工需用的一般固定职工和临时工的基本人数和特殊工种人数及进度要求。

### 三、火电工程施工组织大纲设计要求

为了切实加强火电建设工程施工组织设计工作，认真按照火力发电厂施工组织大纲设计要求，做好设计工作，并作为建设、施工以及审查单位开展有关工作的依据。为使施工组织设计专业工作从建设标准到内容深度有所遵循，必须满足火力发电厂施工组织大纲设计要求。

施工组织设计要执行"安全、可靠、经济、适用，符合国情"的电力建设方针，实现"控制造价，合理工期，达标投产"的目标，满足在基本建设中推行项目法人责任制、招投标制和工程监理制的要求。

在设计中应满足本要求外，还应执行现行《火力发电工程施工组织设计导则》、《电力建设行业基本建设预算费用标准及管理制度》等有关文件。

（一）施工组织大纲设计要求

（1）在初步设计中，施工组织大纲部分的内容深度除应符合现行"火力发电厂初步设计文件内容深度规定"的要求外，还应为编制施工组织设计提供可靠的外部条件，为编制概算提供准确的工程量和使其他专业设计能满足施工提出的要求。根据施工组织大纲编制的概算，应能指导施工组织设计，并能使静态投资（基础价）起到控制作用。

（2）在初步设计或预设计中，"五通一平"单项工程设计深度应满足以下要求：

1）有方案比选及论证。

2）有较准确的工程量，以便编制单项工程概算。

3）有必要的协议文件，使方案与概算能够落实。

（3）在初可、可研文件中，施工组织设计章节内容可参照"大纲"设计深度的要求适当简化，但应对项目外部条件及实施条件从施工组织角度进行论述。对大件运输的可行性及费用要进行论证。

（4）在施工图阶段，施工组织设计专业除应完成院内分工负责的单项工程施工图外，还应参加施工组织设计（纲要和总设计）审查，协助施工单位控制工程造价。

（5）施工组织设计专业应向技经专业提供或确认满足概算编制的相关资料，至少应包括以下内容：

1）施工租地面积及使用年限。

2）施工生产、生活区土石方量及全厂取土源地和弃土堆场。

3）施工生产、生活区拆迁工程量。

4）施工生产、生活区排水措施。

5）施工进厂公路、铁路、码头方案及工程量。

6）大件设备运输及吊装特殊措施方案及费用。

7）施工用水、电、通信的方案及工程量。

8）土建、水工及安装专业施工措施方案及工程量和施工轮廓进度。

9）设备、材料倒运量及运距（当施工场地狭小时）。

10）过渡措施方案和工程量（扩、改建电厂）。

（6）合理施工工期应参照已建设的其他同类型电力工程项目进行编制。

（7）利用外资工程和机组容量与本要求不一致时，可以就近套用，例如单机 300～360MW 的进口机组可套用 300MW 机组标准，单机 600～660MW 的进口机组可套用 600MW 机组的标准，在设计中还应考虑合资或合作工程中外商提出的合理要求。

（8）扩改建工程的施工组织大纲设计应尽量利用老厂原有设施，减少拆迁，并考虑施工过渡等要求。

（二）需要单独计算费用项目的要求

施工总平面及竖向布置要求：

（1）施工总平面及竖向布置，施工生产区一般布置在厂区的扩建端。当场地狭窄时，用地应从严掌握，必要时可以在近处增选部分用地。

（2）施工生活区的布置应以有利生产、方便生活为原则，在有条件的情况下，应本着永临结合的精神论证施工与电厂生活区合建的合理性。

（3）施工生产、生活区用地应符合有关控制指标的规定，施工生产、生活用地控制指标见表 6-6。

表 6-6　　　　　　　　　　　施工生产、生活用地控制指标

| 地区类别 | 机组容量 | 施工生产区（hm²） | 施工生活用地（hm²） |
| --- | --- | --- | --- |
| Ⅰ | 2×200MW | 18 | 5.0 |
| | 2×300MW | 18 | 5.0 |
| | 2×600MW | 21 | 6.0 |
| | 2×1000MW | 25 | 7.0 |
| Ⅱ | 2×200MW | 19 | 6.0 |
| | 2×300MW | 19.5 | 6.0 |
| | 2×600MW | 22 | 7.0 |
| | 2×1000MW | 26 | 8.0 |
| Ⅲ | 2×200MW | 20 | 7.0 |
| | 2×300MW | 21 | 7.0 |
| | 2×600MW | 23 | 8.0 |
| | 2×1000MW | 27 | 9.0 |

1）表 6-6 中指标不包括距厂区较远的灰场、水源地及相应管线的施工用地，这部分用

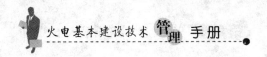

地可根据施工实际需要安排，并分别计算其租用年限。

2）施工生产、生活用地以租用为原则，对于计划前后两期连续扩建工程的厂区用地，可按规划容量一次征用，但必须作为施工用地充分利用并相应减少施工临时租地。

3）当主厂房为钢结构时，按0.9系数调整施工生产区用地。

4）单台机组施工时，按0.8系数调整施工生产、生活区用地，当一次建设3~4台机组时，施工用地原则上不超过表6-6规定范围。

5）施工生活区建筑物以楼房为主，平房为辅，以节约用地。当确需多建平房时，应做专门的论证，经审定后，占地可适当增加。

6）当厂区预留脱硫场地时，应相应减少施工区用地。

7）发电厂的总体规划应根据发电厂的生产、施工和生活需要，结合厂址及其附近地区的自然条件，对厂区、施工区、施工生活区、水源地、供排水设施、污水处理设施、储灰场、灰渣综合利用、交通运输、出线走廊、供热管网等，立足近期，考虑远景，统筹规划。

（4）在进行总体规划时，应贯彻节约用地的原则，通过优化，控制全厂生产、非生产和施工用地的面积，使总体规划紧凑、合理，环保节能，减少实物量。

（5）厂外供水管线、灰渣管线、热力管线及其他带状设施的规划应满足城乡规划和土地利用总体规划的要求，并力求布置集中、路径短捷，宜沿现有公路布置，减少与公路或铁路交叉。

（6）加强施工管理，结合当地特点减少施工用地。根据施工机械化水平的提高、施工管理现代化的特点，同时对施工生产用地等采取一地多用、合理交叉等多项措施，尽量减少施工用地。施工区和施工生活区租地面积按表6-6的规定进行确定。

（7）地区类别应符合表6-7的规定。

表6-7　　　　　　　　　　　　　地　区　类　别

| 地区 | | 省、市、自治区名称 | 气象条件 | |
|---|---|---|---|---|
| 类别 | 级别 | | 每年日平均温度≤5℃的天数（天） | 最大冻土深度（cm） |
| Ⅰ | 一般 | 上海、江苏、浙江、安徽、江西、湖南、湖北、四川、云南、贵州、广东、广西、福建、海南、重庆 | ≤94 | ≤40 |
| Ⅱ | 寒冷 | 北京、天津、河北、山东、山西、河南、陕西、甘肃 | 95~139 | 41~109 |
| Ⅲ | 严寒 | 辽宁、吉林、黑龙江、宁夏、内蒙古、青海、新疆、西藏、甘肃（武威及以西）、陕北（延安、榆林、横山及以北）、晋北（朔县、大同及以北）、冀北（承德、张家口及以北） | 140~179 | 110~189 |
| Ⅳ | 酷寒 | 黑龙江（哈尔滨、大庆、绥化、佳木斯及以北）、内蒙古（扎赉特旗及以北）、青海（格尔木、玛多及以西）、新疆（克拉玛依及以北） | ≥180 | ≥190 |

注　1. 西南地区（四川、云南、贵州）的工程所在地如为山区，施工场地特别狭窄，施工区域布置分散或年降雨天数超过150天的可核定为Ⅱ类地区。

2. Ⅰ类地区中部分酷热地区，当气温超过37℃的天数达1个月，可核定为Ⅱ类地区。

3. 气象条件以工程初步设计或当地气象部门提供的资料为准。

4. 地区分类所依据气象条件的两个指标必须同时具备。

（8）厂区扩建端的施工生产区竖向布置（含排水系统）宜与厂区统一规划，进行土方平衡，当土方工程量较大时，在满足施工要求的前提下，可采用阶梯式布置，施工生活区与远离厂区的水源地、灰场及管线等施工区应进行必要的土石方平整，并有良好的排水。

（9）对于电厂铁路专用线、厂外道路、码头等附属工程设计，作为主体设计单位应负责设计接口衔接与协调，做好归口工作。

发电厂铁路专用线等级见表6-8。

**表6-8** 发电厂铁路专用线等级表

| 铁 路 等 级 | 燃料年运输量（$10^4$）t |
|---|---|
| Ⅰ | 400 及以上 |
| Ⅱ | 150 及以上及 400 以下 |
| Ⅲ | 150 以下 |

（10）当电厂设有铁路专用线时，宜设置施工临时铁路，施工铁路按工企三级标准设计，如需建设大件码头或沙石料专用码头时，应有专门的论证。

（11）当电厂无铁路专用线并采用水路来煤时，施工期间宜尽量利用运煤码头，增加部分设施以卸运设备与材料，如需单独建设大件码头时，应有专门的论证。

（12）施工道路，为减少对电厂永久性进厂道路的干扰，宜为施工生产区修建专用的进场道路，施工主场区至施工生活区及较远的水源地、灰场、管线等专用的施工现场，也应有可供施工用的道路，施工道路应尽量做到统一规划，永临结合，永临结合道路要考虑到施工期间道路的损坏情况。

（13）施工专用道路一般采用7m宽的泥结碎石路面，当需做为大件运输通道时，尚应满足大件运输车辆的要求。

（14）施工现场出入口一般不应少于两处，出入口位置应考虑到物流顺畅及人流、货流分流并具有便利的道路引接条件。

（15）大件运输，在可研阶段应委托有资格的单位提出大件运输可行性的咨询报告，论证通路的可行性，并提出相应的投资估算。

（16）在设备技术条件（或标书）中，应对大件运输限界条件提出要求。

（17）当主设备厂家确定后，如大件运输可采用多种方式时，应做运输方式的技术经济比较，有条件的情况下，应通过招标，确定合理的运输方式，并按推荐方案提出大件运输措施费用概算。

（18）施工用水。施工用水水源应根据水源的种类、水质及水源地到施工现场的距离等因素经技术经济比较后确定。在条件允许时，应尽量考虑永临结合，以节省投资。

（19）施工用水单项工程的设计范围为：从取水地点至施工临时供水母管、临时供水升压泵房进水侧或临时给水泵房至临时储水池（塔）的取水、储水设施和输水管道，但不包括供水环网。

（20）施工总用水量应符合表6-9的规定。

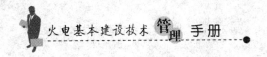

**表 6-9** 施 工 用 水 指 标

| 机组容量 | 总用水量（t/h） | 机组容量 | 总用水量（t/h） |
|---|---|---|---|
| 2×200MW | 250～350 | 2×600MW | 400～500 |
| 2×300MW | 300～400 | 2×1000MW | 500～600 |

注 主厂房为钢结构时取较低值。

（21）施工用电。施工用电的工程量应包括从电源点高压外线起，到施工变电所6～10kV 的配电装置（或开关站）止。

（22）施工供电线路一般不设备用，但施工供电电源点的选取应根据供电能力、供电可靠性、电压等级以及距施工现场的距离等因素，通过技术经济比较后确定。当与其他用户合建变电所时，投资应合理分担。

（23）施工变电所（或开关站）宜靠近规划施工负荷的中心。主变压器应采用三相无载调压降压变压器，其容量应根据施工用电负荷容量（见表 6-10），或由供电电源电压变压器最小额定容量来确定。

**表 6-10** 施 工 用 电 指 标

| 机组容量 | 变压器容量（kVA） | 高峰用电负荷（kW） |
|---|---|---|
| 2×200MW | 2300～3000 | 2000～2700 |
| 2×300MW | 3500～4000 | 2800～3200 |
| 2×600MW | 5000～7000 | 4000～5600 |
| 2×1000MW | 8000～10 000 | 6000～7500 |

（24）当水源地、灰场远离厂区时，其施工电源设施宜按永临结合方式设置。

（25）施工通信的设计范围应从当地邮电支局引出至现场施工通信总机的引入端，不包括通信总机，通信中继线可按 8～15 对外线考虑。当需新建线路时，应按永临结合的方式架设。

（三）编制施工组织措施的要求

（1）施工措施费是指在施工中必须发生，而定额中明确不包括的费用。在满足安全施工和保证工程质量的前提下，优先采用费用较低的施工方案，施工措施按院专业分工进行编制，经过施工组织专业认可后，归入"大纲"，并根据措施实际工程量编制概算。

（2）对主厂房、冷却塔等建（构）筑物，当地下水位较高时，应提出合理的施工降水措施方案及工程量。

（3）对取水、排水建（构）筑物的水下部分和地下水位较高的翻车机室等应提出若干可行的施工方案，结合工程量并按概算要求，多专业协同综合进行技术经济比较后确定。

（4）穿越或跨越铁路、公路、堤防以及河流的各种管（沟）道的施工方案，应与有关部门协商，并提出具体施工措施与工程量。

（5）与施工关系较大的设计方案，应就施工措施和工程量按概算要求，多专业协同综合进行技术经济比较后确定。如与相关定额使用条件不符时，应编制估价表，使经济比较结果能与概算一致。

（6）设计中应为主要施工机械的使用预留条件，但不计列购置大型机械补助费用。

（7）由于场地狭小等原因，设备、材料需要发生场外倒运时，应估算倒运量及运距，以计算二次倒运费用。

（8）扩、改建电厂，为保证电厂安全生产需采取过渡措施时，应有方案论证与准确的工程量，并取得生产单位认可。

## 第六节 火电工程项目的竣工结算

### 一、工程竣工结算

在整个工程施工中，由于设计图纸变更以及现场的各种签证，必然会引起施工图预算的变更和调整，工程竣工时，最后一次施工图调整预算便是竣工结算。先将各个专业单位工程竣工结算按单项工程归并汇总，即可获得某个单项工程的综合竣工结算，再将各个单项工程综合竣工结算汇总，即可成为整个项目的竣工结算。

工程竣工结算一般由施工单位编制，经建设单位审核同意后，按合同规定签章认可。工程竣工结算生效后，施工单位与建设单位可通过银行办理工程价款的结算，完成双方合同关系和经济责任，建设单位可以此为依据，编制建设项目的竣工决算，进行投资效果分析。

竣工结算工程价款＝预算（概算）或合同价款＋施工过程中预算价款调整－预付及已结工程价款

### 二、工程的竣工结算与竣工决算的关系

建设项目的竣工决算是以竣工结算为基础进行编制的，它是在整个建设项目竣工结算的基础上，加上从筹建开始到工程全部竣工有关基本建设的其他工程和费用支出，便构成了建设项目的竣工决算。它们的区别就在于以下几个方面：

（1）编制单位不同：竣工结算是由施工单位编制，竣工决算是由建设单位编制。

（2）编制的范围不同：竣工结算主要是针对单位工程编制的，单位工程竣工后便可以进行编制，而竣工决算是针对建设项目编制的，必须在整个建设项目全部竣工后才可以进行编制。

（3）编制的作用不同：竣工结算是建设单位与施工单位结算工程价款的依据，是核定施工企业生产成果，考核工程成本的依据，是建设单位编制建设项目竣工决算的依据，而竣工决算是建设单位考核基本建设投资效果的依据，是正确确定固定资产价值和正确计算固定资产折旧费的依据。

### 三、竣工结算应具备的依据和资料

（1）工程竣工报告和工程验收单。

（2）经审查的原施工图预算、概算或中标价格。

（3）施工记录和施工现场签证。

（4）设计更改通知书及隐蔽工程验收单。

（5）以前年度的累计结算额和当年结转预算。

（6）有关当年地区费用调差和结算的补充规定。

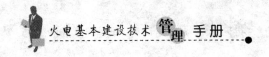

## 第七节　火电工程项目竣工决算

**一、竣工决算的内容**

建设项目竣工决算，应包括从筹建到竣工投产全过程的全部实际支出费用，即建筑工程费用，安装工程费用，工程监理费，调试费用，设备工器具购置费用和其他费用等。竣工决算由竣工决算报表，竣工决算报告说明书，竣工图纸，工程造价比较分析四部分组成。竣工决算报告情况说明书的内容：

（一）对工程总的评价

（1）工程进度：主要说明开工和竣工时间，对照合理工期和要求，工期是提前还是延期。

（2）工程质量：根据启动验收委员会或质量监督部门的验收评定等级，合格率和优良率。

（3）安全：根据安全记录和施工部门的记录，对有无设备和人身事故进行说明。

（4）工程造价：应对照概算造价，说明节约还是超支，用金额和百分率进行分析说明。

（二）各项财务和技术经济指标的分析

（1）概算执行情况分析，根据实际投资完成额与概算进行对比分析。

（2）新增生产能力的效益分析，说明交付使用财产占投资额的比例，占非交付使用财产的比例，不增加固定资产的造价占投资总数的比例，分析有机构成和经济性。

（3）基本建设投资包干情况分析，说明投资包干数、实际支用数和节约额，投资包干结余的有机构成和包干结余的分配情况。

（4）财务分析，列出历年资金来源和资金占用情况。

（三）工程总结及需要说明的其他问题

工程建设的经验教训及有待解决的问题，在编制上其他需要说明的问题。

**二、竣工决算报表结构**

竣工决算表格形式包括：

（1）建设项目竣工工程概况表。

（2）建设项目竣工财务决算表，包括：

1）建设项目竣工财务决算总表。

2）建设项目竣工财务决算明细表。

3）形成固定资产明细表。

4）形成使用流动资产明细表。

5）形成使用无形资产明细表。

6）递延资产明细表。

（3）工程造价执行情况分析及编制说明。

（4）待摊投资明细表。

（5）投资包干执行情况表及编制说明。

### 三、工程造价比较分析

（1）主要实物工程量。

（2）主要材料消耗量。

（3）考核建设单位管理费，建筑及安装工程间接费的取费标准。

### 四、竣工决算的原始资料

竣工决算的原始资料包括：

（1）各原始概、预算。

（2）设计图纸交底或图纸会审的会议纪要。

（3）设计变更记录。

（4）施工记录或施工签证单（安装和建筑）。

（5）各种验收资料。

（6）停工（复工）报告。

（7）竣工图。

（8）设备、材料等调差记录。

（9）其他施工中发生的费用记录。

火电基本建设技术

管理手册

## 第七章

# 火电建设项目施工准备与工程施工

项目获得国家发展改革委员会的核准，具备火电建设项目开工条件的要求，建设单位组织机构明确，组织工作落实，各种管理职责划分清楚，规章管理制度健全，工程监理队伍确定，工程施工队伍进入施工场地，现场组织做好建设准备与工程施工，树立工程建设总体目标，组织施工资源供应，做好施工准备工作的计划管理和建设施工准备，编制和审定施工组织总设计，计算机网络应用等进行全面的准备与实施。

## 第一节　建设单位的组建与职责

当建设项目批准后，建设准备工作就摆到了最主要的位置。建设主管部门可根据工程计划要求的建设进度和工作的实际情况，指定一个企业或单位组成精干的班子，负责建设准备工作。一般改、扩建项目，其建设准备工作由原企业兼办，不单独设置筹建机构。新建项目，需要单独设置建设单位时，按隶属关系报请主管部门批准。

组建建设单位在工程建设期负责工程项目的建设，项目投产后即可转为生产运营管理。因此，不论是新筹建或由原企业或单位兼办，选择干部、组织班子时，要挑选既重视政治，又懂得技术经济和工程建设的人员担任。从事工程建设人员的责任就是如何用最合理的方法，用最经济的方式，高效率、高标准地来完成上级主管部门交给的建设任务。

1. 建设单位机构的建立

按照现行的经济体制，国家五大发电集团公司、地方电力投资公司、合资、外资企业、民营企业分别为基建工程的投资主体，批准成立的现场筹建机构为工程的建设单位。

火电厂扩建工程一般不成立独立的建设单位，由原电厂负责筹建工作。如扩建规模较大，原电厂无力承担筹建任务时，视同新建工程办理。

2. 建设单位的职责

(1) 负责完成工程设计的招标工作，签订设计合同，提供或协助设计单位收集设计基础资料，负责组织设计（包括概、预算）审查。

负责组织初步设计审查，参加施工图纸会审，参加施工组织设计审查，参与工程的优化设计工作。坚持"科学合理的设计原则"，制定高效一流的工程管理措施，健全各项规章制度。

(2) 负责组织编制，并审定一级网络进度计划，负责工程的安全、质量、进度的监督管理，确保施工总体进度按计划进行，最终实现工程总体目标，负责汇总上报施工单位完成的工程量及工程进展情况，与银行签订贷款协议，按照概算或批准的预算筹集资金，支付工程款和设备款。

（3）负责办理建设用地（包括正式工程和临时设施的土地）的征购及租用、障碍物的拆迁处理、申请建筑许可证。施工场地水、电源、通信及运输道路由建设单位统一安排设计和施工。

（4）组织设备的招标工作，签订设备的技术协议及供货合同，催交设备，安排设备按时到达现场，参加到货设备的开箱验收。

（5）负责设备的监造工作或指定设备监造单位，协调设备监造工作，保证设备的供货质量。

（6）负责工程的招标工作，与工程中标单位签订工程合同，建设单位负责现场施工的安排、组织和协调施工单位按照网络进度计划推进工程进度。

（7）做好工程项目的安全管理工作，保证工程在建设过程中能够安全可靠，不发生质量事故、不发生人身死亡事故。吸取国内外工程的管理经验，实现管理方法和手段的现代化，做到"凡事有章可循、凡事有据可查、凡事有人负责、凡事有人监督"。

（8）负责工程质量管理，检查监督工程质量，掌握工程质量情况，参加工程项目的质量监督与质量验收，固定专业人员参加阶段质量验收项目与隐蔽工程项目的质量验收签证。工程的整套启动验收，按各发电集团公司颁发的质量验收规范或验收标准执行，也可按有关行业质量验收规程办理。

（9）按照合同规定的时间，向施工单位交付施工图和有关技术资料。

（10）负责生产运行的准备和运行人员的培训。

（11）负责工程项目的协调和管理工作，按合同规定做好工程项目的物资材料的采购和供应工作，做好工程档案的管理工作。

（12）做好资金的规划与控制工作，合理地使用资金，按合同办理资金的支付与单项工程的结算工作。

（13）负责编报竣工决算和工程总结。

对于引进技术和进口设备项目、中外合资经营项目、利用外资的基本建设项目，均可按上述要求建立机构和履行建设单位的职责。

## 第二节　建设施工准备

建设施工准备工作是保证工程建设任务能够顺利开展和实现工程建设目标的基本条件，其意义非常重大。

### 一、开工前的准备工作

（1）实地调查现场情况，主要是核对设计文件，了解施工条件。如有设计文件与实地不相符之处，提出具体的改进建议，调查的主要内容有：地形、地质、水文气象条件、运输条件、厂内道路的规划、用地与旧建筑物及施工障碍物的拆迁，"五通一平"的情况，施工场地的电力、水源的布置设计，临时设施的布置情况等。

（2）工程项目施工，需要材料堆放场地、运输道路和其他的临时设施，应当尽量在征用的土地范围内安排。确实需要另行增加临时用地的，由建设单位向工程项目所在地的当地政府（市、县、乡镇）提出临时用地数量和期限的申请，建设单位应统筹考虑，参照临时用地指标（施工生产、生活用地控制指标见表6-6），统一规划一次申请，与当地政府土地部门签订临时用地协议，并按该土地的性质补偿土地租赁费，在临时使用的土地上不得修建永久性建筑物，使用期满，及时归还。在建设施工生活区或办公区时，应首先考虑与电厂的公寓设施统一规划，前期作为施工人员的办公及生活设施，施工结束后交给电厂做为电厂的公寓楼及其他设施，不宜重复建设，造成浪费，以减少投资，降低工程造价。

（3）施工场内外准备工程应在主要建筑安装工程开工之前完成。

场外准备工程包括：修筑通往建筑场地及沿线供应基地的室外专用铁路、公路、码头、通信设施，配有变电站的输电线路，施工场地内的施工电源布置，带有引水设施的给水管网及有净水设施的排水干管，施工厂区域的防洪设施。

在未开发地区建设时，场外准备工程还包括建立建筑材料和构件的生产企业，这些企业的任务是向该建筑工程提供产品。设计统一规划的施工人员生活区及施工办公区的建设。

场内准备工程包括：为施工测量放样做好准备工作，开拓建筑场地，清理施工现场和拆除在施工过程中不使用的建筑物，平整场地，修筑临时排水设施，迁移现有工程管道，修筑永久性和临时性场内道路；铺设供水、供电管网；敷设电话和无线电通信网等，建立全工地性仓库及其他设施等。

准备工程的规模，要能保证施工的顺利进行，保证施工单位所需要的工作面。在工艺上，准备工程应与主要建筑安装工程的总流水作业线相配合。

（4）工程施工单位应严格按照有关法律、法规和工程设计标准的规定，编制施工组织设计，制定质量、安全、技术、文明施工等各项保证措施，确保工程质量、施工安全和现场文明施工。

## 二、施工准备及管理

施工准备及管理的基本任务是为建设工程的施工建立必要的技术和物资条件，统筹规划施工技术力量和现场施工优化方案。施工准备工作也是施工企业搞好目标管理，推行技术经济责任制的重要依据，施工准备工作还是土建施工和设备安装顺利进行的根本保证。因此，认真地做好施工准备及管理，对于发挥企业优势，合理供应资源，加快施工速度，提高工程质量，降低工程成本，增加企业经济效益，赢得企业社会信誉，实现企业管理现代化等具有重要的意义。

### （一）施工准备的分类

1. 按施工项目施工准备工作的范围不同分类

按施工项目施工准备工作的范围不同，一般可分为工程总体施工准备、单位工程（企业）施工准备和分部分项作业条件准备等三种。

工程总体施工准备是以工程整体整个施工现场为对象而进行的各项施工准备工作。其特点是施工准备工作的目的、内容都是为全场性施工服务的。它不仅为全场性整体施工创造有利条件，而且要兼顾各企业（或单位工程）施工条件的准备。

单位工程（专业）施工条件的准备是以专业（土建、汽轮机、锅炉、电气等）或单位工程为对象而进行的施工条件准备工作。其特点是施工准备的目的、内容都是为专业或单位工程施工服务的，它不仅为专业或单位工程的施工做好准备，而且要为分部分项做好施工准备工作。

分部分项工程作业条件的准备是以一个分部分项工程施工项目为对象而进行的作业条件准备。

2. 按施工项目所处的施工阶段不同分类

按施工项目所处的施工阶段不同，一般可分为开工前施工准备和各施工阶段前施工准备两种。

开工前的施工准备，是在建设工程正式开工前所进行的一切施工准备，其目的是为施工项目正式开工创造必要的施工条件。它既是整体全场性的施工准备，又是专业或单位工程施工条件的准备。

各施工阶段前的施工准备，是在施工项目开工之后，每个施工阶段正式开工之前所进行的一切施工准备工作，其目的是为阶段性正式开工创造必要的条件。如每个施工阶段的施工内容不同，所需要的技术条件、物资条件、组织要求和现场布置等方面也不同，因此在每个施工阶段开工之前，都必须做好相应的施工准备工作。

（二）施工准备

（1）在项目开工前，必须有合理的施工准备期，掌握建设工程的特点、进度要求，摸清施工的客观条件，合理地部署和使用施工力量，从技术、物资、人力和组织等方面为建筑安装施工创造一切必要的条件。

（2）为搞好施工准备工作，建设单位、设计单位、监理单位、施工单位要密切协作，使工程开工后，能保证连续施工。

（3）施工单位在接受任务后，要积极熟悉建设文件，掌握生产工艺流程、设计要求、建设工期等。认真调查施工区域内的自然条件，如气候、水文、地质、地貌、地方材料生产、运输条件、劳力资源、生活物资供应和可利用的工程、生产设施等情况。

（4）新工业区的建设，还必须了解新城市的规划、附近城市的工业情况、生产协作和生活物资供应能力；扩建工程还应了解新旧工程之间有关联的问题，如地下管道、电缆、基础、架空管线等情况。

（5）按照施工准备工作分类，做好开工前的准备工作。

（三）施工程序管理

（1）坚持施工程序，按建筑产品的客观规律及安装的工艺顺序组织施工，是加快工程建设速度和工程质量的重要手段。施工的决策和指挥及各级主管部门必须严格遵守。建筑安装企业各级组织有权拒绝违反施工程序的决策和指挥。对违反施工程序，造成重大事故和经济损失者，要追究责任。

（2）坚持施工程序，必须抓好签订工程合同，做好施工准备，组织施工、交工验收的几个主要环节。施工队伍进场前，建设单位必须办理好征地、拆迁手续，搞好"三通一平"或"五通一平"，做好开工前施工准备。

（3）必须按照施工工艺程序组织施工。一般坚持先地下、后地上的原则，场内与场外、土建与安装各个工序统筹安排，合理交叉，注意经济技术效果，设备安装必须坚持检验、调

试、单机试车和无负荷联动试运转。

### 三、施工准备工作的内容

施工项目施工准备工作按其性质和内容，通常包括技术准备、物资准备、施工机具准备、劳动组织准备、施工现场准备。

（一）技术准备

技术准备是施工准备工作的核心，由于任何技术的差错或隐患都可能引起工程质量或人身安全事故，造成生命、财产和经济的巨大损失，因此必须认真地做好技术准备工作。

（1）熟悉、审查施工图纸和有关的设计资料。施工图纸是施工和质量验收的依据，为使施工人员充分领会设计意图，熟悉设计内容和技术要求，及时发现和纠正设计图纸可能出现的问题和差错，正确施工、确保工程质量，在工程正式开工前应进行施工图的学习、熟悉和审查，对审查中发现的问题，差错和不合理部分应尽快处理纠正，确保工程顺利进行。

（2）施工图纸审查应由建设单位（业主）组织，聘请国家认可的机构进行审查或建设单位组织专业技术人员进行审查，工程施工单位、监理单位、运行单位组织专业技术人员参加。

（3）图纸的会检应由施工单位技术负责人组织，邀请建设、设计、监理、运行等单位相关人员和项目部技术、管理部门人员参加，对施工范围内的主要系统施工图纸和施工各专业间结合部分的有关问题进行会检。

（4）图纸会检的重点是：

1）施工图纸与设备、原材料的技术要求是否一致。

2）施工的主要技术方案与设计是否相适应。

3）图纸表达深度能否满足施工需要。

4）构件划分和加工要求是否符合施工能力。

5）扩建工程的新老厂及新老系统之间的衔接是否吻合，施工过渡是否可能，除按图面检查外，还应按现场实际情况校核。

6）各专业之间设计是否协调，如设备的外形尺寸与基础设计尺寸、土建和机务对建筑物预留孔洞及埋件的设计是否吻合，设备与系统连接部位、管线之间、电气、热控和机务之间相关设计等是否吻合。

7）设计采用的四新在施工技术、机具和物资供应上有无困难。

8）施工图之间和总图之间、总尺寸之间有无矛盾。

9）能否满足生产运行对安全、经济的要求和检修作业的合理需要。

10）设备布置及构件尺寸能否满足其运输及吊装要求，设计能否满足设备和系统的启动调试要求，材料表中给出的数量和材质以及尺寸与图纸上表示是否相符。

（5）图纸会检前，主持单位应事先通知参加人员熟悉图纸，准备意见，并进行必要的核对工作。

（6）图纸会检应由主持单位做好详细记录，并整理汇总，及时将会议纪要发送相关单位，发生设计变更应按有关规定办理。

（7）委托外单位加工用的图纸由委托单位负责审核，出现设计问题由委托单位提交原设计单位解决。

（8）图纸会检应在单位工程开工前完成，当施工图由于客观原因不能满足工程进度时，可分阶段组织会审。

（9）对自然条件分析认可，如地区水准点和绝对标高等情况；工程的水位地质情况；土的冻结深度和冬、雨季的期限等情况；当地可利用的地方材料状况、材料供应状况、地方劳动力、生活供应、医疗卫生状况等。

（10）编制施工预算。施工预算是根据中标后的合同价、施工图纸、施工组织设计或施工方案、施工定额等文件进行编制的，它直接受中标合同价的控制。

（11）编制中标后的施工组织设计。中标后施工组织设计是施工准备工作的重要组成部分，也是指导施工现场全部生产过程活动的技术经济文件，必须根据建设工程的规模、特点和建设单位的合同要求，在原始资料调查分析的基础上，编制出一份能切实指导该工程全部施工活动的科学方案。

（二）物资准备

材料、构（配）件、制品、机具和设备是保证施工顺利进行的物质基础，这些物资的准备工作必须在工程开工之前完成。根据各种物资的需要量计划，分别落实安排运输和储备，使其满足连续施工的要求。

1. 物资准备工作的内容

主要包括建筑安装材料的准备、构（配）件和非标准制品的加工准备、建筑安装机具的准备和生产工艺设备的准备。

2. 物资准备工作程序

物资准备工作的程序是搞好物资准备的重要手段，通常按如下程序进行：

（1）根据施工预算、专业（单位）工程施工方法和施工进度的安排，拟订材料、构（配）件及制品、施工机具和工艺设备等物资的需要量计划。

（2）根据各种物资需要量计划，组织货源，确定加工、供应地点和供应方式，签定物资供应合同。

（3）根据各种物资的需要量计划和合同，拟订运输计划和运输方案。

（4）按照施工总平面图的要求，组织物资按计划时间进场，在指定地点，按规定方式进行储存或堆放。

（三）劳动组织准备

（1）建立施工项目的组织机构。根据施工项目规模、结构特点和复杂程度，确定施工组织机构及人员，组成精干的施工队伍，认真考虑各专业的合理搭配，符合施工组织方式的要求，同时制定出该项目的劳动力需要量计划。

（2）按照开工日期和劳动力需要量计划，组织劳动力进场，同时要进行安全、防火和文明施工等方面的教育培训。

（3）向施工人员进行施工技术交底，详细讲解交待施工组织设计、工程计划、关键技术要点、技术措施、质量标准及控制、安全注意事项等。在工程开工前及时进行技术交底，保证项目严格按照设计图纸、施工组织设计、安全操作规程和施工验收规范等要求进行施工。

（4）技术交底的内容有：项目的施工进度计划、作业计划、施工组织设计，尤其是施工工艺、质量标准、安全技术措施、降低成本措施和施工验收规范的要求；新结构、新材料、

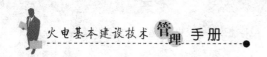

新技术和新工艺的实施方案和保证措施；图纸会审中所确定的有关设计变更和技术核定等事项。交底工作应按照管理系统逐级进行，由上而下直到职工班组，交底的方式有书面的形式、口头形式和现场示范形式等。

（5）建立健全各项施工管理制度，其内容包括工程质量检验制度、工程档案管理制度、技术验收制度、技术责任制度、施工图纸会审制度、技术交底制度、设计变更制度、材料出入库制度、安全操作制度、特殊（焊接）材料管理制度、电气试验室、金属试验室、土建试验室、机具使用保养制度等各项管理制度。

（四）施工现场准备

施工现场准备是施工的全体参加者为取得工程优质、高效、低耗、安全可靠的目标，保证持续均衡地进行施工的工程技术管理活动，主要是为了给施工创造有利的施工条件和物资保证。

（1）做好施工场地的控制网测量，按照设计单位提供的建筑总平面图及给定的永久性经纬坐标控制网和水准控制基桩，进行厂区施工测量，设置厂区的永久性经纬坐标桩、水准机桩和建立厂区工程测量控制网。

（2）搞好"五通一平"，即通路、通电、通水、铁路通、通信通和平整场地，确保施工现场动力设备和力能供应设备的正常运行，现代化施工，创造良好的工程条件。

（3）做好现场的补充勘探，为基础工程施工创造有利条件。

（4）建造施工临时设施，按照总平面图的布置，建造临时设施，为正式开工准备好生产、办公、生活、居住和储存等临时用房。

（5）安装、调试和施工机具，组织施工机具进场，根据施工总平面图将施工机具安置在规定的地点及仓库，对所有施工机具都必须在开工前进行检查和试运转。

（6）做好建筑安装材料和加工制品的储存和堆放。

（7）及时编制建筑安装材料的试验计划，如钢材的机械性能和化学成分试验、混凝土的配合比试验、砂浆的配合比试验等。

（8）做好冬季期施工安排，落实冬季期施工的临时设施和技术措施。

（9）进行新技术项目的试制和试验。

（10）设置消防、保安设施，建立消防、保安组织机构和有关规章制度，布置安排好消防、保安等措施。

# 第三节　施工准备工作的计划管理

落实各项施工准备工作，加强对其检查和监督，必须根据各项施工准备工作的内容、工程项目的计划管理目标、总进度的要求，编制施工准备工作计划。

**一、施工计划的意义与作用**

施工计划是企业生产、技术和经济的综合性计划，是工程项目管理的指导性文件，是不断提高工程建设管理水平实现高效一流的工程管理，优化合理的建设目标，规范严格的达标投产。

施工计划的作用：

（1）确定全年施工项目和各项主要技术经济指标，依据工程项目合同要求的工程建设质量目标和工程总进度控制，给企业各部门和全体职工提出年度考核目标，签定责任书。

（2）根据各项指标组织生产活动，并围绕年度施工任务进行全面的施工准备工作。

（3）把施工计划任务层层落实，具体的分配给车间、班组和各个业务部门，使全体职工在日常施工中有明确的目标，组织有节奏地、均衡地施工，以保证全面完成年、季度各项技术经济指标。

（4）指导及时地、有计划地进行劳动力、材料和机具设备的准备和供应。

（5）管理人员和调度部门可以据此监督、检查和调度。

## 二、施工计划的组成

施工计划涉及生产、技术、经济各个方面，内容比较多，需要编制成套的计划，通常包括建筑安装工程规划、机械化施工计划、劳动工资计划、材料、设备供应计划、技术组织措施计划、降低成本计划和财务计划。

在有附属生产、辅助生产和运输机构的企业，还应编制相应的各种计划。

### （一）建筑安装工程计划

建筑安装工程计划又称生产大纲，是年度施工计划的核心，也是全体职工的行动纲领。他主要作用在于确定计划期内施工项目及开竣工日期、形象进度部位、实物工程量、建筑安装工程量等主要技术经济指标。保证工程质量、按期交付使用和保证人力、物力和财力得到最充分的利用。

建筑安装工程计划的各项指标是编制其他各项计划指标的出发点，如编制劳动力、机械设备、原材料供应计划等，都要以建筑安装工程计划的实物工程量、建筑安装工作量、工程进度等指标为依据，所以建筑安装企业的一切施工活动，都是围绕着保证建筑安装工程计划的完成而进行的。

建筑安装工程计划的内容一般包括：

（1）施工项目主要指标汇总计划，是各项主要技术经济指标的汇总反映。

（2）主要工程施工项目、名称及其进度，是编制建筑安装工作量和实物工程量指标的基础。

（3）建筑安装工作量计划，是用货币表示的建筑安装工程计划，在有分包单位协同施工时，在总工作量中应区分自行完成工作量和分包单位完成工作量。

（4）实物工程量计划是用工种工程实物量表示的建筑安装计划，实物工程量的计量单位按各工种工程规定以 $m^2$、$m^3$、$t$ 等表示，它具体表达了计划期内的工程性质和内容，对于企业安排的施工力量、考虑机械使用和组织材料供应等方面都有很大作用。

### （二）机械化施工计划

机械化施工计划，是反映机械化施工水平和设备利用状况的计划，在编制时，必须根据施工组织设计及企业的具体条件有计划、有步骤地提高机械化施工程度，提高机械的利用率和完好率。

机械化施工计划，通常包括机械化施工水平计划和主要机械需用计划两部分，是反映施工技术水平的重要指标，编制时各工种工程量一般利用施工组织设计的数据来确定。

主要机械需用计划是用以确定计划期内各种主要机械的需用量，编制时大型机械按机械

化施工工程量及机械年产量定额以及工程集中分散等情况确定。

（三）劳动与工资计划

劳动与工资计划是反映计划期内劳动生产率、职工人数和工资水平的计划。编制劳动工资计划对加强劳动管理，提高劳动生产率，调动职工的积极性，提升企业的凝聚力有重要的作用。

劳动工资计划，通常分为劳动生产率计划、职工人数与工资计划两部分。

劳动生产率计划是劳动工资计划中主要部分，职工人数计划通常是根据全员劳动生产率和建筑安装工程量指标，确定企业在计划期内所需的各类人员数。

工资计划的任务是正确确定工资总额和平均工资水平，以保证工资的合理分配和使用。

（四）材料、设备供应计划

材料供应计划是反映计划期内完成工程任务所需的各种材料数量，在节约的原则下，从物质上保证工程任务的完成。正确编制材料供应计划是落实计划任务重要的条件，一般可按照建筑安装任务，根据同类工程具备的资料，分别采用万元工作量材料概算定额或千平方米建筑面积材料概算定额进行计算。

为了保证施工的顺利进行，企业必须根据生产情况及材料供应条件，储备一定数量的材料。

设备供应计划是反映计划期内完成工程任务所需的各种设备，设备供应计划要考虑运输和现场组装等所需时间，使之满足建筑安装工程计划。

（五）技术组织措施计划

技术组织措施计划，是反映计划期内为完成施工任务所编制的合理优化施工的方案、技术创新和技术组织措施。正确编制施工技术组织措施计划，对于提高企业计划管理水平有重要作用，它是编制其他各项指标的前提，也是保证完成其他各项计划的重要手段。

技术组织措施计划包括以下内容：

（1）改善机械设备使用情况，提高机械化水平。

（2）改善施工工艺和施工操作方法。

（3）推行新技术采用新材料。

（4）提高工程质量，防止质量和人身事故。

（5）提高构配件生产工厂化水平。

（6）节约原材料，降低运输费用。

（7）改善施工条件，优化施工方案。

（六）降低成本计划

降低成本计划是反映计划期内降低成本的节约额与降低率，是企业施工活动在经济效果上的集中表现，正确编制降低成本计划对于保证最大限度地节约各项费用，动员内部资源，充分发挥潜力，以及对工程成本作系统的监督检查有重要的作用。降低成本计划中的工程成本为预算直接费和施工管理等费用之和，计划成本为工程成本额减去降低成本额，降低成本额是通过技术组织措施计划来计算的。

（七）财务计划

财务计划是根据建筑安装工程计划、技术组织措施计划、劳动工资计划、材料供应计划和降低成本计划来编制的。它通过货币形式集中地反映了企业全部经营活动的最终成果。财务计划是建立在经济核算的基础上的，因此在编制过程中应充分研究有关计划指标的合理性。

财务计划通常包括固定资产折旧计划、自有流动资金计划、利润计划、财务计划以及企业基金计划等。

### 三、施工计划的编制原则

（1）严格执行统一计划，施工项目和主要计划指标的确定，必须根据工程项目签定的合同要求及协议为依据，在保证完成工程合同要求的前提下，编制施工计划，合理安排生产、技术、经济等。

（2）严格遵守基本建设程序，编制计划的项目必须是初步设计已经审批，土地已经征用，设备材料订货已经落实，工程合同已经签订，施工图纸、材料和设备供应已经满足连续施工的需要。

（3）保证工程项目按签订的工程合同要求，全面完成施工任务的原则，组织有节奏的、均衡的施工，确保工程质量。按照工程项目的总目标要求，保证工程项目按期竣工投产。

## 第四节　施工组织设计（施工阶段）

建设工程的施工组织设计编制，分为两个阶段。初步设计编制施工组织设计大纲，由设计单位编制，其内容详见第六章，本章内容为施工阶段的施工组织设计，由施工单位组织编制。

在电力建设工程开工之前，都必须编制施工组织设计，并经过审查批准，施工组织设计是技术和经济紧密相结合的综合性文件，是施工企业组织施工的指导性文件，按其实际内容，施工组织设计是现代化施工技术和科学施工管理的综合体现和具体运用。

### 一、施工组织设计的主要任务

（1）规定最合理的施工程序，保证在合理的工期内将工程建成投产。

（2）对施工现场的总平面和空间进行合理布置。

（3）采用技术上先进、经济上合理地施工方法和技术组织措施。

（4）选用最有效的施工机具和劳动组织。

（5）正确地计算人力、物力，保证均衡施工。

（6）制定正确的工程进度计划，找出施工过程的关键项目和关键工序。

（7）从工程的具体条件出发，发挥施工队伍的优势，合理地组织施工，科学地进行管理，不断地提高和改进施工技术，有效地使用机械设备，安全可靠地利用好空间和时间，组织文明施工，全面完成电力建设任务。

### 二、编制施工组织设计的依据

（1）国家批准的基本建设计划、工程项目的核准文件、上级主管部门颁发的与本工程有关的文件、工程施工承包合同及招投标文件和已签约的本工程有关的协议、会议纪要等文件。

（2）设计文件及有关技术资料。设计文件及有关技术资料包括工程初步设计文件、初步

设计审查意见及有关图纸资料、工程总平面布置图。

（3）工程概算和主要工程量。

（4）设备清册和主要材料清册。

（5）主要设备技术文件、图纸和新产品的工艺性试验资料。

（6）现行施工及验收规范、规程、定额、技术规定和技术经济指标。

（7）同类型工程项目的施工组织设计和有关总结资料。

（8）现场情况调查资料。

### 三、编制施工组织设计的原则

（1）施工组织设计的编制应遵守国家的有关法律、法规和有关规范的规定，施工组织设计要从工程的具体条件出发，尽量发挥施工企业的优势，合理地组织施工，科学地进行管理，注意环境保护。

（2）对工程的特点、性质、工程量以及施工企业的特点进行综合分析，确定本工程施工组织设计的指导方针和主要原则。

（3）符合合同约定的建设期限和各项技术经济指标的要求，遵循基本建设程序，切实抓紧时间做好施工准备，合理安排施工顺序，及时形成完整的施工能力。

（4）加强综合平衡，调整好施工计划，保证均衡施工。

（5）运用科学的管理方法和先进的施工技术，应用新技术、新工艺、新材料、新设备，不断提高机械化利用率和机械化施工的综合水平，不断降低施工成本，提高劳动生产率。

（6）在经济合理的基础上，充分发挥机械加工（或外协队伍）的作用，提高工厂化施工程度，减少现场作业，压缩现场施工场地及施工人员。

（7）施工现场布置应紧凑合理，便于施工，符合安全、防火、环保和文明施工的要求，提高场地利用率。

（8）采取质量控制措施，消除质量通病，保证工程质量，不断提高工艺水平。

（9）从技术方案上采用有针对性的措施保证施工安全，注重自然环境保护，实现安全文明施工。

（10）现场组织机构设置、管理人员配备，应力求精简、高效并能满足工程建设的需要。

（11）应用现代化管理手段，提高现代化管理的水平。

### 四、施工组织设计的主要内容

火力发电厂工程施工组织设计划分为施工组织设计纲要、施工组织总设计和施工组织专业设计三个部分。

（一）施工组织设计纲要的内容

（1）编制依据。

（2）工程概况。

（3）工程特点及估算工程量。

（4）施工组织机构和人力资源计划。

（5）主要施工方案及措施的初步选择。

（6）总平面布置方案及占地面积。

（7）主要工程项目控制进度。

（8）施工准备工作安排。

（9）力能供应的需求和规划安排。

（10）大型机械配备和布置方案及工厂化、机械化施工方案。

（11）工程项目施工范围划分。

（12）临建数量及采用结构标准的规划。

（13）施工质量规划、目标和主要保证措施。

（14）施工安全、环境保护的规划、目标和保证措施。

（15）满足招投标文件及合同要求的其他内容。

（二）施工组织总设计的内容

（1）编制依据。

（2）工程概况。

（3）工程规模和施工项目划分及主要工程量。

（4）施工组织机构设置和人力资源计划。

（5）施工综合进度计划。

（6）施工总平面布置图及其文字说明。

（7）主要大型机械配备和布置以及主要施工机具配备清册。

（8）力能供应方式及系统布置（包括水、电源、气、汽等）。

（9）主要施工方案和重大施工技术措施（包括主要交叉配合施工方案、重大起吊运输方案、季节性施工措施）。

（10）外委加工及配置量的划分及现场加工场规模确定。

（11）施工技术和物资供应计划，其中包括施工图纸交付进度、物资供应计划（包括设备、原材料、半成品、加工及配置品）、力能供应计划、机械及主要工器具配置计划、运输计划。

（12）技术检验计划。

（13）施工质量目标及质量策划。

（14）生产和生活临建设施安排。

（15）安全文明施工和职业健康及环境保护目标和管理。

（16）降低成本和采用"新技术、新工艺、新材料、新设备"等主要计划和措施。

（17）技术培训计划。

（18）工程资料管理，竣工后应完成的技术总结和竣工资料归档的初步清单。

（三）施工组织专业设计的内容

施工组织专业设计是将施工组织总设计中有关内容具体化，可分为土建、锅炉、汽轮机、管道、电气、热控、焊接加工配置等专业，凡施工组织总设计中已经明确，可以满足指导施工要求的项目不必重复编写。

（1）编制依据。

（2）工程概况，包括专业的工程规模、工程量、各专业的设备及设计特点、各专业主要生产工艺说明等。

（3）施工组织和人力资源计划。

（4）施工平面布置（总平面布置中有关部分的具体布置）和临时建筑的布置与结构。

（5）主要施工方案（方法和措施）：

1）土石方开挖，特殊基础施工、厂房框架及炉架施工、汽轮机基础施工、煤斗施工、预应力构件施工及吊装、烟囱施工、空冷岛或冷却塔施工、水工建筑及输煤系统施工等；

2）锅炉组合方式、组件划分、组合现场布置、钢架、汽包受热面等的组合与吊装、保温焊接等工艺方案、水压试验方案、酸洗方案等；

3）发电机定子运输起吊、发电机穿转子、汽轮机安装、主要辅助设备安装、油系统安装、高压管道安装、焊接、热处理、金相及光谱分析；

4）大型变压器运输、就位、解体检查，大型电气设备干燥、新母线施工，新型电缆头制作、新型电气设备安装、电子计算机及自动化装置安装、调整试验等方案；

5）特殊材料或部件加工制作工艺；

6）季节性施工技术措施等。

（6）有关机组启动试运的特殊准备工作。

（7）技术及物资供应计划。

（8）专业施工项目综合进度安排和人力资源计划。

（9）保证工程质量、安全、文明施工、环境保护、降低成本和推广应用"四新"等主要技术措施。

（10）外部委托加工配置清册。

（11）工程竣工后应完成的技术总结清单。

**五、施工综合进度**

工程施工综合进度是协调全部施工活动的纲领，是对工程管理、施工技术、人力、物力、时间和空间等各种因素进行分析、计算、比较、予以有机地综合归纳后的成果，施工综合进度经确定后，应当贯彻于工程的始终，不要轻易大幅度变动，在执行过程中，由于主客观原因需要进行调整时，应尽量保持原定总的控制工期和工程节奏，以实现合理工期、均衡的施工，避免造成施工混乱，保证工程施工按照综合进度目标有序地向前推进。

（一）施工综合进度的分类

施工综合进度一般分下列四种：

1. 总体工程施工综合进度（一级进度）

以工程投产日期为依据，对各专业的主要环节进行综合安排的进度。应从施工准备开始到本期工程建成为止，包括全部工程项目，并反映出各主要控制工期。一级进度通常称为"施工总进度"，施工总进度编制要认真执行建设单位关于工程进度计划的要求或工程主管部门下达的工程进度计划，建设单位在工程项目开工前均要指定工程开工日期、工程主要控制点进度、168h试运行等工程进度计划。施工单位要根据合同要求，配合建设单位做好一级进度计划。

2. 主要单位工程施工综合进度

以总体工程施工综合进度为依据，对主要单位工程（工程量大、土建、安装关系密切的项目，如主厂房、大型水工、厂区沟管道、燃料输送系统、灰渣系统等）的土建、安装工作进行综合安排的进度，应明确施工流程以及主要工序衔接、交叉配合等方面的要求。

3. 专业工程施工综合进度

以总体工程施工综合进度为依据，分别编制土建、锅炉、汽轮机、电气等专业的施工综合进度，在满足主要控制工期的前提下，力求使各专业自身均衡施工，工期安排尽量适应季节和自然条件等因素，达到工序合理。

4. 专业工种工程施工综合进度

为保证实现施工总进度并做到均衡施工，可根据需要编排重点专业工种（如土方工程、中小型预制构件的制作、各种配置加工、吊装工程等）的施工综合进度。

上述四种施工综合进度中，除总体工程的施工综合进度外，其余三种可根据总体综合进度的需要，所掌握设计图纸资料的情况和主管部门对施工组织设计编制深度的要求予以取舍。

为保证施工综合进度的实现，应以总体工程施工综合进度为依据，可全部或部分编制下列辅助计划。

(1) 分年投资和建安工作量计划。

(2) 主要工种的工作量、高峰年主要工种的月工作量。

(3) 主要材料、施工机械的需用计划。

(4) 施工图需用计划。

(5) 主要安装设备计划。

(6) 各工种劳动力平衡计划。

(7) 非标准设备及外委件加工配置计划。

(8) 中小型预制构件制作计划。

(9) 设备、构件吊装计划。

(10) 施工准备工作计划。

(二) 编制施工综合进度的形式

施工综合进度的编制一般采用下列三种形式：

1. 网络施工进度表（即关键路径法）

可以形象而明显地找出工程施工的主要矛盾（即关键路径），并便于进行反馈和优化，使综合进度安排合理。其主要特点：

(1) 可以明确地表达项目中各工作之间复杂的工艺顺序，确定工作之间的逻辑，对项目作出系统整体的描述。

(2) 便于通过分析、计算，找出影响全局的关键工作路线。

(3) 对项目可以同时进行多路径安排方案，找出相互配合点。

(4) 能够综合地反映项目进度、费用以及各种资源需求的关系，从而可以对项目进行统筹的计划与管理。

(5) 便于实现计算机网络管理，进行项目施工优化、控制与调整。

2. 斜线施工进度表

一般用于主要单项工程需做方案比较或组织多台机组的流水作业时，采用此种形式比较清晰。

3. 横道施工进度表

横道图可以形象地标明项目所包含的各项工作，以及对这些工作的时间安排，适合于项

目实施现场的计划管理，其优点是：

（1）直观、简单明了。

（2）绘制容易。

（3）应用方便。

（4）便于计划与实际进行比较。

其主要缺点是：

（1）不能反映整个工程结构的全貌。

（2）不能反映工程内部各个项目之间的先后顺序和相互关系。

（3）不能表明哪些项目是关键的，哪些是非关键的。

（4）不能独立地实施计算机管理，难以判断计划方案的优劣。

（三）编制施工综合进度的要求

（1）编制施工综合进度应遵循基建程序，考虑电厂建设的特点，对施工全局进行统筹安排，在安排施工综合进度中，一般应避免土建与安装工程在同一空间内同时作业的大交叉。

（2）编制总体工程施工综合进度计划，要以完整地达到投产能力和按照总目标要求建成本期工程为原则。

（3）施工综合进度，要处理好施工准备与开工、地下与地上、土建与安装、主体与外围、机组投产与续建施工等方面的关系。

（4）土建工程应按先地下后地上，主要地下工程一次施工的原则进行安排。

1）主厂房零米以下的工程，包括厂房基础、设备基础、主要沟管道、地下坑（室）、预埋管线以及回填土等，按本工期工程范围一次完成。

2）锅炉房后侧的除尘、引风、脱硫、除灰、烟囱、烟道等建（构）筑物的零米以下工程，按本期工程范围先深后浅相继一次完成。

3）其他辅助及附属建筑（构）筑物也应先完成零米以下结构和各种预埋管线。

（5）厂区围墙内的地下设施应按先深埋后浅敷，地下沟管合槽一次施工的要求进行安排。

1）厂区雨水排水干线、循环水管道干线力争在开工初期完成，以保证厂区排水畅通，主干道完好，并能充分利用回填后的施工场地。

2）主厂房A排前及固定端的各种沟、管线基础等，尽量与主厂房零米以下工程同时施工。

3）主厂房锅炉房外侧的地下沟、管线，尽量与烟尘系统基础同时施工。

4）安装量大的沟道，如化学水管沟道、主电缆沟等，应在有关辅助生产建筑安装前完成。

5）厂区围墙内其他部位的地下沟道可分区（分段）安排合槽施工，避免重复挖土。

（6）综合进度要按先土建、后安装、再调试的顺序进行安排：

1）土建交付安装的条件力求完善。

2）土建安装之间一些必须的工序交叉，如主厂房结构吊装与除氧器及水箱、行车、钢煤斗等大件的就位，锅炉房采用联合结构形式时，结构与设备吊装的配合等，应综合进度中结合设备供应计划统筹安排。

3）集控室、主厂房内的发电机小间以及厂用电系统的土建工程，应尽早抓紧安排施工，确保按期交付安装。

4）机组进入调试阶段需具备的主要条件，应在综合进度中予以规定。

（7）综合进度应使辅助工程与主体工程配套。当厂区外围工程量很大时，一些工程量大的外围工程项目有条件时可先于主厂房开工。辅助工程一般可参照下列要求安排：

1）电气系统。一般以满足受电试运时间的要求作为控制工期来安排主控制室、升压站及厂用电系统的土建和安装进度。

2）化学水系统。按在锅炉水压或化学清洗前能制出合格的除盐水的要求来安排土建和安装进度。

3）启动系统。按燃油系统达到卸油条件或锅炉化学清洗前可投入来进行安排。Ⅱ、Ⅲ、Ⅳ类地区还应考虑机组试运前冬期防寒采暖的需要。

4）煤、灰、水、暖通、消防等其他辅助生产系统按分部试运和整套启动计划的要求进行综合安排。

（8）综合进度安排应对施工过程的平面顺序、空间顺序和专业顺序做细致的考虑，使工程有条不紊地进行。一般应考虑以下几点：

1）在主体工程与辅助、附属工程之间组织流水施工，在多机组连续施工的情况下，可在主体工程中组织土建、安装各自的分段流水施工，以扩大各专业的施工作业面，并减少主体工程之间和不同专业之间的相互干扰。

2）在各专业工程内部组织不同工种之间的比例的流水作业。可先安排好主导工种的按比例流水作业，以此带动其他工种的平衡流水作业，例如土建专业中的混凝土和构件吊装实现按比例的流水作业，就可能使钢筋、模板等其他工种也作到平衡流水作业。

3）安排好高空作业和地面作业的关系，例如烟囱应先于其邻近（30m 范围）的工程施工，尽可能待外筒体到顶再开工其他邻近工程，若无法实现应做好安全防护设施，确保邻近工程施工的安全。

4）调整非关键路径项目开、竣工日期（即利用非关键路径项目的时差），使之既符合控制进度，又达到均衡施工。

（9）综合进度安排还应考虑季节对某些施工项目的影响因素。

1）Ⅲ、Ⅳ类地区的土方施工、人工地基处理、卷材防水、室外装修和烟囱、冷却水塔筒壁等工程，不宜列入冬期施工。

2）多风地区的高空吊装作业和高耸构筑物施工宜避开大风季节。

3）江、湖岸边水工构筑物在枯水季节施工下部工程。

4）南方多雨地区在雨季尽可能不安排不宜于雨季施工的项目。

5）Ⅳ类地区应尽量争取不在严寒季节进行第一台新机组整套启动试运行工作。

**六、火电工程施工总平面布置**

施工总平面布置是施工组织设计中各个主要环节经综合规划后反映在平面联系上的成果，其主要任务是完成施工场地的划分、交通运输的组织、各种临建施工设施、力能装置和器材堆放等方面的合理布设、场地的竖向布置等，施工总平面布置应当紧凑合理、符合流程、方便施工、节省土地、文明整齐。

（一）布置施工总平面时应收集和依据的资料

（1）厂址位置图、厂区地形图、厂区测量报告、厂区总平面布置图、厂区竖向布置图及厂区主要地下设施布置图等。

（2）电厂总规模、工程分期、本期工程内容、建设目标和投产日期要求等。

（3）总体工程施工综合进度。

（4）主要施工方案。

（5）大型施工机械选型、布置及其作业流程的初步方案。

（6）各专业施工加工系统的工艺流程及其分区布置初步方案。

（7）大宗材料、设备的总量及其现场储备周期，材料、设备供货及运输方式。

（8）主要临时建筑的项目、数量、外廓尺寸。

（9）各种施工力能的总需用量、分区需用量及其布设的原则方案。

（10）各标段施工范围划分的资料。

（11）有关的规程规范和法规及技术标准的要求。

（二）施工总平面布置要求

（1）平面布置要先进合理，选择最优的方式，使施工的各个阶段都能做到交通方便、运输通畅、运距合理。

（2）大宗器材或半成品的堆放场布设时要分析经济合理的运输半径，使反向运输和二次搬运总量最少。

（3）施工区域的划分应既符合施工工艺流程，又使各专业和各工种之间互不干扰，便于安全、技术管理。

（4）注意远近结合（本期工程和下期工程）、前后照应（本期工程中的前后工序），减少临建设施的拆迁和场地搬迁。

（5）尽量利用永久建（构）筑物和原有设施。

（6）合理利用地形，减少场地平整的土石方量。

（7）满足有关规程的安全、防洪排水、防火及防雷的要求。

（8）合理地安排工程在部分机组投产后继续施工期间生产与基建的场地分区和铁路公路交通运输，使之方便生产，有利施工。

（9）节约用地，少占农田，力求不占良田。

（10）努力改善各项施工技术经济指标。

（三）对施工总平面布置图的要求

（1）建筑标准图例，比例为1∶1000或1∶2000，并带有坐标方格网和风玫瑰图。

（2）待建和原有永久性建构物的位置、坐标及标高。

（3）永久厂区边界和永久征购地边界。

（4）施工区域分区，各类临建、作业场、堆场、施工道路主要大型吊装机械、公路、铁路、主要力能管线的位置及征租地边界。

（5）厂区测量控制网基点的位置、坐标。

（6）施工期间厂区及施工区竖向布置、排水管渠的位置、标高。

（7）施工临时围墙位置及征租地边界。

（四）施工总平面布置图应附有的技术经济指标

（1）施工临建及场地一览表。

（2）施工铁路、公路一览表。

（3）施工力能管线一览表。

（4）有轨吊车轨道一览表。

（5）施工用地一览表：生活区占地面积、施工区占地面积、施工用地总面积（扣除电厂永久性占地面积后的施工征借地面积）。

（6）施工及生活区用地建设系数。

（7）施工场地利用系数。

（8）单位千瓦施工用地。

（五）绘制阶段性施工总平面布置图

为指导现场管理，需要时可在施工总平面布置图的基础上绘制阶段性（或局部性）的施工总平面布置图，如基础施工阶段、预制吊装阶段、安装阶段、部分投产阶段等。

（六）施工区域划分应综合考虑的问题

（1）汽轮机房和除氧间扩建端的延伸可作为主厂房结构堆放组装场地、汽轮机管道组合场地、设备堆放场地，先期可做为土建加工制作场地。锅炉房和除尘器扩建端的延伸区可作为锅炉设备堆放场地和组合场地，升压站扩建端外侧可作为电气施工区和土建施工区。

（2）当施工机具起吊半径够大时，应考虑将锅炉组合场向排烟除尘侧横向扩展，以减少组合场地的长度，使场地更加紧凑。

（3）主厂房扩建端最后一个柱子中心线向外延伸 30m 左右以内的区域作为土建安装共用的机动场地，不宜布置长久占用的施工设施。

（4）主厂房扩建端外侧场地按照专业施工先后次序以及专业内部工序的先后次序交替使用，以提高场地利用次数。

（5）各辅助及附属生产建筑附近的场地一般先期作土建施工场地，后期作安装场地。

（6）经由铁路运输的砂、石、水泥、木材、钢材等大宗材料的堆放场或仓库以及设备堆放场和仓库沿铁路线布设，相应的搅拌站、钢筋加工间、铆焊间等应布置在邻近位置。

（7）厂区工程施工区一般划分为土建作业与堆放场、安装作业与堆放场、修配加工区、机械加工区、仓库区及行政生活服务区等。各区应以交通运输线为纽带，按工艺流程和施工方案的要求做有机联系布置。

（8）多台机组连续安装时，为了缩短工期，可以考虑从扩建端以外的方向（机、炉厂房的边柱外侧或固定端）运入设备器材，使安装、土建有各自的运输通道，借以扩大工作面，避免相互干扰。

（9）施工区域应设临时的围墙，出入口的布置应尽量使人流、车流分开，并设有专人管理。现场出入口不宜少于两处，电厂投产后施工区与电厂厂区应有各自的出入口。铁路进现场处的大门不得兼作人流出入口。

（10）利用电厂生产区域布置临时施工场地时，应考虑机组投产后电厂生产管理的需要。

（11）施工临时建筑物及易燃材料堆放场的防火间距应符合 GBJ 16《建筑设计防火规范》的规定。

（七）施工场地竖向布置应考虑的要求

（1）各施工区域应有良好的雨水排水系统，一般可采用明沟排水，沟的坡降一般不小于0.3%。

（2）在丘陵或山区，按台阶式布置施工场地，当高差大于1.5m时，一般需砌筑护坡或挡土墙。

（3）在丘陵或山区现场，当施工期间未能建成永久的排洪系统时，应在雨季前先建临时排洪沟，临时排洪沟的断面应通过计算确定。

（4）厂区永久排水系统应创造条件尽早投入使用。如必须设置临时中继或终端排水泵站时，排水泵出力应保证该区域在施工期内不发生内涝，不影响施工生产及职工正常生活为原则。

（5）生活区应设有雨水及生活下水的排放系统。

（八）施工管线布置的一般要求

（1）施工管线包括架空电力及通信线、地下电缆、上下水道、消防水管道、蒸汽管道、氧气和乙炔施工力能管线，以及计算机网络线等。

（2）施工管线应统一规划布置，对分标段招标的工程，应考虑各施工单位之间的管线接口，以及力能的计量。

（3）计算机网络线及通信线路采取架空布设或地下埋设，宜统一考虑、综合布置。

（4）施工管线一般沿道路或铁路布置，管线穿越道路、铁路时应做适当的加固防护，长期使用的管道应埋入地下，Ⅲ、Ⅳ类地区管线的埋置应满足防冻的要求。

（5）多台机组连续施工的工程或近期内将要扩建的工程，施工管线布置应以满足本期使用的需要为主，适当照顾续建工程的需要，或者采用一次规划分期实施的办法，做到经济合理，使用方便。

（6）各种管道在平面上的净距要满足使用和维修的要求，如蒸汽管与电力电缆不能保持2m净距时，应采取防热措施等，可参照表7-1的要求布置。本表也适用于施工力能管线与电厂正式管线之间的净距要求。

表 7-1 各种管线的平面最小净距 （m）

| 序号 | 管线名称 | 压力水管 | 自流水管 | 蒸汽管 | 压缩空气管 | 乙炔氧气管 | 氢气管 | 电力电缆 ($U_e < 35kV$) | 油管 |
|---|---|---|---|---|---|---|---|---|---|
| 1 | 压力水管 | — | 1.5~3.0 | 1.5 | 1.0 | 1.5 | 1.5 | 1.0 | 1.5 |
| 2 | 自流水管 | 1.5~3.0 | — | 1.0 | 1.5 | 1.5 | 1.5 | 1.0 | 1.5 |
| 3 | 蒸汽管 | 1.5 | 1.5 | — | 1.5 | 1.5 | 1.5 | 2.0 | 1.5 |
| 4 | 压缩空气管 | 1.0 | 1.5 | 1.5 | — | 1.5 | 1.5 | 1.0 | 1.5 |
| 5 | 乙炔氧气管 | 1.5 | 1.5 | 1.5 | 1.5 | | 2.0 | 1.0 | 1.5 |
| 6 | 氢气管 | 1.5 | 1.5 | 1.5 | 1.5 | 2.0 | | 1.0 | 1.5 |
| 7 | 电力电缆 ($U_e < 35kV$) | 1.0 | 1.0 | 2.0 | 1.0 | 1.0 | 1.0 | | 1.5 |
| 8 | 油管 | 1.5 | 1.5 | 1.5 | 1.5 | 1.5 | 1.5 | 1.0 | |

（7）各种地下管线与建（构）筑物的净距，要满足建（构）筑物的安全和管线使用、维修的要求，可参照表 7-2 的要求布置。

**表 7-2** 各种管线距建（构）筑物最小净距 （m）

| 序号 | 最小净距<br>管 线 | 建筑物<br>（构筑物） | 铁路<br>（中心线） | 道路<br>（边缘） | 围墙<br>（边线） | 电杆<br>（中心线） | 架空管道支柱（基础边线） | 高压电杆基础<br>（边线） |
|---|---|---|---|---|---|---|---|---|
| 1 | 上水道 | 3.0~5.0 | 3.5~5.0 | 1.0~1.5 | 1.5 | 1.0~1.5 | 2.0 | 3.0 |
| 2 | 蒸汽管 | 2.0 | 3.5~5.0 | 1.0~1.5 | 1.5 | 1.5 | 2.0 | 3.0 |
| 3 | 乙炔、氧气、氢气 | 3.0 | 3.5~5.0 | 1.0~1.5 | 1.5 | 1.5 | 1.0 | 3.0 |
| 4 | 压缩空气管 | 1.5 | 3.5~5.0 | 1.0~1.5 | 1.5 | 1.0 | 1.0 | 3.0 |
| 5 | 电力电缆 | 0.5 | 3.5~5.0 | 1.0~1.5 | 0.5 | 0.5 | 0.5 | 0.5 |
| 6 | 排水沟 | 2.0 | 3.5~5.0 | 1.0~1.5 | 1.0 | 1.5 | 1.0 | 3.0 |
| 7 | 自流水管 | 2.5 | 5.0 | 1.5 | 1.5 | 1.5 | 2.0 | — |

### 七、火电工程施工力能供应

火电厂工程施工力能供应包括供水、供电、供热和氧气、乙炔、氩气及压缩空气等供应。

（一）供水

施工现场的供水量应满足全工地的直接生产用水、施工机械用水、生活用水和消防用水的最大需要量。

施工用水可取自临近现场的现有供水管线（包括已投产电厂的供水管网）。现有水源不能满足需要时，应设施工供水系统。

为节约投资，厂区围墙内的施工供水管网宜尽可能利用正式管线。为此，应创造条件将工程正式管线的一部分或大部分提前施工，并按施工供水的需要增设临时取水点。

施工现场供水系统的布置以能够保证用水点有足够的水量和压力，并以简化供水系统节约投资为原则。

一般管网布置根据工程情况，可采用枝状管网或环状管网，在供水管线上要设有适当的分隔离阀门，以便于检修或引接。烟囱、水塔、混凝土拌和站，要设置单独的升压泵供给施工和消防用水。

施工用水水质应符合下列要求：

（1）饮用水的水质量标准应符合 GB 5749—2006《生活饮用水卫生标准》的规定。

（2）混凝土和砂浆拌和用水应符合国家标准《混凝土结构工程施工及验收规范》、《混凝土拌和水标准》JGJ 63—2006 中有关规定。水的 pH 值、不溶物、可溶物、氯化物、硫酸盐、硫化物的含量应符合表 7-3 的规定。

**表 7-3** 物 质 含 量 限 值

| 项　目 | 预应力混凝土 | 钢筋混凝土 | 素混凝土 |
|---|---|---|---|
| pH 值 | >4 | >4 | >4 |

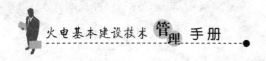

续表

| 项　目 | 预应力混凝土 | 钢筋混凝土 | 素混凝土 |
|---|---|---|---|
| 不溶物（mg/L） | <2000 | <2000 | <5000 |
| 可溶物（mg/L） | <2000 | <5000 | <10 000 |
| 氯化物（以 $Cl^-$ 计）（mg/L） | <500* | <1200 | <3500 |
| 硫酸盐（以 $SO_3^{2-}$ 计）（mg/L） | <600 | <2700 | <2700 |
| 硫化物（以 $S^{2-}$ 计）（mg/L） | <100 | | |

\* 使用钢丝或经热处理钢筋的预应力混凝土氯化物含量不得超过 350mg/L。

（3）施工机械及工业锅炉用水的水质应符合 GB 1576—2007《工业锅炉水质》的规定。蒸汽锅炉和汽水两用锅炉的给水一般应采用炉外化学水处理，水质应符合表 7-4 的要求。

表 7-4　　　　　　　　　　蒸汽锅炉和汽水两用锅炉水质要求

| 项目 | | 给　水 | | | 锅　水 | | |
|---|---|---|---|---|---|---|---|
| 额定蒸汽压力（MPa） | | ≤1.0 | >1.0<br>≤1.6 | >1.6<br>≤2.5 | ≤1.0 | >1.0<br>≤1.6 | >1.6<br>≤2.5 |
| 悬浮物（mg/L） | | ≤5 | ≤5 | ≤5 | — | — | — |
| 总硬度（mmol/L）① | | ≤0.03 | ≤0.03 | ≤0.03 | — | — | — |
| 总碱度<br>（mmol/L） | 无过热器 | — | — | — | 6～26 | 6～24 | 6～16 |
| | 有过热器 | — | — | — | — | ≤14 | ≤12 |
| pH 值（25℃） | | ≥7 | ≥7 | ≥7 | 10～12 | 10～12 | 10～12 |
| 溶解氧（mg/L）② | | ≤0.1 | ≤0.1 | ≤0.05 | — | — | — |
| 溶解固形物<br>（mg/L） | 无过热器 | — | — | — | <4000 | <3500 | <3000 |
| | 有过热器 | — | — | — | — | <3000 | <2500 |
| $SO_3^{2-}$（mg/L） | | — | — | — | — | 10～30 | 10～30 |
| $PO_4^{3-}$（mg/L） | | — | — | — | — | 10～30 | 10～30 |
| 相对碱度③<br>（游离 NaOH/溶解固形物） | | — | — | — | — | <0.2 | <0.2 |
| 含油量（mg/L） | | ≤2 | ≤2 | ≤2 | — | — | — |
| 含铁量（mg/L） | | ≤0.3 | ≤0.3 | ≤0.3 | — | — | — |

① 硬度 mmol/L 的基本单位为（ $1/2Ca^{2+}$、$1/2Mg^{2+}$）。

② 当锅炉额定蒸发量大于等于 6t/h 时应除氧。

③ 全焊接结构锅炉相对碱度可不控制。

当供水水质不能满足水质标准要求时，应设置必要的水处理装置，各类工程施工用水参考第六章、第五节表 6-9 的指标，也可通过施工供水量的计算确定施工用水量。

（二）供电

施工电源供应方式依地区条件而定，常用方式有：

（1）远离现有城镇和工矿区的新厂应由建设单位会同设计部门在选厂的同时确定施工电源供给方案，并制定修建计划。在工程项目进行"五通一平"时，与当地供电部门联系协商，并提出用电申请，在得到供电部门的同意后，根据供电部门的要求进行施工电源的设计及施工，以配合施工准备工作进度及时投入使用。

供电方案一般按照当地供电部门的统一规划，修建 35～110kV 施工电源线路，并在电厂附近修建降压变电所向工地供电。

（2）当厂区附近可以获得电源时，可自电源点引出 6～10kV 施工电源专线向工地供电。

（3）扩建工程可自投产机组厂用电系统取用施工电源或施工备用电源，但应采取相应的安全措施和独立的计费措施。

（4）近离厂区的厂外施工用电应尽量就近接引解决。

（5）施工现场高低压电源线和照明线可以同杆架设，电源主干线路径应在施工总平面布置中确定，导线跨越铁路高度应不小于 7.5m，跨越公路高度应不小于 6.5m，且不得妨碍大件设备运输，跨越一般道路高度宜不小于 5m。当线路架空高度不能满足要求时，应改敷地下电缆。

长距离输电线路的电压等级依据其输电距离和输送容量，一般可按表 7-5 选择。

表 7-5　　　　　　　　　　　架空线路合理输送半径及容量表

| 序　号 | 线路电压（kV） | 合理输送半径（km） | 一回线路输送容量（kW） |
|---|---|---|---|
| 1 | 35 | 40 | 17 500 |
| 2 | 10 | 8 | 5500 |
| 3 | 6 | 5 | 3500 |

（6）施工用电容量按工程用电高峰阶段计算。各类工程施工用电参考指标见第六章第五节表 6-10，计算施工用电容量应包括下列项目：

1）土建、安装工程的动力及照明负荷。

2）焊接及热处理负荷。

3）生活区照明及动力负荷。

4）分部试运转负荷，按启动试运转方案中拟订使用施工电源的用电设备考虑。一般应限于在正式厂用电源不能及时供电时使用，并限供低压小容量负荷。

（7）施工电源的主要设施应按照工程最终设计规范一次规划，分期或一次建成。厂区供电干线应靠近负荷密集处。施工低压电源一般采用三相四线制，以 380/220V 电压供应动力及照明用电，配电变压器的台数及容量按负荷分布情况确定。

（三）供热

Ⅲ、Ⅳ类地区工程冬季施工要用蒸汽作为热源，供热范围如下：

（1）土建工程冬季施工时，混凝土及砂浆、水、骨料的加热、现浇及预制混凝土构件的蒸汽养护、某些特殊部位少量冻土的蒸汽溶解以及其他作业。

（2）安装工程冬季作业时，设备衬胶、锅炉水压试验、锅炉保温作业等。

（3）生产性施工临建取暖、保温的设备材料库、试验室、制氧站、乙炔站、空压机站以及Ⅲ、Ⅳ类地区的汽车库等。其他生产性临建一般用火炉取暖。

（4）安装施工阶段主厂房内部采暖、新建电厂机组启动试运阶段所需热量，包括燃油及化学制水系统用热、主厂房、主控制楼、生产办公楼的采暖或试运阶段生产厂房的补充临时

采暖，一般由电厂的启动锅炉或运行中的机组供热，并应在工程设计中予以安排。根据地区情况或建设条件需要，电厂安装启动锅炉应尽可能提前建成。在试运前其热能一部分或大部供应冬季施工用，以节省投资。选定施工临时锅炉容量时，可与电厂启动锅炉容量平衡，并做好冬季施工中的节能工作，编制冬季施工组织设计和施工方案，安排落实冬季施工准备工作，采取有效措施，对供热管系结构热养护过程中的保温维护及临时厂房封闭保温工作加强管理。

（四）氧气、乙炔、氩气供应

施工现场氧气总需要量可参照下列因素，并参考同类型施工现场使用量确定：

（1）工程规模和工程量。

（2）工期和工程施工的阶段安排。

（3）施工工厂化程度和现场加工量。

一般氧气供应方式应根据技术经济比较及现场特点、工程量，可以分散供应，也可以在主厂房和组合厂区或铆焊场区集中供应。

集中供气的供氧站的气源可根据条件选用下列方式供给：

（1）高压气瓶运输。经供氧站内高压汇流母管及减压阀供气。

（2）制氧站以中压（$30kg/cm^2$ 及其以下的压力）输送氧气到供氧站再减压供气。

（3）液氧罐运输，经气化加热器供气。

施工用乙炔供用方式有以下几种：

（1）安装工程的主厂房（锅炉、汽轮机、发电机安装）、组合场和铆焊区及土建工程大型金属结构加工场，宜设乙炔站集中供气。当集中供气时，分散作业的场所（如燃料输送、供水系统、除灰、附属系统施工区等）、较远的施工区仍采用移动式乙炔发生器分散供气。

（2）有条件的地区可采用乙炔气瓶供应的方式，以降低损耗、节约电石。乙炔气瓶不能在当地灌气时，现场可设置乙炔发生装置。

施工现场氩气的使用和供应方式：

（1）为提高焊接根部质量和管道系统清洁度，高中压电厂的主蒸汽、主给水、再热器热段、冷段、汽轮机油系统和大中型机组的锅炉承压部件焊口的焊接工艺应按《电力建设施工及验收技术规范（焊接篇）》的要求采用氩弧焊打底。

（2）部分高压焊口填缝和铜铝母线焊接，也常采用氩气保护焊。

（3）氩气的使用量、供应来源和供应方式应在施工组织设计中做出安排，当氩气从外地购入时，应按运输周期计算储运气瓶需要量，当氩气来源困难时，现场可增设制氩配套装置，自行制备氩气。

（4）根据现场施工需要，氩气供应采用瓶装分散供应方式或可就近设小型氩气集中站经管道供应，但应尽量减少管道系统容积，防止泄漏。

（五）压缩空气供应

施工现场压缩空气的供应考虑以下需要：

（1）各加工间用气，包括使用风动设备及风力输送水泥等施工工艺的需要。

（2）机械加工中用气，包括电弧气刨用气。

（3）清扫及喷砂除锈用气。

（4）风压试验用气等。

压缩空气的供应方式一般以分区设移动式空压机供应为宜。用气量大的作业和大型工程的主厂房可以设置固定式空压机站集中供气。

压缩空气的需要量可按计算确定。空压机站装设空压机台数一般不少于两台，总容量应满足当一台空压机检修时能够供应施工主要用气量的要求。

**八、火电工程机械化施工**

机械化施工可以减少现场施工人数，降低劳动强度，提高劳动生产率，加快施工速度，施工组织设计要从实际出发，逐步提高机械化施工水平。

机械化施工水平的提高不仅表现为动力装备率（马力/人）数量的增高，而应是劳动生产率的提高，劳动生产率对技术装备率（元/人）的比值增大，从而获得良好的经济效果。其直接指标是机械完好率和利用率的提高，以及单机年产量、年台利用率的提高和施工总费用的降低。

施工机械的选型应兼顾适用性和经济性，在满足施工要求的前提下，尽量选用性能好、台班费和维修费用低、辅助费用少、能源消耗低、能一机多用、坚固可靠、运输方便的机械。

（一）配备施工机械的原则

配备施工机械应从工程情况，即工程特点、工程进度质量等要求，利用充足的资源，以最优的施工方法，综合考虑，一般原则如下：

（1）各类机械配备数量应按该种机械的年产量定额和施工现场工程量的统计或规划及有关方法计算确定。

（2）土方机械一般情况下可按挖掘机、推土机、自卸卡车、装载机、压路机考虑机械协调使用，上下工序配套，平衡搭配来配备。

（3）当主厂房为装配式混凝土结构时，起重机械的配备宜以有轨吊车为主，无轨吊车为辅，当主厂房为钢结构时，可采用以无轨吊车为主的方案。

（4）大型塔式吊车的选用。可根据建设机组容量的大小，选用100t/2000t·m的塔式吊车，吨位更大的塔式吊车经济性差不宜采用，安装塔式锅炉不宜采用大件组合吊装方法，宜选用轻便专用吊装机具代替塔式吊车，一般现场采用履带式起重机（150～300t），数量2～3台，配用汽车式起重机（9～120t）做为组合件和预制件的吊装。

（5）布置大型有轨吊车可考虑采取轨道转向和移位使用的措施，以扩大吊车工作范围，提高利用率。

（6）为提高综合机械化水平，机械配备力求上下工序配套，如混凝土搅拌站的前台和后台之间、主厂房及锅炉房的吊装与混凝土大型构件预制场、锅炉组合场的供料之间、土方挖运与回填之间等的作业能力应相互适用，避免出现薄弱环节。

（7）对耗用劳动量大和工作频繁的工序，如大型土石方、零星土石方、厂内二次搬运等应尽量考虑机械化施工。

（8）对先进高效的施工机械，如混凝土泵、大吨位重件液压顶升装置等，应创造条件合理选用。

（9）努力扩大小型机械配备率，变手工操作为机械化作业，有条件时可按人数定额配备机械化设备，提高劳动生产率。2×600MW机组工程主要施工机械配备可参考表7-6。

**表 7-6**　　　　　　　　　　　**2×600MW 工程主要施工机械配备参考表**

| 序号 | 机械名称 | 工作能力 | 数量（台） | 备注 |
|---|---|---|---|---|
| 1 | 塔式起重机 | 1200～4000t·m/50～120t | 2～3 | 轨道式能力取较高值，附壁式能力取较低值 |
| 2 | 塔式起重机 | 300t·m/16t | 1～2 | — |
| 3 | 塔式起重机 | 80～120t·m/8～10t | 1～3 | — |
| 4 | 龙门起重机 | 40t/42m～63t/42m | 5～8 | |
| 5 | 龙门起重机 | 10t/22m～22t/22m | 5～8 | |
| 6 | 履带式起重机 | 150～300t | 2～3 | |
| 7 | 履带式起重机 | 50t | 3～5 | |
| 8 | 汽车式起重机 | 90～120t | 1 | |
| 9 | 汽车式起重机 | 40～50t | 2～3 | |
| 10 | 汽车式起重机 | 20～25t | 2～4 | |
| 11 | 挖掘机 | 1.0～1.6m³ | 3～5 | |
| 12 | 推土机 | 80～160kW | 4～6 | |
| 13 | 自卸卡车 | 10～15t | 8～15 | |
| 14 | 混凝土搅拌站 | 50～80m³/h | 1～2 | |
| 15 | 混凝土泵车 | 85～100m³/h | 2～4 | |
| 16 | 混凝土拖式泵 | 40～60m³/h | 2～3 | |
| 17 | 混凝土搅拌输送车 | 6m³ | 8～12 | |
| 18 | 直流电焊机 | 300～400A | 200～300 | 逆变或硅整流 |
| 19 | 热处理机 | 120～180kW | 6～10 | |
| 20 | X 射线探伤机 | — | 8～12 | |
| 21 | 超声波探伤机 | — | 2～3 | |
| 22 | γ 射线探伤机 | — | 1～2 | |
| 23 | 施工电梯 | 85m | 2～3 | |

**注** 1. 本表是以一个施工单位承接 2×600MW 工程施工的方式考虑，发生其施工承包方式时则可根据其工程范围作相应变更。

2. 各种大型吊车的配置总数可根据施工方法相应增减。

**（二）机械化施工组织方式的要求**

机械化施工的组织方式应符合加强机械管理，提高经济效果的要求，执行《电力建设施工机械设备管理规定》，一般要求如下：

（1）创造条件组织专业化的机械施工队伍和采用机械租赁使用的方法。

（2）加强机械维护检修责任制，一般应将大修集中到大修厂，小修在现场进行。

（3）实行单机岗位责任制。

（4）健全机械技术档案和原始记录，进行单机核算。

（5）建立机械操作人员考核制度，加强技术培训工作。

**（三）主要施工机械布置**

以 2×600MW 机组施工机械布置实例参考如下：

（1）DBQ4000 在位置Ⅰ组接 69.2m 主臂＋30m 副臂工况，布置在炉膛内，其行走中心线距 5 列柱偏左 3m，前后方向行走，完成除 G、H 列柱中 2/3 与 7/6 之间的连接梁外的钢架吊装，然后退着依次吊装 E、F 大板梁及 G 列柱中 2/3 与 7/6 之间的连接梁吊装 G 大板梁，最后吊装 H 列柱 2/3 与 7/6 之间的连接梁、H 大板梁。DBQ4000 在位置Ⅱ组接 69.2m 主臂＋42m 副臂工况，左右方向行走，行走中心线距 H 列柱中心线 13m，完成锅炉大件吊装。最后，DBQ4000 向炉左退出，完成空预器部分的钢梁及设备安装。

LBQ2200 组装 66m＋30m 布置于炉右，行走中心线距 2.7 列柱中心线 11m，配合 DBQ4000 完成炉架及锅炉大件吊装。

（2）1 号、2 号钢煤斗分段及煤斗梁组装后，由位于炉右的 LBQ2200 吊装完成。3 号～6 号由 CC1000 组装 66m＋24m 进厂房吊装完成。7 号～12 号由 CC1000 组装 66m＋24m 距 E 列柱 9m 吊装完成。

（3）混凝土布料机布置在汽轮机房内靠 B 排柱 5.5m，260t·m 塔吊布置在距 B 列柱 14.5m 处，共同完成除氧煤仓间框架的现浇工作，混凝土布料机同时兼顾 A 列柱及集中控制室的施工，集控室侧面布置一台 63t 履带吊，解决集控室垂直上料间问题，混凝土由泵车浇注。

（4）汽轮机房内布置一台 CC1000（200t）履带吊，其工况选用 66m 主杆＋24m 副杆，主要用于 A 排施工和汽轮机房屋面结构吊装。

（5）输煤栈桥的吊装及设备安装主要用于 CC600（140t）履带吊及 90t 汽车吊完成。汽轮机房行车、除氧器水箱等的抬吊由 CC600 与 CC1000 履带吊共同完成。

（6）电除尘的吊装以 260t·m 塔吊为主，DBQ4000 与 LBQ2200 履带吊也可穿插协助吊装。

（7）龙门吊的布置。

1）在扩建端汽轮机线布置 1 台 60t/42m 龙门吊、1 台 30t/42m 龙门吊，主要用于汽轮机设备组合和装卸车、堆放。

2）在锅炉线布置 60t/42m 龙门吊 2 台，30t/42m 龙门吊 1 台，主要用于锅炉组合及设备装卸、堆放。

3）在电除尘线布置 1 台 25t/32m 龙门吊，主要用于电除尘设备组合。

4）在铆工组合场布置 2 台 30t/32m 龙门吊。

5）在中小型构件预制场布置 1 台 30t/32m 龙门吊及 1 台 16t/32m 龙门吊，主要用于中小型构件的预制。

6）钢材库布置 1 台 16t/42m 的龙门吊。

7）在灰管制作场布置 1 台 16t/32m 龙门吊。

以上是 600MW 机组施工机械布置实例情况，在工程施工机械布置时，应根据现场的实际情况优化施工方案，更加合理地进行施工机械的布置，提高机械的利用率。

## 第五节　工程中计算机网络的应用

对于电力建设施工行业，计算机网络技术的应用使得施工管理的思想、组织、方法发生了巨大的变化，因此在电力技术施工组织设计中，必须考虑计算机网络的应用。

计算机网络技术的应用使得施工过程中的信息管理发生了相当大的变化，纸张式的信息越来越少，更多的是电子式的信息，管理人员利用计算机终端查询资料数据库，信息更多地依赖于计算机网络来传递。

计算机网络成为施工管理人员的工作平台，成了施工管理中信息管理的载体，计算机网络必须做到既经济又实用，又兼顾适度的发展，计算机网络成为工程施工中的一项重要内容。

计算机管理信息系统是实现计算机信息处理的必要工具，管理信息系统的实施，提高了信息处理的效率和项目管理的工作效率，规范了管理工作流程，加强了目标控制工作，因此

计算机管理信息系统的规划与设计也成为施工组织设计中的一项重要内容。

**一、建设工程项目信息分类**

（1）进度控制信息。指与进度相关的信息，如施工工期定额、项目总进度计划、进度目标分解、项目年度计划、工作总网络计划和子网络计划、计划进度与实际进度偏差、网络计划的优化、网络计划的调整情况、进度控制的工作流程、进度控制的工作制度、进度控制的风险分析等。

（2）质量控制信息。指与工程建设质量有关的信息，如国家有关的质量法规、政策及质量标准、项目建设标准、质量目标体系和质量目标的分解；质量控制工作流程、质量控制的工作制度、质量控制的方法、质量控制的风险分析、质量抽样检查的数据、各个环节的工作质量（工程项目决策的质量、设计的质量、施工的质量）、质量事故记录和处理报告等。

（3）投资控制信息。指与投资控制直接相关的信息，如各种估算指标、类似工程造价、物价指数；设计概算、概算定额；施工图概算、预算定额；工程项目投资估算；合同价组成、投资目标体系；计划工程量、已完工程量、单位时间付款报表、工程变化表、人工、材料调查表；索赔费用表、投资偏差、已完工程结算；竣工决算、施工阶段的支付账单；原材料价格、机械设备台班费、人工费、运杂费等。

（4）合同管理信息。指与建设工程相关的合同信息，如工程招标文件；工程建设施工承包合同、物资设备供应合同、咨询、监理合同；合同的指标分解体系；合同签订、变更执行情况、合同的索赔等。

**二、建设工程项目信息管理的工作内容**

1. 信息管理策划

按照项目的实施要求，设计项目实施和项目管理中的信息和信息流，确定他们的基本要求和特征，组织项目信息的收集、处理、发布、查询的方式，编制项目信息管理手册。

2. 信息标准化

组织项目报告及各种资料的标准化规范工作。

3. 建立管理信息系统

按照项目实施、项目组织、项目管理工作过程建立项目管理信息系统。

4. 运行维护管理信息系统

在实际工作中保证管理信息系统正常运行，并控制信息流。

5. 文件档案管理

管理信息系统中的文件档案管理，均是项目信息管理的内容。

**三、全面应用计算机进行施工管理**

全面应用计算机进行施工管理，是工程管理的发展方向，是实现企业管理向国际接轨的体现，在目前的施工管理中建立计算机局域网，在施工管理的各个职能部门全面使用计算机，以 P3、Expedition 及相关软件组成现场工程信息管理系统，数据共享，并与工程建设单位通过计算机网络进行计算机通信，便于工程建设单位及时掌握工程施工的情况，进行监督和做出重大决策。

（一）系统主要功能

（1）连接现场各管理部门和工程建设单位、监理单位，并通过 ISDN 及 Modem 与其他各单位相连，实现数据共享和通信。

（2）建立电子邮件和传真的集成式收发系统，使工作站均能方便地接收、发送电子邮件和传真。

（3）通过代理服务器，使各工作站能方便地接入国际互联网。

（4）远程用户可以通过电话线拨号进入局域网。

（5）应用 P3 工程管理软件实行科学的资源配置和进行控制。

（6）应用 Expedition 合同管理软件，以合同为中心处理各项日常事物。

（7）综合查询系统，应用以 P3、Expedition 数据库为依托，以 Web 技术为手段的综合查询系统，能查询 P3 软件、合同软件、安全、质量、物资、财务等各种软件的数据资料，并允许进行远程访问。

（二）系统的硬件配置

网络系统配置上考虑了先进性、可扩性、快捷性、安全性和性价比，主要有：

（1）服务器采用 4 个 3.2GHz 或更高的 Intel 处理器，最少 6 个物理驱动器之间的 15KRPMSCIS I/O 子系统，高容量硬盘的网络专用型服务器 2 台。

（2）客户端 1 个 2.8GHz 或更高的 Intel 处理器，1GB 或更高的可用内存。

（3）局域网网络主干线采用以太网网络，核心交换机采用 Cisco Catalyst 3550，接入层交换机采用 Cisco2960 系列。局域网通过路由器 Cisco2600 与公司广域网（2M 专线）连接，局域网与广域网之间均设置防火墙 NGFW3000。

（4）网络上配备共用打印机、扫描仪、光盘刻录机、RAR、软驱等。

（5）网络与外界接口，通过光缆与工程建设单位、监理公司计算机网络连接，通过 ISDN、56k Modem 与本工程施工单位各工程处、工程各标段及外界通信联络。

（三）系统的结构

网络系统的结构，采用星型以太网结构。

（四）系统的软件配置

（1）服务器支持的配置。对于数据库服务器，运行于 Windows 2000 Server（SP4）、Windows 2003 Server（SP1 或 SP2）或 RedHat Linux Enterprise 4.0 之上的 Oracle 9.2.0.7 或更高版本。

计划任务必须运行于 Windows 2000 Server（SP4）或 Windows 2003 Server（SP1）之上。

（2）客户端模块（Project Management、Methodology Management、Primavera Web 应用程序）、Microsoft Windows 2000 Professional（SP4）、Microsoft Windows XP Professional（SP2）、Microsoft Windows Vista 商业版。

（3）支持的电子邮件系统和网络协议，支持 Internet 电子邮件（SMTP）或 MAPI，网络协议仅取决于数据库供应商，Web 站点需要 TCP/IP。

（4）应用软件除通用的办公自动化软件外，采用 Primavera Project Planner（P3 3.0）版项目进度管理软件（网络版）和 Primavera Expedition 6.3（合同事务管理软件，网络版）。此外，还有已成熟应用的焊接管理和质量管理软件等。

**四、应用 P3 进行工程施工进度管理**

P3 项目进度管理软件是国外 20 世纪 90 年代应运而生的大型工程进度管理软件，由于

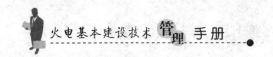

它融合了网络计划和计算机技术，融合了项目管理思维和方法，并在近20年的中外大型工程的应用实践中证实了其效应，因此被广为采用，成为世行贷款项目要求必须采用的工程管理软件，也是工程管理水平的标志。

在目前工程项目施工进度管理中将广泛采用P3软件进行控制。

（一）工程进度管理机构

根据工程项目进度管理机构的设置，一般分三个层次：

第一层次是整个工程的项目进度管理，以工程建设单位现场协调管理机构为中心，负责批准、协调、控制工程各个参建方的进度计划管理。

第二层次是项目参建单位的策划部门，以工程各标段的策划部门（计划部门）为中心构成的工程进度管理机构。

第三层次以专业工程处为中心，统管班组的进度计划编制和执行控制。

（二）工程进度计划

整个工程进度计划分为目标计划和年、月计划两大部分，目标计划是工程和项目开展前制度的计划，是工程和项目开展的既定目标。年度、月度计划是依据目标计划并结合工程实际情况编制的年度、月度现行实施计划。

目标计划分为三级：一级进度计划，是建设单位（业主）根据工程总体要求拟订的工程里程碑进度计划；二级进度计划，是对一级进度计划的分解，二级进度计划可由各标段施工单位在中标后一个月内编制出（根据资料情况，编制比投标书更细化的），交建设单位审批后，作为建设单位控制的二级进度计划；三级进度计划，是各标段施工单位依据二级进度计划分解编制的进度计划，三级进度计划需经现场协调管理机构审核确定后生效。

年度、月度计划是各施工单位根据目标计划制定出的当年、当月的执行计划，交现场协调管理机构审核。

施工单位的各工程处根据此年、月计划编制出本处（部门）的月度计划，交建设单位计划部门审核。

专业工程处所属的各班组根据工程处的月度计划编制出本班组的周计划，交专业工程处审核确定后实施。

（三）动态跟踪和计划更新

动态跟踪和计划更新是避免计划流于形式和严格执行合同的关键。

为了及时发现现行工程的进度与目标工程进度（即经过业主审核确认的二级、三级计划进度）的差异，要定期地对现行工程进度跟踪，输入P3，通过P3预示对进度计划的影响，分析原因，采取对策，或对计划进行更新，形成新的目标计划，报请建设单位批准。

（四）关于资源的输入

从理论上说，资源输入P3，使进度计划与资源要求结合起来，使工程管理更全面、更合理、更定量，也为以后的相似工程积累经验和数据。

因此，我们将在熟练应用P3进行项目进度管理的基础上，随着工程的深入和图纸资料的消化，在进度计划中，特别是三级进度中，输入相应的劳动力、工程量、施工机具和主要材料消耗和资源数据，使工程进度和投资成本的控制有机地结合起来，实现资源配置和工程进度控制的动态管理和优化。

（五）施工标段计划进度

根据合同的要求，施工组织设计编制了工程项目标段的计划进度、计划进度共有的作业次数，计划进度经过计算机百余次计算通过，自动列出施工标段由关键作业组成的关键路径。

## 五、应用 Expedition（合同事物管理软件）及相关软件全面进行工程事务管理

Expedition（合同事物管理软件）同 P3 一样是目前国内外流行的工程管理软件，经 10 多年国内外大型工程应用实践的考验，证实了其强大生命力，通过全面地使用这个软件，能够有效地管理工程建设过程中各种复杂的事务信息，这些信息全部纳入计算机管理，这对提高基建管理水平，充分利用现代科学技术，发挥计算机网络管理的优势，造就一支高素质的基建管理队伍有着重要的意义。

（一）应用 Expedition 进行的三类管理

（1）工程资金管理。

（2）工程事件管理。

（3）工程资料管理。

（二）结合工程具体情况进行的工作

（1）确定各部门管理信息种类、信息属性数据字典。

（2）制订各部门信息的存储的要求、传递途径、加工和安全要求。

（3）确定各部门数据库的结构（包括原则、方法、具体划分等）。

（4）建立各部门信息的标识代码。

在以上基础上建立各部门的数据库，由此组成整个项目的工程数据库如图 7-1 所示。

## 六、质量控制管理软件及工程建设管理信息系统

（1）Epowersoft QME 质量管理，主要针对电力建设工程质量检验管理领域的事务进行辅助管理，随着软件的开发和应用，质量控制的软件较为完善和成熟，在工程应用中具有一定的影响，其功能特点如下：

1）编制质控计划，将工程作业代码同国际通行的 BSI 码以及 WBS 码结合在一起，并通过这一系统把 P3 和质量体系串接在一起，做到了 P3 计划同质检计划的统一管理。

2）缺陷统计，对工程涉及的各类设计、设备、施工缺陷进行统计，建立台账，编码关联，处理跟踪等管理，确保工程的各类不合格项都得到有效控制。

3）质量记录，以质检计划为纲，整合各种类型机组的技术参数和历史资料，统一了编码和记录格式，规范了记录要求，确保质量记录的实时性和准确性。

4）质量签证，类似于"质量记录"的一个子系统，主要是生成质量签证记录。

5）质量验评，主要根据验评标准、质量评定，在质量验收评定后，生成质量验评记录，随时掌握质量验评情况。

6）调试控制，鉴于仪控调试及系统和专业的广度以及设备部件的数量众多而特别设计的调试控制管理子系统。

（2）PMIS 工程建设管理信息系统，是以 P3 为核心模块的工程项目管理软件包，它以规范和管理制度为依据，以项目为核心全面组织信息，以进度、质量、成本、安全控制为目标，建立全面的项目管理信息系统。

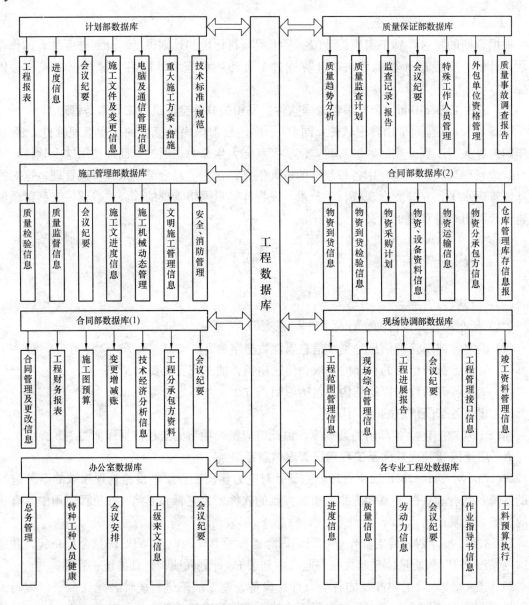

图 7-1　整个项目的工程数据库

PMIS 管理软件包包括计划经营管理、机械工具管理、物资管理、施工管理、计量管理、工程技术管理、资料档案管理、质量管理、竣工决算管理、安全监察管理等功能模块。

（3）电力基建 MIS。电力基建 MIS 是以规范和管理制度为依据，以项目为核心，全面组织信息，以进度、质量、费用、安全控制为目标而建立起来的工程项目管理信息系统，包括投资计划管理、工程质量、工程技术、资料档案、物资管理、安全管理、竣工决算、办公自动化等管理模块。

其功能可以概括为，以批准概算为依据，通过对合同有关事务的管理，实现投资控制，以电厂投产工期为依据，通过对工程项目的施工进行管理，达到工期控制。以国家相关法规为依据，通过对工程项目的质量验评信息进行管理，达到质量控制。

附：火电建设流程参考框图如图 7-2 所示。

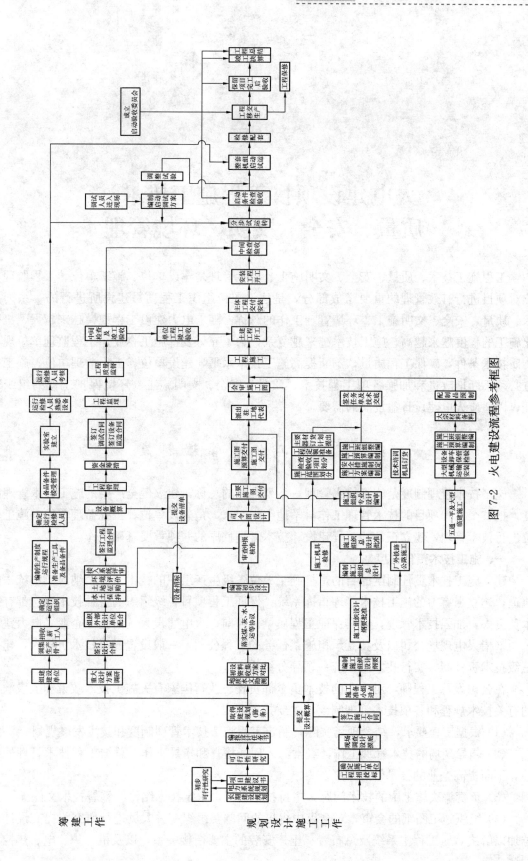

图 7-2 火电建设流程参考框图

火电基本建设技术
管理手册

# 第八章

# 火电建设项目工程施工技术、质量、安全、文明、环境管理

工程施工技术、质量、安全、文明施工、环境管理是建设单位、施工单位、工程监理单位对项目进行有效管理的重要组成部分，是建设单位组织工程项目建设所进行的一系列技术、质量、安全、文明施工、环境管理工作的总称。随着电力建设工程规模越来越大，机械化施工的程度越来越高，施工技术越来越复杂，为了充分发挥施工企业、工程监理单位现有物质技术条件，确保工程质量，不断提高施工技术水平，建设单位、工程监理单位、施工单位必须不断地改进和加强各项工程技术、质量、安全、文明施工、环境保护工作的组织管理，以适应火电建设日益发展的需要。

## 第一节　施工技术管理制度

施工技术管理制度是施工技术管理一系列准则的总称，建立健全严格的施工技术管理制度，把整个工程项目的技术管理工作科学地组织起来，是建设单位、工程监理单位、施工单位进行技术管理，建立正常的工程建设、技术管理秩序的一项重要基础工作。

### 一、施工技术责任制度

建立施工技术责任制度的目的是把施工单位各级生产组织的技术工作，纳入集中统一的轨道，建立强有力的施工技术管理指挥系统。保证工程项目各级组织的各种技术岗位都有技术负责人，加强技术管理，切实保证工程质量。目前，火电建设系统的施工企业、电力建设公司（指火电现场公司以及独立承担施工任务的工程公司）一般设置三级技术负责人，建立三级技术责任制，实行技术工作统一领导分级管理。

在公司设总工程师，对企业的技术负全部责任。执行国家有关施工技术政策和上级颁发的有关技术规程和各项技术管理制度，主要技术职责：

（1）根据工程要求，结合现场实际，制定工程施工技术管理制度和技术发展规划。

（2）领导现场的技术管理工作，经常深入现场检查和指导工作，总结工程技术管理的经验，不断提高企业的技术管理水平。

（3）负责解决施工中的技术问题，主持技术会议，审定技术结论，签署技术文件。

（4）组织施工图纸的会审，对会审中提出的问题要组织有关人员进行研究，提交设计单位加以解决，对工程主系统及总布置、土建安装的主要衔接关系，以及机、炉、电、热控各专业间主要相互关系的会审，参加重大的设计变更的审定，凡工程提出的重大设计变更要先经过总工程师审查同意后再向外提出。

（5）领导和组织施工组织设计的编制，严格按照施工组织设计的安排进行各项施工活动，主持施工组织设计总体部分的交底。

（6）对施工质量在技术上全面负责，参加日常的施工组织和调度工作，对关键工序检查验收，领导阶段性质量大检查，主持重大质量事故的分析。

（7）对安全工作要在技术上负责，做好安全技术管理工作，文明施工，审批重大的安全技术措施，解决安全生产中的技术问题。

（8）负责新技术、新工艺、新材料、新结构、新产品的学习和研究，在工程中根据实际情况大力推广和应用。

（9）做好技术总结工作。

（10）做好施工技术记录，检查验收签证、技术检验报告、调整试验报告、竣工图等竣工资料的积累和整理，按照《施工技术档案管理制度》的要求组建各种技术档案。

（11）组织分部试运工作，参加机组成套启动试运工作。

在工地设专责工程师，全面负责工地的技术工作，在工地经理的领导下，对现场工程项目技术负全部责任，负责技术管理职能机构的技术工作，接受总工程师的领导。主要技术职责：

（1）贯彻执行国家有关技术政策和上级颁发的有关技术规程及各项技术管理制度，根据上级要求，结合现场实际情况，制定工地施工技术发展规划并贯彻执行。

（2）深入现场检查和指导工作，解决施工中的技术问题，主持技术会议，审定重要的技术方案，主持重要项目的技术交底。

（3）组织施工图纸的会审，对会审提出的问题，要组织有关人员进行研究，配合设计单位加以解决，组织编制并审查施工组织专业设计。

（4）审定设计变更和设备、材料代用的意见。

（5）做好工地全面质量管理工作，主持工地质量检查验收，参加重要的工序验收，督促和指导班组消除质量缺陷。

（6）组织编制并审定安全技术措施，做好工地的安全生产技术工作。

（7）参加主持质量事故调查分析，参加安全事故调查分析，制定防止事故技术措施。

（8）审查合理化建议，组织技术革新活动，推广施工新工艺、新技术、新结构、新材料，组织施工技术经验交流及技术专题讨论。

（9）组织编制并审核施工技术总结，组织建立施工技术档案，组织制定完成计划和技术经济指标的措施。

（10）组织制定分部试运方案、措施，参加分部试运、整套启动和竣工验收。

（11）监督工地施工吊装机械、仪器、仪表及重要工器具的使用和维护工作。

在班组设技术员，全面负责本班组技术工作，对班组作业的施工组织、施工技术、施工管理、施工安全等负全面责任，是贯彻各级技术责任制与技术管理制度的关键，是使技术工作层层负责，技术管理步步落实的可靠保证。其主要技术职责：

（1）组织施工图纸及技术资料的学习，参加施工图纸会审，编制施工技术措施，主持技

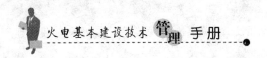

术交底。

(2) 编制施工组织专业设计、编制施工预算，处理设计变更和材料代用问题。

(3) 现场指导施工，负责本班组技术工作，及时发现和解决施工技术问题。

(4) 提出防止事故的技术措施，参加事故调查分析，填写事故报告，编制班组安全技术措施。

(5) 制定本班组或单位工程的施工方法和施工工艺，协助班长签发工程任务单，做好工程量、工期、材料消耗、劳动工时等资料的积累工作，总结先进的工作经验。

(6) 主持本班组质量管理和质量检查验收工作，整理汇总施工技术记录，提出竣工移交技术资料及竣工图。

(7) 为班组建立施工日记制度，施工日记从工程开始施工时就由班组技术员进行记录，直到工程竣工。施工日记应保持其完整性，在工程竣工验收时，作为质量评定的一项重要依据。施工日记的内容一般有：

1) 工程的开竣工日期及主要分部分项工程的施工起止日期、技术资料提供情况等。

2) 因设计与实际情况不符，由设计单位在现场解决的设计问题和对施工图修改的记录。

3) 重要工程的特殊质量要求和施工方法。

4) 采取特殊的施工方法。

5) 质量、安全、机械事故的情况，发生原因及处理方法的记录。

6) 有关合理化建议在工程中的应用。

7) 气候、气温、地质以及其他特殊情况的记录。

**二、开工管理制度（工程施工单位提出）**

所有新建、扩建的大中型电力建设项目，在工程项目获得国家发展改革委员会的核准后，工程项目在开工时不再进行有关地方主管部门的申报批复工作，但必须认真做好各项施工准备工作，对单位工程项目开工，施工单位必须提出开工报告，经规定程序审查批准后才能开工。开工报告既是建设前期工作的总结，又是开工建设的依据。

现场申请开工必须具备以下条件：

(1) 工程已取得国家发展改革委员会核准和路条并经过核准，初步设计和概算经审查批复。

(2) 已办好建设及施工用地的征租手续。

(3) 设计单位已交出第一批施工图并已经过审查，相应的施工图预算已编制并经过会审。

(4) 具备批准的施工组织设计，提出分年投资估算。

(5) 已完成施工所必须的现场内外交通、施工用水源、消防系统、通信设施、修配加工设备等工作。钢筋、模板、混凝土等生产线已形成生产能力。

(6) 工程的测量、放线、定位等工作已完成并经过核对。

(7) 质量检查的项目和验收标准取得了一致意见，土建试验室、金属试验室、热控实验室、电气实验室已按要求配置，制度健全，施工技术记录工作已做出安排。

(8) 施工所需主要施工机具已到达现场。

(9) 近期施工材料和设备已经落实，订货情况能够满足工程连续施工的需要。

（10）施工劳动力的配备已能基本上满足需要，特殊工种已进行培训。

（11）安装工程开工前，火电厂的建筑工程具备安装条件，并应力求避免大的交叉。

（12）火电工程正式开工是指火电厂主厂房开挖浇灌第一罐混凝土。

### 三、施工图纸会审制度

施工图纸会审是一项重要的技术工作，认真做好施工图纸会审，对于减少施工图纸中的差错，提高工程质量，保证施工顺利进行，有着重要的作用。

在工程开工前进行施工图纸会审，对施工图纸中存在的差错和不合理的部分，应在施工前与设计单位联系解决，同时使施工人员充分领会设计意图，熟悉设计内容，正确地按图施工，确保工程质量，避免返工浪费。

施工图纸会审前，主持单位应事先通知参加人员熟悉设计内容，整理出存在的问题和意见，进行必要的核对和计算工作，以保证施工图纸会审的良好效果。

（1）图纸会审方法，当工程采用总包方式时，图纸会审的主持单位由总包单位负责。

当工程采用常规分段式的招投标方式时，图纸会审的主持单位由工程监理单位负责，建设单位参加，会审方式：

1）专业会审：由班组或单位工程负责，技术员主持，设计代表、工程监理、班组长、施工人员参加，对本班组施工项目或单位工程施工图纸进行熟悉和会审。

2）系统会审：由工地专责工程师主持，设计代表、监理单位代表、建设单位代表、班组长、技术员、调试人员和有关专业技术人员参加，对本工地各主要系统施工图纸进行会审。

3）综合会审：一般由工程施工单位总工程师主持，设计、监理、建设、运行、施工、调试等有关单位的负责技术人员，有施工经验的人员参加，对工程主要系统施工图纸进行会审。

图纸会审应作出详细记录，综合会审由主持单位作出会议纪要，发送有关单位，对原设计的变更按设计变更管理制度办理。

（2）图纸会审的重点。

1）施工图与设备、特殊材料的技术要求是否一致。

2）设计与施工主要技术方案是否相适应。例如，酸洗、吹管的方案是否与设计和现场条件相符，设备组合吊装运输方式是否安全可靠。

3）图纸表达深度能否满足施工需要。

4）构件划分和加工要求是否符合施工能力。

5）扩建工程新、老厂及新老系统之间的衔接是否吻合，施工过渡是否可能，除按图检查外，还应按现场实际情况校核。

6）各专业之间的设计是否协调，如设备的外形尺寸，建筑物预留孔洞及埋件与安装图纸要求，设备与系统连接部位，管线之间相互关系等。

7）设计采用的新结构、新材料、新设备、新工艺、新技术在施工技术、机具和物资供应上有无困难。

8）施工图之间和总分图之间、总分图尺寸之间有无矛盾。

9）能否满足安全经济运行的要求和检修作业的合理需要。

（3）图纸会审的时间安排按以下程序要求进行：

1）专业会审：应安排在系统会审之前，所发现问题在系统会审时进一步复核后作出决定。

2）系统会审：应安排在综合会审之前完成，所发现问题汇总后交综合会审作出决定。

3）综合会审：应在单位工程开工前完成。会审中发现的问题应在会议上协商决定，由设计单位统一出设计变更，并以通知单的形式发送有关单位。

**四、施工技术交底制度**

（1）施工技术交底的目的是使施工人更了解工程规模、建设意义、工程特点，明确施工任务、特殊的施工方法、质量标准、安全措施和优化措施等，做到心中有底。

（2）施工技术交底是施工工序中首要环节，必须执行，未经技术交底不应施工。

（3）发电工程启动调试的技术交底工作，按启动验收和有关规定办理。

（4）公司总工程师、工地专责工程师应督促检查技术交底工作，重大或关键工程项目的技术交底可请上级技术负责人参加，或由上级技术负责人交底。

（5）施工人员应按交底要求施工，不得擅自变更施工方法，有必要更改时应取得交底人的同意。

（6）公司级的技术交底，在工程开工前，依据设计文件、设备说明书、施工组织设计及施工技术措施等资料制定交底提纲，进行交底，内容一般包括：

1）工程内容和施工范围。

2）工程特点和设计意图。

3）总平面布置、力能供应。

4）综合进度和配合要求。

5）主要质量标准和保证质量的主要措施。

6）施工顺序和主要施工方案。

7）保证施工的主要安全措施。

8）主要物资供应要求。

9）采用的重大技术革新项目及科研项目。

10）增产节约的计划指标和主要措施。

11）其他施工的注意事项。

（7）工地技术交底，按照批准的施工专业设计、施工工艺要求和上级交底的内容，拟定技术交底提纲，内容一般包括：

1）公司技术交底中属于本工地施工的内容。

2）工程范围和施工进度要求。

3）主要施工方法和安全质量措施。

4）主要设计变更和设备、材料代用情况。

5）重要施工图纸的解释。

6）经批准的重大施工方案措施（重要部位的混凝土浇灌、大件设备的运输吊装、汽轮机扣大盖、主蒸汽管道冲洗、锅炉水压试验、酸洗、大型电气设备干燥、新型电气设备安装、重大技术革新项目的试验、新老厂系统连接、新老厂系统隔离、分部试运等）。

7）质量验收办法和标准。

8）优化施工的方法和措施。

9）应做好技术记录的内容及分工。

10）其他施工中应注意的事项。

（8）班组技术交底，按施工项目，依据工程任务和上级交底的有关要求拟订提纲，进行技术交底，内容一般包括：

1）工地交底中的有关要求。

2）操作方法和保证质量安全的措施。

3）技术检验和检查验收要求。

4）施工图纸的解释。

5）设计变更、设备材料代用情况。

6）经批准的重大施工方案措施。

7）工艺质量标准和验收方法。

8）优化施工方法和措施。

9）技术记录内容和要求。

10）其他施工注意事项。

**五、技术检验制度**

技术检验是用科学的方法，保证工程质量符合设计要求的重要环节。工程建设过程中，必须要以高度的负责精神和科学的态度，认真做好技术检验工作。

（1）技术检验的主要内容是对工程中使用的原材料、成品、半成品、混凝土、安装设备、锅炉受热面材料、热工及电气设备、施工用精密量具仪器等，检查试验监督，防止错用或降低标准。检验项目和标准应按照《电力建设施工及验收技术规范》、有关专业标准和技术规定、制造厂家技术条件及说明书的要求执行。

（2）施工用精密仪器、检测试验设备、精密工器具及量具，均应有出厂合格证件及定期校验证明，指定专人使用保管。

（3）设备的开箱检验应按供货合同要求进行，由供应部门主持，检验后应作出记录，对发现的问题应按合同供货要求进行处理。

（4）质量管理部门是检查督促技术检验制度贯彻执行的主管部门，应及时处理检验中发现的问题，重大问题应报请上级主管部门处理。

（5）施工单位应按照工程需要建立和健全试验机构，现场试验机构的主要职责是及时准确地鉴定有关工程和原材料半成品等的质量，为施工提供科学的依据。

（6）工程使用的原材料（如金属、建筑、电气、化工材料及润滑油等），应按规定随货提供出厂合格证件，出厂证件和现场检验报告都应交质量管理部门审核，为防止差错应按规范要求进行一定比例的抽查或复查。

（7）技术检验的记录、证件应作为施工技术档案，由质量管理部门汇集整理，列入工程移交资料。

**六、设计变更管理制度**

经过批准的设计是施工的主要依据，施工单位应当严格按图施工，确保工程质量。在施工过程中如发现图纸仍有差错或与实际情况不符，或施工条件、材料规格、品种、质量不能完全符合设计要求，需要进行施工图修改时，应提出变更设计申请，办理签证后方可进行设计变更，设计变更分为以下三种：

（1）小型设计变更：不涉及变更原设计原则，不影响质量和安全经济运行，不影响整洁美观，且不增减预算费用的变更事项，如图纸尺寸差错更正、材料等强度换算代用、图纸细部增补详图、图纸间矛盾问题处理等。

（2）普通设计变更：工程内容有变化，但还不属于重大设计变更的项目。

（3）重大设计变更：变更设计原则、变更系统方案和主要结构、布置、修改主要尺寸，以及主要原材料和设备的代用等设计变更项目。

设计变更的审批手续如下：

1）小型设计变更由施工工地（施工单位）提出设计变更通知单，经施工单位主管技术部门审核会签后生效，变更通知单须征得工程监理单位、设计代表同意，设计变更签证应送交建设单位备案。

2）普通的设计变更由设计单位签发设计变更通知单，提交工程监理建设单位和施工单位有关技术部门会签后生效，实行按施工图预算结算办法时，设计变更单应附有工程预算变更单。

3）重大设计变更必须经建设单位、监理单位、设计单位同意，由设计单位修改设计并提出工程预算变更单（或修正概算）。凡涉及初步设计主要内容的设计变更和总概算的修改应按设计审批权限报建设单位主管部门或原审批部门审批。在施工过程中，建设单位或设计单位要求对原设计作重大变更时，应征得施工单位的同意。

一个施工单位或一个工地提出的设计变更如涉及其他施工单位或工地的施工项目需相应作修改时，在决定变更之前应同时将有关工程加以研究，确定处理方法，统一进行修改。

设计变更文件应完整、清楚，由工程主管部门整理保管（纳入工程档案），并作为施工及竣工结算的依据，工程竣工时移交生产运行单位保存。

**七、工程验收制度**

工程验收是检查评定建筑安装工程质量的重要一环，在施工安装过程中，除按有关质量标准逐项检查以外，还必须根据建筑安装工程的特点，高度重视隐蔽工程、单位工程和竣工工程进行工程验收。

（一）隐蔽工程验收

隐蔽工程是指在施工过程中上一工序的工作结果将被下一工序所掩盖，是否符合质量要求无法再次进行复查的工程部位，如钢筋混凝土工程的钢筋、基础的尺寸、标高等等。因此，这些工程在下一工序施工以前，应按工程质量三级检查验收规定会同监理单位、建设单位（必要时请设计单位参加）进行隐蔽工程检查、验收，并办好隐蔽工程验收签证手续。隐蔽工程验收记录，是今后各项建筑安装工程的合理使用、维护、改造、扩建的一项重要技术资料，故必须纳入技术档案。

隐蔽工程验收应结合技术复核、质量检查工作进行，重要部位变更时可照相以备核查。

隐蔽工程的验收项目按工程质量监督条例及有关规定确定。

（二）单位工程验收

建筑安装工程在某一阶段工程结束或某一单位工程完成后，应按工程质量三级检查验收规定进行单位工程的工程验收。监理单位、建设单位（必要时请设计单位参加）对工程的验收工作办法按有关规定及合同要求办理，工程未经验收不算竣工。

土建施工单位在单位工程的主体结构或重点、特殊工程的分项工程推行新结构、新技术、新材料的分项工程等完成后，均应按上述规定进行检查验收，并签证验收记录，归入技术档案。

安装单位在各专业工程项目完成后，要按工程质量标准、规程、规范进行试水、试压、调整、试运等各项工作，并做好签证记录，归入技术档案。

（三）竣工验收

火电建设工程在每台机组投产前或全部工程竣工后，必须及时进行启动验收或竣工验收。这是对企业生产、技术活动成果进行的一次综合性检查验收，因此在工程正式交工验收前，施工安装单位必须认真做好自检、自验，发现问题及时解决。

火电建设工程竣工验收的组织、验收内容、提交资料与文件、试生产以及移交手续等，均应按《火力发电厂基本建设工程启动及竣工验收规程》的具体办法、规定与要求进行。

**八、施工技术档案管理制度**

建立施工技术档案是施工单位保存工程原始记录，积累施工经验的重要手段，其目的是保证各项工程的合理使用，并为维护、改造、扩建提供依据。因此，施工单位、建设单位必须设置技术档案管理部门，加强档案管理和利用工作。

建立施工技术档案必须从工程准备开始，汇集、整理有关资料，并贯穿于整个施工过程，直到工程竣工验收后结束。

凡是列入技术档案的技术文件、资料，都必须经各级技术负责人审定，所有资料、文件应如实反映情况，不能擅自修改、伪造和事后补做。

施工技术档案的主要内容有：

（1）建、构筑物地基处理（包括打桩、试桩）记录。

（2）永久水准点和控制桩的测量记录；主要建、构筑物定位放线测量记录；沉降观测记录及变形记录。

（3）主要图纸会审记录。

（4）主要原材料、构件和设备出厂证件。

（5）设计变更、材料设备代用记录。

（6）施工技术记录（按验收规范要求的内容），包括焊接及热处理记录、热工电气调试记录等。

（7）隐蔽工程与中间检查验收签证。

（8）主体结构和重要部位试件和材料的检验、试验记录。

（9）重大质量事故和重要设备缺陷情况及处理情况记录。

（10）分部试运和调整启动调试运行记录。

（11）竣工图纸。

（12）有关工程建设和为运行单位生产所需的有关协议、文件和会议记录。

（13）工程总结和工程照相。

施工单位为了自身需要，要有系统地积累施工经济技术资料，以利于不断提高施工技术

和施工组织管理水平，施工技术档案中应汇集有下列内容的资料。

（1）施工组织总设计、施工设计和施工经验总结。

（2）本单位初次采用的或施工经验不足的结构、材料、设备的试验研究材料和施工方法、施工操作专题经验总结。

（3）新技术的试验、采用、改进的记录。

（4）重大质量、安全事故情况原因分析及补救措施的记录。

（5）有关重要技术决定。

（6）施工日志。

（7）其他施工技术管理经验总结。

（8）学习取得的先进的工程管理经验介绍材料。

（9）吸取其他工程项目先进施工方法的资料或记录。

施工技术档案由各主管部门汇集整理，除按各有关制度分发（包括报送上级、移交生产单位）外，应移交技术档案部门一份长期保管使用。有关设备的出厂证件和材料合格证件等，当份数不足时，应优先满足工程移交资料的需要。

施工单位由于机构变更或迁移频繁等原因，原建立档案部门长期保管历史档案不便时，可登记造册，移交上级技术档案管理部门接收保管。

## 第二节　火电建设施工推行全面质量管理

火电建设施工推行全面质量管理是保证和提高产品质量过程中所运用的一整套体系、技术和方法的总称。

**一、全面质量管理的基本任务**

认真贯彻"质量第一"的方针，正确处理工程质量和工作质量的关系，调动企业各部门和全体职工关心工程质量的积极性，实行全过程、全企业、全员的质量管理，运用现代科学和管理技术，以预防为主控制影响工程质量的各种因素，优质高效地生产出满足用户要求的优质工程。

**二、全面质量管理的基本要求**

（1）火电建设施工的目的是要满足社会用电的需要，因此在火电建设施工中，必须贯彻"质量第一"的方针。

（2）全面质量管理必须是全过程的、全企业的、全员的管理。

全过程管理就是要把质量形成和发展过程中各个环节的全过程系统地、有机地组织起来，一环扣一环，保证和提高工程质量。

全企业管理就是要在企业统一领导下提高各个部门的工作质量，工程质量取决于工作质量，而工作质量是工程质量的保证。

全员管理就是组织和发动全体职工都来参加，做到"质量管理，人人有责"。

（3）预防为主。保证工程质量不能依靠事后把关，要立足于预防控制，把事故消灭在萌芽状态。

（4）"一切用数据说话"，数据是科学管理的基础，全面质量管理要以事实为依据，强调用数据说话。

（5）加强施工工艺管理，按规定要求的施工技术和方法控制施工工艺。

（6）加强施工过程中的工序控制，对关键的部位和环节，要加强中间检查和技术复核。

（7）要有先进的管理技术和正确的工作方法，如应用 P3 软件对工程计划进度、资源、成本管理与动态控制进行综合管理等。

推行全面质量管理，要树立"百年大计，质量第一"的思想，要求各管理部门、各环节、各工种、各工序之间相互配合，精心组织施工，做好工程各项质量管理和基建投产达标工作，创建优质工程。

### 三、质量控制中施工单位的职责

（1）审核工程设计中的结构技术质量和保证质量的构造措施与施工说明。

（2）认真做好施工组织设计纲要、施工组织总设计和施工组织专业设计的质量与安全技术措施。

（3）制定质量预控计划和质量手册。

（4）检查验收分部分项工程（自检自查）并处理工程质量事故与质量缺陷。

（5）对单位工程质量验收自查，就整体质量而言，谁设计谁负责设计质量，谁施工谁负责施工质量，谁操作谁负责分项工程质量，施工单位、施工人员承担直接责任，质量管理人员和质量监督人员应间接承担控制责任，若出现检查管理不严、指挥失误、马虎失职等因素造成质量问题，应承担不可推卸的质量控制责任，质量责任与经济责任相联系统一考核。施工单位在质量控制中必须遵循以下的职业道德和原则：

1）坚持"质量第一"，工程质量关系到人民生命财产的安全和国家经济的发展，是"百年大计"，施工单位对工程质量控制应把"百年大计，质量第一"始终当作工作准则。

2）人是质量的创造者，质量控制必须以人为主体，以人为本，充分发挥人的主动性和创造性，增强人的责任感，提高施工人员的素质，以人的工作质量保证工艺质量和工程质量。

3）"预防为主"，从对质量的事后把关过渡到事前、事中质量控制；从对产品质量检查过渡到工作质量检查，对工序质量检查、对中间产品的质量检查是保证工程质量的有效措施。

4）坚持质量标准，一切用数据分析，及时发现质量问题，果断实施质量控制措施。

5）坚持科学态度，在施工中积极地推广新工艺、新技术、新材料，推动科学技术的发展。

### 四、全面质量管理的计划工作

全面质量管理要有计划、有目的、有步骤地进行。全面质量管理的计划工作一般分以下四个阶段。

#### （一）计划制订阶段

制订质量管理计划的目的是要提出计划期内工程质量的各项指标，使全体职工对提高工程质量有明确的方向和目标。计划的内容一般包括质量目标、指标和技术组织措施等部分。

编制时要掌握上期质量指标完成情况，施工过程中分部分项的质量通病以及国内外提高和保证质量的经验等，从而针对施工中的薄弱环节和质量通病，确定主攻方向，提出优良品

指标和完成指标的技术措施，确定执行单位、期限、执行人、效果以及所需的物资和费用等。

计划的形式可以根据不同要求采取不同形式，既要有综合性计划，也要有分项目、分部门的具体计划。

（二）计划实施阶段

计划的实施要从班组开始，使计划和指标要在班组进行讨论和交底，同时要结合工程实际，把综合性质量指标进行分解，化为分部分项指标落实到班组，从班组到部门，指标明确，措施到位，职责清楚。

（三）检查阶段

为了使计划认真执行，必须组织和协同有关质量监督部门，经常检查计划的执行情况，发现问题，及时纠正解决。

（四）处理阶段

根据检查的结果，作出相应的处理，不断总结经验积累资料，以便推广提高。失败的要找出原因，吸取教训，避免再次发生；没有解决的，要为下次计划提供内容。

**五、全面质量管理的质量控制**

全面质量管理的质量控制是针对工程质量问题的起因，采取措施加以控制，起到事先预防的作用。进行质量控制必须要研究工程质量形成和发展的全过程。建筑安装工程影响质量的因素是多方面的，概括起来，有如下几个方面：

（1）设计质量，由于工程设计的缺陷而造成的质量问题。

（2）设备制造质量，由于设备制造不符合规定的技术要求而造成的质量问题。

（3）原材料质量，由于原材料或外加工构配件不合质量标准而造成的质量问题。

（4）施工质量，由于施工不符合设计要求或违反技术规范和操作规程而造成的质量问题。

（5）检验质量，由于对原材料、构配件、设备或施工质量的检验不能作出正确的判断而造成的质量问题。

上述几方面的质量问题，往往是相互影响的，因此在施工工程中必须以预防为主，从施工准备到交工使用，加强各阶段的质量检查、检验，各工地设专责质检员同时建立适用、有效的质量保证体系，如技术责任保证体系、质量检验体系、物资管理保证体系、焊接材料质量控制体系、受监焊口质量保证体系等。定期进行质量分析活动，加强对设计质量、设备制造质量、原材料质量、施工质量、检验质量的控制和预防。

通过全面质量管理使干部职工增强质量意识，掌握质量控制的知识和方法，并在施工管理中得到应用，分阶段对工程质量进行有效控制。

（一）施工准备阶段的质量控制

（1）设计质量控制：施工质量的形成是从勘测设计开始，设计的质量直接影响到工程的施工质量，因此就必须对设计质量作出必要的控制。通常施工单位在开工前，通过参加设计方案制订以及图纸会审等形式，检查设计质量，防止由于设计不合理和图纸差错而贻误施工。

（2）施工组织设计或施工作业指导书质量的控制：施工组织设计或施工作业指导书是指

导施工的全面性的技术经济文件，施工组织设计及作业指导书的质量好坏直接影响着施工质量，因此开工前必须对施工组织设计所采用的施工顺序、施工方法和保证工程质量的技术措施进行审查核实，是否切实可行，是否符合设计图纸、技术规范和操作规程的要求，并要求做好开工前的各项技术交底工作，坚持图纸会审制度，内容应包括：

1）按设计意图解释施工图。

2）主要质量标准和达到标准所要采取的措施、检验方法等。

3）施工操作顺序方法及安全措施。

4）施工技术记录的内容和要求等。

（3）加强质量检查验收控制。

严格遵照"火电施工质量检验及评定标准"及电力建设施工验收技术规范的规定，坚持专责检查与施工人员自检相结合的制度，坚持"三级"检查验收制度。

（4）对检查仪器、计量器具的质量控制。

对所有涉及的电、热、力、长度、化学等仪表、量具、衡器在使用前都应定期经有关法定部门校验并取得合格证后方能使用。

（5）质检员、试验员、探伤员、焊接人员等必须按规定，经过培训考核，取得资格证书后方能上岗工作。

（二）原材料（包括外加工构配件）和设备供应阶段的质量控制

原材料和设备是工程质量的实体构成部分，原材料和设备质量的好坏，直接影响着施工质量，因此对原材料和设备的供应必须严格按照质量标准和技术要求进行招投标工作，不能只考虑价格因素而降低技术标准或质量等级。原材料和设备的交货入库，要按照质量标准和技术要求检查验收，核实产品合格证，保管中要防止损坏变质。做到不合格的不签订协议，不合格的不验收，不合格的不发放。

（1）对原材料、备配件、设备的质量要严格按照质量标准和技术要求订货、采购、运输、保管，原材料和设备的进场、入库要按照质量标准和技术要求检查验收，应复试检查的原材料必须先做复试，经审查和批准后，再投料制作施工，同时发布核实产品技术证件、化验单、合格证等。

（2）不同材质的材料必须分别堆放并注明标志，避免错发材料，对某些材料则应按规定采取防寒、防潮措施，防止损坏、锈蚀、变质。

（3）设备的存放应按施工先后顺序，分类堆放，并应注意各个设备的零部件不得混杂，以便清点管理，设备放置的现状应做准确的标记，以便查找。

（4）所有设备材料及其状态应加以标识，施工标识移置工作要明确责任人。

（三）施工阶段的质量控制

施工阶段是工程实体的形成阶段，是工程质量管理的主要环节，必须做好下列各项控制工作：

（1）坚持按图施工，经过会审的图纸是施工的主要依据，在施工过程中必须坚持按图施工，不准任意修改而危害工程质量。

（2）严格执行技术规范和操作规程。技术规范和操作规程是施工的准则，在施工过程中，每道工序都必须按照规范、规程进行施工和检验，把事故消灭在萌芽状态，发现质量问

题要立即分析原因，提出解决方案，采取有效的技术措施，不留隐患。

（3）提高检验工作的质量。提高检验的质量，是正确判断施工质量的前提，必须保持检验方法的正确性并使检验工具、仪器设备经常处于良好状态。

（4）进一步落实质量控制责任制，建立健全工程质量管理体系，明确各自的职责和职权，严格执行质量工作计划，加强分析，决策质量管理工作。

（5）建立质量体系文件，以促进工序的不断改进提高，并贯彻预防为主的原则，实施工程管理标准化、规范化和程序化。

（6）以治理工程质量通病为重点，签订质量验收协议，划分各专业验收项目，加强不符合项、不合格品的闭环整改管理。

（7）必须严格按照图纸施工，不得任意修改图纸，如遇现场情况与图纸不符，以及材料代用等，必须履行更改手续。

（8）严格按施工工序施工，先地下后地上、先土建后安装，严格按技术规范和操作规程进行施工，分项工程竣工、关键工序、重要施工项目、隐蔽工程必须经质检部门验收合格并办理签证后，方能继续进行下道工序施工作业。

（9）加强混凝土的管理，混凝土施工采用集中搅拌，混凝土罐车输送、泵送混凝土等生产工艺。要加强对搅拌站的质量监督，严格执行按浇灌通知单和混凝土配合比通知单搅拌，及时统计混凝土强度、评估生产质量水平以便及时调整配合比。

（10）严格控制混凝土质量水平，预防蜂窝、麻面、预埋件、预留孔尺寸偏差大等质量通病。安装方面要制定攻关措施和消灭"七漏"及转动机械振动、发热问题，要制定有效措施消除油系统不清洁而导致的调速系统卡涩问题。

（11）施工过程严格按现场质量计划所规定的质量见证点（W点）及停工待检点（H点）进行检验，施工人员首先要做好自检工作，坚持上道工序未经检验不得进入下道工序。

（12）对施工中出现的问题，采用不符合项管理，出现不符合项时，要按有关程序进行评审，确定处理方案、处理过程，质量管理部门要进行跟踪关闭，形成闭环管理。

（13）对施工中出现的重大问题以及施工多次出现的问题，要及时进行分析，除有纠正措施外，还要制订预防措施。

（14）工程质量记录要齐全，包括自检要有自检记录，记录要及时、清晰、签证手续完整，保证质量记录的准确性。

（15）严格过程控制，从设备、材料、进货检验到设备开箱，保证每道工序和施工全过程均在受控范围。

（16）制订并落实提高施工工艺，保证工程质量的措施，应制订的措施如下：

1）小管径安装工艺保证措施。

2）焊接质量保证措施。

3）电缆敷设及接线工艺保证措施。

4）保温工艺措施。

5）汽轮机油系统清洁度保证措施。

6）汽轮机真空严密性保证措施。

7）消除煤、灰、烟、风、汽、水、油渗漏保证措施。

8) 装饰工程保证措施。

9) 混凝土生产质量保证措施。

10) 沟道盖板工艺质量保证措施。

11) 楼面、地面施工质量保证措施。

12) 回填土工程质量保证措施。

13) 钢筋混凝土工程施工质量保证措施。

14) 主要辅机的安装质量保证措施。

15) 三大主机设备安装分别制订施工质量保证措施。

（四）使用阶段的质量控制

工程使用过程是实际考验工程质量的过程，要做好下列工作：

（1）回访。通过回访了解交工工程使用效果，征求使用单位意见，发现使用过程中的质量缺陷要分析原因，总结教训。

（2）保修。由于施工不良造成的质量问题，在规定的保修时期内负责保修。

## 第三节　安全施工管理及技术措施

按照国家《安全生产法》和 OHSMS18000《职业安全健康管理体系标准》以及国家和地方关于安全文明生产的要求，树立"安全第一，预防为主"的思想，加强危险源管理、风险管理、事故预防，做好工程建设全过程中的安全管理工作，建立健全安全施工组织网络和安全管理制度，明确各单位各级安全管理人员的职责，对施工安全实施事前、事中、事后全过程的控制，保护职工的安全和健康，总结安全施工的经验，做到防患于未然，确保实现安全工作目标，优质高效地全面完成施工任务。

**一、安全工作目标**

（1）全国火电基本建设系统，杜绝重伤、死亡事故和群伤事故。

（2）杜绝重大机械、设备、交通及火灾事故。

（3）职工负伤频率≤0.5%。

（4）实现安全工作制度化，安全管理程序化，安全技术设施标准化，文明施工秩序化。

**二、安全管理组织网络**

（1）贯彻执行"安全第一，预防为主"的方针，坚决贯彻执行党和国家及工程所在地各级人民政府关于安全生产的一系列方针、政策、法规、条例和规定，强化施工安全管理，提高安全施工水平，确保工程建设达标投产。

（2）明确各级行政正职是该项目的安全施工第一责任者，在管理工程施工的过程中必须管好安全施工的原则。

（3）在各项工作中要处理好安全与进度的关系，安全与进度的关系发生冲突时，首先要服从于安全。

（4）建立严密的安全监察网络和有效的安全保障体系，设立独立的安全监察机构，充分发挥安全管理体系、安全监督体系、安全技术体系和安全保证体系的作用，重点防范与跟踪控制结合，以预防为主及时消除事故隐患。

（5）坚持一切项目的施工作业都要编制安全施工技术措施，严格执行审批、交底及履行签字的制度和特殊危险作业项目办理安全工作票制度，按《电力建设安全施工管理规定》的项目措施及工作票必须经过公司总工程师审批。

（6）严格执行《电力建设安全施工管理规定》和按《电力建设安全工作规程》进行施工，坚决制止各种违章作业现象，在安全工作中做到奖罚分明。

（7）加强对职工的安全教育、培训工作，增强安全施工意识，提高安全素质。对于特种作业人员组织技术培训，做到持证上岗，定期举办公司各级管理人员的安全培训，分批对职业进行安全施工教育。

（8）坚持开展安全施工检查制度。实行安全施工目标管理，消灭人身死亡事故和重大机械设备损坏、重大交通事故，做到安全施工、文明施工。

（9）各施工单位建立健全安全组织机构，配齐专职安全管理人员，实现三级安全网，施工单位（项目部）必须设立安全监督机构，施工专业队应设专职安全员，施工班组应有兼职安全员。

（10）项目建设单位成立"建设项目安全委员会"统一指挥和领导工程施工安全管理工作，决定和协调解决施工中出现的安全问题。

**三、安全保证措施**

**（一）健全安全保证体系**

为贯彻"安全第一，预防为主"的方针，发挥安全检查保证体系的作用，加强全员、全方位的安全管理，明确安全保证体系，建立项目经理、专业公司经理、班组长行政指挥为第一安全责任者的安全保证体系；项目部总工、专业公司技术负责人、班组技术员的安全技术措施保证体系；项目部安监负责人、专业公司专职安监员、班组兼职安全员的安全监察体系，保证体系形成网络管理，各安全保证体系认真履行本岗位安全职责，做好工程全过程的安全管理。项目经理对施工全过程的文明施工负全部责任，总工程师对保证安全文明施工技术措施的编制、审核、落实负全部责任。

**（二）加强安全教育**

加强安全教育，组织所有施工人员认真学习《电力建设安全工作规程》及有关安全施工的文件，所有施工人员经安全教育考试合格后方可上岗，在安全管理工作中做到思想到位、组织到位、责任到位、技术措施到位。

**（三）加强监督检查**

安监人员深入现场加强现场监督检查，及时纠正违章违纪行为，对危及人身及设备安全的行为有权停止施工，同时报告有关领导；检查和指导施工人员正确使用安全防护用品；检查落实安全技术措施的执行情况，监督指导现场安全施工。

项目部定期或不定期组织安全检查，召开安全工作会议，研究和解决现场存在的安全问题，布置下一步的安全工作。对检查出的问题，以通知单的形式下发给有关责任单位，限期整改。

**（四）明确安全责任制**

在工程施工中，明确各级各范围安全施工第一责任者一直到施工人员的安全施工责任，制定安全施工责任网，把安全施工责任层层落实到每个施工人员、施工岗位、施工环节上，逐级签订《安全文明施工岗位责任合同书》，安全施工责任网络框图见图 8-1。

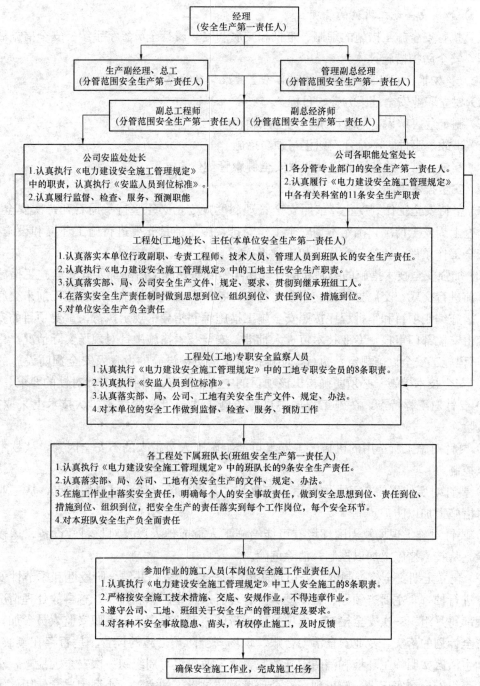

图 8-1　安全施工责任网络框图

（五）加强安全设施管理

认真执行和实施《火电工程施工安全设施规定》，对于活动支架、安全围栏、孔洞盖板、手扶水平安全绳、高处摘钩及对口走台托架、组合式柱头托架、施工电源配电盘集装箱、低压配电盘、安全隔离电源、便携式卷线电源盘、电焊机集装箱、废料垃圾通道、安全自锁

器、速差自控器、施工电梯的使用管理等，严格按照规定要求制作、加工、设置。

（六）加强安全施工措施的管理

认真执行安全施工措施的编制、审批和交底制度，履行全员签字手续。安全措施做到针对性强，安全防护措施具体。

（七）积极推行 OHSMS18000《职业安全健康管理体系标准》

（1）树立职业安全健康方针、目标。

（2）制定危害辨识、危险评价和危险控制程序。

（3）事故、事件、不符合、纠正与预防措施。

（4）实施、维护并持续改进其职业安全健康管理体系。

**四、安全技术措施**

（1）坚持安全工作制度化，依照安全管理制度规定，必须坚持每周召开一次安全例会，分析检查上周安全情况，确定本周安全工作安排，施工前首先要进行施工环境和设施检查，达到安全工作条件，杜绝违章作业和违章指挥。

（2）加强安全技术措施的编制和审查，切实做到一切施工活动都要有安全施工措施，并在施工前进行交底，交底方和被交底方实行双方签字，无安全技术措施或施工前未交底严禁施工。措施编制项目和审批程序按照安全施工措施编制指导书规定执行，重要项目的安全技术措施由安监部门审核，专业技术负责人批准。安全技术措施中针对现场实际情况严格按照《火电工程施工安全设施规定》执行，明确提出安全防护设施的设置及安全预防设施的设备要求。"安全技术措施"必须明确指出该项目的主要危险点，并提出有针对性的要求。

1）要针对工程特点，在施工程序中可能给施工人员带来的危害，从技术上采取措施，消除危险。

2）要针对施工所选用的机械、工器具可能给施工人员带来的不安全因素，从技术措施上加以控制。

3）要针对所使用的有害人体健康或有爆炸、易燃危险、特殊材料的特点，从工业卫生和技术措施上加以防护。

4）要针对施工现场及周围环境有可能给施工人员或他人以及对材料、设备、运输带来的危险，从技术措施上加以控制，消除危险。

（3）建立定期安全检查制度。公司定期组织安全大检查，并结合阶段性和季节性安全工作重点进行抽查，主要查领导、查制度、查管理台账、查隐患和违章、查事故处理情况。项目经理部每月组织一次安全检查，由项目经理带队，专业负责人、专职安监人员参加，主要检查安全计划的落实、专业安全活动台账、现场安全防护措施的设置、是否存在事故隐患、现场和生活区文明施工环境和消防设施的完善。专业班组每周组织一次安全大检查，主要查学习和班组安全交底记录，施工现场安全环境及防护设施的完善、小型工器具使用，施工人员安全防护用品使用和安全操作规程的执行情况。

（4）大力开展群众性安全活动，以专业公司、班组为单位，开展创安全文明施工活动，组织安全文明施工评比竞赛。

（5）合理安排施工程序计划，尽量避免或减少交叉施工，对必须交叉施工的区域加强安全防护设施，防止人身和设备事故的发生。

### 五、现场安全防护措施

针对现场施工高空作业多，交叉频繁等诸多因素，必须加强现场安全管理，做好如下安全设施及防护措施：

（1）按照《施工现场临时用电安全技术规范》的要求，加强对现场施工临时供电电源和用电设施的检查、维护。

（2）加强现场各类机械、机具管理，制订有针对性的安全操作规程。

（3）特殊工种作业人员持证上岗。

（4）采用高处作业悬挂安全网、拴安全带及自锁器的防护措施。

（5）所有手持电动工具、电源闸箱、焊机均要安装剩余电流动作保护器，并有专人管理。

（6）汽轮机、锅炉厂房内施工用氧气、乙炔、压缩空气由管路集中供应，电焊二次线使用橡套电缆线，电焊条头回收。

（7）定期检查施工机械与保养，安全装置齐全完好。起重机械严禁超负荷起吊，起重用钢丝绳在棱角处应加垫软物或半圆管，千斤绳不得打扭。

（8）金属探伤区域有醒目的警戒标志，夜间应设自激闪光灯警示，警戒区域应确保人员不受放射线辐射，并有专人监护。

（9）脚手架必须由持证架子工搭设和拆除。脚手架必须搭设牢固，间距符合规程要求。

（10）装、拆用电设备，由持证电工进行，电源接线规范，美观且符合规程要求，配电柜、盘内插座标明电压等级，开关负荷名称标志清楚，电源电缆布设整齐。

（11）领用的设备、材料在现场必须堆放整齐，严禁乱堆乱摊。领用材料时，按工程进度需要和计划，基本做到当天领当天用完，特殊情况下，设备、材料在现场存放的时间不得超过三天。

（12）施工现场、办公区、生活区，按《施工组织设计导则》的要求，设置足够数量且标准较高的水冲式厕所，并设专人清扫与管理，施工现场禁止流动吸烟，并设立明显的禁烟标志。建立工序交接验收制度和废料回收制度，上道工序交给下道工序必须是干净、整洁、工艺符合要求的工作面。

（13）制定施工现场的防火、防爆措施。对现场重点防火部位配备完善的消防设施，严格执行防火、防爆的规定。

（14）制定雨季施工措施，在汛期到来前检查排水设施、排水管道畅通，防雨、防潮措施、防雷电措施，施工现场的避雷装置及灯塔的接地进行调整测试，满足《电力建设安全工作规定》中的有关要求。

（15）进入冬季按要求编制冬季施工措施，经批准后实施，在冬季施工中认真做好防滑、防冻、防火工程施工的技术措施和组织措施。

### 六、必须审批的安全施工措施项目

#### （一）重要的临时设施

（1）施工用变压器的布设安装、施工开闭所及施工电缆的布设安装。

（2）施工用水（包括消防水）的布设安装。

（3）氧、乙炔站安装及其管线布设。

（4）剧毒品库、危险品库、放射源存放库的布设与安装。

（二）重要施工工序

（1）10t 以上龙门式起重机、塔式起重机拆装、试调。

（2）锅炉钢架吊装、大件吊装、汽包吊装、电除尘安装。

（3）汽轮机房吊装、发电机定子吊装、发电机穿转子、汽轮机扣大盖、汽轮机高压管道安装、除氧器水箱吊装。

（4）主变压器、厂用变压器、备用变压器安装。

（5）6（10）kV、380V 厂用电源母线及厂用设备带电。

（6）油循环、锅炉水压试验。

（三）特殊作业

（1）汽包、发电机定子、发电机转子、除氧器水箱、主变压器、厂用变压器、备用变压器卸车运输。

（2）锅炉炉顶封闭、锅炉六道安装、临近超高压线路施工，进入开关室、氢气站、乙炔站及带电线路作业。

（3）接触易燃、易爆、剧毒、腐蚀剂、有害气体或液体及粉尘、射线作业等。

（四）季节性施工

夏、冬季施工，包括防火、防爆、防雷电、防风、防雨、防洪排涝、防暑降温、防滑、防冻等。

（五）填写安全施工作业票的危险作业项目

（1）起重机满负荷起吊，两台及以上起重机抬吊作业、移动式起重机在高压线下方及其附近作业，起吊危险品。

（2）超载、超高、超宽、超长物体和重大、精密、价格昂贵设备的装卸及运输。

（3）油区进油后明火作业，在发电、变电运行区作业，高压带电作业及临近高压带电体作业。

（4）特殊高处作业，脚手架、金属升降架、大型起重机械拆除、组装作业。

（5）金属容器内作业。

（6）杆塔组立、架线作业，重要越线架的搭设和拆除。

（7）其他危险作业。

## 七、事故调查、处理及报告

（1）各级负责人和安全专业部门，对施工中发生的人身伤亡事故都必须及时报告，认真对待，深入调查，严肃处理。

（2）凡发生死亡和重伤事故，施工责任单位必须立即将事故概况（包括伤亡人数、发生事故的时间、地点、原因）用快速的办法分别报上级主管部门和当地安全监察局或者安全督察部门，工程建设单位按程序上报主管部门，并督促施工责任单位上报事故情况，协助政府安监部门调查处理发生的死亡、重大伤亡事故。

（3）事故发生后，各级责任人（按安全施工责任）应快速到达现场，协助调查处理，严格按照"事故原因分析不清不放过，群众和事故责任者没有受到教育不放过，没有制定出防范措施不放过"的"三不放过"原则。

（4）对严重未遂事故，应认真调查分析，查清原因，追究责任，情节恶劣者要给予纪律处分。

（5）事故单位对于职工伤亡事故，如有隐瞒不报，经发现后除责成补报外，对责任人应给予纪律处分。

## 第四节 文明施工管理

### 一、文明施工的目的和意义

（1）文明施工主要是指工程建设实施阶段中，有序、规范、标准、整洁、科学的工程建设施工生产活动。它是改善工人工作条件，创造工作环境，提高施工效率，消除环境污染，提高职工的文明程度和自身素质，确保安全施工，提高工程质量的有效途径。

（2）在火电工程建设中，文明施工是加强管理，提高效率，保证安全，改变工作环境的保证；是强化工程项目管理的重要内容；是火电建设创建国际一流的先决条件。通过工作实践可以使人们充分认识到文明施工在工程项目管理中的重要作用。文明施工不仅改变施工现场的面貌，使工地施工道路干净整洁，现场材料设备堆放整齐，机械停放有序，而且能够改变人的精神面貌。

（3）文明施工，一是可以使职工保持良好的精神状态。二是文明施工不仅可以促质量，保安全，而且能够促进经济效益。文明施工注重标准、规范、严谨，施工讲工艺，讲质量，讲效益，讲效率，讲节约。三是文明施工可以提高工程项目管理水平，促进施工生产水平发展，增强企业竞争能力，尽快实现企业管理的现代化，提高企业整体素质，培养文明的工作作风，塑造和开拓企业精神。

（4）文明施工管理是反映企业精神面貌、工艺技术、整体素质和管理水平的一面镜子，已成为考核火电施工企业的一项标准。

### 二、文明施工管理目标制订的原则

文明施工应进行目标管理，在施工组织设计中应明确提出文明施工的目标。项目在进行施工招投标时工程建设单位（业主）对现场文明施工应提出具体的要求，并在合同条款中明确，一切以合同为依据，全面执行合同是施工单位必须履行的职责，因此文明施工目标的制订首先必须满足合同规定的有关安全文明施工条款和要求。其文明施工目标制订的原则如下：

（1）文明施工目标必须满足国家、地方政府的相关法规、标准和合同规定的要求。

（2）文明施工目标的水平必须是先进合理的。

（3）文明施工目标必须清晰简明，便于执行和检查考核。

（4）文明施工目标必须是结合施工企业实际和自身特点，充分发挥企业的优势。

（5）文明施工目标应注意分解到专业施工队和班组，施工组织总设计应制订文明施工总体目标，为实现这个目标要把总目标层层展开分解成各分包单位的分目标，各分包单位又要将目标分解为各施工工地和专业施工队及施工班组的目标，从而形成项目文明施工的目标体系。

### 三、文明施工管理的组织及职责

（1）施工单位的项目经理对项目工地的文明施工负全责，主管生产（施工）的领导必须

抓文明施工，建立文明施工管理组织机构，形成管理网络，划分各分包单位的管理范围和职能。

（2）文明施工管理具体由施工单位工程管理部负责组织实施，各专业工程处分管生产的负责人为本单位分管文明施工的责任人，全面负责公司的文明施工工作，负责组织实施《文明施工管理实施细则》，制订文明施工工作规划、计划，对文明施工工作进行布置、落实、检查、评比、总结和奖惩等。

（3）安全监察部负责文明施工安全监察，参加文明施工大检查，参与评比、总结、奖惩等工作。

（4）各专业工程处负责贯彻执行文明施工工作的制度和办法，按照《文明施工管理实施细则》做好文明施工工作，参与文明施工大检查，对检查出的不符合项立即做出整改。

（5）建设单位的职责。

1）负责审批施工单位编制的施工组织总设计中的文明施工的内容。

2）督促检查施工单位和各分包单位文明施工实施情况，对不符合规定的提出整改，问题严重时有权令其停工整改。

3）定期召开文明施工的协调会议，解决和处理文明施工中存在的问题。

4）制订整个工程项目文明施工管理制度（或实施办法）。

**四、现场文明施工的一般要求**

按照《电力建设文明施工规定及考核办法》组织布置施工，努力创造施工区域功能合理、现场整洁有序、道路平坦畅通、安全设施齐全规范的文明施工环境，具体符合以下要求。

（1）施工场区：场地平整，排水沟渠通畅，无淤泥积水，无垃圾、废料堆积；材料、设备定点放置，堆放有序；力能、管、线布置整齐合理，危险场所防护设施齐全、规范、安全标志明显、美观。

（2）现场道路：规划合理、平坦畅通，无材料、设备堆积、堵塞现象，交通要道铺筑砂石或水泥，消除泥泞不堪或尘土飞扬的现象。

（3）现场工机具：布置整齐、外表清洁，铭牌及安全操作规程齐全，有专人管理，坚持定期检查、维护保养，确保性能良好。

（4）已装设备及管道：设备、管道表面清洁无污渍，金属外表光洁完好，运行设备及各种管路无漏煤、漏灰、漏烟、漏风、漏气、漏氢、漏水、漏油等八漏现象。

**五、文明施工管理的主要内容**

对文明施工的管理，做到工程开工阶段、工程施工阶段和启动试运阶段全过程的管理与监督。

（一）工程开工阶段

（1）进入现场的职工、外包工应经过本工程安全文明施工规定与要求的专项培训，考试合格。

（2）施工用地严格按照施工组织设计的要求配置。

（3）厂区围栏或永久性围墙应已形成，保卫人员上岗执勤。进出现场的车辆和人员应严格执行通行证检查制度。

（4）现场主要施工道路应形成网络，坚实、平整、无积水，路标、交通标志、限速标志应标示清楚，保持路面整洁。

（5）现场排水沟道、涵管完整、畅通，并设专人维护管理。

（6）设备、材料堆放场地坚实、平整，堆放整齐，安全可靠，各种物资应排放有序，标识清楚。

（7）现场安全标志、文明施工标志、重点防火部位标志、紧急救护和消防紧急联络体制标志醒目齐全。

（8）土石方开挖区、坑井、孔洞、陡坎、高压带电区域等场所应设有防护栏（网）、盖板和明显标志。

（9）现场消防设施齐全、完善，满足消防要求。

（10）施工机械、设备完好，保持清洁，安全操作规程醒目，操作人员持证上岗。

（11）土建交付安装的场地，地下设施一次做完，毛地坪应已做好，沟盖板基本盖好，场地经过彻底清理。

（12）施工临建设施完整，布置得当，环境整洁，整个临建符合安全与防火要求。

（二）工程施工阶段

（1）把文明施工与安全施工有机地结合在一起，使文明施工贯穿于工程建设的全过程，施工部门、安监部门经常检查，定期考核，奖惩严明，层层落实，使现场安全文明施工始终保持在一个较高水平上。

（2）单位工程、分项工程作业指导书、施工任务单等必须有安全文明施工的明确规定与要求，不执行的不得结算费用，执行不力的应予以处罚。

（3）严格控制班（组）领用设备、材料的数量。班（组）施工领料按进度需要和计划，基本做到当天领当天用完，特殊情况下，设备、材料在现场存放的时间不得超过3天。

（4）领用的设备、材料在现场必须堆放整齐，严禁乱堆乱摊。现场规划有废料场和垃圾场，施工区域设置垃圾桶（箱）。施工现场、办公区、生活区按《施工组织设计导则》的要求，设置足够数量的水冲式厕所，并设专人清扫与管理。

施工现场禁止流动吸烟，并设立明显的禁烟标志。

（5）建立工序交接验收制度和废料回收制度。上道工序交给下道工序必须是干净、整洁、工艺符合要求的工作面。设备开箱在指定地点进行，开箱后的废料、垃圾及时清理运走，施工现场的沟道、坑井、地面无焊条头、铅丝、木屑、纸屑、烟头、碎砖、混凝土块等垃圾和废料。施工班组的作业面在下班前必须彻底清扫整理，做到"工完料尽场地清"。施工现场实行"一日一清，一日一净"的制度。

（6）脚手架必须由持证架子工搭设和拆除。脚手架搭设必须牢固，间距符合规程要求，脚手板必须铺满、牢固，设有防护栏和供施工人员上下的梯挡。脚手架的搭设应履行交接验收签字、挂牌使用制度。

（7）装、拆用电设备、设施由持证电工进行。电源接线规范、美观且符合规程要求。配电柜、盘内插座标明电压等级，开关负荷名称标志清楚，电源电缆布设整齐，厂房内施工照明应充足，露天通道照明（白炽灯）有防雨罩。

（8）汽轮机、锅炉厂房内施工用氧气、乙炔、压缩空气由管路集中供应，电焊机二次线

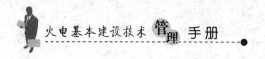

使用橡套软电缆线，电焊条头回收。

（9）施工机械定期检查与保养，安全装置齐全完好，起重机械严禁超负荷起吊。

（10）金属探伤区域有醒目的警戒标志，夜间应设自激闪光灯警示，警戒区域应确保人员不受放射线辐射，并有专人监护。

（11）不得随意在设备、结构、墙板、楼板上开孔，必要时应取得施工或主管技术员的批准。

（12）文明施工管理制度得到彻底的贯彻执行，违反规定者及时得到纠正和处罚。

（13）正常开展各级安全文明施工活动，活动内容充实，有实效并作好活动记录。

（14）制定成品保护、防"二次污染"的规定，规范文明施工作业行为，对已施工完毕的成品表面，采取综合性保护措施（包括监管措施），保持外观整洁美观。

（15）统一规划布置安全文明施工宣传牌，安全标志及机械、设备、材料、工器具、临时设施等的标识醒目、协调；做好文明施工责任区域及责任物品的划分管理。

**（三）启动试运阶段**

（1）厂区道路畅通，路灯及标志齐全，厂房内永久照明投入使用，事故照明能正常投入，照明照度应符合要求。

（2）厂房内地坪已做完，墙面施工完，地沟盖板齐全、平整，内部清理干净。平台、拉杆安装完善，保温、油漆工作结束。

（3）设备、管道表面擦洗干净，各种设备、阀门全部挂牌，标示清楚。

（4）各主、辅机设备，各类管路、容器、电气设备要消除"八漏"现象。

（5）主厂房和燃油区等重点防火区域永久消防系统投入使用，各岗位有专人值班。

（6）厂房已封闭，暖通、空调设备运转正常，门窗玻璃齐全，关闭严密，屋顶密封好，不漏水，主要工作场所温度、噪声、粉尘浓度符合国家标准，厂房内外环境整洁，无影响设备运行维护的因素。

（7）参加启动调试人员着装符合安全要求，各类人员分别佩带相应标志，各自坚守工作岗位。整个启动试运期间，严格执行工作票制度和操作票制度。

（8）施工图纸完整，施工记录准确，验收资料齐全，技术资料归类明确，目录清楚，查阅方便，保管妥善，字迹工整。

## 第五节 环 境 管 理

**一、环境保护措施**

（1）环境保护措施是指火电建设项目作为一个污染源在建设过程中对项目占用地以外的环境造成的影响，为满足国家、地方有关环境保护的法律、法规、标准的要求，电力建设的从业单位和从业人员所采取的组织和技术性环境保护措施。

（2）环境保护是我国的一项基本国策，其法律、法规、标准是强制性规定，企业各级领导必须从执法的高度重视环境保护工作，建立环境保护责任制，加强宣传教育工作，使职工自觉执行环境保护措施，在工程建设过程中，防止和尽量减少对施工场地和周围环境的影响。

（3）项目建设单位（法人）应执行电力建设项目环境影响评价制度，环境影响评价报告经国家环保部审批后在工程项目中严格贯彻执行。环境保护设施应满足与主体工程"三同时"的规定，施工单位在编制施工组织设计时，应根据施工过程中或其他活动中产生的污染气体、污水、废渣、粉尘、放射性物质以及噪声、振动等可能对环境造成的污染和危害，单独编制环境保护措施。

（4）针对工程的实际，将环境保护的措施和要求，以及环境保护的法律、法规知识作为教育培训的重要内容，对职工进行培训教育。

（5）工程建设过程中产生的建筑垃圾和生活垃圾，应及时清运到指定地点，集中处理，防止对环境造成污染。

（6）工程建设项目的施工、生活用水，应按清、污分流方式，合理组织排放，污水应经处理达到标准后排放，并优先安排在施工现场的复用工程施工期间挖、填、平整场地以及土石方的堆放，必须按施工组织设计确定方案和施工时间段，严格管理，防止局部水土流失。施工弃渣、垃圾严禁倒入江河湖海，防止造成淤积妨碍行洪及造成环境污染。

（7）工程建设项目施工过程中及竣工后，应及时修整和恢复在建设过程中受到破坏的生态环境，并尽可能采取绿化措施。

（8）对违反环境保护的法律、法规和措施，以致造成环境破坏或污染事故的单位和个人，应由企业技术或行政负责人组织有关部门人员对事故进行调查处理，追究事故责任，对环境保护工作做出显著成绩的单位和个人，应及时给予表彰和奖励。

（9）建设单位（业主）环境保护机构健全，环境保护设备完好，正常开展工作，废液废气排放符合环境保护要求。

**二、火电施工常见的环境因素**

火电施工常见的环境因素见表 8-1。

表 8-1　　　　　　　　　　　　　　火电施工常见环境因素

| 序号 | 环境污染类别 | 火电施工作业活动 | 存在的环境因素 |
|---|---|---|---|
| 1 | 大气污染 | | |
| 1.1 | 粉尘 | 水泥、保温材料装卸 | 水泥、保温材料粉尘污染 |
| 1.2 | 烟尘：含硫化物（$SO_2$、$H_2S$）、碳氧化物（CO、$CO_2$）、氮氧化物（NO、$NO_2$） | 1. 使用燃煤小型锅炉；2. 施工机械及车辆尾气 | 烟尘污染 |
| 1.3 | 含氟气体（氟里昂） | 使用氟里昂制冷设备、1211灭火器 | 含氟气体污染 |
| 2 | 水污染 | | |
| 2.1 | 有机无毒物质 | 施工生活区污水 | 含磷废水、含粪便污水 |
| 2.2 | 酸碱及无机盐类 | 锅炉和管道酸洗、暗室及金相作业、炉前管道清洗、化水制水过程排放 | 含酸碱废水污染 |
| 2.3 | 油污染 | 车辆冲洗、设备管道和阀门水压冲洗、食堂废水排放 | 含油废水污染 |

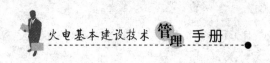
续表

| 序号 | 环境污染类别 | 火电施工作业活动 | 存在的环境因素 |
|---|---|---|---|
| 2.4 | 病原微生物 | 医务室废水 | 含病原微生物废水污染 |
| 3 | 固体废弃物 | | |
| 3.1 | 工业废弃物 | 1. 焊接作业；<br>2. 金相及无损探伤；<br>3. 保温作业；<br>4. 设备及管道安装；<br>5. 车辆检修；<br>6. 电气安装 | 1. 焊条头、焊接药皮、废磨光头；<br>2. 废放射源、PT 试剂罐、废底片；<br>3. 石棉、岩棉等保温材料；<br>4. 废钢材边角料、法兰密封垫、含油废棉纱、废纱布、废手套；<br>5. 废轮胎、废滤清器芯、废刹车片；<br>6. 废电缆（头）、废电线、废绝缘子、废滤油纸 |
| 3.2 | 商业废弃物 | 1. 施工管理和作业过程；<br>2. 医务及救护 | 1. 废电池、废塑料、废灯泡、废硒鼓、废蜡纸、废油墨桶；<br>2. 过期药品、外科敷料 |
| 3.3 | 建筑废弃物 | 土建施工 | 1. 废建筑材料，如混凝土、砖、水泥、木材、混凝土制品等；<br>2. 废建筑施工设备和材料，如废振动器、废模板、废脚手架卡头 |
| 3.4 | 生活废弃物 | 施工生活区 | 生活垃圾、一次性饭盒、剩余饭菜 |
| 4 | 噪声 | | |
| 4.1 | 交通噪声 | 施工区域内车辆行驶 | 夜间运输超标噪声 |
| 4.2 | 工业及建筑噪声 | 1. 土建施工；<br>2. 设备安装作业；<br>3. 机组分部试运行 | 1. 打桩、混凝土搅拌超标噪声；<br>2. 施工机械运转超标噪声、冷作敲打噪声、管道打磨噪声；<br>3. 锅炉冲转、安全阀排汽、风机运行 |
| 5 | 热污染 | | |
| 5.1 | 热气体排放 | 机组分部试运行 | 烟气排放 |
| 5.2 | 热液体排放 | 机组分部试运行 | 循环水排放 |
| 6 | 放射性污染 | | |
| 6.1 | 放射性物质 | 无损探险伤作业 | γ 源及其包装物 |
| 6.2 | 放射性射线 | 无损探险伤作业 | X、γ 射线 |
| 7 | 电磁辐射污染 | 变电站试运行 | 电磁辐射污染 |
| 8 | 其他 | | |

**三、建筑施工场界噪声限制**

（1）为贯彻《中华人民共和国环境保护法》和《中华人民共和国环境噪声污染防治条例》控制城市环境噪声污染，《建筑施工场界噪声限值》对城市建筑施工期间施工场地产生的噪声限制作出规定见表 8-2。

**表 8-2** 不同施工阶段作业噪声限值等级噪声 Leq [dB (A)]

| 施工阶段 | 主要噪声源 | 噪声限值 | |
|---|---|---|---|
| | | 昼 间 | 夜 间 |
| 土石方 | 推土机、挖掘机、装载机等 | 75 | 55 |
| 打桩 | 各种打桩机 | 85 | 禁止施工 |
| 结构 | 混凝土搅拌机、振捣棒、电锯等 | 70 | 55 |
| 装修 | 吊车、升降机等 | 65 | 55 |

（2）表 8-2 中所列噪声值是指与敏感区域相应的建筑施工场地边界线处的值。

（3）如有几个施工阶段同时进行，以高噪声阶段的限值为准。

**四、工程建设施工中环境保护措施**

（1）积极培养员工的环境保护意识与技能，采用可行性技术，改进工艺减少施工对环境的影响。

（2）对于施工场界噪声排放，工程管理部将合理安排施工，并会同有关单位改进施工工艺，各有关部门严格执行噪声管理方案，使施工场界噪声白天不大于 70dB，夜间不大于 55dB。

（3）对于建筑垃圾、生活垃圾的处置，由项目工地的相关部门，按现场有关环境管理的固废控制办法实行无公害处置，无公害处置率 100%。

（4）对化学药品的作用，在运输、储存和使用过程中，防止搬运、储存、发放及使用过程中的泄漏、散撒，杜绝对环境的污染。

（5）环保设施管理。对生活废水处理用的隔油池、化粪池、垃圾储存装置等环保设施，要定期进行清理和维护，确保所有的环保设施的有效运行，使污水排放达到《污水综合排放标准》。

（6）在本工地继续实行项目管理体系中的相关作业文件，确保对水、电、施工原料的节约，最大限度地减少或杜绝对能源、资源的浪费，通过切实可行的环保管理措施，在工程中消除环境污染。

火电基本建设技术管理手册

# 第九章

# 火电建设项目工程监理与设备监造

在我国工程建设领域中全面推行工程建设监理制度，从而使得我国工程建设监理法律制度得到了进一步健全和完善，使工程建设监理活动有法可依。

实行电力工程建设监理制度，可以用专业化、社会化的监理队伍为项目法人（业主）服务，可以加强电力工程建设的组织协调，强化合同管理监督，公正地调解权益纠纷，控制工程质量、工程造价和工期，提高投资效益，促进生产力的发展，适应社会主义市场经济发展的需要。

工程监理是指监理单位受项目法人的委托，依据国家批准的工程项目建设文件，以及有关工程建设的法律、法规、技术标准、技术规范、工程建设监理合同及其他工程建设合同，对工程建设实施的监督管理活动。

工程监理的实施需要项目法人（业主）的委托和授权，现阶段的工程监理主要发生在项目建设的实施阶段。

工程监理也将采取招投标的方式进行确定，根据工程进展情况，项目在取得国家发展改革委员会的路条后，具备项目的核准条件时，项目建设单位可根据招投标的要求（邀请招标或公开招标），发出招标文件，各投标监理单位可根据工程项目情况，重点是针对招标监理任务内容，介绍本单位的业绩、能力、实施的意见、措施及监理费用报价等，编制监理大纲。建设单位根据各种方案比较和评选，选出适应本工程项目的监理单位，在项目法人的委托和授权下，实施工程项目的监督管理活动。

## 第一节　工程建设监理的基本任务

工程建设监理的基本任务：在工程前期阶段是为投资者进行项目决策提供服务；在工程建设阶段是有效地控制工程进度、质量、投资，以达到预期的最佳目标；在工程后期阶段是为投资者进行项目评估提供服务。

我国目前工程建设项目委托监理主要是在工程建设阶段，基本任务如下。

### 一、进度控制

工程建设进度控制，就是对进度目标合理规划与动态控制的行为过程，是通过运用网络技术等手段，对进度计划的编制、审定、实施、检查，合理调整施工组织设计与进度计划，随时掌握项目进展情况，督促工程施工单位（或承包单位）按合同的要求如期实现项目总工期目标，保证工程项目按时投产发电。

火电工程建设工期长、投资大，按期或提前竣工投产就能够迅速形成固定资产，创造显著的经济效益和社会效益，同时对施工单位亦能节约资金。因此，要制定合理工程进度计划，对工期应进行综合计算、科学分析求得最佳工期，应注意并非所有工期都是越短越好，盲目地提出缩短工期会导致投资增加，工程质量下降，进度控制的任务在于使进度、质量、投资的内在关系处于最佳状态，施工进度的控制方法及措施如下。

（一）进度控制的方法

1. 制定合理的工程项目总进度计划

根据工程项目下达的一级网络进度，制定工程项目的总进度计划和各种分进度计划（即二级网络进度计划），计划的内容包括物资供应、设计、土建安装、调试、试运行、验收等项目内容。网络进度计划是控制工程进度的依据，计划编制得越完整，合理控制进度的效果就越好。

2. 对工程进度进行严格的控制

在项目开展的全过程中，进行计划进度与实际进度的比较，发现偏离就及时采取措施，分析原因，查看原始记录、统计数据等方面的资料，深入现场了解实际情况，一般影响施工进度计划实施的主要因素有：

（1）物资供应对施工进度的影响，可能产生供应不及时、物资供应质量不符合标准要求。

（2）资金的影响，资金不到位或资金没有落实，影响施工单位流动资金的周转。

（3）设计变更的影响，原设计有问题，提出了新的设计要求。

（4）施工条件的影响，主要是气候、水文、地质、现场条件等不利因素。

（5）自身管理的失误，包括施工组织、管理、施工方案、计划不合理、解决问题不及时等。

实施工程进度控制，监理工程师要严格把关，分析主要影响工程进度的因素，解决好物资供应的问题，进度计划安排与资金供应状况进行平衡，及时地向业主提出支付工程进度款，加强设计图纸的审查，监理工程应从设计变更对工程进度、质量、投资影响的角度进行审核，严格控制随意变更，为施工创造有利条件，克服现场不利因素，从自身的技术组织能力上控制风险，减少风险损失，及时地对工程进度进行控制，总结分析自身管理的经验教训，及时改进计划不周、方案不当、管理不善、解决问题不及时等。

3. 协调工程项目建设有关单位之间的进度关系

协调是实现工程进度目标控制所不可缺少的方法，监理单位受业主委托主要是协调与工程项目建设有关的施工、设计、物资供应等有关合同单位的关系，协调工程进度的主要内容是相互配合，认真履行合同义务，共同保证工程项目建设目标的实现。

（二）进度控制的措施

监理工程师在建设项目施工进度控制中，发现实际进度与计划进度发生偏离，要及时采取改进措施，主要有以下几个方面。

1. 组织措施

确定进度协调工作制度，包括协调会议的时间、参会人员、建设进度管理制度和实施细

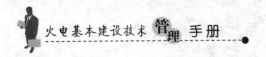

则，明确业主、施工、监理单位的组织结构、职责分工、组织措施等是进度控制的保证。

2. 技术措施

采用先进的技术措施、科学合理的施工方案，是保证和加快施工进度的有效方法，包括优化设计、组织设计交底、图纸会审、施工组织设计编制和审定，改进施工方法，采用新技术、新工艺、新材料等。

3. 合同措施

合同措施是指业主与施工单位签订的工程承包合同，合同的内容应齐全，双方的职责和权限明确，措施有利，奖罚分明，以合同条款来严格约束各方的责任和义务，监理工程师依据合同条款协调各有关单位认真履行工程进度控制要求。

4. 经济措施

经济措施主要是保证工程资金的需要，根据施工进度完成的工程量，业主应适时地支付给施工单位规定数量的资金，以利于工程均衡地、连续不断地施工。

5. 工程协调管理措施

工程协调管理措施是指监理单位经常到施工现场了解工程进展情况，不断地整理、汇总、分析工程进度有关的资料，通过计划进度与实际进度的动态比较，提出进度比较分析报告，及时通报工程进度管理的情况，协调工程进度管理中存在的问题，使工程进度得到有效控制。

**二、质量控制**

工程建设质量控制是为满足质量要求所采取的作业技术和活动，也就是为了确保合同所规定的质量标准的实现所采取的一系列的监控措施、手段和方法。

工程建设质量控制必须贯穿于工程建设的全过程中，做到事前控制，防患于未然。监理基本任务是了解影响质量的因素，组织、促进与质量有关的活动都在受控状态下进行，及时纠正各个环节上出现的偏离规范、标准、法规及合同条款的事项或物项，预防质量事故的发生，实现工程质量总目标。

工程质量控制是工程建设的核心内容，也是建设单位（业主）关注的重点。监理单位要充分发挥自己的协调作用，与建设单位、设计单位和施工单位对工程质量控制方面达成共识，确定树立"百年大计，质量第一"的方针，创精品意识，创建优质工程的共同目标。通过建立健全质量管理体系和质量控制，确保工程质量目标的实现，总的质量控制措施原则如下。

（一）建立健全质量保证体系

1. 加强对施工单位质量保证体系的监督和审查

（1）质量管理组织机制健全，职责明确。

（2）建立质量管理和质量保证体系，并切实在施工过程中保持有效运作。

（3）质量保证大纲、施工标准、规范和作业指导书、工艺流程等文件，满足工程施工的质量要求，并得到贯彻实施。

（4）三级自检体系、专职质检员和质检手段齐全到位，做到严格把关，记录真实、准确，资料完整。

（5）明确工程监理机构对施工单位的指导监督作用。施工队伍技术管理人员、施工人员素质符合投标文件的要求。

2. 建立项目监理部自身质量保证体系

(1) 建立以总监理师、质量工程师、专业监理工程师和监理员组成的现场质量管理、检查、监督网络体系，确保工程质量控制工作有效开展。

(2) 按照《质量手册》、《程序文件》和《作业指导书》，制订本项目的监理规划和各专业的监理实施细则，设置明确的质量控制点（H、W）点，实现对工程质量的控制。

(3) 认真履行监理的职责，加强对项目监理部的检查，确保项目监理部质量认证体系高效运作和全面实现工程质量控制目标。

(4) 积极协调设计单位、监理单位、施工单位、质量监督中心站和上级主管部门的质量管理体系，形成齐抓共管和良好的全员质量意识，共同搞好工程质量。

(二) 明确监理工作流程，严格工程质量程序

(1) 审查施工项目组织设计及施工质量保证措施，明确项目的监理工作流程。

(2) 审查施工机械与设备的质量、造型、数量、性能是否满足施工要求。

(3) 对施工环境的准备工作质量，审查测量基准点、放线点的质量，按照工程质量的要求，做好阶段的质量检测工作。

(4) 事前应做好质量保证工作、工程设计交底、图纸会审等。

(5) 监理工程师进行质量跟踪控制。

(6) 确定质量控制点，采取有效的措施进行质量预控。

(7) 对工程质量要求的各项技术要求进行复核性检查，严格把关，发现问题，及时纠正，防患于未然。技术复核工作的内容：

1) 隐蔽工程的检查验收。

2) 工序间交接检查验收。

3) 工程施工复核性预检。

(8) 监理人员应对施工单位所承担的成品保护工作的质量与效果进行经常性的检查。

(三) 严格执行电力建设质量验收规范，做好质量管理和质量验收工作

(1) 经常对照规定检查施工组织管理。

(2) "事前控制"是项目监理的主要指导思想和工作方法。

(3) 监理单位要做好工程质量中间验收工作。

(4) 监理工程师及工作人员参与重大质量事故的调查、原因分析、指定质量事故处理措施，监督施工单位按照确定的处理方案进行处理，参加事故处理后的验收工作，并提出监理评价意见。

实施质量控制，必须做到体制科学、全员参与、系统控制、过程管理、事前控制、事中检查、事后把关。

**三、投资控制**

工程建设投资控制是对合理造价的正确估算，即对既定投资总额使用的控制管理。它是一种全过程的控制，起始于可行性研究、项目投资决策，归宿于项目投产后的经济效益。它是一种全方位的控制，是标准、水平、质量、工期、造价等在一定条件下的统一。

火电建设项目监理的投资控制是在投资决策阶段、设计阶段、招投标阶段及施工阶段，

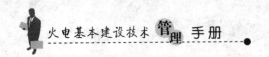

将建设项目投资额控制在批准的投资限额以内，随时纠正发生的偏差，以保证项目投资目标的实现，以求在建设项目能合理使用人力、物力、财力，取得最好的投资经济效益和社会效益。

对项目投资控制不仅仅是审核概算、预算和结算，而是参与项目设计方案经济评价、技术经济分析及其优化论证。项目招标、工程施工、承包合同洽谈，以构成投资和影响投资的各个因素来综合地控制投资。火电建设项目监理全过程的投资控制是从项目、初步设计、优化设计、施工直到工程结算，投资控制对整个项目的成效起着决定性的作用，项目监理投资控制的目标是不超出工程各阶段投资控制的目标值，其中包括以下三个方面：

(1) 投资估算目标，是设计方案选择和进行初步设计的建设项目投资控制目标。

(2) 设计概算目标，是进行技术设计和施工图设计的项目投资控制目标。

(3) 施工图概算目标，是施工阶段控制建安工程投资的目标。

投资控制目标要有组织措施、技术措施、经济措施和合同措施的保证，投资控制目标水平制定，既要能激发执行者的进取心和充分发挥他们的工作能力，还要考虑到制定目标水平时要留有余地，既具有先进性，又要有实现的可能性。

在工程建设中，投资构成的内容庞杂，而且往往遇到设计变更和政策调整，在这种情况下要保证工程结算审核的可靠、准确，工作难度极大，监理投资控制应从工程项目决策就着手对项目投资全过程控制提出系统的纲要和各阶段实施的细则及具体操作方法，在项目实施阶段要对工程的概预算、合同价变更签证、进度款支付、工程结算进行全过程的系统监督管理，并参与技术经济评价工作，实现项目投资的动态管理和有效控制。

在施工阶段对投资控制是项目监理部的重要职责，施工阶段投资控制措施如下。

(一) 施工阶段的投资控制措施

(1) 审核施工单位编制的工程项目各阶段及各年、季、月度资金使用计划，并控制其执行。

(2) 熟悉设计图纸、招标文件、合同造价，分析合同价构成因素，找出工程费最易突破的部分，从而明确投资控制的重点。

(3) 预测工程风险及可能发生索赔的因素，制定防范对策。

(4) 严格执行付款审核制度，进行工程投资实际值与设计值的比较、分析。

(5) 设计单位变更通知，应通知监理单位，监理工程师应核定费用及工期增减，严格控制设计变更，对设计变更进行技术经济分析和审查认可。

(6) 加强设计交底和施工图会审工作，把问题解决在施工之前。

(7) 建立项目监理部的投资控制保证体系，制定施工阶段的投资控制计划。

(8) 技经监理工程师应从投资控制方面进行投资跟踪、现场监督和控制，明确任务及责任，对已完成工程的计量、核实、支付款复核，进行投资计划值与实际值比较，投资控制的分析与预测，处理索赔事宜、报表的数据处理和资金使用计划的编制等。

(9) 对工程款的拨付签署监理意见，积极地提出合理化建议及降低工程投资措施。

(10) 定期地向项目法人报告现场工程量及投资情况以及投资支出对比分析。

(11) 施工过程中发生重大技经问题，及时专题报告项目法人。

(12) 进一步通过工程优化（设计、施工工艺、材料、设备管理），等多方面挖掘节约投资的可能，组织审核降低工程造价的技术措施。

（13）在工程实施过程中加强检查，参与一切与费用有关的技术、经济活动，并对影响费用的工程量变更进行审查、签证。

（二）工程结算控制措施

施工单位按照规定的合同内容全部完成移交工程之后，监理工程师以合同为依据，认真审核结算书，对工程量清单外的项目提出综合单价，协助项目法人对合同价款进行合理调整。工程结算的控制措施主要有以下几方面：

（1）核对合同条款，竣工工程内容应符合合同要求，竣工验收合格，只有按合同要求完成全部工程并验收合格才能列入竣工结算。按照合同约定的结算方法、计价定额、取费标准、主材价格和优惠条款等，明确结算要求。

（2）检查隐蔽工程验收记录，手续完整，并有监理工程师的签证认可，工程量与竣工图一致方可进行结算。

（3）落实设计变更及签证，设计变更通知单和修改图纸应有设计、审核人员签字并加盖公章，经建设单位、监理单位审查同意并签字，重大设计变更应经原审批部门审批，否则不应列入结算，现场费用签证不完整、不规范也不能进入结算。

（4）按图核算工程量，依据竣工图、设计变更单和现场签证等进行核算，并按国家有关规定的计算规则计算工程量。

（5）严格执行定额单价，注意各项费用的计取，建安工程的取费按合同要求或项目建设期间与计价定额配套使用的建安工程费用定额及有关规定执行，先审核各项费率、价格指数是否正确，价差调整计算是否符合要求，再核实特殊费用和计算程序，并注意各项费用的计取基数。

（6）防止各种计算的误差，工程竣工结算数据多，篇幅大，防止因计算误差而多计或少算。

（7）汇总编制工程总结算书。

（8）公正地处理施工单位在结算时提出的索赔。

**四、安全控制**

协助项目建设单位，根据有关安全管理规定，贯彻"安全第一，预防为主"的方针，进行安全施工控制，监督检查施工单位建立健全安全施工责任制和执行安全施工的有关规定与措施。监督检查施工单位建立健全劳动安全施工教育培训制度，加强对职工安全施工的教育培训。参加由建设单位组织的安全大检查，监督控制安全文明施工状况，遇到威胁安全的重大问题时，有权发出暂停施工的通知，保障职工在劳动过程中的安全与健康，强化以各级安全施工第一责任者为核心的安全施工责任制，做好全过程的安全管理，认真履行各自的职责，确保现场安全文明施工。

严格执行安全监理工作流程，建立健全安全管理体系，对施工安全实施事前、事中和事后全过程控制，确保实现安全控制目标。施工监理的安全控制措施有以下几个方面。

（一）建立健全安全管理体系

（1）建立健全安全管理组织网络，协助项目法人成立"建设项目安全委员会"，统一指挥和领导工程施工安全管理工作，决定和协调解决施工中出现的安全问题。各施工单位建立健全安全组织机构，配齐专职安全管理人员，实现三级网络。施工项目部必须设立安全监督机构，施工专业分公司应设专职安全员，施工班组应有兼职安全员。监理单位健全自身的安全体系，项目监理部配备专职安全监理工程师，形成以公司总经理、总监师、专职安全监理师和专业监理工程师、监理员组成的安全监理网络。

（2）建立健全安全管理制度，检查施工单位安全文明施工管理制度和有关规定，督促有关人员落实安全责任制，制订安全奖罚实施细则，并监督其执行。明确和落实各级管理人员的安全文明施工责任制，划分安全文明施工责任区域，责任区和责任单位要清晰明确，挂牌显示，落实到人，工程前期以土建为主，后期则以安装为主，并要注意控制调试及试生产阶段的安全工作。

（3）明确各级管理人员的职责，专职安监人员应把主要精力放在安全文明施工的管理工作上，要立足现场，随时掌握安全文明施工的动态，把事故苗头消灭在萌芽状态。监理部人员要严格履行监理的监督管理职责，加强预控和施工过程的检查，严格按计划监控点进行巡视和检查，审核各项施工方案中的安全文明施工措施，审核各施工单位安全月报表、特殊工种资格证、安全作业票、安全文明施工的管理制度和有关规定，健全安全监督管理台账，做好安全监理日志，认真研究施工安全问题，重大问题记录在案。

（4）严格执行安全监理工作流程，施工单位提出安全、文明、施工管理制度和安全技术措施，经业主和监理审核，由施工单位执行，业主和监理监督、检查，提出整改意见，由施工单位落实、整改，经业主和监理复查，施工单位完善，业主和监理认可，整改单位归档。

（5）定期开展安全活动，组织安全大检查，定期召开安全专题会议，形成例会制度，认真分析、研究处理施工中存在的不安全因素，制订下一阶段安全工作计划。

（6）加大安全、文明施工的宣传、教育力度，督促和检查施工单位对所有施工人员进行安全教育，上岗前进行考核，合格后方可上岗。

督促和检查施工单位在施工现场进行宣传、图片展览，拍摄安全、文明施工方面的典型案例，进行宣传报道，使安全文明施工深入人心，成为施工人员的自觉行动。

（7）制定危害辨识、危险评价和危险控制程序。

（8）制定事故、事件、不符合、纠正与预防措施。

（二）安全的事前控制

（1）检查和审核各项施工方案中的安全施工措施，施工项目在施工前必须制订切实可行的安全施工方案和安全技术措施，经过监理工程师批准实施。对重要施工作业、危险性较大的高空作业、特殊作业等，事前审查安全施工方案和安全技术措施，组织技术安全措施交底会并监督实施，交底会应做好签字、记录工作，科学有效地做好事故的预测、预防、预控工作。

（2）检查施工人员，遵守安全操作规定的有关要求，特殊专业施工人员必须经过专业培训，有专业合格证，电工、电焊工、起重、架子工、机械操作工、机动车驾驶员严禁无证操作。

（3）检查施工设备和材料，所有施工机械设备和电气设备应运转正常，操作方便，使用安全，各设备和部件安全保险装置完好无损，施工原材料报验合格，准予使用。

（4）检查施工现场规划布置完整、规范、实用，施工道路畅通无阻，施工道路出口入口应设置路标、交通标志、限速标志，并应醒目规范；安全防护设施规范、齐全，所有孔洞应加盖牢固盖板，较大孔洞应铺设安全网，并设有明显的防护标志；安全施工用电设备的安装、接线、维修等应有专业人员进行，施工电源必须设置合理、规范，配电盘、柜内插座、电压等级、开关负荷应标示清楚，所有部件完好无损；危险区域有标示和防护，高空作业区域及设备带电应有明显的标示，易燃易爆场所要有明显的"严禁烟火"标志或防范隔离设施。

（三）安全的事中控制

1. 深入现场，实施旁站，巡视和监督检查

（1）做好安全防护工作，进入施工现场人员必须正确佩戴安全帽，高空作业必须系好安全带，所有施工人员不得穿拖鞋、凉鞋、高跟鞋，不准赤脚、赤膊，统一着装或穿戴符合自己工种的专业工作服和工作鞋。

（2）所有施工人员必须贯彻执行电力建设安全规程和安全施工管理规定，坚持"安全第一，预防为主"的方针，提高安全意识，做到安全施工、文明施工；重要的施工工序或大件吊装工作，施工前应认真学习和掌握施工方案和安全技术措施，任何施工人员不得随意更改或变动；禁止在易燃易爆场所或附近明火作业，确因工作需要，应有可靠的防范措施；施工人员在开始施工前必须先检查确认是否具备安全施工条件，条件具备后再开始施工；作业点控制领用设备材料，做到当天领，当天用完，一般情况现场存放不得超过3天。暂不使用的设备材料要摆放整齐，不得影响施工，不会造成安全隐患。

（3）检查文明施工，总结安全文明施工工作，强调当天施工特点和安全注意事项。高空作业不准随意抛掷物件，高空焊接和火焊切割时应注意下方环境，防止切割件及工器具掉落。

（4）脚手架拆除应一根根传递，摆放到指定位置，堆放整齐，起重机械不准超铭牌、超负荷使用，用电设施和线路布置合理规范，符合安全要求，吊物下方及回填半径内禁止站人，禁止人员走动。

（5）施工作业中如遇大风、大雨、停电或其他突发事件造成停工时，应妥善处理好施工现场，处于安全状态后方可离开。

（6）施工人员下班前应检查和清理作业场所，设备材料堆放整齐，垃圾打扫干净，不留任何安全隐患。

2. 针对存在的问题及时采取纠正措施

项目监理部各级监理人员按安全管理的分工，严格按计划的监控点进行见证、旁站和巡视，定期和不定期地进行安全检查，对检查中发现的问题及时采取纠正措施，责令整改，并跟踪整改结果，对严重影响人身、设备安全的下发停工令，并及时向业主报告。

3. 定期进行安全文明施工检查评价考核

详细制订安全检查明细表，根据日常检查情况，编制检查汇总统计表，对土建施工阶段与安装施工阶段的各施工单位进行综合评定，对安全文明施工情况优良的单位通报表扬，建议业主予以适当奖励，对管理差的单位通报批评，并根据合同规定实施处罚。

（四）安全事后控制

对施工中发生的事故，按照"三不放过"的原则参与调查、分析和处理，吸取教训，提

出整改意见。

(1) 事故发生后，采取有效措施，控制事故的发展和扩大，把事故损失减少到最低程度。

(2) 保护好事故现场，必要时进行拍照摄影，为分析和研究事故的发生提供依据，为下一步预防工作打下基础。

(3) 按照分管系统逐级向上级领导和主管部门汇报事故发生的时间、地点、性质、类别、伤害程度、损失情况和事故处理情况。

(4) 发生重大事故后，应按上级领导的安排有组织地停工整顿，并使工地尽快恢复正常的工作管理秩序。

(5) 严格按照"三不放过"原则及时召开事故分析会，查清事故发生的真正原因，分清事故责任。

(6) 认真吸取教训，自觉地提高安全意识和预防事故的能力。

(7) 促使施工单位尽快进行整改，认真落实防范措施，并对整改和落实情况进行复查、验收，同时建议事故单位尽快写出事故报告和事故处理意见，报送有关部门。

按照安全管理体系做好书面统计上报工作，监理部门应将各种资料收存归档。

**五、合同管理**

合同管理是手段，它是进行工期控制、质量控制及投资控制的有效工具，监理单位通过有效的合同管理，站在公正的立场上，尽可能调解建设单位与施工单位双方在履行合同中出现的纠纷，维护当事人的合法权益，确保建设项目投产目标、质量目标、投资控制更好地完成。

合同管理中，必须以合同文件为依据，实行履约检查制度，以程序化管理作为合同管理运作的核心，加强工程纵向、横向联系和接口协调。

(一) 建立完善的合同管理体系

(1) 建立合同管理机构，配备专门人员协助项目法人进行合同订立，在施工过程中监督合同的履行，在组织上为管理合同提供保证。

(2) 建立合同管理制度（合同订立审批制度、合同登记保管制度、合同履约检查制度、合同统计制度、合同归档备案制度等）。

(3) 采用先进的 Exp 管理软件进行合同管理。

(4) 保证合同的真实性、合法性和实效性，维护项目法人的合法权益。

(二) 项目监理部承担的合同管理任务

(1) 协助参与业主确定本建设项目的合同结构，合同结构是指合同的框架、主要部分和条款构成。

(2) 协助业主起草合同及参与合同谈判、合同签定，以及合同执行过程中的履约检查。

(3) 处理合同纠纷和索赔，处理纠纷和多方协调工作，保证工程有关各方对合同的执行达到工程建设的预期目标。

(三) 合同管理程序

(1) 建设项目实施阶段，由业主委托的监理进行合同的监控、检查、管理的全过程，根据工程的实际情况，提出合同管理程序。

（2）合同分析。合同分析就是对工程承包共同承担风险的合同条款分别进行仔细的分析解释，同时对合同条款的更换、延期说明、投资变化等事件进行仔细分析，合同分析要同工程检查等工作联系起来，合同分析是解释双方合同责任的根据。

（3）建立合同数据档案。合同数据档案就是把合同条款分门别类地归纳起来，将它们存放在计算机中，以便于检索，根据计算机提供的主题词，可以对合同中的条款进行分解和组合，使合同双方的责任清楚明了。

（4）形成合同网络系统。合同网络系统就是合同中的时间、工作、成本（投资）用网络形式表达，合同计划表用来处理时间控制，合同管理是从计划到施工过程中的每一个活动，合同计划表包括图纸目录、试验数据表、到货报告等。

（5）合同监督。合同监督就是要对合同条款经常进行解释，以便根据合同来掌握工程的进展、设计、施工、调试等工作符合合同要求，对合同执行情况提出监理调查分析报告，督促参与建设的各方严格诚信履约。

（6）索赔管理。索赔管理是合同管理工作中的最后一个部分，它包括索赔和反索赔，索赔事件一旦发生，监理工程师就应当坚持以事实为依据，进行实事求是的评价分析，从中找出索赔的理由和条件。

**六、信息管理**

按照项目的实施要求，设计项目实施和项目管理中的信息和信息流，确定它们的基本要求和特征，利用计算机管理信息系统进行本工程项目的投资控制、进度控制、质量控制、安全控制、合同管理，建立本工程项目的信息编码体系，组织工程项目各类信息的收集、整理、保存和查询，向建设单位提供有关本工程项目管理信息的服务，定期提供各种监理报表，编制项目信息管理手册。

随着信息技术尤其是计算机网络技术的高速发展和不断应用，使得施工管理的思想、组织、方法发生了巨大变化，因此在电力建设工程管理中，随着计算机网络技术的应用，信息管理工作成为了工程管理人员的工作平台，提高了项目管理的工作效率，规范了管理工作流程，加强了目标控制工作，是工程管理中一项重要的内容。

（一）建设工程项目信息的形式

（1）文字图文信息，包括设计图纸、说明书、计算书、合同、施工组织设计、情况报告、原始记录、统计图表、报表、信函等信息。

（2）语言信息，包括工作讨论与研究、汇报、会议、情况介绍、工作检查、商谈等信息。

（3）技术信息，包罗计算机网络信息、电报、电话、传真、电视、广播等现代化手段收集及处理的有关信息。

（二）建设工程项目信息分类

按照工程项目监理管理目标划分为：

（1）投资控制信息，指与投资控制直接相关的信息，如各种估算指标、工程项目投资估算、设计概算、施工图预算、计划工程量、已完工程量、单位时间付款报表、已完工程结算、竣工决算、施工阶段的支付账单等。

（2）质量控制信息，指与建设工程质量有关的信息，如质量标准、项目建设标准、质量

目标、质量控制工作流程、质量控制工作制度、质量控制工作方法、质量检查的数据、质量记录、质量报告等。

（3）进度控制信息，指与进度相关的信息，如施工工期定额、项目总进度计划、项目年度进度计划、计划进度与实际进度偏差、进度控制的工作流程、进度控制的工作制度、工程进度报表、工程进度分析报告、网络计划的调整等。

（4）安全控制信息，指与安全控制相关的信息，如有关安全管理的规程、规范、制度、安全管理体系、各参建单位的安全第一责任人、安全管理网络、安全管理信息、文明施工信息、安全事故通报、安全记录、安全月度报告等。

（5）合同管理信息，指与建设工程相关的合同信息，如工程招投文件、工程建设施工合同、物资设备供应合同、监理合同、调试合同、咨询合同、合同指标分解、合同签订、合同变更、合同的执行、合同的索赔等。

（三）建设工程项目信息管理的工作内容

（1）编制项目信息管理制度，按照项目实施要求，设计项目管理中的信息和信息流，确定信息的基本要求和特征，组织信息的收集、处理、发布、查询的方式。

（2）信息标准化管理，按照标准化管理要求，组织项目报告及各种资料标准化、规范化的收集和管理。

（3）建立管理信息系统，按照项目管理体系和项目组织实施在项目管理工作过程建立项目管理信息系统。

（4）运行维护管理信息系统，在实际工作中，保证管理信息系统正常运行，及时收集和整理信息，做好信息的管理工作。

（5）资料、文件档案管理，对工程档案及时整理、检索归档，按照信息档案管理的要求，做好项目信息管理、储存工作。

**七、工程协调**

建立工程协调（包括定期协调、专项协调和分级协调）制度，明确监理协调的程序、方式、内容和合同责任，工程施工过程中运用监理协调权限，及时解决施工中各方、各标项之间的矛盾，及时解决施工进度、工程质量、施工安全、施工环境保护与合同支付之间的矛盾，及时解决工程承建合同双方应承担的义务与责任之间的矛盾，减少施工过程中的矛盾纠纷。在确保工程质量的条件下，促进施工进展；在确保工程施工安全的条件下，推进工程进度；在寻求建设单位更大投资效益的基础上，正确处理合同目标之间的矛盾；在维护建设单位合同权益的同时，实事求是地维护承建单位的合法权益。

在工程建设中，项目法人、监理、设计、施工、调试、设备制造、材料供应和所有的参建单位之间的关系协调，其目的是相互理解，顾全大局，调和冲突，服从整体，为工程建设服务的原则。

（一）施工阶段组织协调

（1）项目监理部将严格监督《施工合同》的执行，并通过各种手段向施工单位贯彻项目法人的要求，认真协调项目法人与施工单位之间的关系，避免发生合同纠纷和争议，确保工程顺利实施。

（2）协调施工过程中因设计变更、补充设计等因素引起的工程施工难度增加或工作量增大影响施工进度等，协调施工人员积极配合。

（3）配合项目法人做好质量监督、市政、消防等部门的工作，有问题争取提前解决，对各方提出的整改意见及时组织施工单位彻底整改，保证工程顺利进行。

（4）协调各设备、材料供应商之间的工作，在协调工作中，以签订的合同为依据，保证工程总体进度和质量目标为原则，协调处理材料、设备的质量、数量、规格、时间、价格、运输等争议，维护项目法人的利益。

（二）施工组织协调措施

（1）积极参与各承包商合同的谈判和签订，对可能发生的争议和分工等问题在合同中予以明确规定。

（2）随时掌握各施工单位工作进展情况，提前预测可能发生的矛盾和问题，采取预防措施。

（3）发生争议时，深入调查了解情况，认真听取各方意见，提出的解决方案要符合工程实际，公正合理，能被各方接受。

（4）定期召开工程协调会，预期工作提前安排，使各施工单位工作准备充分，施工方案中出现的问题，及早地提出并给予协调解决。

（三）调试阶段组织协调

设备安装结束进入调试阶段，协调施工单位和调试单位之间关系，是确保调试工作顺利进行的关键。

（1）配合项目法人，协调施工单位及时处理调试阶段的设备缺陷，协调调试单位做好调试工作是监理单位在调试阶段组织协调中的主要工作，项目监理部将严格监督《调试合同》的执行情况，并通过工程协调会等向调试单位贯彻项目法人的要求，避免发生合同纠纷和争议，确保工程顺利实施。

（2）协调调试过程中设计、设备和安装过程中存在的问题，及时召开专题会议，落实各方提出的整改意见，监督问题的整改。

（3）随时掌握调试工作进展情况，提前预测分析可能会发生的问题，做好应对措施。

（4）配合项目法人做好质量监督检查及签证工作。

（四）设备制造、材料供应的组织协调

（1）协调处理设备、材料的质量、数量、规格、交货时间、价格、运输等，依据供货合同，由监理单位督促履行。

（2）受项目法人委托，监理单位参加现场设备、材料的到货检验工作。

（3）设备、材料供货厂家应提供完整、真实、准确、规范的资料，接受监理对资料的审查和质量的检验、备件的核实。

（4）监理单位协调设备、材料供应单位与施工单位之间的工作，做好现场服务及调试工作，保证设备的安装与调试符合设备材料厂家的技术要求。

# 第二节　火电建设工程项目监理组织

为完成与建设单位签订的监理任务，就要成立相应的项目监理部，项目监理部实行总监

负责制。

### 一、项目监理组织机构

针对工程项目的特点，组建适应本工程的监理机构和配备相应的监理人员，根据工程进展情况，将及时进行适当的补充和调整。

（1）工程驻地监理人员构成见表 9-1。

**表 9-1** 工程驻地监理人员构成表

| 序号 | 姓名 | 年龄 | 专业 | 职称 | 职务 | 备注 |
|---|---|---|---|---|---|---|
| 1 | ××× | | | 高工 | 总监理师 | |
| 2 | ××× | | | 高工 | 副总监理师（设计） | |
| 3 | ××× | | | 高工 | 副总监理师（土建） | |
| 4 | | | | 高工 | 副总监理师（安装） | |
| 5 | | | | 高工 | 副总监理师（调试） | |
| 6 | | | | | 办公室主任 | |
| 7 | | | | 高工 | 设计组组长 | |
| 8 | | | 土建 | 高工 | 土建组组长 | |
| 9 | | | | 高工 | 安装、调试组组长 | |
| 10 | | | 电气 | 高工 | 电气专业小组组长 | |
| 11 | | | 汽轮机 | 高工 | 汽轮机专业小组组长 | |
| 12 | | | 锅炉 | 高工 | 锅炉专业小组组长 | |
| 13 | | | 热控 | 高工 | 热控专业小组组长 | |
| 14 | | | 安全 | 高工 | 安全专业小组组长 | |
| 15 | | | 技经 | 高工 | 技经专业小组组长 | |
| 16 | | | | | 其他专业小组组长 | |
| 17 | | | | | 专业监理师 | |
| 18 | | | | | 专业监理师 | |
| 19 | | | | | 专业监理师 | |
| 20 | | | | | 专业监理师 | |
| … | | | | | … | |
| | | | | | 监理员 | |

（2）监理组织机构框图见图 9-1。

### 二、项目监理部、监理人员的基本职责

**（一）总监理师的职责**

总监理师是监理公司委派工程项目监理的全权责任人，全面负责和领导项目的监理工作。

（1）保持与业主的密切联系，负责认真贯彻监理合同的各项要求。

（2）主持制定工程监理项目监理规划，审核各监理组编制的监理细则及监理工作计划，签署监理部对外发出的文件、报表及报告。

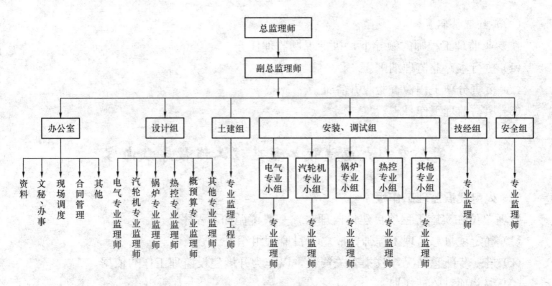

图 9-1 监理组织机构框图

(3) 负责组建监理部班子，明确职责分工。

(4) 负责实施监理过程中重要的协调工作，主持监理工作例会。

(5) 参与工程中的质量事故或重大纠纷、争议的调查、处理。

(6) 主持编写项目监理工作总结。

(7) 审核、签署项目监理档案资料。

(8) 工程项目安全管理，监理单位第一责任人。

(9) 做好工程项目质量、安全、进度、投资、控制、合同、信息管理及工程协调等工作。

（二）监理组组长职责

在总监理师的领导下，具体负责组织开展本组职责范围内的监理工作。

(1) 组织编制监理细则及监理计划。

(2) 检查、督促监理细则及监理计划的实施。

(3) 负责组织提出月、年监理工作报告、总结。

(4) 负责处理协调有关施工中出现的问题，并及时向总监理师报告。

(5) 组织领导专业监理工程师的工作。

（三）专业监理师职责

在总监理师的统一领导下，负责开展本专业的监理工作。

(1) 制定本专业监理细则，并组织实施。

(2) 处理本专业的经济、技术签证，负责本专业内的工程协调工作。

(3) 参加本专业的施工图会审、交底，参加各阶段的质量监督检查。

(4) 负责本专业工程质量检查验收，参与本专业工程质量事故的处理。

(5) 填写本专业监理工作日志，编写本专业月、年监理工作报告、总结。

(6) 组织整理与本专业有关的监理档案资料。

(7) 组织领导本专业监理员的工作。

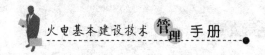

（四）监理员职责

在专业监理工程师的领导下，执行现场监理任务。

（1）执行本专业监理细则。

（2）负责分项工程检查验收并签证。

（3）填写监理工作日志。

## 第三节　火电建设工程监理工作程序及内容

**一、火电建设监理工作程序**

监理单位在实施工程项目建设监理时，一般遵循如下程序：

（1）确定项目总监理工程师，成立项目监理组织。

（2）进一步熟悉情况，收集有关资料，以作为开展建设监理工作的依据。

（3）编制项目监理规划。

（4）制定各专业监理细则。

（5）根据制定的监理细则，规范化地开展监理工作。

（6）参与工程项目竣工验收，签署工程项目建设监理意见。

（7）向业主提交工程项目建设监理档案资料。

（8）监理工作总结。

工程监理主要由现场项目部来履行，各种监理活动必须严格执行规范、有序的监理程序，火电建设监理工作程序见图 9-2。

**二、火电建设监理工作内容**

监理单位受项目法人的委托，监理工作主要内容如下（视工程具体情况亦可部分项目或阶段委托）。

（一）立项阶段监理工作内容

（1）协助业主准备项目报建手续。

（2）项目可行性研究咨询或监理。

（3）技术经济论证。

（4）编制工程建设框算。

（5）组织设计任务书编制（项目建议书）。

（二）设计阶段监理工作内容

（1）结合工程项目特点，收集设计所需要的技术、经济资料。

（2）按批准的可行性研究报告，编写设计要求文件。

（3）组织工程项目设计方案竞赛或设计招标，协助业主选择好勘测设计单位。

（4）拟定和商谈设计委托合同内容。

（5）向设计单位提供设计所需基础资料。

（6）配合设计单位开展技术经济分析，搞好设计方案的比选、优化设计。

（7）配合设计进度，组织设计与有关部门的协调工作。

（8）组织各设计单位之间的协调工作，督促总体设计单位对制造厂家的图纸接口配合确

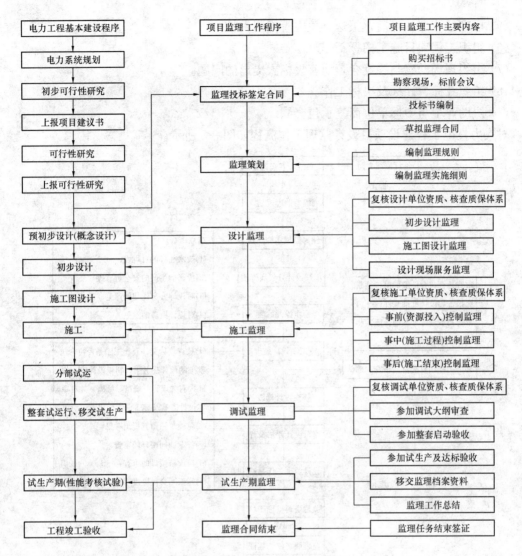

图 9-2　火电建设监理工作程序

认工作。

（9）参与主要设备、材料的选型。

（10）审核工程估算、概算，提出监理意见。

（11）审核工程主要设备、材料清单，提出监理意见。

（12）审核工程项目设计图纸是否符合批准的设计任务书，初步设计审批文件及有关规程、规范、标准，重点是技术、经济的合理性和投产后生产安全的可靠性。

（13）检查和控制设计进度。

（三）施工招标阶段监理工作内容

（1）拟订工程项目施工招标方案并征得业主同意。

（2）准备工程项目施工招标条件。

（3）办理施工招标申请。

（4）组织编写施工招标文件。

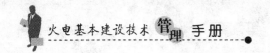

（5）标底经业主认可后，报送有关主管部门审核。

（6）组织工程项目施工招标工作。

（7）组织现场勘察与答疑会，回答投标人提出的问题。

（8）组织开标、评标及决标工作。

（9）协助业主与中标单位商签承包合同。

对火力发电工程建设项目设计监理工作流程如图 9-3 所示。

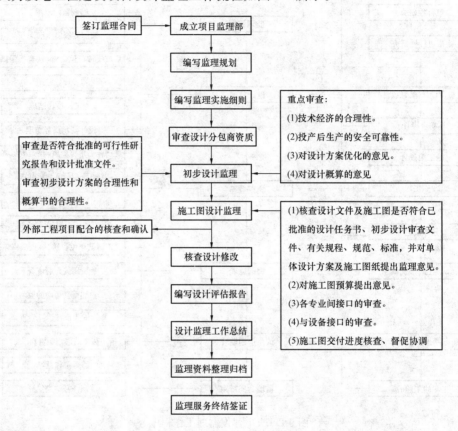

图 9-3　火力发电工程建设项目设计监理工作流程

**（四）材料设备采购阶段监理工作内容**

对于由业主负责采购供应的材料、设备等物资，监理工程师应负责进行制定计划，监督合同执行和供应工作。监理工作的主要内容有：

（1）制定材料物资供应计划和相应的资金需求计划。

（2）通过质量、价格、供货期、售后服务等条件的分析和比选，确定材料、设备等物资的供应厂家，重要设备尚应访问现有使用用户，并考察生产厂家的质量保证系统。

（3）协助业主进行招投标工作，并商签材料、设备的订货合同。

（4）监督合同的实施，确保材料设备的及时供应。

**（五）施工阶段监理工作内容**

重点围绕施工阶段质量控制、进度控制、投资控制、安全控制、合同管理、信息管理、工程协调开展工作。

（1）主持或参加施工图会审和交底。

（2）参与分项、分部工程，关键工序和隐蔽工程的质量检查和验收。

（3）审查施工单位的分包单位，审查施工现场的电气试验室、土建试验室、金属试验室的资质、具备的条件并认可焊接材料的领用保管。

（4）审查施工单位提交的施工组织设计、施工技术方案、施工质量保证措施、重要（或关键）工序作业指导书、安全文明施工措施。

（5）编制一级网络计划，核查二级网络计划，并组织协调实施。

（6）审查施工开工申请报告。

（7）审查施工单位质量保证体系和质量保证手册并监督实施。

（8）检查现场施工人员中特殊工种持证上岗情况。

（9）负责审查施工单位编制的"施工质量验评项目划分"清单，并督促实施。

（10）检查施工现场原材料、构件的采购、入库、保管、领用等管理制度及其执行情况。

（11）参加主要设备的现场开箱检查，对设备保管提出监理意见。

（12）遇到威胁安全的重大问题时，有权提出"暂停施工"的通知，并通知项目法人，协助项目法人制定施工现场安全文明施工管理目标并监督实施。

（13）审查施工单位的月、季工程进度报表和工程结算书，工程付款必须有监理工程师签字。

（14）监督施工合同的履行，维护项目法人和施工单位的正当权益。

（15）在规定的工程质量保修期内，负责检查工程质量状况，组织鉴定质量问题责任，督促责任单位维修。

（六）调试阶段监理工作内容

（1）参与对调试单位的招标、评标、合同谈判工作，提出监理意见，并督促其合同的履行，维护项目法人及调试单位的合法权益。

（2）参与审查调试计划、调试方案、调试措施及调试报告。

（3）协调工程的分部试运工作，督促调试单位严格按照审批的调试大纲进行调试。

（4）参与工程整套试运行，审核调试单位编制的调试措施和质量计划，明确调试标准和验收项目。

（5）重点调试项目安排专人负责，自始至终，全过程监理。

（6）加强验收，专业调试完的试验项目和交付运行人员操作前的试验项目，监理人员必须到位旁站监理。

（7）审核调试资料的完整性、规范性、可靠性，对调试质量按《火电工程调整试运质量检验及评定标准》进行验评。

对火力发电工程建设项目施工监理工作流程如图 9-4 所示。

（七）试生产阶段监理工作的主要内容

对试生产期中出现的设计问题、设备质量问题、施工问题，及时组织有关各方踏勘现场，确定问题所在部位及程度，分析原因，明确责任方，提出处理方案并协商解决，监督各类责任方及时整改，以保障项目建设投资方的合法权益。

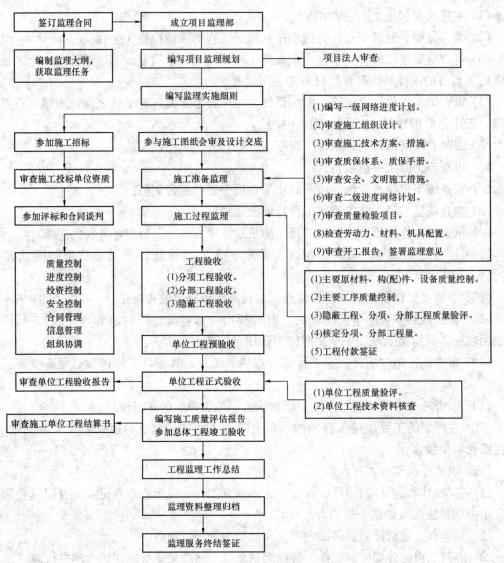

图 9-4 火力发电工程建设项目施工监理工作流程

（1）设置专人负责试生产期的监理工作，随时处理工程在保修期发生的问题，对发现的问题及时做好记录，为下一步工作提供依据性资料。

（2）对试生产期发生的问题，分析原因，落实各方应承担的责任，就维修处理而新增的费用和造成的损失问题与各方协商，向项目法人提出监理意见。

（3）做好试生产期的投资控制工作。

（4）准确、及时地确定保修期间发生问题的责任方，落实解决方案及费用问题，使工程达到最佳的使用状态，降低生产运营成本，使机组发挥最大的效益。

对火力发电工程建设项目调试监理工作流程如图 9-5 所示。

（八）合同管理监理工作主要内容

（1）拟订本工程项目合同体系及合同管理制度。

（2）协助工程建设单位（业主）拟订项目的各类合同条款，并参与各类合同的商谈。

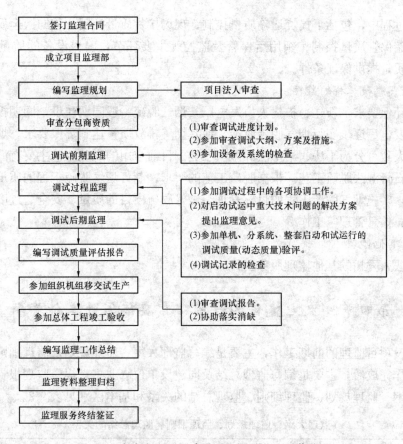

图 9-5　火力发电工程建设项目调试监理工作流程

（3）合同执行情况分析和跟踪管理。

（4）协助工程建设单位（业主）处理与项目有关的索赔事宜和合同纠纷事宜。

（5）监理应严格履行合同管理的职责，带头严格履行合同，使合同履约率达到100%。

（6）设计合同的管理，熟悉设计合同条款，督促设计院按照合同规定，及时提供图纸，核查施工图设计质量，为施工做好准备。

（7）施工合同的管理，通过对施工合同的管理，规范施工承包商的履约行为，实现工程质量、投资、进度、安全的控制，最终实现工程总目标。

（8）设备、材料采购合同的管理，通过对材料、设备采购合同的管理，规范供应商的行为，为工程提供质量好、价格优、满足工程需要的设备、材料。

（九）施工监理在设备管理方面的主要工作内容

（1）建立设备管理制度（程序），根据本工程项目的合同、承包方式以及设计单位、承包单位、监理单位和项目建设单位在工程现场的机构设置的具体情况，在明确分工接口和工作流程的基础上，建立适用于本工程的一套设备管理制度（程序）和设备质量管理制度（程序）。

（2）审查设备设计清册，并编制设备订货清册，拟订采购文件，提出正确的订货数量、规范、技术条件和质量验收标准等。

（3）设备的质量控制，设备从制造厂交货后，到达施工现场，一直到发放、领用为止的

设备管理全过程中，包括了提货运输质量控制、现场接货质量控制、装卸搬运质量控制、开箱检验、仓储保管质量控制、领用后保管及监控等主要环节，确保设备的质量状况和适用性，为安装质量提供保证条件。

（十）烟气脱硫工程的监理

为满足环保要求，新建、扩建火力发电厂其烟气脱硫一般同期建设，同期投产。已建成投产的火力发电厂逐步实行烟气脱硫改造，使其烟气排放质量达到环保要求。烟气脱硫工艺按反应状态大致可分为干法、半干法和湿法三类。目前应用的脱硫工艺主要有海水脱硫工艺和石灰石—石膏湿法脱硫工艺。根据脱硫工艺的要求，制订烟气脱硫工程的质量监理与控制方案及措施，实施烟气脱硫工程的目标管理。做好脱硫项目的质量、安全、进度、投资控制与合同管理、信息管理等工作。

（十一）其他监理

受项目法人委托的其他监理服务工作。

## 第四节　火电建设工程监理需要编写的文件资料

工程建设项目监理的前期工作，主要是编写监理大纲、监理规划及监理细则。工程建设项目监理工作完成后，主要是编写监理总结及向建设单位（业主）提交监理报告。

监理大纲、监理规划、监理细则、监理总结的关系和基本区别见表9-2。

表9-2　　　　　监理大纲、监理规划、监理细则、监理总结的关系

|  | 监理大纲 | 监理规划 | 监理细则 | 监理总结 |
|---|---|---|---|---|
| 范围 | 项目整体 | 项目整体 | 项目专业 | 项目整体 |
| 时间 | 招标前 | 监理合同签订后 | 监理责任落实后 | 监理合同履行后 |
| 责任 | 监理公司 | 总监理工程师 | 专业监理工程师 | 总监理工程师 |
| 性质 | 方案性文件 | 纲领性文件 | 专业性文件 | 工作总结性文件 |
| 目的 | 争取中标 | 指导全项工作 | 具体指导专项作业的进行 | 总结监理工作，对监理工作评价 |
| 内容 | 重点是针对招标监理任务内容，介绍公司能力、业绩、实施的意见、措施及监理费用报价等 | 重点是针对签定的监理范围业务内容，明确主要工作内容、机构设置、人员配备、控制措施及各项监理工作制度 | 专业监理工作具体操作内容和程序 | 重点是监理工作任务完成情况、监理工作情况，对工程目标控制的评价、结论及建议，发现重大问题处理意见及经验、教训等 |

### 一、监理大纲

（一）编写监理大纲的目的和作用

随着社会主义市场经济的发展和基建体制改革的深化，工程建设监理也将采取招投标的方式，此时，监理大纲是监理单位为获取监理任务，在投标阶段编制的项目监理方案性文件，它是投标书的组成部分，目的是使建设单位了解监理单位的工作能力、水平、业绩及实现建设单位（业主）提出的监理任务的措施，以取得建设单位（业主）的信赖，起到承接监

理任务的作用，为今后开展监理工作制定方案，也是作为制订监理规划的基础。

（二）编写监理大纲的依据和要求

主要依据：

（1）建设单位（业主）发送的招标书或委托文件。

（2）经批准的项目设计资料和其他有关文件。

编写要求：

（1）一般由监理单位技术负责人组织编写，经单位总负责人审批。

（2）应按建设单位（业主）要求时间内与投标书的其他资料一并提交招标单位。

（三）监理大纲的主要内容

1. 工程概况

（1）建设单位名称。

（2）工程项目名称。

（3）工程建设地点。

（4）工程规模及主要设备配置。

（5）项目总投资。

（6）建设工期、计划开工日期、计划竣工日期。

（7）其他。

2. 工程项目监理工作目标和范围

工程建设监理是监理单位受建设单位委托对工程项目的实施进行监督管理，即监理工作就是依据合同对工程项目实施目标控制。目标控制的内容与监理单位受建设单位招标的监理工作范围及监理业务有关。通常招标文件中应明确建设单位要招标的监理工程范围及监理业务，即要写明是哪个阶段的监理业务，一般按如下阶段确定：

（1）项目规划主项阶段。

（2）设计阶段。

（3）施工招标阶段。

（4）施工、安装阶段。

（5）设备制造阶段。

（6）保修阶段。

（7）全过程。

无论哪个阶段的监理业务或全过程的监理业务，具体内容包括：投资控制、进度控制、质量控制、合同管理、信息管理及组织协调。

3. 投资控制的内容

（1）对工程项目总投资的分析、论证。

（2）编制总投资分解规划，并在项目实施过程中控制其执行。

（3）监督工程项目各阶段、各年、季、月度资金使用计划，并控制其执行。

（4）审核工程概算、标底、预算、增减预算、决算。

（5）在项目实施过程中，每月进行投资计划值与实际值的比较，并按月、季、年提交各种投资控制报表。

（6）审核招投标文件和合同文件中有关投资的条款。

（7）审核各种工程付款单。

（8）计算、审核各类索赔金额。

4. 质量控制的内容

（1）确定本工程项目的质量要求和标准（包括设计、施工、工艺、材料及设备等方面）。

（2）确定审核招标文件和合同文件中的质量条款。

（3）编制设计任务文件，确定有关设计质量方面的原则要求。

（4）审核各阶段的设计文件（图纸与说明）是否符合质量要求和标准，并根据需要提出修改意见，把问题解决在施工之前。

（5）审核原材料、配件及设备的质量。

（6）检查施工质量，特别是重要工序、隐蔽工程及重要零部件加工的质量验收、检查分项分部工程质量、进行单位工程、单项工程验收和项目竣工验收。

（7）审核施工组织设计及施工技术安全措施。

（8）协助建设单位处理工程质量事故和安全事故。

（9）协助建设单位审核施工单位的资质及质量保证体系，并协助建设单位确认施工单位选择的分包单位。

5. 进度控制的内容

（1）对工程项目建设周期总目标的分析、论证。

（2）审核施工单位编制的工程项目总进度计划及各阶段进度计划，并控制其执行，必要时督促承包单位作及时修改调整。

（3）审核设计单位的进度计划和材料、设备供应商提出的供货计划，并检查、督促其执行。

（4）在项目实施过程中，进行计划进度与实际进度的比较，并按月、季、年提交各种进度控制报表。

6. 合同管理的内容

（1）协助建设单位确定工程项目的合同结构。

（2）协助建设单位起草与本工程项目有关的各类合同（包括设计、施工、材料和设备订货等合同），并参与各类合同谈判。

（3）进行上述各类合同的跟踪管理，包括对合同各方执行合同情况的检查。

（4）协助建设单位处理与本工程项目有关的索赔事宜及合同纠纷事宜。

7. 信息管理的内容

（1）建立本工程项目的信息编码体系。

（2）负责本工程项目各类信息的收集、整理和保存。

（3）运用计算机进行本工程项目的投资控制、进度控制、质量控制和合同管理，向建设单位提供有关本工程项目的管理信息服务，定期提供各种监理报表。

（4）建立工程会议制度，整理各类会议记录。

（5）督促设计、施工、材料及设备供应等单位及时提交工程技术、经济资料。

8. 组织协调的内容

（1）组织协调与建设单位签订合同关系的，并参与本工程建设的各单位的配合关系，协助建设单位处理有关问题，并督促施工单位协调各分包单位之间的关系。

（2）协助建设单位向各建设主管部门办理各项审批事项。

（3）协助建设单位处理各种与本工程项目有关的纠纷事宜。

9. 监理报告记录

（1）监理工作月报。

（2）施工监理质量问题通知书。

（3）设计变更通知。

（4）不合格工程通知。

（5）工程暂停指令、停工指令。

（6）复工指令。

（7）工程款支付凭证、年度施工用款计划报表核定。

（8）单位工程施工进度计划审批表。

（9）工程质量事故处理审核意见。

（10）工程变更费用更改核定表。

（11）工程结算核定表。

（12）分部工程质量评定监理核查意见。

（13）主体结构质量评定监理核查意见。

（14）单位工程竣工预验监理意见。

（15）单位工程验收记录。

（16）索赔审批表。

10. 其他技术服务的事宜

接受建设单位委托，处理上述未包括的其他与本工程项目有关的事宜。

## 二、监理规划

工程监理规划是在监理合同签订后制定指导监理工作开展的纲领性文件，由于它是在明确监理关系，以及确定项目总监理师以后，在更详细占有有关资料的基础上编写的，所以其包括的内容及深度比监理大纲更为具体和详细，是编制监理细则的依据。

（一）监理规划的作用

（1）指导监理单位的项目监理组织全面开展监理工作，项目监理组织只有依据监理规划，才能做到全面的、有序的、规范的开展监理工作。

（2）监理规划是工程建设监理主管机关对监理单位实施监督管理的重要依据。

（3）监理规划是建设单位确认监理单位是否全面、认真履行工程建设监理合同的主要依据。

（4）监理规划是监理单位重要的存档资料。

（二）工程建设监理规划编写的要求

（1）监理规划的基本内容应力求统一，监理规划应符合工程建设监理的基本内容，能指导项目监理机构全面开展监理工作。

（2）监理规划的内容应具有针对性。

（3）监理规划的表达方式应当标准化、格式化。

（4）监理规划应分阶段编写，不断修改、补充和完善。

（5）监理规划的审核，监理规划在编写完成后需要经监理单位的技术主管部门审核批准，由建设单位确认，并监督实施。

（三）工程监理规划编写的依据

（1）工程外部环境资料，包括：工程地质、工程水文、历史现象、区域地形、材料和设备厂家供应情况、公用设施、能源和后勤供应，设计和施工单位等。

（2）工程建设方面的法律和法规。

（3）政府批准的工程建设文件。

（4）工程建设签订的监理合同。

（5）工程建设合同。

（6）工程实施过程中输出的有关工程信息。

（7）项目监理大纲。包括：项目监理组织计划；项目投资、进度、质量控制方案，信息管理方案，合同管理方案、定期交给建设单位的监理工作阶段性成果等。

（四）工程建设监理规划的主要内容

（1）工程项目概况。

（2）监理工作范围。

（3）监理工作内容。

（4）监理工作目标。

（5）监理工作依据。

（6）项目监理机构的组织形式。

（7）项目监理机构人员配备计划。

（8）项目监理机构的人员岗位职责。

（9）监理工作程序。

（10）监理工作方法与措施。

（11）监理工作制度。

（12）监理设施。在监理工作实施过程中，如实际情况或条件发生重大变化而需要调整监理规划时，应由总监理工程师组织专业监理工程师研究修改，按原报审程序经过批准后报建设单位。

三、监理细则

（一）编制监理细则的目的和作用

工程项目监理细则是在监理规划制定后编制的，是具体指导监理人员操作的专业性文件，使监理工作落到实处，保证工程目标的实现。

（二）编制监理细则的主要依据

（1）工程项目监理规划。

（2）与监理范围有关的设计资料、文件。

（3）与监理范围有关的规程、规范、标准及定额。

（4）监理范围内设备制造厂家的产品说明书、安装说明和有关技术规定。

（三）编制监理细则的要求

（1）由监理部门负责人或专业监理工程师负责组织编写职责范围内的部分，经配合部门会签报总监理工程师审批。

（2）内容既要重点突出，又要明确具体，便于操作，要求文词、语句简单明了。

（四）编写监理细则的主要内容

依据"监理规划"中所制定的"四控制，两管理，一协调"工作项目内容，逐条明确：

（1）工作重点及要求。

（2）工作负责部门及负责人，配合部门及配合人。

（3）工作起、止时间及工作地点、场所。

（4）完成该项工作的方法、手段。

（5）进行过程需要形成的记录、报表等文件资料。

项目监理部工作人员按监理细则开展监理工作。

**四、监理工作总结**

监理工作完成后或监理合同终止时，监理单位应编写监理工作总结提交给建设单位。

1. 监理工作总结的主要内容

第一部分，是向建设单位提交的监理工作总结。其内容主要包括：监理合同履行情况概述、监理任务或监理目标完成情况评价，监理活动情况及监理成果（帮助解决处理的问题及事件）、监理工程质量验评情况等。

第二部分，是向监理公司提交的监理工作总结。主要内容包括：监理工作的经验，可以是采用某种监理技术、方法的经验，也可以是采用某种经济措施，组织措施的经验，以及签订监理合同方面的经验，如何处理好与建设单位、被监理单位关系的经验等。

第三部分，是监理工作中存在的问题及建议，以指导今后的监理工作，并向政府有关部门提出政策建议，不断提高我国工程建设监理水平。

2. 监理工作总结的编写要求

（1）监理工作总结由项目监理部总监理师主持编写，监理单位的技术主管部门审核，监理单位负责人批准。

（2）及时编写监理工作总结，火电工程监理工作总结一般在工程 168h 试运行后两个月内编写完成。

（3）监理工作总结要真实体现监理过程、监理活动情况及监理成果。

（4）监理工作总结尽量具体化、数据化，避免概念化、一般化。

**五、监理文件包**

监理文件包：指自接受工程项目监理委托，签订监理合同起直到执行全部合同条款结束止，按监理单位批准的监理文件目录要求汇集、整理实施监理过程所形成的文件和质量记录的总称。

监理文件包既是监理单位重要的存档资料，也是工程建设监理完成后，监理单位提交给建设单位的主要工程建设监理档案资料。

（一）监理文件包的编写要求

（1）工程建设项目监理文件包由项目总监理师组织编写，监理单位主管部门审核，质保

部评审，负责人批准。

（2）监理文件包要及时编写、出版，提交给建设单位。

（3）监理文件包中各文件、记录、资料等应字迹工整、清晰，尽量是原件，少采用复印件。

（4）监理文件包编入的文件、记录、资料等应真实、可靠，签证完备。

（二）监理文件包的主要内容

（1）工程建设监理总结。

（2）项目监理部总监任命文件。

（3）项目监理部与建设单位来往文件，电力基本建设工程质量监督中心站对工程各阶段监督、检查的报告及结论性文件。

（4）监理文件、监理记录：

1）监理规划、监理细则清单。

2）设计图纸会审纪要，审核的设计变更通知单目录及重要审查意见。

3）对受监方资质及受监方的分包商的资质复核记录，对特殊工种上岗人员资格的复查记录。

4）监理审查的受监方质量文件清单及审查意见摘要（受监方报送的质量文件如：施工组织设计、重大技术方案、调试方案、重要工艺（工序）作业指导书，检验、试验项目清单等）。

5）对材料、设备、试验、检验和测量设备的监控抽查记录。

6）工程监理联系单、开工令、停工令、复工令。

7）关键施工过程、特殊工艺过程、隐蔽工程监理记录（或记录清单）。

8）质量事故处理文件。

9）安全事故处理文件。

10）工程监理大事记。

11）工程质量验评、调试等有关记录汇总表。

12）审核批准的工程一级网络进度计划。

13）进度控制、投资控制、安全控制、合同管理、信息管理有关记录、资料等。

（5）总监理师及建设单位认为有必要收入的文件、资料。

## 第五节　火电建设工程设备监造

为使电力设备监造工作规范化，便于纳入制造厂的质保体系，建设单位在与设备制造单位签订设备供货合同时，应明确设备监造的项目，监造内容及监造范围、监造的依据及标准、监造的方式，设备供货厂家配合设备监造的责任和义务，设备监造人员的职责与权利，以便设备监造工作的顺利开展。

设备的监造工作不代替设备制造厂的自行检验的职责，也不代替建设单位对合同产品的最终验收，设备的质量和性能始终由制造厂全面负责。

**一、设备监造的目的**

设备监造的目的是为协助和促进制造厂保证设备制造质量，严格把好质量关，努力消灭常见性、多发性、重复性质量问题，把产品缺陷消除在出厂以前，防止不合格品出厂，严格按照签订的合同和技术协议的要求执行，保证设备供货的可靠性，及时的传递设备制造的信息，督促设备制造厂按期交货。

**二、选择监造模式**

执行项目法人负责制，在合同环境下，由建设单位（项目法人）自主选择设备的监造模式，过去电厂筹建处自己组织驻厂代表，进行主设备监造工作，后改为由建设单位组织聘用一些已退休的电建安装、中试所或制造厂的工程技术人员，组成地区性的设备监造并在停工待检点和有关见证点派工程技术人员参加，以降低工程投资费用。目前随着电力体制改革，电力投资多元化与项目法人负责制的普及，把市场竞争机制引入设备监造领域，项目建设单位（项目法人）对设备监造可根据工程项目的特点和工程建设的模式，通过对项目的认真分析研究，选择对工程项目更为有利的方式，即保证监造的目的，又降低工程造价的前提下选择设备的监造模式。

**三、设备监造**

设备监造是指承担设备监造工作的人员（或单位），受项目建设单位（项目法人）的委托，按照设备供货合同和技术协议的要求，坚持客观，公正、诚信、科学的原则，对工程项目所需设备在制造和生产过程中的工艺流程、制造质量及设备制造单位的质量体系进行监督，并对项目建设单位负责的服务（包括传递设备制造的信息，准确的工艺过程、设备的交货时间、合同和技术协议的执行情况等）。

项目建设单位在设备监造人员（或单位）确定后，向监造人员（或单位）提供被监造设备的合同、技术协议及相关的技术资料。在设施设备监造前，将监造人员或单位名称，监造工作内容，监造设备名称、规格型号、数量等书面通知设备制造厂，请设备制造单位做好与设备监造人员的配合工作。

设备监造人员或单位，应按照电力设备监造技术导则（DL/T586—2008）做好设备的监造工作。

**四、设备监造的依据**

设备监造的依据是：

（1）国家的有关法律、法规政策。

（2）国家及有关行业颁发的标准及规范。

（3）有关设备制造的技术标准及规范。

（4）各发电集团公司的有关技术规范及技术要求。

（5）依法签订的设备供货合同及技术协议。

（6）项目建设单位（项目法人）授权委托设备监造的合同。

**五、监造合同的内容及要求**

（1）项目建设单位与监造单位签订监造服务合同的主要内容包括：

1）监造项目及监造范围。

2）监造的依据及标准。

3）监造设备名称和数量。

4）设备制造质量见证项目表。

5）确定该设备的监造部件、见证项目及见证方式（H点、W点、R点）。

6）双方的权利和义务。

7）违约责任、争议的解决；

8）合同金额及付款方式。

9）合同的修改和不可抗力等。

10）监造单位所承接的监造合同不得转让的要求。

（2）监造单位与项目建设单位签订监造合同后，应明确项目监造的总监造工程师（负责人）、专业监造工程师，组成相对固定的监造项目组织机构。

（3）监造单位应根据监造的项目，在设备制造期间，配备相应的驻厂监造人员，进驻制造单位实施设备的监造。

**六、设备监造的方式**

（1）设备监造的方式应分为停工待检（H）点，现场见证（W）点，文件见证（R）点三种。停工待检项目必须有监造人员或项目建设单位代表参加，现场检验并签证后才能转入下道工序。现场见证项目应有监造人员在场。文件见证项目由监造人员查阅制造厂的检验、试验记录。

（2）监造代表根据制造厂提供的监造设备的图纸、资料和试验检验记录，设备生产进度计划，认真安排好设备的监造工作，掌握设备的技术要求，并及时的提出监造意见。

（3）对于监造代表提出的质量问题，制造单位应予以重视并及时解决，对于提出的书面意见制造单位均应及时给予回复。

（4）监造单位应根据设备供货合同或设备监造协议的要求，在质量见证点实施前及时通知项目建设单位和监造代表参加见证。R点随着生产过程中质量记录的产生随时由监造代表进行文件见证，W点、H点在预定见证日期以前（H点不少于5天，W点不少于3天），制造单位应通知监造代表，监造代表通知项目建设单位。如制造单位未按规定提前通知监造代表，致使项目建设单位或监造代表不能如期参加现场见证，项目建设单位或监造代表有权要求重新见证。

**七、监造工作的程序**

（1）熟悉设备图纸，技术标准，制造工艺以及设备供货合同中的有关规定。

（2）编制《设备监造大纲》和《设备监造实施计划》，经总监造工程师审核批准后报送项目建设单位备案。

（3）核查制造单位提供的生产计划和有关质量体系，并提出核查意见。

（4）核实制造单位主要分包方的资质情况，实际生产能力和质量管理体系是否符合设备供货合同的要求。

（5）熟悉制造单位的检验计划和检验、试验要求，确认各制造阶段检验、试验的时间、内容、方法、标准以及检测手段。

（6）对设备制造过程中拟采用的重大新技术、新材料、新工艺的签证和试验报告进行审核，签署意见，并通知项目建设单位予以确认。

（7）查验主要零件的生产工艺设备，操作规程和有关人员的上岗资格，并对设备制造和装配场所的环境进行检验。

（8）对制造设备的主要原材料、外购配套件、毛坯铸锻件的证明文件及检验报告和外协加工件，委托加工材料的质量证明以及制造单位提交的检验资料进行查验。

（9）对设备制造过程进行监督或抽查，深入生产场地对所监造设备进行巡回检查，对主要及关键零部件的制造质量和制造工序进行检查与确认。

（10）监造人员应按制造单位检验计划和相应标准、规范的要求，监督设备制造过程的检验工作，并对检验结果进行确认。如发现检验结果不符合规定，应及时通知制造单位进行整改，返工或返修；对当地无法处理的质量问题，监造人员应书面通知制造单位，要求暂停该部件转入下道工序或出厂，并要求制造单位处理；当发现重大质量问题时，必须立即向制造单位出具书面停工通知，并及时报告项目建设单位。

（11）监督制造单位的设备装配和整体试验等过程。

（12）按设备制造合同的规定核实制造单位提交的制造进度付款单，提出核实意见，作为项目建设单位向制造单位支付设备进度款的依据。

（13）定期向项目建设单位提供监造工作简报，通报设备在制造过程中加工、试验、总装以及生产进度等情况。

（14）设备监造工作结束后，编写设备监造工作总结，整理监造工作的有关资料、记录等文件一并提交给项目建设单位。

**八、设备监造的其他事项**

（1）长驻制造厂监造人员应按时上下班，必要时随设备制造人员上下班，在见证点工作期，可连续工作完成见证项目，并将每日工作情况填写设备监造驻厂日记，驻厂日记格式见表9-3。

表 9-3 设 备 监 造 驻 厂 日 记

| 监造人员姓名： | 时间： |
|---|---|
| 监造设备名称： | 地点： |
| 工作内容： | 存在问题： |
| | 监造人员签名： |

（2）将现场检查测试情况填写设备监造测试记录，设备监造测试记录见表9-4。

表 9-4 设 备 监 造 测 试 记 录

| 监造人员姓名 | | 时间： |
|---|---|---|
| 监造设备名称 | | 地点： |
| 监检项目 | | |
| 标准和依据 | | |
| 检查测试结果 | | |
| 存在问题 | | |
| 处理结果 | | |
| 监造人员签名 | | |

（3）火电设备监造，制造现场设备监造人员依据的质量见证项目，各主要设备监造实施的各项见证表见本书附录三。

火电基本建设技术
管理手册

# 第十章

# 火电建设项目工程质量监督管理

根据《中华人民共和国建筑法》和《建设工程质量管理条例》，电力建设工程质量监督是指建设行政主管部门或其委托的工程质量监督机构，依据国家电力行业的法律、法规和工程建设强制性标准，对电力建设工程各责任主体和有关机构履行质量责任的行为和工程实体质量以及同时生成的各类技术资料、文件，实施工程阶段性（重点项目）和随机性的监督检查，以保证其符合国家和电力行业相关管理规定和技术标准，维护社会和电力投资者利益的行政执法行为，即火电建设工程质量监督。

工程开工前火电建设工程项目建设单位（项目法人）必须按电力建设工程质量监督规定向工程所在地区（省、自治区、直辖市）电力建设工程质量监督机构申办工程质量监督手续，并按规定缴纳监督费。根据电力建设工程质量监督规定，未通过电力建设工程质量监督机构检查的电力建设工程，不得接入公用电网运行。

火电建设工程质量监督是属于政府行为，代表政府行使工程质量监督职能，对包括建设单位在内的工程各责任主体履行其质量责任、义务的行为及其结果，依法强制性的监督、管理。工程建设监理是属于社会的、民间的行为，依据监理合同和施工合同以及《建设工程监理规范》，对施工单位履行质量责任、义务的过程及其结果进行有效的控制和管理。工程建设监理与工程质量监督都属于工程建设领域的监督管理活动，但他们在性质、执行者、任务、范围、工程深度和广度以及方法、手段等多方面存在着明显差异。

## 第一节  工程质量监督管理体制和职责

认真贯彻执行《建设工程质量管理条理》，加强对电力建设工程质量的监督，保证电力建设工程质量，确保电网安全，保障人民生命和财产安全，充分发挥工程项目建设的经济效益和社会效益，各级质量监督机构应认真贯彻执行国家有关方针、政策、法律和法规，严格按工程基本建设程序依法实施监督管理。

### 一、管理体制和组织机构

（1）电力建设工程质量监督机构按三级设置：电力建设工程质量监督总站（以下简称总站）；省（自治区、直辖市）电力建设工程质量监督中心站（以下简称中心站）；工程质量监督站。

（2）目前国家电网公司受委托承担全国电力建设工程质量监督工作，并由电网公司、发电公司、中电联组建总站。总站负责全国电力建设工程质量监督工作的归口管理，对国家发展和改革委员会负责。

（3）总站在各省（自治区、直辖市）设立中心站，中心站负责组织本地区的电力建设工程质量监督工作，接受总站的领导。

（4）中心站根据工程项目的实际情况，在工程项目建设单位设置工程质量监督站。工程质量监督站受中心站委托，负责对中心站指定的工程项目进行质量监督工作，其机构设置及站长、副站长的任免由中心站批准，工程项目质量监督站在竣工验收完成后撤销。

**二、质量监督机构的权限**

（1）有权要求被监督检查单位提供有关工程质量、安全和体现其质量行为等方面的文件资料。

（2）有权进入被监督工程的施工现场进行检查。

（3）发现有资质不符的单位、工程转包或违法分包现象，有权责成工程项目法人及相关责任单位予以纠正。

（4）发现有影响工程质量、安全的问题和行为，有权责令其改正，发现有危及工程安全质量的重大问题，有权责令其停工。

（5）对工程建设中违反《建设工程质量管理条例》有关规定的行为，按情节严重建议有关部门给予处罚。

**三、中心站的主要职责**

（1）贯彻执行国家有关工程建设质量监督管理的方针、政策、法律、法规，贯彻执行国家强制性标准和行业标准，贯彻落实总站的有关规章制度、管理办法。

（2）负责本地区（除总站直接负责的）电力建设工程的质量监督工作，办理工程开工前的工程质量监督的申报手续，向总站报送年度工作计划、年度工作总结、重点工程质量监督检查报告以及上级政府主管部门要求报送的其他资料信息。

（3）按照质量监督工作计划，依据《电力建设工程质量监督检查典型大纲》等，及时对电力建设工程各责任主体的质量行为和工程实体质量进行监督检查。监督检查以阶段性检查为主，并结合不定期的巡检和重点抽查的方式进行。对发现的问题出具整改通知书，对工程竣工验收进行监督。

（4）负责对各工程质量监督站及监督人员的考核和资格认定及培训。

（5）仲裁有关工程质量争端，参与重大质量事故的分析处理，及时向总站上报质量监督工作过程中发现的重大问题。

（6）编制工程质量监督检查报告，签署《工程质量监督检查结论签证书》，建立工程质量监督工作档案。

（7）完成总站交办的其他工作，并加强与本地区政府主管部门的联系。

**四、工程质量监督站的主要职责**

（1）贯彻执行国家有关工程建设质量监督管理的方针、政策、法律、法规，贯彻执行国家强制性标准和行业标准，贯彻执行上级机构有关工程质量监督工作的规章制度和管理办法。

（2）受中心站委托，工程质量监督站负责对中心站指定的工程项目进行质量监督工作，

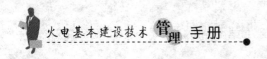

向中心站报送年度质量监督工作计划、年度工作总结等有关文件资料。

（3）根据工程进度，按照质量监督工作计划和《电力建设工程质量监督检查典型大纲》及时组织监督检查，参与对工程竣工验收的监督。

（4）仲裁有关质量争端，参与重大质量事故分析处理，及时向中心站上报质量监督工作过程中发现的重大问题。

（5）完成中心站交办的其他工作。

## 第二节　火电建设工程质量监督工作程序

**一、建设单位提出工程质量监督申请**

首先由建设单位向工程所在地的电力建设工程质量监督中心站介绍工程简况，并口头提出工程质量监督申请，经质监中心站研究同意接受申请后，建设单位应具备以下文件、资料供质监中心站对工程建设项目的合法性及与工程质量监督工作相关条件的调阅核查：

（1）已批准的工程项目建议书。

（2）国家发改委对工程项目的核准文件及开工报告批复文件。

（3）工程项目初步设计审查及概算的批复文件。

（4）各参建单位的企业资质等级证书（复印件）、营业执照（复印件）、安全施工许可证和工程承包合同。

（5）主要设备供货单位介绍及有关合同条款说明。

（6）建设单位项目负责人和工程管理组织机构文件。

（7）施工单位质量管理体系文件（质保手册）。

（8）施工组织设计（纲要）。

（9）施工单位项目管理组织机构文件。

（10）监理单位项目监理组织机构文件、工程监理大纲及规划。

（11）其他需要的文件、资料。

**二、填报"电力建设工程质量监督注册登记表"**

经质监中心站对所要求提供的文件审核并同意受理该工程质量监督后，由建设单位领取"电力建设工程质量监督注册登记表"见表 10-1，按要求如实填写并签章后报送质监中心站登记注册。

**三、建立工程质量监督站及编制管理工作制度和工作计划**

（1）由建设单位将其推荐的站长、副站长以及专（兼）职质量监督员人选名单报送质监中心站，经审核批复后即正式建立工程质量监督站开展工作。

（2）工程质量监督站依据《电力建设工程质量监督规定（暂行）》，并结合本工程的相关管理制度和质量计划及技术特点，制定本工程质量监督工作制度和相关工作管理办法。

（3）工程质量监督站依据建设单位已经审定的一级工程进度网络计划和《电力建设工程质量监督检查典型大纲》，拟订本年度阶段性（重点项目）质量监督检查计划和其他相关的工作计划，并报送质监中心站备案。

（4）质监中心站在各工程质量监督站监督工作计划的基础上，制定本中心站年度监督工作计划，并报送质监总站。

**四、工程质量是监督站及中心站的质量监督工作**

（1）工程质量监督站按工作计划，随工程实际进度，依据相应的《工程质量监督站质量监督检查典型大纲》，组织相关责任主体，对工程的重点项目、关键部位进行监督检查。

（2）工程质量监督站及时向质监中心站报送工程重点项目、关键部位的质量监督检查结果报告。

（3）根据工程实际进度，依据相应的《电力建设工程质量监督检查典型大纲》，督促工程相关责任主体，对工程阶段性监检项目进行工程质量自检。经施工单位自检并整改合格后，向工程质量监督站申请预检，待存在的质量问题进一步整改完毕并管理闭环后，提前七天向质监中心站提出正式监督检查的申请，同时组织工程相关责任主体充分做好迎接质监中心站进行正式监督检查的准备工作。

（4）工程质量监督站应加强对现场工程质量的巡检和对工程技术信息的收集工作，做好对工程质量的跟踪监督。

（5）监检组对检查结果应进行充分评议，客观、公正、实事求是地做出综合评价，准确地提出整改问题和对现场下阶段工作提出建议。

（6）建设单位必须认真组织好整改工作，并按规定的时间完成，由监理正式检查验收，管理闭环。工程质量监督站应对其作好监督和认定工作。

（7）质监中心站及时出具正式质量监督检查报告。

（8）按质监大纲规定，监督检查的方式以阶段性（重点项目）监督检查为主，结合不定期巡检并随机抽查、抽测的方式进行。质监中心站根据各工程的具体情况，适时安排工程质量巡检，发挥其跟踪监督和质量预控的作用。

**五、工程竣工验收监督**

（1）建设单位在收到施工单位提交的"工程竣工报告"后，组织勘察、设计、施工、监理等单位，对工程质量进行竣工验收，工程竣工验收应当具备下列条件：

1）按工程设计和合同约定的各项内容已全部施工完毕。

2）各类工程技术档案和施工管理资料已全部收集齐全，整理完毕。

3）工程的主要建筑材料、构配件和设备的进场试验报告，资料完整、齐全。

4）勘察、设计、施工、监理等单位已经分别签署了工程质量合格文件。

5）施工单位已提交《工程质量保修书》。

（2）在验收合格后的 15 日内，建设单位持下列文件到当地人民政府建设行政主管部门或有关上级主管部门（即备案机关），办理工程竣工验收备案的申请手续：

1）房屋建筑和市政基础设施工程竣工验收备案表。

2）规划、消防、环保等部门出具的认可文件或验收合格准许使用的文件。

3）施工单位提交的《工程质量保修书》、住宅工程的《住宅工程质量保修书》和《住宅工程使用说明书》。

4）由建设单位编制的工程竣工验收报告，其内容包括：工程报建日期、施工许可证号、施工图设计文件审查意见、有关检测和功能性试验资料，勘察、设计、施工、监理等单位分别签署的工程验收文件、验收人员签署的竣工验收原始文件。

（3）建设单位向质量监督机构提出对工程竣工验收进行监督检查的申请。

（4）监督机构进行正式监督检查，出具工程质量监督报告，报送备案机关。

（5）备案机关进行资料审核、备案。

（6）如果发现建设单位在竣工验收过程中有违反国家有关建设工程质量管理规定的行为时，责令其建设工程停止使用，限期整改，并重新组织竣工验收后，再行竣工验收备案申请手续，同时依法对建设单位进行处罚。竣工验收组织和程序图见图 10-1。

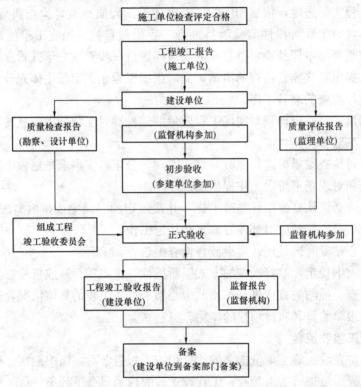

图 10-1  竣工验收组织和程序图

表 10-1                    电力建设工程质量监督注册登记表

| | 工程项目名称 | | | |
|---|---|---|---|---|
| | 项目法人 | | | |
| 工程质量责任主体 | 建设单位 | | | |
| | 设计单位 | | | |
| | 土建施工单位 | | | |
| | 安装施工单位 | | | |
| | 调试单位 | | | |
| | 监理单位 | | | |
| | 生产运行单位 | | | |
| 工程规模 | 火电工程 | 容量（MW） | 设计容量：本期容量：单机容量： | |
| | | 主机型号、参数 | | |
| | | 主体建筑结构 | | |

续表

| 计划工期 | 开工时间 | | | 投产时间 | | |
|---|---|---|---|---|---|---|
| | 主要施工阶段<br>控制工期 | | | | | |
| | 质量监督范围 | | | | | |
| 工程概算 | 总投资额（万元） | 静态 | | | 动态 | |
| | 建安工作量（万元） | 建筑 | | 安装 | | 总额 |
| | 质量监督费（全额） | | | | | 万元 |
| | 质量监督费缴纳方式 | | | | | |
| | 质量监督方式<br>（由受理中心站填写） | | | | | |

| 填报单位：<br>经办人：<br>主管：<br>公章<br>　　　　　　年　月　日 | 受理中心站：<br>经办人：<br>站长：<br>公章<br>　　　　　　年　月　日 |
|---|---|

**注** 1. 本表用计算机打印填写，力求文字简练，但须表述清楚。

2. 为便于质监工作提前介入，本表"开工时间"指主厂房开挖时间。

3. 投产时间指火电末台机组整套启动试运结束。

4. 质量监督方式指省（直辖市、自治区）质量监督中心站独立监督或与其他质量监督中心站联合进行质量监督。

5. 本表交由省（直辖市、自治区）质量监督中心站。

# 第三节　工程质量监督与控制

## 一、质量监督的作用

（1）争取有力手段发现和纠正忽视工程质量、安装工艺、降低工程质量标准，不能满足设计规范危害质量的行为。

（2）是实现工程计划质量目标的重要措施。

（3）提高我国工程施工质量，具备在国际上的竞争力。

（4）是维护消费者利益和保障人民权益的需要。

（5）是促进企业提高素质，健全质量体系的重要条件。

（6）贯彻质量法规和技术标准。

（7）是经济信息的重要渠道，是客观可信的质量信息源。

## 二、质量监督的形式

（1）抽查型质量监督：随机性。

（2）评价型质量监督：结论性意见。

（3）仲裁型质量监督：意见不一致时协调确认。

### 三、质量监督一般程序

（1）计划：指定工程项目监督管理实施计划。

（2）监督计划：进行施工主体监督检查，对工程施工、安装、调试阶段性、随机性的质量监督，取得科学数据，核对有关资料、试验数据、证明文件、合格证书等，依据《电力建设工程质量监督检查典型大纲》进行监督检查。

（3）评价：根据监督检查的结果与质量检验的标准进行分析评价，提出评价意见和建议。

（4）处理：对存在问题，提出整改意见，纠正不合格项并监督实施。

（5）总结：总结工程质量监督管理的经验，不断地提高工程质量监督管理的水平，更好地开展火电建设工程质量监督管理工作。

### 四、质量监督方针

（1）为经济建设服务的方针。

（2）坚持公正科学监督的方针。

（3）坚持以规范、标准为依据，公正执法。

### 五、工程建设技术标准

（一）标准分类

（1）层次分类法：国家级、行业级、省部（地方）级、企业级。

（2）性质分类法：分为强制性标准和推荐性标准两类。

（3）属性分类法：分为技术标准、管理标准和工作标准三大类。

（4）对象分类法：技术标准分为基础标准、产品标准、方法标准、安全卫生标准、环境保护标准。

标准分类表如下：

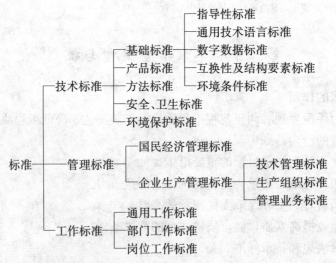

（二）标准分级及标准代号

（1）国家标准，标准代号为 GB。

（2）行业标准，标准代号为 JGJ。

（3）地方标准，标准代号为 DB。

（4）企业标准，标准代号为 QB。

（5）协会标准，标准代号为 CECS。

**（三）标准的层次关系**

下级标准服从上级标准，可以作为上级标准的补充，但不得与上级标准矛盾。上级标准对下级标准具有指导和制约作用，即从管理上讲，下级标准服从上级标准，从技术上讲，下级标准的技术要求高于上级标准。

**（四）标准的性质及执行**

（1）强制性标准：GB、JGJ⋯⋯

（2）推荐性标准：GB/T、JGJ/T、CECS⋯⋯

（3）强制性标准必须执行；推荐性标准一旦签约，亦必须执行；强制性标准对推荐性标准有指导和制约关系。

**（五）施工质量验收标准的层次划分**

标准划分为 4 个层次：第一层次为"强制性条文"，第二层次为"建筑工程施工质量验收统一标准"，第三层次由"各个专业施工质量验收系列规范"共同构成，第四层次为"各个专项标准、规范、规程"等，施工质量标准体系层次划分见图 10-2。

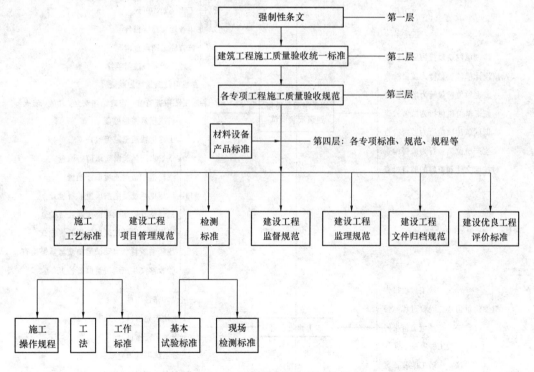

图 10-2 施工质量标准体系层次划分

各个层次之间的标准遵守标准体系建立的基本原则，上层次标准对下层次标准具有指导和约束作用，下层次标准遵守上层次标准的规定。

**（六）标准化和质量管理的关系**

（1）标准化是质量管理的依据和基础，没有标准就没有管理，进行管理必须形成标准。质量管理的过程就是标准的制订、贯彻、修订的过程，而标准和标准化工作又是在质量管理过程中，按 PDCA 循环不断改进、提高、完善和发展，因此，标准贯穿于质量管理的全过程。

（2）质量管理要贯彻"始于标准，终于标准"的原则，要使施工项目管理处于标准化的控制管理状态。在建筑施工中，对质量管理起作用的标准有：制图标准、设计标准（规范）、施工工艺标准、施工验收标准（规范）、工程质量评价标准等。

### 六、监督控制工作程序

工程建设施工监督控制工作程序分为开工前监督控制、施工中监督控制、竣工验收监督控制和交付使用后监督控制。火电工程建设施工监督控制工作程序见图 10-3。

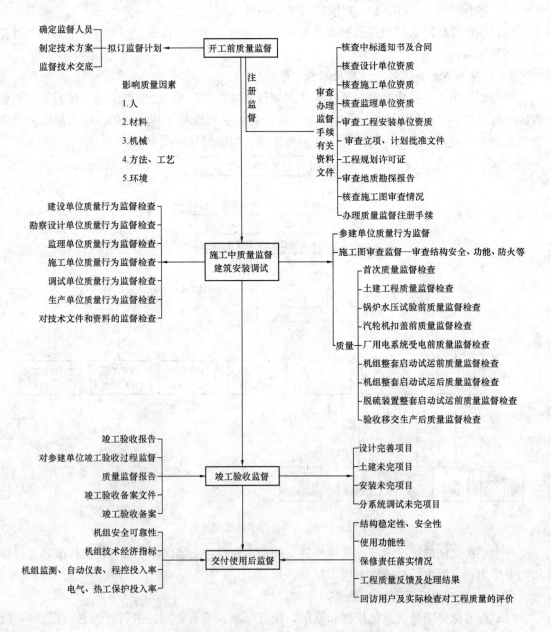

图 10-3 火电工程建设施工监督控制工作程序

## 第四节 火电建设工程质量监督检查典型大纲

### 一、工程质量监督检查典型大纲的性质

电力建设工程质量监督检查典型大纲（以下简称质监大纲），是在进行电力建设工程质量监督检查过程中所依循的指导性技术文件。

### 二、质监大纲的作用和意义

《电力建设工程质量监督规定》是电力建设工程质量监督工作的纲领性文件，文件规定了电力建设工程质量监督工作的目的、性质、归属、定位和管理体系等项问题，界定了质量监督的工作范围和工作内容以及质量监督机构的责任和权力等。

质量监督机构依据《电力建设工程质量监督规定》对工程现场进行实地监督检查，是工程质量监督的具体体现，是质量监督工作的基本工作方式。监督检查所依循的质监大纲，对监督检查工作的内容、要求、方法和程序都作了具体的规定，发挥了统一和规范的作用，从而保证了监督检查工作有效和有序的进行，保证了监督检查的工作质量和效果。同时，对促进各责任主体正确履行其工程质量责任和义务，保证工程质量，具有重要的指导和推动作用。

质监大纲既是质量监督检查工作的依据文件，也是质量监督检查的核心文件，又是《电力建设工程质量监督规定》最主要的支持性文件。

### 三、质监大纲、实施大纲及检查细则的区别

（1）质监大纲具有典型性，也叫典型大纲，适用于当前通常设计条件下 200MW 及以上容量的火电工程是具有通用性的质量监督检查依据文件，是质量监督检查的核心文件，是质监总站组织编制颁发的质监大纲。

（2）实施大纲是质监中心站在典型大纲的基础上，结合工程设计特点，针对工程设计中采用的新技术、新工艺、新材料和新设备等工程实际情况，编制的质监大纲，其目的是用以提高检查的针对性和全面性。

（3）检查细则是质监中心站在典型大纲的基础上，根据监督检查的需要，针对工程中局部规模较小，但其技术特点突出的具体情况，特别补充编制的具体检查内容及其技术要求或规定。

### 四、质监大纲的修订和颁发过程

原 1994 年版《质监大纲》颁发执行十多年来，在规范质量监督工作，推动工程质量管理和全面提高工程投产水平方面发挥了重要作用，原国家电力公司电源建设部于 2001 年 11 月负责组织对 1994 年版《质监大纲》进行修订，使其能适应社会主义市场经济，适应电力工业管理体制改革，适应当前建设工程质量监督工作深化改革的要求。

本次修订工作是以 1994 年版《质监大纲》为基础，本着在继续做好工程实体质量监督的基础上，加强对工程建设各责任主体的质量行为和强制性条文执行情况的监督，促进工程质量管理和投产水平不断提高的原则进行的，本次修订增加了《火电工程首次质量监督检查典型大纲》，目的是针对工程特点向各责任主体宣讲质量监督相关规定和要求以及质监工作计划，保证在工程建设过程中规范地开展监检工作，提高其工作质量。

《质监大纲》于 2004 年形成征求意见稿，2005 年 6 月质监总站邀请五大发电集团公司、南方电网公司和部分质监中心站代表对《质监大纲》进行了正式审查，按会议纪要进行了最后调整修改、完善，形成了《质监大纲》，并于 2005 年 10 月出版发行。

为进一步完善《电力建设工程质量监督检查典型大纲》，进一步充实监检工作内容，依据《电力建设工程质量监督规定（暂行）》，质监总站于 2006 年开始组织对 2005 年版《质监大纲》进行了补充，新编或修订了涉及脱硫、燃机、换流站和循环流化床等电力工程新技术、新工艺的六个质监大纲《"火电工程石灰石—石膏湿法烟气脱硫装置整套启动试运前质量监督检查典型大纲"、"换流站工程电气安装调试质量监督检查典型大纲"和"火电工程燃气—蒸汽联合循环机组整套启动试运前、后质量监督检查典型大纲"，并对"火电工程锅炉水压试验前和机组整套启动试运前质量监督检查典型大纲"》进行了修订，补充了循环流化床锅炉监督检查项目。

新编质监大纲是在原 2005 年版质监大纲的基础上进行新编或补充修订的，其内容结构、编制思路、检查项目、监检方法、工作程序等与原质监大纲都一致，因此，质监总站将把 2005 年版质监大纲和新颁发的六个质监大纲汇编成一册，于 2007 年 4 月重新颁发出版。

原《火电工程锅炉水压试验前质量监督检查典型大纲》（2005 年版）、《火电工程机组整套启动试运前质量监督检查典型大纲》（2005 年版）同时废止。《质监大纲》适用于 200MW 及以上火电工程。

**五、质监大纲（2005 年版）对阶段性监督检查项目部分说明**

根据原质监大纲在执行中的经验，结合当前电力建设工程管理的实际情况及建设部工程质量监督的模式，对质监大纲（2005 年版）的阶段性监督检查项目部分作了一定的调整和增补工作，使大纲更能适应电力建设工程的技术特点。

（一）增加了首次质量监督检查典型大纲

在工程正式开工后质监中心站对电力建设工程的首次质量监督检查。

1. 首次质量监督检查的目的

由于电力体制改革及其建设工程投资的多元化，增进新建电厂项目建设单位对工程质量监督工作的了解，为使工程质量监督工作尽早地进入工程现场，使工程现场能够从工程开始就规范化、标准化、制度化，给工程质量监督工作奠定良好基础。因此，制订首次质量监督检查典型大纲，实现其监督和保证作用，对其工作内容和检查时间作了具体规定。

2. 首次质量监督检查应具备的条件

（1）工程建设正式开工，建设手续完备。

（2）工程建设单位办理了质量监督注册登记表。

（3）工程现场"五通一平"已经完成，建筑工程已经开工。

（4）主体工程施工图的交付可满足连续三个月施工的需要，施工图交付计划已确定。

（5）施工组织总设计编制完成，并已审批完毕。

（6）工程项目质量监督站已经中心站审批，工作计划已编制，并正常开展工作。

3. 首次质量监督检查的内容

（1）听取建设单位对本工程总体情况的介绍。

（2）听取工程项目质量监督站关于质量监督工作计划的汇报。

（3）宣讲工程质量监督的目的、意义、内容、要求、程序、方法和其他与本工程监督工作相关的问题。

（4）宣布质监中心站负责本工程的质监工程师。

（5）布置本工程质监工作计划及其实施要求。

（6）按首次质量监督检查典型大纲规定的内容和要求对工程质量进行监督检查。

（7）首次质量监督检查每期工程只进行一次。

（8）首次质量监督站检查应在工程正式开工后尽早进行，不宜与土建工程第一阶段的质量监督检查合并进行。

（9）质监中心站和工程项目质量监督站及工程各责任主体均应做好首次质量监督检查工作，切实发挥好首次质量监督检查的作用，为该工程的质量监督工作奠定一个良好的基础。

（二）关于"火电工程验收移交生产后质量监督检查典型大纲"的修订情况

（1）"火电工程验收移交生产后质量监督检查典型大纲"修订的基础是原"火电机组试生产后质量监督检查典型大纲"。

（2）修订依据：主要是依据《建设工程质量管理条例》、《火力发电厂基本建设工程启动及竣工验收规程》、《建设工程质量监督机构监督工作指南》及《工程质量监督工作导则》等文件的规定和精神进行修订的。

（3）修订的意义：在完成《火力发电厂基本建设工程启动及竣工验收规程》，进一步考验设备，完成基建未完项目（包括设备系统完善化）和调试项目，完成主要的设备性能试验，继续完善和提高自动调节品质和保护、监测仪表、热控自动投入率，并逐步实现全部投运和全面考核机组的各项性能和技术经济指标等四项规定任务，按质监大纲的规定，对机组半年试生产后的质量监督检查，以备届时能适应工程备案工作程序的要求。为此修编"火电工程验收移交生产后质量监督检查典型大纲"时，采取了在原"火电工机组试生产后质量监督检查典型大纲"的基础上，以检查《启规（1996年版）》对试生产阶段规定的四项任务为主，并结合《建设工程质量管理条例》及《工程质量监督工作导则》的相关要求的方法进行修编。

（三）关于分部试运有关问题

厂用电系统受电，是火电建设工程质量由静态考核向动态考核转化的重要阶段，他标志着机组以分部试运阶段开始。机组分部试运的质量，是保证机组整套启动试运质量及调试效果的基础，也是保证机组总体投产水平的重要环节，因此，分部试运质量也是质量监督检查的重要内容之一。但是以往有些工程在质量监督检查的全过程中，对分部试运质量的监督检查往往没能占据更多的份额，对其进行质量预控性的监督检查是个死角。在对机组整套启动试运前的质量进行监督检查时，也只能是对分部试运的结果检查、确认，起不到质量预控的作用。所以质监总站要求，各质监中心站在对厂用电系统受电前和机组整套启动试运前两个阶段性监督检查时，应根据工程进展的具体情况，着意安排对分部试运相关工作质量的监督检查。

**六、质监大纲的结构和内容**

（一）共形成15个质监大纲

到目前为止，共形成15个火电、送变电建设工程质监大纲，构成了发电、变电、送电一套基本完整、连续、全过程、分阶段（重点项目）监督检查的典型大纲。

（1）火电工程首次质量监督检查典型大纲。

（2）火电土建工程质量监督检查典型大纲。

（3）火电工程锅炉水压试验前质量监督检查典型大纲（含循环流化床锅炉）。

（4）火电工程汽轮机扣盖前质量监督检查典型大纲。

（5）火电工程厂用电系统受电前质量监督检查典型大纲。

（6）火电工程机组整套启动试运前质量监督检查典型大纲（含循环流化床锅炉）。

（7）火电工程机组整套启动试运后的质量监督检查典型大纲。

（8）火电工程燃气—蒸汽联合循环发电机组整套启动试运前质量监督检查典型大纲。

（9）火电工程燃气—蒸汽联合循环发电机组整套启动试运后质量监督检查典型大纲。

（10）火电工程石灰石—石膏湿法烟气脱硫装置整套启动前质量监督检查典型大纲。

（11）火电工程验收移交生产后质量监督检查典型大纲。

（12）变电站土建工程质量监督检查典型大纲。

（13）变电站工程投运前电气安装调试质量监督检查典型大纲。

（14）换流站工程电气安装调试质量监督检查典型大纲。

（15）送电线路工程质量监督检查典型大纲。

**（二）每个质监大纲都是一个独立的大纲**

每个质监大纲从自身结构上讲又是一个独立的大纲，使用起来比较方便，每个阶段性检查都有其独立性、完整性、可操作性，能有效地保证每个阶段质量监督检查的工作力度和良好效果。

**（三）各质监大纲的结构一致**

各质监大纲的结构完全一致，每个大纲共分为以下 6 个部分。

（1）总则。

（2）质量监督检查的依据。

（3）质量监督检查应具备的条件。

（4）质量监督检查的内容和要求：

1）对工程建设各责任主体质量行为的监督检查。

2）对技术文件和资料的监督检查。

3）对工程实体质量的监督检查。

（5）质量监督检查的步骤和方法：

1）检查步骤。

2）检查方法。

（6）检查评价。

其中，"质量监督检查的步骤和方法"和"检查评价"两章当中，除"各责任主体迎检汇报材料内容"外，其余文字条款及文字基本一致，工作程序统一，检查操作统一。

**（四）关于"总则"（即总体原则）**

（1）第一条说明制订质量监督大纲的目的和作用，同时强调监督检查的强制性，规定凡接入公用电网的电力建设工程，包括各类投资方式的电力建设工程，均应按质监规定接受质量监督检查。

（2）第二条说明该大纲的适用项目和检查范围。

（3）"检查工程建设各责任主体质量行为时，对火电工程各大纲中内容相同的条款一般只检查一次。凡经检查符合规定，在后续工作中对发生情况变化者，一般（可）不再重复检查。"对于这一条不可一概而论。

施工现场的工作情况随时会有变化，质监中心站在各阶段检查中，应视具体情况决定，必要时也可重复检查，如果发现问题应要求进行整改，对质量行为和《工程建设标准强制性条文》的执行情况应加强监督、检查。正如前文所述，建设部和质监总站对此都给予特别的强调，是监督检查的重点。

（4）关于对引进设备检查所用的技术标准问题，是引进项目施工现场经常遇到的问题，对此，在锅炉水压、汽轮机扣盖和整套启动前（后）等几个大纲中，都列出了相应条款加以规定，其他未列本条款的质量大纲，亦按此条执行。

（5）总则中其他条款都是对该阶段（重点项目）监督检查的辅助说明，如对机组"厂用电系统受电前"、"整套启动试运前（后）"的定义或相关说明等，有助于对大纲使用的理解。

（6）总则对监督检查以重点抽查的方法作了基本规定。

（五）关于"质量监督检查的依据"

在修编质监大纲所依据的文件中，对那些与工程管理和质量控制直接相关的重要文件，质监中心站及相关责任主体均应收集备用，同时，质监专业人员应能知道或熟悉文件中相关的主要内容和要求。

（六）关于"质量监督检查应具备的条件"

阶段性质量监督检查时，施工现场应具备的技术条件是完成好本次质量监督检查工作的基础。现场技术条件越充分，检查工作开展得就会越顺利，所以检查结论也就越准确，取得的质监效果才能更好，才能达到质量监督的目的。例如：在整套启动后或工程验收移交生产后的监督检查时，必须是在机组满负荷或大负荷运转工况的条件下进行检查，如果机组停运，对机组的动态质量就无法检查和准确评价，遇到这种情况，原则上监检组是可以退出检查的，否则，既达不到监检要求的效果，也必然影响监检组的检查结论。为此，工程项目质量监督站必须认真配合好质监中心站的工作，准确掌握工程信息，认真做好预监检，把好"质量监督检查应具备的条件"这一关。特别要求建设单位要给予理解和支持，摆正工程质量和工程进度的关系。同时，建设单位可要求监理单位配合工程项目质量监督站，认真做好预监检及整改的验收工作，保证施工现场的技术条件满足质监大纲的要求。

（七）关于"质量监督检查的内容和要求"

（1）本节检查内容共分为质量行为、技术资料和实体质量三个部分。其中，"对工程建设各责任主体质量行为的监督检查"的内容，加强对有关建设工程的法律、法规和强制性标准执行情况的监督检查，对各责任主体质量行为监督检查的要求。

电力建设工程质量监督工作，必须建立在工程建设主体的质量管理行为运行的基础上，且不代替项目建设主体的质量管理工作。因此，在执行对电力建设项目质量监督时，必须做好电力建设项目各责任主体的管理行为和实体质量两个方面的监督，重点做好对责任主体的质量管理行为的监督，包括项目法人、设计、设备制造、施工（建筑）安装、调试、监理等

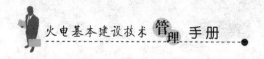

各责任主体。

（2）"对技术文件和资料的监督检查"和"对工程实体质量的监督检查"两部分，在原质监大纲的基础上进行了适当的调整，同时作了补充和归纳整理，包括新编、修订的燃机、脱硫、换流站和循环流化床等六个质监大纲，充实了检查的内容，方便于检查操作。

（3）三个部分的检查内容之所以列得较细，主要是考虑监检组专家的实际情况。无论专家的质监经验多少，质监大纲都应为他们在对抽查内容进行选项时提供方便，为工程各责任主体的质量管理工作提供参考，具有一定的促进和指导意义。

（4）某些检查内容和要求，在质量行为、技术资料或实体质量以及检查时应具备的条件等几个部分之间有些重复，这是正常的，是检查的需要，例如：消防或锅炉电梯等比较重要的问题，是机组整套启动前质量监督检查的必备条件，也当然是质量行为或实体质量检查的重点项目，其相应的技术文件、资料也是要查阅的重点内容，他们必然会在几个部分重复出现，监检组在检查前作好检查内容的选项，各专业小组间做好检查工作的协调。

（5）在整套启动前和整套启动后两个大纲的实体质量检查内容当中，单独列出了受社会监督项目的检查内容，目的在于强调这些项目的重要性，这些项目涉及工程所在地方政府的消防、环保、职业健康、劳动安全、档案管理及水土保持等相关部门的监督管理和单项验收等问题，所以请建设单位和监检组应特别给予关注。监检组负责人应在监检工作开始前，先将各条款分别布置给相关专业组的专家，以便对口检查。

（6）在整套启动前和整套启动后两个阶段的质监大纲中，对消防、脱硫、工业污水和生活污水处理等系统在检查时应具备的条件都分别作了具体要求，在修订时没有收集到准确的技术标准或行业以上的管理规定作为依据，只是根据在建工程的一般情况和经验而确定的，尚待在实际工作中积累经验，收集有关资料。如果在监检时大纲的要求与现场实际进度情况有出入，质监中心站可以按工程的实际进度计划进行检查考核。

（八）关于质量监督检查的方法

（1）质量监督检查以阶段性（重点项目）检查方式为主，结合不定期巡检并随机抽查、抽测的方法进行。即无论是阶段性检查或是随机性巡检，都是以抽查的方法进行，这主要是电力建设工程技术特点所要求的，为此，每次监督检查开始前，监检组和专家均应做好分工协调和检查选项的准备，保证检查的效果。

（2）增加了工程建设各责任主体迎检汇报材料编写内容，建设单位和工程项目质量监督站，应结合本阶段监检的内容和要求，和工程的实际情况及此前所作阶段性监督检查时的汇报内容编写迎检汇报材料。汇报材料的编写应力求简明、清晰、准确、真实、完整地反映出本单位在本阶段工程中的质量管理工作情况、实际工程状况、曾发生的质量问题，尚存在的质量问题和处理工作计划。汇报材料一方面是监检专家组检查、评审的重要依据，另一方面是对各责任主体进行一次阶段性的工作总结和相互交流。因此，建设单位和工程项目质量监督站要认真组织好这项工作。

（九）关于正式监督检查后工程质监站对限期整改项的督促和确认问题

对于经监检组认真研究、确定，需要整改的遗留问题，建设单位必须切实安排和要求相关责任主体按规定的时间处理完毕，经监理单位验收合格后，由工程质监站进行确认，并书面报中心站备案，这是一项十分重要、十分严肃的工作，保证工程质量，形成闭环管理。

## 第五节 工程质量监督档案和信息管理

### 一、工程质量监督档案管理的要求

（1）监督机构（包括工程质量监督站）应建立工程质量监督档案管理制度。

（2）工程质量监督档案应推行信息化管理。

（3）工程质量档案应包括以下主要内容：

1）监督注册及工程项目监督工作方案。

2）质量行为的监督记录。

3）地基基础、主体结构工程抽查（包括监督检测）记录。

4）工程质量竣工验收监督记录。

5）工程质量监督报告。

6）不良行为记录。

7）施工中发生质量问题的整改和质量事故处理的有关资料。

8）工程监督过程中所形成的照片（含底片、数码照片）、音像资料。

9）其他有关资料。

（4）工程质量监督档案应及时整理，并综合档案管理的有关规定。

### 二、工程质量监督档案的保管

（1）工程质量监督档案保管期限分为长期和短期两种，长期为15年，短期为5年。

（2）工程质量监督档案案卷的装订应做到统一、整齐、牢固，符合相关规范标准的要求，便于保管与查阅。

（3）工程质量监督档案应按地区工程项目归类保管。

### 三、工程质量监督信息管理

（1）监督机构应加强工程质量监督的信息化建设，运用工程质量监督信息系统实现监督注册、行为监督、实体质量监督、不良行为记录、竣工验收备案等工作的在线作业。

（2）监督机构应建立工程质量监督信息数据库，将工程建设责任主体和有关机构信息、在建及竣工工程信息、监督检查中发现的工程建设责任主体违规和违反强制性标准信息、工程质量状况统计信息、工程竣工验收备案信息等纳入数据库。

（3）工程质量监督机构应设置质量信息局域网，其设置应满足上级部门对质量信息管理及数据传递的要求。

（4）监督机构应将所发现的工程建设各方责任主体和有关机构的不良行为进行记录、核实，按规定的程序和权限，通过信息系统向社会公示并向上级有关部门传递。

## 第六节 火电工程重点项目质量监督检查典型表式

### 一、火电工程重点项目质量监督检查典型表式说明

火电工程重点项目质量监督检查十一项"监检典型大纲"于2005～2007年增补版颁发以来，一直是指导全国各质量监督中心站进行质量监督工作的主要依据。为了进一步规范监

检行为，提高监检水平，提出了编写"监检报告典型表式"的要求，质监总站组织编写、审议、出版了十一份"质监报告、记录典型表式"，进一步明确了编写的基础要求、内容格式。

（1）贯彻监检典型大纲的有关规定，全面体现所规定的内容。

（2）每项"典型表式"由"监检报告"和"监检记录"两部分组成。

（3）"监检记录"是监检报告的基础材料，是质监中心存档资料，要求内容全面，重点突出，操作性强。

（4）"质监报告、记录典型表式"对应于 2005 年质监大纲修订版和 2007 年增补版，增补了检查记录。

**二、火电工程重点项目质量监督检查报告及检查记录**

火电工程重点项目质量监督检查报告及检查记录表见本书附录四。

（1）火电工程首次质量监督检查报告，见附表 4-1。

（2）火电工程首次质量监督检查记录，见附表 4-2。

（3）火电土建工程质量监督检查报告，见附表 4-3。

（4）火电土建工程质量监督检查记录，见附表 4-4。

（5）火电工程锅炉水压试验前质量监督检查报告（含循环流化床锅炉），见附表 4-5。

（6）火电工程锅炉水压试验前质量监督检查记录（含循环流化床锅炉），见附表 4-6。

（7）火电工程汽轮机扣盖前质量监督检查报告，见附表 4-7。

（8）火电工程汽轮机扣盖前质量监督检查记录，见附表 4-8。

（9）火电工程厂用电系统受电前质量监督检查报告，见附表 4-9。

（10）火电工程厂用电系统受电前质量监督检查记录，见附表 4-10。

（11）火电工程机组整套启动试运前质量监督检查报告（含循环流化床锅炉），见附表 4-11。

（12）火电工程机组整套启动试运前质量监督检查记录（含循环流化床锅炉），见附表 4-12。

（13）火电工程机组整套启动试运后质量监督检查报告，见附表 4-13。

（14）火电工程机组整套启动试运后质量监督检查记录，见附表 4-14。

（15）火电工程燃气—蒸汽联合循环发电机组整套启动试运前质量监督检查报告，见附表 4-15。

（16）火电工程燃气—蒸汽联合循环发电机组整套启动试运前质量监督检查记录，见附表 4-16。

（17）火电工程燃气—蒸汽联合循环发电机组整套启动试运后质量监督检查报告，见附表 4-17。

（18）火电工程燃气—蒸汽联合循环发电机组整套启动试运后质量监督检查记录，见附表 4-18。

（19）火电工程石灰石—石膏湿法烟气脱硫装置整套启动试运前质量监督检查报告，见附表 4-19。

（20）火电工程石灰石—石膏湿法烟气脱硫装置整套启动试运前对各参建主体单位质量监督检查记录，见附表 4-20。

（21）火电工程石灰石—石膏湿法烟气脱硫装置整套启动试运前对各专业质量监督检查记录，见附表4-21。

（22）火电工程验收移交生产后质量监督检查报告，见附表4-22。

（23）火电工程验收移交生产后质量监督检查记录，见附表4-23。

火电基本建设技术

管理手册

# 第十一章

# 火电建设项目机组启动调试技术管理

　　火电建设项目机组启动调试工作是火电基本建设工程的一个关键阶段，其基本任务是按照国家标准和部颁规程、规范及设备文件，根据设计和设备的特点，对主机、辅机等设备及其配套系统、公用设备及系统等进行调整、试验、试运，调试工作要严格按照《火力发电厂基本建设工程启动及竣工验收规程》及有关《火电工程建设考核标准》或《火电机组达标投产考核办法》等规程、规范和标准执行，确保机组在每一个试运阶段和主要调试项目均能达到规定的优良标准的要求。

　　机组启动调试是火电基本建设工程的一个关键阶段，设计、设备、安装等方面可能存在的问题，将在此阶段暴露出来并获得解决；同时，机组启动调试又是一个多单位协作的系统工程，各参建单位应当在启动验收委员会（试运指挥部）的统一领导和协调指挥下，团结协作、安全、优质，使新安装机组能顺利地完成整套启动试运行并移交生产。投产后能安全、可靠、稳定运行，形成生产能力，发挥投资效益。

## 第一节　火电机组启动调试应遵守的原则

### 一、对调试单位的原则要求

　　（1）火电建设项目机组启动调试工作应由具备与机组容量、电压等级相当资质等级的调试单位承担。

　　（2）调试单位应由项目建设单位通过招投标方式确定（在确定施工单位的同时明确具体承担调试的单位）。调试单位中标后，应与工程建设单位正式签订合同和技术协议文件，如果同时有几个调试单位参加调试，建设单位应明确主体调试单位和其他各调试单位的分工和职责范围。

　　（3）合同签订后，调试单位宜尽早参与设备选型、初步设计审查等与工程建设有关的工作，熟悉工程设计和设备性能，以确保调试工作的顺利进行。

　　（4）调试单位应在启动试运总指挥的领导下，根据设计和设备的特点，合理组织、协调，实施启动试运工作，完成启动调试工作的安全目标和质量目标。

　　（5）机组启动试运调试工作及其各阶段的交接验收应在试运指挥部的领导下进行。必须以国家标准和有关火电建设的现行法规、标准、规程、规范，以及经过批准的文件、设计图纸和设备合同等为依据。

　　（6）分部试运中的分系统试运调试与整套启动试运调试，应由主体调试单位承担，主体调试单位是整套启动试运调试的组长单位，应切实履行其相应的职责。

（7）机组试生产阶段仍属于基本建设阶段，调试单位及其与工程有关的其他单位仍应按规定继续履行各自的职责。

（8）单机容量为300MW及以上的各类新（扩、改）建火力发电机组，启动试运应按"分部试运、整套启动试运、试生产"三个阶段进行，单机容量为300MW以下机组可参照执行。国外引进项目，引进主要设备的工程、中外合资项目，应按双方签订的有效合同进行启动试运和验收。

（9）机组分部试运和整套启动试运阶段的调试及验收评定工作，应按《火力发电厂基本建设工程启动及竣工验收规程》和《火电工程启动调试工作规定》及《火电工程调整试运行质量检验及评定标准》进行，合格后才能移交试生产。

**二、对启动调试工作的原则要求**

（1）机组启动调试工作是火电基本建设工程的一个关键阶段，基本任务是使新安装机组安全顺利地完成整套启动并移交生产，投产后能安全稳定运行，形成生产能力，发挥投资效益。

（2）分部试运中的分系统试运与整套启动试运的调试工作应由调试单位承担，分系统试运必须在单体调试和单机试运合格签证后进行，分系统启动调试工作与单体调试和单机试运工作有一定的覆盖，但覆盖部分各自的目的要求不同。

（3）机组启动调试阶段各有关单位的主要任务。

1）安装单位负责分部试运工作中的单体调试和单机试运以及整个启动调试阶段的设备与系统的维护、检修和消缺，以及调试临时设施的制作安装和系统恢复等工作。

2）调试单位负责制定整套启动与所承担的分系统试运调试方案措施并组织实施。

3）生产单位在整个试运期间，根据调整试运方案措施及运行规程的规定，在调试单位的指导下负责运行操作。

4）建设单位应明确各有关单位的工作关系，建立各项工作制度，协助试运指挥部做好启动调试的全面组织协调工作。

（4）分系统与整套启动试运工作的项目详见《火电工程启动调试工作规定》及附件"分系统与整套启动调试工作各专业调试范围及项目"。

（5）整套启动调试：300MW以下机组实行72h＋24h满负荷试运行后移交试生产（或生产），300MW及以上机组实行168h满负荷试运后移交试生产。移交前应按《火电工程启动调试工作规定》完成各项试验，对暂不具备试验条件而又不影响安全运行的调试项目，由启动验收委员会决定取舍或推迟。

（6）国外引进机组启动调试工作范围及项目按合同要求进行，无合同要求时按《火电工程启动调试工作规定》进行。

（7）对多单位参与调试的工程，建设单位应明确主体调试单位。主体调试单位应对各参加调试单位的调试质量进行监督检查，尤其对结合部的工作要检查其完整性、系统性、可靠性，防止执行规程的不一致性。

**三、调试单位在各阶段的工作**

（一）在工程设计和施工阶段的工作

（1）参加工程设计审查及施工图会审，对系统设计布置、设备选型、启动调试设施是否

合理等提出意见和建议。

(2) 收集和熟悉图纸和资料，制定调试计划。

(3) 准备好调试使用仪器、仪表、工具及材料。

(4) 在安装过程中，经常深入现场，熟悉设备和系统，发现问题及时提出修改意见。

(5) 负责编写机组整套启动调试大纲和试运行方案以及汽轮机、锅炉、电气、热控和化学等专业分系统试运调试方案或措施，提出启动调试所需要的配备清单及临时设施和测点安装图，交建设或施工单位实施。

(二) 在分系统试运和整套启动试运阶段的工作

(1) 参加各主要辅机的分系统试运工作，确认各辅机具备参加整套启动试运的条件。

(2) 负责制定启动试运网络图及调试方案、措施并进行技术交底。

(3) 在整套启动试运中，承担指挥工作，参加试运行值班，主持整套试运组交接班会议，指导运行操作及对设备系统进行调整，按照调试方案进行各项调试工作，逐步投入各设备系统及各项保护、自动、顺序控制装置，带负荷，使机组达到满负荷安全稳定运行，完成72h+24h 或 168h 试运行。

(4) 对机组在试运中发生设备损坏、人身事故或中断运行的事故参与调查和分析，提出对策。

(5) 整理调试记录，编写试运行总结和调试报告，在设备移交试生产后一个半月内交给合同委托单位。

## 第二节　火电基本建设机组启动及竣工验收的有关要求

### 一、机组启动及竣工验收的基本原则

(1) 为适应我国火电建设大机组发展的需要，规范火电机组的启动试运及交接验收工作，提高火电工程的质量，充分发挥投资效益，根据国家计委颁发的《建设项目（工程）竣工验收办法》结合我国电力建设的成功经验和实际情况，提出火电基本建设机组启动及竣工验收的有关要求。

(2) 本要求适用于单机容量为 300MW 及以上的各类新（扩、改）建的火力发电厂建设工程。单机容量为 300MW 以下的机组可参照执行。国外引进项目、引进主要设备的工程或中外合资项目，应按双方签订的有效合同进行启动和验收。

(3) 机组移交生产前，必须进行启动试运及各阶段的交接验收。每期工程全部竣工后，必须及时进行工程的竣工验收。

(4) 机组的启动试运及其各阶段的交接验收和工程的竣工验收，必须以批准文件、设计图纸、设备合同，国家各发电集团公司及国家颁发的有关火电建设的现行的标准、规程和法规等为依据。

(5) 每台机组都应按基建移交生产达标机组的标准进行考核。

(6) 未经电力建设质量监督机构监督认可的机组，不能启动、不能并网。

(7) 具备移交生产条件的机组，必须及时办理固定资产交付使用手续。

(8) 国家各发电集团公司，均根据火电基本建设机组启动及竣工验收的有关要求，结合

本地区的实际情况，制定实施办法。

**二、机组启动试运工作**

（一）机组启动试运工作按以下要求进行

（1）机组的启动试运是全面检验主机及其配套系统的设备制造、设计、施工、调试和生产准备的重要环节，是保证机组能安全、可靠、经济、文明地投入生产，形成生产能力，发挥投资效益的关键性程序。

（2）机组的启动试运一般分"分部试运、整套启动试运、试生产"三个阶段。

（3）机组的启动试运及其各阶段的交接验收，应在试运指挥部的领导下进行。整套启动试运阶段的工作，必须由启动验收委员会（以下简称〈启委会〉）进行审议、决策。

（4）机组启动试运阶段的调试工作，应按《火电工程启动调试工作规定》（以下简称《调试规定》）进行。机组启动试运的验收评定应按《火电工程调整试运质量检验及评定标准》（以下简称《验标》）进行，合格后移交试生产。

（二）机组启动试运的组织分工原则

1. 启动验收委员会

一般由投资方、建设、质监、锅监、监理、施工、调试、生产、设计、电网调度、制造厂等有关单位的代表组成。设主任委员一名、副主任委员和委员若干名。由建设单位与有关单位协商，提出组成人员名单，报上级主管部门批准。启委会必须在整套启动前组成并开始工作，直到办完移交试生产手续为止。启委会应在机组整套启动试运前，审议试运指挥部有关机组整套启动准备情况的汇报、协调整套启动的外部条件、决定机组整套启动的时间和其他有关事宜；在完成整套启动试运后审议试运指挥部有关整套启动试运和交接验收情况的汇报、协调整套启动试运后的未完事项、决定机组移交试生产后的有关事宜、主持移交试生产的签字仪式、办理交接手续。

2. 试运指挥部

由总指挥和副总指挥组成。设总指挥一名，由工程主管单位任命。副总指挥若干名，由总指挥与有关单位协商，提出任职人员名单，报工程主管单位批准。试运指挥部一般应从分部试运开始的一个月前组成并开始工作，直到办完移交生产手续为止。其主要职责是：全面组织、领导和协调机组启动试运工作；对试运中的安全、质量、进度和效益全面负责；审批启动调试方案和措施；启委会成立后，在主任委员的领导下，筹备启委会全体会议，启委会闭会期间，代表启委会主持整套启动试运的常务指挥工作；协调解决启动试运中的重大问题；组织、领导、检查和协调解决启动试运中的重大问题；组织、领导、检查和协调试运指挥部各组及各阶段的交接签证工作。试运指挥部下设：分部试运组、整套试运组、验收检查组、生产准备组、综合组、试生产组。根据工作需要，各组可下设若干个专业组，专业组的成员，一般由总指挥与有关单位协商任命，并报工程主管单位备案。

（1）分部试运组：一般由施工、调试、建设、生产、设计、监理等有关单位的代表组成，应邀请主要设备厂派员参加。设组长一名、副组长若干名。组长应由主体施工单位出任的副总指挥兼任。其主要职责是：负责分部试运阶段的组织协调、统筹安排和指挥领导工作；组织和办理分部试运后验收签证及资料的交接等。

（2）整套试运组：一般由调试、施工、生产、建设、设计、监理、制造厂等有关单位的代表组成。设组长一名，应由主体调试单位出任的副总指挥兼任。副组长两名，应由施工和生产单位出任的副总指挥兼任。其主要职责是：负责核查机组整套启动试运应具备的条件；提出整套启动试运计划；负责组织实施启动调试方案和措施；全面负责整套启动试运的现场指挥和具体协调工作。

（3）验收检查组：一般由建设、施工、生产、设计、监理等有关单位的代表组成。设组长一名、副组长若干名。组长一般由建设单位出任的副总指挥兼任。其主要职责是：负责建筑与安装工程施工和调整试运质量验收及评定结果、安装调试记录、图纸资料和技术文件的核查和交接工作；组织对厂区外与市政、公交有关工程的验收或核查其验收评定结果；协调设备材料、备品配件、专用仪器和专用工具的清点移交工作等。

（4）生产准备组：一般由生产、建设等有关单位的代表组成。设组长一名、副组长若干名。组长一般由生产单位出任的副总指挥兼任。其主要职责是：负责核查生产准备工作，包括：运行和检修人员的配备、培训情况、所需的规程、制度、系统图表、记录表格、安全用具等配备情况。

（5）综合组：一般由建设、施工、生产等有关单位的代表组成。设组长一名、副组长若干名。组长应由建设单位出任的副总指挥兼任。其主要职责是：负责试运指挥部的文秘、资料和后勤服务等综合管理工作；发布试运信息；核查协调试运现场的安全、消防和治安保卫工作等。

（6）试生产组：一般由生产、调试、建设、施工、设计等有关单位的代表组成，主要设备厂应派员参加。设组长一名、副组长若干名。组长应由生产单位出任的副总指挥兼任。其主要职责是：负责组织协调试生产阶段的调试，消缺和实施未完项目等。

3. 参与机组启动试运的有关单位的主要职责

（1）建设单位应全面协助试运指挥部作好机组启动试运全过程中的组织管理，参加试运各阶段的工作的检查协调、交接验收和竣工验收的日常工作；协调解决合同执行中的问题和外部关系等。

（2）施工单位应完成启动需要的建筑和安装工程及试运中临时设施的施工；配合机组整套启动的调试工作；编审分部试运阶段的方案和措施，负责完成分部试运工作及分部试运后的验收签证；提交分部试运阶段的记录和有关文件、资料；做好试运设备与运行或施工中设备的安全隔离措施。机组移交试生产前，负责试运现场的安全、消防、治安保卫、消缺检修和文明启动等工作；在试生产阶段，仍负责消除施工缺陷，提交与机组配套的所有文件资料、备品配件和专用工具等。

（3）调试单位应按合同负责编制调试大纲、分系统及机组整套启动试运的方案和措施；提出或复审分部试运阶段的调试方案和措施；参加分部试运后的验收签证；全面检查启动机组所有系统的完整性和合理性；按合同组织协调并完成启动试运全过程中的调试工作。负责提出解决启动试运中重大技术问题的方案或建议，填写调整试运质量验评表，提出调试报告和调试工作总结。

（4）生产单位应在机组整套启动前，负责完成各项生产准备工作，一般包括燃料、水、汽、气、酸、碱等物资的供应；负责提供电气、热控等设备的运行整定值；参加分部试运及分部试运后的验收签证；做好运行设备与试运设备的安全隔离措施；在启动试运中，负责设备代管和单机试运后的启停操作、运行调整、事故处理和文明生产，对运行中发现的各种问题提出处理意见或建议，移交试生产后，全面负责机组的安全运行和维护管理工作等。

（5）设计单位应负责必要的设计修改；提交完整的竣工图。

（6）制造单位应按合同进行技术服务和指导，保证设备性能；及时消除设备缺陷；处理制造厂应负责解决的问题；协助处理非责任性的设备问题等。

（7）电网调试部门应及时提供归其管辖的主设备和继电保护装置整定值；检查并网机线的通信、远动、保护、自动化和运行方式等实施情况；审批机组的并网请求和可能影响电网安全运行的试验方案，发布并网或解列命令等。

（8）质监部门应按规定对机组启动试运进行质量监督。

（9）监理单位应按合同进行机组启动试运阶段的监理工作。

（三）分部试运阶段的工作

（1）分部试运阶段应从高压厂用母线受电开始至整套启动试运开始为止。

（2）分部试运包括单机试运和分系统试运两部分。单机试运是指单台辅机的试运。分系统试运是指按系统对其动力、电气、热控等所有设备进行空载和带负荷的调整试运。

（3）分部试运应具备的条件是：相应的建筑和安装工程已完工并按《验标》验收合格；试运需要的建筑和安装工程的记录等资料齐全；一般应具备设计要求的正式电源；组织落实，人员到位，分部试运的计划、方案和措施已审批，交底。

（4）分部试运应由施工单位牵头，在调试等有关单位配合下完成。分系统试运中的调试工作一般由调试单位完成。

（5）单体调试和单机试运合格后，才能进入分系统试运。

（6）分部试运的记录和报告，应由实施单位负责整理、提供。

（7）分部试运项目试运合格后，一般由施工、调试、建设、生产等单位及时进行验收签证，分部试运后签证验收见表 11-1。

表 11-1　　　　　　　　分部试运后签证验收表（移交整套试运交接书）

_____ 专业 No. _____ 系统

| 序号 | 验收内容 | 评价 | | 备注 |
| --- | --- | --- | --- | --- |
| | | 合格 | 不合格 | |
| | | | | |
| | | | | |

评价：
　　该设备/系统已于　　年　　月　　日至　　年　　月　　日完成分部试运，经按部颁《验标》验收，被评为优良（　　）/合格（　　），以具备代管条件，同意进入整套启动阶段。

主要遗留问题及处理意见：

| 施工单位代表（签字）： | 年　　月　　日 |
| --- | --- |
| 调试单位代表（签字）： | 年　　月　　日 |
| 监理单位代表（签字）： | 年　　月　　日 |
| 生产单位代表（签字）： | 年　　月　　日 |
| 建设单位代表（签字）： | 年　　月　　日 |

(8) 合同规定由设备制造厂负责单体调试的项目，必须由建设单位组织调试、生产等单位检查验收。验收不合格的项目，不能进入分系统试运和整套启动试运。

(9) 已验收签证的设备和系统，如生产或试行需要继续运行时，一般由生产单位代管。代管期间的施工缺陷仍由施工单位消除，其他缺陷应由建设单位组织施工等有关单位完成。

（四）整套启动试运阶段的工作

(1) 整套启动试运阶段是从炉、机、电等第一次整套启动时锅炉点火开始，到完成满负荷试运移交试生产为止。

(2) 整套启动试运应具备的条件：

1）试运指挥部及各组人员已全部到位，职责分工明确。

2）建筑、安装工程已验收合格，满足试运要求；厂区外与市政、公交有关的工程已验收交接，能满足试运要求。

3）必须在整套启动试运前完成的分部试运、调试和整定项目，均已全部完成并验收签证，分部试运技术资料齐全。

4）整套启动计划、方案及措施已经总指挥批准、并组织学习交底。有重大影响的调试项目的试验方案和措施，已经总指挥批准，必须报工程主管单位和电网调度部门批准的已办完审批手续。

5）所有参加整套启动试动的设备和系统，均能满足试运要求。需要核查确认的设备和系统应包括：炉、机、电和辅助设备及其系统；汽轮机旁路系统；热控系统；电气二次及通信系统；启动用的各种电源、汽源、水系统和压缩空气系统；化学处理系统；制氢、制氯和加药系统；煤、粉、燃油、燃气系统；灰、渣系统；启动试运需要的燃料（煤、油）、化学药品及其他必需品；试运现场的防冻、采暖、通风、照明、降温设施；环保监测设施、生产电梯、保温和油漆；试运设备和系统与运行或施工设备和系统的安全隔离设施；试运现场的安全、文明条件等。

6）配套送出的输变电工程应满足机组满发送出的要求。

7）满足电网调度提出的并网要求。

8）已做好各项运行准备。包括运行人员已全部到位，岗位职责明确，培训考试合格；运行规程和制度已经配齐，现场已张挂有关的图表和启动曲线等；设备、管道、阀门等已命名并标识齐全；运行必需的备品配件、专用工具、安全工器具、记录表格和值班用具等备齐。

9）试运现场的消防、安全和治安保卫，验收合格，满足试运要求；试运指挥部的办公器具已备齐，文秘和后勤服务等项工作已经到位，满足试运要求。

10）质监中心站按《质监大纲》确认并同意进入整套启动试运阶段。

11）召开启委会全体会议，听取并审议关于整套启动的汇报并作出准予进入整套启动试运阶段的决定。

(3) 整套启动试运：应按"空负荷调试、带负荷调试和满负荷试运"三个阶段进行。

1）空负荷调试：一般应包括下列内容：按启动曲线开机；机组轴系振动监测；调节保安系统有关参数的调试和整定；电气试验、并网带初负荷；超速试验。

2）带负荷调试：机组分阶段带负荷直至带满负荷。其间，一般应完成下列主要调试项目：制粉系统和燃烧系统初调整；汽水品质调试；相应的投入和试验各种保护及自动装置；厂用电切换试验；启停试验；主汽门严密性试验；真空严密性试验；协调控制系统负荷变动试验（参照部颁《模拟量控制系统负荷变动试验导则》）汽轮机旁路试验；甩负荷试验（参照部颁《汽轮机甩负荷试验导则》）。视主、辅机性能和自动控制装置功能情况，还可按合同增加自动处理事故的功能试验和特殊试验项目（如单风机运行、高加停用、汽动给水泵汽源切换试验等）。

3）满负荷试运：同时满足下列要求时，才能进入满负荷试运：发电机保持铭牌额定功率值、燃煤锅炉断油、投高加、投电除尘、汽水品质合格、按《验收标准》（简称《验标》）要求投热控自动装置、调节品质基本达到设计要求。其间，机组应连续运行不得中断，平均负荷率应按《验标》考核。

300MW 及以上的机组，应连续完成 168h 满负荷试运行。

300MW 以下机组的满负荷试运行一般分 72h 和 24h 两个阶段。连续完成 72h 满负荷试运后，停机进行全面的检查、消缺。消缺后再开机，连续完成 24h 满负荷试运。

4）完成满负荷试运要求的机组，由总指挥上报启动委员会（简称启委会）同意后，宣布满负荷试运结束，由试生产组接替整套试运组的试运领导工作。对暂时不具备处理条件而又不影响安全运行的项目，由试运指挥部上报启委会确定负责处理的单位和完工时间。

5）由于电网或非施工和调试的原因，机组不能带满负荷时，由总指挥上报启委会决定应带的最大负荷。

6）在整套启动试运阶段，应如实做好试运期间的各项记录。

7）整套启动试运的调试项目和程序，可根据工程和机组的情况，由总指挥确定。个别项目也可在试生产阶段完成。

8）整套启动试运过程中发生的问题，由建设单位全面负责，组织有关单位消缺完善。

9）应移交的技术资料包括：技术文件、设计变更；制造厂的整套安装图纸（含修改图）、说明书、质保书及出厂证明书；施工中补充的地质及水文资料；建（构）筑物、大型设备基础的沉降观测记录、主要轴线的测量；放线记录及水准点一览表；材料试验记录和质保书；建筑及安装工程质量检查及验收记录和中间验收签证；施工和试运过程中发生的质量事故和设备缺陷处理记录；安装记录、验收签证和调试报告；需要作为生产依据的合同、协议、来往文件和重要的会议记录；外文技术资料；未完项目的分工协调纪要；质监机构对机组进行质量监督的评价文件等。

10）修改过多而又必须重新绘制的竣工图，由验收检查组确定后，由建设单位组织原设计单位重新绘制。

11）技术资料的移交工作应由验收检查组主持协调。移交工作应符合电力行业颁发的《电力建设施工及验收技术规范》（简称《验规》）和验收检查组的决定，由建设单位组织施工单位在移交试生产后一个半月内移交生产单位。少量有特殊情况的资料，经总指挥同意可延期移交，但不能超过试生产期。

12）按设备合同供应的检修用的备品配件、施工后剩余的安装用易损易耗备品配件、专用仪器和专用工具的移交工作，应由验收检查组主持协调，由建设单位组织施工单位在移交试生产后一个半月内移交生产单位。如本期工程其余机组安装调试时需要继续使用，应由使

用单位向生产单位办理借用手续。

13）整套启动试运后，须由质监中心站进行质量评价。

14）整套启动试运后，召开启委会议，听取并审议整套启动试运和移交工作情况的汇报，办理移交试生产的签字手续，机组启动验收交接书见表 11-2。

表 11-2　　　　　　　　　　　　　　机组启动验收交接书（参照样式）

| 　　　　　　　　　工程　　　　　　　　　机组启动验收交接书 | | | | |
|---|---|---|---|---|
| 建设单位 | | | | |
| 生产单位 | | | | |
| 主体设计单位 | | | | |
| 工程监理单位 | | | | |
| 主体施工单位 | | | | |
| 主体调试单位 | | | | |
| 验收交接日期 | | | 年　　　月　　　日 | |
| 工程名称 | | 机组编号 | | |
| 工程地点 | | | | |
| 建设依据 | | | | |
| 建设规模 | | | | |
| 工程正式开工日期 | 年　　月　　日 | 机组移交试生产日期 | 年　　月　　日 | |
| 机组整套启动日期 | 年　月　日　时　至　年　月　日　时 | | | |
| 形成额定发电能力 | | | | |
| 工程和机组试运概况及主要问题： | | | | |
| 启动验收委员会意见： | | | | |
| 启动验收委员会名单 | | | | |
| 姓名 | 启委会职务 | 工作单位 | 原单位职务、职称 | 签名 |
| | 主任委员 | | | |
| | 副主任委员 | | | |
| | 委员 | | | |
| 参加工程建设的单位代表签名 | | | | |
| 建设单位代表 | | | | |
| 生产单位代表 | | | | |
| 设计单位代表 | | | | |
| 监理单位代表 | | | | |
| 施工单位代表 | | | | |
| 调试单位代表 | | | | |
| 主管单位代表 | | | | |

15）移交试生产后一个月内，应由总指挥负责，向参加交接签字的各单位报送一份机组启动验收交接书和整套启动试运的工作总结。

（五）试生产阶段的工作

（1）试生产阶段自总指挥宣布满负荷试运结束开始，对 200MW 及以上的机组，均用 6 个月的时间，不得延期。200MW 以下的机组是否安排试生产期，由总指挥上报启委会决定。

（2）试生产阶段仍属基本建设阶段，建设、生产、调试、施工、设计、设备制造等单位，应按建设合同和本规程的要求，继续履行职责，全面完成机组在各种工况下的试运和调试工作。

（3）试生产阶段的主要任务：

1）进一步考验设备、消除缺陷；完成基建未完项目；继续完成未完的调试项目。

2）主要的性能试验项目一般包括：锅炉热效率试验、锅炉最大和额定出力试验、锅炉断油最低出力试验、制粉系统出力和磨煤单耗试验、机组热耗试验、机组轴系振动测试、汽轮机最大和额定出力试验、RB 试验、供电煤耗测试以及污染物排放、噪声、散热、粉尘测试、除尘器效率试验等。

3）按设计要求，在移交试生产时的水平上，继续完善提高自动调节品质和保护、监测仪表、热控自动投入率（按部颁《火电机组自动投入率的统计方法》），并逐步实现全部投运。

4）全面考核机组的各项性能和技术经济指标。包括：供电煤耗、热控自动投入率、监测仪表投入率、保护投入率、机组可用小时数、试生产期机组强迫停运次数、厂用电率、电除尘的除尘效率、不投油（气）最低稳燃负荷、机组的瓦（轴）振、汽水品质、发电机漏氢量、高加投入率、汽水损失率、投高压加热器时的最低给水温度、真空严密性、主（再热）汽温、排烟温度、飞灰可燃物、空预器漏风系数等。

（4）试生产的机组，由生产单位全面负责机组的安全运行和正常维修，由施工单位消除施工缺陷。非施工问题，应由建设单位组织责任单位或有关单位进行处理，责任单位应承担经济责任。在试生产期内，由于某种原因，个别设备和自动保护装置不能投入，应由建设单位组织有关单位提出专题报告，报工程主管单位研究解决。

（5）电网调度部门应在电网安全许可的条件下，尽可能满足试运机组调试需要的启停和负荷变动。

（6）试生产结束后 1 个月内，试生产组应提交试生产工作总结，质监中心站应提交试生产后的质量评价意见。

（7）试生产结束后，应由建设单位上报工程主管单位并受其委托，组织有关单位，进行移交生产的验收签字。至此，该机组的试运工作全部结束。机组移交生产交接书见表 11-3。

（8）移交生产后一个半月内，由总指挥负责向参加验收签字的各单位报送一份移交生产的验收交接书和试生产工作总结。

**三、工程竣工验收工作**

（1）凡新（扩、改）建的火力发电厂基本建设工程，已按批准的设计文件所规定的内容全部建成，在本期工程的最后一台机组试生产结束，竣工决算审定后，必须及时组织竣工验收。

**表 11-3**　　　　　　　　　　　机组移交生产交接书（参照样式）

| 　　　　　　　　　　　　　　　工程　　　　　　　　　　机组移交生产交接书 | | | | |
|---|---|---|---|---|
| 建设单位 | | | | |
| 生产单位 | | | | |
| 主体设计单位 | | | | |
| 工程监理单位 | | | | |
| 主体施工单位 | | | | |
| 主体调试单位 | | | | |
| 验收交接日期 | | | 年　　月　　日 | |
| 工程名称 | | 机组编号 | | |
| 工程地点 | | | | |
| 建设规模 | | | | |
| 机组整套启动日期 | 年　　月　　日　　时　至　年　　月　　日　　时 | | | |
| 形成额定发电能力 | | | | |
| 工程和机组试运概况及主要问题： | | | | |
| | | | | |
| 代表签名 | | | | |
| 建设单位代表 | | | | |
| 生产单位代表 | | | | |
| 设计单位代表 | | | | |
| 监理单位代表 | | | | |
| 施工单位代表 | | | | |
| 调试单位代表 | | | | |
| 试运总指挥代表 | | | | |

（2）工程的竣工验收是为了全面检查各工程项目执行国家有关建设方针政策的情况并进行综合评价，是火电建设工程的最后步骤。通过竣工验收，进一步总结经验，提高基本建设水平。

（3）火力发电厂基本建设工程的竣工验收应由工程竣工验收委员会（以下简称"验委会"）主持。单机容量 300MW 以上且本期建设总容量在 1000MW 以下规模的火电工程的竣工验收，应根据工程规模的大小和复杂程度组成验委会，由建设单位与有关单位和所在地政府协商，提出代表名单，上报工程主管单位或上级部门批准，建设单位进行初验，由主管单位组织验收。单机容量 600MW 及以上且本期建设总容量在 1000MW 及以上规模的火电工程的竣工验收，应由工程主管单位先进行初验，并上报国家各发电集团公司，由国家各发电集团公司与所在地省（直辖市、自治区）政府协商，组成验委会，进行竣工验收。特大容量或特别重要的工程，应由国家各发电集团公司先进行初验，并上报国家综合部门，再由国家综合部门主持验收。被验收工程的建设、设计、监理、施工、调试、承包等有关单位不作为验委会的成员参加。

（4）竣工验收的范围，包括本期工程的所有设计项目，全部机组及其公用系统和公共设施等。其内容应包括建筑、安装和工艺设备，财务、计划、统计、安全、工业卫生、环境保护设施、消防设施及工程档案等。

（5）建设、设计、施工、调试和生产单位，均应在竣工验收前分别提出工程总结。其内容应包括本期工程（含配套工程）建设全过程中所采用的新技术、新工艺、新材料、新设备、现代化管理等方面所取得的效果和经验教训；安全、质量、速度和效益；性能和技术经济指标、考核试验（指合同要求的机组）、竣工决算等完成情况。

（6）建设单位应在施工和设计单位的配合下，在办理工程验收手续之前，认真清理所有财产和物资，编报竣工决算、分析概预算执行情况，考核投资效果。

（7）验委会应提出验收评价意见并主持办理工程竣工验收签字手续，机组竣工验收签证见表 11-4。

表 11-4　　　　　　　　　　　　机组竣工验收证书（参照样式）

| | | | |
|---|---|---|---|
| | _____工程竣工验收证书 | | |
| 建设单位 | | | |
| 生产单位 | | | |
| 主体设计单位 | | | |
| 工程监理单位 | | | |
| 主体施工单位 | | | |
| 主体调试单位 | | | |
| 验收交接日期 | 年　　月　　日 | | |
| 工程名称 | | | |
| 工程地点 | | | |
| 建设依据 | | | |
| 建设规模 | | | |
| 开工日期 | 年　月　日 | 竣工日期 | 年　月　日 |
| 总概算值 | | 总决算值 | |
| 形成额定发电能力 | | | |
| 工程概况： | | | |
| 竣工验收委员会意见： | | | |
| 竣工验收委员会名单 | | | |
| 姓名 | 启委会职务 | 工作单位 | 原单位职务、职称 | 签名 |
| | 主任委员 | | | |
| | 副主任委员 | | | |
| | 委员 | | | |
| 参加工程建设的单位代表签名 | | | |
| 建设单位代表 | | | |
| 生产单位代表 | | | |
| 设计单位代表 | | | |
| 监理单位代表 | | | |
| 施工单位代表 | | | |
| 调试单位代表 | | | |
| 主管单位代表 | | | |

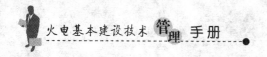

**四、其他工作**

(1) 火电机组的保修期，为移交试生产后 1 年。

(2) 在此期间暴露的缺陷，应根据缺陷的性质，由建设单位负责协调处理。

# 第三节　机组启动试运组织机构及职责范围

**一、机组试运组织机构**

(1) 机组启动验收委员会（以下简称启委会）是机组整套启动试运的决策机构，一般由投资方、建设、质监、锅监、监理、施工、调试、生产、设计、电网调度、制造厂等有关单位的代表组成，设主任委员一名，副主任委员若干名，委员若干名，由建设单位与有关单位协调，提出组成人员名单。主任委员和副主任委员可由建设项目法人具体研究确定，也可由国家各发电集团公司等上级部门直接任命。

启委会应在机组整套启动前组成并开始工作，直到办完移交试生产手续为止。

(2) 试运指挥部是设在现场的负责完成机组全部启动试运工作的唯一的组织形式，接受启委会的领导和审议，由总指挥和副总指挥组成，设总指挥一名，副总指挥若干名，总指挥由建设项目法人（或由委托的单位）任命。由于总指挥是机组试运阶段最重要、最关键的领导岗位，因此应首先考虑由建设单位或工程总承包单位或建设项目法人的代表出任。由于总指挥的任期长，协调任务重，综合素质要求高，任期内技术问题多，因此应首先考虑由相对高层次的技术领导人出任。

副总指挥一般由总指挥与相关单位协商提名，经建设项目法人批准。副总指挥作为总指挥的助手并受其委托，组织、分管、协调某项或某阶段的启动调试工作，副总指挥应当兼职负责牵头试运指挥部下属组织的领导职务，这样就能做到启动试运工作虽然分段进行，但负责人不变，有利于工作的连续性。副总指挥的任期一般应与总指挥的任期相同。

当试运指挥部成立并任命总指挥之后，建设项目法人就不应该再派同行政级别的重叠机构进驻现场领导机组启动试运，否则，将会影响试运指挥部充分发挥《火力发电厂基本建设工程启动及竣工验收规程》（简称《启规》）赋予的职权，使试运指挥部及总指挥成为虚设。为了更好地规范化管理，如无非常特殊情况，在机组启动试运期间总指挥不应换人。

试运指挥部从分部试运开始，直到试生产结束，全权负责整个启动试运阶段全过程的组织、领导和指挥工作。

(3) 试运指挥部下属机构：根据《启规》规定，试运指挥部下设分部试运组、整套启动试运组、验收检查组、生产准备组、综合组、试生产组等 6 个组，各组结合工程实际运作机制和工作需要，可设置汽轮机、锅炉、电气、热控、环化、燃料、除灰、公用设备等相关专业组。各专业组成员和负责人，一般由总指挥与有关单位协商任命，并报建设项目法人备案。

1) 分部试运组，一般由施工、调试、建设、生产、设计、监理等有关单位的代表组成，必要时应邀请有关制造厂派员参加。

设组长一名，副组长若干名。组长应由主体施工单位出任的副总指挥担任，副组长可由调试、建设和生产单位共同出任。

2）整套试运组，一般由调试、施工、生产、建设、设计、监理、制造厂等有关单位的代表组成。

设组长一名，副组长若干名。组长应由主体调试单位出任的副总指挥担任，副组长应由施工、生产单位出任的副总指挥兼任。

3）验收检查组，一般由建设、施工、生产、设计、监理等有关单位的代表组成。

设组长一名，副组长若干名。组长应由建设单位出任的副总指挥兼任，副组长应由施工、生产单位的负责人或代表担任。

4）生产准备组，一般由生产、建设等有关单位的代表组成。

设组长一名，副组长若干名。组长应由生产单位出任的副总指挥兼任。副组长职数和人选根据工作需要由指挥部确定。

5）综合组，一般由建设、施工、生产、调试等有关单位的代表组成。

设组长一名，副组长若干名。组长应由建设单位出任的副总指挥兼任，副组长可由施工、调试等单位的代表出任。

6）试生产组，一般由生产、调试、建设、施工、设计等有关单位的代表组成。主要设备制造厂家应派员参加。

设组长一名，副组长若干名。组长应由生产单位出任的副总指挥兼任，副组长可由调试、建设单位的代表出任。

**二、职责范围**

（一）启动验收委员会的职责范围

（1）在机组整套启动试运前：审议试运指挥部有关机组整套启动准备情况的汇报，协调整套启动的外部条件，决定机组整套启动的时间和必须具备的启动条件及其他有关事宜。

（2）在整套启动试运中：听取试运指挥部有关机组整套启动试运情况的汇报，研究决策试运指挥部提交的重大问题。

（3）在整套启动试运后：审议试运指挥部有关整套启动试运和交接验收情况的汇报，协调整套启动试运后的未完事项，决定机组移交试生产后的有关事宜，主持移交试生产的签字仪式，办理交接手续。

（二）试运指挥部的职责范围

（1）全面组织、领导和协调机组启动试运工作。

（2）对试运中的安全、质量、进度和效益全面负责。

（3）审批启动调试方案和措施。

（4）启委会成立后，在主任委员的领导下，筹备启委会全体会议；启委会闭会期间，代表启委会主持整套启动试运的常务指挥工作。

（5）协调解决试运中的重大问题。

（6）组织、领导、检查和协调试运指挥部各组及各试运阶段的交接签证工作。

（三）试运指挥部下属机构的职责范围

1. 分部试运组职责范围

（1）负责分部试运阶段的组织协调、统筹安排和指挥协调工作。

（2）组织协调和办理分部试运后的验收签证及资料的交接等。

2. 整套试运组职责范围

（1）负责核查机组整套启动试运应具备的条件。

（2）提出并编制机组整套启动试运计划。

（3）负责组织实施启动调试方案和措施。

（4）全面负责整套启动试运的现场指挥和具体事项的协调工作。

（5）审查启动试运有关记录和调试报告。

3. 验收检查组职责范围

（1）负责建筑与安装工程施工和安装调整质量验收及评定结果记录、文件和图纸资料的核查和交接工作。

（2）负责核准参与分部试运设备、系统验收的手续，办理验收签证，未经核准不得试运。

（3）负责调整试运质量验收及评定结果、安装调试记录、启动试运记录及图纸资料、技术文件的核查和交接工作。

（4）组织对厂区外与市政、工交有关工程的验收或核查其验收评定结果。

（5）协调设备材料、备品备件、专用仪器和专用工具的清点移交工作。

（6）负责试运设备及系统代保管手续和签证资料核查、验收和交接工作。

4. 生产准备组职责范围

（1）核查运行和检修人员的配备、培训和持证上岗情况。

（2）核查生产所需的规程、制度、计划措施、系统图、记录簿和表格、各类工作票和操作票的准备情况。

（3）核查设备挂牌，阀门及开关编号牌、管道流向标示、阀门开关转向标志、安全警示标志等标示和悬挂情况。

（4）核查生产维护器材配备及煤、油、水等动力能源准备和储备情况。

（5）核查生产操作用安全工器具的配备情况。

（6）核查与生产相关的其他各项准备工作情况。

5. 综合组职责范围

（1）负责试运指挥部的文秘、资料和后勤服务等综合性管理工作。

（2）发布试运信息。

（3）核查协调试运现场的安全、消防和治安保卫工作（根据现场情况，必要时可另外设置消防、保卫组以强化试运现场的消防、治安保卫工作）。

6. 试生产组职责范围

（1）负责组织协调试生产阶段的运行、调整试验、调试、性能试验和消缺等各项工作。

（2）负责实施基建未完项目，协调组织与工程有关各方按合同和《启规》要求继续履行职责。

（3）负责组织协调试生产和达标投产工作计划的全面实施。

## 第四节　机组启动试运参建单位的主要职责

参与机组启动试运的有关单位主要有施工单位、调试单位、设计单位、设备制造单位、监理单位、电网调度部门等。这些单位同样都是工程参建单位，与工程建设单位都有相应的合同关系，它们对机组启动试运应负的责任，应该按照合同规定办理。同时，还要遵照《启规》确定的主要职责范围执行。

**一、建设单位的主要职责**

（1）建设单位是代表建设项目法人和投资方对工程负有全面协调管理责任，全面协助试运指挥部做好机组启动试运全过程的组织管理工作。

（2）协助试运指挥部建立、健全机组启动试运期间的各项工作制度，明确参加试运各有关单位之间的工作关系。

（3）参加试运各阶段的工作检查和交接验收、签证等日常工作。

（4）协调解决合同执行中的问题和外部关系，组织协调解决非施工、调试原因影响机组正常启动试运，协调解决无法达到合同规定的考核指标和设计水平所必须进行的消缺、完善化工作。

（5）组织对非主体调试单位进行的局部调试项目的检查验收工作。

（6）组织协调设备及系统代保管有关问题。

（7）协助试运指挥部做好对整套启动试运应具备的建筑、设备及系统安装等现场条件的巡视核查工作。

（8）组织研究处理启动试运过程中发生的重大问题，并提出解决方案。落实试运期间机组性能试验，考核性试验项目签订合同，落实费用，组织协调，做好测点、测试装置的预安装等准备工作。

（9）组织协调试运现场的安全、消防和保卫工作。

（10）按机组达标考评的要求或火电工程建设考核标准，组织协调机组达标投产有关事宜。

（11）试生产期满后，对无条件解决的试验项目和未能达到设计要求和合同标准的考核指标，向有关主管单位提出专题报告，组织编写机组性能评价报告，组织有关单位（建筑/安装、调试、监理等）向生产单位移交工程档案资料。

（12）负责向参加机组移交签字的单位发送机组启动验收交接书、机组移交生产交接书、整套试运工作总结、试生产工作总结等。

（13）负责与电网主管单位事先签订机组并网协议。

**二、施工单位的主要职责**

施工单位除应完成合同规定的建筑安装工程以外，还应按规定要求履行以下职责：

（1）做好试运设备与运行或施工中设备的安全隔离措施和临时连接设施的施工。

（2）在试运指挥部领导下，在调试等单位配合下，牵头并全面负责完成分部试运，协调各有关单位之间的配合与协作。

（3）组织编审并实施分部试运阶段的计划、方案和措施。

（4）全面完成分部试运中的设备单体调试和单机试运工作，研究解决分部试运过程中出现的有关问题。

（5）在试运指挥部领导下，负责分部试运工作完成后的交接、验收签证工作，组织编写分部试运工作总结。

（6）提高分部试运阶段的记录、总结、报告和有关文件、资料。

（7）负责向生产单位办理设备及系统代保管手续。

（8）参与并配合机组整套启动试运工作，负责整套启动试运范围内设备和系统的维护、检修、消缺工作。

（9）接受建设单位委托，负责消除非施工原因造成的影响启动试运的设备缺陷，做好机组性能试验所需测点和测试装置的安装工作。

（10）在机组试生产阶段，仍应负责施工缺陷的消除工作，并继续完成施工未完项目，负责试运现场的安全、消防、治安保卫和文明启动工作，配合建设单位做好机组达标投产有关事宜。

（11）机组试生产阶段结束后，尽快提出试生产期的施工总结。

（12）在建设单位组织下，按照规定向生产单位移交与机组配套的文件资料、备品配件和专用工具等。

### 三、调试单位的主要职责

（1）负责编制调试大纲、分系统及机组整套启动试运的调试方案和措施。提供或复审非主体调试单位编制的分部试运阶段的调试方案和措施。

（2）完成所承担的分系统调整试运工作，确认非主体调试单位承担的调试项目是否具备进入分系统试运和整套启动试运条件。

（3）参与分部试运后的验收签证工作。

（4）全面检查启动机组所有系统的完整性和合理性，组织协调并完成启动试运全过程中的调试工作。

（5）负责提出解决启动试运中重大技术问题的方案和建议。

（6）组织并填写调整试运质量验评表格，整理所承担分系统试运和整套启动试运阶段的调试记录。

（7）机组整套启动试运阶段完成并移交生产后，一个月内向建设单位提交整套启动试运调试报告及工作总结。

（8）在机组试生产阶段，应按计划继续完成未完的调试项目，并积极处理试生产过程中出现的调试问题。

（9）按合同要求完成机组的性能考核和性能试验项目，并提交相应的技术报告。

（10）配合建设单位做好机组"达标投产"或按照"火电工程建设考核标准"对机组投产达标考核工作。

### 四、生产单位的主要职责

根据目前的电力建设管理体制，有很多建设单位既是建设项目法人，也是生产管理单位，在机组启动调试时，按《启规》要求，行使各自的协调管理职责。生产单位的主要职责：

（1）在机组整套启动试运前，负责完成各项生产准备工作，包括燃料、水、汽、气、酸、油、碱等物资的供应。

（2）配合调试进度和电网调度部门的要求，及时提供电气、热控等设备的运行整定值。

（3）参加分部试运及分部试运后的验收签证。

（4）做好运行设备与试运设备的安全隔离措施和试运所需临时系统的连接措施。

（5）在启动试运中，负责设备代保管和单机试运后的启停操作、运行调整、事故处理和文明生产，对运行中发现的各种问题提出处理意见或建议。

（6）认真编写设备的运行操作措施、事故处理措施和事故预防措施。

（7）组织运行人员配合调试单位做好各项调试工作和性能试验工作。

（8）机组移交试生产后，即全面负责机组的安全运行和维护管理工作，认真调整运行参数，达到设计和规定指标。

（9）按《新建发电机组启动试运阶段可靠性评价办法》规定，对试运机组在启动试运阶段的启停和运行情况进行可靠性统计和评价。

（10）机组试生产阶段结束后，在建设单位组织下，对基建施工单位移交的工程档案和文件、图纸、资料等进行接收，并按档案管理要求归档管理。

（11）参加机组启动验收交接、移交生产交接和工程竣工验收的签证工作。

**五、设计单位的主要职责**

（1）负责必要的设计修改和必要的设计交底工作。

（2）配合处理机组启动试运阶段发生的涉及设计方面的问题和缺陷，及时提出设计修改和处理意见，做好现场服务工作。

（3）机组试生产阶段结束后，及时提出试生产期设计修改和设计完善化工作报告。

（4）按照火电机组启动及竣工的有关要求和《火力发电厂工程竣工图文件编制规定》以及与建设单位签订的合同，按期完成竣工图及其文件的编制。向建设单位提交完整的、符合现场实际的竣工图（既包括那些能覆盖该工程的施工图，也包括绘制竣工图之前被设计单位同意认可的设计变更及变更设计）。对竣工图的技术要求、套数、出图等级和费用标准等，按电力规划总院的要求执行。

**六、制造单位的主要职责**

（1）完成合同规定的，由制造厂家承担的调试项目，并及时提供相应的调试资料和技术报告。

（2）按合同规定对机组启动试运进行技术服务和技术指导。

（3）及时解决影响机组启动试运的设备制造缺陷，协助处理非制造厂家责任的设备问题。

（4）协助试运现场及有关单位完成有关设备的性能试验项目。

（5）试运设备未能达到合同规定性能指标的制造厂家，应与建设单位及有关单位研究处理意见，提出改进措施，或做出相应结论，并提出专题报告。

**七、电网调度部门的职责**

（1）积极配合机组启动试运，按电网主管部门指示或与工程建设项目法人签订的合同要求，及时提供归其管辖调度的线路、设备运行参数及其继电保护装置整定值。

（2）核查并网机组的通信、远动、保护、自动化和运行方式等的实施情况。

（3）审批机组并网申请和可能影响电网安全运行的调整、试验方案。

（4）实施对并网试运机组的全面调度管理。

（5）在电网安全许可的前提下，提供条件满足试运和机组的消缺、调试、试验需要，进

行积极、能动性的调度配合。

**八、监理部门的主要职责**

（1）按合同要求代表建设单位对机组启动试运阶段的全过程进行监理工作。

（2）参与审查调试计划、调试大纲、方案、措施和调试报告。

（3）协助建设单位做好机组的分部试运工作，参与机组的整套启动试运工作，协调调试进度，参与试运验收。

（4）对试运机组在试生产阶段出现的设计问题，设备质量问题、施工问题等，提出监理意见。

（5）监督工程建设中各有关单位工程档案资料的搜集、整理和归档工作，确保建设单位向生产单位移交档案工作的顺利实施。

（6）机组试生产阶段结束后，尽快向工程建设单位提交包括机组启动试运阶段监理文件在内的，合同规定监理项目的有关监理文件。

（7）参与工程竣工验收工作。

## 第五节　机组启动试运各阶段的主要任务

机组启动试运一般分为：分部试运、整套启动试运、试生产三个阶段。

**一、分部试运阶段的主要任务**

（1）分部试运阶段是在设备、系统检查与核查工作结束后，确认设备启动试运对人身和设备都安全的条件下，从高压厂用母线受电开始，至整套启动试运开始为止的一段启动试运过程。

（2）分部试运分为单机试运和分系统试运两部分，两者既相互衔接，又相互交叉，相辅相成。

1）单机试运：是指单台辅机的试运（包括相应的电气、热控保护装置），先单体调试，再单机试运。

2）分系统试运：是指按工艺系统或功能系统等单个系统，包括动力、测量、控制等所有设备及其系统进行空载和带负荷的调整试运。

（3）分部试运阶段的主要任务是完成单机试运和分系统试运，为机组的整套启动试运打好基础，做好准备。

**二、整套启动试运阶段的主要任务**

整套启动试运阶段是指设备和系统分部试运合格后，从炉、机、电等第一次整套启动时锅炉点火开始，到完成满负荷试运移交生产为止的启动试运过程。

整套启动试运阶段又分为空负荷调试、带负荷调试、满负荷试运三个阶段。

1. 空负荷调试

是指从机组启动试运冲转开始至机组并入电网前，该阶段内进行的调整试验工作，一般包括下列内容：机组轴系振动监测、调节保安系统有关参数的调试和整定、电气试验、并网带初负荷、超速试验。

2. 带负荷调试

是指从机组并入电网开始至机组带满负荷（发电机达铭牌额定功率值）为止，该阶段内进行的主要调整试验项目：制粉系统和燃烧系统的初调整、汽水品质调试、相应的投入和试验各种保护及自动装置、厂用电切换试验、启停试验、主汽门严密性试验、协调控制系统，参照部颁《模拟量控制系统负荷变动试验导则》。还可按合同增加自动处理事故的功能和特殊试验项目（如单风机运行、高加停用、汽动给水泵汽源切换试验等）。

3. 满负荷试运

是指机组连续带满负荷（发电机保持铭牌额定功率值）完成 168h（300MW 及以上机组）或 72h＋24h（300MW 以下机组）的试运行，但必须同时满足以下条件才能开始计时：

（1）发电机负荷达到铭牌额定功率值。

（2）锅炉断油（或断燃气）投煤粉。

（3）高压加热器正常投入运行。

（4）电除尘器正常投入运行。

（5）汽水品质合格，符合《验标》规定。

（6）热控自动投入装置投入率≥80％。

（7）保护装置投入率100％。

（8）主要仪表投入率100％。

（9）厂用电切换正常。

（10）吹灰系统正常投运。

（11）各主要蒸汽参数符合汽轮机进汽参数要求。

（12）机组振动值（轴向、垂直）不超标。

整套启动阶段是机组启动试运最重要、最关键的核心阶段，其主要任务是通过炉、机、电联合整套启动试运，进行调试、消缺，实现设计要求，形成生产能力。

关于满负荷试运阶段应注意的问题：

（1）机组要求满负荷试运，并非是要求在此阶段自始至终都必须带满负荷，而是要求其"连续满负荷运行小时"和"稳定连续运行平均负荷"应满足《验标》的规定。

（2）在满负荷试运期间不允许再进行试验项目，而只是带满负荷试运，但允许进行必要的运行调整（如切换备用辅机等）。

（3）由于电网或非施工、非调试的原因机组不能带满负荷时，由试运指挥部总指挥上报启委会决定应带的最大负荷。

（4）对 300MW 以下的机组满负荷试运一般分为 72h 和 24h 两个试运行阶段，即连续完成 72h 满负荷试运后，停机进行全面检查、消缺，消缺后再开机，连续完成 24h 满负荷试运。但在某些情况下，经试运指挥部同意后，也允许采用连续 96h 完成满负荷试运移交试生产。

**三、试生产阶段的主要任务**

（1）试生产阶段自试运指挥部总指挥宣布机组满负荷试运结束时开始，对 300MW 及以上机组，试生产时间按火电基本建设及竣工验收的有关要求均为 6 个月，不得延期，300MW 以下机组是否安排试生产期，由总指挥上报启委会决定。

（2）试生产阶段仍属基本建设阶段，建设、生产、调试、施工、设计、设备制造等单位，仍应按建设合同和火电基本建设及竣工验收的有关要求继续履行职责，全面完成机组各种工况下的试运和调试工作。

（3）试生产阶段机组在各种工况下进一步考验设备、系统，暴露问题、解决问题、消除缺陷。

（4）继续完成基建未完项目。

（5）继续完成未完的调试项目。

（6）完成机组性能试验项目和一些特殊试验项目。

（7）按设计要求，在移交试生产时的水平上，继续完善提高自动调节品质和保护、监测仪表、热控自动化投入率按《火电机组自动投入率的统计方法》计算，并逐步实现全部投运。

（8）全面考核机组的各项性能和技术经济指标。

根据 1996 年版《启规》的要求试生产期为 6 个月，但随着火电基本建设技术水平和管理水平的提高以及机组设备的成熟、进步，试生产的时间是否需要半年时间的考核，从近几年来 168h 试运后的机组大部分都能安全、稳定、长周期地连续运行的情况来看，这是一个值得讨论的问题，也可根据建设投资方的要求及电网的调度情况，解决机组试生产期存在的经济利益的问题。

## 第六节　机组启动试运应具备的条件

### 一、分部试运应具备的条件

（1）分部试运相应的建筑、安装工程已经完工，并按《验标》要求对设备及系统的静态检查验收合格。

（2）参加试运人员、试运操作人员经培训并经有关考试后，或进行有关试运技术交底，试运组织机构成立，人员到位。

（3）分部试运所需要的建筑和安装工程方面的记录、资料等准备齐全，分部试运的计划、方案和措施已经过有关部门审查、批准。

（4）分部试运文件已经建立，其内容一般包括：

1）经过有关部门批准的分部试运计划、方案、措施和作业指导文件、资料等齐全。

2）经过有关部门会签批准的分部试运申请单。

3）分部试运范围系统图、流程图。

4）已完成的设备及系统的静态检查验收签证和签证汇总表（包括机械、电气、热控等相关专业设备系统）。分部试运质量检验及评定签证单，分部试运范围内的未完项目清单及分部试运用的各种记录表格。

（5）分部试运所需测试仪器、仪表配备完毕并符合计量管理标准要求，使用人员经过培训合格。

（6）现场检查设备及系统应符合：

1）土建工作已经结束，设备的二次浇灌保养期满，混凝土已达到设计强度，建（构）筑物和大型基础沉降观测记录准确、齐全，并提交复测报告。

2）分部试运调试用各部位测点和测量装置已安装完毕，经检查验收符合要求。

3）参与分部试运的设备及系统安装、初调工作已经结束，并办理了签证。

4）参与分部试运设备的仪表、保护装置经校验合格并可投用。

5）分部试运所需临时设施、临时接口、临时系统已经完成，并符合要求。

6）参与分部试运的设备和系统已与非试运系统可靠隔离或隔绝，并已挂好试运标志牌。

7）安全设施、消防设施检查检验合格，可以投用。

8）设计的正式电源已可投用。

（7）现场环境检查应符合：

1）分部试运区域的沟道、孔洞盖板齐全、道路畅通、地面清洁、平整，不必要的脚手架全部拆除。

2）梯子、平台、栏杆、护板和试运必须的脚手架等，应符合安全和试运要求，分部试运区的照明充足。

3）分部试运范围内的工业水、消防水和生活用水投用正常，分部试运区地面排水畅通，试运场地无障碍物。

4）分部试运区域有明显的标志或分界，危险区设围栏和警告标志。

5）有必要的防雨措施、防冻措施和防暑降温措施。

6）有清晰可靠的通信设施或临时通信设施。

**二、整套启动试运应具备的条件**

（1）启动验收委员会、试运指挥部及各级人员已全部到位，职责分工明确，参与调试、试验的人员已落实到位，生产单位已做好了生产准备工作，制定了生产运行规程和事故处理规程，运行操作人员经过了岗位考试合格，能胜任本岗位的运行操作和事故处理，施工单位配备了检修维护人员，明确了岗位职责，能胜任检修工作，并且施工单位具备机组整套试运条件、设备系统安装验收签证和分部试运记录。

（2）文秘、后勤、消防、保卫人员全部落实到位。

（3）机组整套启动计划方案、措施和作业指导书已报审批准，并组织有关人员学习和进行调试项目的技术交底或讲解。

（4）生产单位已将机组整套启动试运所需的规程、制度、设备系统图表、控制及保护逻辑图册、设备保护定值清册、制造厂家的设计和运行维护手册、现场日志、记录表格、运行操作工具、测试用仪表、安全用具等准备好。

（5）建筑、安装工程已施工完毕并验收合格，厂区外与市政、公交有关的工程已验收交接，能满足试运要求。

（6）设备系统应具备的条件：

1）整套启动试运应投入运行的设备及系统均经分部试运合格，并已取得了验收签证。

2）整套启动试运应投入运行的热控设备系统，经静态整定、开环试验、模拟试验、仿真试验、传动试验等测试检查，证明符合设计要求及《验标》规定标准，取得了验收签证，符合投运要求。

3）整套启动试运应投入运行的电气设备及系统，经分部试运合格，并已取得验收签证，符合投运要求。

4）与机组发送电量配套的输变电工程应满足机组满发送出的要求。

5）机组条件应满足电网调度提出的并网要求。

6）整套启动试运的所有设备和系统，均应与运行中或尚在施工中的汽水管道、电气系统及其他系统做好必要的隔离或隔绝。

7）设备和系统内的监测仪表、远方控制装置、灯光音响信号、事故按钮、顺序控制、保护连锁等，经调试、传动试验及系统检查完备合格，符合设计要求。

8）机组整套启动试运的电源应为设计要求的正式电源。

（7）试运现场环境应具备的条件：

1）试运区域内施工脚手架已全部拆除，化学清洗、冲洗、吹管用临时管道已拆除，系统已恢复，沟道盖板齐全、消防、交通及人行道路畅通，易燃物、障碍物、建筑垃圾已全部清除，现场整洁。

2）试运区域内的楼梯、平台、走道、栏杆、护板完整，均按设计要求安装完毕，正式照明、事故照明能及时自动投入，并经检查验收合格，能够正式投入使用。

3）厂内外排水设施已正常投运，沟道畅通。

4）各运行岗位已有正式的通信装置，试运临时增设的岗位设有可靠的通信联络设施。

5）有必备的防雨、防冻和防暑降温措施。

6）试运范围内的工业、生活用水系统和卫生、安全设施已正常投入使用，消防系统已经消防部门检查合格并投用，火灾报警系统经调试合格，经检查验收已投用。

7）试运区域有明显的标志和分界，危险区设有挂牌、围栏和警告标志。

8）保温、油漆及管道色标完整，设备、管道、阀门、开关等已有正规的标示牌。设备、容器、原煤仓和给煤线等应清理、检查封闭。

（8）外围工程如铁路专用线、燃料专用码头、灰场、防洪设施等，已按设计施工完毕，具备试运投用条件。

（9）环保、工业卫生设施及监测系统已按设计要求施工完毕，具备投运条件。

（10）启动试运所需的水、燃料（煤、油）、化学药品、备品备件及其他必需品均已备齐。

（11）投入试运的具体设备及系统均已具备整套启动试运的条件，经分部试运合格，并已取得验收签证，对设备和系统分专业组进行检查确认，其主要专业内容包括：

1）公用设备及系统。

2）锅炉设备及系统。

3）汽轮机设备及系统。

4）电气设备系统。

5）热控设备系统。

6）化学设备系统。

（12）整套启动试运应具备的条件经启委会组织专题会议认定。

1）质监中心站按《质监大纲》要求监督检查后确认并同意进入整套启动试运阶段。

2）经电网调度部门按有关规定检查核查后，确认机组已具备并网条件并同意并网。

3）召开试运指挥部会议，听取各专业组汇报，会议确认已具备整套启动试运条件。

4）召开启委会全体会议，听取并审议试运指挥部等有关部门、机构关于整套启动试运准备情况和具备条件情况的汇报，对存在的问题提出处理决策意见，会议做出是否准予进入整套启动试运阶段的决定。

### 三、机组转入试生产阶段应具备的条件

（1）试生产阶段仍属于基本建设阶段，与工程有关的各方仍按合同和《启规（1996 年版）》要求继续履行职责，组织、人员落实到位，迎接试生产，研究解决试生产过程中机组暴露的各种问题。

（2）试生产组在机组满负荷试运结束的同时，就应做好充分的准备接替整套试运组的领导工作，全面负责试生产阶段的工作。

（3）在试生产阶段配合机组性能试验单位，作好机组性能试验项目各项试验准备工作，与机组性能试验单位取得联系，做好试验安排。

（4）生产单位作好全面负责试生产期间机组安全运行、正常维修和统一管理工作的各项准备工作。

（5）试生产阶段从试运总指挥宣布机组满负荷试运结束时开始，试生产期一般不得超过6个月。

## 第七节 机组整套启动试运原则性程序

### 一、启动前的试验

（1）事故照明切换试验，投入自动。

（2）UPS 切换试验，投入自动。

（3）保安电源切换试验，投入自动。

（4）热工、电气报警信号试验。

（5）锅炉辅机顺控试验、连锁试验。

（6）汽轮机辅机顺控试验、连锁试验。

（7）锅炉保护试验。

（8）汽轮机保护试验。

（9）电气保护传动试验。

（10）励磁系统试验。

（11）机炉电大连锁试验。

（12）高低压旁路系统试验。

（13）锅炉工作压力水压试验。

### 二、启动前的检查

（1）锅炉及其系统检查。

（2）汽轮机及其系统检查。

（3）发电机、变压器及其系统检查。

（4）全面检查厂用电系统投入和备用情况。

（5）检查汽轮机润滑油调速油油质合格。

（6）汽轮机盘车大于 4h。

（7）辅机设备系统按顺序检查投运。

(8) 检查消防系统投运。

(9) 检查暖通系统投运。

### 三、空负荷调试

（一）锅炉点火

(1) 汽动给水泵试运。

(2) 炉膛吹扫，燃油泄漏试验。

(3) 锅炉点火。

(4) 油燃烧器、燃烧调整，油火检调试或进行等离子点火调试。

(5) 锅炉升压。

(6) 旁路投运试验。

(7) 再热器安全阀调整。

(8) 洗硅、蒸汽品质调整。

（二）冷态启动

(1) 达到冲转参数，蒸汽品质合格。

(2) 汽轮机冲转。

(3) 400r/min 打闸，摩擦检查。

(4) 升速至 600r/min，检查 TSI（汽轮机监测仪表系统）。

(5) 600r/min，发电机交流阻抗测量。

(6) 升速至 750r/min，第一次排气试验。

(7) 升速至 1100r/min，吹扫试验（约 8 次）。

(8) 1100r/min，发电机交流阻抗测量。

(9) 升速至 1100r/min，第二次排气试验。

(10) 发电机充氢，按规程操作，逐步升压至正常。

(11) 冲转至 600r/min 打闸，顶轴油泵自动启动试验。

(12) 升速至 2900r/min，升速率 120r/min，按规范要求进行。

(13) 2900r/min，进行全面检查，稳定 30min。

(14) 升速至 3000r/min。

(15) 3000r/min，发电机交流阻抗测量。

（三）定速试验

(1) 全面检查测量记录。

(2) 打闸试验。

(3) 润滑油压力调整。

(4) 机械跳闸试验（喷油试验）再次恢复到 3000r/min。

（四）电气试验

(1) 发电机短路试验，电流回路检查。

(2) 发电机空载试验，电压回路检查。

(3) 励磁系统整流器、调节器试验。

(4) 发电机假同期试验。

（五）首次并网

(1) 发电机并网，带5％的基本负荷，提高蒸汽参数，按机组规范要求。

(2) 低压加热器随机投入运行。

(3) 电气保护带负荷检查。

(4) 升负荷到10％ECR。

(5) 高压加热器汽侧冲洗。

(6) 低压加热器水位自动投入、调试。

(7) 发电机解列。

（六）超速试验

(1) 应急跳闸系统（ETS）试验。

(2) 主汽门严密性试验。

(3) 调速汽门严密性试验。

(4) 超速试验。

(5) 并网带负荷10％ECR试验，提高蒸汽参数，按机组规范要求。

(6) 解列。

(7) 汽轮机远方跳闸试验、密封试验。

## 四、带负荷调试

（一）带负荷25％ECR调试

(1) 冲转。

(2) 并网。

(3) 带负荷25％ECR调试，锅炉全燃油或投等离子点火装置。

(4) 燃烧调整。

(5) 油火检调整。

(6) 给水自动试投。

(7) 主汽门、调速汽门（简称调门）活动试验。

(8) 本阶段洗硅合格。

（二）带负荷50％ECR调试

(1) 汽动给水泵投运。

(2) 启动第一套制粉系统。

(3) 制粉系统调试A磨或B磨。

(4) 凝结水处理系统投运，凝结水质化验分析。

(5) 升负荷到50％ECR，电气保护带负荷检查，线路保护对调。

(6) 启动第二套制粉系统。

(7) 逐步退出上层油枪，保持下层中层油枪运行。

(8) 制粉系统调试，B磨或A磨，启动第三套制粉系统C磨，进行调试。

(9) 燃烧调整，煤火检调试。

(10) 自动调节系统试投、调试。

(11) 厂用电手动切换试验：启备变压器切换至高压厂用变压器。

（12）厂用电自动切换试验：高压厂用变压器切换至启备变压器。

（13）厂用电切换：启备变压器切换至高压厂用变压器。

（14）本阶段洗硅合格。

（三）带负荷 75%～85%ECR 调试

（1）启动第四套制粉系统 D 磨或 E 磨。

（2）制粉系统调试 D 磨或 E 磨。

（3）燃烧调整。

（4）锅炉逐步退出油枪。

（5）启动第五套制粉系统，E 磨或 F 磨。

（6）（E 磨或 F 磨）制粉系统调试，至制粉系统启动调试完毕。

（7）燃烧调整。

（8）自动调节系统调试（定值扰动试验、带负荷扰动试验）、改善调节品质。

（9）机炉协调控制系统试投，改善调节品质。

（10）锅炉断油试验，或停等离子点火。

（11）电除尘器投运。

（12）吹灰系统投运。

（13）厂用辅助汽源切换：启动锅炉至四段或五段抽汽。

（14）本阶段洗硅合格。

（四）带负荷 100%ECR 调试

（1）真空严密性试验 $P > 80\%ECR$。

（2）升负荷到 100%ECR。

（3）燃烧调整及煤火检调整。

（4）凝结水泵切换试验。

（5）发电机密封油泵切换试验。

（6）氢冷升压泵切换试验。

（7）协调控制系统负荷变动试验。

（8）协调控制系统调节品质改善。

（9）本阶段洗硅合格。

（10）机组满负荷 2 次全面检查。

（11）减负荷，逐步停运磨煤机，投油枪，保留两台磨或一台磨。

（12）锅炉 MFT 试验：停炉停机。

（五）停机消缺

（1）凝汽器、过滤网清扫等。

（2）缺陷处理。

（3）轴瓦检查。

（4）甩负荷试验准备。

（六）甩负荷试验

（1）冷态启动。

（2）10％ECR 模拟甩负荷试验。

（3）机组升压并网。

（4）升负荷到 50％ECR。

（5）50％ECR 甩负荷试验。

（6）机组升速并网。

（7）升负荷到 100％ECR。

（8）100％ECR 甩负荷试验。

（9）机组升速并网。

（10）升负荷到 100％ECR。

**五、满负荷试运**

**（一）进入 168h 试运条件**

（1）发电机保持铭牌额定功率值。

（2）锅炉断油，投煤粉。

（3）高压加热器投入运行正常。

（4）电除尘投运正常。

（5）厂用电切换正常。

（6）保护装置投入率 100％。

（7）汽水品质合格。

（8）热工自动投入率≥80％。

（9）吹灰系统投运正常。

**（二）168h 试运行**

（1）满负荷试运检查。

（2）记录负荷曲线。

（3）运行参数记录。

## 第八节　机组启动调试大纲的编制

启动调试大纲，是机组启动调试阶段纲领性文件，也是机组启动试运过程中进行分部试运调试和整套启动试运调试的技术指导性文件。主要明确机组启动试运各阶段调试工作的总体项目安排，重要调试项目的原则性实施方案和执行程序，以及为保证启动调试的顺利实施而应采取的必要措施等。指导参加机组整套启动试运的各有关单位，科学合理地组织好启动调试工作，以确保机组安全、可靠、经济、高效地投入生产运行，发挥投资效益。

**一、概述**

编制调试大纲的目的是为了在启动调试的各个阶段把好安全质量关，移交给业主一个可靠、稳定、经济满发的达标投产机组，调试工作将严格按照《火力发电厂基本建设工程启动及竣工验收规程》和《发电集团公司火电机组达标投产考核办法》或《火电工程建设考核标准》等规程、规范和标准执行，确保机组每一个试运阶段和主要调试项目均能达到规定的优良标准的要求，消除不合格项，实现机组高水平达标投产。

启动调试是火电基本建设工程的一个关键阶段，设计、设备、安装等方面可能存在的问题将在此阶段暴露出来并获得解决；同时，启动调试又是一个多单位协作的系统工程。因此，各参建单位应当在启动验收委员会（试运指挥部）的统一领导和协调指挥下，团结协作，安全、优质、高效地完成机组启动调试工作。调试单位及各参建单位必须遵守本调试大纲，若实施中需作必要的修改时，需经试运指挥部总指挥批准。

本调试大纲由试运指挥部组织审查、批准后生效。

（一）工程总体目标

实现机组工程达标投产，创建电力行业优质工程，争创国家级优质工程等。

（二）编制依据

（1）《火力发电厂基本建设工程启动及竣工验收规程》电建〔1996〕159号文颁发。

（2）《火电工程启动调试工作规定》建质〔1996〕40号文颁发。

（3）《火电工程调整试运质量检验及评定标准》建质〔1996〕111号文颁发。

（4）《电力建设施工及验收技术规范》。

（5）《汽轮机启动调试导则》发改委DL/T 863—2004。

（6）《锅炉启动调试导则》发改委DL/T 852—2004。

（7）《火力发电厂汽轮机防进水和冷蒸汽导则》国家经贸委DL/T 834—2003。

（8）《火电机组启动蒸汽吹管导则》电综〔1998〕179号。

（9）《火力发电厂锅炉化学清洗导则》DL/T 794—2001。

（10）《电力建设安全工作规程》（火力发电厂部分）DL 5009.1—2002。

（11）《防止电力生产重大事故的二十五项重点要求》国电发〔2000〕589号。

（12）《国家电网公司十八项电网重大反事故措施》（试行）。

（13）《汽轮机甩负荷试验导则》电力部建质〔1996〕40号。

（14）《火电机组热工自动投入率统计方法》电力部建质〔1996〕40号。

（15）《模拟量控制系统负荷变动试验导则》，电力部建设协调司建质〔1996〕40号。

（16）《国家电力公司火电优质工程评选办法》国电〔2000〕38号。

（17）《火电机组启动验收性能试验导则》电综〔1998〕179号。

（18）有关设备的订货技术协议书、说明书及原电力工业部有关规定等。

（19）《电力建设安全健康与环境管理工作规定》国家电力公司国电电源〔2002〕49号。

（20）《发电集团公司火电机组达标投产考核办法》或《火电工程建设考核标准》。

（21）《锅炉调试导则》DL/T 852—2004。

（22）《汽轮机调试导则》DL/T 863—2004。

（23）工程有关合同、设计图纸、制造厂家产品说明书及技术要求等文件。

（24）国家、行业相关标准、规程、规范等。

（25）从国外引进项目的有效合同及联络会议纪要等。

**二、工程设备概况及特点**

（一）总体概况

工程建设规模、工程计划投资、主要投资方、工程建设方、主设备选型及制造厂家、参与工程建设的单位、工程特点、工程进度要求等。

（二）主要设备简述

（1）以机、炉、电、热、化专业主机设备及重要辅机设备为重点，分别介绍各设备的制造厂家及其提供的设备参数、主要技术数据与技术特点、对通用的设备及外围设备系统作一般简要介绍。

（2）主要技术难点。

（3）已经发现的涉及机组启动试运调试的设备问题及工程问题。

（三）启动调试组织机构

1．调试组织机构

（1）启动验收委员会。

（2）试运指挥部。

（3）分部试运组。

（4）整套试运组。

（5）验收检查组。

（6）生产准备组。

（7）综合组。

（8）性能考核组。

2．试运总指挥及各参建单位

（1）启动试运总指挥。

（2）建设单位。

（3）施工单位。

（4）调试单位。

（5）生产单位。

（6）设计单位。

（7）监理单位。

（8）制造单位。

（9）电网调度部门。

（10）质检机构。

**三、分阶段调试任务综述及调试项目**

（一）调试一般工作原则

（1）主体调试单位的调总负责本工程的调试总体协调，调试进度计划编制，调试安全、质量、进度控制。

（2）自分部试运开始，任何辅机试运必须在 DCS 上操作且相关保护系统投入，以确保辅机试运的安全。

（3）机组调试过程中，所有保护、连锁完成试验后，必须进行验收。

（4）每个系统试运前必须进行安全、质量的检查验收，单机试运不合格不得进入分系统调试，分系统试运不合格不得进入整套调试，以确保机组调试质量达到达标标准。

（5）分系统或整套试验前，各项基本条件必须满足。

（二）调试分阶段任务简述

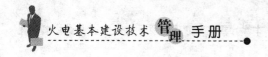

1. 分系统调试任务

分部试运是电力建设施工的一个重要环节，是对电力设备制造、设计、安装质量的动态考核和检验，是机组能否顺利进行整套启动试运和顺利投产并迅速形成生产能力的关键工序。分系统调试工作作为分部试运工作的组成部分，在本工程中的主要任务是：完成机组全部系统的试运、DCS复原调试、厂用电受电、锅炉冷态通风试验、机组化学清洗、锅炉点火吹管等工作。

2. 机组整套启动试运前准备工作

本阶段的主要任务是组织机组分系统调试后的缺陷封闭检查、机组整套启动试运计划制定、机组整套启动试运前质量监督检查、机组整套启动试运应具备条件检查确认、召开启动验收委员会会议、审议试运指挥部有关机组整套启动准备工作报告、协调整套启动的外部条件、决定机组整套启动的时间和相关事宜。

3. 机组空负荷调试任务

机组整套启动调试是机、电、炉、热、化各专业联合运作的一个过程，也是对设计、制造、安装、调试质量的最终检验。

机组空负荷调试阶段的主要任务是完成锅炉冷、热态清洗，机组初次冷态启动与试验、机组并网前电气试验、汽轮机超速试验、锅炉蒸汽严密性试验及安全门校验、汽轮机主汽门、调门严密性试验等。

4. 机组带负荷调试任务

机组带负荷试验的目的，在于通过各项试验，考验机组额定工况下，稳定运行的能力，并通过优化组合运行参数和燃烧初调整等各项调整试验，使机组具备一个较经济、稳定的运行工况。

机组带负荷调试的主要任务是发现和解决设备和系统动态运转过程中的问题，消除由于各种原因造成的设备和系统缺陷，使所有设备、系统达到设计的额定工况和出力，进行制粉系统调整试验、锅炉燃烧初调整试验、低负荷断油试验、SCS设备及程控投用试验、MCS热控自动装置投用试验、MCS协调控制负荷变动试验、厂用电切换试验、真空严密性试验、甩负荷试验、RB试验、机组启停试验等。

5. 机组168h满负荷整套试运调试任务

机组168h满负荷整套试运主要任务是机组再次启动并网后逐渐投入所有系统、热工仪表、保护、自动装置等。当锅炉投电除尘、断油、吹灰系统投用正常，汽轮机投高加，热控投入主要仪表（100%）、保护（100%）、自动装置（>90%）、汽水品质合格、机组满负荷时，进入168h满负荷考核试运。

6. 机组试生产期的主要任务

继续完成未完项目的调试工作，参加达标考评及自查自检等工作。

（三）机组分系统调试项目的内容依据调试合同而定

1. 锅炉专业调试工作

（1）对机组锅炉范围内的主要设备及系统进行检查。

（2）组织检查各汽水电动门、烟风调节挡板及隔绝门挡板。

（3）辅机连锁、保护检查试验。

（4）风机系统调试。

（5）空预器系统调试。

（6）烟风系统分系统试验、调试。

（7）锅炉冷态通风试验。

（8）燃油系统及炉前点火油系统调试。

（9）等离子点火系统调试。

（10）制粉系统调试。

（11）密封风、冷却风系统调试。

（12）锅炉辅助蒸汽供汽系统调试。

（13）锅炉汽、水系统检查。

（14）锅炉疏水排污系统调试。

（15）锅炉膨胀系统检查。

（16）吹灰系统调试。

（17）除灰除渣系统调试。

（18）配合锅炉化学清洗和冲洗工作。

（19）锅炉减温水管道系统冲洗。

（20）锅炉蒸汽管路吹管调试。

（21）锅炉安全门校验。

（22）锅炉工作压力水压试验。

（23）配合冷却水系统、取样加药及排污等系统的试运工作。

（24）配合电除尘器试验。

（25）机、电、炉大连锁试验等。

2. 汽轮机专业调试工作

（1）对机组汽轮机范围内的主要设备及系统进行检查。

（2）组织安全止回阀校验及检查调节止回阀、抽汽止回阀、电动止回阀。

（3）辅机连锁、保护检查试验。

（4）空冷系统调试。

（5）辅机冷却水系统、闭式循环冷却水系统调试。

（6）工业冷却水系统调试。

（7）真空系统调试。

（8）辅助蒸汽系统调试。

（9）凝结水及凝结水补给水系统调试。

（10）除氧器及高压给水系统调试。

（11）电动给水泵调试。

（12）低压给水系统调试

（13）抽汽加热器及疏水系统调试。

（14）轴封汽系统调试。

（15）汽轮机润滑油及盘车、顶轴系统调试。

（16）汽轮机油净化装置调试。

（17）发电机冷却水、氢及密封油系统调试。

（18）汽轮机调节系统静态调试。

（19）汽轮机汽门关闭时间测试。

（20）汽轮机旁路系统调试。

（21）配合凝汽器碱洗及系统化学清洗。

（22）配合锅炉蒸汽管路吹管调试。

（23）机、电、炉大连锁试验

3. 电气专业调试工作

（1）厂用系统受电工作。

（2）高压厂用变压器保护及系统调试。

（3）发电机变压器组的保护及系统调试。

（4）主变压器冷却控制系统调试与投运。

（5）发电机、变压器、厂用变压器的控制、信号、保护的传动试验。

（6）发电机励磁系统的调试。

（7）同期系统调试。

（8）直流系统调试。

（9）保安电源系统调试及试运。

（10）厂用电切换系统调试。

（11）应急柴油发电机系统调试。

（12）不停电电源系统调试。

（13）故障录波系统调试。

（14）机、电、炉大连锁试验。

（15）配合微机监控系统（ECS）调试。

4. 热控专业调试工作

（1）检查测量元件、取样装置的安装情况、仪表管路严密性试验记录以及变送器、逻辑开关校验记录。

（2）检查执行机构的安装情况及远方遥控操作试验。

（3）分散控制系统复原调试。

（4）锅炉炉膛安全监控系统（FSSS）调试。

（5）机组数据采集系统（DAS）调试。

（6）机组自动调节系统（MCS）调试。

（7）顺序控制系统（SCS）调试。

（8）汽轮机数字电液控制系统（DEH）调试。

（9）汽轮机旁路控制系统（BPC）调试。

（10）汽轮机监视、保护系统（TSI）（ETS）调试。

（11）给煤机控制系统调试。

（12）锅炉保护连锁系统调试。

（13）汽轮机保护连锁系统调试。

（14）机、电、炉大连锁试验。

（15）锅炉吹灰顺控系统调试。

（16）空预器控制系统调试。

（17）锅炉上煤控制系统调试。

（18）除灰顺控系统调试。

（19）除渣顺控系统调试。

（20）凝结水精除盐处理顺控系统调试。

（21）锅炉加药控制系统调试。

（22）发电机氢油水控制系统调试。

（23）配合辅机试转及热力系统调试。

5. 化学专业调试工作

（1）凝结水精处理系统调试。

（2）发电机冷却水处理系统调试。

（3）加药系统调试。

（4）取样系统调试。

（5）制氢系统调试。

（6）化学清洗管样小型试验。

（7）机组化学清洗。

（8）分系统试运中的汽水品质监督。

**四、整套启动试运前现场、系统及专业应具备的条件**

（一）试运现场应具备以下条件

（1）成立整套启动组织机构，召开启动验收委员会会议，审议整组启动的准备工作、安全目标、质量目标。作出进入整套试运阶段的决定。

（2）投入使用的土建工程和生产区域的设施，已按设计施工完成并进行验收，生产区域的场地平整、道路畅通，照明、通信良好，平台栏杆和沟道盖板齐全，脚手架、障碍物、易燃物、建筑垃圾已清除干净，满足试运要求。

（3）调试、运行及安装人员均已分值配齐，运行人员已经培训并考试合格。

（4）整套启动方案已经会审修改完毕，并经试运指挥部批准。

（5）生产单位已将运行所需的规程、制度、系统图表、记录表格、运行工具、保护连锁定值准备齐全。

（6）参加试运的设备和系统与运行设备和尚在施工中的汽水管道、电气系统及其他系统已采取可靠措施进行隔离。

（7）消防设备和系统、电梯已按要求投用。

（8）系统命名、挂牌结束，各管道系统经保温后色环、流向指示已标明。

（9）必须在整套启动试运前完成的分部试运、调试和整定的项目，均已全部完成，并进行验收签证，分部试运技术资料齐全。

（10）配套送出的输变电工程应满足机组满发送出的要求。

（11）质监中心站按"质监大纲"检查后同意进入整套启动试运阶段。

（12）整套启动主要工作程序及启动曲线张贴现场。

（二）系统应具备以下条件

1. 锅炉系统

（1）冷态通风试验结束，数据整理完毕。

（2）锅炉酸洗工作结束，系统恢复正常。

（3）蒸汽吹管工作结束，蒸汽吹管期间锅炉制粉系统及燃烧系统能投运正常，临时系统拆除，系统恢复正常。

（4）燃油系统正常投入。

（5）等离子系统正常投入。

（6）电除尘空载升压试验正常，振打及加热装置经试验正常；电除尘进口烟气均布试验结束。

（7）锅炉吹灰器静态单体及程控试验合格。

（8）各分系统试运合格，与设备和系统有关的保护、连锁、控制、信号等均已静态试验完毕，并验收签证。

2. 汽轮机系统

（1）各辅机设备及转动机械均经分部试转合格，各手动阀门均经灵活性检查正常，各调节阀、电动阀动作试验正常。

（2）各系统分系统试运合格，与设备和系统有关的保护、连锁、控制、信号等均已静态试验完毕，并验收签证。

（3）各受压容器均经过水压试验合格，安全阀动作性能良好，各有关汽水、油管路均已冲洗干净。

（4）油系统安装、调试验收合格，油质经国家有关检验部门检验合格。汽轮机盘车、顶轴油装置试转结束，已可投用。

（5）汽轮机真空泵及真空系统试转结束，真空系统密封试验结束。

（6）发电机氢、油、水系统调试结束，处于可投用状态，发电机氢系统气密性试验合格，发电机漏气量小于制造厂规定。

（7）汽轮机本体 ETS、TSI 均已校验合格。

（8）高、低压旁路冷态调试已结束，已具备满足机组启动及事故备用的需要。

（9）发电机充氢所需二氧化碳及储氢系统已准备就绪。

（10）空冷系统风机试转完成，连锁保护试验结束，冲洗工作结束。

3. 电气系统

（1）高压备用变压器、厂用高压变压器及其厂用电系统调整试验均已合格，并经验收签证。

（2）柴油发电机组及其保安电源系统调整试验均已合格，并经验收签证。

（3）直流系统、UPS 电源系统调整试验均已合格，并经验收签证。

（4）输、变电配电装置调整试验均已合格，并经验收签证。

（5）接地和防雷保护装置调整试验均已合格，并经验收签证。

（6）发电机—主变压器保护装置及系统调整试验均已合格，并经验收签证。

（7）发电机同期装置及系统调整试验均已合格，并经验收签证。

（8）发电机励磁装置系统调整试验均已合格，并经验收签证。

（9）厂用电源的自动切换装置调整试验均已合格，并经验收签证。

（10）远动装置调整试验均已合格，并经验收签证。

（11）表盘、控制开关、发电机、变压器、电缆、母线等施工完毕，油漆完工，封堵工作结束，验收合格。

（12）电气设备交接试验结束，试验报告齐全，并经验收合格，电气回路操作、指示正常，符合设计要求。

（13）继电器经整定，整定值符合规定，试验合格。变压器接头位置按运行要求整定。

（14）声光信号、报警装置投入使用。

（15）所有电气设备在冷备用状态并有适当的安全保护措施，所有电气设备外壳可靠接地，所有一次设备上的临时接地线及短路线均应拆除。

（16）发电机耐压试验结束。

（17）发电机绝缘测量合格。

4．热控系统

（1）机组大连锁、锅炉保护、汽轮机保护试验完成，可正常投用。

（2）DAS测点校对完毕，测点显示、趋势记录、报警及打印可正常投用。

（3）ETS、DEH系统信号及回路校验、冷态试验完成，可正常投用。

（4）SCS信号及回路校验、静态试验、连锁及保护试验完成，可正常投用。

（5）FSSS信号及回路校验、静态试验、连锁保护及程控完成，可正常投用。

（6）MCS信号及回路冷态试验完成。

（7）TSI测量信号显示正常，保护输出信号正常。

（8）SOE回路试验结束，即时打印正常。

（9）旁路系统冷态试验完成，可正常投用。

（10）就地显示表计齐全，校验合格，能正确指示。

（11）主厂房及外围其他监测、控制系统调试完成，可正常投用。

（12）故障报警确认显示正常。

5．化学系统

（1）锅炉补给水系统具备连续制水能力，除盐水箱储水充足，具备向机组连续补水条件，水量满足要求。

（2）凝结水精处理设备具备投运及再生条件，在带负荷前具备投用条件。

（3）汽水分析室具备化学分析条件，分析所需的药品、仪器、记录报表等均已准备就绪，表计校正定位完毕。

（4）取样装置已调整能正常投入运行，取样一次门均已开启，取样冷却水畅通。

（5）机组各类化学仪表安装结束，校验合格，能投入使用。

（6）炉水处理，给水处理的药品备齐。

（7）化学加药系统试转、冲洗、水压试验结束，药量配好备足，能投入正常运行。

（8）加药控制系统能投入正常运行。

（9）制氢站具备正常投运条件。

（10）发电机内冷水化验合格。

（三）空负荷整套调试项目

1. 锅炉专业

（1）烟风系统投运及调整。

（2）锅炉给水及减温水系统投运及调整。

（3）锅炉等离子点火及燃油系统投运及调整。

（4）锅炉制粉系统投运及调整。

（5）锅炉疏水排污系统投运及调整。

（6）锅炉吹灰系统投运及调整。

（7）除灰、渣系统投运及调整。

（8）锅炉蒸汽严密性试验及安全门的调整。

（9）配合汽轮机进行汽轮机试转。

（10）配合电气专业进行电气试验。

（11）配合热控进行火焰监视器投运及调整。

（12）配合热控连锁、保护、程控启、停检查及调整以及自动调节系统投运及调整。

2. 汽轮机专业

（1）辅机冷却水系统、闭式冷却水系统投运及调整。

（2）工业冷却水系统投运及调整。

（3）凝结水系统投运及调整。

（4）电动给水泵及给水系统投运及调整。

（5）真空系统投运及调整。

（6）汽轮机润滑油、顶轴油、EH 油系统投运及调整。

（7）发电机充氢及冷却系统投运及调整。

（8）汽轮机冲转、暖机、定速、阀切换试验。

（9）汽轮机手动脱扣试验，喷油试验。

（10）机组振动监测。

（11）机组首次并网试验、低负荷暖机。

（12）汽轮机主汽门、调速汽门严密性试验。

（13）汽轮机 OPC 试验。

（14）汽轮机超速试验。

（15）汽轮机惰走时间测定。

（16）汽轮机旁路系统投运及调整。

（17）配合电气专业进行电气试验。

（18）配合热控连锁、保护、程控启、停检查及调整以及自动调节系统投运及调整。

3. 电气专业

（1）厂用工作电源与备用电源定相试验。

（2）机组升速前的检查及升速过程中的试验。

（3）机组定速后的电气整套试验。

（4）励磁调节系统投运试验，发电机空载试验。

（5）发电机同期系统定相并网试验。

4. 热控专业

（1）机组启动过程中，根据运行情况投运及调整 MCS 各控制回路。

（2）机组启动过程中，根据运行情况投运、检查及调整 FSSS、SCS 等连锁保护及顺序启、停回路。

（3）在机组启动过程中，根据运行情况投运、检查及调整 DAS、TSI 等参数显示、报警、打印等功能。

（4）汽轮机启、停过程中，DEH、ETS 检查及调整，配合汽轮机超速等试验。

（5）主厂房及外围其他监测、控制系统投运及调整。

5. 化学专业

（1）化学各系统投运及调整。

（2）机组启动过程化学监督（凝结水、给水、炉水、发电机冷却水、饱和蒸汽、过热蒸汽等）。

（3）机组停运前保养监督。

（四）带负荷整套调试项目

1. 锅炉专业

（1）各系统投运。

（2）机组温态及热态启动。

（3）制粉系统热态调试。

（4）锅炉燃烧调整试验。

（5）锅炉断油试验及低负荷稳燃试验。

（6）带负荷试验和满负荷试验。

（7）配合甩负荷试验。

（8）配合热控投入自动。

（9）配合电气厂用电切换试验。

2. 汽轮机专业

（1）各系统投运。

（2）机组温态及热态启动。

（3）汽轮机带负荷工况的检查和各典型负荷点振动测量。

（4）高低压加热器投运及切除试验。

（5）真空严密性试验。

（6）带负荷试验和满负荷试验。

（7）甩负荷试验。

（8）配合热控投入自动。

（9）配合电气厂用电切换试验。

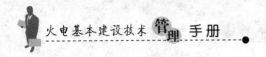

3. 电气专业

(1) 厂用电源切换试验。

(2) 配合主变压器、高压厂变系统试验。

(3) 发电机变压器组测量系统带负荷检验。

(4) 发电机变压器组带负荷试验及试运行。

(5) 励磁系统带负荷试验及试运行。

(6) 配合甩负荷试验。

(7) 配合机组带负荷过程中的其他试验工作。

4. 热控专业

(1) 机组启动过程中，根据运行情况投运及调整 MCS 各种控制回路。

(2) 机组启动过程中，根据运行情况投运、检查及调整各控制系统的连锁保护及顺序启、停回路。

(3) 在机组启动过程中，根据运行情况投运、检查及调整各系统的参数显示、报警、打印等功能。

(4) 协调控制系统负荷变动试验。

(5) 主厂房其他监测、控制系统投运及调整。

(6) 配合机组甩负荷试验。

(7) 处理与调试有关的缺陷。

(8) 记录和统计试运情况及数据。

5. 化学专业

(1) 凝结水精处理系统投运及调整。

(2) 取样装置及加药系统投运及调整。

(3) 凝结水、给水、炉水、蒸汽等品质的监督。

(4) 疏水、凝结水回收监督。

(5) 除氧器除氧效果监督。

(6) 发电机冷却水质监督。

(7) 机组停运前保养监督。

(五) 168h 整套满负荷试运工作

1. 锅炉专业

(1) 168h 试运行值班。

(2) 试运燃油量统计。

(3) 编制各类试运调试总结报告。

2. 汽轮机专业

(1) 168h 试运行值班。

(2) 试运小时数统计。

(3) 试运次数统计。

(4) 编制各类试运调试总结报告。

3. 电气专业

（1）168h 试运行值班。

（2）电气保护投入率统计。

（3）电气自动投入率统计。

（4）试运最高、最低负荷统计。

（5）试运电量统计。

（6）试运负荷率统计。

（7）编制各类试运调试总结报告。

4．热控专业

（1）168h 试运行值班。

（2）热控保护投入率统计。

（3）热控自动投入率统计。

（4）热控顺控投入率统计。

（5）热控测点或仪表投入率统计。

（6）编制各类试运调试总结报告

5．化学专业

（1）168h 试运行值班。

（2）机组试运期间化学监督。

（3）汽、水等指标合格率统计。

（4）编制各类试运调试总结报告。

## 五、调试进度管理

（一）调试里程碑计划

根据本工程一级网络进度计划，安排本机组调试里程碑计划见表 11-5：

表 11-5　　　　　　　　　　　　调 试 里 程 碑 计 划

| | 调试里程碑进度形象 | 完成时间 | 备注 |
|---|---|---|---|
| 1 | DCS 系统的受电 | | |
| 2 | 厂用系统（至 380V）带电 | | |
| 3 | 锅炉化学清洗 | | |
| 4 | 炉前系统清洗 | | |
| 5 | 锅炉通风试验 | | |
| 6 | 锅炉点火吹管 | | |
| 7 | 整套启动 | | |
| 8 | 首次并网 | | |
| 9 | 168h 满负荷试运 | | |

（二）调试进度控制

（1）在机组启动调试过程中，确保安装质量和工程进度，按期完成分部试运工作，为机组启动调试留有合理的时间，如调试工作顺畅，可以使得工期提前，如果碰到不可预料的问题，可以有一定的时间处理，以确保整个工期的按时完成。

（2）发挥调试龙头作用，通过制定主要调试项目的调试工作计划，提出机组启动试运前必须具备的条件和必须完成的设备安装项目，安排好分系统调试工作，空负荷调试项目，制定具体的完成时间等，合理地调整安装顺序，推动工程进度，保证工程安装质量，顺利地实现调试计划。

### 六、调试质量管理

（一）调试质量目标

（1）按《火力发电厂基本建设工程启动及竣工验收规程》及相关火电工程质量验收规范的要求，完成全部分部试运项目，且均达到电力行业相关验收评定标准的优良级。

（2）实现锅炉酸洗、点火冲管、汽轮机冲转、发电机并网等调试项目一次成功。

（3）零缺陷管理目标。

（4）调试过程中调试质量事故为零。

（5）调试过程中损坏设备事故为零。

（6）满负荷试运期间机组"MFT"误动为零。

（7）机组启动未签证项目为零。

（8）调试原因影响机组进度为零。

（9）机组移交调试未完项为零。

（10）启动调试非自动状态为零。

（二）整套试运调试质量目标

整套启动及进入168h前各项条件具备，且做到文件闭环。

（1）按《启规》等规程要求全面完成整套启动试运项目，优良率为100%。

（2）保护、仪表和程控投入率均达到100%，正确率为100%。

（3）自动装量投入率为100%。

（4）电除尘设备投入率100%。

（5）168h试运之前完成全部试验项目。

（6）168h连续运行平均负荷率≥90%；其中满负荷连续运行时间>96h。

（7）首次汽轮机冲转至完成168h试运天数<60天/台（600MW机组）。

（8）完成168h试运的启动次数≤2次。

（9）主机轴振≤0.06mm。

（10）发电机漏氢量≤10m³/d（标准状态下）。

（11）真空严密性≤0.3kPa/min。

（12）汽水品质整套试运阶段100%合格。

（13）168h满负荷试运结束后，未完工程、投产缺陷均为零。

（14）不发生人为原因的锅炉灭火（MFT）。

（15）机组调试的质量检验分项合格率100%。

（16）机组试运的质量检验整体优良率100%。

（三）调试质量管理体系

调试项目部建立调试质量管理网络，形成质量管理体系。

（四）调试专项质量计划

（1）厂用电系统受电一次成功质量计划。

（2）锅炉化学清洗一次成功质量计划。

（3）锅炉吹管一次成功质量计划。

（4）机组首次并网一次成功质量计划。

（五）调试质量保证措施

（1）确定必要的调试工作环境和设备的要求。

（2）编制符合工程要求的调试大纲，并进行会审。

（3）编制调试措施，对相关人员进行技术交底。

（4）配备足够的具有相应资质的调试人员。

（5）认真做好调试过程中的质量记录，确保调试质量的可追溯性。

（6）对调试中的不合格项进行控制，及时分析原因制定纠正措施。

（7）对潜在不合格进行相应的预防措施，杜绝隐患。

（8）对各阶段的试验项目按《火电工程调整试运质量检验及评定标准》进行验收。

（9）及时与业主及参加调试的单位沟通。

（10）工程中及工程结束对建设项目进行回访，对工程认真负责。

（11）建立启动调试组织机构，通过调试使机组达到各项调试技术指标要求，稳定运行并移交生产。

**启动调试准备质量保证措施：**

（1）根据施工综合总进度，编制启动调试总进度的目标计划。

（2）在充分收集有关资料和文件的基础上，编写整套启动调试技术措施及分系统调试项目的技术措施。

**检验和测量设备调试质量保证措施：**

（1）对启动调试中所使用的计量器具、仪器仪表和测试设备，在启动调试前核对其精密度和准确度，必须符合调试检测的要求。

（2）所使用的计量器具、仪器仪表和测试设备经地方政府授权的定点单位鉴定和持有鉴定证书，并在有效期内。

**启动调试质量记录：**

（1）按照《火电工程调整试运质量检验及评定标准》的要求，结合工程的实际情况，编制《质量检验及评定表》。

（2）认真完成调试记录，并编入竣工技术资料，移交建设单位。

**分部试运控制调试质量保证措施：**

（1）每个系统试运前必须进行安全、质量的检查验收。

（2）在分部试运阶段调试中，严格按照《分部试运管理制度》进行分系统的交接验收。

（3）每个系统试运前必须进行安全、质量的检查验收。

（4）承担分系统及整套试运调试项目的措施编写与实施。对重要分部试运项目如锅炉化学清洗、锅炉吹管等，在项目完成后及时编写试运报告。

**不符合项报告及纠正：**

（1）启动调试过程中执行不符合项报告及纠正。

（2）对工程在启动调试中发现的设计、施工、设备及各系统不合格项，填写"工程联系单"，重要的不合格项需向建设单位和试运指挥部报告。

**整套试运控制调试质量保证措施：**

（1）负责编写机组整套启动试运的计划、方案与措施。

（2）组织协调并实施完成整套启动试运中的调试工作。

（3）按《火力发电厂基本建设工程启动及验收管理办法》规定程序完成空负荷调试、带负荷调试及168h满负荷试运，使机组安全稳定运行和达到各项技术指标，满足机组达标要求。

（4）在机组整套启动试运中，按规定逐步投入各设备系统的各项保护、各项程控和自动调节装置。

（5）负责对试运中存在问题向试运指挥部汇报及提出处理意见。

（6）在机组移交生产一个月内编写好"启动调试技术报告和调试工作总结"并交有关单位。

**调试协调会议制度：**

分部试运期间的每天调试现场协调会议由主体安装单位主持。整套启动调试期间的每天调试现场协调会议由调试单位主持。协调会以调试情况、调试计划、目前问题处理结果、需要协调解决的新问题等作为主要议题。会议落实解决问题的责任单位、责任人、时间计划等，并作为协调会跟踪的主要内容。建设、生产单位相关部门、施工单位、设计单位、监理单位、调试单位、设备制造厂等单位属主要参会单位。

**调试专题会议制度：**

（1）对机组调试中遇到的重大问题、疑难问题、技术性很强的问题，应由监理单位负责主持召开调试专题会议。

（2）会议由建设、生产单位相关部门、施工单位、设计单位、监理单位、调试单位、设备制造厂等相关技术人员参加。

（3）会议应提出解决问题的方案，并报试运指挥部审查。

（4）会后由会议主持单位整理会议纪要。

**调试事故/故障/异常报告及处理程序：**

（1）在机组调试期间，如发生一般调试事故/故障/异常应立即采取相应防止事故扩大的措施，并向试运指挥部报告。

（2）在机组调试期间，如发生威胁设备、人身安全或影响机组调试重大进程的重大事故、重大异常和重大事项，应立即采取相应防止事故扩大的措施，并向试运指挥部报告。

（六）调试文件包的主要内容

分部试运文件包分单体调试、单机试转文件包和分系统试转文件包。其中单体调试、单机试转文件包由安装单位完成，分系统试转文件包由调试单位完成，两类文件包完成后由监理公司审查。

**单体调试、单机试转文件包：**

（1）经批准的试运方案或措施（施工单位提供）。

（2）已完成的设备及系统的静态验收签证表（施工单位提供）。

（3）已会签的新设备分部试运申请单（施工单位提供）。

（4）单机试转技术记录表格和试转质量检验及评定签证单（施工单位提供）。

（5）试转范围流程图或系统图（施工单位提供）。

（6）电气、热工保护投入状态确认表（施工单位提供）。

**分系统试转文件包：**

（1）已完成的单机试转质量检验及评定签证单（施工单位提供）。

（2）已完成的新设备分部试运行前静态检查表（施工单位提供）。

（3）手续完备的设计变更单（施工单位提供）。

（4）未完项目清单（施工单位提供）。

（5）经批准的试运措施（调试单位提供）。

（6）热工保护投入状态确认表（调试单位提供）。

（7）分系统试运转技术记录表格和试运转质量检验及评定签证单（由调试单位提供）。

（8）分系统试运转的指导性文件（由调试单位提供）。

（七）调试过程相关签证

调试过程签证分为分部试运前的签证、分部试运后的签证两部分。

分部试运由单体调试、单机试运和分系统试运组成。单体调试是指热控、电气所属元件、装置、设备的校验、整定和试验；单机试运是指单台辅机的试运（包括相应的电气、热控保护）。分系统试运是指按系统对其动力、电气、热控等所有设备及其系统进行空载和带负荷的调整试运。分系统试运必须在单体调试、单机试运合格后才可进行。

**分部试运前的签证：**

（1）施工单位对分部试转项目进行静态检查，并作出评价。

（2）监理、施工单位质检部门和分部试运组各方代表对施工单位提出的分部试运行进行审议、确认，并会签。

（3）对施工单位提出的未完项目进行讨论确认必须在分部运前整改处理的项目已经处理完毕，剩余项目允许在分部试运后限期整改和处理，未经验收签证的设备系统不准进行分部试运。

**分部试运后的签证：**

（1）每项分部试运项目试运合格后应由施工单位组织施工、调试、监理、建设/生产等单位及时验收签证。

（2）合同规定由设备制造厂负责单体调试且施工单位负责安装的项目由监理单位组织施工、建设/生产、调试等单位检查、验收。

（3）验收不合格的项目不准进入分系统和整套试运。

（4）分系统试运结束后，各项指标达到《调试验标》和达标要求，由监理单位组织施工单位、调试单位、建设/生产单位、监理单位的代表签署《调试验标》的有关验评表；机组整套启动条件确认。

**调试结果签证：**

（1）机组调试结束后，各项指标达到《调试验标》和达标要求，由监理单位组织施工单位、调试单位、建设、生产单位、监理单位的代表签署《调试验标》的有关验评表。

（2）机组试运结束后，由试运指挥部组织有关单位立即填写相关记录表中的数据。负责填写单位按调试结果统计要求执行，调试结果统计单位见表11-6。

**表 11-6** 调 试 结 果 统 计 单 位

| 序号 | 名　　称 | 负责填写单位 | 备　　注 |
|---|---|---|---|
| 1 | 机组满负荷试运技术经济指标记录表 | 建设/生产单位 | |
| 2 | 机组满负荷主要运行指标记录表 | 建设/生产单位 | |
| 3 | 机组试运过程记录表 | 调试/建设/生产单位 | |
| 4 | 汽轮机振动情况记录表 | 调试单位 | |
| 5 | 热工自动装置投入统计表 | 调试单位 | |
| 6 | 机、炉主要保护投入情况统计表 | 调试单位 | |
| 7 | 汽、水品质记录表 | 建设/生产单位 | |

（八）调试移交代保管签证及再次试运有关规定

（1）经分部试运合格的设备和系统，可交生产单位代行保管。

（2）设备及系统的代保管，由施工单位填写《设备及系统代保管签证书》（附录六），并执行《设备及系统代保管管理程序》。

（3）代保管设备及系统的运行、操作、检查由生产单位负责。

（4）代保管设备及系统的消缺、维护工作、未完项仍由施工单位负责。

（5）未经建设/生产、监理、调试、施工单位代表验收签字的设备系统，不得"代保管"，不准进入整套启动调试。

（6）对再次试转的设备及系统，由工作单位提出申请，填写"设备试转联系单"，并得到调试、生产单位确认后方可实施。

**七、调试安、健、环管理及预防措施**

（一）调试安全管理及预防措施

（1）对调试工作中的安全状况进行分析，发现不符合项应及时采取纠正措施，对潜在问题采取预防措施。

（2）项目部按《安全工作规定》、《电力建设安全工作规定》、《电业事故调查规程》等规范进行定期和不定期的执行情况自查。

（3）在机组调试中将严格执行《安全生产工作规定》、《电力建设安全工作规程》、《防止电力生产重大事故的二十五项重点要求》。

（4）在机组调试中制定反事故措施。

（5）参加试运行人员工作前应熟悉有关安全规程、运行规程及调试措施，试运行安全措施和试运停、送电联系制度等。

（6）参加试运行人员工作前应熟悉现场系统设备，认真检查试验设备、工具必须符合工作及安全要求。

（7）对与运行设备有联系的系统进行调试，应办理工作票，同时采取隔离措施，必要的地方应设专人监护。

（8）高空作业时，严格按照安全规程执行。

（9）不得在栏杆、防护罩或运行设备的轴承上坐立或行走。

（10）不得在高温高压蒸汽管道、水管道的法兰和阀门、水位计等有可能受到烫伤危险的地点停留。如因工作需要停留时，应做好防烫伤及防汽、水喷出伤人的措施。

（11）开启锅炉看火门，检查孔及灰渣门应在炉膛负压的情况下缓慢地进行，工作人员应站在门孔的侧面，并提前选好向两旁躲避的退路。

（12）安全门的调整必须由两个以上的熟练工人在专业技术负责人的指挥下进行。

（13）安全门调整前应确认所有的安全门门座内水压试验用临时堵头均已取出，门座密封面完好无损。

（14）进行接触热体的操作应戴手套。

（15）试运中应经常检查油系统是否漏油，严防油漏至高温设备及管道上引起火灾。

（16）电气设备在进行耐压试验前，应先测定绝缘电阻。用绝缘电阻表测定绝缘电阻时，被测设备应确定与电源断开，试验中应防止与人体接触，试验后被试设备必须放电。

（17）使用钳型电流表时，其电压等级应与被测电压相符，测量时应戴绝缘手套，测量高压电缆线路的电流时，钳型电流表与高压裸露部分距离应不小于规定数值。

（18）热控冲洗仪表管前应与运行人员取得联系，冲洗的管应固定好。初次吹洗仪表管压力一般应不大于 0.49MPa，吹管时管子两端均应有人并相互联系。初次冲洗时，操作一次门应有人监护，并先作一次短暂的试开。

（19）操作酸、碱管路的仪表、阀门时，不得将面部正对法兰等连接件。

（20）运行中的表计如需要更换或修理而退出运行时，仪表阀门和电源开关的操作均应遵照规定的顺序进行泄压、停电后，在一次门和电源开关处应挂"有人工作，严禁操作"标示牌。

（21）远方操作设备及调节系统执行器的调整试验，应在有关的热力设备，管路未冲压前进行，否则应与有关部门联系并采取措施，防止误排汽，排水伤人。

（22）被控设备，执行器的机械部分、限位装置和闭锁装置等，未经就地手动操纵调整并证明工作可靠的不得进行远方操作。进行就地手动操作调整时，应有防止他人远方操作的措施。

（23）在远方操作调整试验时操作人与就地监护人应每次操作中相互联系，及时处理异常情况。

（24）搬运和使用化学药剂的人员应熟悉药剂的性质和操作方法，并掌握操作安全注意事项和各种防护措施。

（25）对性质不明的药瓶严禁用口尝或鼻嗅的方法进行鉴别。

（26）靠近通道的酸管道应有防护设施。

（27）进行加氯作业必须佩戴防毒面具，并应有人监护，室内通风应良好。

（28）在进行酸、碱工作的地点应备有清水、毛巾、药棉和急救时的药液。

（二）文明调试、健康管理及预防措施

（1）树立文明调试的意识，工作完、场地洁，营造一个整洁、有序、文明的工作环境，增进身心健康。

（2）调试用的工器具应保护、保养好，确保器具的完好。

（3）调试用的试验与测量仪器、仪表应维护、保养，经检定合格，并在准用期内。

（4）保持安全文明行为的一贯化，不在非吸烟区内吸烟。

（5）调试人员着装整齐，佩带相应标志，各种行为符合相应的规定。

（6）严格执行调试纪律，不得随意修改设计图纸、制造厂技术要求、部颁规程规定。要变更技术要求、规范等，须经有关方面确认批准后，方可进行。

（7）加强对设备成品保护，在调试过程中，采取有效方法，不使成品受到损伤。

（8）化学专业用的固、液体药品，要有检验后的合格证，物品的堆放位置明确、标识明显，并确保安全距离，防止质变。

（9）办公室内的生活用品、文件等摆放整齐、合理。做好防火、防雨、防盗措施，定期进行大扫除，保持室内整洁。

**（三）调试环境保护管理及预防措施**

（1）化学清洗前检查临时系统安装质量，防止管道泄漏。

（2）化学清洗临时系统的酸泵、取样点、化验站和监视管附近需设水源，用胶皮软管连接，以备阀门或管道泄漏时冲洗用。

（3）化学制水、化学清洗产生的废液，应经综合处理后达标排放。

（4）锅炉吹管的临时管道排放口应加消声器，减少蒸汽排放时产生过大的噪声。

（5）在调试中产生的废渣、废气、废液、污水、噪声项目，要在调试方案、措施中予以明确，通过各种可靠措施力求减少到最低限度，其排放的去向应有明确规定，禁止乱排放，严格遵守地方环保法规。

（6）化学清洗后的废液，由清洗液采购单位负责回收处理。

**八、重大事故预防措施**

**（一）防止汽轮机磨轴、烧瓦事故措施**

（1）机组启动前各油泵应试运合格，连锁可靠，保证运行中润滑油压降低后交、直流油泵能可靠投入，并保持足够油压。机组启动过程中应由专人监视各轴承润滑油压及流量。

（2）在冷油器切换前必须排净备用冷油器内的空气，充满油后再停下运行的冷油器，并注意监视油压。

（3）机组定速后进行油泵切换时，应密切注意各润滑油压值，如有意外应迅速及时抢合备用油泵。

（4）机组进行超速保护功能试验、打闸试验等重要试验时，应在试验前投入备用油泵的运行。

（5）机组运行中如出现异常情况，如厂用电失去、保安电源故障、DCS 系统失灵等，应及时采取措施，抢合交流或直流油泵。

（6）为防止备用油泵因长期放置使泵内存留空气影响泵的运转，机组在运行中须定期启动交直流润滑油泵，确认电流、油压等正常后方可停泵投备用状态。

（7）机组在运行阶段应严密监视油系统各滤网差压，发现问题及时处理。

（8）做好油系统冲洗循环工作，保证油质清洁，尽早投入油净化装置。

**（二）制粉系统防爆措施**

为防止制粉系统发生爆炸事故，制定如下措施：

（1）制粉系统在投运前应完成风压试验并验收合格。

（2）加强调整、控制磨煤机出口风粉混合物温度不超过 80℃，并及时掌握煤种的变化情况，以便加强监视和巡查。

（3）蒸汽消防系统调试结束，具备投入条件。

（4）磨煤机正常停用后，对磨煤机和一次粉管充分吹扫；磨煤机紧急停运，应采取措施，防止积粉自燃。

（5）磨煤机停运后应严密监视磨出口温度，发现有异常温升现象应及时采取措施，防止磨内发生自燃现象。

（6）调平一次风管的阻力，保证煤粉管中的输粉速度大于 18m/s，以免煤粉沉积或粉管堵粉，保证供粉均匀。

（7）加强煤场管理，防止易燃、易爆物品进入磨煤机。

（三）**防止汽轮机大轴弯曲的措施**

（1）DEH、测振、TSI 仪表指示正确，汽轮机振动保护投入。

（2）汽轮机每次冲转前及停机后，投入盘车装置测量偏心度及盘车电流正常。

（3）冲转前若转子发生弹性热弯曲，应适当加长盘车时间，待偏心度达正常值时方可冲转。

（4）汽轮机上下缸温度差大于 41.7℃，转子偏心超限值 76$\mu$m 时，禁止汽轮机冲转。

（5）机组冲转，盘车脱扣后，待汽轮机转速在 2000r/min 时，方可停顶轴油泵。

（6）汽轮机脱扣后，转速下降至 2000r/min 时启动顶轴油泵。

（7）确认顶轴油泵母管压力 13～14MPa。

（8）密封监视各道轴承金属温度，推力轴承温度及轴承回油温度。

（四）**防止炉膛灭火放炮的措施**

（1）加强煤质的分析和配煤管理工作，提前将原煤质量变化情况通知运行人员，及时采取相应措施，加强监视调整，避免燃烧不稳，造成锅炉灭火。

（2）机组启动前必须对 MFT 保护进行校验。

（3）锅炉 MFT 保护不得随意解除，因故需解除时，应经启动指挥部批准，并采取相应的安全措施。

（4）保证热工仪表、保护和备用电源可靠，防止失去电源造成锅炉灭火。

（5）锅炉炉膛安全监控系统（FSSS）投入运行，点火前严格按系统规定的程序进行锅炉通风吹扫和点火操作。锅炉点火前必须进行不少于 5min 的吹扫，吹扫完成后方可以进行点火操作。

（6）确保油枪不向炉膛漏油，油枪点火后加强燃烧调整，确保完全燃烧。

（7）煤粉燃烧器的投、停，按先投风后投粉和先停粉后停风的顺序进行，并调整燃烧。锅炉运行时应保持合理的风煤比，严禁低氧燃烧。

（8）锅炉低负荷运行时严禁制粉系统隔层运行，否则应投油助燃。

（9）当锅炉在负荷＜60％或燃烧不稳定时，禁止投运炉膛和烟道吹灰器。

（10）当锅炉灭火后，要立即停止燃料供给，严禁用爆燃法恢复燃烧。锅炉熄火后必须进行 5min 的后吹扫，吹扫完成后可以将吸风机、送风机停运。

（11）重新点火前必须对锅炉进行通风吹扫。

（五）防止空预器内残余物质燃烧的措施

（1）锅炉启动前应投运预热器红外热点探测装置，确认装置报警回路正常。

（2）锅炉点火前，雾化蒸汽疏水应彻底，保持一定的过热度。

（3）锅炉投油时燃油压力应保持正常。

（4）锅炉启动初期和低负荷油煤混烧时，应派专人检查着火与燃烧情况，发现问题及时进行燃烧调整。要尽可能缩短煤、油混烧时间。

（5）燃油调节时应尽量避免油压的大幅度波动。

（6）辅助风挡板应随油枪的投、停和油压的变化进行调整，保持适当的辅助风与炉膛差压和辅助风挡板开度。

（7）控制适当的风量，避免因风量过低和过高而造成燃烧不良。

（8）锅炉点火后应及时投入预热器连续吹灰。

（9）锅炉运行期间应加强对预热器进出口烟温的监视。尤其在热备用状态和预热器突然故障停转情况下，若有异常，应立即查明原因，并采取相应措施。

（10）预热器消防水应保持随时可用。

（六）防止风机喘振的措施

（1）烟风系统风压试验合格。

（2）定期检查轴流风机出入口挡板，确保其开关位置正确。

（3）定期检查空预器密封装置的密封效果，使其漏风量在允许范围内。

（4）随时调整两台并列运行的引风机（送风机）的负荷，保持其平衡。

（七）安全门的调整的措施

（1）安全门的调整必须由两个以上的熟练工人在专业技术负责人的指挥下进行。

（2）安全门调整前应确认所有安全门门座内水压试验用临时堵头均已取出，门座密封面完好无损。

（八）调试及预控计划

（1）调试单位在机组调试过程中，根据工程考核节点进度，在节点调试开始前，分别编制"节点调试进度计划及工作内容"、"节点开始前需完成的调试项目及范围"以作为施工单位工作参考。

（2）监理单位组织相关部门严格控制到货设备的质量验收；以二级进度计划为依据，督促安装单位控制设备安装进度实现，确保工程调试时间；督促工程参建各方及时完成各自所承担的合同任务，使整个机组调试的进度得到保证。

（3）调试质量预控计划，在机组调试过程中，主要的调试质量在于过程控制，所以在调试过程中应严格执行分系统调试程序、整套启动调试程序，严格用启规、技术规程、技术规范、试验导则等规定规范调试过程。

（4）机组主要调试程序框图见图11-1。

**九、调试技术方案**

（一）调试主要控制节点

依据现代大型机组的安装工作的顺序，系统的特点及重要程度，调试工作分为7大节点

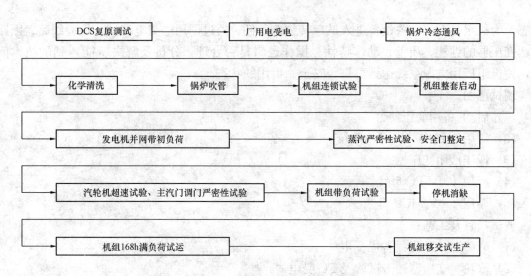

图 11-1　机组主要调试程序框图

进行控制：

(1) 机组 DCS 装置复原。

(2) 厂用电受电。

(3) 锅炉通风试验。

(4) 机组化学清洗。

(5) 锅炉吹管。

(6) 机组整套启动。

(7) 机组 168h 满负荷试运行。

（二）机组 DCS 装置复原调试方案

调试目的：DCS 控制装置在出厂前应已经过试验合格，但经过长途运输及现场安装已产生偏差，必须再进行复原调试、校验和调整，使其达到出厂的标准，为今后各系统的冷态调试创造条件。

调试范围：DCS 装置内所有接地回路、卡件供电、电源电缆、通信电缆、预制电缆以及装置的各类卡件、输入回路、输出回路、系统程序、模拟量通道、开关量通道。

调试项目及工艺：

(1) 接地回路确认。

(2) 电源电缆及绝缘确认。

(3) 通信电缆连接正确性确认。

(4) 机柜受电及供电电压检查。

(5) 卡件插入。

(6) 预制电缆安装及检查。

(7) 程序加载。

(8) 卡件通道及精度检查。

（三）厂用电受电调试方案

调试目的：通过厂用电受电调试的工作，使全厂 6（10）kV、400V 电源系统进入工作

状态，为机组各系统、各设备进入试运转创造条件。通过厂用电受电调试，检验线路、断路器、变压器的性能、质量、动作特性、操作逻辑是否合理，分析及解决所能遇到的技术问题，使机组厂用电源系统达到可靠、安全、可用的状态。

**调试范围：**

(1) 启动/备用变压器。

(2) 厂用 6 (10) kV 母线系统。

(3) 低压厂用变压器。

(4) 厂用 400V PC 母线。

(5) 厂用 400V MCC 母线。

**调试项目及工艺：**

(1) 6 (10) kV 母线各段受电。

(2) 汽轮机变压器冲击试验及 PC 受电。

(3) 锅炉变压器冲击试验及 PC 受电。

(4) 电除尘变压器冲击试验及 PC 受电。

(5) 照明变压器冲击试验及 PC 受电。

(6) 检修变压器冲击试验及 PC 受电。

(7) 脱硫等变压器冲击试验及 PC 受电。

(8) 380/220V 保安各段受电。

(9) 各段 MCC 母线受电。

(10) 以上各段母线如互为备用的要进行核相。

(四) 锅炉通风试验方案

调试目的：对于新安装锅炉进行冷态通风试验目的是为锅炉整套启动和热态燃烧提供调整手段，并检验燃烧设备制造及安装质量。

**调试范围：**

(1) 锅炉燃烧系统。

(2) 锅炉烟风系统。

(3) 调试项目及工艺。

(4) 一次风测平，通过对一次风速的测平，调整同层一次风的风速偏差，同时检查一次风管的安装质量。

(5) 各主要风量装置标定。

(6) 炉膛出口气流分布测量，通过三个不同层面的测量以测得炉膛出口风速的均匀性。

**考核标准：**

(1) 同层一次风四个喷口风速偏差小于±5%。

(2) 水平烟道出口风速标准是同一层风速不均匀系数小于 0.25。

(五) 机组化学清洗方案

调试目的：由于新建机组在制造、储藏、安装等过程中在金属受热面会产生氧化皮、焊渣、腐蚀结垢等产物。为了机组在整套启动时的受热面内表面清洁，防止受热面因结垢、腐蚀发生事故；为了机组在整套启动时能够有一个优良的汽水品质，机组在整套启动前必须进行化学清洗，清除这些污染产物，并在金属表面形成良好的保护膜。

**化学清洗的范围：**

（1）锅炉省煤器、炉本体、汽包等水系统。

（2）汽轮机凝汽器及凝结水系统。

（3）汽轮机高、低压给水系统。

（4）汽轮机高、低加热器水侧及系统

**考核指标：**

（1）清洗的金属表面清洁，基本上无残留氧化物和焊渣，无明显金属粗结晶析出的过洗现象，无镀铜现象。

（2）腐蚀指示片测量的金属平均腐蚀速度小于 $8g/(m^2 \cdot h)$，腐蚀总量小于 $80g/m^2$。

（3）清洗后的金属表面形成良好的钝化保护膜，无二次锈蚀和点蚀。

（六）锅炉吹管方案

吹管调试目的：通过蒸汽吹扫，使在制造、运输、保管、安装过程中留在过热器及蒸汽管道中的各种杂物（沙粒、石块、铁屑、氧化铁皮等）吹扫干净，防止机组运行中过热器爆管和汽轮机通流部分损伤，提高机组的安全性，并改善运行期间的蒸汽品质。

**吹管调试方式：**

（1）利用汽包炉蓄热能量大的特点，采用汽包锅炉常用的自产蒸汽降压吹管方式。

（2）为了确保吹扫效果，在蒸汽系统各部位的吹洗系数 $K$ 值必须大于 1.0。

（3）锅炉吹管原则上采用等离子点火，如制粉系统具备投用条件时，将根据现场情况投用燃煤，或在吹管结束时试投制粉系统。

（4）在再热器的冷段设置有集粒器，收集一次汽系统吹扫出的杂物，以便实现一、二次汽系统串联吹管。

（5）排汽口设置消音器，以减少噪声污染。

（6）高压主汽门及中联门采用吹管阀套（由制造厂提供），以简化系统，减少系统恢复中的二次污染。

（7）吹管采用快速启、闭的临冲门控制（<60s）减少临冲门启闭过程中的热力损失。

**吹管范围：**

（1）锅炉各受热面管束及其联络管道。

（2）主蒸汽管道及冷、热段再热蒸汽管道。

（3）高、低压旁路管道。

（4）轴封汽管道。

（5）一、二次汽减温水管道。

**考核标准：**

（1）吹洗系数 $K > 1.0$，采用吹管时各区段的差压进行初步估算；用各区段进出口蒸汽参数及流量精确计算 $K$ 值。

（2）吹管系统各段吹洗系数大于 1。

（3）以铝为吹管的靶板材质，其长度不小于临时管内径，宽度为临时管内径 8%。

（4）斑痕粒度：没有大于 0.8mm 的斑痕，0.5～0.8mm（包括 0.8mm）的斑痕不大于

8 点，0.2～0.5mm 的斑痕均匀分布，0.2mm 以下的斑痕不计。

（5）吹管过程要求：中间停炉冷却次数至少一次，冷却时间大于 12h，连续二次靶板合格。

（七）整套启动调试方案

调试目的：机组整套启动调试是全面检验主机及配套的设备制造、设计、施工、调试和生产准备各方质量的重要环节，是保证机组能安全、可靠、经济、文明地投入生产、形成生产能力，发挥投资效益的关键性程序，通过机组的整组启动调试，发现并解决设备可能存在的问题，消除由于各种原因可能造成的设备和系统中存在的缺陷，检验和考核机组的制造、安装、设计质量和性能，通过不断地调整试验，最终使机组能以安全、可靠、稳定、高效的状态移交试生产。

**调试范围：**

（1）锅炉所有主辅机及系统。

（2）汽轮机所有主辅机及系统。

（3）电气所有控制系统和装置。

（4）热控主厂房及外围所有控制系统和装置。

（5）化学所有辅机及系统。

**调试项目：**

整套启动分空负荷、带负荷两个阶段进行，共完成下列项目调试：

（1）机组冷态启动。

（2）机组轴系振动测量。

（3）电气试验。

（4）机组并网及带初负荷暖机。

（5）汽轮机额定转速试验及超速试验。

（6）锅炉蒸汽严密性试验及安全门整定。

（7）制粉系统和燃烧系统的调试。

（8）汽水品质的调试。

（9）各系统及各主辅机设备热控保护和自动装置的投用。

（10）厂用电切换试验。

（11）机组热态启、停试验及转子惰走试验。

（12）真空严密性试验。

（13）汽轮机主汽门、调速汽门严密性试验及活动试验。

（14）机组甩负荷试验。

（15）协调控制系统负荷变动试验。

（16）机组断油全燃煤最低负荷试验。

**考核指标：**

按照《火电工程调整试运质量检验及评定标准》中"机组空负荷整套试运"、"机组带负荷整套试运"规定的技术指标考核及制造厂设备使用说明书、技术规范考核。

（八）机组 168h 满负荷试运行

调试目的：机组通过 168h 满负荷试运行考核，确认机组各项技术质量指标优良程度，确认机组是否具备可靠稳定的生产能力。

调试范围：机组机、电、炉、热控、化学各专业所有的系统与设备。

调试项目及工艺：

（1）机组负荷达到额定值稳定运行。

（2）锅炉断油，燃煤、电除尘装置投用。

（3）汽轮机投用全部高加。

（4）汽水品质符合要求。

（5）热控自动保护仪表投用率 100%。

（6）机组保持稳定、满负荷运行 168h，考核各项技术指标。

考核指标：

按照《火电工程调整试运质量检验及评定标准》中的"机组 168h 整套满负荷试运"篇标准、设备说明书及技术规范进行。

（九）专业调试措施和技术经济指标及自动装置、保护投入情况

根据机组调整试运的需要，制订相应分系统及机组整套启动试运的具体专业调试措施和调试方案，调整和记录满负荷试运阶段的技术经济指标，热控自动装置投入的情况及考核，主要机组保护的投入情况及投入记录，分别按照有关规范要求认真进行调整试运工作，具体见以下各项。

（1）分系统及整套启动调试技术措施（目录清单）见表 11-7。

（2）满负荷试运阶段技术经济指标记录见表 11-8。

（3）自动装置投入情况统计见表 11-9。

（4）主要保护投入情况记录见表 11-10。

表 11-7  分系统及整套启动调试技术措施（目录清单）

| 序号 | 编 号 | 文 件 名 称 | 专业 | 备注 |
|---|---|---|---|---|
| 1 | ××-×××-年-月 | ×××-工程×号机组整套启动调试大纲 | 项目部 | |
| 2 | ××-×××-年-月 | ×××-工程×号机组 BTG 大连锁措施 | 项目部 | |
| 3 | ××-×××-年-月 | ×××-工程×号机组汽轮机整套启动调试方案 | 汽轮机 | |
| 4 | ××-×××-年-月 | ×××-工程×号机组汽轮机辅汽系统吹洗方案 | 汽轮机 | |
| 5 | ××-×××-年-月 | ×××-工程×号机组汽轮机甩负荷试验措施 | 汽轮机 | |
| 6 | ××-×××-年-月 | ×××-工程×号机组防止汽轮机恶性事故技术措施 | 汽轮机 | |
| 7 | ××-×××-年-月 | ×××-工程×号机组电动给水泵试运措施 | 汽轮机 | |
| 8 | ××-×××-年-月 | ×××-工程×号机组闭式水系统试运措施 | 汽轮机 | |
| 9 | ××-×××-年-月 | ×××-工程×号机组高压加热器试运措施 | 汽轮机 | |
| 10 | ××-×××-年-月 | ×××-工程×号机组发电机氢系统调试措施 | 汽轮机 | |
| 11 | ××-×××-年-月 | ×××-工程×号机组密封油系统调试措施 | 汽轮机 | |
| 12 | ××-×××-年-月 | ×××-工程×号机组控制油调节保安系统调整试验措施 | 汽轮机 | |
| 13 | ××-×××-年-月 | ×××-工程×号机组润滑油系统及油净化装置调试措施 | 汽轮机 | |

续表

| 序号 | 编 号 | 文 件 名 称 | 专业 | 备注 |
|---|---|---|---|---|
| 14 | ××-×××-年-月 | ×××-工程×号机组凝结水系统试运措施 | 汽轮机 | |
| 15 | ××-×××-年-月 | ×××-工程×号机组汽轮机连锁保护一览表 | 汽轮机 | |
| 16 | ××-×××-年-月 | ×××-工程×号机组真空系统试运措施 | 汽轮机 | |
| 17 | ××-×××-年-月 | ×××-工程×号机组除氧器试运措施 | 汽轮机 | |
| 18 | ××-×××-年-月 | ×××-工程×号机组空冷系统试运措施 | 汽轮机 | |
| 19 | ××-×××-年-月 | ×××-工程×号机组定子冷却水系统试运措施 | 汽轮机 | |
| 20 | ××-×××-年-月 | ×××-工程×号机组振动在线监测措施 | 汽轮机 | |
| 21 | ××-×××-年-月 | ×××-工程×号机组轴封系统调试措施 | 汽轮机 | |
| 22 | ××-×××-年-月 | ×××-工程×号机组汽轮机旁路系统试运措施 | 汽轮机 | |
| 23 | ××-×××-年-月 | ×××-工程×号机组负荷变动试验措施 | 汽轮机 | |
| 24 | ××-×××-年-月 | ×××-工程×号机组锅炉整套启动调试方案 | 锅炉 | |
| 25 | ××-×××-年-月 | ×××-工程×号机组锅炉吹管措施 | 锅炉 | |
| 26 | ××-×××-年-月 | ×××-工程×号机组锅炉冷态通风试验措施 | 锅炉 | |
| 27 | ××-×××-年-月 | ×××-工程×号机组锅炉蒸汽严密性及安全门整定试验措施 | 锅炉 | |
| 28 | ××-×××-年-月 | ×××-工程×号机组制粉系统试运方案 | 锅炉 | |
| 29 | ××-×××-年-月 | ×××-工程×号机组除灰渣系统试运方案 | 锅炉 | |
| 30 | ××-×××-年-月 | ×××-工程×号机组锅炉引风机及其系统调试措施 | 锅炉 | |
| 31 | ××-×××-年-月 | ×××-工程×号机组锅炉送风机及其系统调试措施 | 锅炉 | |
| 32 | ××-×××-年-月 | ×××-工程×号机组锅炉空气预热器试运措施 | 锅炉 | |
| 33 | ××-×××-年-月 | ×××-工程×号机组锅炉一次风机及其系统调试措施 | 锅炉 | |
| 34 | ××-×××-年-月 | ×××-工程×号机组燃烧调整方案 | 锅炉 | |
| 35 | ××-×××-年-月 | ×××-工程×号机组锅炉水循环泵调试措施 | 锅炉 | |
| 36 | ××-×××-年-月 | ×××-工程×号机组锅炉连锁保护一览表 | 锅炉 | |
| 37 | ××-×××-年-月 | ×××-工程×号机组节油技术措施 | 锅炉 | |
| 38 | ××-×××-年-月 | ×××-工程×号机组锅炉防止重大恶性事故技术措施 | 锅炉 | |
| 39 | ××-×××-年-月 | ×××-工程×号机组等离子点火试运措施 | 锅炉 | |
| 40 | ××-×××-年-月 | ×××-工程×号机组DCS系统授电及软件恢复调试方案 | 热控 | |
| 41 | ××-×××-年-月 | ×××-工程×号机组旁路控制系统（BPC）调试方案 | 热控 | |
| 42 | ××-×××-年-月 | ×××-工程×号机组模拟量控制系统（MCS）调试方案 | 热控 | |
| 43 | ××-×××-年-月 | ×××-工程×号机组顺序控制系统（SCS）调试方案 | 热控 | |
| 44 | ××-×××-年-月 | ×××-工程×号机组汽轮机电液控制系统（DEH）调试方案 | 热控 | |
| 45 | ××-×××-年-月 | ×××-工程×号机组计算机监视系统（DAS）调试方案 | 热控 | |
| 46 | ××-×××-年-月 | ×××-工程×号机组锅炉炉膛安全监控系统（FSSS）调试方案 | 热控 | |
| 47 | ××-×××-年-月 | ×××-工程×号机组协调控制系统（CCS）调试方案 | 热控 | |
| 48 | ××-×××-年-月 | ×××-工程×号机组模拟量控制系统负荷变动试验调试方案 | 热控 | |
| 49 | ××-×××-年-月 | ×××-工程×号机组汽轮机监视、保护系统（TSI、ETS）调试方案 | 热控 | |

| 序号 | 编号 | 文件名称 | 专业 | 备注 |
|---|---|---|---|---|
| 50 | ××-×××-年-月 | ×××-工程×号机组辅机连锁保护试验方案 | 热控 | |
| 51 | ××-×××-年-月 | ×××-工程×号机组空冷系统调试方案 | 热控 | |
| 52 | ××-×××-年-月 | ×××-工程×号机组除灰渣程控调试方案 | 热控 | |
| 53 | ××-×××-年-月 | ×××-工程×号机组锅炉吹灰程控调试方案 | 热控 | |
| 54 | ××-×××-年-月 | ×××-工程×号机组炉前化学清洗方案 | 化学 | |
| 55 | ××-×××-年-月 | ×××-工程×号机组锅炉化学清洗方案 | 化学 | |
| 56 | ××-×××-年-月 | ×××-工程×号机组凝结水精处理系统调试方案 | 化学 | |
| 57 | ××-×××-年-月 | ×××-工程×号机组水汽品质监督方案及改善水汽品质的措施 | 化学 | |
| 58 | ××-×××-年-月 | ×××-工程×号机组给水及炉水加药系统调试方案 | 化学 | |
| 59 | ××-×××-年-月 | ×××-工程×号机组蒸汽管道吹洗阶段水汽质量监督方案 | 化学 | |
| 60 | ××-×××-年-月 | ×××-工程×号机组汽水取样系统调试方案 | 化学 | |
| 61 | ××-×××-年-月 | ×××-工程×号机组洗硅运行措施 | 化学 | |
| 62 | ××-×××-年-月 | ×××-工程×号机组厂用系统受电措施 | 电气 | |
| 63 | ××-×××-年-月 | ×××-工程×号机组发电机—变压器组整套启动试验方案 | 电气 | |
| 64 | ××-×××-年-月 | ×××-工程×号机组发电机励磁系统调试方案 | 电气 | |
| 65 | ××-×××-年-月 | ×××-工程×号机组高压厂用电切换试验方案 | 电气 | |
| 66 | ××-×××-年-月 | ×××-工程×号机组电气防止重大恶性事故技术措施 | 电气 | |
| 67 | ××-×××-年-月 | ×××-工程×号机组同期系统调试方案 | 电气 | |
| 68 | ·············· | ······························ | ······ | |

**表 11-8    满负荷试运阶段技术经济指标记录表**

| 序号 | 项目 | 数值 |
|---|---|---|
| 1 | 满负荷试运开始时汽轮机负荷（MW） | |
| 2 | 满负荷试运期间连续满负荷时间（h） | |
| 3 | 满负荷试运开始时热工仪表投入率（%） | |
| 4 | 满负荷试运期间热工自动投入率（%） | |
| 5 | 满负荷试运期间保护装置投入率（%） | |
| 6 | 满负荷试运期间连续平均负荷率（%） | |
| 7 | 满负荷试运期间累积发电量（kWh） | |
| 8 | 满负荷试运期间平均负荷（MW） | |
| 9 | 锅炉首次点火至完成满负荷试运天数（d） | |
| 10 | 机组首次冲转至完成满负荷试运天数（d） | |
| 11 | 机组首次点火至完成满负荷试运耗油（t） | |
| 12 | 从开始至结束 168h 满负荷试运启动次数 | |

| 建设单位/生产单位： | 监理单位： |
|---|---|
| 施工单位： | 调试单位： |
| | 年 月 日 |

**表 11-9** 自动装置投入情况统计表

| 序 号 | 自动装置名称 | 投入时间 | 累计时间 | 备 注 |
|---|---|---|---|---|
| ... | | | | |
| | | | | |
| 总 计 | | 投入率 | | |
| 建设单位/生产单位： | | | 监理单位： | |
| 施工单位： | | | 调试单位： | |
| | | | | 年 月 日 |

**表 11-10** 主要保护投入情况记录

| 序号 | 主要保护名称 | | 投入时间 | 备注 |
|---|---|---|---|---|
| | | | | |
| | | | | |
| | | | | |
| 总 计 | | | 投入率： | % |
| 建设单位/生产单位： | | 监理单位： | | |
| 施工单位： | | 调试单位： | | |
| | | | | 年 月 日 |

# 第九节 分项、分系统调试措施的编制原则

分项、分系统调试措施，是启动调试工作的重要技术文件，主要用以确定调试现场设备及系统应具备的基本条件，调试细则及程序、调试质量的检验标准等，使参加调试的人员明确调试项目、技术要求和责任、调试方法、调试的步骤等，确保调试工作安全顺利进行。

根据《火电工程启动调试工作规定》及各具体火电工程的"启动调试大纲"中明确各专业应编制的调试措施，调试单位应按上述规定要求，进行每个项目的调试措施的编写工作。

**一、分项、分系统调试的目的**

（1）明确启动调试工作的任务和各方责任，规范调试项目和程序，使调试工作有计划、有组织，提高调试质量，确保机组安全、可靠、经济文明地投入生产。

（2）结合工程实际，明确工作内容指定要达到的工作目标。

**二、分项、分系统调试的依据**

（1）《火力发电厂基本建设工程启动及竣工验收规程》及相关规程和技术文件。

（2）《火电工程调整试运质量检验及评定标准》。

（3）《火电工程启动调试工作规定》。

（4）《火电机组达标投产考核标准》或《火电工程建设考核标准》及各发电集团公司相关的规定或标准。

（5）《电力建设施工及验收技术规范》所依据的具体技术文件。

（6）《电力基本建设工程质量监督规定》。

（7）签订的合同文件。

（8）编制的启动调试大纲。

**三、设备系统简介**

（1）对调试项目重点介绍系统构成、设备的技术参数或工艺流程，可附系统原理图加以说明。

（2）对专业管理人员或操作人员，在不查阅其他资料的前提下能对系统有一个较完整、清晰的理解。

**四、调试内容及验评标准**

（1）逐条列出在本项目调试中主要完成调试分项、分系统的项目，注意排列次序要与分项、分系统的项目先后顺序相一致，以便操作时按条例进行。

（2）把调试分项目归类成几个代表性的调试项目，下列验评表及需扩展的其他项目表。

（3）将《火电工程调整试运质量检验及评定标准》中相应的部分附在措施（方案）后面的附录中，作为本专业自查对照，在记录数据时要注意准确，同类设备或系统分开记录，标明数据的来源或依据。

**五、组织分工**

主要介绍针对具体调试项目，在其方案实施过程中所涉及到的主要部门和单位（如监理单位、安装单位、建设单位、运行单位）配合工作的协调和分工原则，使大家在方案实施前能够统一认识，明确职责，以利于调试工作的开展。

**六、使用的仪器设备及安全用具**

（1）说明本项目调试所需选用的仪器、设备、安全用具等，以及要求配备的详细清单（不含现场在线的工业用仪表），明确提出型号和精度要求。

（2）按照使用的仪器、设备，制定调试项目使用仪器、设备、安全用具表。

**七、调试应具备的条件**

对分项、分系统调试的工作，要掌握试运的情况和问题，确认和制定调试应具备的条件，针对项目特点编写，明确提出安全措施条件、技术措施条件、配合协作单位的条件、现场环境条件等。

**八、调试步骤**

调试步骤是调试措施的核心内容，编写时要注意以下几点：

（1）编写时要简明扼要，条理清楚，可操作性强。

（2）工序的安排要符合现场实际，尽量考虑全面，避免返工和窝工。

（3）需要记录的环节和停工待检点要在方案中事先策划好，并交代清楚或作出明显的标记，以便在实施时，提前做好准备，并提出记录要求。

（4）较复杂的调试过程除文字叙述以外，要求尽可能地配以网络图和流程图，使其一目了然。

（5）必要时，一些重要的或对调试有指导作用的曲线要附在方案之后。

（6）对于程序性较强的调试项目，调试步骤可辅以表格，使其顺序和步骤更加清楚。

**九、设备系统仪表清单及连锁、保护、报警整定值**

制定表格的型式，列出设备系统仪表清单，连锁、保护、报警整定值。

**十、安全注意事项及措施**

（1）为确保本调试方案在实施过程中设备和人身的安全，根据有关电力安全工作规定和安全技术规范以及具体设备的特点，制定安全注意事项。

（2）调整试运过程中，严格按照指订的分项、分系统调试安全措施执行，因此在制定安全注意事项及措施时要具有可操作性，要符合技术规范的要求。措施可行有效，确保调整试运工作中人身和设备的安全。

## 第十节　启动调试报告的编制

**一、编制调试报告的目的**

调试报告是调试项目完成后的书面技术总结，是调试单位必须完成的调试方面的重要技术文件，是向建设单位（法人）提交完成调试工作的技术任务书，主要标志调试工作的成果，为了写好调试报告，在机组启动调试过程中，应及时的搜集整理相关记录数据，进行必要的技术分析，以备调试项目结束后及时编制调试报告。

**二、调试报告的编制**

调试报告的编制应力求简明扼要、层次清楚、词语规范、数据可靠、实事求是，按验评标准进行评定。数据化、表格化、结论正确。

在分部试运阶段，每个分项分系统调试项目均应根据分项、分系统调试措施（方案）编制相应的调试报告，在整套启动试运阶段，根据整套启动调试大纲及建设单位委托项目要求，编制相应的调试报告。

**三、调试报告的内容**

（1）报告名称、参加单位和人员、工作负责人、报告编写人、报告审核人、报告审批人、报告专用章、报告日期。

（2）前言：介绍工作任务背景、遵循原则、指导思想、分工协作情况、任务完成总体情况、各项经济指标概况，从启动试运情况分析：机组各系统运行平稳情况，测量信号、各项保护、自动调节和控制系统能否满足机组长期稳定运行的要求，机组达标情况等，进行简要的概述。

（3）工程概况：主要介绍主体投资方工程建设单位（业主）、建设规模和机组配套型式，介绍施工安装单位、主体调试单位、参加调试单位、工程监理单位、设计单位，分别介绍主要设备制造厂家以及工艺系统概况，工程施工安装日期，启动试运工作进程（分部试运日期、整套启动试运日期、试生产日期、移交生产日期）等。

（4）启动调试工作范围及内容：对该调试项目的总体情况进行简明扼要的介绍，调试工作的特点、调试期限、启停次数、分专业调试的内容等。

1）汽轮机专业。

2）锅炉专业。

3）热控专业。

4）电气专业。

5）化学专业。

（5）机组启动调试过程介绍：对调试项目的调试经过，调试中出现的问题和处理方法、结果等作简要系统介绍，对整套启动调试过程中每次开停机日期、停机原因、发现问题、处理方法、处理结果等要逐一说明，以编制条理清晰为原则，尽量采用表格化。

（6）调试结果：以数字或表格型式将调试所取得实际数据、效果列出来，对应的质量标准和有关规范进行比较，对调试结果作出客观评价。

（7）存在的问题及建议：

1）应完成而未完成的调试项目或项目内的某项工作，其未完成的原因是什么，其下一步对未完成调试工作的安排，如何完成未完项。

2）由于非调试原因影响项目调试质量甚至达不到合格要求的项目，下一步应该采取的措施，提出解决方案。

3）通过调试发现的设备系统存在的技术问题，哪些已解决哪些未解决，提出合理的建议及解决方案。

4）对设备系统提出整改完善化建议。

（8）结束语。

## 第十一节　启动调试工作总结

**一、总结的目的**

启动调试工作总结是在某启动调试阶段、某大型专业调试项目、各专业调试任务或机组全部调试任务完成后，对其调整试运的资料进行认真的整理，对调试工作进行全面的、系统的、理性的、科学的分析和评价，经总结后写成带有结论性的书面材料。主要明确在启动调试过程中都进行了哪些调试工作，是如何进行的，调试的结果、达到的目标、尚存在的问题、提出的建议、对本次调试得到的经验和教训是什么，它是对调试工作实施结果的一种评价和结论，对今后的工作有指导或借鉴价值。

**二、总结分类**

启动调试工作总结可根据工作需要和要求进行分类编写，一般有分部试运工作总结、整套启动调试工作总结、专业（机、炉、电、热、化）调试工作总结等。

**三、总结编制**

总结没有固定的格式，必须根据不同调试项目的内容和目的，有针对性的确定相应的调试工作重点，但均应做到结构层次清晰、重点明确、数据准确、按照验评标准对照比较分析，实事求是、科学地评价，使报告真实可信，其编制内容一般包括如下几个方面：

（1）前言：介绍工作任务背景、遵循原则、指导思想、分工协作情况、任务完成情况、达标情况等。

（2）工程概述：主要介绍设备规范、制造厂家、施工安装单位、主体调试单位、参加调

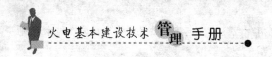

试单位、设计单位、监理单位、主要辅机设备及系统、施工安装日期、启动试运调试日期（分部试运日期、整套启动试运日期、试生产日期、移交生产日期）等。

（3）调试结果：完成调整试运的标准项目、非标准项目个数；未完成项目个数、名称；调试水平、调试过程中出现的问题，解决办法、效果；调试采用的新技术、新工艺、新材料；调试技术创新点、总结的技术规律；对调试结果的评价。

（4）存在的问题工程调试所遗留的问题，对工程项目提出建议。

（5）得到的经验教训，今后的工作方向。

（6）首页应署上工程项目、编写单位、编写人、审核人、批准人、报告日期等。

火电基本建设技术

管理手册

# 第十二章

# 火电建设项目生产准备与竣工验收

## 第一节 生产准备工作

生产准备工作，是指工程建设项目整套启动试运前到工程竣工验收后机组能及时、有秩序的投入运行所做的全部生产准备工作，是使工程建设从机组安装、分部试运、整套启动试运阶段能顺利地转入生产经营阶段的必要条件，从项目获得国家发改委的规划（取得路条）开始，直到项目建成投产，项目建设单位在整个建设过程中，都要有计划地开展工程建设，同时做好生产准备工作，保证工程项目建成后能及时、可靠的投产发电。

### 一、生产准备在各阶段的工作

生产准备工作既与建设过程的各个阶段有着密切的联系，又有其业务的独立性，要根据每个建设阶段的特点，提出对生产准备工作的不同任务，并为生产准备工作创造必要的条件。

#### （一）建设前期阶段的工作

生产准备工作在项目获得国家发改委的路条后，在积极的做好项目的核准工作的同时，成立项目筹建组织机构（建设单位）的同时，应设置生产准备机构（通常由筹建机构兼管）负责生产准备工作。在完成初步设计并经主管部门审查后，项目获得核准，该文件就成为建设项目据此进行建设的重要文件，也是生产准备工作的主要依据，必须依此并结合建设进度的要求，编制生产准备规划，主要从以下几方面进行准备：

（1）组织职工培训，根据设计定员和技术要求，制订岗位、工人、技术、业务和领导干部的配备和培训计划，并落实培训地点，分期分批组织培训。

（2）根据建设项目的特点及工艺流程、设备选型、燃料供应、供热、供电、给排水、交通运输及环境保护、综合利用等条件，进行认真研究。对经济上的合理性、技术上的可靠性，要结合生产的需要作深入细致的探讨和学习，不断深入的掌握生产工艺及技术要求。

（3）对于水、电、交通运输、通信等外部协作条件，要与主管部门进一步落实，并委托有关单位设计和施工。

（4）根据建设项目具体落实燃料来源情况及点火用油情况，进行初步准备，商定燃料的供应点和供应协议。

（5）生产技术方面的准备。首先根据国内外同类企业已经达到的生产技术水平，结合本项目的具体情况，制订生产技术标准，初步拟定设备的运行和维护规程，以及组织试运、试

生产，汇集国内外设备生产考核期可能出现的问题及其解决意见，需要科学试验研究的项目，要抓紧委托科研单位进行试验研究，为生产提供可靠数据。对国外引进项目，还要制定研究、消化引进的先进技术和各种专利的学习及应用，为逐步掌握和使用好进口设备创造条件。

（二）施工阶段的工作

工程建设项目在进入全面施工阶段，建设单位（项目法人）除负责组织好整个项目建设工作外，对生产准备工作也要纳入重要议事日程。

（1）要根据施工图和设备说明书，进一步制定和完善设备运行操作和维护规程及事故处理规程和岗位责任制，编制生产、技术供应、财务计划，制订燃料、材料、消耗定额，提出全厂成本分析，制定偿还工程建设的贷款计划。

（2）根据生产准备的需要，签订燃料的供应合同（包括燃油合同），按照运输距离、生产需要量分期分批组织进货。

（3）根据生产要求，对检修、化验室以及仓库、生活设施的建设进度提出合理的要求，为生产准备服务，保证生产准备工作的顺利进行。

（4）施工阶段的中后期，进入设备安装和调试阶段，要组织生产人员和维修人员参加设备的安装调试，熟悉和掌握设备性能和工艺流程，这是提高职工技术水平，进行技术训练，进一步做好职工培训工作的关键步骤，要和安装施工单位协商安排好这一工作，使之有利于培训职工。

（三）机组启动试运及验收阶段的工作

机组启动试运及验收阶段，是对工程建设质量和生产准备工作进行全面考核的阶段。按照工程建设程序，工程完工后要经安装单位和调试单位进行设备单体试运和分系统试运，合格后再进行机组的整套启动试运工作，要求安装单位、调试单位统一协调指挥下，生产运行人员配合进行机组整套启动试运工作，经过 168h 试运后，即转入试生产，移交生产单位。

机组试运验收阶段，是对工程建设质量的全面检验，是生产准备工作的高峰和终结。生产所需的燃料和备品备件，要提前到厂，生产岗位的职工要进行运行操作、安全规程、事故处理规程的考核，合格后才能上岗操作。在试运和试生产过程中，要注意各种生产数据的搜集，记录设备出现的问题和处理方法，为安全运行积累资料。

二、生产准备工作的内容

生产准备工作，随着工程建设工作的进展而逐步开展。首先要抓生产准备机构的设置，然后制定生产准备工作规划，并根据规划的安排提出分期实施计划，开展生产准备工作。

生产准备工作涉及面广，而不同厂根据生产技术水平和工艺要求的特点，以及新建项目和扩建工程侧重点不同各有差异，但总的任务范围和主要目标是基本一致的，其主要内容如下：

（1）生产准备机构的设置。

（2）生产准备工作规划的编制。

（3）生产人员的配备与培训。

（4）生产技术的准备与规章制度的建立。

（5）外部协作条件的准备。

（6）物资供应准备。

（7）经营管理方面的准备。

这些工作要贯穿生产准备工作的全过程，特别重视的是人员的来源、外部协作条件、燃料来源等，均应在工程项目建设前期，商定协作和供应关系，为设计提供数据，为生产准备好条件。

（一）生产准备机构的设置

加强对新机组生产准备工作的领导，要指定一名生产厂长亲自负责，并成立运行部或生产部负责管理生产准备工作，对新机组生产准备工作中存在的问题，及工程建设施工中和生产准备工作中出现的各种矛盾要及时解决，以达到生产准备工作与工程建设协调进行。

对新（扩）建厂的组织机构的设置，应能适应大型机组集中控制管理的要求，人员设置要按《火力发电厂机构定员标准》执行，从工程建设开始就按大分场制和集中安排检修的要求配备人员和设施，机构要精简，层次要减少，人员要精干。

随着工程项目建设工作的进展，生产准备工作也相应的加强和充实。

（1）建厂初期：从项目获得国家发展改革委员会的核准至初步设计审查批复，应设置一个精干的生产准备部门，由一名生产副总经理（副厂长）组织领导。

（2）建厂中期：工程进入大量的设备安装阶段，生产准备应逐步编制计划，落实物资供应、生产人员调配与培训，注重安全教育，在生产副总经理（副厂长）的领导下，完成各自的生产准备工作。

（3）建厂后期：工程进入全面的分项、分部试运和整套启动试运阶段，生产准备机构趋于健全，生产人员的配备基本齐全，并陆续进入岗位，参加试运与工程验收工作。

扩建项目的生产准备工作，原则上应由原各职能部门负责，不另设机构，必要时可设一个精干的机构，负责生产准备工作的规划和协调原有职能部门做好这一工作。

（二）生产准备工作规划的编制

生产准备工作是一项时间性要求较强的技术管理工作，为把生产准备工作很好地组织起来，有计划有步骤地完成错综复杂的生产准备工作，在生产准备机构设置后，首先抓紧编制生产准备工作规划，包括生产准备工作的全部内容：机构设置、人员培训、技术准备、物资准备、外部协作条件落实、建立制度、试运、工程验收、试生产等，根据工程进度及时安排，由哪个部门，哪些人员负责完成，做到职责分明、目标明确、协调一致、有计划地完成生产准备工作。

大型火电建设项目，建设工期较长，为了有计划、有步骤地做好生产准备工作，应在规划的基础上，制订季、月生产准备工作计划，结合工程建设进度，对各项工作做出具体安排。

（三）生产人员的配备与培训

为了在工程项目建成后，能顺利进行机组的整套启动、满负荷168h试运、转入试生产，并尽快达到设计能力，发挥经济效益，这样生产人员的配备与培训就非常重要，除了在对口生产企业抽调部分有经验的技术骨干外，大部分要靠生产准备机构组织培训，做好人员培训工作，是搞好生产准备工作的中心环节。

（1）人员配备：一个新建厂的计划定员、干部工人比例、工人工种数量等，在初步设计

中已有规定，通过社会上招收的员工，经过一段时间的岗位培训、现场实习，通过试用期后，进行严格地考核，能够正式值班工作。

新建厂人员的配备，要根据工程建设总体规划提出的建设进度分期分批配备，根据建设规模、工期，提出人员配备计划，在建设初期安排一些有经验的行政、技术干部和专业技术人员，进行工程建设，对新工人可根据专业情况、培训时间，安排在工程建设中后期进厂，在建设项目正式投产前人员要配备齐全。

（2）重视领导班子的建设：随着工程建设的进展，陆续配备齐全领导班子，重视领导班子的建设，对企业的经营管理水平和经济效益起着重要的作用。

（3）人员的培训：

1）新（扩）建厂在安排人员培训时，要首先集中一段时间，抓好生产人员的安全思想教育，包括纪律、职业道德教育，提高职工队伍的素质。

2）制订系统的培训计划，并认真实施，严格考核，要选择针对性强的同类机组培训实习。

3）新建电厂的中层管理人员、专业技术人员应先派到同类机组电厂去熟悉设备和系统，学习管理经验，然后指导本专业生产人员在同类机组的岗位培训实习。

4）大、中专学校新分配的毕业生，一般应经过 1~2 年的岗位培训，经考试合格后，方可担任主要岗位的值班工作。

5）安装进口设备的单位，项目确定后，应及时组织有关生产人员集中学习，邀请工程技术人员或国外专家讲课，熟悉引进设备的技术性能和结构原理、安装调试与运行的要求。

6）检修（试验）人员的培训主要是学习设备构造、安装程序、检修质量及工艺标准，适时的参加安装、调试，熟悉设备构造、系统及安装方法，同时掌握安装调试情况，学习期间要到同类型机组厂参加一次设备检修的全过程，熟悉检修（试验）方法、质量标准和工艺过程，学习检修和日常维护的管理工作。

7）运行人员的培训：组织运行人员学习电厂的工艺流程、设备构造原理、技术性能、运行方式、大型机组特殊钢材特性、汽水品质要求和腐蚀问题、热工自动及继电保护装置的系统及其设备启动顺序、设备异常及事故分析、判断和处理。选择同类机组进行实习，并在监护下进行操作训练，从而达到独立值班的水平。对大型机组主要岗位人员，在新设备投产前，必须安排在模拟机上进行实际操作训练。

新机组在整套启动试运前，运行人员必须回到原单位，熟悉设备和系统，学习掌握有关规程制度、图纸资料，并经严格的考试合格后，方可参加新机组的试运工作。

（四）生产技术准备与规章制度的建立

生产技术准备主要包括参加设计审查、生产工艺准备、设备技术管理准备，在审查初步设计及施工图设计时，要从生产角度，对设计的工艺是否先进、技术上是否合理、经济效益高低等，都要从生产效果上进行分析研究，提出意见，在工程项目进行启动试运验收阶段，生产技术人员要参与工程的验收工作，要建立适应本厂特点的生产管理指挥系统，能有效有秩序地组织生产与管理，需要建立一整套相适应的科学管理的规章制度，这些制度主要有以下内容：

（1）制订从厂级到基层管理的职责与分工，明确职能机构的责任与相互联系制度，以便有机地结合起来，组织与指挥生产。

（2）建立以生产计划为中心的生产经营管理制度等，以保证计划的完成。

（3）建立生产调度制度，生产调度是代表主管生产的副经理（副厂长）组织实施生产指挥，从分场（车间）到各职能科室，建立起一套科学的调度指挥系统，把全厂的生产活动有机地组织起来，掌握生产动态，发现问题，及时作出正确的判断和处理，保证生产有秩序的进行。

（4）建立技术管理制度，制订运行操作规程、事故处理规程，包括对设备操作、维护、安全生产制度，机组检修、检验管理制度、定额管理制度，保证设备的正常运行和生产工艺技术要求的贯彻。

（5）建立生产岗位责任制，包括检修人员、运行人员、班组长、车间主任至厂长的岗位责任制，明确在生产活动中的职责，逐步实行经济责任制，与经济责任相联系，是提高企业的经济效益，改变企业经营管理的重要步骤。

（6）建立安全操作规程：安全生产是确保建设项目建成后顺利投产和尽快发挥投资效益的前提条件。根据国家有关部门制订的安全法规及操作规程和各种技术规范的要求，结合本单位的生产工艺、设备特点，制定安全操作规程。运行、检修人员在进入岗位前，应先学习安全操作规程，经考试合格后才能准许上工作岗位。

（五）外部协作条件的准备

建设火力发电项目，除了有自己的工艺生产体系外，对于水、电、汽、以及通信、公路、港口、铁路运输、职工生活交通、生活物资供应等要靠当地有关部门或兄弟单位协作解决，这些问题解决的好坏，对工程建设项目能否如期顺利地投产是至关重要的，因此，要根据生产需要并结合建设进度逐步加以落实。

外部协作条件特别是水、电、汽、通信、运输等直接关系生产建设的问题，要在建厂前期工作阶段就应与有关部门联系，并签订适当书面协议，肯定协作关系，同时为设计提供依据。进入建设的中后期，应根据需要与对方签订正式合同，明确供应时间、数量、质量要求与其他有关事宜，以便按计划组织实施。

有些工程量大，施工阶段又要使用的，如电、水、铁路专用线等；另外，应注意电厂送出部分与电网的连接，即接入系统部分，应尽早与电网公司取得联系并签订上网合同。一般要委托有关部门设计和施工，更应早联系，早签订协议，其他条件亦应在工程建设施工阶段的后期与有关单位签订正式合同，明确供应时间、数量和供应方式，以保证生产建设的需要。

（六）物资供应准备

为满足试运和投产初期的需要，建设项目生产需用物资（特别是煤、油等），必须提前确定货源和供货地点，在工程建设的中后期应根据物资的数量和规格品种上的特点和要求，分期分批组织进厂，为机组试运投产做好准备，保证建设项目顺利试运投产和投产后能正常生产。生产准备工作另一项重要任务就是组织备品、备件、工具、器具和试验、测量仪表的配置和准备，并根据工程建设的进展情况及时做好物资供应计划与采购工作。

（七）经营管理方面的准备

一个新建工程项目投产后，能否达到设计能力，更好地发挥投资效果，投产后的经营管理起着重要的作用，在生产准备工作中，一定要把经营管理的基础打好。

（1）建立科学管理的基础，实行经济责任制，现代化的企业需要有一套科学的管理方法，实行经济责任制，以提高企业的经济效益为目的，要求企业建立健全生产、技术、经营管理各项岗位责任制，使厂长、职能部门主任、班组长和职工都明确自己应负的职责。一个建设项目在建设过程中，要根据设计和同类先进企业的经验，制定本企业的各种生产定额。在试运转期间校核计量设备，要建立起一套完整的原始记录，从试运开始到试生产、正式投产，都要对设备运行、燃煤的消耗、燃油的消耗，水、电、汽的消耗，半成品、成品的数量与质量、成本的构成与效益等，做出系统的记录，只有积累了这些资料，才能改进管理，健全各项管理制度，落实经济责任，提高企业效益。

（2）建立成本核算体系，抓好节能降耗的工作。从建设项目试运开始，全厂都要建立起成本核算体系，对成本的构成要进行分析，然后分解到班组、车间，责任到人。

（3）制订提高经济效益的长远目标。根据同行业对口企业的经验，参考设计和企业条件，制订建设项目投产后分阶段的技术经济指标和达到设计能力，降低成本及分期偿还建厂贷款的计划，达到缩短投资回收期，提高经济效益的目标。

生产准备工作是为新增固定资产尽快发挥投资效益、打基础、创造条件的工作，认真的做好生产准备工作，使项目建成后能够在短期内发挥出最大的经济效益。在生产准备的同时，要配合工程建设做好工程项目的质量验收工作，积极的参与分项、分部试运工作，组织好机组的整套启动试运工作，不断的完善各种规章制度，以及运行操作规程、事故处理规程、运行维护等各项管理制度，在完成满负荷 168h 试运行后，能够顺利的移交生产，开展正常的生产管理和运行维护工作，保证机组能够安全、经济、稳定的运行。在试生产期配合调试或试验人员，完成机组性能考核试验工作，配合完成安装、调试未完项目的整改工作，保证机组实现达标投产的要求或实现工程项目建设达到考核标准的要求，创国家优质工程，做好每个环节的工作，为企业争得荣誉，争创先进企业。

## 第二节　试生产阶段的工作管理

新投产机组的试生产是整套启动试运的第三阶段，是全面完成机组调试项目和考核性能指标的重要环节。试生产阶段是从机组整套启动试运结束，经启动验收委员会认可，由总指挥宣布转入试生产阶段（若满负荷试运 168h 以后即停机，则试生产从第一次开机算起），试生产期不得延长，届时正式移交生产单位。因此，必须加强新投产机组试生产管理，提高机组的整体移交水平。

### 一、试生产的组织及职责

机组整套启动试运指挥部总指挥是试生产阶段的总负责人，直至试生产结束为止。

试运指挥部副总指挥（兼试生产组组长）受总指挥委托可在试生产阶段主持常务指挥工作。

由于试生产机组已移交生产单位负责运行，操作、维护和管理按生产管理程序进行，必须接受主管部门和电网调度部门的管理、指挥、监督和考核。

（一）建设单位的职责

（1）组织生产、调试、施工、设计单位全面完成试生产阶段的工作，负责组织对试生产阶段发生的各类问题，提出解决方案和建议，重大问题报总指挥和有关主管部门。

（2）负责协调设备合同执行中的有关问题，协调解决非施工造成的影响机组正常试运和影响机组达到合同考核指标和设计水平的消缺和完善化工作。

（3）负责组织生产、调试、设计和施工单位尽早按设计要求投入未投的电气和热控专业的所有自动装置、程控、保护和仪表等设备及其系统，实现设计要求的机组自动化和控制水平，对由于某种原因不能投入的设备和自动装置以及工程未完工项目，负责组织有关单位提出整改专题报告，限期进行整改和完善。

（4）负责组织协调未完工程项目的实施，完善和验收投运移交工作。在试生产期按照《达标》要求进行自查，自查后组织有关单位整改和完善，负责达标考核的预检和复检的工作。

（5）负责组织设计、施工、调试、监理、生产单位提出施工工程总结、本期工程设计总结、调试报告、总结、性能试验报告、试生产报告和监理报告，组织机组试生产验收和办理正式移交生产单位的签字手续。

（6）本期工程完工后，及时提出工程建设报告，其内容包括工程项目（含配套工程）建设过程和完成情况、工程质量、试生产和考核试验情况（指需要考核试验的机组）、建设项目后评估、竣工决算和存在的问题等。

（7）本期工程的全部机组配套工程建成并完成试生产后，在办理竣工验收手续之前，在施工和设计单位的配合下，认真清理工程的新增财产和物资，按规定编报竣工决算，分析概预算的执行情况，考核投资的效果。配合竣工验收，同时办理固定资产交付使用的有关手续。

（8）本期工程的全部机组及配套工程建成，完成试生产并做好各项总结、财务和物资清理工作后，负责提出工程的竣工验收申请报告，报上级主管部门，申请竣工验收或工程竣工的初步验收。

（二）生产单位的职责

（1）从试生产开始，对试生产机组进行全面管理，对机组的安全运行、维护、操作全面负责，并负责按规程进行事故处理。

（2）协助调试单位完成未完的调试项目，精心操作，使运行机组的各项技术安全经济指标达到设计和达标要求，对达不到要求和运行不正常的设备和系统提出报告和建议。

（3）主动配合考核试验或性能试验单位，精心调整，使各项试验工作高质量的完成。

（4）试生产结束时，及时提出机组试生产运行报告；本期工程机组全部试生产结束时，及时提出工程运行总结或试生产总结。

（三）调试单位的职责

（1）继续负责完成未完的调试项目，达到工程设计的水平或《达标》投产的要求。

（2）负责提出所有未投运的设备及系统的具体投运要求和计划。

（3）精心调试，并负责指导运行操作，使试运机组的各项技术、安全、经济指标达到设计要求。

（4）试生产结束时，及时提出机组试生产调试报告；本期工程的全部机组试生产结束时，及时提出工程调试总结。

（5）按合同要求完成机组的性能考核试验或一般性能试验报告。

（6）工程建设的保修期为自移交试生产后的一年（进口设备应按合同办理），在此期间发生的所有调试缺陷，应由调试单位负责组织该调试项目的免费及时处理工作。

（7）参加工程建设主管单位组织的机组达标投产的预检工作。

（四）施工单位的职责

（1）继续完成未完项目，负责消除设备及系统出现的问题，达到标准要求。

（2）按签订的合同完成建设单位委托影响试生产的消缺工作，参与事故处理，尽快恢复正常运行。

（3）协助建设、调试和生产单位完成未完的调试项目和未投设备及系统的投运工作。

（4）试生产结束时，及时提出机组试生产期施工消缺和完善化工作报告，本期工程的全部机组试生产结束时，及时提出工程施工总结。

（5）协助建设单位在本期工程的建设和试生产全部完成后，清理所有的财产物资，编报竣工决算。

（6）工程建设的保修期为自移交试生产后的一年（进口设备应按合同办理），在此期间发生的所有施工和施工单位自购器材造成的设备及系统缺陷，均由施工单位负责免费及时处理。

非施工缺陷，接受建设单位的委托，按协商签订的合同完成消缺或完善化工作。

（7）参加工程建设主管单位组织的机组《达标》投产的预检工作。

（五）设计单位的职责

（1）消除试运阶段所发生的所有设计缺陷，及时提出设计变更单，为机组《达标》投产创造条件。

（2）在试生产结束前完成建设单位委托的需要重新绘制的"竣工图"。

（3）试生产结束后及时提出机组试生产期设计消缺和完善化工作报告；本期工程全部机组试生产结束时，及时提出工程设计总结。

（4）参加工程建设主管单位组织的机组《达标》投产的预检工作。

（5）本期工程结束后，协助建设单位清理所有财产、物资，编报竣工决算，分析概预算执行的情况，考核投资效果。

（六）电网调度的职责

（1）对并网的试生产机组实施调度管理。

（2）满足试生产期间机组进行调试、试验所需要的启停和负荷变动，尽可能地不参与调峰。

（3）对试生产机组的继电保护、通信和调度自动化实行技术归口管理。

## 二、试生产阶段的主要任务

（1）让机组在各种工况下运行，进一步考验设备、消除缺陷，完成基建未完项目，继续完成未完的调试项目和运行调试，考核设备及系统是否符合设计要求，能否达到合同规定的各项指标。

（2）主要的性能试验项目一般包括：锅炉热效率试验、锅炉最大和额定出力试验、锅炉断油最低出力试验、制粉系统出力和磨煤单耗试验、机组热耗试验、机组轴系振动测试、汽轮机最大和额定出力试验、RB 试验、供电煤耗测试、污染物排放、噪声、散热、粉尘测试、除尘器效率试验等。

（3）按设计要求，在移交试生产时的水平上，继续完善提高自动调节品质和保护、检测仪表、热控自动投入率，并逐步实现全部投运。

（4）全面考核机组的各项性能和技术经济指标，包括：供电煤耗、热控自动投入率、监视仪表投入率、保护投入率、机组可用小时数、试生产期机组强迫停运次数、厂用电率、电除尘的除尘效率、不投油最低稳燃负荷、机组的瓦（轴）振、汽水品质、发电机漏氢量、高加投入率、汽水损失率、投高加时最低给水温度、真空严密性、主（再热）汽温、排烟温度、飞灰可燃物、空预器漏风系数、烟气脱硫、脱硝设施投入情况分析、烟气二氧化硫和氮氧化物的排放测试是否达到排放标准，脱硫效率考核等。

（5）检验《运行规程》，熟悉设备和系统的性能，积累运行操作实践经验，为进一步修编《运行规程》提供依据。

### 三、试生产后期的管理工作

（1）试生产结束后，在生产、调试、施工、设计、监理和性能试验单位提交有关报告与总结的前提下，并根据试运指挥部及下属各组的签证、报告总结，建设单位组织进行必要的检查，质量监督中心站做出机组试生产阶段质量监督评定。

（2）本期工程结束后，在建设、设计、施工、监理、调试和试生产等单位提交工程预告的基础上，建设单位配合质监中心站在半个月内做出本期工程总体质量监督评定。

（3）试生产后期由工程主管部门组织达标考核正式预检，根据预检和整改完善情况，由工程主管部门决定是否在试生产期满后，报国家发电集团公司申请复检。

（4）由工程主管部门或建设单位（业主）正式申报工程竣工验收，工程主管部门组织竣工验收签字正式将机组移交生产，至此试生产阶段即告结束。

## 第三节　机组并网安全性评价管理

为适应电力体制改革的需要，贯彻执行国务院颁发的《电力监管条例》，落实国家电力监管委员会关于《电力安全生产监管办法》和区域电力安全生产监管实施办法，根据有关法律、法规以及有关规范和标准，制定机组并网安全性评价管理办法，做好机组安全并网工作，确保新建机组顺利并网发电，并网后保证机组和电网安全、稳定的运行。

### 一、新机组并网安全性评价的管理范围

（1）与省级及以上电网并网（联网）运行的发电机组。

（2）并入省级及以上电网所属地区电网的自备电厂和公用电厂的发电机组。

（3）当发电厂并网必备条件发生变化或者与并网有关的主要设备或重要辅助设备因进行更新改造，设备或系统有较大变化，影响到电网安全，需要进行并网安全性评价，经有关发电厂提出申请，可以组织对该电厂或相关机组进行全部或部分项目的并网安全性评价。

（4）符合以上规定范围的新建和扩（改）建发电厂的发电机组并网运行前都应当进行并网运行安全性评价。

**二、新机组并网安全性评价的组织管理**

（1）发电厂并网安全性评价工作的管理，归口国家电力监管委员会。

（2）国家电力监管委员会区域监管局负责本辖区内发电厂并网运行安全性评价工作。区域电监局安全处为该项工作的具体管理部门，负责组织辖区内发电厂并网运行安全性评价和安全性评价的日常管理和协调工作。

（3）国家电力监管委员会和区域监管局负责制定本辖区内发电厂并网安全性评价标准和评价管理办法。规范并网运行安全性评价工作。

（4）发电厂并网安全性评价由区域电监局负责组织的专家组对发电厂进行查评，专家查评应做到认真、负责、客观、公正，对查评结果的客观性和真实性负责。

（5）为了规范发电厂并网安全性评价工作，保证查评质量，区域电监局应组织建立符合发电厂并网安全性评价工作要求的专家库，将具有丰富实践经验和专业知识的专家入选专家库。专家库的专家由推荐方式产生，西北电监局进行审核。对入选的专家发给聘书，聘期3年。

（6）专家库的专家实行动态管理，每3年进行一次全面审核，对人员进行必要的调整和更新。

（7）入选专家库的专家应符合以下基本条件：

1）具有高级工程师及以上专业技术职称。

2）有丰富的专业知识和专业经验，熟悉安全性评价标准。

3）工作认真，责任心强。

4）有较好的语言和文字表达能力。

5）身体健康，适应现场查评工作。

（8）根据被评价电厂总容量、机组数量、单机容量和设备复杂程度的不同，专家组一般不超过10人，工作时间一般为4～7个工作日。

**三、新机组并网安全性评价的申请与查评**

（1）发电厂申请进行并网安全性评价前应组织力量，认真按照《发电厂并网安全性评价标准》的内容和要求逐项进行自查和整改，自查结果达到安全性评价要求后向区域电监局申请进行并网安全性评价。

（2）进行并网安全性评价的发电厂，应明确负责并网安全性评价的领导和管理部门，组织厂内各专业技术人员积极配合。做好查评前的各项准备工作，并为查评专家组工作提供适当的办公条件。

（3）新建和扩（改）建发电厂应当在发电机组首次并网30日前向区域电监局提交并网安全性评价申请书。并网安全性评价申请书的内容应包含：本次申请并网设备建设项目的基本情况、项目立项、开工等有关审批文件、主设备和主要辅助设备的型号、主要技术参数、工程和验收情况、并网机组调试方案和调试计划、时间安排和自评报告等内容，并按安评标准准备规范完整的备查资料。

（4）区域电监局接到电厂并网安全性评价申请书后，应详细了解申请电厂的情况，对申请书所填报的内容及资料准备情况进行初步确认，如果具备条件，组织成立专家组，与电厂商定进行安全性评价的时间，按时进行安全性评价工作。

（5）专家组在正式开展查评工作前，应对被查评电厂和机组情况进行初步了解，在此基础上制定出详细的查评方案，包括查评内容、查评方法、人员分工、时间安排等。

（6）专家组查评工作结束后，各专业分别写出专业评价报告，专家组根据各专业评价报告写出总评价报告，并经过专家组全体会议审查通过。

总评价报告的内容应包含：查评情况、必备条件审查结果、主要成绩、存在问题、整改项目和建议。

评价报告通过后，专家组应将评价情况反馈电厂。

（7）安全性评价工作结束后，专家组将查评情况、主要问题、评价意见以及需要整改的项目等及时向区域电监局汇报，并提交总评价报告。

（8）区域电监局应当在收到安全性评价报告后 5 个工作日内，将正式评价报告和整改通知书交被评价发电厂。并将正式评价报告通知调度该发电厂的电网企业。

（9）被评价发电厂在接到安全性评价报告和整改通知书 10 个工作日内，应将整改计划报区域电监局，并立即组织进行整改。

新建和扩、改建发电厂应在 3 个月内负责组织整改工作。整改工作全部完成后，应将整改结果报区域电监局。

区域电监局对不满足必备条件或未达到要求的发电厂应适时组织复查。

**四、新机组并网安全性评价与考核**

（1）新机组并网安全性评价由"必备条件"审查和"评价细则"检查两部分内容组成。新机组并网必须满足"必备条件"。

（2）"评价细则"主要是检查安全性评价内容确定的影响电厂和电网运行的安全因素及可能对电厂和电网安全运行构成潜在威胁的严重问题。

（3）根据评价标准，对存在影响并网安全的问题分别以下列方式考核：

1）满足必备条件，区域电监局对查评项目中存在的对电网安全、稳定构成威胁的不安全因素下发整改通知书，限期整改，并要求对存在影响并网安全的发电厂在规定期限内将整改结果上报区域电监局备查。

2）不满足必备条件，区域电监局下发整改通知书，限期整改。发电厂应按上述的规定进行整改和申请复评。

3）经过整改后复评，必备条件仍然达不到规定的发电厂，再给一次整改机会。

4）对于在安评工作中有弄虚作假行为的新投产机组单位，给以通报、罚款处理。

5）对于经过两次整改，仍然不合格或拒不整改的发电厂，给以通报、罚款处理。对构成潜在威胁电网安全运行；问题严重的报请国家电力监管委员会批准后，将取消其并网运行资格。

**五、新机组并网安全性评价程序**

（1）查评单位按照区域电监局《新建火电（水电）机组并网运行安全性评价标准（暂行）》的要求进行自查，并形成自查报告。

（2）查评单位将新建机组并网运行安全性评价申请及自查报告以文件形式上报区域电监局。

（3）区域电监局接到查评单位的机组并网运行安全性评价申请后对查评单位的资料进行

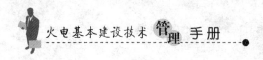

初步确认，委托承办单位并组建专家组。

（4）区域电监局或"并网安全性评价承办单位"主持专家组预备会，专家组长介绍查评内容、查评方法及根据机组特点提出重点注意的事项和要求。

（5）组织并网安全性评价工作会议。

1）区域电监局或"并网安全性评价承办单位"主持。

2）介绍参加会议人员名单。

3）申请并网单位（电厂生产单位）介绍工程概况、工程质量、工程进度、机组并网安全性评价准备工作及具备的条件等。

4）区域电监局或"并网安全性评价承办单位"提出查评的要求、查评的目的、查评的注意事项及标准。

5）宣布专家组成员名单及电厂配合查评人员名单，会议移交专家组。

6）专家组长主持。

7）申请并网单位介绍自查情况。

8）宣读必备条件及日程安排。

9）专家组长提出并网安全性评价工作的具体要求。

（6）现场检查及分专业查评。

（7）专家组长主持查评结果汇总讨论会。

1）各专业专家介绍查评情况。

2）专家组长介绍整体查评情况。

（8）组织并网安全性评价总结会。

1）专家组长主持。

2）各专业专家介绍查评情况。

3）通报整体查评情况。

4）区域电监局或"并网安全性评价承办单位"主持。

5）区域电监局或"并网安全性评价承办单位"对查评的必备条件和查评的结论是否满足机组并网条件做出初步结论性的意见，对机组并网安全运行提出要求。

6）申请并网单位（电厂生产单位）根据并网安全性评价初步结论性的意见和对机组并网安全运行提出的要求，向区域电监局和专家组介绍，如何做好下一步工作安排。做好有关项目的整改工作，确保新建机组顺利并网发电，并网后保证机组和电网安全、稳定的运行。

（9）承办单位编写《机组并网运行安全性评价报告》，将《机组并网运行安全性评价报告》以文件的形式上报区域电监局。

（10）区域电监局对承办单位上报的《机组并网运行安全性评价报告》进行批复。

**六、区域新建火电机组并网安全性评价标准**

区域新建火电机组并网安全性评价标准使用说明，全国尚未对并网安全性评价提出统一标准，全国区域电监局根据区域电网提出区域新建火电机组并网安全性评价标准，从原则上能够满足机组并网安全性的要求，在使用过程中进一步的完善和提高。

（1）根据项目条件对人身、电网和设备安全、稳定运行的影响程度，将新建火电机组并网安全性评价的内容分为"必备条件"和"查评项目"两部分。"必备条件"采用审查方式进行确认,"查评项目"采用检查评价方式进行评价。

(2)"必备条件"和"查评项目"按专业分为安全生产管理、电气一次、电气二次、热控、汽轮机、锅炉、金属、环保和土建共计九个专业。

(3)新建火电机组并网安全性评价的审查和评价的依据是:相关的国家法规和标准;电力行业标准;原国家电力公司(电力工业部)颁发的规程、规定和反事故措施;相关电网企业的规程、标准、反事故措施等;现场运行、检修和试验规程。

(4)区域新建火电机组并网运行安全性评价必备条件:

1)新建火电机组应具有完备齐全的审批文件,满足国家规定的各项要求,完成了按基本建设要求的各项试验并经有管辖权的质检机构验收合格。

2)调度管辖范围明确,有关设备命名标志符合要求。

3)运行值长及有权接受调度命令的值班人员,应全部经过调度管理规程的培训,并经考核合格,主值及以上人员取得同类型机组仿真机培训合格证书。

4)应当具备相应的满足生产需要的运行规程和管理标准。

5)电气主接线及厂(站)用电系统按国家和电力行业标准满足电网的安全要求;110kV 及以上变压器中性点接地方式应当经电力调度机构审批,并按有关规定执行;与电网直接连接的断路器遮断电流应满足电网的安全要求。

6)接地装置、接地引下线截面积应满足热稳定校验要求;主变压器和高压并联电抗器中性点应装有符合要求的接地引线。

7)新投产的电气一次设备的交接试验项目应完整、合格。

8)发电厂升压站二次用直流和机组直流系统的设计配置应符合《电力工程直流系统设计技术规程》(DL/T 5044—1995)的技术要求;蓄电池的放电容量应符合《电力系统用蓄电池直流电源装置运行与维护技术规程》(DL/T 724—2000)的技术要求。

9)与电网直接连接的一次设备的保护装置及安全自动装置的配置应满足相关的技术规程以及反措的要求,选型应当与电网要求匹配,并能正常投入运行。

10)200MW 等级以上容量发电机组配置的高周保护、低周保护、过压保护、过励磁保护、欠压保护、失步保护定值。与电网保护配合的发电厂内的保护须满足电网配合的要求,继电保护定值应当执行定值通知单制度并与定值单相符。

11)远动等调度自动化相关设备,计算机监控系统应满足调度自动化有关技术规程的要求,在机组正式并网前应与相关电力调度的能量管理系统(EMS)调试成功,所有远动信息已按要求接入 EMS。

12)发电机组励磁系统应能满足电网稳定运行的要求。电网要求配置的电力系统稳定器(PSS装置)应进行静态检查及动态投入试验。100MW 等级以上发电机并网和正常运行时,励磁系统应当投入自动励磁调节器运行,并应配有失磁保护。

13)200MW 等级以上机组应具备自动发电控制(AGC)功能。

14)发电机组调速系统应能满足电网稳定运行的要求。

15)锅炉水压试验、风压试验、吹管试验、安全门动作试验及锅炉严密性试验合格。

16)锅炉安装焊口按规定检验合格。

17)各主要金属部件具有产品合格证、质保书(强度计算书)。

18）锅炉压力容器按有关规定经具有资质的单位进行检验，并达到合格标准。

19）热工控制系统的通信网络的安全防护功能必须健全，具有防止外系统侵入的安全防护措施。

20）锅炉、汽轮机主要热工保护配置齐全、校验合格，投入率为100％，锅炉燃油严密性试验合格。

21）特殊自动消防系统（主厂房、氢站、油库、主变压器、电力电子设备等喷淋、气体、泡沫消防系统）设施齐全、有效。

（5）各专业查评报告内容及格式要求：

1）查评时间、根据区域电监局颁发的《区域新建发电机组并网安全性评价管理办法》和《区域新建新建火电机组并网安全性评价标准》，对××电厂×机组×专业进行并网安全性查评。

2）基本情况：所查专业设备、制造、安装、调试情况。

3）查评情况：查阅、检查、询问的资料、设备及人员情况。

4）必备条件查评情况。

5）查评项目查评情况。

6）问题及建议：查评过程中发现的影响电网及电厂安全的问题及整改建议。

7）查评表：（附件）。

**七、并网安全性评价申请书格式**

国家电力监管委员会和××监管局：

××电厂××号机组××MW，于××年××月××日立项批复，于××年××月××日开始动工建设。计划于××年××月××日开始整套启动试运行。为了确保机组的安全稳定运行及顺利安全并网发电，按照贵局颁发的《区域发电机组并网安全性评价管理暂行办法》及《区域新建火电机组并网安全性评价标准》的规定，我厂于××年××月××日对××号机组进行了认真的自查和相关项目整改工作。通过自查自评，已基本满足《区域新建火电机组并网安全性评价标准》的规定。现向贵局提出对我厂××号机组进行并网安全性评价申请。请予以安排。

附件1：机组并网安全性评价自查报告

附件2：××电厂××号机组并网安全性评价迎检组织机构

**八、机组并网安全性评价自查报告格式**

（1）前言：工程项目概况、工程质量、项目进度、自查自评等基本情况。

（2）工程概况。

（3）设备概况。

（4）施工进度。

（5）设计、制造、安装、监理、调试等协作单位介绍。

（6）自查自评情况（备查资料准备情况）。

（7）按标准自查自评附表。

电厂生产单位应积极配合做好机组并网安全性评价工作、接受新建火电机组并网安全性评价的监督管理。作为机组试生产阶段的一项重要任务。

## 第四节　竣工验收阶段工作与管理

### 一、竣工验收的目的

火电基本建设项目的竣工验收是基本建设程序的最后一个环节，是建设投资成果转入生产或使用的标志，是全面考核基本建设工作、检验设计和工程质量的重要环节，是建设单位会同施工单位、监理单位、设计单位、调试单位、质量监督部门向国家（工程主管部门）汇报建设项目按批准的设计内容建成后其生产能力或效益、质量、成本、收益等情况及交付新增固定资产的过程。竣工验收对促进建设项目及时投产、发挥投资效果、总结建设经验，都有重要作用。通过竣工验收，一方面可以检查建设项目竣工投产后实际形成的生产能力，检验设计、设备制造、安装、调试、工程质量和生产准备等是一次综合性的检查验收，另一方面，又可避免建设项目已具备投产条件，不及时验收报投产，因此建设单位和主管部门对已符合竣工验收条件的建设项目都要按照国家有关规定精神及时抓紧组织建设项目的竣工验收工作，上报竣工投产，发挥投资效果。

### 二、工程竣工必须具备的条件

（1）根据国家有关规定，对所有建设项目和单位工程要依据设计文件所规定的内容全部建完，依据工程质量检验评定标准，对工程质量进行评级验收，质量不合格的工程不准报竣工（建筑工程不准报竣工面积，安装工程不准报竣工项目）。

（2）火电工程启动验收或竣工验收严格按照《火力发电厂基本建设工程启动及竣工验收规程》（1996年版）的要求执行，在工程竣工验收后，确保全厂形成完整的生产能力。

（3）竣工验收的范围：包括本期工程的所有设计项目，全部机组及其公用系统和公共设施等，其内容应包括建筑、安装和工艺设备、财务、计划、统计、安全、工业卫生、环境保护设施、消防设施及工程档案等，均达到工程验收标准，具备竣工验收。

（4）建设单位、设计单位、施工单位、调试单位、监理单位、生产单位均应在竣工验收前分别提出工程总结，其内容应包括本期工程（含配套工程）建设全过程中所采用的新技术、新工艺、现代化管理等方面所取得的效果和经验教训；安全、质量、工程进度和效益；机组性能和技术经济指标、考核试验、竣工决算等完成情况。

（5）建设单位应在施工和设计单位的配合下，办理工程验收手续之前，认真清理所有财产和物资，编报竣工决算，分析概算执行情况，考核投资效果。

（6）机组在投入试生产期各项技术经济指标达到设计要求，机组各项保护及自动投入率、监测仪表、设备可靠性等均达到技术标准及要求，机组能够稳定、安全、可靠、经济的运行。

（7）建筑物及设备达到窗明几净，物见本色，厂区内道路平整、畅通，绿化面积达到设计要求，水土保持所要求绿化面积、环境保护治理方案已落实，并分期实施，厂区外道路与交通主干道连通，铁路、船运码头、供水工程均已完工并可靠的投入运行，主厂房内供暖、通风等设备运转正常。

（8）工程技术资料齐全并符合规定编制要求，竣工验收有关的技术资料是工程技术档案必备的材料，也是工程结算和生产单位在进行技术改造、检修维护和今后工程改建、扩建的

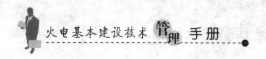

重要依据。

(9) 建筑物或构筑物的室外四周 2m 范围内场地整洁、道路畅通，脚手架拆除，楼梯、栏杆、步道清洁，沟道、孔洞盖板齐全，防冻（防暑）措施齐全，生产管理组织及技术准备完好。

### 三、工程竣工验收的方法

(1) 电力建设工程的竣工验收由工程竣工验收委员会主持，根据工程规模的大小和复杂程度组成验收委员会，由建设单位与有关单位和所在地政府协商，提出代表名单，上报工程主管部门批准实施。

(2) 单机容量 300MW 及以上，且本期建设总容量在 1000MW 及以上规模的火电工程竣工验收，应由工程主管部门先进行初验，并上报所属的国家发电集团（华能集团、大唐集团、华电集团、国电集团、中国电力投资集团），由国家发电集团公司与所在省（直辖市、自治区）政府协商，组成验收委员会开展竣工验收工作。

(3) 特大容量或特别重要的工程，应由国家发电集团公司先进行初验，并上报国家综合部门，再由国家综合部门主持验收。

(4) 被验收工程的建设、设计、施工、调试、承包等有关单位不作为验收委员会的成员参加。

(5) 工程竣工验收委员会应提出验收评价意见，并主持办理工程竣工验收手续。

(6) 参与工程建设的建设、设计、施工、调试、监理和生产单位，应按照工程竣工前分别提出工程总结，向验收委员会进行汇报。

(7) 建设单位在施工、设计单位的配合下，在办理工程验收前应认真清理所有财产和物资，编报竣工决算，分析概预算执行情况，考核投资效果。

(8) 项目规模较大、较复杂的工程在竣工验收时，参加工程建设的档案管理人员要作为验收委员会成员参加竣工验收，并应有技术档案、资料情况的专题验收报告，档案验收报告包括以下内容：

1) 工程项目技术档案、资料概况。

2) 工程项目技术档案、资料管理体制。

3) 工程项目技术档案、资料、文件的形成、积累、整理和归档工作情况。

4) 竣工图的编制情况及质量。

5) 档案资料的接收、移交工作情况。

6) 档案资料总目录。

7) 存在的问题及解决的措施。

(9) 工程竣工验收前，建设单位为了充分做好准备工作，需要有一个自检阶段和初验阶段。

自检阶段就是由建设单位对建设项目的每一个单项工程，以至整个工程项目，对照工程验收标准，逐一组织自检，检查工程质量情况，隐蔽工程验收资料、关键部位施工记录，按图施工情况及有无漏项等。

初验就是以建设单位为主，组织生产单位、设计单位、施工单位、调试单位、监理单位、制造厂等共同检查，评定单项工程或初步评定整个项目的工程质量、使用的完整性、有无未完项目和遗留项目、尚需补课的内容和期限，一般根据工程的完整性不允许存在未完项目和遗留项目，应限期整改和完善，特殊情况应由验收委员会决定。

组织自检和初验，对促进全面竣工验收，积极的扫尾和完善验收工作都有好处。通过正式竣工验收前的各项工作，可以充分说明各种资料的收集管理工作是贯穿于建设项目的全过程，因此，从基建工作一开始就要抓好各项技术资料收集和整理，重视工程档案的管理工作。

## 第五节　竣　工　图　的　编　制

工程建设竣工图是真实地记录各种地下、地上建筑物构筑物工艺系统、车间布置等情况的技术文件，是对工程进行交工验收、维护、改建、扩建的依据，是工程建设的重要技术档案，为此，原国家电力工业部1996年颁发了《火力发电厂工程竣工图文件编制规定》中要求，为了使火力发电厂的运行单位保存一套完整的，符合实际的电厂竣工设计技术资料，建设单位（业主）在本期工程最后一台机组启动试运结束后，应组织工程设计单位负责编制本工程设计范围内的竣工图文件，即竣工图。

### 一、编制竣工图的要求

（1）根据工程建设的需要和档案资料的真实性、完整性，更好地服务于电厂的生产维修、改造、工程项目的扩建等工作的要求，建设单位（业主）可委托设计单位负责本单位设计范围内竣工图的编制。施工、调试和建设单位应在施工及启动调试过程中及时、准确地做好变更记录，提供完整的变更资料给竣工图的编制工作提供条件。

（2）竣工图的编制工作应及时、正确、完整。设计单位各专业工地代表应及时做好本专业的设计变更记录，收集施工、建设单位的工程联系单和设计变更单，并将变更情况及时反映在设计蓝图上，对于涉及其他专业的设计变更，应及时通知相关专业。

（3）工程建设单位应在每台机组整套启动试运后1～2个月内组织有关单位向设计单位提交编制竣工图所需的有关施工、调试等变更资料，设计单位在收到资料后1～2个月内将本台机组完整的工程变更资料整理后提交建设单位。每台机组投产后，凡有条件编制分部或分项工程竣工图时，应在每台机组投产后2～4个月内完成相应的竣工图。

设计单位在本工程最后一台机组启动试运结束后，要校核已投产机组先期完成的部分竣工图，并在收到末台机组设计变更资料后2～4个月内结束本期工程全部竣工图的编制工作。

（4）竣工图的编制任务可在设计合同中予以明确，也可单独签订竣工图的编制合同，合同中应明确竣工图的编制要求，并规定竣工图的交付时间、份数（一般提供建设单位的竣工图为3份）、费用等事宜。

（5）各项新建、扩建、改建的基本建设工程，特别是基础、地下建筑、管线、结构、桥梁、隧道、水坝以及设备安装等隐蔽工程，都要编制竣工图。

（6）火电基本建设工程中，应按照《火力发电厂工程竣工图文件编制规定》的内容要求，认真做好各种竣工图的编制工作。

### 二、编制竣工图的形式和深度

（1）没有修改的施工图用作竣工图时，应直接在蓝图上加盖"竣工图"图章。经修改或变更的施工图应重新编制竣工图，图标采用竣工图修改图标，由设计人（修改人）、校对人签署，综合性的图纸可由设计总工程师批准，图纸编号应按现行的《电力工程勘测设计图纸管理办法》（DLGJ 28—1994）执行，但其中设计阶段代号"S"改为"Z"，并在出版成品上加盖"竣工图"图章。

（2）编制"竣工图"总的说明，在总说明中应叙述竣工图的编制原则，以及各专业的竣工图卷册目录。对每册修改图纸，宜编制分册说明，内容包括：修改内容、修改原因、提供修改资料单位等。

（3）每期工程竣工验收前，建设单位应组织、督促和协助设计、施工、调试等单位检验竣工图的编制工作，发现有不准确或缺项时，要及时采取措施修改和补齐。

（4）在竣工图出图范围内的成品深度应等同于对应施工图文件的深度。

（5）竣工图的编制应以设计院施工图为基础，并依据设计院《工程代表修改设计通知单》，施工单位、调试单位或建设单位的《工地联系单》和设计更改的有关文件；对于资料不够齐全的，应以现场的施工验收记录和调试记录为依据。

（6）竣工图的编制范围为一、二、三级图和部分四级图，不包括五级图。

**三、竣工图的编制**

（1）工程竣工图的编制除应遵守电力工业部颁发的《火力发电厂工程竣工图文件编制规定》以外，还应遵守国家和行业标准的有关规定。

（2）编制隐蔽工程的竣工图时，不仅要依据工地代表修改的设计通知单、工程联系单，还要依据施工单位、监理单位的施工记录。

（3）竣工图应确切、清楚、完整、统一，并附上必要的修改说明，文字说明应简练，印刷质量应良好。

（4）各专业竣工图的内容根据《火力发电厂工程竣工图文件编制规定》的一级图、二级图、三级图、四级图的内容进行编制，但各工程可根据工程具体情况酌情调整。

（5）电厂各专业编制竣工图的建议范围，对工艺专业，主要包括涉及的工艺系统和布置的图纸，不包括设备制造图和零部件图等细节图；对建筑和结构专业，主要包括各类厂房和建（构）筑物的布置和结构图，不包括建筑详图、结构细部图、配筋图等。

# 第六节　竣工决算的编制

**一、编制竣工决算的目的**

（1）为了有效的分析投资效益投资效益，考核建设成果，正确计算新增固定资产值，加强基本建设的管理工作，对火电工程基本建设项目（新建、扩建、改建）在工程经过"移交试生产后的质量监督检查"和质量验收后，所有建设项目（包括配套项目）全部建成，质量符合有关标准要求，都应及时编制竣工决算。

（2）竣工决算是反映基本建设项目实际造价和建设成果的文件，也是建设单位完成工程建设任务的重要报告，是积累、反映工程建设经验的历史性参考资料，为此，建设单位应重视工程竣工决算的编制工作，把编制竣工决算做为基本建设管理工作中的一项重要任务。

**二、竣工决算的编制原则**

（1）竣工决算由建设单位负责编制（实行工程总承包项目由工程总承包单位负责编制）。

建设单位编制竣工决算所需的资料，施工单位和监理单位应当负责提供。

编制竣工决算是一项经常性的工作，其资料从开始建设起，就要指定负责部门和专职人员分工负责收集、积累与提供。在工程项目完工时，要抓紧时间，在规定的时间内，责成专门的部门来完成。这是一项繁重细致的工作，在没有编报竣工决算，清理结束以前，机构不能撤销，有关人员不能调动，以确保竣工决算编制任务的完成。

（2）建设项目的竣工决算，应包括从项目前期到工程竣工验收的全部建设费用，即：建筑工程费用、安装工程费用、工程监理费、调试费用、设备、工器具费用和其他费用，其内容应按大中型项目和小型建设项目分别编制。大中型建设项目的竣工决算包括：竣工工程概况表、竣工工程决算一览表、竣工决算报告说明书、竣工图纸、工程造价比较分析等组成。竣工决算的编制方法，应按照《基本建设竣工决算编制试行办法》进行。竣工工程情况分析说明书的编写内容主要包括：

1）工程概况和工程建设规模，以及主要建筑的布置和主体设备的合理性。工程进度，主要说明工程开工和竣工时间，对照合理工期的要求，工期是提前还是延期。工程质量的验收评定、安全记录、有无人身和设备事故的说明。

2）工程造价及各项主要建筑和安装工程的造价水平，对照工程的概算造价，说明是节约还是超支，用金额和百分率进行分析说明，并与同类工程造价相比较，分析造价的合理性。

3）建设预算与实际执行结果的比较以及其差异的原因。

4）各项财务和技术经济指标的分析、概算的执行情况分析、实际投资完成额与概算进行对比分析；占非交付使用（非生产性建设）财产和构成的比例、不增加固定资产的造价占投资总数的比例、分析有机构成的经济性；基本建设投资包干情况分析；财务分析，列出历年资金来源和资金占用情况。

5）其他基本建设支出情况，应着重于拨付地方，其他单位建设款、综合利用、土地征购和赔偿费用支出情况的分析。

6）工程建设的经验教训及有待解决的问题，在编制上其他需要说明的问题。

7）分析基本建设停工的原因，重大质量、安全、返工等事故及其对工程造成的经济损失。

8）竣工后结余资金的情况与处理措施。

（3）编制竣工决算中，对发现的问题，应当查明原因，查清经过及时解决，做到情况清楚、数据真实，符合规定及要求，以及在交付试生产后，在转资、固定资产管理、计提折旧上是否有利，以保证决算的准确性，避免因匆匆办理决算发生遗漏，造成编后不应有的纠纷及遗留问题。

（4）必须保证竣工决算的质量，在全部工程竣工前后，要认真做好各项财务、物资以及债权、债务的清理结束工作，做到工完账清。要把数据对准确，把账目搞清楚，根据最后账面数据及历年批准的决算数编制竣工决算，做到账实相符，账表相符，使竣工决算的内容完整，核对准确，真实可靠。

在主体工程投产发电前后，着手编制竣工决算之前，有效的进行一次工程造价分析，以提高竣工决算编制的质量。

（5）竣工决算的编报时间，火电工程建设项目，按主管部门审核或批准的设计文件所规定的内容全部建完，具备投产和使用条件，在及时组织验收、办理固定资产交付使用转账手续的同时要编制竣工工程决算。

编制竣工决算开始日期可在工程基本竣工，未完工程一般不超过总概算的5％即可编制竣工决算，一般情况下在2个月内编制完毕上报。

（6）竣工决算除单位需要自留份数外，应报送工程主管部门及所属发电集团公司主管部门、银行及主体设计单位。

竣工决算是重要的经济档案，必须注意保密，妥善保管、永久保存。

## 第七节　工　程　总　结

在工程建设任务完成后，为了不断地提高火电建设技术管理水平，更好地发挥新建工程的借鉴作用，总结我们自己进行火电工程建设的经验，为此，要求所有火电建设工程于一台机组完成之后，以及在一期工程和全部工程结束之后，都必须认真地在组织方面、技术方面和管理方面进行全面的工程总结。

火电工程总结一般可分为全工程总结、专题性技术总结和管理总结。全工程总结，由建设单位组织编写，各施工单位负责编写好自己所承担项目的专题性技术总结和管理总结。

为了搞好总结，必须认真地做好有关资料的积累，在此基础上将计划与实践对比、分析，从中找出经验教训。

### 一、专题性技术总结

专题性技术总结由施工单位、调试单位负责编制，主要包括以下内容：

（一）工程概况

包括工程规模、工程批准文件以及主要建筑的布置和主体设备的合理性。

（二）施工管理

包括施工组织机构、主要设备及工程量、施工计划管理（主要项目施工工期、里程碑进度、施工大事记）、施工总平面及机械布置（总平面布置、主要吊装机械布置、主要机械设备配备）、主要吊装及交叉作业（发电机定子运输吊装、汽包运输吊装、主变压器运输就位、重大交叉作业）、力能供应、新工艺、新技术、新设备、新材料应用、消耗性材料的控制、冬雨季施工措施。

（三）工程管理

主要在工程前期准备阶段的管理和工程实施过程中的进度、质量、安全、质量验收、技术资料、工程技术管理等包括以下内容：

（1）质量保证、环境保护体系的运转情况分析、主要差距和改进措施、不符合项纠正措施、主要质量问题分析、改进措施、质量事故情况统计、机组试运行发生的质量问题汇总及防范措施。

（2）加强质保工作的措施，环境保护管理。质量管理的工作总结，对质量通病和违反工艺纪律纠正措施的专题总结和改进措施。

（3）焊接管理，焊工培训、焊前练习、焊接工艺、受监焊口探伤一次合格率、焊接消耗材料（焊丝、焊条、氧气、乙炔）实际消耗量，焊接管理工作总结。

（4）试验管理，经检查发现的原材料质量问题及纠正措施，工程质量问题及纠正措施，试验人员培训措施。

（5）安全管理事故分析及采取措施，安全事故发生的次数、类别、频率、安全技术措施执行情况、安全监督执行情况、常规和标准化安全措施配置及改进措施，外包队伍安全管理。

（6）机械管理，主要施工机械装备情况、完好率和利用统计、施工机械及技术动力装备情况、各专业机械使用情况分析、改进措施。

（7）设备材料管理，设备材料管理制度、三材、钢材品种、主要地方材料消耗统计、装置性材料和消耗性材料控制。

（8）文件资料管理，机构设置和管理措施、竣工技术文件的编制及移交情况、工程摄像、照相编辑。

（9）科技管理方面，计算机管理及网络建设、新技术、新工艺、新材料、新设备的推广应用。

（10）培训管理，各专业上岗前各类培训班、技术训练、继续教育、计算机、外语、新进人员和特殊人员培训，管理措施和计划。

（四）经营管理

按系统分列年度投资完成情况，安装实物工程量统计、建筑实物工程量和模板使用量统计、按系统分列年度工作量完成情况统计、施工工日对照表、装置性材料计划的审批和控制。

（五）劳动力管理

按系统分列实耗工日，按年度分列安装、建筑各工种实用劳力统计，按年度分列施工辅助与管理服务人员实用劳动力汇总。

（六）机组试运行

主要试运考核指标汇总，试运行发生的问题和采取的措施。

（七）工程验收

在工程建设过程中主要工程项目的阶段性验收、签证、工程技术资料及交接相片等。

二、全工程总结

全工程总结可在本期工程的最后一台机组移交后，即着手全工程总结，不要等到全部尾工完成后再写，总结工作应指定专人负责进行，火力发电厂建设全工程总结可参照如下提纲进行总结。

（1）发电厂的建设情况。

1）工程概况、规模、主设备及各系统情况，着重说明其特点。

2）建设、设计、施工、监理、调试、生产准备各单位的情况、承担任务的范围、机构设置、人员和现场情况等。

3）工程建设过程的主要进度、进点、前期准备、开工、土建交付安装、各台机组投产时间等，建设进度、合同计划提前或拖后的原因，造成尾工的原因和解决措施。

4）各台机组投产后安全、满发、经济运行状况，是否有永久缺陷及消缺措施，热效率

等各项技术经济指标是否达到设计要求。

5）千瓦建设造价是否超概算，并说明节约或超支的原因。

6）对工程建设的总体评价。

（2）电厂建设过程中采取的主要措施及经验教训，电厂建设中，从施工组织上、技术上、管理方面采取了哪些主要措施，获得的经验教训，提出的改进意见和建议。

1）采取了哪些新设备、新材料、新工艺、新技术及经济效果。

2）对搞好前期及施工前准备工作，以及加强建设单位工作和现场管理的经验教训。

3）对搞好质量、安全采取的措施和经验教训。

4）对加强经济核算，发挥施工人员积极性的经验及教训。

5）对搞好施工计划和综合管理的措施及经验教训。

（3）主机设备及公用系统各项指标统计，主机设备及公用系统的主要工作量、劳动力安排及生产率，如土方、混凝土（其中预制预应力构件的分布）、钢筋、模板、结构吊装件数及质量、粉刷、厂外永久铁路、厂区内外沟道、机、电、炉辅机台数、设备总重、加工配置总重、管道质量、电缆长度等、主机设备、主要辅机、设备及管道等工程量和耗工量可附表列出。

（4）建设过程的主要进度。

1）前期：可行性研究、计划任务书、初步设计开始和审查批复时间、工程列入国家发展改革委员会的计划时间（取得路条的时间）与建设单位成立的时间。

2）施工准备：施工组织设计提出和批准时间，征地批准时间，场地平整起始时间，施工道路、铁路、电源、水源、通信的设计完成，开始施工和交付使用时间，生产、生活临建项目面积、开工和交付使用时间，混凝土开始浇灌、打桩与完成时间。

3）施工阶段：主厂房开始挖土，浇灌混凝土，框架开始吊装、封闭的时间，各台机组锅炉钢架基础等交付时间，锅炉大件组合吊装、水压试验、酸洗、点火冲管，磨煤机台板就位，送风机、引风机、回转空预器、汽轮机台板就位，电除尘安装、高、中、低压缸扣大盖，油循环（附耗油量及质量评价），汽轮机冲转，发电机漏氢试验。启动试验日期，厂用系统受电、发电机并网、带负荷 168h 试运转。移交生产期，铁路、煤、水、灰、化水、厂用电、升压站各主要工序等公用系统，土建开工、交付安装时间、试运行和投入运行时间。

4）试运行阶段：分部试运起止日期，整套启动次数及时间。

5）竣工阶段：各台机组移交生产后的遗留项目的统计、土建开工、交付安装和使用的时间。

（5）每年分季度完成的经济指标：每年分季度完成的投资、建筑、安装工程量。

（6）设计变更主要情况和原因分析，属于设计原因的变更项目数量及其主要项目的简单介绍。

（7）施工重大质量事故的情况，土建工程质量分析。

（8）设备到现场返修情况和造成的损失。

（9）施工安全事故和机械设备事故的情况。

（10）耗用材料：如有可能按机组和公用系统分列，三大材料消耗用量，其中：施工准备、正式工程（土建、安装）。采取的主要节约三材措施。

（11）施工机械化，主要施工机械配备、名称、规格、数量、机械设备水平、机械化施工水平、效率分析。

（12）施工临时设施，施工占地、土建、安装总占地面积，利用系数，纯属于施工所属的征租地面积，退还用地情况。施工用电、水、蒸汽、氧气、氩气等设施及设备，实际高峰使用量，总用量。

（13）机组试运中有关情况，设计、设备、施工质量、在试运中反映的主要问题及解决方法，几个具体情况如下：

1）汽轮发电机各轴承振动值及润滑油温升值。

2）汽轮机真空值。

3）发电机额定氢压下每昼夜漏氢量（补氢量）。

4）试运中高加投入情况及带最大负荷值。

5）高压给水泵试运情况。

6）主变压器空载合闸试验方案，发电机短路试验接线方式。

7）锅炉吹管方式、次数、共用时间、耗油耗煤量及节油评价。

8）机、炉启停运次数及主要原因。

9）化学清洗有关情况和热控装置有关情况，应按规定的格式填报。

10）机组调试情况，调试的工程项目，并说明调试的水平和质量，是否完成调试大纲所要求的项目。

（14）工程质量验收及签证，在整个工程建设过程中主要工程项目的质量监督检查及验收签证，工程技术档案的管理情况进行认真的总结。

# 第八节　工程回访工作

为了进一步明确设计、施工回访制度及定期检查统计新投产火电工程生产运行情况，考查在生产最初几年中反映出来的工程质量及设备质量情况，将生产实践中暴露出来的问题及时反馈到有关发电集团公司主管工程建设的部门，根据《新投产火电工程回访工作及情况报告规定》，工程设计、施工、调试和生产单位，要分别填报新投产火电工程的生产情况报告、大修情况报告及回访情况报告，工程所属发电集团公司主管工程建设部门负责督促检查。

新投产火电工程按投产之日起算，每一周年填报新投产火电工程情况一次，连续报告3年。

新投产火电工程情况报告分以下三种：

（1）新投产火电工程生产报告情况，从机组移交生产之日算起，运行满一周年、二周年、三周年时各统计上报一次，在到期后10天内报出，由电厂生产单位统计填写，报上级工程主管部门。

（2）新投产火电工程大修情况报告，在新机组投产后第一次大修完成后填报一次，在大修结束后15天内报出，由电厂生产单位组织统计填写，报上级工程主管部门。

（3）新投产火电工程回访情况报告，在机组移交生产后一周年内由主管工程的上级部门组织设计、施工、监理、调试单位，联合进行工程回访一次，回访报告应在回访结束一周内

报出，当工程分别由土建安装单位分包时，由土建安装施工单位分别填报。

　　新投产工程情况报告是掌握、分析、对比和积累工程建设情况、提高工程质量的重要手段之一，故填报单位都要认真及时统计上报，内容务求准确。关于新投产的工程回访工作，设计、施工、调试、监理单位除应按上述要求执行外，设计单位仍应执行设计管理制度规定的运行回访的要求，施工单位仍应执行工程质量管理制度规定的对工程进行运行回访的要求。

## 附录一

### 国家发展改革委关于发布《项目申请报告通用文本》的通知

发改投资〔2007〕1169 号

国务院各部门、直属机构，各省、自治区、直辖市及计划单列市、新疆生产建设兵团发展改革委、经贸委（经委），各计划单列企业集团、中央管理企业：

为进一步完善企业投资项目核准制，指导企业做好项目申请报告的编写工作，规范项目核准机关对企业投资项目的核准行为，特编写"项目申请报告通用文本"和"关于《项目申请报告通用文本》的说明"，现印发你们，供有关方面借鉴和参考，并就有关事项通知如下：

一、项目申请报告通用文本，是对项目申请报告编写内容及深度的一般要求；关于《项目申请报告通用文本》的说明，是对通用文本的详细解释和阐述。在编写、审核项目申请报告时，应同时借鉴和参考通用文本及说明的有关内容。

二、企业在编写具体项目的申请报告时，可根据拟建项目的实际情况，对通用文本中所要求的内容进行适当调整。如果拟建项目不涉及其中有关内容，可以在说明情况后，不进行相关分析。

三、项目核准机关在核准企业投资项目时，应严格按照《国务院关于投资体制改革的决定》要求，主要从维护经济安全、合理开发利用资源、保护生态环境、优化重大布局、保障公共利益、防止出现垄断等方面进行审查。

四、为了适应各行业的具体情况，我委将根据实际工作需要，在通用本的基础上，逐步制定和完善特定行业的项目申请报告文本。行业本的制定，既要遵循通用本的一般要求，又要充分反映行业特殊情况，可根据实际需要对通用本的内容进行适当增减。

五、此次所发布的项目申请报告通用文本，适用于在我国境内建设的企业投资项目，包括外商投资项目。境外投资项目申请报告的文本将另行编制。

六、按照《国家发展改革委办公厅印发关于我委办理工程建设项目审批（核准）时核准招标内容的意见的通知》（发改办法规〔2005〕824 号）的要求，凡需报我委核准招标内容的企业投资项目，应在项目申请报告中包括有关招标内容。

七、2007 年 9 月 1 日以后报送我委的项目申请报告，原则上均应按本通知的要求进行编写。

附件：一、项目申请报告通用文本

二、关于《项目申请报告通用文本》的说明

附件一：

## 项目申请报告通用文本

### 一、申报单位及项目概况

（1）项目申报单位概况。包括项目申报单位的主营业务、经营年限、资产负债、股东构

成、主要投资项目、现有生产能力等内容。

（2）项目概况。包括拟建项目的建设背景、建设地点、主要建设内容和规模、产品和工程技术方案、主要设备选型和配套工程、投资规模和资金筹措方案等内容。

## 二、发展规划、产业政策和行业准入分析

（1）发展规划分析。拟建项目是否符合有关的国民经济和社会发展总体规划、专项规划、区域规划等要求，项目目标与规划内容是否衔接和协调。

（2）产业政策分析。拟建项目是否符合有关产业政策的要求。

（3）行业准入分析。项目建设单位和拟建项目是否符合相关行业准入标准的规定。

## 三、资源开发及综合利用分析

（1）资源开发方案。资源开发类项目，包括对金属矿、煤矿、石油天然气矿、建材矿以及水（力）、森林等资源的开发，应分析拟开发资源的可开发量、自然品质、储存条件、开发价值等，评价是否符合资源综合利用的要求。

（2）资源利用方案。包括项目需要占用的重要资源品种、数量及来源情况；多金属、多用途化学元素共生矿、伴生矿以及油气混合矿等的资源综合利用方案；通过对单位生产能力主要资源消耗量指标的对比分析，评价资源利用效率的先进程度；分析评价项目建设是否会对地表（下）水等其他资源造成不利影响。

（3）资源节约措施。阐述项目方案中作为原材料的各类金属矿、非金属矿及水资源节约的主要措施方案。对拟建项目的资源消耗指标进行分析，阐述在提高资源利用效率、降低资源消耗等方面的主要措施，论证是否符合资源节约和有效利用的相关要求。

## 四、节能方案分析

（1）用能标准和节能规范。阐述拟建项目所遵循的国家和地方的合理用能标准及节能设计规范。

（2）能耗状况和能耗指标分析。阐述项目所在地的能源供应状况，分析拟建项目的能源消耗种类和数量。根据项目特点选择计算各类能耗指标，与国际国内先进水平进行对比分析，阐述是否符合能耗准入标准的要求。

（3）节能措施和节能效果分析。阐述拟建项目为了优化用能结构、满足相关技术政策和设计标准而采用的主要节能降耗措施，对节能效果进行分析论证。

## 五、建设用地、征地拆迁及移民安置分析

（1）项目选址及用地方案。包括项目建设地点、占地面积、土地利用状况、占用耕地情况等内容。分析项目选址是否会造成相关不利影响，如是否压覆矿床和文物，是否有利于防洪和排涝，是否影响通航及军事设施等。

（2）土地利用合理性分析。分析拟建项目是否符合土地利用规划要求，占地规模是否合理，是否符合集约和有效使用土地的要求，耕地占用补充方案是否可行等。

（3）征地拆迁和移民安置规划方案。对拟建项目的征地拆迁影响进行调查分析，依法提出拆迁补偿的原则、范围和方式，制定移民安置规划方案，并对是否符合保障移民合法权益、满足移民生存及发展需要等要求进行分析论证。

## 六、环境和生态影响分析

（1）环境和生态现状。包括项目场址的自然环境条件、现有污染物情况、生态环境条件

和环境容量状况等。

（2）生态环境影响分析。包括排放污染物类型、排放量情况分析，水土流失预测，对生态环境的影响因素和影响程度，对流域和区域环境及生态系统的综合影响。

（3）生态环境保护措施。按照有关环境保护、水土保持的政策法规要求，对可能造成的生态环境损害提出治理措施，对治理方案的可行性、治理效果进行分析论证。

（4）地质灾害影响分析。在地质灾害易发区建设的项目和易诱发地质灾害的项目，要阐述项目建设所在地的地质灾害情况，分析拟建项目诱发地质灾害的风险，提出防御的对策和措施。

（5）特殊环境影响。分析拟建项目对历史文化遗产、自然遗产、风景名胜和自然景观等可能造成的不利影响，并提出保护措施。

**七、经济影响分析**

（1）经济费用效益或费用效果分析。从社会资源优化配置的角度，通过经济费用效益或费用效果分析，评价拟建项目的经济合理性。

（2）行业影响分析。阐述行业现状的基本情况以及企业在行业中所处地位，分析拟建项目对所在行业及关联产业发展的影响，并对是否可能导致垄断等进行论证。

（3）区域经济影响分析。对于区域经济可能产生重大影响的项目，应从区域经济发展、产业空间布局、当地财政收支、社会收入分配、市场竞争结构等角度进行分析论证。

（4）宏观经济影响分析。投资规模巨大、对国民经济有重大影响的项目，应进行宏观经济影响分析。涉及国家经济安全的项目，应分析拟建项目对经济安全的影响，提出维护经济安全的措施。

**八、社会影响分析**

（1）社会影响效果分析。阐述拟建项目的建设及运营活动对项目所在地可能产生的社会影响和社会效益。

（2）社会适应性分析。分析拟建项目能否为当地的社会环境、人文条件所接纳，评价该项目与当地社会环境的相互适应性。

（3）社会风险及对策分析。针对项目建设所涉及的各种社会因素进行社会风险分析，提出协调项目与当地社会关系、规避社会风险、促进项目顺利实施的措施方案。

**附件二：**

# 关于《项目申请报告通用文本》的说明

**一、编写项目申请报告通用文本的主要目的**

为贯彻落实投资体制改革精神，进一步完善企业投资项目核准制，帮助和指导企业开展项目申请报告的编写工作，规范项目核准机关对企业投资项目的核准行为，根据《中华人民共和国行政许可法》、《国务院关于投资体制改革的决定》、《企业投资项目核准暂行办法》、《外商投资项目核准暂行管理办法》和《国际金融组织和外国政府贷款投资项目管理暂行办法》等规定，特编写项目申请报告通用文本，供有关方面借鉴和参考。

项目申请报告通用文本是对项目申请报告编写内容及深度的一般要求。企业在编写具体项目的申请报告时，可结合项目自身的实际情况，对通用文本中所要求的内容进行适当调整；如果拟建项目不涉及其中有关内容，可以在说明情况后不再进行详细论证。为了更好地适应不同行业的具体情况和要求，国家发展改革委将在通用本的基础上，逐步制定特定行业的项目申请报告文本。行业本将充分反映不同行业的特殊情况，并根据工作需要对通用本的内容进行适当增减。

**二、项目申请报告的性质及研究思路**

按照投资体制改革的要求，政府不再审批企业投资项目的可行性研究报告，项目的市场前景、经济效益、资金来源、产品技术方案等都由企业自主决策。尽管不需再报政府审批，但为了防止和减少投资失误、保证投资效益，企业在进行自主决策时，仍应编制可行性研究报告，对上述内容进行分析论证，作为投资决策的重要依据。因此，投资体制改革之后，可行性研究报告的主要功能是满足企业自主投资决策的需要，其内容和深度可由企业根据决策需要和项目情况相应确定。

项目申请报告，是企业投资建设应报政府核准的项目时，为获得项目核准机关对拟建项目的行政许可，按核准要求报送的项目论证报告。项目申请报告应重点阐述项目的外部性、公共性等事项，包括维护经济安全合理开发利用资源、保护生态环境、优化重大布局、保障公众利益、防止出现垄断等内容。编写项目申请报告时，应根据政府公共管理的要求，对拟建项目从规划布局、资源利用、征地移民、生态环境、经济和社会影响等方面进行综合论证，为有关部门对企业投资项目进行核准提供依据。至于项目的市场前景、经济效益、资金来源、产品技术方案等内容，不必在项目申请报告中进行详细分析和论证。

**三、"申报单位及项目概况"的编写说明**

全面了解和掌握项目申报单位及拟建项目的基本情况，是项目核准机关对拟建项目进行分析评价以决定是否予以核准的前提和基础。如果不能充分了解有关情况，就难以做出正确的核准决定。因此，对项目申报单位及拟建项目基本情况的介绍，在项目申请报告的编写中占有非常重要的地位。

通过对项目申报单位的主营业务、经营年限、资产负债、股东构成、主要投资项目情况和现有生产能力等内容的阐述，为项目核准机关分析判断项目申报单位是否具备承担拟建项目的资格、是否符合有关的市场准入条件等提供依据。

通过对项目的建设背景、建设地点、主要建设内容和规模、产品和工程技术方案、主要设备选型和配套工程、投资规模和资金筹措方案等内容的阐述，为项目核准机关对拟建项目的相关核准事项进行分析、评价奠定基础和前提。

**四、"发展规划、产业政策和行业准入分析"的编写说明**

发展规划、产业政策和行业准入标准等，是加强和改善宏观调控的重要手段，是核准企业投资项目的重要依据。本章编写的主要目的，是从发展规划、产业政策及行业准入的角度，论证项目建设的目标及功能定位是否合理，是否符合与项目相关的各类规划要求，是否符合相关法律法规、宏观调控政策、产业政策等规定，是否满足行业准入标准、优化重大布局等要求。

在发展规划方面，应阐述国民经济和社会发展总体规划、区域规划、城市总体规划、城镇体系规划、行业发展规划等各类规划中与拟建项目密切相关的内容，对拟建项目是否符合相关规划的要求、项目建设目标与规划内容是否衔接和协调等进行分析论证。

在产业政策方面，阐述与拟建项目相关的产业结构调整、产业发展方向、产业空间布局、产业技术政策等内容，分析拟建项目的工程技术方案、产品方案等是否符合有关产业政策、法律法规的要求，如贯彻国家技术装备政策提高自主创新能力的情况等。

在行业准入方面，阐述与拟建项目相关的行业准入政策、准入标准等内容，分析评价项目建设单位和拟建项目是否符合相关规定。

## 五、"资源开发及综合利用分析"的编写说明

合理开发并有效利用资源，是贯彻落实科学发展观的重要内容。对于开发和利用重要资源的企业投资项目，要从建设节约型社会、发展循环经济等角度，对资源开发、利用的合理性和有效性进行分析论证。

对于资源开发类项目，要阐述资源储量和品质勘探情况，论述拟开发资源的可开发量、自然品质、赋存条件、开发价值等，分析评价项目建设方案是否符合有关资源开发利用的可持续发展战略要求，是否符合保护资源环境的政策规定，是否符合资源开发总体规划及综合利用的相关要求。在资源开发方案的分析评价中，应重视对资源开发的规模效益和使用效率分析，限制盲目开发，避免资源开采中的浪费现象；分析拟采用的开采设备和技术方案是否符合提高资源开发利用效率的要求；评价资源开发方案是否符合改善资源环境及促进相关产业发展的政策要求。

对于需要占用重要资源的建设项目，应阐述项目需要占用的资源品种和数量，提出资源供应方案；涉及多金属、多用途化学元素共生矿、伴生矿以及油气混合矿等情况的，应根据资源特征提出合理的综合利用方案，做到物尽其用；通过单位生产能力主要资源消耗量、资源循环再生利用率等指标的国内外先进水平对比分析，评价拟建项目资源利用效率的先进性和合理性；分析评价资源综合利用方案是否符合发展循环经济、建设节约型社会的要求；分析资源利用是否会对地表（下）水等其他资源造成不利影响，以提高资源利用综合效率。

在资源利用分析中，应对资源节约措施进行分析评价。本章主要阐述项目方案中作为原材料的各类金属矿、非金属矿及水资源节约的主要措施方案，并对其进行分析评价。有关节能的分析评价设专章单独阐述。

对于耗水量大或严重依赖水资源的建设项目，以及涉及主要金属矿、非金属矿开发利用的建设项目，应对节水措施及相应的金属矿、非金属矿等原材料节约方案进行专题论证，分析拟建项目的资源消耗指标，阐述工程建设方案是否符合资源节约综合利用政策及相关专项规划的要求，就如何提高资源利用效率、降低资源消耗提出对策措施。

## 六、"节能方案分析"的编写说明

能源是制约我国经济社会发展的重要因素。解决能源问题的根本出路是坚持开发与节约并举、节约优先的方针，大力推进节能降耗，提高能源利用效率。为缓解能源约束，减轻环境压力，保障经济安全，实现可持续发展，必须按照科学发展观的要求，对企业投资涉及能源消耗的重大项目，尤其是钢铁、有色、煤炭、电力、石油石化、化工、建材等重点耗能行业及高耗能企业投资建设的项目，应重视从节能的角度进行核准，企业上报的项目申请报告应包括节能方案分析的相关内容。

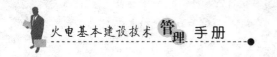

用能标准和节能规范，应阐述项目所属行业及地区对节能降耗的相关规定，项目方案应遵循的国家和地方有关合理用能标准，以及节能设计规范。评价所采用的标准及规范是否充分考虑到行业及项目所在地区的特殊要求，是否全面和适宜。

能耗状况和能耗指标分析。应阐述项目所在地的能源供应状况，项目方案所采用的工艺技术、设备方案和工程方案对各类能源的消耗种类和数量，是否按照规范标准进行设计。应根据项目特点，选择计算单位产品产量能耗、万元产值能耗、单位建筑面积能耗、主要工序能耗等指标，并与国际国内先进水平进行对比分析，就是否符合国家规定的能耗准入标准进行阐述。

节能措施和节能效果分析。应根据国家有关节能工程实施方案及其他相关政策法规要求，分析项目方案在节能降耗方面存在的主要障碍，在优化用能结构、满足相关技术政策、设计标准及产业政策等方面所采取的节能降耗具体措施，并对节能效果进行分析论证。

**七、"建设用地、征地拆迁及移民安置分析"的编写说明**

土地是极其宝贵的稀缺资源，节约土地是我国的基本国策。项目选址和土地利用应严格贯彻国家有关土地管理的法律法规，切实做到依法、科学、合理、节约用地。因项目建设而导致的征地拆迁和移民安置人口，是项目建设中易受损害的社会群体。为有效使用土地资源，保障受征地拆迁影响的公众利益，应制定项目建设用地、征地拆迁及移民安置规划方案，并进行分析评价。

项目选址和用地方案，应阐述项目建设地点、场址土地权属类别、占地面积、土地利用状况、占用耕地情况、取得土地方式等内容，为项目用地的合理性分析和制定征地拆迁及移民安置规划方案提供背景依据。在选择项目场址时，还应考虑项目建设是否会对相关方面造成不利。

影响，对拟建项目是否压覆矿床和文物、是否影响防洪和排涝、是否影响通航、是否影响军事设施安全等进行分析论证，并提出解决方案。土地利用合理性分析，应分析评价项目建设用地是否符合土地利用规划要求，占地规模是否合理，是否符合保护耕地的要求，耕地占用补充方案是否可行，是否符合因地制宜、集约用地、少占耕地、减少拆迁移民的原则，是否符合有关土地管理的政策法规的要求。

如果因项目建设用地需要进行征地拆迁，则应根据项目建设方案和土地利用方案，进行征地拆迁影响的相关调查分析，依法制定征地拆迁和移民安置规划方案。要简述征地拆迁和移民安置规划方案提出的主要依据，说明征地拆迁的范围及其确定的依据、原则和标准；提出项目影响人口和实物指标的调查结果，分析实物指标的合理性；说明移民生产安置、搬迁安置、收入恢复和就业重建规划方案的主要内容，并对方案的可行性进行分析评价；说明征地拆迁和移民安置补偿费用编制的依据和相关补偿政策；阐述地方政府对移民安置规划、补偿标准的意见。

**八、"环境和生态影响分析"的编写说明**

为保护生态环境和自然文化遗产，维护公共利益，对于可能对环境产生重要影响的企业投资项目，应从防治污染、保护生态环境等角度进行环境和生态影响的分析评价，确保生态环境和自然文化遗产在项目建设和运营过程中得到有效保护，并避免出现由于项目建设实施而引发的地质灾害等问题。

环境和生态现状。应通过阐述项目场址的自然环境条件、现有污染物情况、生态环境条件、特殊环境条件及环境容量状况等基本情况，为拟建项目的环境和生态影响分析提供依据。

拟建项目对生态环境的影响。应分析拟建项目在工程建设和投入运营过程中对环境可能产生的破坏因素以及对环境的影响程度，包括废气、废水、固体废弃物、噪声、粉尘和其他废弃物的排放数量，水土流失情况，对地形、地貌、植被及整个流域和区域环境及生态系统的综合影响等。

生态环境保护措施的分析。应从减少污染排放、防止水土流失、强化污染治理、促进清洁生产、保持生态环境可持续能力的角度，按照国家有关环境保护、水土保持的政策法规要求，对项目实施可能造成的生态环境损害提出保护措施，对环境影响治理和水土保持方案的工程可行性和治理效果进行分析评价。治理措施方案的制定，应反映不同污染源和污染排放物及其他环境影响因素的性质特点，所采用的技术和设备应满足先进性、适用性、可靠性等要求；环境治理方案应符合发展循环经济的要求，对项目产生的废气、废水、固体废弃物等，提出回收处理和再利用方案；污染治理效果应能满足达标排放的有关要求。涉及水土保持的建设项目，还应包括水土保持方案的内容。

对于建设在地质灾害易发区内或可能诱发地质灾害的项目，应结合工程技术方案及场址布局情况，分析项目建设诱发地质灾害的可能性及规避对策。通过工程实施可能诱发的地质灾害分析，评价项目实施可能导致的公共安全问题，是否会对项目建设地的公众利益产生重大不利影响。对依照国家有关规定需要编制的建设项目地质灾害及地震安全评价文件的主要内容，进行简要描述。

对于历史文化遗产、自然遗产、风景名胜和自然景观等特殊环境，应分析项目建设可能产生的影响，研究论证影响因素、影响程度，提出保护措施，并论证保护措施的可行性。

### 九、"经济影响分析"的编写说明

企业投资项目的财务评价，主要是进行财务盈利能力和债务清偿能力分析。而经济影响分析，则是对投资项目所耗费的社会资源及其产生的经济效果进行论证，分析项目对行业发展、区域和宏观经济的影响，从而判断拟建项目的经济合理性。对于产出物不具备实物形态且明显涉及公众利益的无形产品项目，如水利水电、交通运输、市政建设、医疗卫生等公共基础设施项目，以及具有明显外部性影响的有形产品项目，如污染严重的工业产品项目，应进行经济费用效益或费用效果分析，对社会为项目的建设实施和运营所付出的各类费用以及项目所产生的各种效益，进行全面地识别和评价。如果项目的经济费用和效益能够进行货币量化，应编制经济费用效益流量表，计算经济净现值 ENPV、经济内部效益率 EIRR 等经济评价指标，评价项目投资的经济合理性。对于产出效果难以进行货币量化的项目，应尽可能地采用非货币的量纲进行量化，采用费用效果分析的方法分析评价项目建设的经济合理性。难以进行量化分析的，应进行定性分析描述。

对于在行业内具有重要地位、影响行业未来发展的重大投资项目，应进行行业影响分析，评价拟建项目对所在行业及关联产业发展的影响，包括产业结构调整、行业技术进步、行业竞争格局等主要内容，特别要对是否可能形成行业垄断进行分析评价。

对区域经济可能产生重大影响的项目，应进行区域经济影响分析，重点分析项目对区域经济发展、产业空间布局、当地财政收支、社会收入分配、市场竞争结构等方面的影响，为分析投资项目与区域经济发展的关联性及融合程度提供依据。

对于投资规模巨大、可能对国民经济产生重大影响的基础设施、科技创新、战略性资源开发等项目，应从国民经济整体发展角度，进行宏观经济影响分析，如对国家产业结构调整和升级、重大产业布局、重要产业的国际竞争力以及区域之间协调发展的影响分析等。

对于涉及国家经济安全的重大项目，应从维护国家利益、保证国家产业发展及经济运行免受侵害的角度，结合资源、技术、资金、市场等方面的分析，进行投资项目的经济安全分析。内容包括：

（1）产业技术安全，分析项目采用的关键技术是否受制于人，是否拥有自主知识产权，在技术壁垒方面的风险等。

（2）资源供应安全，阐述项目所需要的重要资源来源，分析该资源受国际市场供求格局和价格变化的影响情况，以及现有垄断格局、运输线路安全保障等问题。

（3）资本控制安全，分析项目的股权控制结构，中方资本对关键产业的资本控制能力，是否存在外资的不适当进入可能造成的垄断、不正当竞争等风险。

（4）产业成长安全，结合我国相关产业发展现状，分析拟建项目是否有利于推动国家相关产业成长、提升国际竞争力、规避产业成长风险。

（5）市场环境安全，分析国外为了保护本地市场，采用反倾销等贸易救济措施和知识产权保护、技术性贸易壁垒等手段，对拟建项目相关产业发展设置障碍的情况；分析国际市场对相关产业生存环境的影响。

**十、"社会影响分析"的编写说明**

对于因征地拆迁等可能产生重要社会影响的项目，以及扶贫、区域综合开发、文化教育、公共卫生等具有明显社会发展目标的项目，应从维护公共利益、构建和谐社会、落实以人为本的科学发展观等角度，进行社会影响分析评价。

社会影响效果分析，应阐述与项目建设实施相关的社会经济调查内容及主要结论，分析项目所产生的社会影响效果的种类、范围、涉及的主要社会组织和群体等。重点阐述：

（1）社会影响区域范围的界定。社会评价的区域范围应能涵盖所有潜在影响的社会因素，不应受行政区划等因素的限制。

（2）影响区域内受项目影响的机构和人群的识别，包括各类直接或间接受益群体，也包括可能受到潜在负面影响的群体。

（3）分析项目可能导致的各种社会影响效果，包括直接影响效果和间接影响效果，如增加就业、社会保障、劳动力培训、卫生保健、社区服务等，并分析哪些是主要影响效果，哪些是次要影响效果。

社会适应性分析，应确定项目的主要利益相关者，分析利益相关者的需求，研究目标人群对项目建设内容的认可和接受程度，评价各利益相关者的重要性和影响力，阐述各利益相关者参与项目方案确定、实施管理和监测评价的措施方案，以提高当地居民等利益相关者对项目的支持程度，确保拟建项目能够为当地社会环境、人文条件所接纳，提高拟建项目与当地社会环境的相互适应性。

社会风险及对策分析，应在确认项目有负面社会影响的情况下，提出协调项目与当地的社会关系，避免项目投资建设或运营管理过程中可能存在的冲突和各种潜在社会风险，解决相关社会问题，减轻负面社会影响的措施方案。

**十一、关于利用外资项目申请报告的编写**

外商投资项目申请报告的编写，按照《外商投资项目核准暂行管理办法》的规定，除遵循项目申请报告通用文本的一般要求外，在项目概况介绍中还应包括经营期限、产品目标市场、计划用工人数、涉及的公共产品或服务价格、出资方式、需要进口的设备及金额等内容，以满足项目核准机关对市场准入、资本项目管理等事项进行核准的需要。

对于外商并购境内企业项目，如不涉及扩大生产及投资规模，不新占用土地、能源和资源消耗，不形成对生态和环境新的影响，其项目申请报告可以适当简化，但应重点论述以下内容：境内企业情况（包括企业现状、财务状况、资产评估和确认情况，并购目的和选择外商情况等）；外商情况（包括近三年企业财务状况、在中国大陆投资情况及拥有实际控制权的同行业企业产品或服务的市场占有率、公司业绩等）；并购安排（包括职工安排、原企业债权债务处置）；并购后企业的经营方式、经营范围和股权结构；融资方案；中方通过并购所得收入的使用安排；有关法律规章要求的其他内容。

借用国际金融组织和外国政府贷款的项目申请报告的编写，按照《国际金融组织和外国政府贷款投资项目管理暂行办法》的规定，除遵循项目申请报告通用文本的一般要求外，在项目概况介绍中还应包括国外借款类别或国别、贷款规模、贷款用途、还款方案、申报情况等内容，以满足项目核准机关对外债管理等事项进行核准的需要。

附录二

## 国家发展改革委、建设部关于热电联产和煤矸石综合利用
## 发电项目建设管理的暂行规定

发改能源〔2007〕141号文件

各省、自治区、直辖市发展改革委、经委（经贸委）、建设厅（建委）、物价局，国家电网公司、中国南方电网公司、华能集团、大唐集团、国电集团、华电集团、中电投集团、中国国际工程咨询公司、中国电力工程顾问集团、神华集团、国家开发投资公司、华润集团、中国电力企业联合会：

规范热电联产和煤矸石综合利用发电项目建设工作，对促进我国能源的合理和有效利用、转变增长方式、提高经济效益、推进技术进步、减少环境污染等具有十分重要的作用。根据《国务院关于投资体制改革的决定》以及其他相关规定，国家发展改革委和建设部制定了《热电联产和煤矸石综合利用发电项目建设管理暂行规定》，现印发你们，请按照执行。

特此通知。

附件：《热电联产和煤矸石综合利用发电项目建设管理暂行规定》

附件：

### 热电联产和煤矸石综合利用发电项目建设管理暂行规定

#### 总　　则

一、为提高能源利用效率，保护生态环境，促进和谐社会建设，实现热电联产和资源综合利用发电健康有序发展，依据国家产业政策和有关规定，制定本规定。

二、本规定适用于全国范围内新（扩）建热电联产和煤矸石综合利用发电项目。

三、发展改革部门（经委、经贸委）按照国家有关规定，负责热电联产和煤矸石综合利用发电规划、项目申报与核准，以及相关监管工作。

#### 规　　划

四、热电联产和煤矸石综合利用发电专项规划应按照国家电力发展规划和产业政策，依据当地城市总体规划、城市规模、工业发展状况和资源等外部条件，结合现有电厂改造、关停小机组和小锅炉等情况编制。

热电联产专项规划的编制要科学预测热力负荷，具有适度前瞻性，并对不同规划建设方案进行能耗和环境影响论证分析。

地市级及以上政府有关部门负责编制专项规划，并应纳入全省（直辖市、自治区）电力工业发展规划。各地热电联产和煤矸石综合利用发电装机总量应纳入国家电力发展规划。

省级发展改革部门会同其他有关部门应在全国电力发展规划装机容量范围内负责专项规划的审定，统一报国家发展改革委。

五、热电联产和煤矸石综合利用发电项目专项规划应当实施滚动管理，根据电力规划建设规模确定的周期（一般为三年），统筹确定热电建设规模，必要时可结合地区实际发展情况进行调整。

六、煤矸石综合利用发电项目，应优先在大型煤炭矿区内或紧邻大型煤炭洗选设施规划建设，具备集中供热条件的，应考虑热电联产；限制分散建设以煤矸石为燃料的小型资源综合利用发电项目。

七、煤矸石综合利用发电项目的设备选型应根据燃料特性确定，按照集约化、规模化和就近消化的原则，优先安排建设大中型循环流化床发电机组，在大型矿区以外的城市近郊区原则上不规划建设燃用煤矸石的热电联产项目。

八、热电联产的建设分 5 类地区安排，具体地区划分方式按照《民用建筑热工设计规范》（GB 50176）等国家有关规定执行。

九、热电联产应当以集中供热为前提。在不具备集中供热条件的地区，暂不考虑规划建设热电联产项目。

十、在严寒、寒冷地区（包括秦岭淮河以北、新疆、青海和西藏）且具备集中供热条件的城市，应优先规划建设以采暖为主的热电联产项目，取代分散供热的锅炉，以改善环境质量，节约能耗。

在夏热冬冷地区（包括长江以南的部分地区）如具备集中供热条件可适当建设供热机组，并可考虑与集中制冷相结合的热电联产项目。

夏热冬暖地区和温和地区除工业区用热需要建设供热机组外，不考虑建设采暖供热机组。

十一、以工业热负荷为主的工业区应当尽可能集中规划建设，以实现集中供热。

十二、在已有热电厂的供热范围内，原则上不重复规划建设企业自备热电厂。除大型石化、化工、钢铁和造纸等企业外，限制为单一企业服务的热电联产项目建设。

十三、热电联产项目中，优先安排背压型热电联产机组。

背压型机组的发电装机容量不计入电力建设控制规模。背压型机组不能满足供热需要的，鼓励建设单机 20 万 kW 及以上的大型高效供热机组。

十四、在电网规模较小的边远地区，结合当地电力电量平衡需要，可以按热负荷需求规划抽凝式供热机组，并优先考虑利用生物质能等可再生能源的热电联产机组；限制新建并逐步淘汰次高压参数及以下燃煤（油）抽凝机组。

十五、以热水为供热介质的热电联产项目覆盖的供热半径一般按 20km 考虑，在 10km 范围内不重复规划建设此类热电项目；

以蒸汽为供热介质的一般按 8km 考虑，在 8km 范围内不重复规划建设此类热电项目。

## 核　　准

十六、除背压型机组外，项目核准机关应当对热电联产建设方案与热电分产建设方案进

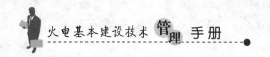
行审核，热电联产年能源消耗量和在当地排放的污染物总量低于热电分产的，方可核准热电联产项目。

十七、项目申请单位应当在项目申请报告中提供上一款所需资料。

十八、热电联产和煤矸石综合利用发电专项规划是项目核准的基本依据。项目核准应当在专项规划指导下进行，拟建项目应当经科学论证和专家评议后予以明确。

十九、热电联产项目在申报核准时，除提交与常规燃煤火电项目相同的支持性文件外，还需提供配套热网工程的可行性研究报告及当地整合供热区的方案，已有机组改造和小火电机组（小锅炉房）关停方案，以及相应的承诺文件，地方价格主管部门按照第二十三条规定出具的热力价格批复文件，项目申报单位和当地其他热电联产项目运行以及近三年核验情况。

二十、煤矸石综合利用发电项目在申报核准时，除提交与常规燃煤火电项目相同的支持性文件外，还需提供项目配套选用锅炉设备的订货协议，有关部门对当地燃料来源的论证和批复文件，项目申报单位和当地其他煤矸石综合利用发电项目运行以及近三年核验情况。

## 支 持 与 保 障 措 施

二十一、国家支持利用多种方式解决中小城镇季节性采暖供热问题，推广采用生物质能、太阳能和地热能等可再生能源，并鼓励有条件的地区采用天然气、煤气和煤层气等资源实施分布式热电联产。

中小城镇季节性采暖供热应当符合因地制宜、合理布局、先进适用的原则。

二十二、国家采取多种措施，大力发展煤炭清洁高效利用技术，积极探索应用高效清洁热电联产技术，重点开发整体煤气化联合循环发电等煤炭气化、供热（制冷）、发电多联产技术。

二十三、热电联产和煤矸石综合利用发电项目的上网电价，执行国家发展改革委颁布的《上网电价管理暂行办法》。在实行竞价上网的地区，由市场竞争形成；在未实行竞价上网的地区，新建项目上网电价执行国家公布的新投产燃煤机组标杆上网电价。

二十四、热电联产项目的热力出厂价格，由省级价格主管部门或经授权的市、县人民政府根据合理补偿成本、合理确定收益、促进节约用热、坚持公平负担的原则，按照价格主管部门经成本监审核定的当地供热定价成本及规定的成本利润率或净资产收益率统一核定，并按照国家有关规定实行煤热联动。

对热电联产供热和采用其他方式供热的销售价格逐步实行同热同价。

二十五、热电联产和煤矸石综合利用发电项目应优先上网发电。热电联产机组在供热运行时，依据实时供热负荷曲线，按"以热定电"方式优先排序上网发电，在非供热运行时或超出供热负荷曲线所发电力电量，应按同类凝汽发电机组能耗水平确定其发电调度序位。

## 监 督 检 查

二十六、项目核准机关应当综合考虑城市规划、国土资源、环境保护、银行监管、安全生产等国家有关规定，健全完善项目检查和认定核验制度。

热电联产项目必须安装热力负荷实时在线监测装置，并与发电调度机构实现联网。

二十七、项目建成投产后，由项目核准机关组织或委托有关单位进行竣工检查，确认项目建设是否符合项目核准文件的各项要求。受托组织竣工检查的单位，应将检查结论报国家发展改革委。

经竣工检查合格的项目，方可申请享受国家规定的税收优惠或补贴等政策。热电联产企业与其他供热企业应同等享受当地供热优惠政策或补贴。

二十八、项目生产运行过程中，省级发展改革部门（经委、经贸委）应当会同有关部门进行定期年度核验。对不符合国家有关规定和项目核准要求的，应责令其限期整改，取消其享受的各项优惠政策，并报国家发展改革委。国家发展改革委将视情况组织专项稽查。经查明确有弄虚作假的，责令其停止上网运行，并按照国家有关规定予以处理。

二十九、项目核准机关应当会同有关部门，加强对热电联产和煤矸石综合利用发电项目的监管。对于应报政府核准而未申报的项目、虽然申报但未经核准擅自开工建设的项目，以及未按项目核准文件的要求进行建设的项目，一经发现，项目核准机关应责令其停止建设，并依法追究有关责任人的法律和行政责任。

附　　则

三十、本规定所称项目核准机关，是指《政府核准的投资项目目录》中规定具有企业投资项目核准权限的行政机关。

三十一、燃用煤矸石和低位发热量小于 12 250kJ/kg 的低热值煤的项目审批核准，应按照燃煤项目进行管理，适用本规定以及其他燃煤项目的有关项目管理规定。

# 附录三

## 设备制造质量见证项目表

大型电站锅炉及辅机设备制造质量见证项目见附表 3-1～附表 3-4。

大型电站汽轮机及辅机设备制造质量见证项目见附表 3-5～附表 3-12。

大型电站汽轮发电机及辅机设备制造质量见证项目见附表 3-13～附表 3-14。

大型变压器、高压开关及其他主要辅机设备制造质量见证项目见附表 3-15～附表 3-18。

燃气轮机制造质量见证项目见附表 3-19。

附表 3-1               锅炉本体制造质量见证项目表

| 序号 | 监造部件 | 见 证 项 目 | H | W | R | 备 注 |
|---|---|---|---|---|---|---|
| 1 | 水冷壁（也适用于循环流化床锅炉汽冷式旋风分离器、布风板、冷渣器等部件） | 1　钢管质量见证 | | | | 按批对管材的理化性能进行见证 |
| | | 1.1　钢管材质证明书 | | | √ | |
| | | 1.2　钢管入厂复验报告（含涡流探伤报告） | | | √ | |
| | | 1.3　钢管表面质量检查 | | √ | | 每种规格检查不少于 8 根 |
| | | 1.4　钢管尺寸测量（外径、壁厚） | | √ | | |
| | | 2　鳍片（扁钢）质量见证 | | | | 按批对鳍片材料的理化性能进行见证 |
| | | 2.1　鳍片材质证明书 | | | √ | |
| | | 2.2　鳍片入厂复验报告 | | | √ | |
| | | 3　对接焊口 | | | | |
| | | 3.1　焊口外观检查（外形尺寸及表面质量） | | √ | | 焊口总数 2% |
| | | 3.2　焊缝内部质量（无损检测报告） | | | √ | 100% |
| | | 3.3　射线底片抽查 | | | √ | 底片总数的 5% |
| | | 4　弯管检查（弯管外形尺寸、椭圆度、外弯面减薄量） | | √ | | 不同管子、不同弯管半径各抽 4 个 |
| | | 5　通球试验抽查 | | √ | | |
| | | 6　水压试验 | | √ | | |
| | | 7　水冷壁组片检查 | | | | 每个部件不少于 3 屏 |
| | | 7.1　组片对角线长度偏差 | | √ | | |
| | | 7.2　组片宽度偏差 | | √ | | |
| | | 7.3　组片长度偏差 | | √ | | |
| | | 7.4　组片旁弯度 | | √ | | |
| | | 7.5　组片横向弯曲度 | | √ | | |
| | | 8　管子+鳍片（扁钢）间拼接焊缝表面质量及外型 | | √ | | |
| | | 9　鳍片（扁钢）端部绕焊表面质量检查 | | √ | | |
| | | 10　屏销钉焊接质量检查 | | √ | | 不少于 3 屏 |

| 序号 | 监造部件 | 见 证 项 目 | 见证方式 | | | |
|---|---|---|---|---|---|---|
| | | | H | W | R | 备 注 |
| 2 | 过热器、再热器（蛇形管） | 1 钢管质量见证 | | | | |
| | | 1.1 钢管材质证明书 | | | √ | 按批对管材的理化性能进行见证 |
| | | 1.2 钢管入厂复验报告（含涡流探伤报告） | | | √ | |
| | | 1.3 钢管表面质量检查 | | √ | | 每种规格检查不少于8根 |
| | | 1.4 钢管尺寸量测（外径、壁厚） | | √ | | |
| | | 2 对接焊口 | | | | |
| | | 2.1 焊口外观检查（外形尺寸及表面质量） | | √ | | 焊口总数2% |
| | | 2.2 焊缝内部质量（无损检测报告） | | | √ | 100% |
| | | 2.3 射线底片抽查 | | | √ | 底片总数的5% |
| | | 3 焊接工艺检查 | | | | |
| | | 3.1 工艺评定 | | √ | | |
| | | 3.2 焊接材料 | | √ | | 按批见证 |
| | | 4 热处理检查 | | √ | | |
| | | 5 异种钢接头检查（允许代样） | | | | |
| | | 5.1 理化性能 | | √ | | |
| | | 5.2 金相组织 | | √ | | |
| | | 5.3 折断面检查 | | √ | | |
| | | 6 弯管检查（椭圆度、外弯面减薄量） | | | √ | 不同管子、不同弯管半径各抽4个 |
| | | 7 热校工艺及热校表面检查 | | √ | | |
| | | 8 通球试验抽查 | | √ | | |
| | | 9 水压试验 | | √ | | 各过、再热器管组片抽检数量不少于3片 |
| | | 10 各级过、再热器管组片检查 | | | | |
| | | 10.1 几何尺寸 | | √ | | |
| | | 10.2 平直度 | | √ | | |

续表

| 序号 | 监造部件 | 见 证 项 目 | 见证方式 | | | 备 注 |
|---|---|---|---|---|---|---|
| | | | H | W | R | |
| 3 | 省煤器（包括悬吊管） | 1 钢管质量见证 | | | | |
| | | 1.1 钢管材质证明书 | | | ✓ | 按批对管材的理化性能进行见证 |
| | | 1.2 钢管入厂复验报告（含涡流探伤报告） | | | ✓ | |
| | | 1.3 钢管表面质量检查 | | | ✓ | 每种规格检查不少于4根 |
| | | 1.4 钢管尺寸测量（外径、壁厚） | | ✓ | | |
| | | 2 对接焊口 | | | | |
| | | 2.1 焊口外观检查 | | ✓ | | 焊口总数2% |
| | | 2.2 焊缝内部质量（无损检测报告） | | | ✓ | 100% |
| | | 2.3 射线底片抽查 | | | ✓ | 底片总数的5% |
| | | 3 焊接工艺检查 | | ✓ | | |
| | | 4 弯管检查（椭圆度、外弯面减薄量） | | ✓ | | 每种规格检查不少于8个 |
| | | 5 通球试验抽查 | | ✓ | | 每级部件不少于2个 |
| | | 6 水压试验 | | ✓ | | |
| 4 | 汽包 | 1 钢材质量见证 | | | | |
| | | 1.1 钢材材质证明书 | | | ✓ | 按批对理化性能进行见证 |
| | | 1.2 钢材入厂复验报告 | | | ✓ | |
| | | 1.3 钢材内部质量入厂复验报告 | | | ✓ | 按批对理化性能进行见证 |
| | | 1.4 部件表面质量检查（筒节、封头、下降管接头） | | ✓ | | 100% |
| | | 2 焊接检查（包括环缝、纵缝、各种管座角焊缝、人孔门加强圈等焊缝） | | | | |
| | | 2.1 焊缝外观检查 | | ✓ | | 抽查 |
| | | 2.2 焊缝内部质量（无损检测报告） | | | ✓ | 100% |
| | | 2.3 射线底片抽查 | | | ✓ | 底片总数的10% |
| | | 2.4 焊缝返修报告 | | | ✓ | 100% |
| | | 3 焊接工艺检查 | | | | |
| | | 3.1 工艺评定及质保措施 | | | ✓ | |
| | | 3.2 焊接材料 | | | ✓ | |
| | | 4 热处理检查 | | | | 100% |
| | | 4.1 热处理规范参数检查 | | | ✓ | |
| | | 4.2 热处理后机械性能检查 | | | ✓ | |

| 序号 | 监造部件 | 见 证 项 目 | 见证方式 | | | 备 注 |
|---|---|---|---|---|---|---|
| | | | H | W | R | |
| 4 | 汽包 | 5 外观及尺寸检查 | | | | 100% |
| | | 5.1 长度、直径、壁厚 | | √ | | |
| | | 5.2 筒体圆度 | | √ | | |
| | | 5.3 封头圆度 | | √ | | |
| | | 5.4 筒体全长弯曲度 | | √ | | |
| | | 5.5 筒体内径偏差 | | √ | | |
| | | 5.6 筒体各对接焊口错边 | | √ | | |
| | | 5.7 管接头节距及其偏差 | | √ | | |
| | | 5.8 纵向偏移 | | √ | | |
| | | 5.9 周向偏移 | | √ | | |
| | | 6 水压试验 | √ | | | |
| | | 7 钢印检查 | | √ | | |
| 5 | 集箱（包括水冷壁、省煤器、过热器、再热器等集箱）、汽水分离器和储水罐 | 1 集箱和管座材料质量见证 | | | | 按批对管材的理化性能进行见证 |
| | | 1.1 钢管材质证明书 | | | √ | |
| | | 1.2 钢管入厂复验报告（含无损检测报告） | | | √ | |
| | | 1.3 钢管表面质量检查 | | √ | | 每种规格检查不少于2根 |
| | | 1.4 钢管尺寸量测（外径、壁厚） | | √ | | |
| | | 2 集箱对接焊缝检查 | | | | |
| | | 2.1 外观检查 | | √ | | 各种集箱3个 |
| | | 2.2 焊缝内部质量（无损检测报告） | | | √ | 100% |
| | | 2.3 外观检查（焊缝高度、外形及表面） | | √ | | 各种集箱3个 |
| | | 2.4 返修报告 | | | √ | 100% |
| | | 2.5 射线底片抽查 | | | √ | |
| | | 3 管座焊缝检查 | | | | |
| | | 3.1 外观检查（焊缝高度、外形及表面） | | √ | | |
| | | 3.2 焊缝内部质量（无损检测报告） | | √ | | |
| | | 4 集箱和管座几何尺寸检查 | | √ | | |
| | | 4.1 外观检查 | | √ | | |
| | | 4.2 长度、直径、壁厚 | | √ | | 各种集箱3个 |
| | | 4.3 集箱全长弯曲度 | | √ | | |
| | | 4.4 管座节距偏差 | | √ | | |
| | | 4.5 管座高度偏差 | | √ | | |
| | | 4.6 管座纵向、周向偏移 | | √ | | |
| | | 5 焊接、热处理工艺检查（含异种钢） | | | | 100% |
| | | 5.1 焊接工艺评定 | | | √ | |

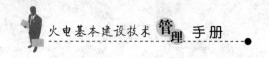

| 序号 | 监造部件 | 见证项目 | 见证方式 | | | |
|---|---|---|---|---|---|
| | | | H | W | R | 备注 |
| 5 | 集箱（包括水冷壁、省煤器、过热器、再热器等集箱）、汽水分离器和储水罐 | 5.2 热处理规范参数 | | | ✓ | 100% |
| | | 6 集箱内隔板焊缝表面质量检查 | | ✓ | | 各种集箱3个 |
| | | 7 集箱内部清洁度检查 | | ✓ | | |
| | | 8 水压试验 | | ✓ | ✓ | 各种集箱3个 |
| 6 | 回转空气预热器 | 1 主要原材料证明书及复验报告 | | | ✓ | 按批对主材的理化性能进行见证 |
| | | 2 焊缝外观质量检查 | | ✓ | | 10% |
| | | 3 尺寸、外观、装配质量 | | ✓ | | |
| | | 4 中心筒、导向端轴等无损检测报告 | | | ✓ | 100% |
| 7 | 锅炉钢结构（大板梁、立柱、横梁等） | 1 钢材（板材、型材、高强螺栓等）质量见证 | | | | |
| | | 1.1 材质证明书 | | | ✓ | 按批对主材的理化性能进行见证 |
| | | 1.2 钢材入厂复验报告 | | | ✓ | |
| | | 1.3 钢材表面质量及尺寸抽查 | | ✓ | | 大板梁、主立柱、主梁 |
| | | 2 大板梁、立柱、主要横梁的外观检查 | | ✓ | | 大板梁3件，立柱6个，主要横梁6个 |
| | | 3 焊缝表面质量（外观、尺寸） | | ✓ | | |
| | | 4 焊缝无损检测报告 | | | ✓ | |
| | | 5 主要尺寸检查及高强螺栓孔尺寸检查 | | ✓ | | |
| | | 6 预组合检查（至少一个立面中两排接点的全部构件） | | ✓ | | |
| | | 7 叠式大板梁叠板穿孔率检查 | | ✓ | | |
| | | 8 高强度螺栓连接及抗滑移系数试验 | | | ✓ | 100% |
| | | 9 防腐漆检查 | | ✓ | | |
| 8 | 燃烧器 | 1 喷口钢材质量见证 | | | | |
| | | 1.1 材质证明书 | | | ✓ | 按批对钢材的理化性能进行见证 |
| | | 1.2 钢材入厂复验报告 | | | ✓ | |
| | | 2 焊缝外观检查 | | ✓ | | |
| | | 3 主要安装接口尺寸检查 | | ✓ | | |
| | | 4 位置调整及调节机械动作灵活性检查 | | ✓ | | |
| | | 5 单个、整组燃烧器抽查 | | ✓ | | |

| 序号 | 监造部件 | 见 证 项 目 | 见证方式 | | | 备 注 |
|---|---|---|---|---|---|---|
| | | | H | W | R | |
| 9 | 安全阀 | 1 钢材（含阀体、阀座、阀杆，弹簧等材料）质量见证 | | | | |
| | | 1.1 材质证明书 | | | √ | |
| | | 1.2 入厂复验报告 | | | √ | |
| | | 2 外观检查（含尺寸检查） | | | √ | |
| | | 3 阀体无损检测报告 | | | √ | |
| | | 4 水压试验 | | | √ | |
| | | 5 严密性试验 | | | √ | |
| 10 | 人员资格 | 1 焊工资格抽查 | | | √ | |
| | | 2 探伤人员资格抽查 | | | √ | |

附表 3-2    中速磨煤机制造质量见证项目表

| 序号 | 监造部件 | 见 证 项 目 | 见证方式 | | | 备注 |
|---|---|---|---|---|---|---|
| | | | H | W | R | |
| 1 | 原材料 | 1 主要部件的化学成分、机械性能及热处理结果报告 | | | √ | |
| | | 2 复检报告 | | | √ | |
| | | 3 无损探伤检验报告 | | | √ | |
| 2 | 研磨件 | 1 磨球和上下磨环耐磨性能检查 | | | √ | |
| | | 2 磨辊辊套、磨盘衬板耐磨性能检查 | | | √ | |
| 3 | 主要系统 | 1 液压系统及弹簧加载系统 | | | √ | |
| | | 2 磨辊（磨球）对中转动灵活性检查 | | √ | | |
| | | 3 煤粉细度调节挡板和粗粉回粉挡板刻度正确性和调节灵活性检查 | | √ | | |
| | | 4 盘车系统 | | √ | | |
| 4 | 减速齿轮箱 | 1 齿轮表面硬度，咬合记录 | | | √ | |
| | | 2 加工尺寸及精度 | | | √ | |
| | | 3 渗油试验 | | √ | | |
| | | 4 温度试验 | | √ | | |
| | | 5 盘车或试空转 | | √ | | |
| | | 6 试组装，整机空转 | | √ | | |

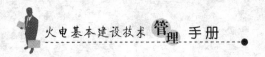

附表 3-3 风扇磨煤机制造质量见证项目表

| 序号 | 监造部件 | 见证项目 | H | W | R | 备注 |
|---|---|---|---|---|---|---|
| 1 | 原材料 | 1 主要部件的化学成分、机械性能及热处理结果报告 | | | √ | |
| | | 2 复检报告 | | | √ | |
| | | 3 无损探伤检验报告 | | | √ | |
| 2 | 冲击板和冲击轮 | 1 冲击板耐磨性能检查 | | | √ | |
| | | 2 冲击轮 | | | | |
| | | 2.1 静平衡、动平衡试验 | | √ | | |
| | | 2.2 锥孔与主轴锥段的接触率检验 | | √ | | |
| 3 | 主要系统 | 1 润滑油和冷却水系统严密性检查 | | √ | | |
| | | 2 阀门的严密性、灵活可靠性检查 | | √ | | |
| | | 3 盘车或试空转 | | √ | | |
| | | 4 试组装，整机空转 | √ | | | |

附表 3-4 电除尘器制造质量见证项目表

| 序号 | 监造部件 | 见证项目 | H | W | R | 备注 |
|---|---|---|---|---|---|---|
| 1 | 试验项目 | 1 煤灰特性试验报告 | | | √ | |
| | | 2 气流均布试验报告 | | | √ | |
| | | 3 振打试验记录 | | | √ | |
| 2 | 钢支架、壳体立柱、顶梁、烟箱、灰斗、阴极框架、阴极线、阳极板 | 1 原材料质量证明书 | | | √ | |
| | | 2 焊缝质量检查 | | √ | | |
| | | 3 主要尺寸检查记录 | | | √ | |
| | | 4 钢结构核载试验报告 | | | √ | |
| 3 | 电控装置 | 产品质量证明书 | | | √ | |

附表 3-5 汽轮机制造质量见证项目表

| 序号 | 监造部件 | 见证项目 | H | W | R | 备注 |
|---|---|---|---|---|---|---|
| 1 | 汽缸及喷嘴室 | 1 铸件材质理化性能检验报告 | | | √ | |
| | | 2 铸件无损检测报告，缺陷处理原始记录、补焊部位热处理记录 | | | √ | |
| | | 3 喷嘴室清洁度检查 | | √ | | |
| | | 4 汽缸各安装槽（或凸肩）结构尺寸和轴向定位尺寸测量记录 | | | √ | |
| | | 5 汽缸水压试验 | √ | | | |
| | | 6 低压缸焊缝外观质量检查 | | √ | | |

| 序号 | 监造部件 | 见 证 项 目 | 见证方式 | | | 备注 |
|---|---|---|---|---|---|---|
| | | | H | W | R | |
| 2 | 隔板套（持环） | 1 铸件材质理化性能检验报告 | | | √ | |
| | | 2 铸件无损检测报告，缺陷处理原始记录、补焊部位热处理记录 | | | √ | |
| | | 3 隔板套各安装槽（或凸肩）结构尺寸和轴向定位尺寸测量记录 | | | √ | |
| 3 | 隔板 | 1 隔板内外环（或隔板体）材质理化性能检验报告 | | | √ | 高中压部分 |
| | | 2 焊缝无损检测报告 | | | √ | |
| | | 3 中分面间隙测量（抽检） | | √ | | |
| | | 4 汽道高度及喉部宽度测量（抽检） | | √ | | |
| | | 5 出口面积测量（抽检） | | √ | | |
| 4 | 转子 | 1 转子锻件材质理化性能检验报告 | | | √ | |
| | | 2 转子锻件残余应力测试报告 | | | √ | |
| | | 3 转子锻件脆性转变温度测试报告 | | | √ | |
| | | 4 转子锻件热稳定性测试报告 | | | √ | 高中压部分 |
| | | 5 转子锻件无损探伤检验报告 | | | √ | |
| | | 6 转子精加工后端面及径向跳动检测（主要包括轴颈、联轴器、推力盘、各级轮缘等） | | √ | | |
| | | 7 各级叶根槽结构尺寸及其轴向定位尺寸检测记录 | | | √ | |
| | | 8 转子精加工后无损探伤检验报告 | | | √ | |
| 5 | 转子装配 | 1 低压转子动叶装配称重量记录 | | | √ | 末、次末级 |
| | | 2 动叶装配外观质量检查 | | √ | | |
| | | 3 调频动叶片成组后静频测量记录 | | | √ | |
| | | 4 转子高速动平衡和超速试验 | √ | | | |
| | | 5 末级、次末级动叶片动频测量记录 | | | √ | 同类型机报告 |
| 6 | 动叶片 | 1 材料理化性能检验报告 | | | √ | |
| | | 2 成品动叶片无损检测报告 | | | √ | |
| | | 3 硬质合金片焊接质量无损检测报告 | | | √ | 如果有 |
| | | 4 调频动叶片静频测量报告 | | | √ | |
| 7 | 静叶片 | 材料理化性能检验报告 | | | √ | |
| 8 | 汽缸及联轴器螺栓 | 1 材料理化性能检验报告 | | | √ | |
| | | 2 螺栓硬度检查报告 | | | √ | M76 及以上 |
| | | 3 金相报告 | | | √ | |

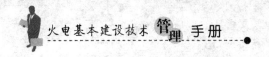
| 序号 | 监造部件 | 见 证 项 目 | 见证方式 | | | 备注 |
|---|---|---|---|---|---|---|
| | | | H | W | R | |
| 9 | 轴承及轴承箱 | 1　轴承合金铸造质量无损检测报告（含铸造层、结合层） | | | ✓ | |
| | | 2　推力轴承推力瓦块厚度检查记录 | | | ✓ | |
| | | 3　轴瓦体与瓦套接触检查 | | ✓ | | |
| | | 4　轴承箱渗漏试验 | | ✓ | | |
| | | 5　轴承箱与台板接触检查 | | ✓ | | |
| | | 6　轴承箱清洁度检查 | | ✓ | | |
| 10 | 主汽阀、调节阀 | 1　阀壳铸件材质理化性能检验报告 | | | ✓ | |
| | | 2　阀壳铸件无损检测及补焊部位热处理记录 | | | ✓ | |
| | | 3　阀杆材质理化性能检验报告 | | | ✓ | |
| | | 4　阀杆无损检测报告 | | | ✓ | |
| | | 5　阀壳水压试验 | | ✓ | | |
| | | 6　阀门严密性检查 | | ✓ | | |
| | | 7　阀门行程测量 | | | ✓ | |
| 11 | 危急遮断器 | 危急遮断器动作转速试验 | | ✓ | | |
| 12 | 总装 | 1　汽缸负荷分配或汽缸水平检查 | | | ✓ | |
| | | 2　全实缸状态下，汽缸中分面间隙测量 | | ✓ | | |
| | | 3　静子部套同心度调整 | | ✓ | | |
| | | 4　滑销系统导向键间隙测量 | | | ✓ | |
| | | 5　通流部分动静间隙测量 | | ✓ | | |
| | | 6　转子窜轴量测量 | | ✓ | | |
| | | 7　轴承瓦套垫块与轴承座接触检查 | | ✓ | | |
| | | 8　转子轴颈与轴瓦接触检查 | | ✓ | | |
| | | 9　轴瓦间隙测量 | | ✓ | | |
| | | 10　电动连续盘车检查 | | ✓ | | |
| 13 | 油系统设备 | 1　油箱渗漏试验 | | ✓ | | |
| | | 2　油箱清洁度检查 | | ✓ | | |
| | | 3　油箱油漆质量检查 | | ✓ | | |
| | | 4　套装油管路承压油管酸洗质量检查（抽查） | | ✓ | | |
| | | 5　套装油管路清洁度检查 | | ✓ | | |
| | | 6　套装油管路封口措施检查 | | ✓ | | |
| | | 7　冷油器水压试验 | | ✓ | | |
| | | 8　冷油器清洁度检查 | | ✓ | | |

附表 3-6　　　　　　　　　循环水泵制造质量见证项目表

| 序号 | 监造部件 | 见 证 项 目 | 见证方式 | | | 备注 |
|---|---|---|---|---|---|---|
| | | | H | W | R | 备注 |
| 1 | 泵轴 | 1　泵轴（上、下）材质理化性能报告 | | | ✓ | |
| | | 2　泵轴（上、下）无损检测报告 | | | ✓ | |
| | | 3　泵轴（上、下）主要配合尺寸公差检测 | | ✓ | | |
| 2 | 泵轮 | 1　泵轮铸件材质理化性能报告 | | | ✓ | |
| | | 2　泵轮铸件无损检测报告 | | | ✓ | |
| | | 3　泵轮流道粗糙度检查 | | ✓ | | |
| 3 | 转子装配 | 1　动叶片安装角偏差检测 | | ✓ | | |
| | | 2　泵轮静平衡记录 | | | ✓ | |
| | | 3　转子动平衡 | | ✓ | | |
| 4 | 承压部件 | 1　外接管（下）材质理化性能报告 | | | ✓ | |
| | | 2　外接管（下）水压试验 | | ✓ | | |
| | | 3　叶轮室材质理化性能报告 | | | ✓ | |
| | | 4　叶轮室水压试验 | | ✓ | | |
| | | 5　导叶体材质理化性能报告 | | | ✓ | |
| | | 6　导叶体水压试验 | | ✓ | | |
| | | 7　导叶体流道粗糙度检查 | | ✓ | | |
| 5 | 组装 | 1　泵轮装配动静配合间隙测量 | | ✓ | | |
| | | 2　密封环配合间隙测量 | | ✓ | | |
| | | 3　导轴承与轴套配合间隙测量 | | ✓ | | |
| 6 | 试验 | 1　出厂试验 | | ✓ | | |
| | | 2　振动试验 | | ✓ | | |
| | | 3　噪声试验 | | ✓ | | |

附表 3-7　　　　　　　　　凝汽器制造质量见证项目见表

| 序号 | 监造部件 | 见 证 项 目 | 见证方式 | | | 备注 |
|---|---|---|---|---|---|---|
| | | | H | W | R | 备注 |
| 1 | 水室 | 1　外观检查 | | ✓ | | |
| | | 2　焊缝相互位置及其焊接质量 | | ✓ | | |
| | | 3　水室水压试验 | | ✓ | | |
| 2 | 管板、中间隔板 | 1　外观检查 | | ✓ | | |
| | | 2　复合板的无损检测报告 | | | ✓ | |
| | | 3　管孔机加工粗糙度、尺寸精度 | | | ✓ | |

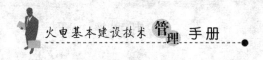

| 序号 | 监造部件 | 见证项目 | 见证方式 H | W | R | 备注 |
|---|---|---|---|---|---|---|
| 3 | 传热管 | 1 材料理化性能 | | | ✓ | |
| | | 2 无损检测报告 | | | ✓ | |
| 4 | 弹簧 | 1 材料理化性能 | | | ✓ | 如有 |
| | | 2 特性试验 | | | ✓ | |
| | | 3 产品合格证 | | | ✓ | 外购产品 |
| 5 | 伸缩节 | 焊缝质量 | | ✓ | | |

**附表 3-8** 　　　　　　　　空气冷却系统设备制造质量见证项目表

| 序号 | 监造部件 | 见证项目 | 见证方式 H | W | R | 备注 |
|---|---|---|---|---|---|---|
| 1 | 翅片及管 | 材料理化性能报告 | | | ✓ | 按批 |
| 2 | 管箱及管板 | 1 材料理化性能报告 | | | ✓ | 按批 |
| | | 2 焊缝质量（含无损检测报告） | | | ✓ | |
| 3 | 换热器管束 | 1 气压/气密检验 | | ✓ | | 100% |
| | | 2 外观尺寸检查 | | ✓ | | 5%片 |
| | | 3 检验包装/标记 | | | ✓ | 5%片 |
| | | 4 无损检测报告 | | | ✓ | 100% |
| 4 | A 型框架 | 1 材料理化性能报告 | | | ✓ | |
| | | 2 主要焊缝质量检查 | | ✓ | | 抽查 |
| | | 3 主要尺寸检查记录 | | | ✓ | |
| 5 | 蒸汽分配管 | 1 材料理化性能报告 | | | ✓ | |
| | | 2 无损检测报告 | | | ✓ | |
| 6 | 风机 | 性能试验报告（含振动、噪声测量） | | | ✓ | 样机 |
| 7 | 膨胀节 | 1 材料质量证书 | | | ✓ | |
| | | 2 焊接工艺 | | | ✓ | |
| | | 3 焊缝探伤报告 | | | ✓ | |
| | | 4 焊缝外观检查 | | ✓ | | |
| | | 5 强度试验 | | | ✓ | |

**附表 3-9** 　　　　　　　　给水加热器制造质量见证项目表

| 序号 | 监造部件 | 见证项目 | 见证方式 H | W | R | 备注 |
|---|---|---|---|---|---|---|
| 1 | 管板 | 1 锻件材质理化性能检验报告 | | | ✓ | |
| | | 2 无损检测报告 | | | ✓ | |
| | | 3 管孔尺寸精度及粗糙度抽检 | | ✓ | | |

| 序号 | 监造部件 | 见证项目 | | 见证方式 | | | 备注 |
|---|---|---|---|---|---|---|---|
| | | | | H | W | R | |
| 2 | 传热管 | 1 材质理化性能检验报告 | | | | √ | |
| | | 2 涡流探伤报告 | | | | √ | |
| | | 3 弯管后通球检验 | | | | √ | 需特别商定 |
| | | 4 弯管后水压试验报告 | | | | √ | |
| 3 | 筒体和水室 | 1 壳体钢板材质理化性能检验报告 | | | | √ | |
| | | 2 焊接成型后热处理记录 | | | | √ | |
| | | 3 焊缝无损检测报告 | | | | √ | |
| | | 4 焊缝返修记录 | | | | √ | |
| | | 5 焊缝外观质量检查 | | | √ | | |
| 4 | 装配 | 1 胀管（或焊接）质量无损检测报告 | | | | √ | |
| | | 2 水压试验或气密性试验 | | √ | √ | | 首台为 H，其余为 W |

附表 3-10　　　　　　锅炉给水泵制造质量见证项目表

| 序号 | 监造部件 | 见证项目 | | 见证方式 | | | 备注 |
|---|---|---|---|---|---|---|---|
| | | | | H | W | R | |
| 1 | 泵轴、联轴器 | 1 泵轴、联轴器锻件材质理化性能报告 | | | | √ | |
| | | 2 泵轴、联轴器锻件无损检测报告 | | | | √ | |
| | | 3 泵轴、联轴器精加工后各装配圆柱面尺寸及跳动检测记录 | | | | √ | |
| | | 4 泵轴精加工后轴径尺寸及向跳动检测记录 | | | | √ | |
| | | 5 联轴器精加工后外圆、止口径向跳动量检测，两端面跳动检测记录 | | | | √ | |
| | | 6 泵轴、联轴器精加工后无损检测报告 | | | | √ | |
| 2 | 泵轮 | 1 泵轮铸件材质理化性能报告 | | | | √ | |
| | | 2 泵轮无损检测报告 | | | | √ | |
| | | 3 泵轮内外表面粗糙度检查 | | | √ | | |
| 3 | 转子装配 | 1 泵轮静平衡 | | | | √ | |
| | | 2 转子装配后跳动量检测记录（主要包括轴径、推力盘、联轴器、轮盘等的径向和端面跳动量） | | | | √ | |
| | | 3 转子动平衡试验 | | | √ | | |

| 序号 | 监造部件 | 见 证 项 目 | 见证方式 | | | 备注 |
|---|---|---|---|---|---|---|
| | | | H | W | R | |
| 4 | 泵壳及导叶 | 1 外筒体、内涡壳及泵盖材质理化性能报告 | | | ✓ | |
| | | 2 外筒体、内涡壳及泵盖无损检测报告 | | | ✓ | |
| | | 3 外筒体、内涡壳水压试验 | | ✓ | | |
| | | 4 导叶流道粗糙度检查 | | ✓ | | |
| 5 | 组装 | 1 泵各部位动、静配合间隙测量 | | ✓ | | |
| | | 2 转子轴向窜动量测量 | | ✓ | | |
| | | 3 轴密封压缩量测量 | | ✓ | | |
| 6 | 试验 | 1 出厂试验 | | ✓ | | |
| | | 2 振动试验报告 | | ✓ | | |
| | | 3 噪声试验报告 | | ✓ | | |
| | | 4 轴密封漏水量检查 | | ✓ | | |

**附表 3-11**  除氧器制造质量见证项目表

| 序号 | 监造部件 | 见 证 项 目 | 见证方式 | | | 备注 |
|---|---|---|---|---|---|---|
| | | | H | W | R | |
| 1 | 筒体、封头及除氧头 | 1 壳体钢板材料理化性能报告 | | | ✓ | |
| | | 2 焊接、热处理工艺 | | | ✓ | |
| | | 3 外观尺寸检查 | | ✓ | | |
| | | 4 无损检测报告 | | | ✓ | |
| | | 5 水压试验 | | ✓ | | |
| | | 6 除氧头清洁度检查 | | ✓ | | |
| 2 | 钢管 | 材料理化性能报告 | | | ✓ | |
| 3 | 喷嘴、淋水盘 | 机加工尺寸质量检查记录 | | | ✓ | |

**附表 3-12**  给水泵汽轮机制造质量见证项目表

| 序号 | 监造部件 | 见 证 项 目 | 见证方式 | | | 备注 |
|---|---|---|---|---|---|---|
| | | | H | W | R | |
| 1 | 汽缸、喷嘴室 | 1 铸件材料理化性能报告 | | | ✓ | |
| | | 2 无损检测报告、缺陷处理记录 | | | ✓ | |
| | | 3 水压试验或煤油试验 | | ✓ | | |
| 2 | 轴承、轴承座 | 1 轴瓦合金铸造缺陷及脱胎检查记录 | | | ✓ | |
| | | 2 轴承座渗漏试验 | | ✓ | | |

续表

| 序号 | 监造部件 | 见 证 项 目 | 见证方式 | | | 备注 |
|---|---|---|---|---|---|---|
| | | | H | W | R | |
| 3 | 叶轮与主轴 | 1 材料理化性能报告 | | | √ | |
| | | 2 无损检测报告 | | | √ | |
| | | 3 转子热稳定性试验 | | | √ | 适用时 |
| | | 4 残余应力试验报告 | | | √ | |
| | | 5 热处理记录 | | | √ | |
| | | 6 脆性转变温度试验记录 | | | √ | |
| 4 | 汽轮机转子装配 | 1 套装后叶轮缘的端面及径向跳动量记录 | | | √ | |
| | | 2 套装后联轴器的端面及径向跳动量记录 | | | √ | |
| | | 3 动平衡试验 | | √ | | |
| | | 4 超速试验 | | √ | | 适用时 |
| 5 | 动、静叶片 | 材料理化性能报告 | | | √ | 按级 |
| 6 | 隔板、隔板套 | 1 材料理化性能报告（隔板套及隔板板体） | | | √ | |
| | | 2 无损检测报告 | | | √ | |
| | | 3 隔板通流面积检查记录 | | | √ | |
| | | 4 喷嘴组通流面积检查记录 | | | √ | |
| 7 | 高温螺栓 | 1 材料理化性能报告（提供批量试验报告） | | | √ | 适用时 |
| | | 2 硬度试验记录 | | | √ | |
| 8 | 总装 | 1 滑销系统的校正与配置 | | | √ | |
| | | 2 静止部分的找中心、校水平 | | | √ | |
| | | 3 通流部分的间隙 | | √ | | |
| | | 4 合缸后汽缸中分面间隙 | | √ | | |
| | | 5 转子轴窜试验 | | √ | | |
| 9 | 总装后盘车 | 盘车试验 | √ | | | |

附表 3-13　　　　　　　　　发电机本体制造质量见证项目表

| 序号 | 监造部件 | 见 证 项 目 | 见证方式 | | | 备注 |
|---|---|---|---|---|---|---|
| | | | H | W | R | |
| 1 | 转轴 | 1 原材料质量见证 | | | | |
| | | 1.1 原材料质保书 | | | √ | |
| | | 1.2 机械性能试验 | | | √ | |
| | | 1.3 转轴探伤 | | | √ | |
| | | 1.4 残余应力试验 | | | √ | |
| | | 1.5 导磁率测定 | | | √ | |
| | | 1.6 化学成分分析 | | | √ | |
| | | 2 关键部位加工尺寸及精度 | | | √ | |

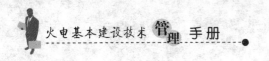

续表

| 序号 | 监造部件 | 见证项目 | 见证方式 | | | 备注 |
|---|---|---|---|---|---|---|
| | | | H | W | R | |
| 2 | 护环 | 1 原材料质量见证 | | | | |
| | | 1.1 原材料质保书 | | | ✓ | |
| | | 1.2 机械性能试验 | | | ✓ | |
| | | 1.3 化学成分分析 | | | ✓ | |
| | | 1.4 超声波探伤 | | | ✓ | |
| | | 1.5 残余应力试验 | | | ✓ | |
| | | 2 关键部位加工尺寸及精度 | | | ✓ | |
| 3 | 中心环 | 1 原材料质量见证 | | | | |
| | | 1.1 原材料质保书 | | | ✓ | |
| | | 1.2 机械性能试验 | | | ✓ | |
| | | 1.3 化学成分分析 | | | ✓ | |
| | | 2 关键部位加工尺寸及精度 | | | ✓ | |
| 4 | 槽楔 | 1 原材料质保书 | | | ✓ | |
| | | 2 机械性能试验 | | | ✓ | |
| | | 3 化学成分分析 | | | ✓ | |
| 5 | 风叶 | 1 原材料质保书 | | | ✓ | |
| | | 2 测频试验或无损探伤 | | | ✓ | |
| 6 | 集电环 | 1 原材料质量见证 | | | | |
| | | 1.1 原材料质保书 | | | ✓ | |
| | | 1.2 机械性能试验 | | | ✓ | |
| | | 1.3 化学成分分析 | | | ✓ | |
| | | 1.4 探伤报告 | | | ✓ | |
| | | 2 关键部位加工尺寸及精度 | | | ✓ | |
| 7 | 转子铜线 | 1 原材料质量见证 | | | | |
| | | 1.1 原材料质保书 | | | ✓ | |
| | | 1.2 机械性能试验 | | | ✓ | |
| | | 1.3 化学成分分析 | | | ✓ | |
| | | 1.4 导电率测量 | | | ✓ | |
| | | 2 空心导线探伤检查 | | | ✓ | 适用于水内冷发电机 |
| 8 | 转子导电螺钉 | 1 原材料质保书 | | | ✓ | |
| | | 2 探伤检查 | | | ✓ | |

续表

| 序号 | 监造部件 | 见证项目 | 见证方式 | | | 备注 |
|---|---|---|---|---|---|---|
| | | | H | W | R | |
| 9 | 硅钢片 | 1 原材料质保书 | | | √ | |
| | | 2 毛刺检查 | | √ | | |
| | | 3 冲片漆膜外观、厚度检查 | | √ | | |
| | | 4 表面绝缘电阻测量 | | √ | | |
| 10 | 定子空心导线 | 质量见证 | | | | |
| | | 1.1 原材料质保书 | | | √ | |
| | | 1.2 机械性能试验 | | | √ | |
| | | 1.3 化学成分分析 | | | √ | |
| | | 1.4 导电率测量 | | | √ | |
| | | 1.5 空心导线探伤 | | | √ | 100% |
| 11 | 定子实心铜线 | 实心铜线质保书 | | | √ | |
| 12 | 定子引线导电铜管 | 1 原材料质保书 | | | √ | |
| | | 2 铜管与水接头焊接面探伤检查 | | √ | | |
| 13 | 转子 | 1 槽衬装配质量检查 | | √ | | |
| | | 2 绕组下线及焊接检查 | | √ | | |
| | | 3 槽楔装配质量检查 | | √ | | |
| | | 4 转子通风孔检查及通风试验 | | √ | | |
| | | 5 绕组绝缘电阻测量 | | √ | | |
| | | 6 绕组冷态直流电阻测定 | | √ | | |
| | | 7 绕组工频耐压试验 | | √ | | |
| | | 8 转子绕组匝间短路试验 | √ | | | |
| | | 9 转子引线气密试验 | | √ | | |
| | | 10 转子动平衡试验 | | √ | | |
| | | 11 超速试验 | √ | | | |
| | | 12 轴系动平衡试验 | √ | | | |
| 14 | 定子线棒 | 1 线棒绝缘整体性检查 | | √ | | |
| | | 2 线棒密封性试验 | | √ | | |
| | | 3 线棒通流性检查 | | √ | | |
| | | 4 线棒绝缘介质损耗因数测定 | | √ | | 抽样 |
| | | 5 工频耐压试验 | | √ | | |

| 序号 | 监造部件 | 见 证 项 目 | 见证方式 | | | 备注 |
|---|---|---|---|---|---|---|
| | | | H | W | R | |
| 15 | 定子 | 1 铁芯尺寸及压紧量检查 | | √ | | |
| | | 2 测温元件直流电阻和绝缘电阻测定 | | √ | | |
| | | 3 铁芯发热损耗试验 | | √ | | |
| | | 4 绕组焊接质量检查 | | √ | | |
| | | 5 定子内部水系统流通性检验 | | √ | | |
| | | 6 定子内部水系统封密性试验 | | √ | | |
| | | 7 绕组冷态直流电阻 | | √ | | |
| | | 8 绕组绝缘电阻测定 | | √ | | |
| | | 9 绕组直流耐压及泄漏电流试验 | | √ | | |
| | | 10 绕组工频耐压试验 | √ | | | |
| | | 11 绕组端部手包绝缘直流泄漏电流试验 | | √ | | |
| | | 12 定子装配检查 | | √ | | |
| | | 13 定子气密性试验 | | √ | | |
| | | 14 定子绕组端部固有频率试验 | | √ | | |
| | | 15 定子内部清洁度检查 | | √ | | |
| 16 | 出线瓷套 | 产品质量检验报告 | | | √ | |
| 17 | 油密封瓦 | 油密封瓦尺寸精度检查 | | | √ | |
| 18 | 氢冷器 | 1 产品质量检验报告 | | | √ | |
| | | 2 氢冷器水压试验 | | √ | | |
| 19 | 氢控制系统 | 出厂试验 | | √ | | |
| 20 | 水控制系统 | 出厂试验 | | √ | | |
| 21 | 油控制系统 | 出厂试验 | | √ | | |
| 22 | 励磁系统 | 出厂试验报告 | | | √ | |
| 23 | 整机型式试验报告 | 1 轴电压试验 | | | √ | |
| | | 2 效率试验 | | | √ | |
| | | 3 电话谐波因数 | | | √ | |
| | | 4 电压波形畸变率 | | | √ | |
| | | 5 温升试验 | | | √ | |
| | | 6 短路比 | | | √ | |
| | | 7 电抗和时间常数 | | | √ | |
| | | 8 空载特性试验 | | | √ | |
| | | 9 稳态短路特性试验 | | | √ | |

附表 3-14　　　　　　发电机辅机制造质量见证项目表

| 序号 | 监造部件 | 见 证 项 目 | 见证方式 | | | 备注 |
|---|---|---|---|---|---|---|
| | | | H | W | R | |
| 1 | 交流励磁机 | 1　原材料质量见证 | | | | |
| | | 1.1　原材料质量保证书 | | | √ | |
| | | 1.2　主轴机械性能试验报告 | | | √ | |
| | | 1.3　主轴化学成分分析报告 | | | √ | |
| | | 2　定子绕组冷态直流电阻测量 | | √ | | |
| | | 3　定子绕组对机壳及相间绝缘电阻的测定 | | √ | | |
| | | 4　转子绕组绝缘电阻的测定 | | √ | | |
| | | 5　转子绕组冷态直流电阻的测量 | | √ | | |
| | | 6　定子绕组交流耐压试验 | | √ | | |
| | | 7　转子绕组交流耐压试验 | | √ | | |
| | | 8　空载特性 | | √ | | |
| | | 9　短路特性 | | √ | | |
| | | 10　振动测定 | | √ | | |
| | | 11　动平衡试验 | | √ | | |
| 2 | 滑环轴 | 1　原材料质保书 | | | √ | |
| | | 2　机械性能试验 | | | √ | |
| | | 3　转轴探伤 | | | √ | |

大型变压器、断路器、电抗器、组合电器等设备制造质量见证项目

附表 3-15　　　　　　大型变压器制造质量见证项目表

| 序号 | 监造部件 | 见 证 项 目 | 见证方式 | | | 备注 |
|---|---|---|---|---|---|---|
| | | | H | W | R | |
| 1 | 主要原材料 | 1　电磁线原材料质量保证书 | | | √ | |
| | | 2　硅钢片 | | | | |
| | | 2.1　原材料质量保证书 | | | √ | |
| | | 2.2　磁感应强度试验 | | | √ | |
| | | 2.3　铁损试验 | | | √ | |
| | | 3　变压器油原材料质量保证书 | | | √ | |
| | | 4　绝缘纸板 | | | | |
| | | 4.1　原材料质量保证书 | | | √ | |
| | | 4.2　理化检验报告 | | | √ | |
| | | 5　钢板原材料质量保证书 | | | √ | |

| 序号 | 监造部件 | 见 证 项 目 | 见证方式 H | W | R | 备注 |
|---|---|---|---|---|---|---|
| 2 | 主要配套件 | 1  套管 | | | | |
| | | 1.1  出厂试验报告 | | | √ | |
| | | 1.2  性能试验报告 | | | √ | |
| | | 2  无励磁分接开关/有载分接开关出厂试验报告 | | | √ | |
| | | 3  套管式电流互感器出厂试验报告 | | | √ | |
| | | 4  冷却器/散热器出厂试验报告 | | | √ | |
| | | 5  潜油泵/风机出厂试验报告 | | | √ | |
| | | 6  压力释放器出厂试验报告 | | | √ | |
| | | 7  温控器出厂试验报告 | | | √ | |
| | | 8  气体继电器出厂试验报告 | | | √ | |
| | | 9  油流继电器出厂试验报告 | | | √ | |
| | | 10  阀门出厂试验报告 | | | √ | |
| | | 11  储油柜性能试验报告 | | | √ | |
| | | 12  控制箱性能试验报告 | | | √ | |
| 3 | 部套制造 | 1  油箱 | | | | |
| | | 1.1  油箱机械强度试验 | | √ | √ | |
| | | 1.2  油箱试漏检验 | | | √ | |
| | | 2  铁芯 | | | | |
| | | 2.1  铁芯外观、尺寸检查 | | | √ | |
| | | 2.2  铁芯油道绝缘检查 | | √ | | |
| | | 3  绕组 | | | | |
| | | 3.1  绕制质量、尺寸检查 | | | √ | |
| | | 3.2  绕组压装与处理 | | √ | | |
| 4 | 器身装配 | 1  器身绝缘的装配 | | | | |
| | | 1.1  各绕组套装牢固性检查 | | √ | | |
| | | 1.2  器身绝缘的主要尺寸检查 | | √ | | |
| | | 2  引线及分接开关装配 | | | | |
| | | 2.1  引线装焊 | | √ | | |
| | | 2.2  开关、引线支架牢固性检查 | | √ | | |
| | | 2.3  引线的绝缘距离检查 | | √ | | |
| | | 3  器身干燥的真空度、温度及时间记录 | | √ | | |

续表

| 序号 | 监造部件 | 见 证 项 目 | 见证方式 | | | 备注 |
|---|---|---|---|---|---|---|
| | | | H | W | R | |
| 5 | 总装配 | 1 出炉装配 | | | | |
| | | 1.1 箱内清洁度检查 | | √ | | |
| | | 1.2 带电部分对油箱的绝缘距离检查 | | √ | | |
| | | 2 注油的真空度、油温、时间及静放时间记录 | | √ | | |
| 6 | 整机试验 | 1 密封渗漏试验 | | √ | | |
| | | 2 例行试验 | | | | |
| | | 2.1 绕组电阻测量 | | √ | | |
| | | 2.2 电压比测量和联结组标号检定 | | √ | | |
| | | 2.3 绕组连同套管介损及电容测量 | | √ | | |
| | | 2.4 绕组对地绝缘电阻，吸收比或极化指数测量 | | √ | | |
| | | 2.5 铁芯和夹件绝缘电阻测量 | | √ | | |
| | | 2.6 短路阻抗和负载损耗测量 | | √ | | |
| | | 2.7 空载电流和空载损耗测量 | | √ | | |
| | | 2.8 外施工频耐压试验 | | √ | | |
| | | 2.9 长时感应耐压试验（$U_m > 170kV$） | √ | | | |
| | | 2.10 操作冲击试验 | √ | | | |
| | | 2.11 雷电全波冲击试验 | √ | | | |
| | | 2.12 有载分接开关试验 | | √ | | |
| | | 2.13 绝缘油化验及色谱分析 | | √ | | |
| | | 3 型式试验 | | | | |
| | | 3.1 绝缘型式试验 | | √ | √ | |
| | | 3.2 温升试验 | | √ | √ | |
| | | 3.3 油箱机械强度试验 | | √ | √ | |
| | | 4 特殊试验 | | | | |
| | | 4.1 绕组对地和绕组间的电容测定 | | √ | | |
| | | 4.2 三相变压器零序阻抗测量 | | √ | | |
| | | 4.3 空载电流谐波测量 | | √ | | |
| | | 4.4 短时感应耐压试验（$U_m > 170kV$） | √ | | | |
| | | 4.5 声级测量 | | √ | | |
| | | 4.6 长时间空载试验 | | √ | | |
| | | 4.7 油流静电测量和转动油泵时的局部放电测量 | | √ | | |
| | | 4.8 风扇和油泵电机所吸收功率测量 | | | √ | |
| | | 4.9 无线电干扰水平测量 | | | √ | |
| | | 4.10 短路承受能力计算书 | | | √ | |
| | | 4.11 其他 | | | √ | |

续表

| 序号 | 监造部件 | 见证项目 | H | W | R | 备注 |
|---|---|---|---|---|---|---|
| | | | | 见证方式 | | |
| 7 | 抗震能力 | 变压器抗地震能力论证报告 | | | √ | |
| 8 | 吊心检查 | 现场检查 | | √ | | |
| 9 | 出厂包装 | 现场检查 | | √ | | |

附表 3-16　　六氟化硫断路器（瓷柱式、罐式）制造质量见证项目表

| 序号 | 监造部件 | 见证项目 | H | W | R | 备注 |
|---|---|---|---|---|---|---|
| 1 | 瓷套 | 1 瓷件密封面表面粗糙度 | √ | √ | | |
| | | 2 形位公差测量、外观检查 | √ | √ | | |
| | | 3 例行内水压试验 | | | √ | |
| | | 4 例行弯曲试验 | | | √ | |
| 2 | 绝缘子 | 1 材质检验 | | | √ | |
| | | 2 拉力强度取样试验 | | √ | | |
| | | 3 例行工频耐压试验 | | √ | | |
| | | 4 检查环氧浇注工艺 | | √ | | |
| | | 5 电性能试验 | | √ | | |
| 3 | 灭弧室 | 1 铜钨触头质量进厂验收 | √ | √ | | |
| | | 2 喷嘴材料进厂验收 | √ | √ | | |
| 4 | 传动件（连板、杆） | 1 检查材质杆棒拉力强度 | | | √ | |
| | | 2 检查零件硬度测试值 | | | √ | |
| 5 | 传动箱、罐体 | 1 焊缝探伤检查 | | | √ | |
| | | 2 水压试验 | | √ | | |
| | | 3 气密性试验 | | √ | | |
| 6 | 并联电容器 | 1 工频耐压试验 | | | √ | |
| | | 2 局部放电测量 | | | √ | |
| 7 | 并联电阻 | 每相并联电阻阻值测量 | | | √ | |
| 8 | 套管式电流互感器 | 1 精度测试 | | | √ | |
| | | 2 总装后绕组伏安特性测试 | | | √ | |
| 9 | 操动机构 | 特性出厂检验 | | | √ | |

| 序号 | 监造部件 | 见证项目 | 见证方式 | | | 备注 |
|---|---|---|---|---|---|---|
| | | | H | W | R | |
| 10 | 总装出厂试验 | 1　检查产品铭牌参数与订货技术要求一致性 | | ✓ | | |
| | | 2　总装后复测电流互感器绕组的伏安特性 | | ✓ | | |
| | | 3　测量分、合闸时间 | | ✓ | | |
| | | 4　测量分、合闸速度 | | ✓ | | |
| | | 5　测量合闸电阻投入时间 | | ✓ | | |
| | | 6　测量分、合闸同步性 | | ✓ | | |
| | | 7　操动机构压力特性测试 | | ✓ | | |
| | | 8　回路电阻测量 | | ✓ | | |
| | | 9　SF$_6$检漏试验 | | ✓ | | |
| | | 10　工频耐压试验 | ✓ | | | |
| | | 11　局部放电测量（罐式） | ✓ | | | |
| 11 | 出厂包装 | 1　符合工厂包装规范要求 | | ✓ | | |
| | | 2　有良好可靠的防碰、防震措施 | | ✓ | | |

**附表 3-17　GIS（气体绝缘金属封闭开关设备）制造质量见证项目表**

| 序号 | 监造部件 | 见证项目 | 见证方式 | | | 备注 |
|---|---|---|---|---|---|---|
| | | | H | W | R | |
| 1 | 盆式、支撑绝缘子 | 1　材质、外观及尺寸检查 | | ✓ | | |
| | | 2　电气性能试验 | | ✓ | | |
| | | 3　机械性能试验 | | ✓ | | |
| 2 | 触头、防爆膜 | 1　材质检验 | | ✓ | | |
| | | 2　机械尺寸 | | ✓ | | |
| 3 | 外壳 | 1　材质报告 | | | ✓ | |
| | | 2　焊接质量检查和探伤试验 | | | ✓ | |
| | | 3　水压试验 | | ✓ | | |
| 4 | 出线套管 | 1　配套厂家出厂试验报告 | | | ✓ | |
| | | 2　外观检查 | | ✓ | | 抽检 |
| | | 3　机械尺寸检查 | | ✓ | | 抽检 |
| 5 | 伸缩节 | 质量保证书 | | | ✓ | |
| 6 | 电压互感器 | 配套厂家出厂试验 | | ✓ | | 直接发给客户 |
| 7 | 避雷器 | 配套厂家出厂试验 | | ✓ | | 直接发给客户 |

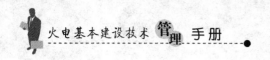
| 序号 | 监造部件 | 见 证 项 目 | 见证方式 | | | 备注 |
|---|---|---|---|---|---|---|
| | | | H | W | R | |
| 8 | 电流互感器 | 1 一般结构检查 | | | √ | |
| | | 2 绝缘电阻测量 | | | √ | |
| | | 3 绕组电阻测量 | | | √ | |
| | | 4 极性试验 | | | √ | |
| | | 5 工频耐压试验 | | | √ | |
| | | 6 误差试验 | | | √ | |
| | | 7 励磁特性试验 | | | √ | |
| 9 | 断路器 | 1 一般结构检查 | | √ | | |
| | | 2 机械操作试验 | | √ | | |
| | | 3 闭锁装置动作试验 | | √ | | |
| | | 4 二次线路确认 | | √ | | |
| | | 5 安全阀试验 | | √ | | |
| | | 6 液压泵充油试验 | | √ | | |
| | | 7 机械特性试验 | | √ | | |
| 10 | 隔离开关接地开关 | 1 一般结构检查 | | | √ | |
| | | 2 分、合试验 | | | √ | |
| | | 3 电气连锁试验 | | √ | | |
| 11 | 运输单元组装、套管单元、母线单元 | 1 $SF_6$ 气体密封试验 | | √ | | |
| | | 2 一般结构检查 | | √ | | |
| | | 3 辅助回路绝缘试验 | | √ | | |
| | | 4 主回路电阻测量 | | √ | | |
| | | 5 主回路雷电冲击耐压试验 | √ | | | |
| | | 6 主回路工频耐压试验 | √ | | | |
| | | 7 超声波检查 | | √ | | |
| | | 8 局部放电测量 | √ | | | |
| 12 | 包装及待运 | 现场查看 | | √ | | |

附表 3-18            电抗器制造质量见证项目表

| 序号 | 监造部件 | 见 证 项 目 | H | W | R | 备注 |
|------|----------|-------------|---|---|---|------|
| | | 见证方式 | | | | |
| 1 | 原材料检查 | 1 硅钢片 | | | | |
| | | 1.1 原材料质量保证书 | | | √ | |
| | | 1.2 磁感应强度试验 | | | √ | |
| | | 1.3 铁损试验 | | | √ | |
| | | 2 电磁线原材料质量保证书 | | | √ | |
| | | 3 绝缘材料 | | | | |
| | | 3.1 原材料质量保证书 | | | √ | |
| | | 3.2 理化检验报告 | | | √ | |
| | | 4 绝缘油质量保证书 | | | √ | |
| | | 5 钢材原材料质量保证书 | | | √ | |
| 2 | 组件检查 | 1 散热器或风扇（出厂试验报告） | | | √ | |
| | | 2 潜油泵和/或风机（质量保证书） | | | √ | |
| | | 3 套管（质量保证书） | | | √ | |
| | | 4 套管式电流互感器（质量保证书） | | | √ | |
| | | 5 灭火装置（质量保证书） | | | √ | |
| | | 6 储油柜 | | | | |
| | | 6.1 外购（质量保证书） | | | √ | |
| | | 6.2 自制（外观检查） | | √ | | |
| | | 7 油色谱在线监测装置 | | | √ | |
| | | 8 气体继电器、压力释放器、温控器、阀门等 | | | √ | |
| 3 | 组、部件制造 | 1 油箱 | | | | |
| | | 1.1 外观及焊接检验 | | √ | | |
| | | 1.2 油箱机械强度检验 | | √ | √ | |
| | | 1.3 油箱密封性检验 | | √ | | |
| | | 2 铁芯 | | | | |
| | | 2.1 铁芯外观、尺寸检查 | | √ | | |
| | | 2.2 铁芯油道绝缘试验 | | √ | | |
| | | 3 绕组 | | | | |
| | | 3.1 绕制质量、尺寸检查 | | √ | | |
| | | 3.2 绕组压装与处理 | | √ | | |

| 序号 | 监造部件 | 见 证 项 目 | 见证方式 | | | 备注 |
|---|---|---|---|---|---|---|
| | | | H | W | R | |
| 4 | 器身装配 | 1 器身绝缘的装配 | | | | |
| | | 1.1 各绕组套装牢固性检查 | ✓ | | | |
| | | 1.2 器身绝缘的主要尺寸检查 | ✓ | | | |
| | | 2 引线 | | | | |
| | | 2.1 引线装焊 | ✓ | | | |
| | | 2.2 引线支架牢固性检查 | ✓ | | | |
| | | 2.3 引线的绝缘距离检查 | ✓ | | | |
| | | 3 器身干燥 | | | | |
| | | 3.1 器身干燥的真空度、温度及时间记录 | ✓ | ✓ | | |
| | | 3.2 绝缘检查 | ✓ | | | |
| | | 3.3 半成品试验 | ✓ | | | |
| | | 4 箱内清洁度检查 | ✓ | | | |
| | | 5 工序检查 | | | | |
| | | 5.1 引线对箱壁的绝缘距离检查 | ✓ | | | |
| | | 5.2 铁芯对地绝缘电阻的测试检查 | ✓ | | | |
| | | 6 注油、静置 | | | | |
| | | 6.1 注油的真空度、油温、时间及静置时间记录 | ✓ | ✓ | | |
| | | 6.2 维持真空的时间、注油温度 | ✓ | | | |
| 5 | 试验 | 1 型式试验（试验或提供试验报告） | | ✓ | ✓ | |
| | | 2 例行试验（按技术协议书要求项目做） | ✓ | | | |
| | | 3 特殊试验（按技术协议书要求项目做） | ✓ | | | |
| 6 | 二次吊芯 | 紧固件、清洁度检查 | ✓ | | | |
| 7 | 包装标识 | 1 本体 | ✓ | | | |
| | | 2 附件 | ✓ | | | |
| | | 3 资料 | | | ✓ | |

附表 3-19　　　　　　　　　燃气轮机制造质量见证项目表

| 序号 | 监造部件 | 见　证　项　目 | 见证方式 | | | 备注 |
|---|---|---|---|---|---|---|
| | | | H | W | R | |
| 1 | 燃机转子 | 1　转子锻件材质理化性能试验（含 FATT 及残余应力试验） | | | ✓ | |
| | | 2　转子锻件无损探伤检验报告 | | | ✓ | |
| | | 3　转子精加工后端面及径向跳动检测（主要包括轴颈、联轴器、推力盘等） | | ✓ | | |
| | | 4　转子精加工后无损探伤检验报告 | | | ✓ | |
| 2 | 压气机动叶片 | 1　材质理化性检验报告 | | | ✓ | |
| | | 2　无损检测报告 | | | ✓ | |
| | | 3　型线及叶根加工精度检查记录 | | | ✓ | |
| | | 4　防腐蚀涂层表面质量检验报告 | | | ✓ | |
| | | 5　调频动叶片静频测量报告 | | | ✓ | 适用时 |
| 3 | 透平动叶片 | 1　材质理化性检验报告 | | | ✓ | |
| | | 2　无损检测报告 | | | ✓ | |
| | | 3　热处理后的硬度试验报告 | | | ✓ | |
| | | 4　型线及叶根加工精度检查记录 | | | ✓ | |
| | | 5　防腐蚀涂层表面质量检验报告 | | | ✓ | |
| | | 6　调频动叶片静频测量报告 | | | ✓ | 适用时 |
| 4 | 转子装配 | 1　压气机和透平动叶装配质量检查 | | ✓ | | |
| | | 2　动叶围带径向跳动及端面跳动测量记录 | | ✓ | | |
| | | 3　转子高速工平衡和超速试验 | ✓ | | | |
| 5 | 进气缸、压气机缸、燃压缸、透平缸、排气缸 | 1　缸体铸件材质理化性能检验报告 | | | ✓ | |
| | | 2　缸体铸件无损探伤报告，缺陷处理原始记录、补焊部位热处理记录 | | | ✓ | |
| | | 3　缸体内圆面各安装槽（或凸肩）结构尺寸和轴向定位尺寸测量记录 | | | ✓ | |
| | | 4　各缸精加工后无损探伤检验报告 | | | ✓ | |
| 6 | 燃烧室 | 1　燃料喷嘴主要尺寸加工精度检查记录 | | | ✓ | |
| | | 2　外壳无损检测报告 | | | ✓ | |
| | | 3　外壳主要尺寸加工精度检查记录 | | | ✓ | |
| | | 4　外壳水压试验 | | ✓ | | |
| | | 5　点火器性能试验记录 | | | ✓ | |
| | | 6　遮热筒主要尺寸加工精度检查记录 | | | ✓ | |
| | | 7　火焰管主要尺寸加工精度检查记录 | | | ✓ | |
| | | 8　火焰管隔热涂层表面加工质量检查记录 | | | ✓ | |
| | | 9　燃烧室装配主要尺寸测量（抽查） | | ✓ | | |
| | | 10　燃烧室主要结合面间隙测量 | | ✓ | | |

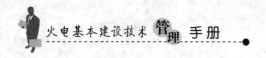

| 序号 | 监造部件 | 见 证 项 目 | | 见证方式 | | | 备注 |
|---|---|---|---|---|---|---|---|
| | | | | H | W | R | |
| 7 | 轴承及轴承箱 | 1 | 轴瓦合金铸造质量无损探伤检查报告 | | | ✓ | |
| | | 2 | 推力轴承瓦块厚度检查记录 | | | ✓ | |
| | | 3 | 轴瓦体与瓦套接触检查 | | ✓ | | |
| | | 4 | 1号轴承箱（进气缸）、2号轴承箱（排气缸）渗漏试验及其承压管水压试验 | | ✓ | | |
| | | 5 | 轴承箱清洁度检查 | | ✓ | | |
| 8 | 透平缸高温螺栓和转子拉杆螺栓 | 1 | 材料理化性能检验报告 | | | ✓ | |
| | | 2 | 螺栓硬度检查报告 | | | ✓ | |
| 9 | 压气机静叶片及静叶环装配 | 1 | 静叶片材质理化性能检验报告 | | | ✓ | |
| | | 2 | 静叶片型线加工精度检查记录 | | | ✓ | |
| | | 3 | 静叶环装配记录 | | | ✓ | |
| | | 4 | 静叶环装配外观质量检查（抽查） | | ✓ | | |
| 10 | 透平静叶片及静叶环装配 | 1 | 透平静叶片材质理化性能检验报告 | | | ✓ | |
| | | 2 | 透平静叶片型线加工精度检查记录 | | | ✓ | |
| | | 3 | 透平静叶持环材质理化性能检验报告 | | | ✓ | |
| | | 4 | 透平静叶持环主要尺寸加工精度检查记录 | | | ✓ | |
| | | 5 | 透平静叶环装配记录 | | | ✓ | |
| | | 6 | 透平静叶环装配外观质量检查 | | ✓ | | |
| 11 | 燃气轮机总装 | 1 | 燃机支架安装记录 | | | ✓ | |
| | | 2 | 静子部件找中和校水平测量记录 | | | ✓ | |
| | | 3 | 压气机、透平通流间隙测量 | | ✓ | | |
| | | 4 | 转子窜轴量测量 | | ✓ | | |
| | | 5 | 全实缸状态下，各缸中分面间隙测量 | | ✓ | | |
| | | 6 | 轴承瓦套垫块与轴承座接触检查 | | ✓ | | |
| | | 7 | 转子轴颈与轴瓦接触检查 | | ✓ | | |
| | | 8 | 轴瓦间隙测量 | | ✓ | | |
| | | 9 | 电动连续盘车检查 | | ✓ | | |

# 附录四

## 火电工程重点项目质量监督检查报告及检查记录表

附表 4-1 　　　　　　　　　　火电工程首次质量监督检查报告

| | | |
|---|---|---|
| **一、监检简况** | | |
| ＿＿＿＿＿＿＿＿＿＿＿＿＿＿工程＿＿＿号机组于＿＿＿年＿＿＿月＿＿＿日进行首次质量监督检查，根据＿＿＿＿＿＿＿＿＿＿＿＿工程质监站的申请，我中心站组织有关专业工程师及以上职称人员＿＿＿名组成监检组（名单附后），于＿＿＿年＿＿＿月＿＿＿日至＿＿＿年＿＿＿月＿＿＿日，按《火电工程首次质量监督检查典型大纲》的要求进行质量监督检查，宣布质量监督工程师、布置监督检查计划及实施要求，监检采用听取汇报、查阅资料、座谈评议、现场检查等方式，并依照质监中心总站下发的《监检记录典型表式》做好了记录归档备查，在此基础上编制本监督检查报告，现将监督检查结果报告如下。 | | |

**二、工程概况**

工程规模承建方式：

| 主要单位 | 建设单位 | |
|---|---|---|
| | 监理单位 | |
| | 设计单位 | |
| | 土建单位 | |
| | 安装单位 | |
| | 调试单位 | |
| | 生产单位 | |

| 主要设备 | 型　号 | 制 造 厂 家 | 出 厂 日 期 |
|---|---|---|---|
| 锅　炉 | | | |
| 汽轮机 | | | |
| 发电机 | | | |
| 主变压器 | | | |

**三、综合评价**

**四、存在的问题和整改意见**

**五、结论**

监检负责人（签名）　　　　　　　　　　　　　　　年　　月　　日

**六、监检组成员名单**

| 序号 | 姓　名 | 单　　位 | 职　称 | 专　业 |
|---|---|---|---|---|
| 1 | | | | |
| 2 | | | | |
| 3 | | | | |
| … | | | | |
| … | | | | |

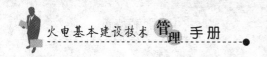

附表 4-2 　　　　　　　　　　　　　火电工程首次质量监督检查记录

_____工程首次质量监督检查记录

| 1. 首次质量监督检查应具备的条件 | | |
|---|---|---|
| 序号 | 检 查 项 目 | 检查结果 |
| 1.1 | 已办理质量监督注册手续 | |
| 1.2 | 工程建设审批、核准手续齐全 | |
| 1.3 | "五通一平"已基本完成 | |
| 1.4 | 施工图和施工图预算交付计划已确定 | |
| 1.5 | 施工组织总设计编制完成并审批 | |
| 1.6 | 设计、施工、监理单位的资质及人员的资格符合规定 | |
| 1.7 | 已成立工程质监站 | |
| 1.8 | 总平面布置符合施工组织总设计 | |
| 1.9 | 已完工或在建的建筑物的外观质量和实体质量及施工条件是否符合要求 | |
| 1.10 | 各类物料的堆放应符合要求，材料外观质量合格 | |
| 1.11 | 混凝土搅拌设备、环境、制度符合要求 | |
| 1.12 | 预制场地、机具设备管理制度符合要求 | |
| 1.13 | 土建试验室资质符合规定 | |
| 1.14 | 文明施工和现场符合规定（文明施工规定） | |
| 1.15 | 计量器具保管良好 | |
| 1.16 | 测量定位的三角点、导线点、水准点等桩位及有关原始资料完好齐全，施工测量方案经监理审批，厂区平面控制网、高程控制网、主厂房控制桩设立准确并维护完好 | |
| 评价： | | |
| 必须完成的整改项目： | | |
| 应整改的项目及建议： | | |
| 监检人（签名）： | | 年　月　日 |

| 2. 对建设单位质量行为监督检查 | | |
|---|---|---|
| 序号 | 检 查 项 目 | 检查结果 |
| 2.1 | 符合基本建设程序、满足开工条件 | |
| 2.2 | 组织管理机构和规章制度健全 | |
| 2.3 | 质量管理体系健全、运转有效 | |

| 序号 | 检 查 项 目 | 检查结果 |
|------|------------|----------|
| 2.4 | 设备、施工、监理通过招标并已签合同，各类招标文件齐全 | |
| 2.5 | 工程管理、质量管理、设备监造、质量验收及评定、见证取样等制度齐全 | |
| 2.6 | 施工组织设计编制完成并已审批 | |
| 2.7 | 工程档案管理制度健全，人员已到位 | |
| 2.8 | 无明示或暗示相关单位违反"强制性条文"降低质量标准的行为 | |
| 2.9 | 由建设单位采购的设备、材料符合质量标准，并有相应的管理制度 | |
| 2.10 | 确认并发布"质量验收及评定项目划分表" | |
| 2.11 | 向中心站报送工程实际网络进度计划 | |

评价：

必须完成的整改项目：

应整改的项目及建议：

监检人（签名）：　　　　　　　　　　　　　　　　年　月　日

3. 对勘察设计单位质量行为的监督检查

| 序号 | 检 查 项 目 | 检查结果 |
|------|------------|----------|
| 3.1 | 设计项目与本单位资质相符、质量管理体系健全并运行有效 | |
| 3.2 | 项目负责人有资质证书并与承担任务相符，经法定代表人授权 | |
| 3.3 | 按计划交付图纸、施工图交底记录齐全、完整，施工图能保证连续施工 | |
| 3.4 | 施工图纸和设计变更审批手续齐全 | |
| 3.5 | 无指定材料、设备生产厂家的行为 | |
| 3.6 | 工代制度健全，工代能满足现场的需要 | |

评价：

必须完成的整改项目：

应整改的项目及建议：

监检人（签名）：　　　　　　　　　　　　　　　　年　月　日

4. 对监理单位质量行为的监督检查

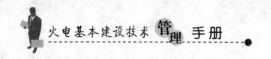

续表

| 序号 | 检 查 项 目 | 检查结果 |
|------|-----------|---------|
| 4.1 | 监理合同规范，质量管理体系健全，并运行有效 | |
| 4.2 | 总监师已经法人授权，监理机构合理，满足现场工作需要，监理人员资格证书齐全有效 | |
| 4.3 | 已制定了监理规划、监理细则和监理工作程序并有效执行 | |
| 4.4 | 已审定施工质量验评项目划分表 | |
| 4.5 | 对施工组织设计、开工报告、施工方案、技术措施、工程设计变更审批手续已确定 | |
| 4.6 | 对供货商进行了审查 | |
| 4.7 | 已建立对设备材料到货开箱检验和对原材料质量跟踪管理办法及相关制度和台账 | |
| 4.8 | 对施工单位的资质及人员的资格审查 | |
| 4.9 | 对各类检测机构和人员的资质和资格审查见证取样制度健全 | |
| 4.10 | 对施工单位的计量管理进行审查 | |
| 4.11 | 质量问题台账完整、清晰规范 | |
| 4.12 | 预监检待整改问题，已检查验收完毕 | |
| 评价： | | |
| 必须完成的整改项目： | | |
| 应整改的项目及建议： | | |
| 监检人（签名）： | | 年 月 日 |

5. 对施工单位质量行为的监督检查

| 序号 | 检 查 项 目 | 检查结果 |
|------|-----------|---------|
| 5.1 | 所承担的施工项目与本单位资质相符 | |
| 5.2 | 项目经理与投标文件一致，已经法人授权 | |
| 5.3 | 各类管理人员能满足施工的需要 | |
| 5.4 | 现场试验室应具备相应资质，人员持证上岗 | |
| 5.5 | 质量管理体系健全运行有效，已编制项目管理实施规划、建立质量管理台账质量管理制度健全有效，验评项目划分表已编制、有计量管理制度、见证取样制度 | |
| 5.6 | 有批准施工组织总设计和施工技术方案 | |

| 序号 | 检 查 项 目 | 检查结果 |
|------|------------|----------|
| 5.7 | 施工图纸会审记录齐全，技术交底记录规范 | |
| 5.8 | 设计变更、技术档案管理制度健全 | |
| 5.9 | 物资管理制度健全有效 | |
| 5.10 | 无违法分包或转包 | |
| 5.11 | 制定培训计划 | |
| 5.12 | 预监检中提出的整改问题处理完毕 | |

评价：

必须完成的整改项目：

应整改的项目及建议：

监检人（签名）：                                          年  月  日

附表 4-3                    火电土建工程质量监督检查报告

| 一、监检简况 | | | |
|------|------|------|------|
| 工程项目 | | 监检阶段 | |
| 监检时间 | | | |
| 监检依据 | 按《火电土建工程质量监督检查典型大纲》所规定的标准、检查项目、内容 | | |
| 监检范围（抽查单位工程名称） | | | |
| 监检组织及程序 | 在工程质监站预检基础上，我中心站组织了_____名专业人员组成监督检查组，并分成了_____个小组（_____），在受监单位配合下进行监督检查，监检采取听取汇报、查阅资料、现场查看、抽查实测、跟踪检查、座谈评议等方式进行 | | |
| 二、工程概况 | | | |
| 本期规模 | | 公用系统规模 | |
| 项目法人 | | 生产单位 | |
| 监理单位 | | 设计单位 | |
| 土建工程施工单位 | | 承建工程项目范围 | |
| | | | |
| | | | |
| | | | |

| 主要土建工程形象进度： | |
|---|---|
| **三、综合评价** | |
| 质量体系及实施核查 | |
| 主要技术资料核查 | |
| 工程重点抽查 | |
| **四、限期整改期限** | |
| **五、主要改进建议** | |
| **六、结论** | |
| 监检负责人（签名） | 年 月 日 |

**七、监检组成员名单**

| 序号 | 姓 名 | 单 位 | 职 称 | 专 业 |
|---|---|---|---|---|
| 1 | | | | |
| 2 | | | | |
| 3 | | | | |
| ... | | | | |
| ... | | | | |

附表 4-4　　　　　　　　　　**火电土建工程质量监督检查记录**

_____土建工程第____阶段质量监督检查记录

| 1. 质量体系及实施核查表 | | | |
|---|---|---|---|
| 序号 | 核 查 内 容 | 资料核查结果 | 实施情况 |
| 1.1 | 质量目标、质量规划和质量管理手册（包括监理规划、监理细则） | | |
| 1.2 | 建设、监理和施工单位各级质量机构设置及人员配备 | | |
| 1.3 | 质量管理制度及实施 | | |
| 1.3.1 | 质量责任制 | | |
| 1.3.2 | 验评项目划分表 | | |
| 1.3.3 | 质量验收制 | | |
| 1.3.4 | 质量事故报告和处理制度 | | |
| 1.3.5 | 质量奖惩制 | | |
| 1.3.6 | 外包工程管理制度 | | |
| 1.4 | 技术管理制度及实施 | | |
| 1.4.1 | 技术责任制 | | |
| 1.4.2 | 施工组织设计、技术措施编审制 | | |
| 1.4.3 | 施工技术交底制度 | | |
| 1.4.4 | 施工图会审制度 | | |
| 1.4.5 | 设计变更及材料代用管理制度 | | |
| 1.4.6 | 技术检验制度 | | |
| 1.4.7 | 技术培训及考核制度 | | |
| 1.4.8 | 技术档案管理制度 | | |
| 1.5 | 物资管理制度及实施 | | |
| 1.5.1 | 合格供货商名册 | | |
| 1.5.2 | 原材料、半成品、成品、设备采购、保管、发放管理制度及实施 | | |
| 1.5.3 | 钢材跟踪管理台账 | | |
| 1.5.4 | 水泥跟踪管理台账 | | |
| 1.6 | 计量管理 | | |
| 1.6.1 | 测量仪器和工具的管理和检验 | | |
| 1.6.2 | 试验仪器的管理和检验 | | |
| 1.6.3 | 混凝土搅拌系统称量装置的管理和检验 | | |

| 序号 | 核 查 内 容 | 资料核查结果 | 实施情况 |
|------|------------|------------|----------|
| 1.6.4 | 施工工具的管理和标定 | | |
| 1.7 | 资格证书及人员上岗证书核查 | | |
| 1.7.1 | 分包单位资质 | | |
| 1.7.2 | 工程试验室等级证书 | | |
| 1.7.3 | 监理人员资格证书 | | |
| 1.7.4 | 合格焊工证书 | | |
| 1.7.5 | 质检员资格证书 | | |
| 1.7.6 | 试验员上岗证书 | | |

综合意见：

监检人（签名）：

年　月　日

2. 资料核查表

| 序号 | 核 查 项 目 | 核 查 结 果 |
|------|------------|------------|
| 2.1 | 主要施工技术资料 | |
| 2.1.1 | 施工组织总设计和专业施工设计 | |
| 2.1.2 | 单位工程施工技术措施或作业指导书 | |
| 2.1.3 | 施工图会审记录 | |
| 2.1.4 | 设计变更通知单及材料代用签证 | |
| 2.1.5 | 施工技术交底记录 | |
| 2.1.6 | 质量问题台账 | |
| 2.1.7 | 质量事故报告及处理记录 | |
| 2.2 | 主要施工技术记录 | |
| 2.2.1 | 施工日记 | |
| 2.2.2 | 施工测量及沉降观测记录 | |
| 2.2.3 | 地基处理施工记录 | |
| 2.2.4 | 混凝土浇灌通知单 | |
| 2.2.5 | 混凝土搅拌、浇灌及养护记录或混凝土施工日记（大体积混凝土温控记录） | |

| 序号 | 核 查 项 目 | 核 查 结 果 |
|---|---|---|
| 2.2.6 | 混凝土生产质量水平评定表 | |
| 2.2.7 | 预应力钢筋的冷拉和张拉施工记录 | |
| 2.2.8 | 结构吊装记录 | |
| 2.2.9 | 高强度螺栓施工记录 | |
| 2.2.10 | 烟囱筒身施工记录 | |
| 2.2.11 | 冷却塔筒身施工记录 | |
| 2.2.12 | 钢筋混凝土压力管现场制作记录 | |
| 2.2.13 | 构件和设备消缺处理记录 | |
| 2.3 | 质量检验记录 | |
| 2.3.1 | 分项、分部和单位工程质量验评记录 | |
| 2.3.2 | 隐蔽工程验收记录（包括验槽记录） | |
| 2.3.3 | 预埋铁件检验记录 | |
| 2.3.4 | 预制构件检验记录 | |
| 2.3.5 | 钢筋混凝土压力管安装水压试验记录 | |
| 2.3.6 | 蓄水构筑物灌水试验记录 | |
| 2.3.7 | 电气绝缘和接地电阻测试记录 | |
| 2.3.8 | 空调调试记录 | |
| 2.3.9 | 给水、采暖及消防系统试压记录 | |
| 2.3.10 | 排水系统通水试验记录 | |
| 2.4 | 出厂证件及试验资料 | |
| 2.4.1 | 原材料出厂证件和现场试验记录 | |
| 2.4.2 | 半成品、成品出厂证件和现场试验记录 | |
| 2.4.3 | 防水材料、防腐材料、外加剂及掺合料工艺性能试验报告 | |
| 2.4.4 | 砂浆、混凝土试验报告 | |
| 2.4.5 | 钢筋、钢材焊接试验报告 | |
| 2.4.6 | 钢结构摩擦面抗滑移系数和高强度螺栓扭矩系数（或轴力）试验报告 | |

续表

| 序号 | 核 查 项 目 | 核 查 结 果 |
|------|------------|------------|
| 2.4.7 | 土石方回填试验报告 | |
| 2.4.8 | 其他施工工艺试验报告 | |

综合意见:

监检人(签名):       年   月   日

3. 工程重点抽查

| 序号 | 抽 测 内 容 | 检 查 结 果 |
|------|------------|------------|
| 3.1 | 工程质量观感检查 | |
| 3.1.1 | 混凝土结构工程外观质量 | |
| 3.1.2 | 钢结构工程制作安装外观质量 | |
| 3.1.3 | 内外墙面工艺质量 | |
| 3.1.4 | 楼地面工艺质量 | |
| 3.1.5 | 主控室吊顶工艺质量 | |
| 3.1.6 | 地下结构及屋面防渗漏细部处理工艺质量 | |
| 3.1.7 | 门窗工程安装工艺 | |
| 3.1.8 | 水暖、照明、消防等管线及设备安装工艺 | |
| 3.1.9 | 回填土质量 | |
| 3.1.10 | 厂区性工程质量 | |
| 3.2 | 其他重点项目抽查 | |
| 3.2.1 | 钢筋焊接接头外观质量 | |
| 3.2.2 | 钢筋焊接接头取样试验 | |

| 序号 | 抽测内容 | 质量标准 | 最大偏差 | 实测值 | 合格点率(%) |
|------|----------|----------|----------|--------|------------|
| 3.3 | 主厂房工程项目实测抽查 | | | | |
| 3.3.1 | 主轴线位移 | | | | |
| 3.3.2 | 基础轴线位移及顶面(螺栓面)标高偏差 | | | | |
| 3.3.3 | 结构构件表面平整度 | | | | |
| 3.3.4 | 柱垂直度偏差 | | | | |
| 3.3.5 | 支承面(各楼面)标高差 | | | | |
| 3.3.6 | 钢结构高强度螺栓扭矩复验 | | | | |

续表

| 序号 | 抽测内容 | 质量标准 | 最大偏差 | 实测值 | 合格点率（%） |
|------|----------|----------|----------|--------|----------------|
| 3.4 | 锅炉基础工程项目实测抽查 | | | | |
| 3.4.1 | 纵横轴线位移 | | | | |
| 3.4.2 | 直埋螺栓中心及标高偏差 | | | | |
| 3.4.3 | 基础顶面（支承板）标高偏差 | | | | |
| 3.5 | 汽轮机基础工程项目实测抽查 | | | | |
| 3.5.1 | 纵横主轴线位移 | | | | |
| 3.5.2 | 直埋螺栓（或预留孔）中心及标高偏差 | | | | |
| 3.5.3 | 锚固板位置及标高偏差 | | | | |
| 3.5.4 | 顶面（台板部位）标高偏差 | | | | |
| 3.6 | 烟囱工程项目实测抽查 | | | | |
| 3.6.1 | 筒壁中心垂直偏差 | | | | |
| 3.6.2 | 筒壁半径偏差 | | | | |
| 3.6.3 | 筒壁厚度（含内衬）偏差 | | | | |
| 3.6.4 | 筒壁扭转偏差 | | | | |
| 3.7 | 冷水塔工程项目实测抽查 | | | | |
| 3.7.1 | 筒壁中心线垂直偏差 | | | | |
| 3.7.2 | 筒壁任何截面半径偏差 | | | | |
| 3.7.3 | 筒壁厚度偏差 | | | | |
| 3.7.4 | 淋水装置及预制构件几何尺寸 | | | | |
| 3.8 | 输煤系统工程项目实测抽查 | | | | |
| 3.8.1 | 栈桥支架轴线位移 | | | | |
| 3.8.2 | 栈桥支架垂直偏差 | | | | |
| 3.9 | 砌体砂浆饱满度 | | | | |
| 综合意见： | | | | | |
| 监检人（签名）： | | | | | |

年 月 日

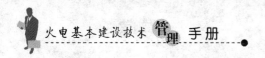

附表 4-5　　　火电工程锅炉水压试验前质量监督检查报告（含循环流化床锅炉）

| 一、监检简况 |
|---|
| 　　　　工程　　　　锅炉于　　　年　　月　　日完成了锅炉水压试验前的质量监督预检，根据　　　　工程质监站的申请，我中心站组织锅炉专业工程师及以上职称人员　　　　名组成监检组（名单附后），于 　　　年　　　月　　　日至年　　月　　日，按《火电工程锅炉水压试验前质量监督检查典型大纲》的要求进行质量监督检查，监检采用听取汇报、查阅资料、座谈评议、现场查看和抽查实测等方式，并依照质监中心总站下发的《监检记录典型表式》做好了记录归档备查，在此基础上编制本监督检查报告，现将监督检查结果报告如下。 |

二、工程概况
工程规模承建方式：

| | | | | | |
|---|---|---|---|---|---|
| 主要单位 | 建设单位 | | | | |
| | 监理单位 | | | | |
| | 设计单位 | | | | |
| | 土建单位 | | | | |
| | 安装单位 | | | | |
| | 调试单位 | | | | |
| | 生产单位 | | | | |
| 主设备 | 锅炉型号 | | | | |
| | 锅炉特征 | | | | |
| | 制造厂家 | | 出厂日期 | 年　月　日 | |

主要形象进度：

| 三、综合评价 |
|---|
| 四、水压前必须完成的整改项目 |
| 五、水压后应完成的整改项目及建议 |
| 六、结论 |
| 监检负责人（签名）　　　　　　　　　　　　　　　　　　　年　　月　　日 |

七、监检组成员名单

| 序号 | 姓　名 | 单　位 | 职　称 | 专　业 |
|---|---|---|---|---|
| 1 | | | | |
| 2 | | | | |
| 3 | | | | |
| … | | | | |
| … | | | | |

附表 4-6　　　火电工程锅炉水压试验前质量监督检查记录（含循环流化床锅炉）

_____工程____锅炉水压试验前质量监督检查记录

| 1. 质量保证体系检查 | | |
|---|---|---|
| 序号 | 检 查 项 目 | 检 查 结 果 |
| 1.1 | 质量管理手册及程序文件 | |
| 1.2 | 本工程质量目标、质量规划 | |
| 1.3 | 受监单位质量机构及人员配备 | |
| 1.4 | 质量管理规章制度及实施 | |
| 1.5 | 技术管理制度及实施 | |
| 1.6 | 物资管理制度及实施 | |
| 1.7 | 计量管理（量具、测量仪器等） | |
| 1.8 | 检查质检员、试验员、焊工的上岗证书及金属试验室等级证书 | |
| 1.9 | 质量体系运转正常、控制质量持续有效 | |
| 2. 土建工程和试运环境 | | |
| 序号 | 检 查 项 目 | 检 查 结 果 |
| 2.1 | 图纸会审记录 | |
| 2.2 | 施工技术交底记录 | |
| 2.3 | 设计变更及设备缺陷处理记录 | |
| 2.4 | 炉架 | |
| 2.4.1 | 钢架制造质量检验报告 | |
| 2.4.2 | 混凝土炉架强度试验报告 | |
| 2.4.3 | 炉架基础划线签证记录 | |
| 2.4.4 | 炉架安装记录及三级验收签证书 | |
| 2.4.5 | 炉架用高强度螺栓质保书 | |
| 2.4.6 | 炉架焊接质量技术记录 | |
| 2.4.7 | 喷燃器安装验收签证书 | |
| 2.4.8 | 炉架定期沉降观测记录 | |
| 2.4.9 | 大板梁挠度测量记录 | |
| 2.4.10 | 钢架柱底板二次灌浆验收记录 | |
| 2.5 | 受热面 | |
| 2.5.1 | 受热面组合、安装记录及验收签证书 | |
| 2.5.2 | 受热面及联箱通球记录及验收签证书 | |
| 2.6 | 焊接施工资料 | |

续表

| 序号 | 检 查 项 目 | 检查结果 |
|---|---|---|
| 2.6.1 | 焊接质量保证措施 | |
| 2.6.2 | 焊接和热处理作业指导书 | |
| 2.6.3 | 焊接工艺评定试验报告 | |
| 2.6.4 | 焊接热处理汇总资料 | |
| 2.6.5 | 热处理曲线汇总 | |
| 2.6.6 | 焊接管理制度、质保书 | |
| 2.6.7 | 焊工、热处理及探伤人员有效资格证书 | |
| 2.6.8 | 金属试验室技术管理制度和技术责任制 | |
| 2.6.9 | 焊接检验签证书 | |
| 2.6.10 | 承压部件（含热工测点）金相、光谱、硬度报告 | |
| 2.6.11 | 水压试验范围内承压一览表及相应记录、图表 | |
| 2.7 | 四大管道及其支吊架安装记录 | |
| 2.8 | 水压试验有关资料 | |
| 2.8.1 | 水压试验作业指导书 | |
| 2.8.2 | 水压试验临时受压管道堵板计算书 | |
| 2.8.3 | 水压试验用水水质合格报告 | |
| 2.8.4 | 水压试验防腐加药的成分报告 | |
| 2.8.5 | 水压试验压力表校验报告 | |
| 2.8.6 | 水压试验临时管道及储水箱冲洗记录 | |
| 2.8.7 | 水压试验系统图及升降压曲线图 | |
| 2.8.8 | 水压试验组织机构及各级人员责任制 | |
| 2.9 | 水压试验前汇报资料 | |
| 2.9.1 | 制造厂汇报有关锅炉性能、设计、制造情况 | |
| 2.9.2 | 锅炉压力容器安全性能检验报告 | |
| 2.9.3 | 锅炉设备监造报告 | |
| 2.9.4 | 施工单位汇报安装质量及自检、整改情况 | |
| 2.9.5 | 监理单位汇报该台锅炉质量及整改情况 | |
| 2.9.6 | 质监站汇报质量预检及整改情况 | |

评价：

水压试验前必须完成的整改项目：

水压试验后应整改的项目及建议：

监检人（签名）：

年　　月　　日

| 3. 现场检查 | | |
|---|---|---|
| 序号 | 检 查 项 目 | 检 查 结 果 |
| 3.1 | 锅炉安装工艺质量 | |
| 3.1.1 | 炉架 | |
| 3.1.2 | 受热面 | |
| 3.1.3 | 管系（零星管路） | |
| 3.1.4 | 承压部件 | |
| 3.1.5 | 悬吊系统 | |
| 3.1.6 | 密封系统 | |
| 3.1.7 | 膨胀系统 | |
| 3.1.8 | 阀件、测点、压力表管、接管座等 | |
| 3.1.9 | 水压临时系统 | |
| 3.2 | 焊接金属质量 | |
| 3.2.1 | 焊接母材管理 | |
| 3.2.2 | 焊接材料管理 | |
| 3.2.3 | 焊接检验人员资格证书 | |
| 3.2.4 | 焊工及无损检测人员资格证书 | |
| 3.2.5 | 焊口外观工艺质量 | |
| 3.2.6 | 焊口质量抽查 | |
| 3.2.7 | 安装焊口一次合格率/优良率/焊口总数 | |
| 3.2.8 | 焊口探伤底片抽查 | |
| 3.2.9 | 透照质量（灵敏度、黑度、几何不清晰度） | |
| 3.2.10 | 评片质量 | |
| 3.2.11 | 底片保管质量 | |
| 3.2.12 | 热处理记录及检验报告 | |
| 3.2.13 | 合金部件及受监零部件的光谱记录报告 | |
| 3.3 | 质量管理及文明施工 | |
| 3.3.1 | 设计变更执行情况 | |
| 3.3.2 | 不符合项通知单执行情况 | |
| 3.3.3 | 施工交底会签记录 | |
| 3.3.4 | 焊材使用跟踪记录 | |
| 3.3.5 | 工序交接验收签证书 | |
| 3.3.6 | 受监设备及承压管道上有无引弧坑 | |
| 3.3.7 | 有无乱焊临时铁件现象 | |
| 3.3.8 | 施工机械及工器具保管情况 | |
| 3.3.9 | 现场是否道路畅通、孔洞有盖、栏杆部分齐全 | |
| 3.3.10 | 现场安全标志是否清晰 | |
| 3.3.11 | 通信、照明、脚手架应满足水压试验 | |

评价：

水压试验前必须完成的整改项目：

水压试验后应整改的项目及建议：

监检人（签名）：

年　月　日

附表 4-7　　　　　　　火电工程汽轮机扣盖前质量监督检查报告

**一、监检简况**

　　_____工程___汽轮机于__年___月___日完成了汽轮机扣盖前的质量监督预检，根据_____工程质监站的申请，我中心站组织锅炉专业工程师及以上职称人员___名组成监检组（名单附后），于___年___月___日至___年___月___日，按《火电工程汽轮机扣盖前质量监督检查典型大纲》的要求进行质量监督检查，监检采用听取汇报、查阅资料、座谈评议、现场查看和抽查实测等方式，并依照质监中心总站下发的《监检记录典型表式》做好了记录归档备查，在此基础上编制本监督检查报告，现将监督检查结果报告如下。

**二、工程概况**

工程规模承建方式：

| 主要单位 | 建设单位 | | | |
|---|---|---|---|---|
| | 监理单位 | | | |
| | 设计单位 | | | |
| | 土建单位 | | | |
| | 安装单位 | | | |
| | 调试单位 | | | |
| | 生产单位 | | | |
| 主设备 | 汽轮机型号 | | | |
| | 汽轮机特征 | | | |
| | 制造厂家 | | 出厂日期 | 年　　月　　日 |

主要形象进度：

**三、综合评价**

**四、扣盖前必须完成的整改项目**

**五、扣盖后应完成的整改项目及建议**

**六、结论**

监检负责人（签名）：

　　　　　　　　　　　　　　　　　　　　　　　　　年　　　月　　　日

**七、监检组成员名单**

| 序号 | 姓名 | 单位 | 职称 | 专业 |
|---|---|---|---|---|
| 1 | | | | |
| 2 | | | | |
| 3 | | | | |
| … | | | | |
| … | | | | |

附表 4-8　　　　　　　　**火电工程汽轮机扣盖前质量监督检查记录**

　　　　　　　　　　＿＿＿＿＿＿工程＿＿＿汽轮机扣盖前质量监督检查记录

| 1. 质量保证体系检查 | | |
|---|---|---|
| 序号 | 检 查 项 目 | 检 查 结 果 |
| 1.1 | 质量管理手册及程序文件 | |
| 1.2 | 本工程质量目标、质量规划 | |
| 1.3 | 建设（监理）和施工单位质量机构及人员配备 | |
| 1.4 | 质量管理制度建立及实施 | |
| 1.5 | 技术管理制度建立及实施 | |
| 1.6 | 物资管理制度建立及实施 | |
| 1.7 | 计量管理（量具、测量仪器等） | |
| 1.8 | 质量体系运转正常、控制质量持续有效 | |
| 1.9 | 验证焊工、质检员、试验员上岗证书及金属试验室等级证书 | |
| 2. 技术文件、资料检查 | | |
| 序号 | 检 查 项 目 | 检 查 结 果 |
| 2.1 | 汽轮机总装报告 | |
| 2.2 | 汽轮机扣盖技术措施（或作业指导书）及组织措施 | |
| 2.3 | 监造检验报告及签证 | |
| 2.4 | 汽缸内部合金钢零部件及管材光谱复查报告 | |
| 2.5 | 高温紧固件硬度复测、光谱复查报告 | |
| 2.6 | 转子叶片频率复测及外观复查报告 | |
| 2.7 | 转子、汽缸、隔板及喷嘴等重要部件出厂材质检验及探伤报告 | |
| 2.8 | 转子中心孔探伤报告（厂家提供或复测） | |
| 2.9 | 转子出厂超速试验及高速动平衡报告 | |
| 2.10 | 制造厂出厂质检报告及质保书 | |
| 2.11 | 设计、设备、标准变更签证记录或协议文件 | |
| 2.12 | 汽轮机本体及有关部套的图纸、说明书和制造标准 | |
| 2.13 | 其他技术文件资料 | |
| 3. 安装记录检查 | | |
| 序号 | 检 查 项 目 | 检 查 结 果 |
| 3.1 | 设备开箱检验报告及签证 | |
| 3.2 | 设备缺陷情况记录及处理签证 | |
| 3.3 | 汽轮发电机基础交接验收记录 | |
| 3.4 | 基础沉降记录 | |

| 序号 | 检 查 项 目 | 检查结果 |
|------|------------|----------|
| 3.5 | 汽缸、轴承座底部支承安装记录 | |
| 3.6 | 汽缸、轴承座与台板间接触记录 | |
| 3.7 | 汽缸、轴承座清理、检查（含渗油试验）记录 | |
| 3.8 | 汽缸、轴承座水平度及轴颈扬度记录 | |
| 3.9 | 各滑销、猫爪、联系螺栓间隙记录 | |
| 3.10 | 汽缸法兰结合面间隙记录 | |
| 3.11 | 汽缸负荷分配记录 | |
| 3.12 | 汽轮机转子对汽缸汽封（油挡）洼窝中心记录 | |
| 3.13 | 转子轴颈椭圆度和不柱度记录 | |
| 3.14 | 转子弯曲记录 | |
| 3.15 | 转子推力盘端面瓢偏记录 | |
| 3.16 | 转子对轮晃度及端面瓢偏记录 | |
| 3.17 | 转子联轴器找中心记录 | |
| 3.18 | 转子轴向定位记录 | |
| 3.19 | 轴瓦安装记录 | |
| 3.20 | 静叶持环（或隔板）安装记录 | |
| 3.21 | 汽封及通流间隙记录 | |
| 3.22 | 汽缸通流轴向最小间隙记录 | |
| 3.23 | 推力瓦安装记录 | |
| 3.24 | 转子对轮垫片厚度记录 | |
| 3.25 | 低压缸与冷凝器连接记录 | |
| 3.26 | 汽缸内部保护装置及监测元件校验记录 | |
| 3.27 | 各分项工程施工验收签证记录 | |
| 3.28 | 其他安装记录 | |

评价：

扣盖前必须完成的整改项目：

扣盖后应整改的项目及建议：

监检人（签名）：

年　　月　　日

| 4. 文明施工检查 | | |
| --- | --- | --- |
| 序号 | 检 查 项 目 | 检 查 结 果 |
| 4.1 | 文明施工措施 | |
| 4.2 | 安装设备表面保持清洁，设备保管良好 | |
| 4.3 | 物料堆放，整齐划一 | |
| 4.4 | 工作面工完料尽，场地清洁，道路畅通 | |
| 4.5 | 沟道孔洞、平台、楼梯等处有可靠防护和明显标志，安全可靠 | |
| 4.6 | 现场照明设施配备得当，维护正常 | |
| 4.7 | 现场配备足够的消防、卫生设施，且保持完整 | |
| 4.8 | 其他文明施工项目 | |

| 5. 安装关键部位抽查 | | |
| --- | --- | --- |
| 序号 | 检 查 项 目 | 检 查 结 果 |
| 5.1 | 汽缸轴承座底部支承 | |
| 5.2 | 汽缸轴承座水平及轴颈扬度 | |
| 5.3 | 滑销、猫爪、联系螺栓间隙 | |
| 5.4 | 汽缸法兰结合面间隙 | |
| 5.5 | 转子联轴器找中心（含对轮瓢偏等） | |
| 5.6 | 转子轴向定位尺寸 | |
| 5.7 | 汽封及通流间隙（含轴向最小间隙等） | |
| 5.8 | 推力轴承接触及间隙 | |
| 5.9 | 轴承安装 | |
| 5.10 | 其他检查项目 | |

评价：

扣盖前必须完成的整改项目：

扣盖后应整改的项目及建议：

监检人（签名）：

年　　月　　日

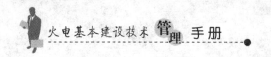
附表 4-9                         **火电工程厂用电系统受电前质量监督检查报告**

**一、监检简况**

_____工程___号机组于___年___月___日完成了厂用电受电前的质量监督预检，根据_____工程质监站的申请，我中心站组织电气专业工程师及以上职称人员___名组成监检组（名单附后），于___年___月___日至___年___月___日，按《火电工程厂用电受电前质量监督检查典型大纲》的要求进行质量监督检查，监检采用听取汇报、查阅资料、座谈评议、现场查看和抽查实测等方式，并依照质监中心总站下发的《监检记录典型表式》做好了记录归档备查，在此基础上编制本监督检查报告，现将监督检查结果报告如下。

**二、工程概况**

工程规模承建方式：

| 主要单位 | 建设单位 | |
|---|---|---|
| | 监理单位 | |
| | 设计单位 | |
| | 土建单位 | |
| | 安装单位 | |
| | 调试单位 | |
| | 生产单位 | |

| 主要设备 | 型 号 | 制 造 厂 家 | 出 厂 日 期 |
|---|---|---|---|
| 启动/备用变压器 | | | |
| 断路器 | | | |
| 隔离开关 | | | |
| 手车开关 | | | |

主要形象进度：

**三、综合评价**

**四、受电前必须完成的整改项目**

**五、受电后应完成的整改项目及建议**

**六、结论**

监检负责人（签名）：

                                            年    月    日

**七、监检组成员名单**

| 序号 | 姓 名 | 单 位 | 职 称 | 专 业 |
|---|---|---|---|---|
| 1 | | | | |
| 2 | | | | |
| ... | | | | |
| ... | | | | |

附表 4-10　　　　　　　　火电工程厂用电系统受电前质量监督检查记录

_____工程___机组厂用电受电前质量监督检查记录

| 1. 技术文件、资料查阅 | | |
|---|---|---|
| 序号 | 检　查　项　目 | 检　查　结　果 |
| 1.1 | 设备安装记录、调试报告 | |
| 1.2 | 隐蔽工程检查签证、记录 | |
| 1.3 | 制造厂的技术证件和文件 | |
| 1.4 | 设计变更通知单 | |
| 1.5 | 保护定值及调整试验报告（记录） | |
| 1.6 | 安装、调试质量验收签证 | |
| 1.7 | 制造厂设备质量证明文件，试验报告 | |
| 1.8 | 厂用电受电措施（方案） | |
| 1.9 | 施工组织设计（施工技术措施） | |
| 评价： | | |
| 受电前必须完成的整改项目： | | |
| 受电后应整改的项目及建议： | | |
| 监检人（签名）： | | 年　　　月　　　日 |

| 2. 检查内容和要求 | | | |
|---|---|---|---|
| 序号 | 检查项目 | 检查内容及要求 | 检查结果 |
| | 电气对地距离 | 电气对地距离符合规程、规范要求 | |
| 2.1 | 变压器 | 各部位不渗油 | |
| | | 储油柜油位正常 | |
| | | 充油套管油位正常 | |
| | | 安装过程中各种电气试验及油质分析试验结果符合规程要求 | |
| | | 冷却系统安装、试运良好、事故排油设施良好 | |
| | | 消防设施齐全、良好 | |
| | | 有载调压切换装置就地和远方操作动作正确、可靠 | |
| | | 非电量保护系统试验记录符合规程要求 | |
| | | 瓷套管外绝缘和结构密封良好 | |

| 序号 | 检查项目 | 检查内容及要求 | 检查结果 |
|---|---|---|---|
| 2.2 | 110kV 及以上断路器（66kV 及以下可参照） | 外绝缘和密封状态良好 | |
| | | 主回路导电电阻值符合规程要求 | |
| | | 主绝缘的绝缘电阻值符合规程要求 | |
| | | 分、合闸时间、速度、同期性符合制造厂家要求 | |
| | | 绝缘油电气性能或 $SF_6$ 气体微水含量符合要求 | |
| | | 操动机构动作的可靠性及正确性符合要求 | |
| | | 跳、合闸线圈的动作电压符合规程要求 | |
| 2.3 | 隔离开关 | 三相不同期值符合产品技术要求 | |
| | | 分闸时触头打开角度或距离符合产品技术要求 | |
| | | 触头接触良好 | |
| 2.4 | 耦合电容器 | 各项试验合格 | |
| | | 各项试验合格 | |
| 2.5 | 避雷器 | 避雷器放电记录器密封良好指示正确 | |
| | | 外绝缘完整无损 | |
| 2.6 | 互感器 | 密封性能良好 | |
| | | 绝缘油质合格 | |
| | | 油位正常 | |
| | | 软母线接头压接检验符合要求 | |
| 2.7 | 软、硬母线 | 硬母线焊接工合格证件在有效期内 | |
| | | 焊接检验记录符合要求 | |
| | | 操作灵活 | |
| 2.8 | 开关（手车式或抽屉式配电柜） | 闭锁可靠 | |
| | | 柜内电缆孔洞封堵良好 | |
| | | 建筑工程及辅助设施符合设计要求 | |
| 2.9 | 蓄电池 | 充、放电合格，记录齐全，绝缘良好 | |
| | | 接线正确、工艺美观，连接可靠，绝缘良好无损伤 | |
| 2.10 | 二次回路 | 回路编号正确，字迹清晰、不退色 | |
| | | 试操作动作、音响、灯光信号正确 | |
| | | 排列整齐美观、弯曲适度、无损伤、标志齐全、清晰、正确 | |

| 序号 | 检查项目 | 检查内容及要求 | 检查结果 |
|------|----------|----------------|----------|
| 2.11 | 电缆 | 充油电缆无渗油，油压指示正确 | |
| | | 电缆沟内无积水、杂物，直埋电缆路径标志正确 | |
| | | 沟内畅通，照明充足，通风、排水符合设计要求 | |
| | | 防火封堵阻燃措施符合设计要求 | |
| | | 整定值符合规定 | |
| 2.12 | 保护及自动装置 | 操作、联动试验正常 | |
| | | 线路双侧保护联调合格 | |
| | | 电流、电压互感器二次负载现场实测值满足要求 | |
| | | 接地网工程隐蔽验收文件符合规程要求 | |
| 2.13 | 防雷和接地 | 接地电阻值符合设计要求 | |
| | | 避雷器、避雷针、主设备接地良好 | |
| 2.14 | 变压器油 | 查阅油质色谱跟踪记录 | |
| 2.15 | 受电范围内的环境 | 道路畅通、盖板齐全 | |
| | | 围栏及带电标志等安全设施齐全 | |
| | | 照明充足 | |

评价：

受电前必须完成的整改项目：

受电后应整改的项目及建议：

监检人（签名）：

　　　　　　　　　　　　　　　　　　　　　　　　　　年　　月　　日

**附表 4-11** 火电工程机组整套启动试运前质量监督检查报告（含循环流化床锅炉）

**一、监检简况**

___工程___号机组于___年___月___日完成了整套启动试运前的质量监督预检，根据___工程质监站的申请，我中心站组织有关专业工程师及以上职称人员___名组成监检组（名单附后），于___年___月___日至___年___月___日，按《火电工程整套启动前质量监督检查典型大纲》的要求进行质量监督检查，监检采用听取汇报、查阅资料、座谈评议、现场查看和抽查实测等方式，并依照质监中心总站下发的《监检记录典型表式》做好了记录归档备查，在此基础上编制本监督检查报告，现将监督检查结果报告如下。

**二、工程概况**

工程规模承建方式：

<table>
<tr><td rowspan="7">主要单位</td><td>建设单位</td><td></td><td></td><td></td></tr>
<tr><td>监理单位</td><td></td><td></td><td></td></tr>
<tr><td>设计单位</td><td></td><td></td><td></td></tr>
<tr><td>土建单位</td><td></td><td></td><td></td></tr>
<tr><td>安装单位</td><td></td><td></td><td></td></tr>
<tr><td>调试单位</td><td></td><td></td><td></td></tr>
<tr><td>生产单位</td><td></td><td></td><td></td></tr>
<tr><td>主要设备</td><td>型　号</td><td>制 造 厂 家</td><td>出 厂 日 期</td></tr>
<tr><td>锅炉</td><td></td><td></td><td></td></tr>
<tr><td>汽轮机</td><td></td><td></td><td></td></tr>
<tr><td>发电机</td><td></td><td></td><td></td></tr>
<tr><td>主变压器</td><td></td><td></td><td></td></tr>
</table>

主要形象进度：

**三、综合评价**

**四、启动前必须完成的整改项目**

**五、启动后应完成的整改项目及建议**

**六、结论**

监检负责人（签名）

年　　月　　日

**七、监检组成员名单**

| 序号 | 姓　名 | 单　位 | 职　称 | 专　业 |
|---|---|---|---|---|
| 1 | | | | |
| 2 | | | | |
| 3 | | | | |
| ... | | | | |
| ... | | | | |

附表 4-12　火电工程机组整套启动试运前质量监督检查记录（含循环流化床锅炉）

　　____工程 ____ 机组整套启动试运前质量监督检查记录

| 1. 技术文件、资料检查 | | |
|---|---|---|
| 序号 | 检查项目及要求 | 检 查 结 果 |
| 1.1 | 整套设计图纸、设计文件、设计变更单、重要设计修改图 | |
| 1.2 | 制造厂图纸、说明书及出厂质量证明书 | |
| 1.3 | 材料出厂质量合格证及试验报告 | |
| 1.4 | 建筑工程施工质量检验及评定资料 | |
| 1.5 | 主要建筑物、构筑物、大型设备基础等沉降观测记录 | |
| 1.6 | 设备安装记录、试验报告和验收签证 | |
| 1.7 | 分部试运记录和验收签证 | |
| 1.8 | 经审批的整套启动调试方案和措施 | |
| 1.9 | 机组启动试运控制曲线 | |
| 1.10 | 符合实际的整套启动试运所需的各种系统图 | |
| 1.11 | 各专业施工质量验收评级（按建设单位验评项目统计）汇总表 | |
| 1.12 | 各专业分部试运情况及验收签证统计表 | |
| 1.13 | 土建未完项目清单 | |
| 1.14 | 安装未完项目清单 | |
| 1.15 | 分部试运未完项目清单 | |
| 1.16 | 需完善设计的项目清单 | |
| 1.17 | 炉内、旋风分离器耐磨、耐火材料、冷渣器、火床风帽等施工技术记录及验收签证 | |
| 1.18 | 低温和高温烘炉记录及验收签证 | |

评价：



整套启动前必须完成的整改项目：



整套启动后应整改的项目及建议：



专业组长（签名）：



　　　　　　　　　　　　　　　　　　　　　　　　　　年　　　月　　　日

| 2. 锅炉专业重点项目检查 | | |
|---|---|---|
| 序号 | 检查项目及要求 | 检查结果 |
| 2.1 | 主要热膨胀部件的安装间隙记录及签证齐全 | |
| 2.2 | 安全门检修及冷态调试记录齐全 | |
| 2.3 | 锅炉本体防爆门齐全、完好 | |
| 2.4 | 制粉系统防爆门齐全、完好 | |
| 2.5 | 炉水强制循环泵调试合格 | |
| 2.6 | 化学清洗签证完 | |
| 2.7 | 回转空气预热器密封装置调试合格 | |
| 2.8 | 摆动式喷燃器冷态调试合格 | |
| 2.9 | 燃油系统调试合格 | |
| 2.10 | 制粉系统严密性试验合格 | |
| 2.11 | 磨煤机调试合格 | |
| 2.12 | 引风机、送风机调试合格 | |
| 2.13 | 锅炉电梯投入使用 | |
| 2.14 | 电除尘具备投入条件 | |
| 2.15 | 除尘除灰系统调试合格 | |
| 2.16 | 锅炉水压后未完成的项目未进行金属检验和焊接的部件应检查合格 | |
| 2.17 | 锅炉水压试验前监检遗留问题处理完并有签证 | |
| 2.18 | 分离器回料系统调试合格，硫化风、冷渣器系统调试合格，锅炉硫化试验、最小硫化风量试验、床层阻力试验合格，石灰石系统调试合格 | |

评价：



整套启动前必须完成的整改项目：



整套启动后应整改的项目及建议：



专业组长（签名）：




年　　月　　日

**3. 汽轮机专业重点项目检查**

| 序号 | 检查项目及要求 | 检查结果 |
|------|----------------|----------|
| 3.1 | 汽轮发电机组轴系中心合格 | |
| 3.2 | 汽轮机保安装置验收合格 | |
| 3.3 | 油系统清洁度及油质检验报告合格 | |
| 3.4 | 给水泵组调试合格 | |
| 3.5 | 凝结水泵组调试合格 | |
| 3.6 | 循环水泵组调试合格 | |
| 3.7 | 汽轮机真空系统严密性检查合格 | |
| 3.8 | 调节用空压机和空气系统严密可靠 | |
| 3.9 | 顶轴系统调试合格 | |
| 3.10 | 盘车装置调试合格 | |
| 3.11 | 发电机水冷系统冲洗、打压试验合格 | |
| 3.12 | 发电机氢冷系统漏氢试验合格 | |
| 3.13 | 蒸汽吹管签证符合验标规定 | |
| 3.14 | 汽轮机扣盖前监检遗留问题的处理情况 | |
| 3.15 | 未经检验的金属、焊接部件应检验合格 | |

评价：

整套启动前必须完成的整改项目：

整套启动后应整改的项目及建议：

专业组长（签名）：

年　　月　　日

**4. 电气专业重点项目检查**

| 序号 | 检查项目及要求 | 检查结果 |
|------|----------------|----------|
| 4.1 | 发电机安装、试验记录齐全 | |
| | 励磁机安装、试验记录齐全 | |
| | 励磁系统调试合格 | |

| 序号 | 检查项目及要求 | 检查结果 |
|---|---|---|
| 4.2 | 变压器安装、试验记录齐全 | |
| | 事故排油设施完好 | |
| | 消防设施齐全完好 | |
| 4.3 | 直流电源完好 | |
| | 保安电源完好 | |
| 4.4 | 通信装置能正常投用 | |
| | 远动装置能正常投用 | |
| 4.5 | 变压器油油质检验报告齐全、合格 | |
| 4.6 | 全厂照明能正常投用 | |
| | 事故照明能正常切换 | |
| 4.7 | 全厂防雷及过电压保护设施齐全、完好 | |
| 4.8.1 | 电气保护装置试验合格 | |
| | 指示仪表校验合格、指示正确 | |
| | 远方操作装置试验合格 | |
| 4.8.2 | 灯光、音响、信号试验合格 | |
| | 事故按钮试验合格 | |
| | 连锁装置试验合格 | |
| 4.9 | 电缆沟盖板齐全 | |
| | 电缆隔火设施完好 | |
| | 沟内清洁无杂物、排水良好 | |
| 4.10 | UPS装置投用正常 | |
| 4.11 | 全厂接地系统符合设计 | |
| 4.12 | 厂用电受电监检遗留问题已处理并有签证 | |

评价：

整套启动前必须完成的整改项目：

整套启动后应整改的项目及建议：

专业组长（签名）：

年　　　月　　　日

| 5. 热控专业重点项目检查 | | |
|---|---|---|
| 序号 | 检查项目及要求 | 检 查 结 果 |
| 5.1 | 抽查控制室及计算机房的盘、台上热控设备安装质量应良好 | |
| | 抽查热控装置一次元件取样安装及焊接质量应符合要求 | |
| | 检查执行机构安装及调试情况是否符合规范要求 | |
| 5.2 | 抽查气动控制机构供气的可靠性及气源品质应符合标准 | |
| 5.3 | 检查不停电电源应切换良好、供电可靠 | |
| 5.4 | FSSS 静态调试合格 | |
| | DEH 接线正确，静态调试合格 | |
| | MEH 接线正确，静态调试合格 | |
| | CCS（MCS）接线正确，静态调试合格 | |
| | SCS 接线正确，静态调试合格 | |
| | DAS 输入、输出点接线正确，精度符合要求，画面显示清晰正确，软手操作正确 | |
| | 汽轮机安全监控系统（TSI）静态调试合格 | |
| | 汽轮机旁路系统调节、保护装置静态调试合格 | |
| 5.5 | 常规仪表的监视和控制装置静态调试合格、定值正确 | |
| 5.6 | 热工信号、热工保护、连锁装置功能调试后正常投入使用 | |
| 5.7 | 热工自动调节装置及远方操作装置静态调试合格、动作正确，具备投入条件 | |
| 5.8 | 热控电缆敷设合理、整齐，电缆孔洞封堵符合要求 | |
| 5.9 | 控制室及计算机房温度调节符合要求 | |
| 5.10 | 寒冷地区热控应有防冻设施 | |

评价：

整套启动前必须完成的整改项目：

整套启动后应整改的项目及建议：

专业组长（签名）：

年　　月　　日

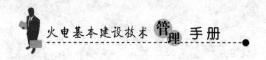
续表

### 6. 化学专业重点项目检查

| 序号 | 检查项目及要求 | 检查结果 |
|---|---|---|
| 6.1 | 原水预处理装置经调试合格，出力、水质符合规定 | |
| | 除盐水处理装置经调试合格，出力、水质符合规定 | |
| | RO装置经调试合格，出力、水质符合规定 | |
| | 凝结水精处理装置经调试合格，出力、水质符合规定 | |
| | 化学热控仪表和微机控制系统经调试合格 | |
| 6.2 | 发电机水冷却系统水质（pH值、导电度、硬度）符合规定 | |
| 6.3 | 发电机氢冷却系统的氢气纯度、湿度符合规定 | |
| 6.4 | 循环水处理系统安装、调试合格，水质符合要求 | |
| 6.5 | 化学监督指示、记录仪表安装、调试合格 | |
| 6.6 | 加药系统安装、调试合格 | |
| 6.7 | 汽水采样系统安装、调试合格 | |
| 6.8 | 废水处理装置安装、调试合格 | |

评价：


整套启动前必须完成的整改项目：


整套启动后应整改的项目及建议：


专业组长（签名）：


年　　　月　　　日

**7. 煤运专业重点项目检查**

| 序号 | 检查项目及要求 | 检查结果 |
|---|---|---|
| 7.1 | 卸煤设备安装调试合格 | |
| 7.2 | 皮带运煤机、原煤取样装置和皮带秤安装完并调试合格 | |
| 7.3 | 磁铁分离器和金属检测装置安装完并调试合格 | |
| 7.4 | 煤场堆取料机安装、调试合格，辅助设备及安全防护设施等符合规定 | |
| 7.5 | 输煤集控和计算机安装完并调试合格，具备整套试运条件 | |

评价：

整套启动前必须完成的整改项目：

整套启动后应整改的项目及建议：

专业组长（签名）：

年　月　日

**8. 土建专业重点项目检查**

| 序号 | 检查项目及要求 | 检查结果 |
|---|---|---|
| 8.1 | 屋面防水无渗漏 | |
| 8.2 | 沟道盖板齐全、平直 | |
| 8.3 | 楼梯、栏杆、扶手齐全、稳定 | |
| 8.4 | 门、窗开启灵活 | |
| 8.5 | 沟道排水畅通 | |
| 8.6 | 沟道无障碍物或杂物 | |
| 8.7 | 上、下水道畅通 | |
| 8.8 | 防洪设施符合要求 | |
| 8.9 | 采暖、通风、降温、卫生设施符合要求 | |
| 8.10 | 满足整套启动的土建工程应完成 | |

| 序号 | 检查项目及要求 | 检查结果 |
|------|----------------|----------|
| 8.11 | 全厂道路形成 | |
| 8.12 | 易燃物、建筑垃圾清理干净 | |
| 8.13 | 水工系统具备整套试运条件 | |

评价：

整套启动前必须完成的整改项目：

整套启动后应整改的项目及建议：

专业组长（签名）：

年　　月　　日

9. 生产准备组重点项目检查

| 序号 | 检查项目及要求 | 检查结果 |
|------|----------------|----------|
| 9.1 | 运行规程、制度、事故处理规程等齐全 | |
| 9.2 | 整套启动试运范围设备系统图准确、齐全 | |
| 9.3 | 设备编号、管道色标、介质流向标志齐全 | |
| 9.4 | 试运必须的备品配件、燃料、药品、大宗材料、工具、仪器准备齐全 | |
| 9.5 | 运行人员上岗 | |

评价：

整套启动前必须完成的整改项目：

整套启动后应整改的项目及建议：

专业组长（签名）：

年　　月　　日

附表 4-13　　　　**火电工程机组整套启动试运后质量监督检查报告**

| 一、监检简况 |
|---|
| ＿＿＿＿工程 ＿＿＿＿ 号机组于 ＿＿＿＿ 年 ＿＿＿＿ 月 ＿＿＿＿ 日完成了 ＿＿＿＿ 小时满负荷试运行，根据 ＿＿ ＿＿＿ 工程质监站的申请，我中心站组织有关专业工程师及以上职称人员 ＿＿＿＿ 名组成监检组（名单附后），于 ＿＿＿＿ 年 ＿＿＿＿ 月 ＿＿＿＿ 日至 ＿＿＿＿ 年 ＿＿＿＿ 月 ＿＿＿＿ 日，按《火电工程整套启动试运后质量监督检查典型大纲》的要求进行质量监督检查，监检采用听取汇报、查阅资料、座谈评议、现场查看和抽查实测等方式，并依照质监中心总站下发的《监检记录典型表式》做好了记录归档备查，在此基础上编制本监督检查报告，现将监督检查结果报告如下。 |

**二、工程概况**

工程规模承建方式：

| 主要单位 | 建设单位 | |
|---|---|---|
| | 监理单位 | |
| | 设计单位 | |
| | 土建单位 | |
| | 安装单位 | |
| | 调试单位 | |
| | 生产单位 | |

| 主要设备 | 型 号 | 制 造 厂 家 | 出 厂 日 期 |
|---|---|---|---|
| 锅 炉 | | | |
| 汽轮机 | | | |
| 发电机 | | | |
| 主变压器 | | | |

**三、综合评价**

**四、存在的问题和整改意见**

**五、结论**

监检负责人（签名）

　　　　　　　　　　　　　　　　　　　年　　月　　日

**六、监检组成员名单**

| 序号 | 姓 名 | 单 位 | 职 称 | 专 业 |
|---|---|---|---|---|
| 1 | | | | |
| 2 | | | | |
| 3 | | | | |
| ... | | | | |
| ... | | | | |

附表 4-14　　　　　　　　**火电工程机组整套启动试运后质量监督检查记录**

_____工程 ____机组整套启动试运后质量监督检查记录

| 1. 技术资料、文件检查 | | |
|---|---|---|
| 序号 | 检查内容及要求 | 检查结果 |
| 1.1 | 整套设计图纸（最终版）技术文件、设计变更单、竣工图纸（包括电气、热控二次线、地下管线、电缆敷设接地装置等竣工图）。并应有相应的目录清单、日期等 | |
| 1.2 | 整套启动试运行调试方案和措施（或作业指导书）、技术记录、小结和实施情况 | |
| 1.3 | 整套启动试运行期间主辅机日志、技术记录（包括手工记录和计算机打印的） | |
| 1.4 | 整套启动试运行期间暴露的主要设计缺陷、设备缺陷、施工缺陷一览表和处理情况、施工和调试未完项目及处理计划 | |
| 1.5 | 整套启动试运行期间设备投用情况（按系统分）一览表 | |
| 1.6 | 整套启动试运行期间保护、程控装置投用情况一览表 | |
| 1.7 | 整套启动试运行期间数采系统、监视系统和自动调节装置投用情况一览表（包括投入率统计），开关量、模拟量清单，投用率和精度校验统计表 | |
| 1.8 | 整套启动试运行期间异常运行、故障情况和处理记录 | |
| 1.9 | 整套启动试运行期间煤质分析、汽水品质、化学监督技术记录和分析报告 | |
| 1.10 | 由质监中心站主持的各阶段质量监督检查中提出问题的处理报告 | |

评价：

问题及建议：

专业组长（签名）：

年　　月　　日

| 2. 土建专业重点项目检查 | | |
|---|---|---|
| 序号 | 检查内容及要求 | 检 查 结 果 |
| 2.1 | 各种消防设备、器械、报警装置和自动化设备的投用情况 | |
| 2.2 | 主厂房、烟囱、水塔、汽轮机基础、锅炉基础等沉降观测记录 | |
| 2.3 | 水塔筒壁、进出水管（沟）接口处无渗漏 | |
| 2.4 | 屋面防水无渗漏 | |
| 2.5 | 地下室、沟、坑排水通畅、无渗漏 | |
| 2.6 | 暖通设备投用正常 | |
| 2.7 | 照明投用正常 | |
| 2.8 | 上下水道畅通 | |
| 2.9 | 道路平整、通畅、无积水 | |
| 2.10 | 室内外沟道盖板齐全、平稳、顺直 | |
| 2.11 | 储灰坝体无明显沉陷、变形及开裂 | |
| 2.12 | 水工系统取水、过滤、沉砂功能正常 | |

评价：

问题及建议：

专业组长（签名）：

年　　月　　日

| 3. 锅炉专业重点项目检查 | | |
|---|---|---|
| 序号 | 检查内容及要求 | 检 查 结 果 |
| 3.1 | 锅炉机组启动过程基本能按预计的启动程序和启动曲线进行启动，启动工况正常，能满足机组运行的要求 | |
| 3.2 | 锅炉蒸汽参数及蒸发量达到设计值，能满足汽轮机带负荷要求。各段受热面进出口烟温和工质温度的偏差值符合设计要求。汽温调节手段功能良好 | |
| 3.3 | 锅炉承压部件、省煤器、水冷壁、过热器、再热器管子无泄漏、爆破。如发生个别泄漏、爆管，应查明情况，分析原因，采取对策措施 | |

| 序号 | 检查内容及要求 | 检查结果 |
|---|---|---|
| 3.4 | 直流锅炉蒸发受热面水动力工况经热态调试符合制造厂设计要求,能保证安全运行 | |
| 3.5 | 锅炉热膨胀系统均匀、良好,无卡碰现象。膨胀指示记录齐全、正确 | |
| 3.6 | 原煤仓、煤粉仓无堵塞,煤位或粉位指示表计指示准确,断煤信号动作可靠,煤闸门形状灵活。煤粉仓的下粉锁气器动作灵活,灭火系统投入正常使用,防爆门完整,抽气管、木屑分离器能满足使用要求 | |
| 3.7 | 制粉系统出厂和煤粉细度基本正常系统严密不漏 | |
| 3.8 | 燃油系统的燃油量、加热温度和油压符合要求。燃油枪雾化良好,点火功能可靠、动作灵活 | |
| 3.9 | 锅炉经粗调整燃烧正常。无严重结焦,燃烧器管理系统全部功能投用,动作正确。燃烧自动基本投用,调节准确可靠,炉膛负压控制稳定,风煤配比合适 | |
| 3.10 | 摆动式喷燃器热态操作灵活可靠,摆动角度符合设计 | |
| 3.11 | 炉墙无晃动,尾部受热面无振动 | |
| 3.12 | 炉顶、炉墙严密性良好,不漏烟、不漏风、不漏灰。炉墙和管道保温外表温度符合规定 | |
| 3.13 | 吹灰系统汽压稳定,工作基本正常,程控投入使用,吹灰器伸缩自如,无卡涩、泄漏现象 | |
| 3.14 | 锅炉辅机运行正常,噪声的未超限,振动、轴承温度或油温正常,不漏油、不冒粉。回转式预热器不卡、不堵,备用驱动装置投入良好,自动热补偿密封装置投入使用 | |
| 3.15 | 异常运行和设备缺陷及交接班记录齐全、准确、真实,有检查、分析,交接清楚 | |
| 3.16 | 锅炉电梯能正常运行 | |

评价:

问题及建议:

专业组长(签名):

年　　月　　日

| 4. 汽轮机专业重点项目检查 | | |
|---|---|---|
| 序号 | 检查内容及要求 | 检查结果 |
| 4.1 | 整套启动试运行期间，轴承翻瓦检查合格。油系统防火措施能正常投用。净油装置运行达到设计要求。顶轴、盘车装置及抗燃油系统运行正常。抗燃油系统运行正常 | |
| 4.2 | 防汽轮机进水保护装置投用正常 | |
| 4.3 | 汽轮机整套启动试运行记录齐全。在 168（或 72）h 考核时，从启动到升负荷、满负荷期运行工况正常，汽轮机安全检测保护装置投用正常，排汽缸温度、各级抽汽压力、停机惰走时间等在正常范围内。停机和惰走时，临界转速下和额定转速时轴振、瓦温、回油温度和轴瓦进回油温差值在允许范围内，主油泵切换时各部分油压正常 | |
| 4.4 | 汽轮机汽缸及管道保温层的外表温度符合设计要求。汽轮机启停过程中汽缸上下缸温差符合要求 | |
| 4.5 | 主蒸汽、再热蒸汽系统：两侧主汽温和再热汽温偏差小于规定值；旁路系统调节、动作符合设计要求，保护和自动投入；支吊架和减振器受力正常；管道膨胀舒畅、无振动，保温施工质量良好，表面温度符合设计规定，命名和流向标志正确、完整 | |
| 4.6 | 汽轮机辅助设备 | |
| 4.6.1 | 高低压加热器按规定投入运行，内外无泄漏，旁路和疏水系统投用正常，表计及保护装置投入正常、指示、动作正确 | |
| 4.6.2 | 凝汽器清洁无泄漏，能保证汽轮机真空值，运行正常。各类表计指示正确，水位调节保护装置动作正常。胶球清洗装置投入使用 | |
| 4.6.3 | 除氧器自动调节和保护装置投入正常使用。给水含氧量符合标准。安全门动作压力符合设计要求，动作灵活、无冲击、振动 | |
| 4.6.4 | 轴封加热器的压力和轴封蒸汽温度自动调节装置能正常投用，轴封加热器符合要求 | |
| 4.6.5 | 各类冷却器严密、冷却效果满足运行要求。表计齐全、正确 | |
| 4.6.6 | 循环水滤网格栅滤网符合设计要求，除污能力满足运行需要，滤网清扫不影响机组正常运行，报警装置投用正常 | |
| 4.7 | 汽轮机附属机械 | |
| 4.7.1 | 小汽轮机：调节保安部套整定合格，各项试验检查动作正常，微机调节装置投用正常，工作性能满足给水调节要求，轴振动及回油温度等符合设计要求，表计、连锁、保护和给水自动调节装置全部投入，指示及动作正确、可靠 | |

续表

| 序号 | 检查内容及要求 | 检查结果 |
|---|---|---|
| 4.7.2 | 前置泵和给水泵：振动、串轴符合要求，轴承和回油温度正常，轴封泄漏正常，再循环调节系统投用正常，液压联轴器调速装置动作正确可靠，工作油进出温度正常，连锁保护全部投入 | |
| 4.7.3 | 其他泵类：轴承油质符合制造厂规定，轴承振动、温度符合设计要求，轴封泄漏正常，表计指示正确，连锁、程控、保护和自动调节装置全部投入，动作正确可靠 | |
| 4.8 | 汽轮机的汽水系统 | |
| 4.8.1 | 真空系统：带负荷工况下真空严密性试验合格，额定负荷和各种运行工况真空达到设计值 | |
| 4.8.2 | 凝结水、疏水系统：凝结水滤网完好，差压符合要求。疏水系统流向正确、畅通 | |
| 4.8.3 | 轴封系统：供汽、温度压力符合制造厂或设计要求，调压、减温装置投用正常，抽气系统抽真空速度和各种运行工况下真空值符合设计要求 | |
| 4.8.4 | 除氧给水系统：给水温度符合规定值 | |
| 4.8.5 | 抽汽系统：管道膨胀自如，且不影响主机膨胀。逆止阀自动和保护投入正常 | |
| 4.8.6 | 发电机定子冷却水系统：滤网完好，差压正常，冷却水水质和进出口水温满足制造厂要求，自动控制系统正确可靠，旁路装置投用正常 | |
| 4.8.7 | 氢冷系统：工作正常，氢气循环风机运行符合要求，仪表和自动控制装置准确可靠，发电机氢压、氢温及氢气纯度、湿度和漏氢量符合厂家规定 | |
| 4.8.8 | 各类阀门严密不漏，开关灵活，指示正确；调节阀调节性能良好，重现度符合设计要求，泄漏量不超过允许值 | |

评价：

问题及建议：

专业组长（签名）：

年　　月　　日

| 5. 电气专业重点项目检查 | | |
|---|---|---|
| 序号 | 检查内容及要求 | 检查结果 |
| 5.1 | 发电机升速过程中转子线圈绝缘电阻（超速前后商量应无明显变化）、交流阻抗、功率损耗及轴电压测量符合制造厂要求 | |
| 5.2 | 励磁系统、自动电压调整系统和失磁保护特性符合制造厂要求，整流变压器保护正确可靠，自动同期装置动作符合运行要求 | |
| 5.3 | 发电机运行参数和出力达到设计值，铁芯、温度氢温、定子和转子冷却水出口温度正常，噪声在允许范围内 | |
| 5.4 | 继电保护装置全部投入，动作正确。故障记录装置能正常投入 | |
| 5.5 | 电气测量仪表指示正确，额定值有红色标志 | |
| 5.6 | 变压器：各项运行参数符合制造厂规定，且不渗油，温升正常，色谱分析合格，事故排油和消防设施完好，保护装置整定值符合规定，操作切换试验、联动试验及冲击试验合格 | |
| 5.7 | UPS装置工作正常，自动切换性能良好。柴油发电机能正常备用 | |
| 5.8 | 电除尘器的电气及控制设备投用正常 | |
| 5.9 | 主要电动机运转平稳，出力达到设计值，电流不超限，轴承温度、铁芯温度、振动值符合规定，冷却装置、油系统、干燥装置运行正常 | |
| 5.10 | 全厂防雷设施齐全、正常 | |
| 5.11 | 全厂各类通信设施能正常使用，满足生产需要 | |
| 5.12 | 全厂照明（包括事故照明和特殊照明）能正常投用、达到设计要求 | |
| 5.13 | 电缆桥架、电缆竖井有隔火措施，电缆孔洞堵塞严密，电缆沟排水良好，电缆桥架盖板齐全，垃圾清理干净 | |
| 评价： | | |
| 问题及建议： | | |
| 专业组长（签名）： | | |
| | 年　　月　　日 | |

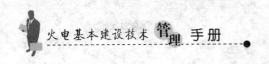

**6. 热控专业重点项目检查**

| 序号 | 检查内容及要求 | 检查结果 |
|---|---|---|
| 6.1 | 不停电电源切换良好、供电可靠 | |
| 6.2 | 程控系统功能符合要求，动作可靠 | |
| 6.3 | 炉膛安全保护系统功能完善，动作可靠 | |
| 6.4 | 汽轮机电液调节系统（包括 MEH）功能完美可靠 | |
| 6.5 | 热控自动调节系统（含基地式调节系统）投入率和调节品质达到《火力发电厂基本建设工程启动及竣工验收规程》的要求 | |
| 6.6 | 常规仪表及控制装置（含信号、保护、连锁装置）定值正确、投用，正常投入合格率符合要求 | |
| 6.7 | 微机数据采集系统运行符合设计要求 | |
| 6.8 | 事故顺序记录仪动作正确可靠 | |

评价：

问题及建议：

专业组长（签名）：

　　　　　　　　　　　　　　　年　　　　月　　　　日

**7. 化学专业重点项目检查**

| 序号 | 检查内容及要求 | 检查结果 |
|---|---|---|
| 7.1 | 原水预处理和除盐口处理的装置、RO 装置、凝结水精处理装置（包括泵类、阀门）能正常制水和处理水，出力和水质符合设计要求 | |
| 7.2 | 汽水取样和炉水加药装置齐全，投用正常 | |
| 7.3 | 煤、水、油监督工作能正常开展 | |
| 7.4 | 给水品质、蒸汽品质、凝结水水质、疏水水质符合制造厂或规程规定 | |
| 7.5 | 发电机定子冷却水水质（pH 值、导电度、硬度）符合厂家要求 | |
| 7.6 | 发电机氢冷系统氢气纯度、温度符合厂家要求 | |
| 7.7 | 循环水加氯装置能正常使用，循环水含氯量符合要求 | |
| 7.8 | 化学指示、记录仪表指示正确，记录清晰完整，运行报表清楚，资料齐全、准确 | |

| 序号 | 检查内容及要求 | 检 查 结 果 |
|------|----------------|-------------|
| 7.9 | 废水处理装置高度合格，运行正常，出力和排水水质达到设计要求 | |

评价：

问题及建议：

专业组长（签名）：

年　　月　　日

8. 煤灰专业重点项目检查

| 序号 | 检查内容及要求 | 检 查 结 果 |
|------|----------------|-------------|
| 8.1 | 卸煤设备运行，正常出力、性能达到设计要求 | |
| 8.2 | 皮带运煤机带负荷运行正常，无漏油、跑偏、打滑、漏煤等现象，出力达到设计值。原煤取样装置工作正常，计量装置指示正确，连锁装置能全部正常投用 | |
| 8.3 | 碎煤机运行正常，符合设计要求，振动、噪声不超标，不漏煤 | |
| 8.4 | 金属检测器和磁铁分离器性能、灵敏度和除铁效果符合制造厂和设计要求 | |
| 8.5 | 煤场堆取料设备运行正常，出力达到设计值，液压系统可靠，不漏油，运转平稳。辅助设备及安全防护设施符合规定，性能达到设计要求，能满足不同运行方式的要求 | |
| 8.6 | 运煤系统除尘、吸尘、水清洗装置均已投入，运行正常，符合工业卫生劳动保护要求 | |
| 8.7 | 输煤集控室控制计算机的操作、显示、报警、程控、连锁、保护等功能正常投入，运行可靠，集控室空调投入正常 | |
| 8.8 | 除灰、碎渣、除尘系统运行正常，出力和操作时间达到设计要求。干灰库收尘器、闸门、料位计、干灰装车和制浆装置运行正常，达到设计要求。整个系统严密不漏，出灰良好。沉渣池灰水分离效果符合要求，放渣顺畅，除灰水回收系统运行正常 | |
| 8.9 | 电气除尘器运行电压、振打和控制符合设计要求，灰斗不积灰、不堵塞，下灰正常，各种闸门、电磁阀运作正常 | |

评价：

问题及建议：

专业组长（签名）：

年　　月　　日

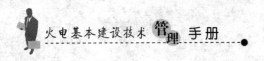

**附表 4-15    火电工程燃气—蒸汽联合循环发电机组整套启动试运前质量监督检查报告**

**一、监检简况**

_____工程____号机组于____年___月___日根据_____工程质监站的申请,我中心站组织有关专业工程师及以上职称人员____名组成监检组(名单附后),于____年___月___日至____年___月___日,按《火电工程燃气—蒸汽联合循环发电机组整套启动试运前质量监督检查典型大纲》的要求进行燃气—蒸汽联合循环发电机组整套启动试运前质量监督检查,监检采用听取汇报、查阅资料、座谈评议、现场查看和抽查实测等方式,并依照质监中心总站下发的《监检记录典型表式》做好了记录归档备查,在此基础上编制本监督检查报告,现将监督检查结果报告如下。

**二、工程概况**

工程规模承建方式:

| 主要单位 | 建设单位 | |
|---|---|---|
| | 监理单位 | |
| | 设计单位 | |
| | 土建单位 | |
| | 安装单位 | |
| | 调试单位 | |
| | 生产单位 | |

| 主要设备 | 型  号 | 制 造 厂 家 | 出 厂 日 期 |
|---|---|---|---|
| 燃机、余热锅炉 | | | |
| 汽轮机 | | | |
| 发电机 | | | |
| 主变压器 | | | |

**三、综合评价**

**四、存在的问题和整改意见**

**五、结论**

监检负责人(签名)

年    月    日

**六、监检组成员名单**

| 序号 | 姓  名 | 单  位 | 职  称 | 专  业 |
|---|---|---|---|---|
| 1 | | | | |
| 2 | | | | |
| 3 | | | | |
| ... | | | | |
| ... | | | | |

**附表 4-16  火电工程燃气—蒸汽联合循环发电机组整套启动试运前质量监督检查记录**

整套启动前质量监督检查记录

| 1. 受社会监督的工程项目 | | |
|---|---|---|
| 序号 | 检 查 项 目 | 检 查 结 果 |
| 1.1 | 全厂消防已施工完，经地方消防部门验收，已签发同意使用的书面意见 | |
| 1.2 | 各类电气、热控和电缆孔洞防火封堵完好 | |
| 1.3 | 工业、化学、生活、煤水处理已施工、调试完 | |
| 1.4 | 降低噪声措施已施工完，并符合规定 | |
| 1.5 | 烟气品质在线监测装置已安装调试完 | |
| 1.6 | 同期建设的脱氮系统已安装调试完 | |
| 1.7 | 生产用电梯调试合格运行正常 | |

评价：

整套启动前必须完成的整改项目：

整套启动后完成的整改项目及建议：

监检人（签名）：

年　　　　月　　　　日

| 2. 土建工程和试运环境 | | |
|---|---|---|
| 序号 | 检 查 项 目 | 检 查 结 果 |
| 2.1 | 主厂房装修完，屋面无渗漏，门窗完好，分布试运的临时设备和系统已拆除 | |
| 2.2 | 厂房内各层地面、平台施工完无杂物，道路畅通 | |
| 2.3 | 厂房内、外各类沟道畅通，无杂物无积水盖板齐全、严密，各类孔洞有栏杆或盖板 | |
| 2.4 | 运行区域的梯子、平台、栏杆、护板安装完 | |
| 2.5 | 运行区域照明完好，事故照明切换正常 | |
| 2.6 | 上下水道畅通，采暖、通风、空调正常投运 | |
| 2.7 | 试运设备应清洁、无杂物 | |
| 2.8 | 试运区域与施工区域，运行设备与试运设备应有效隔离，危险区域应隔离并有警示标识 | |

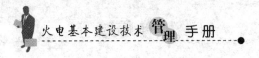
续表

| 序号 | 检 查 项 目 | 检查结果 |
|---|---|---|
| 2.9 | 运行通信设备正式投用 | |
| 2.10 | 主要建（构）筑物沉降观测记录齐全 | |
| 评价： | | |
| 整套启动前必须完成的整改项目： | | |
| 整套启动后完成的整改项目及建议： | | |
| 监检人（签名）： | | |
| | | 年　　月　　日 |

3. 燃机专业

| 序号 | 检 查 项 目 | 检查结果 |
|---|---|---|
| 3.1 | 本体设备安装调试完 | |
| 3.2 | 油系统安装完油循环冲洗和油质过滤结束，油质合格，系统恢复完毕 | |
| 3.3 | 燃料系统施工完，清洁度合格，严密性试验、气压试验合格，分部试运合格 | |
| 3.4 | 燃料系统、燃料模块、燃气轮机间、燃机辅机间内的泄漏测试危急警报设施安装完，调试合格 | |
| 3.5 | 燃机二氧化碳灭火系统施工完，并调试合格 | |
| 3.6 | 燃机空气进气系统安装完清洁度、严密性试验合格。空气加热系统、反冲洗系统安装完 | |
| 3.7 | 燃机排气系统安装完清洁度、严密性试验合格 | |
| 3.8 | 燃气轮机间、燃机辅机间、负荷间、燃机排气室通风、加热设施安装完，调试合格 | |
| 3.9 | 燃机水冲洗管道系统、燃机冷却密封空气系统、燃料雾化空气系统、燃机冷却水洗管道系统安装完调试合格 | |

| 序号 | 检 查 项 目 | 检 查 结 果 |
|------|-----------|------------|
| 3.10 | 燃机冷拖试验符合制造厂规定，经验收签字 | |
| 评价： | | |
| 整套启动前必须完成的整改项目： | | |
| 整套启动后完成的整改项目及建议： | | |
| 监检人（签名）： | | |
| | 年　月　日 | |

4. 汽轮机专业

| 序号 | 检 查 项 目 | 检 查 结 果 |
|------|-----------|------------|
| 4.1 | 汽轮机发电机安装完，疏水、油、氢、冷却水和胶球清洗等系统安装完 | |
| 4.2 | 主蒸汽和给水系统安装完，并吹扫或冲洗合格，经验收签证完 | |
| 4.3 | 各附属设备和系统安装完，经分部试运合格振动、温度、噪声符合规定 | |
| 4.4 | 旁路系统各辅助蒸汽系统蒸汽吹扫合格 | |
| 4.5 | 主、辅设备各油系统冲洗完，油质过滤合格 | |
| 4.6 | 发电机内冷水系统冲洗完，水质合格 | |
| 4.7 | 发电机氢冷系统严密性试验合格 | |
| 4.8 | 仪用和杂用空压机系统安装完经分系统试运合格，出口压力和空气品质符合规定 | |
| 4.9 | 真空系统施工完，严密性合格，无渗漏，轴振、温度和系统抽真空性能符合规定 | |
| 4.10 | 顶轴油泵施工完油泵振动、出口油压和顶起高度符合规定系统无渗漏 | |
| 4.11 | 盘车装置投运正常 | |

| 序号 | 检 查 项 目 | 检 查 结 果 |
|------|-------------|-------------|
| 4.12 | 各类管道支吊架布置合理冷态符合设计要求，安装、调整记录齐全完整 | |
| 4.13 | 设备和管道保温完好，符合设计要求 | |
| 4.14 | 扣盖前质监的整改问题已处理完毕 | |

评价：

整套启动前必须完成的整改项目：

整套启动后完成的整改项目及建议：

监检人（签名）：

年　　月　　日

5. 余热锅炉专业

| 序号 | 检 查 项 目 | 检 查 结 果 |
|------|-------------|-------------|
| 5.1 | 锅炉本体及辅助设备施工完，已经验收签证 | |
| 5.2 | 各部膨胀间隙符合规定，膨胀指示器齐全，位置正确 | |
| 5.3 | 烟气系统经风压试验合格 | |
| 5.4 | 蒸汽吹扫完毕，吹扫符合规定 | |
| 5.5 | 安全门安装完，冷态调试合格 | |
| 5.6 | 各辅助系统分部试运合格，轴振、温度、噪声符合规定，调试记录完整、齐全 | |
| 5.7 | 各管道和烟道支吊架的冷态工作位置正确 | |
| 5.8 | 本体、辅助设备及管道保温完，并符合规定 | |
| 5.9 | 钢架沉降值在允许范围内 | |
| 5.10 | 烟风系统经风压试验合格 | |
| 5.11 | 水压前质监提出的整改问题已处理完毕 | |

评价：

整套启动前必须完成的整改项目：

整套启动后完成的整改项目及建议：

监检人（签名）：

年　　月　　日

| 6. 电气专业 | | |
|---|---|---|
| 序号 | 检 查 项 目 | 检 查 结 果 |
| 6.1 | 重点防火部位消防设施已投用事故排油施工完，各设备间土建施工完，运行与非运行区域已隔离，安全警示牌已悬挂照明、通风、降温、通信设施已投入 | |
| 6.2 | 所有电气设备名称、编号齐全书写醒目、正确 | |
| 6.3 | 发电机、封闭母线安装完、母线焊接试件检验合格定子、转子绕组的直流、耐压试验合格 | |
| 6.4 | 励磁系统安装完，静态试验、开环试验合格 | |
| 6.5 | 变压器芯部检查、辅件安装、滤油和注油已完成，油质合格 | |
| 6.6 | 变频启动系统安装完，完成静态试验各项功能符合制造厂规定 | |
| 6.7 | 变压器冷却装置试运转正常，分接开关（有载、无载）位置指示正确，操作灵活，接触良好；瓦斯、温度等保护校验合格。绕组、套管、绝缘油交接试验合格 | |
| 6.8 | 电气送出系统的一次设备安装调整符合厂家规定，电气安装距离符合要求，母线压接试件合格，交接试验项目符合要求 | |
| 6.9 | 盘柜安装符合设计要求，正反面均有名称、编号。内部元件和装置符合设计要求，二次配线正确清晰 | |
| 6.10 | 仪表校验合格，指示仪表额定值处应划有红线 | |
| 6.11 | 保护及自动装置动作正确，并按定值整定完毕 | |
| 6.12 | 二次交、直流回路绝缘良好，二次交流回路负载已测量 | |
| 6.13 | 电气整套系统传动试验已完成，开关合、分闸操作试验、连锁试验保护回路整组传动试验动作正确，"五防"功能试验正确 | |
| 6.14 | 厂用电各馈线开关安装调整已完成，记录和验收签证齐全，开关时间特性等交接试验符合标准要求 | |
| 6.15 | 电动机安装已完成，记录和验收签证齐全，单体试运转已完成，试运记录和验收签证齐全，事故按钮动作正确并有保护罩 | |
| 6.16 | 直流电源系统、保护电源系统投运正常，UPS试验合格事故照明切换正常 | |
| 6.17 | 防雷及过电压保护完好，接地符合要求，设备、电缆接地符合"事故反措"要求安装记录和验收签证齐全，接地电阻值符合要求 | |
| 6.18 | 电缆敷设符合要求，电缆沟盖板齐全，沟内无杂物，排水良好，托架无变型，有防火封堵 | |

续表

| 序号 | 检 查 项 目 | 检查结果 |
|---|---|---|
| 6.19 | 备用电源系统运行正常、可靠，满足试运要求 | |
| 6.20 | 厂用电受电前提出的整改问题以及分部试运中发现的质量问题已处理完毕，验收、签证完 | |

评价：

整套启动前必须完成的整改项目：

整套启动后完成的整改项目及建议：

监检人（签名）：

年　　月　　日

7. 热控专业

| 序号 | 检 查 项 目 | 检查结果 |
|---|---|---|
| 7.1 | UPS 供电可靠，DCS 电源 DL/T 774—2001（分散系统运行检修导则）的规定 | |
| 7.2 | 仪用压缩空气品质符合设计规定 | |
| 7.3 | 热控各盘、柜的设备、仪表安装符合规定要求 | |
| 7.4 | 热控各盘、柜和屏蔽电缆的接地符合设计和验收规范的规定，DCS 接地符合分散系统再线验收规程的规定 | |
| 7.5 | 测量仪表、测温元件、敏感元件和辅助装置的安装，符合验评标准的规定 | |
| 7.6 | 汽包平衡容器的位置符合设计和制造厂规定，各执行机构、调节机构位置连接正确无晃动并有防雨措施 | |
| 7.7 | 电缆桥架架设合理稳固，电缆、导线敷设和金属软管安装满足设计规定电力、控制、信号等电缆分层敷设，接地符合要求 | |
| 7.8 | 各类测量系统的仪表、变送器、传感器、开关和一次元件校验合格，补偿导线和系统接线正确 | |
| 7.9 | 燃机、汽轮机控制系统安装完毕，静态调试合格，分系统动态调试合格具备投运条件 | |
| 7.10 | DAS、模拟量和开关量 I/O 通道校验合格，画面清晰 | |

| 序号 | 检 查 项 目 | 检 查 结 果 |
|---|---|---|
| 7.11 | 自动调节系统（MCS）均已静态调试合格，其调整参数已初步设定，具备投入条件 | |
| 7.12 | 燃料输送系统安装完静态调试合格分系统动态调试合格，具备投入条件 | |
| 7.13 | 各顺序控制系统（SCS）变送器、过程开关、执行器等设备调试合格，具备投运条件 | |
| 7.14 | 事故顺序记录仪（SOE）的变送器和开关量信号正确、通信、打印内容和时间正确 | |
| 7.15 | 机、炉、电大联调保护联调完毕，具备投入条件 | |
| 7.16 | 声光报警系统静态调试合格，具备投入条件 | |
| 7.17 | 汽轮机旁路系统单体调试和系统联调完，动作准确，具备投运条件 | |
| 7.18 | 各程序控制系统静态调试合格，符合设计要求，具备投入条件 | |
| 评价： | | |
| 整套启动前必须完成的整改项目： | | |
| 整套启动后完成的整改项目及建议： | | |
| 监检人（签名）： | | 年　　月　　日 |
| 8. 化学专业 | | |
| 8.1 | 化学试验室的人员、检测仪器、设备按照设计配置齐全 | |
| 8.2 | 能正常开展试验和检验工作 | |

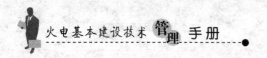

**附表 4-17 火电工程燃气—蒸汽联合循环发电机组整套启动试运后质量监督检查报告**

**一、监检简况**

_____工程 ___ 号机组于 ___ 年 ___ 月 ___ 日根据 _____工程质监站的申请，我中心站组织有关专业工程师及以上职称人员 ___ 名组成监检组（名单附后），于 ___ 年 ___ 月 ___ 日至 ___ 年 ___ 月 ___ 日，按《火电工程燃气—蒸汽联合循环发电机组整套启动试运后质量监督检查典型大纲》的要求进行燃气—蒸汽联合循环发电机组整套启动试运后质量监督检查，监检采用听取汇报、查阅资料、座谈评议、现场查看和抽查实测等方式，并依照质监中心总站下发的《监检记录典型表式》做好了记录归档备查，在此基础上编制本监督检查报告，现将监督检查结果报告如下。

**二、工程概况**

工程规模承建方式：

| 主要单位 | 建设单位 | |
|---|---|---|
| | 监理单位 | |
| | 设计单位 | |
| | 土建单位 | |
| | 安装单位 | |
| | 调试单位 | |
| | 生产单位 | |

| 主要设备 | 型 号 | 制 造 厂 家 | 出 厂 日 期 |
|---|---|---|---|
| 燃机、余热锅炉 | | | |
| 汽轮机 | | | |
| 发电机 | | | |
| 主变压器 | | | |

**三、综合评价**

**四、存在的问题和整改意见**

**五、结论**

监检负责人（签名）

年　　　月　　　日

**六、监检组成员名单**

| 序号 | 姓 名 | 单 位 | 职 称 | 专 业 |
|---|---|---|---|---|
| 1 | | | | |
| 2 | | | | |
| 3 | | | | |
| ... | | | | |
| ... | | | | |

**附表 4-18 火电工程燃气—蒸汽联合循环发电机组整套启动试运后质量监督检查记录**

整套启动后质量监督检查记录

| 序号 | 检查项目 | 检查结果 |
|---|---|---|
| | 1. 受社会监督的工程项目 | |
| 1.1 | 全厂消防已施工调试完，经地方消防主管部门检查合格，正常投运，消防器材 规定配置 | |
| 1.2 | 烟气排放符合国家或地方政府规定 | |
| 1.3 | 烟气在线监测装置按设计配置状态完好，投运正常 | |
| 1.4 | 按设计废水处理系统已调试合格并正常投运 | |
| 1.5 | 厂内生产运行区域和厂界的噪声符合环保规定 | |

评价：

整套启动前必须完成的整改项目：

整套启动后完成的整改项目及建议：

监检人（签名）：

年　　　月　　　日

| 序号 | 检查项目 | 检查结果 |
|---|---|---|
| | 2. 土建工程和试运环境 | |
| 2.1 | 机组各建（构）筑物符合设计规定，能满足运行和检修的需要 | |
| 2.2 | 全厂基准坐标点完好，沉降观测按计划连续观测，并符合设计及相关标准 | |
| 2.3 | 厂房屋面无渗漏，地下沟道无积水，排水畅通 | |
| 2.4 | 内外墙面、地面、楼梯踏步面层无裂纹或破损，梁柱或基础无磕棱碰角，门窗完好 | |
| 2.5 | 各类沟盖板齐全，室外密封良好不渗水 | |
| 2.6 | 厂区道路畅通，平整无裂纹，无积水，路牙完好无破损 | |
| 2.7 | 建筑物内外装修无二次污染，成品保护良好 | |
| 2.8 | 水工系统的取水、过滤、沉砂功能正常，满足设计工况下的运行要求 | |
| 2.9 | 冷水塔运行正常，无渗漏 | |

| 序号 | 检 查 项 目 | 检查结果 |
|------|------------|----------|
| 2.10 | 厂房内运行环境良好,无垃圾各层面清洁、整齐、无积水、无油迹,油漆完好,采暖通风良好,噪声符合要求 | |
| 2.11 | 各类设备、阀门的命名、编号、挂牌正确、齐全、统一、规范,色环、介质流向符合规定 | |
| 2.12 | 厂区环境整洁、无垃圾、照明良好,绿化效果好 | |

评价:

整套启动前必须完成的整改项目:

整套启动后完成的整改项目及建议:

监检人(签名):

年　　月　　日

3. 燃机专业(燃—汽轮机专业)

| 序号 | 检 查 项 目 | 检查结果 |
|------|------------|----------|
| 3.1 | 机组能按设计程序和规定曲线启动和停机在各种工况下能平稳、正常运行,膨胀、轴振、瓦温真空符合规定 | |
| 3.2 | 机组在额定工况下各参数、指标符合规定机组检测和保护装置投用正常 | |
| 3.3 | 机组在额定工况下各部金属温度正常,主汽参数偏差符合规定,旁路投入正常 | |
| 3.4 | 试运期间各轴颈、推力盘乌金、密封部件无损伤,顶轴系统和盘车投退和运行正常 | |
| 3.5 | 汽轮机快冷装置和防进水装置投运正常 | |
| 3.6 | 调节油、润滑油、发电机密封油压力温度符合规定压力调节装置调节功能可靠,油质合格 | |
| 3.7 | 发电机定子氢冷和内冷水压力、物理、化学性质指标均符合规定 | |
| 3.8 | 附属机械和工艺系统运行平稳正常,运行参数满足要求,轴振、温度、噪声符合规定,轴端密封良好,正常,轴承油位正常,油挡无渗油就地表计齐全 | |
| 3.9 | 辅助设备及工艺系统运行平稳内外均无渗漏材质符合规定,液位、安全门、就地仪表齐全完好 | |

| 序号 | 检 查 项 目 | 检查结果 |
|------|------------|----------|
| 3.10 | 各管道系统严密无渗漏、膨胀自如，支吊架设置合理，工作状态符合要求，各阀门无内漏、开关灵活指示正确 | |
| 3.11 | 机组已完成甩 50％和100％负荷试验，并出具正式报告 | |
| 3.12 | 各类热力设备和管道保温完好，表面温度符合规定 | |
| 3.13 | 整套启动试运前质监提出的整改项目已处理完毕并验收签证完 | |
| 3.14 | 机组性能考核试验宜在可靠性试验（168h 试运行）之前完成 | |

评价：

整套启动前必须完成的整改项目：

整套启动后完成的整改项目及建议：

监检人（签名）：

年　　月　　日

4. 余热锅炉专业

| 序号 | 检 查 项 目 | 检查结果 |
|------|------------|----------|
| 4.1 | 锅炉能按曲线启动和停运，且平稳、正常 | |
| 4.2 | 蒸发量、蒸汽参数符合设计值变工况能稳定运行 | |
| 4.3 | 受热面和承压部件无泄漏或爆管 | |
| 4.4 | 各部膨胀均匀、正常无有受阻现象、记录真实准确 | |
| 4.5 | 各受热面吊挂装置工作正常，符合制造厂规定 | |
| 4.6 | 炉顶、炉墙、炉底密封性能良好无泄漏 | |
| 4.7 | 户外管道系统严密无泄漏，膨胀自如，支吊架工作正常保温完好，表面温度符合规定 | |
| 4.8 | 附属和辅助设备运行平稳正常无渗漏，轴振、温度、噪声符合规定，轴端密封及冷却效果良好 | |

续表

| 序号 | 检 查 项 目 | 检 查 结 果 |
|------|------------|------------|
| 4.9 | 各类压力容器、热力设备工作正常，无渗漏，膨胀不受阻，保温完好，表面温度符合规定 | |
| 4.10 | 整套启动试运前质监提出的整改问题已处理完毕 | |

| 评价： | | |
|-------|---|---|
| | | |

整套启动前必须完成的整改项目：

整套启动后完成的整改项目及建议：

监检人（签名）：　　　　　　　　　　　　　　　　　年　　月　　日

## 5. 电气专业

| 序号 | 检 查 项 目 | 检 查 结 果 |
|------|------------|------------|
| 5.1 | 电气系统各项试验已全部完成，试验结果符合标准和厂家规定调试报告完整、齐全、规范、结论明确 | |
| 5.2 | 机组首次启动在不同转速下发电机转子线圈的动态测量值：线圈绝缘电阻、交流阻抗、功率损耗以及轴电压无明显变化 | |
| 5.3 | 发电机空载下励磁系统调试带负荷励磁系统试验已完成，励磁系统的各项功能、参数、工作稳定性符合规定 | |
| 5.4 | 发电机短路特性、空载特性等试验结果符合厂家规定 | |
| 5.5 | 发电机（或发变组）启动试运过程中电流、电压二次测量和保护回路的定值和向量等检查，结果正确，记录完整 | |
| 5.6 | 发电机同期系统定相并网试验成功，保护、自动装置已按要求完成试验 | |
| 5.7 | 发电机运行参数正常，有功、无功功率达到设计规定值；铁芯、线圈、冷却介质温度在正常范围内 | |
| 5.8 | 发电机出线无过热现象。漏氢检测装置正常投运。封闭母线箱体密封良好，微正压装置运行正常 | |

| 序号 | 检 查 项 目 | 检 查 结 果 |
|------|-------------|-------------|
| 5.9 | 变压器投运正常，无渗油、超温和异常情况；绝缘油按期进行的监督试验，结果合格 | |
| 5.10 | 继电保护和自动装置按设计套数全部投入、无误动和拒动现象。定值清单和统计一览表齐全、规范 | |
| 5.11 | 变频启动装置运转平稳、投用正常 | |
| 5.12 | 电气测量指示（仪表指示和DCS系统显示）准确、一致 | |
| 5.13 | 柴油发电机启动和运行符合设计要求。厂用电快切装置功能正常，厂用电工作、备用电源的手动切换试验和模拟事故切换试验动作正确 | |
| 5.14 | 主要电动机运转平稳，出力达到设计值；电流不超限，铁芯、轴承温度和振动在正常范围内 | |
| 5.15 | 直流系统、保安电源系统、UPS装置工作正常；全厂照明、通信系统投用正常 | |
| 5.16 | 各部电缆的放火设施完善。运行环境清洁、无积水 | |
| 5.17 | 按《调试验标》完成全部电气系统调试项目的质量验收、签证，并齐全 | |
| 5.18 | 整套启动试运前质量监督检查提出的整改问题已处理完成，已经验收、签证 | |

评价：

整套启动前必须完成的整改项目：

整套启动后完成的整改项目及建议：

监检人（签名）：

年　　月　　日

6. 热控专业

| 序号 | 检 查 项 目 | 检 查 结 果 |
|------|-------------|-------------|
| 6.1 | 不停电电源（UPS）供电可靠。仪控压缩空气压力和供气品质符合规程规定。全厂热工设备的接地符合设计和规程规定 | |
| 6.2 | 分散控制系统（DCS）投运正常、功能完善、可靠。打印机、拷贝机、操作员站和工程师站均正常运行，且无死机现象 | |

| 序号 | 检 查 项 目 | 检查结果 |
|------|------------|----------|
| 6.3 | 计算机数据采集系统（DAS）投运正常。CRT 图像显示正确。运行参数、控制指标的数据和其精度符合设计规定，满足机组稳定运行的要求 | |
| 6.4 | 热控自动调节系统（MCS）包括基地式调节系统的投入率及其调节品质符合设计和《调试验标》的规定 | |
| 6.5 | 燃机、汽轮机控制系统均运行正常、功能完善、可靠，符合制造厂规定 | |
| 6.6 | 顺序控制系统（SCS）全部投运、功能正常、可靠。附属机械、辅助设备的连锁保护全部投运，功能正常、可靠 | |
| 6.7 | 事故顺序记录仪（SOE）功能齐全、正常、投运可靠 | |
| 6.8 | 程控系统全部正常投运。其系统的步序、逻辑关系、运行时间和输出状态符合设计规定 | |
| 6.9 | 各类保护装置按设计规定全部投入运行。满足机组安全、稳定运行的要求，并具备在线试验功能。试运行期间，主要保护无拒动或误动 | |
| 6.10 | 全厂各类仪表、变送器、传感器及其一次元件装设齐全，投入运行，指示准确、清晰。其计量检查标识齐全、且均在检定有效期内 | |
| 6.11 | 就地热控装置和设备全部投运、功能正常。控制箱、接线盒内部清洁、封闭良好，挂牌统一、规范。执行机构动作准确可靠 | |
| 6.12 | 全厂热工信号系统完善，符合设计和机组安全运行的需要。报警信号在 CAT 或光字牌上的显示准确、清晰 | |
| 6.13 | 旁路控制系统的功能正常。旁路能按要求正确投入运行，其调节和保护功能正确、可靠。 | |
| 6.14 | 主控制室和电子设备间的照明充分。室内温度、相对湿度以及噪声符合相关规定 | |
| 6.15 | 整套启动试运前质量检查提出的整改问题已处理完毕，已经验收、签证完毕 | |

评价：

整套启动前必须完成的整改项目：

整套启动后完成的整改项目及建议：

监检人（签名）：

年　　月　　日

| 7. 化学专业 | | |
|---|---|---|
| 序号 | 检 查 项 目 | 检查结果 |
| 7.1 | 原水处理工艺有足够的深度，满足反渗透膜等技术装置的要求，能保证余热锅炉补给水处理系统长期稳定运行 | |
| 7.2 | 反渗透系统运行正常，出力和脱盐率符合设计和厂家要求 | |
| 7.3 | 除盐系统运行正常，出力和水质符合设计要求 | |
| 7.4 | 余热锅炉补给水系统程控装置运行正常，符合设计要求 | |
| 7.5 | 汽水取样和加药系统完善，投运正常 | |
| 7.6 | 余热锅炉的给水水质、蒸汽品质、凝结水、炉水和疏水水质符合制造厂家或规程规定 | |
| 7.7 | 发电机内冷水水质（pH 值、导电度、硬度）符合厂家要求和规程规定 | |
| 7.8 | 发电机氢冷系统的氢气纯度、湿度符合厂家要求，漏氢量符合《调试验标》规定 | |
| 7.9 | 循环水的加氯装置及系统符合设计要求。循环水含氯量符合设计要求。循环水的阻垢、缓腐处理系统符合设计要求，运行正常，浓缩倍率达到设计要求 | |
| 7.10 | 化学在线监测仪表指示正确，记录清晰、完整。化学运行报表清楚、齐全、准确 | |
| 7.11 | 工业废水和生活污水及饮用水处理系统，调试合格，运行正常，出力和排水水质符合设计和国家标准 | |
| 7.12 | 化学试验室的化学监督和环境监测工作开展正常，符合规定。各项试验报告、记录齐全、完整、规范 | |

评价：

整套启动前必须完成的整改项目：

整套启动后完成的整改项目及建议：

监检人（签名）：

年　月　日

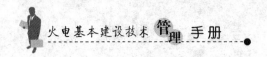

火电基本建设技术 **管理** 手册

附表 4-19　　火电工程石灰石—石膏湿法烟气脱硫装置整套启动试运前质量监督检查报告

<table>
<tr><td colspan="4">
一、监检简况

_____工程 ___ 号机组于 ___ 年 ___ 月 ___ 日根据 _____工程质监站的申请，我中心站组织有关专业工程师及以上职称人员 ___ 名组成监检组（名单附后），于 ___ 年 ___ 月 ___ 日至 ___ 年 ___ 月 ___ 日，按《火电工程石灰石—石膏湿法烟气脱硫装置整套启动试运前质量监督检查典型大纲》的要求进行石灰石—石膏湿法烟气脱硫装置整套启动试运前质量监督检查，监检采用听取汇报、查阅资料、座谈评议、现场查看和抽查实测等方式，并依照质监中心总站下发的《监检记录典型表式》做好了记录归档备查，在此基础上编制本监督检查报告，现将监督检查结果报告如下。
</td></tr>
<tr><td colspan="4">
二、工程概况

工程规模承建方式：

脱硫供应商情况：

脱硫设备情况：
</td></tr>
<tr><td rowspan="7">主要单位</td><td colspan="3">建设单位</td></tr>
<tr><td colspan="3">监理单位</td></tr>
<tr><td colspan="3">设计单位</td></tr>
<tr><td colspan="3">土建单位</td></tr>
<tr><td colspan="3">安装单位</td></tr>
<tr><td colspan="3">调试单位</td></tr>
<tr><td colspan="3">生产单位</td></tr>
<tr><td>主要设备</td><td>型　号</td><td>制 造 厂 家</td><td>出 厂 日 期</td></tr>
<tr><td>锅　炉</td><td></td><td></td><td></td></tr>
<tr><td>汽轮机</td><td></td><td></td><td></td></tr>
<tr><td>发电机</td><td></td><td></td><td></td></tr>
<tr><td>主变压器</td><td></td><td></td><td></td></tr>
<tr><td colspan="4">三、综合评价</td></tr>
<tr><td colspan="4">四、存在的问题和整改意见</td></tr>
<tr><td colspan="4">五、结论</td></tr>
<tr><td colspan="4">监检负责人（签名）　　　　　　　　　　　　　　　年　　　月　　　日</td></tr>
<tr><td colspan="4">六、监检组成员名单</td></tr>
<tr><td>序号</td><td>姓　名</td><td>单　位</td><td>职　称</td><td>专　业</td></tr>
<tr><td>1</td><td></td><td></td><td></td><td></td></tr>
<tr><td>2</td><td></td><td></td><td></td><td></td></tr>
<tr><td>3</td><td></td><td></td><td></td><td></td></tr>
<tr><td>...</td><td></td><td></td><td></td><td></td></tr>
<tr><td>...</td><td></td><td></td><td></td><td></td></tr>
</table>

**附表 4-20**　　　**火电工程石灰石—石膏湿法烟气脱硫装置整套启动试运前对各**

**参建主体单位质量监督检查记录**

工程脱硫整套启动试运前质量监督检查记录

| 1. 质量保证体系检查 | | |
|---|---|---|
| 序号 | 检　查　项　目 | 检 查 结 果 |
| 1.1 | 质量管理手册及程序文件 | |
| 1.2 | 本工程质量目标、质量规划 | |
| 1.3 | 建设（监理）和施工单位质量机构及人员配备 | |
| 1.4 | 质量管理制度建立及实施 | |
| 1.5 | 技术管理制度建立及实施 | |
| 1.6 | 物资管理制度建立及实施 | |
| 1.7 | 计量管理（量具、测量仪器等）单位和人员有资质和资格 | |
| 1.8 | 质量体系运转正常、控制质量持续有效 | |
| 1.9 | 验证焊工、质检员、试验员上岗证书及试验室等级证书 | |
| 2. 对建设单位质量行为监督检查 | | |
| 序号 | 检　查　项　目 | 检 查 结 果 |
| 2.1 | 符合基本建设程序；符合《建设工程管理条例》规定 | |
| 2.2 | 规范执行《五制》 | |
| 2.3 | 对设计、施工、调试、监理和监造及设备实行招投标制，招投标文件和合同齐全 | |
| 2.4 | 质量管理体系健全、运转有效；各项工程管理、质量管理制度齐全，实施有效 | |
| 2.5 | 工程档案管理制度齐全、管理人员到位，移交资料管理办法已制定 | |
| 2.6 | 按规定组织设计交底和图纸会审 | |
| 2.7 | 无明示或暗示相关单位违反"强制性条文"降低质量标准的行为 | |
| 2.8 | 采购的设备、材料符合质量标准，并有相应的管理制度 | |
| 2.9 | 完成脱硫装置整套启动前的全部施工和调试项目并验收签证 | |
| 2.10 | 脱硫装置启动试运组织、制度和调试计划及技术标准已制定，符合启规和调试试验标准 | |

**3. 对勘察设计单位质量行为的监督检查**

| 序号 | 检 查 项 目 | 检查结果 |
|---|---|---|
| 3.1 | 设计项目与本单位资质相符 | |
| 3.2 | 项目负责人有资质证书并与承担任务相符，经法定代表人授权 | |
| 3.3 | 按计划交付图纸，施工图交底记录齐全，施工图能保证连续施工 | |
| 3.4 | 设计变更审批手续齐全 | |
| 3.5 | 无指定材料、设备生产厂家的行为 | |
| 3.6 | 工代制度健全，工代能满足现场的需要 | |

**4. 对监理单位质量行为的监督检查**

| 序号 | 检 查 项 目 | 检查结果 |
|---|---|---|
| 4.1 | 监理项目与本单位资质相符；质量管理体系健全，并运行有效，管理制度健全有效 | |
| 4.2 | 总监师已经法人授权，监理机构合理，满足现场工作需要 | |
| 4.3 | 监理规划、监理细则和工作程序审批手续完备，并有效执行 | |
| 4.4 | 对施工组织设计、开工报告、施工方案、技术措施审批及时，手续规范 | |
| 4.5 | 已建立对设备、材料到货开箱检验和对原材料质量跟踪管理办法及相关制度 | |
| 4.6 | 组织或参加施工图会审和施工及调试技术交底 | |
| 4.7 | 审查各类试验室资质和试验人员、特殊工种人员的资格 | |
| 4.8 | 见证取样制度健全，责任到位 | |
| 4.9 | 完成施工和分部试运质量检验及评定 | |
| 4.10 | 质量问题台账完整、清晰规范 | |
| 4.11 | 采用"四新"，应用已经组织论证、认定的产品 | |
| 4.12 | 预监检待整改问题，已检查验收完毕 | |

**5. 对施工单位质量行为的监督检查**

| 序号 | 检 查 项 目 | 检查结果 |
|---|---|---|
| 5.1 | 施工合同已签订，所承担的施工项目与本单位资质相符 | |
| 5.2 | 项目经理与投标文件一致，已经法人授权，人员满足施工和质量管理的需要 | |
| 5.3 | 质量管理体系健全，运行有效 | |
| 5.4 | 现场试验室应具备相应资质，人员持证上岗 | |

| 序号 | 检 查 项 目 | 检查结果 |
|------|------------|----------|
| 5.5 | 项目部质量管理制度健全有效，有计量管理制度、见证取样制度 | |
| 5.6 | 有批准施工组织总设计和施工技术方案编制及时，审批手续规范 | |
| 5.7 | 施工图纸会审记录齐全，技术交底记录规范 | |
| 5.8 | 设计变更、技术档案管理制度健全 | |
| 5.9 | 物资管理制度健全有效 | |
| 5.10 | 分部试运组织健全无违法分包或转包 | |
| 5.11 | 各项施工和分部试运记录、试验报告、质量验评签证完整、齐全 | |
| 5.12 | 经审核供货商名录准确；设备、原材料采购、保管、复试、发放制度健全主要原材料跟踪台账完整 | |
| 5.13 | 物资管理制度建立及实施；无违法分包或转包 | |

**6. 对调试单位质量行为的监督检查**

| 序号 | 检 查 项 目 | 检查结果 |
|------|------------|----------|
| 6.1 | 调试工作组织健全人员配备满足机组调试工作的需要 | |
| 6.2 | 脱硫装置整套启动试运计划已编制完成调试程序符合"启规"和"调试规定"及"调试大纲"的规定 | |
| 6.3 | 调试方案、措施全部编制完成已经审批 | |
| 6.4 | 脱硫装置整套启动试运计划和技术要求已向相关单位人员交底完毕 | |
| 6.5 | 分系统试运项目已按计划和规定的技术要求全部试运合格，已经验收签证完毕 | |
| 6.6 | 整套启动试运所用的各种测试仪器、设备等已备齐 | |

**7. 对生产单位质量行为的监督检查**

| 序号 | 检 查 项 目 | 检查结果 |
|------|------------|----------|
| 7.1 | 生产运行管理的组织机构健全 | |
| 7.2 | 各级运行人员经考试合格，持证上岗 | |
| 7.3 | 生产管理、运行操作、检修维护制度已编制完成并出版 | |
| 7.4 | 运行规程、事故处理规程和系统图编绘完成并已出版 | |
| 7.5 | 运行操作、检修维护各种日志、记录台账、表单均已齐备 | |
| 7.6 | 电气系统和热控系统的保护定值已提供 | |
| 7.7 | 试运区域与施工区域，试运设备与运行设备应安全隔离 | |
| 7.8 | 参加脱硫装置的分部试运，参加分部试运的验收签证 | |

续表

| 序号 | 检 查 项 目 | 检查结果 |
|---|---|---|
| 7.9 | 工作岗位环境清洁、整齐 | |
| 7.10 | 设备和阀门的命名和编号、管道色环和介质流向标示齐全正确 | |
| 7.11 | 生产用备品备件齐全 | |

评价：

整套启动前必须完成的整改项目：

整套启动后必须完成的整改项目及建议：

监检人（签名）：　　　　　　　　　　　　　　年　　月　　日

**附表 4-21　火电工程石灰石—石膏湿法烟气脱硫装置整套启动试运前对各专业质量监督检查记录**
_____工程脱硫整套启动前质量监督检查记录

| 1. 质量保证体系检查 | | |
|---|---|---|
| 序号 | 检 查 项 目 | 检查结果 |
| 1.1 | 工程前期工作的依据性文件归档目录 | |
| 1.2 | 工程现场五通一平和地基处理施工记录 | |
| 1.3 | 当地消防部门检查合格后，核发同意使用的书面文件 | |
| 1.4 | 各类招、投标文件，承发包合同和工程各项承包、分包单位资质证明文件 | |
| 1.5 | 设计图纸、技术文件、设计变更 | |
| 1.6 | 设计交底、图纸会审及相关会议纪要 | |
| 1.7 | 设备制造图纸、出厂证明书 | |
| 1.8 | 质量管理体系文件。包括质量手册、程序文件、施工方案、技术措施。技术和质量管理制度 | |
| 1.9 | 施工组织总设计、施工组织专业设计和审批文件 | |
| 1.10 | 各类特殊操作人员资格证书 | |
| 1.11 | 技术交底记录和双签字记录 | |
| 1.12 | 对中心站各阶段检查时提出的整改问题的处理结果的汇总表 | |
| 1.13 | 工程站对重要项目检查时的评价和提出的整改问题的处理记录 | |
| 1.14 | 原材料出厂合格证及试验报告 | |

续表

| 序号 | 检 查 项 目 | 检查结果 |
|------|------------|----------|
| 1.15 | 原材料复检报告及质量跟踪台账 | |
| 1.16 | 建筑、安装施工各类检测、试验报告 | |
| 1.17 | 压力容器安全性能检验报告 | |
| 1.18 | 建筑、安装各项施工记录和检查、验收签证及隐蔽工程验收签证 | |
| 1.19 | 沉降观测记录 | |
| 1.20 | 设备监造报告 | |
| 1.21 | 分部试运技术措施、记录和验收签证 | |
| 1.22 | 整套启动试运计划、方案和措施 | |
| 1.23 | 整套启动试运的系统图、曲线及表式 | |
| 1.24 | 整套启动试运各项管理制度 | |
| 1.25 | 监理规划、监理实施细则和监理工作程序等文件 | |
| 1.26 | 各级监理人员资格证书 | |
| 1.27 | 施工质量问题台账和质量问题通知单 | |
| 1.28 | 各类施工、隐蔽工程、分部试运验收签证单 | |
| 1.29 | 现场各单位有效文件清单 | |
| 1.30 | 未完或待完善项目清单未完单体和分系统试运项目清单 | |
| 1.31 | 原材料出厂合格证及试验报告 | |

整套启动前必须完成的整改项目：


整套启动后必须完成的整改项目及建议：


监检人（签名）：

年 月 日

2. 工艺专业

| 序号 | 检 查 项 目 | 检查结果 |
|------|------------|----------|
| 2.1 | 吸收及氧化系统 | |
| 2.1.1 | 吸收塔本体设备及其零部件和各附属机械、辅助设备已全部施工完毕已经验收签证完 | |
| 2.1.2 | 循环泵和氧化风机等各附属机械、辅助设备及其工艺系统经分部试运合格 | |
| 2.1.3 | 设备、管道的内外防腐、保温和罩壳已全部完善，已经验收签证完毕 | |

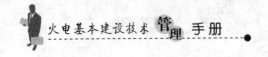

| 序号 | 检 查 项 目 | 检 查 结 果 |
|---|---|---|
| 2.1.4 | 吸收塔的绝对和不均匀沉降值在设计和规程允许范围内 | |
| 2.1.5 | 系统分部试运中发现的质量问题已处理完毕、并验收签证 | |
| 2.2 | 烟气系统 | |
| 2.2.1 | 系统设备及其零部件和各附属机械、辅助设备已全部施工完毕已经验收签证完 | |
| 2.2.2 | 烟气膨胀间隙符合设计要求 | |
| 2.2.3 | 增压风机、烟气加热器和烟气挡板门调试合格，挡板门连锁调试完 | |
| 2.2.4 | 各附属机械、辅助设备及其工艺系统经分部试运合格。振动、油温、噪声符合要求 | |
| 2.2.5 | 烟道支吊架的布置及其冷态工作位置符合设计要求 | |
| 2.2.6 | 设备、管道的内外防腐、保温和罩壳已全部完善，已经验收签证 | |
| 2.2.7 | 系统分部试运中发现的质量问题已处理完毕、并经验收签证 | |
| 2.3 | 吸收剂制备系统 | |
| 2.3.1 | 系统设备及其管道已全部施工完毕，已经验收、签证完毕 | |
| 2.3.2 | 磨机、除尘器、风机和旋流器经试运合格，且记录、签证齐全 | |
| 2.3.3 | 系统各附属机械、辅助设备及其工艺系统经分部试运合格。振动、油温、噪声符合要求 | |
| 2.3.4 | 各类管道支吊架的布置及其冷态工作位置符合设计要求 | |
| 2.3.5 | 设备、管道的内外防腐、保温和罩壳已全部完善，已经验收签证 | |
| 2.3.6 | 制浆系统已能满足连续试运条件 | |
| 2.3.7 | 仓体和磨机的绝对和不均匀沉降值在设计和规程允许范围内，已经验收、签证完毕 | |
| 2.3.8 | 系统分部试运中发现的质量问题，已处理完毕，并经验收、签证完毕 | |
| 2.4 | 石膏脱水及储运系统 | |
| 2.4.1 | 系统设备及其管道已全部施工完毕，已经验收、签证完毕 | |
| 2.4.2 | 真空泵和皮带运行平稳、正常，轴系振动、温度符合设计要求和厂家规定 | |
| 2.4.3 | 石膏卸料装置运行平稳，符合设计要求 | |
| 2.4.4 | 系统各附属机械、辅助设备及其工艺系统经分部试运合格。振动、油温、噪声符合要求 | |

| 序号 | 检 查 项 目 | 检 查 结 果 |
|------|------------|-------------|
| 2.4.5 | 各类管道支吊架的布置及其冷态工作位置符合设计要求 | |
| 2.4.6 | 设备、管道的内外防腐、保温和罩壳已全部完善，已经验收签证 | |
| 2.4.7 | 脱水工艺楼和石膏仓的绝对和不均匀沉降值在设计和规程允许范围内，已经验收、签证完毕 | |
| 2.4.8 | 系统分部试运中发现的质量问题，已处理完毕，并经验收、签证完毕 | |
| 2.5 | 废水处理系统 | |
| 2.5.1 | 设备、管道的内外防腐、保温和罩壳已全部完善，已经验收签证 | |
| 2.5.2 | 加药和取样系统安装完毕，调试合格，具备投运条件 | |
| 2.6 | 工艺水系统 | |
| 2.6.1 | 系统设备及其管道已全部施工完毕，已经验收、签证完毕 | |
| 2.6.2 | 设备、管道的内外防腐、保温和罩壳已全部完善，已经验收签证 | |
| 2.7 | 事故疏放水系统 | |
| 2.7.1 | 事故疏放系统设备及其管道已全部施工完毕，已经验收、签证完毕 | |
| 2.7.2 | 箱罐、设备、管道、池和沟道的内外防腐、保温和罩壳已全部完善，已经验收签证 | |
| 2.7.3 | 焊工的资质、焊接工艺的评定和焊缝的检验符合设计要求 | |

评价：

整套启动前必须完成的整改项目：

整套启动后必须完成的整改项目及建议：

监检人（签名）：

年　　　月　　　日

3. 电气专业

| 序号 | 检 查 项 目 | 检 查 结 果 |
|------|------------|-------------|
| 3.1 | 环境检查：防火部位消防设施已投用，事故排油设施施工完，土建已施工完，隔栏已隔离警示牌已挂，电子间和配电间照明齐全，通信、通风、降温等设施正常投运 | |
| 3.2 | 所有电气设备名称、编号齐全、醒目、正确 | |

| 序号 | 检 查 项 目 | 检查结果 |
|---|---|---|
| 3.3 | 变压器芯部检查、辅件安装、滤油和注油等工作已完成，记录、签证齐全，油质检验合格 | |
| 3.4 | 变压器冷却装置运转正常电源可靠；分接开关位置指示正确，操作灵活，瓦斯、温度保护装置校验合格，绕组、套管绝缘油交接试验符合标准要求 | |
| 3.5 | 盘、屏安装符合设计要求，正、背面均有名称、编号，元件和装置的规格型号符合设计要求，二次配线正确，标示清晰 | |
| 3.6 | 电测仪表校验合格指示仪表额定值处划红线 | |
| 3.7 | 相关回路的保护和自动装置调试合格并按定值通知单整定完毕 | |
| 3.8 | 二次交直流回路绝缘良好，二次交流回路负载测量已完并有报告 | |
| 3.9 | 电气整套系统传动试验已完成，断路器合、分闸操作试验、连锁试验保护回路整组传动试验动作正确，"五防"功能试验正确 | |
| 3.10 | 厂用电各馈线开关安装调整已完成，记录和验收签证齐全，断路器时间特性等交接试验符合标准要求 | |
| 3.11 | 电动机安装已完成，记录和验收签证齐全，单体试运转已完成，试运记录和验收签证齐全，事故按钮动作正确并有保护罩 | |
| 3.12 | 直流电源系统、保护电源系统投运正常，UPS试验合格事故照明切换正常 | |
| 3.13 | 防雷及过电压保护完好，接地符合要求，设备、电缆接地符合"事故反措"要求安装记录和验收签证齐全，接地电阻值符合要求 | |
| 3.14 | 电缆敷设符合要求，电缆沟盖板齐全，沟内无杂物，排水良好，托架无变形，有防火封堵 | |
| 3.15 | 备用电源系统运行正常、可靠，满足试运要求 | |
| 3.16 | 厂用电受电前提出的整改问题以及分部试运中发现的质量问题已处理完毕，验收、签证完整齐全 | |

评价：

整套启动前必须完成的整改项目：

整套启动后必须完成的整改项目及建议：

监检人（签名）：

年　　月　　日

| 4. 热控专业 | | |
|---|---|---|
| 序号 | 检 查 项 目 | 检 查 结 果 |
| 4.1 | UPS 供电可靠，DCS 电源 DL/T 774—2001（分散系统运行检修导则）的规定 | |
| 4.2 | 仪用压缩空气品质符合设计规定 | |
| 4.3 | 热控各盘、柜的设备、仪表安装符合规定要求 | |
| 4.4 | 热控各盘、柜和屏蔽电缆的接地符合设计和验收规范的规定，DCS 接地符合分散系统在线验收规程的规定 | |
| 4.5 | 测量仪表、取源部件、敏感元件和辅助装置的安装，符合验评标准的规定 | |
| 4.6 | 密度计、pH 计及烟气排放连续检测系统（CEMS）符合设计和厂家规定 | |
| 4.7 | 各执行机构安装位置适当、稳固，与调节机构连接正确无晃动并有防雨措施 | |
| 4.8 | 电缆桥架架设合理稳固，电缆、导线敷设和金属软管安装满足设计规定电力、控制、信号等电缆分层敷设，接地符合要求 | |
| 4.9 | 各类测量系统的仪表、变送器、传感器、开关和一次元件校验合格，补偿导线和系统接线正确 | |
| 4.10 | DAS、模拟量和开关量 I/O 通道校验合格，画面清晰 | |
| 4.11 | 自动调节系统（MCS）均已静态调试合格，其调整参数已初步设定，具备投入条件 | |
| 4.12 | 各顺序控制系统变送器、过程开关、执行器等设备调试合格，具备投运条件 | |
| 4.13 | 事故顺序记录仪（SOE）的变送器和开关量信号正确、通信、打印内容和时间正确 | |
| 4.14 | 主要保护联调完毕，具备投入条件 | |
| 4.15 | 声光报警系统静态调试合格，具备投入条件 | |
| 4.16 | 各程序控制系统静态调试合格，符合设计要求，具备投入条件 | |
| 评价： | | |
| 整套启动前必须完成的整改项目： | | |
| 整套启动后必须完成的整改项目及建议： | | |
| 监检人（签名）： | | 年　　月　　日 |

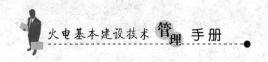

续表

| 5. 消防、环保、安全 | | |
|---|---|---|
| 序号 | 检 查 项 目 | 检 查 结 果 |
| 5.1 | 消防系统经消防主管部门验收已签发同意使用的书面文件 | |
| 5.2 | 电气、热控盘柜及其他电缆孔洞防火封堵完好、有效，防火涂料及阻燃材料符合要求 | |
| 5.3 | 废水和生活污水处理系统已施工完毕，并验收、签证 | |
| 5.4 | 平台、楼梯、栏杆完好，照明齐全，已经验收、签证完毕 | |
| 5.5 | 烟气品质在线检测装置安装完毕，具备调试条件 | |
| 5.6 | 生产电梯调试合格，运行正常，已取得地方主管部门签发的安全准用证 | |

评价：

整套启动前必须完成的整改项目：

整套启动后必须完成的整改项目及建议：

监检人（签名）：

年　　　月　　　日

| 6. 土建专业 | | |
|---|---|---|
| 序号 | 检 查 项 目 | 检 查 结 果 |
| 6.1 | 厂房装修完，屋面无渗漏，门窗完好、严密、开启灵活，分部试运的临时设备和系统已经拆除 | |
| 6.2 | 试运区域范围内的施工用起重设备、临时电缆、照明、脚手架、临时盖板已拆除 | |
| 6.3 | 各层的地面、平台已施工完毕，且平整、清洁，无杂物生产区域内场地平整。道路畅通，满足救护和消防的要求 | |
| 6.4 | 各类沟道畅通、无杂物、无积水，盖板齐全、严密 | |

| 序号 | 检 查 项 目 | 检 查 结 果 |
|------|------------|------------|
| 6.5 | 运行区域的梯子、步道、平台、栏杆、护板已按设计安装完毕 | |
| 6.6 | 运行区域的正式照明充分，事故照明能正常切换 | |
| 6.7 | 上下水道通畅，采暖、通风、空调具备投用条件 | |
| 6.8 | 设备，工艺系统包括电缆桥架清洁、无杂物 | |
| 6.9 | 试运设备与运行设备有效隔离，危险区设有警示标志 | |
| 6.10 | 各运行岗位的正式通信装置调试完毕具备投用条件 | |
| 6.11 | 主要建筑（构）物的沉降无异常，各观测点保护完好 | |
| 评价： | | |
| 整套启动前必须完成的整改项目： | | |
| 整套启动后必须完成的整改项目及建议： | | |
| 监检人（签名）：<br><br>　　　　　　　　　　　　　　　　　　　　　年　　　月　　　日 | | |
| 7. 化学专业 | | |
| 7.1 | 化学试验室的人员、检测仪器、设备按照设计配置齐全 | |
| 7.2 | 能正常开展试验和检验工作 | |

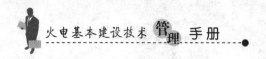

附表 4-22　　　　　　　　　　火电工程验收移交生产后质量监督检查报告

**一、监检简况**

　　_____ 工程 ___ 号机组于 ___ 年 ___ 月 ___ 日结束了试生产运行阶段，根据 _____ 工程质监站的申请，我中心站组织有关专业工程师及以上职称人员 ___ 名组成监检组（名单附后），于 ___ 年 ___ 月 ___ 日至 ___ 年___ 月 ___ 日，按《火电工程移交生产后质量监督检查典型大纲》的要求进行质量监督检查，监检采用听取汇报、查阅资料、座谈评议、现场查看和抽查实测等方式，并依照质监中心总站下发的《监检记录典型表式》做好了记录归档备查，在此基础上编制本监督检查报告，现将监督检查结果报告如下。

**二、工程概况**

工程规模承建方式：

| 主要单位 | 建设单位 | |
|---|---|---|
| | 监理单位 | |
| | 设计单位 | |
| | 土建单位 | |
| | 安装单位 | |
| | 调试单位 | |
| | 生产单位 | |

| 主要设备 | 型　号 | 制 造 厂 家 | 出 厂 日 期 |
|---|---|---|---|
| 锅　炉 | | | |
| 汽轮机 | | | |
| 发电机 | | | |
| 主变压器 | | | |

**三、综合评价**

**四、存在的问题和整改意见**

**五、结论**

　　监检负责人（签名）

　　　　　　　　　　　　　　　　　　　　　　　　　年　　　月　　　日

**六、监检组成员名单**

| 序号 | 姓　名 | 单　位 | 职　称 | 专　业 |
|---|---|---|---|---|
| 1 | | | | |
| 2 | | | | |
| 3 | | | | |
| ... | | | | |
| ... | | | | |

附表 4-23　　　　　　　　　火电工程验收移交生产后质量监督检查记录

_____ 工程____ 机组移交生产后质量监督检查记录

| 1. 技术资料、文件检查 | | |
|---|---|---|
| 序号 | 检 查 项 目 | 检 查 结 果 |
| 1.1 | 竣工图 | |
| 1.2 | 试生产期间发生的设计变更 | |
| 1.3 | 设计完善项目清单 | |
| 1.4 | 竣工移交资料目录清单和施工技术总结（包括试生产期间完成项目所产生的资料） | |
| 1.5 | 试生产期间完成的工程项目一览表及相应的技术记录、质量检验启示和验收签证 | |
| 1.6 | 土建、安装未完项目清单 | |
| 1.7 | 单位工程质量评定一览表 | |
| 1.8 | 调整试运资料清单和调整试运总结（包括三个阶段） | |
| 1.9 | 试生产期间进行的调试、性能试验方案、措施和技术总结报告 | |
| 1.10 | 调试未完项目清单 | |
| 1.11 | 建筑物、构筑物、大型设备基础的沉降观测记录 | |
| 1.12 | 试生产期间主辅设备运行日志，技术记录、缺陷记录、异常运行及故障情况记录，检修方案、措施及技术记录 | |
| 1.13 | 保护整定值一览表和实际整定情况 | |
| 1.14 | 保护、程控、连锁装置投用情况一览表（包括投入率）及未完项目一览表 | |
| 1.15 | 数采系统和自动调节系统投运情况一览表（包括投入率），开关量、模拟量清单及精度校验统计表 | |
| 1.16 | 试生产期机组主要技术性能和试验确定的各项技术经济指标 | |
| 1.17 | 试生产总结 | |
| 1.18 | 机组停机情况一览表及停机原因分析，机组热工、电气保护动作原因分析 | |
| 1.19 | 预检查总结报告 | |
| 1.20 | 资料预检查情况一览表 | |

评价：

问题及建议：

监检人（签名）：

年　　月　　日

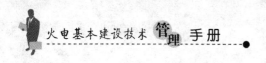
续表

| 2. 土建专业重点项目检查 | | |
|---|---|---|
| 序号 | 检 查 项 目 | 检 查 结 果 |
| 2.1 | 试生产后主要建筑物，构筑物和主要设备基础沉降观测记录，并检查实物情况 | |
| 2.2 | 试生产期间暴露的土建工程质量问题和处理情况 | |
| 2.3 | 未完土建施工项目的完成情况和质量状况 | |
| 2.4 | 整套启动试运后由质监中心站提出土建工程质量问题的处理情况 | |

评价：

问题及建议：

监检人（签名）：

年　　月　　日

| 3. 锅炉专业重点项目检查 | | |
|---|---|---|
| 序号 | 检 查 项 目 | 检 查 结 果 |
| 3.1 | 主要性能试验项目的完成情况和质量情况 | |
| 3.1.1 | 锅炉热效率试验 | |
| 3.1.2 | 锅炉最大和额定出力试验 | |
| 3.1.3 | 锅炉断油最低出力试验 | |
| 3.1.4 | 制粉系统出力和磨炉单耗试验 | |
| 3.1.5 | 除尘器效率试验 | |
| 3.1.6 | 排烟温度 | |
| 3.1.7 | 飞灰可燃物 | |
| 3.1.8 | 空气预热器漏风系数 | |
| 3.1.9 | 汽水损失率 | |
| 3.2 | 保温与炉顶密封的质量变化情况 | |
| 3.3 | 泄漏情况 | |
| 3.4 | 试生产期间暴露的锅炉质量问题和处理情况，未完项目的完成情况和质量状态 | |
| 3.5 | 整套启动试运后质监中心站提出锅炉质量问题的处理情况 | |

评价：

问题及建议：

监检人（签名）：

年　　月　　日

| 4. 汽轮机专业重点项目检查 | | |
|---|---|---|
| 序号 | 检 查 项 目 | 检 查 结 果 |
| 4.1 | 主要性能试验项目的完成情况和质量情况 | |
| 4.6.1 | 机组热耗试验 | |
| 4.6.2 | 机组轴系振动测试 | |
| 4.6.3 | 汽轮机最大和额定出力试验 | |
| 4.6.4 | 发电机漏氢量测试 | |
| 4.6.5 | 汽轮机真空严密性测试 | |
| 4.6.6 | 高加投入率 | |
| 4.2 | 汽轮机油系统油质变化情况 | |
| 4.3 | 汽轮机翻瓦检查情况 | |
| 4.4 | 泄漏情况 | |
| 4.5 | 试生产期间暴露的汽轮机质量问题和处理情况，未完项目的完成情况和质量状态 | |
| 4.6 | 整套启动试运后质监中心站提出汽轮机质量问题的处理情况 | |

评价：



问题及建议：



监检人（签名）：

年　　月　　日


| 5. 电气、热控专业重点项目检查 | | |
|---|---|---|
| 序号 | 检 查 项 目 | 检 查 结 果 |
| 5.1 | 电气、热控系统的投运情况和投运品质 | |
| 5.1.1 | 电气、热控保护投入率 | |
| 5.1.2 | 电气、热控保护正确动作率 | |
| 5.1.3 | 热控主要仪表投入率 | |
| 5.1.4 | 热控程控投入率 | |
| 5.1.5 | 热控连锁投入率 | |
| 5.1.6 | 热控自动投入率 | |
| 5.1.7 | 电气自动投入率 | |

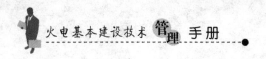
| 序号 | 检 查 项 目 | 检 查 结 果 |
|------|------------|-------------|
| 5.2 | 试生产期间暴露的电气、热控问题和处理情况，未完项目的完成情况和质量状态 | |
| 5.3 | 整套启动试运后质监中心站提出电气、热控质量问题的处理情况 | |

评价：


问题及建议：


监检人（签名）：


年　　　月　　　日

6. 化学专业重点项目检查

| 序号 | 检 查 项 目 | 检 查 结 果 |
|------|------------|-------------|
| 6.1 | 汽、水、油品质试验情况 | |
| 6.1.1 | 给水品质合格率 | |
| 6.1.2 | 蒸汽品质合格率 | |
| 6.1.3 | 炉水品质合格率 | |
| 6.1.4 | 凝结水品质合格率 | |
| 6.1.5 | 透平油油质 | |
| 6.1.6 | 变压器油油质 | |
| 6.1.7 | 抗燃油油质 | |
| 6.2 | 试生产期间暴露的化学部分问题和处理情况，未完项目的完成情况和质量状态 | |
| 6.3 | 整套启动试运后质监中心站提出化学部分质量问题的处理情况 | |

评价：


问题及建议：


监检人（签名）：


年　　　月　　　日

续表

| 序号 | 检 查 项 目 | 检查结果 |
|------|------------|----------|
| 7. 综合性重点项目检查 | | |
| 7.1 | 主要综合性能试验和技术经济指标 | |
| 7.1.1 | 机组最大出力 | |
| 7.1.2 | 最小燃煤出力 | |
| 7.1.3 | 机组可用小时 | |
| 7.1.4 | 机组运行小时 | |
| 7.1.5 | 机组利用小时 | |
| 7.1.6 | 机组累计发电量 | |
| 7.1.7 | 强迫停运次数 | |
| 7.1.8 | 强迫停运率 | |
| 7.1.9 | 最长连续运行时间 | |
| 7.1.10 | 等效可用系数 | |
| 7.1.11 | 供电煤耗 | |
| 7.1.12 | 厂用电率 | |
| 7.1.13 | RB 试验 | |
| 7.1.14 | 污染物排放、粉尘测试 | |
| 7.1.15 | 噪声、散热测试 | |
| 7.2 | 其他质量问题及未完项目处理情况 | |

评价：

问题及建议：

组长签名：

年　月　日

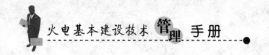

## 参 考 文 献

1. 华东电网有限公司，上海电力建设有限责任公司. 火力发电工程施工组织设计手册. 北京：中国电力出版社，2004.

2. 河南省电力公司. 火电工程调试技术手册. 北京：中国电力出版社，2003.

3. 彭新春. 电力工程建设施工监理. 北京：中国电力出版社，2004.